MIKROCHIMICA ACTA

ARCHIV FÜR MIKROCHEMIE, SPURENANALYSE UND PHYSIKALISCH-CHEMISCHE MIKROMETHODEN

JOURNAL FOR MICROCHEMISTRY, TRACE ANALYSIS AND PHYSICO-CHEMICAL MICROMETHODS

ARCHIVES DE MICROCHIMIE, ANALYSE DES TRACES ET MICROMÉTHODES PHYSICO-CHIMIQUES

SCHRIFTLEITUNG / EDITORIAL OFFICE / RÉDACTEUR EN CHEF

M. K. ZACHERL - Wien

SUPPLEMENTUM VII

Achtes Kolloquium über metallkundliche Analyse
mit besonderer Berücksichtigung
der Elektronenstrahl- und Ionenstrahl-Mikroanalyse
Wien, 27. bis 29. Oktober 1976

MIT 336 ZUM TEIL FARBIGEN ABBILDUNGEN
AUSGEGEBEN IM JUNI 1977

1977

SPRINGER-VERLAG WIEN GMBH

Ursprünglich erschienen bei Springer-Verlag Wien New York 1977
Softcover reprint of the hardcover 1st edition 1977

ISBN 978-3-211-81433-8 ISBN 978-3-7091-3724-6 (eBook)
DOI 10.1007/978-3-7091-3724-6

Inhaltsverzeichnis

Seite

Mikrochimica Acta [Wien], Suppl. 7, 1—26

MIKROCHIMICA
ACTA

Aus dem Max-Planck-Institut für Metallforschung,
Institut für Werkstoffwissenschaften, Laboratorium für Reinststoffe,
Stuttgart und Schwäbisch Gmünd

Bedeutung und Möglichkeiten der Reinststoffanalytik in der Metallforschung*

Von

Günther Tölg

Mit 10 Abbildungen

(Eingegangen am 27. Oktober 1976)

Physikalische und chemische Eigenschaften von Stoffen sind immer nur unter definierten Bedingungen beschreibbar; ebenso kommen nur reproduzierbaren Eigenschaftsänderungen in Forschung und Technik Bedeutung zu. Während physikalische Zustände und Zustandsänderungen in stofflich konstanten Systemen in der Regel noch in sehr kleinen Dimensionen exakt meßbar sind, bereitet die zuverlässige Einbeziehung stofflicher Parameter umso größere Schwierigkeiten, je geringer die Konzentrationen der relevanten Komponenten bis zur „Allgegenwartskonzentration“ jedes Elementes in jeder Matrix werden, die jedoch je nach der Vorgeschichte der Probe um viele Größenordnungen variieren kann. Bei den heute immer detaillierter werdenden Untersuchungen physikalischer und stofflicher Zusammenhänge häufen sich demnach die Fälle, bei denen keine sicheren Aussagen mehr gemacht werden können, weil Art und Konzentration von Fremdatomen im System nicht exakt zu erfassen sind.

In der Reinststoff-Forschung versucht man die Konzentrationen von Fremdatomen bzw. Verunreinigungen in einer Matrix wesentlich zu reduzieren, entweder um gewisse „Zweckreinheiten“ zu er-

* Vortrag anläßlich des 8. Kolloquiums über metallkundliche Analyse mit besonderer Berücksichtigung der Elektronen- und Ionenstrahl-Mikroanalyse, Wien, 27. bis 29. Oktober 1976.

zielen, bei denen durch nur ganz spezielle Verunreinigungen verursachte Einflüsse ausgeschaltet werden sollen, oder um „Grenzreinheiten" von Stoffen anzustreben, bei denen möglichst alle Wechselwirkungen von Fremdatomen in einem Kristallgitter vernachlässigbar werden[1-4]. Solche extrem gereinigten Stoffe lassen sich dann gezielt mit Fremdatomen dotieren, um die stofflich bedingten Eigenschaftsänderungen in einem besser überschaubaren System konzentrationsabhängig untersuchen zu können.

Demnach verstehen wir unter Reinststoff-Forschung — auf einen einfachen Nenner gebracht — die Untersuchung von Eigenschaften und Eigenschaftsänderungen an stofflich möglichst vollständig und exakt definierten Systemen bis hin zu den nicht mehr eigenschaftsbeeinflussenden Grenzkonzentrationen der Spurenkomponenten.

Diese Definition, die z. B. für metallische Systeme ebenso gilt wie für andere anorganische und organische, stellt eine Erweiterung gewohnter Untersuchungsbereiche dar, für die Aussagen über die Beeinflussung der relevanten Eigenschaft eines Systems bisher nur unter häufig stark vereinfachenden Annahmen über die stoffliche Zusammensetzung extrapoliert werden konnten.

Die mit der Reinststoff-Forschung beabsichtigte Erweiterung der dann auch experimentell direkt zugänglichen Konzentrationsbereiche führt zwangsläufig zu neuartigen Konzepten für die Forschungsplanung und Projektdurchführung. Während man im Bereich hoher Konzentrationen (z. B. bei Metall-Legierungen) die Herstellung des Systems und dessen analytische Charakterisierung heute als weitgehend problemlos ansehen kann und die Versuchsplanung in erster Linie nur von der Art der zu untersuchenden Eigenschaft bestimmt wird, setzen Untersuchungen an Reinststoffsystemen vor der Lösung der eigenschaftsbezogenen Fragestellung den definiert dotierten Reinststoff voraus. Dies wirft meist wiederum sehr spezielle Probleme auf, die das Gelingen des gesamten Projektes wesentlich mitbestimmen.

Im folgenden möchte ich diesen engen interdisziplinären Verbund von Herstellung, Analytik und Eigenschaftsuntersuchungen mit ihren wechselseitigen Kopplungen an einem speziellen aktuellen Beispiel aus unserem Reinststoffprogramm veranschaulichen: Zur Klärung der Frage, wie die Elemente B, C, N und O das Restwiderstandsverhältnis von hochreinem Niob beeinflussen, muß dieses Metall zuerst hergestellt werden. Damit befaßt sich eine auf die Metallreinigung spezialisierte Gruppe „Herstellung". Durch Zonenschmelzen und Glühen der Probe im UH-Vakuum werden die meisten verunreinigenden Elemente weitgehend abgereichert. Diese Methoden versagen jedoch bei den Hauptverunreinigungen Ta und W, da ihre thermodynamischen Verteilungskoeffizienten nahe bei 1 liegen, bzw. ihre Dampfdrücke viel zu niedrig sind. Folglich mußte diesen Reinigungsoperationen eine chemische Reinigung vorausgehen, durch die Ta und W — ohne eine wesentliche Anreicherung anderer metallischer Fremdatome — von etwa 100 ppm im Ausgangsmetall auf weniger als 1 ppm abgereichert werden können. Von vielen möglichen Reinigungsmethoden, wie Flüssig-Flüssig-Verteilung, Destillation und thermische Zersetzung der Halogenide u. a., wurde die Schmelzflußelektrolyse bevorzugt. Durch eine optimierte Raffinationselektrolyse einer Schmelze von K_2NbF_7 in einem eutektischen Gemisch der Fluoride von Li, Na und K gelang es, diese Reinheitsforderung zu erfüllen[5]. Das folgende Schema soll den aufwendigen Weg der Reinigung des Niobs verdeutlichen (Schema 1).

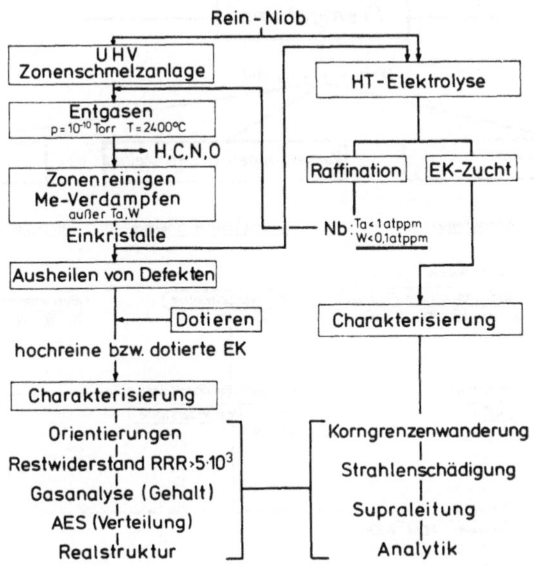

Schema 1. Darstellung von hochreinem Niob nach K. Schulze

Zu diesem Zeitpunkt hätte die Analytik bereits in der Lage sein müssen, mit einer großen Vielfalt von Methoden die interessierenden Verunreinigungen zu erfassen. Dieser Vorsprung war nicht gegeben. Daher mußte man sich zunächst auf die Bestimmung der wichtigsten Elemente beschränken. So konnten Ta und W bis zu ca. 0,05 ppm durch INAA zuverlässig bestimmt und das Herstellungsverfahren wenigstens in dieser Richtung optimiert und kontrolliert werden.

Inzwischen baute die Gruppe „Eigenschaften" eine Restwiderstandsmeßeinrichtung auf, die durch eine supraleitende Spule so ausgelegt wurde, daß auch für Nb ($T_C = 9{,}2$ K) der elektrische Widerstand bei 4,2 K und die Magnetfeldabhängigkeit des Supraleitungsübergangs gemessen werden konnten[6]. Mit dieser Einrichtung zur Lösung der eigentlichen Aufgabe war nun auch eine Möglichkeit gegeben, die Reinheit des gewonnenen Niobs nach physikalischen Gesichtspunkten integral zu charakterisieren und zusätzlich die Reinigungsprozesse zu verfolgen.

Im nächsten Schritt muß das Nb, über dessen weitere analytische Charakterisierung noch zu berichten sein wird, mit den Wirkelementen im Bereich von 1—1000 atppm sorgfältig dotiert und müssen die Proben wieder analysiert werden, bevor mit den Untersu-

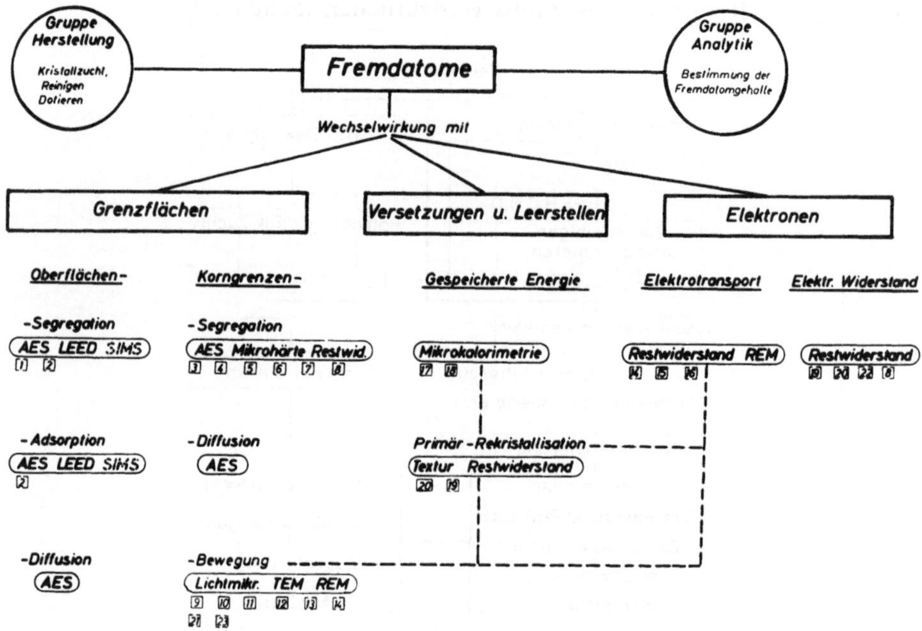

Schema 2

[1] Oberflächensegregation am dotierten Cu-Einkristall (EK); [2] Fremdatome auf Nb-Oberflächen; [3] Segregation von In an Bi und Al-Korngrenzen; [4] von Ni an W-Korngrenzen; [5] Interkristalline Bruchflächen von Siliziumnitrid; [6] Bruchflächenzusammensetzung von AlZnMg-Leg.; [7] Korngrenzensegregation in Niob; [8] Restwiderstand und Realstruktur in Nb; [9] Korngrenzenbewegung in Fe-dotiertem Au; [10] in *n*-bestrahltem Cu; [11] und Impurity-Drag-Theorie; [12] Mechanismus der Korngrenzenbew.; [13] Korngrenzenbew. in Nb; [14] Elektrotransport-Effekt auf die Korngrenzenbew.; [15] Elektrotransport an Au-Oberflächen; [16] von C in Nb; [17] Rekristallisationswärme von gewalztem Cu und CuZn-Leg.; [18] Gespeicherte Energie dotierter, verformter Cu-EK; [19] Elektr. Widerstand und Rekrist. von Cu und Au; [20] Texturen verformter Cu-EK; [21] Korngrenzenbew. im hochreinen Al; [22] $d\varrho/dc$ für kleine Verunreinigungsgehalte in Nb; [23] Triebkraft bei Elektrotransport und Korngrenzenbewegung

chungen des Elektrotransportes dieser Elemente über den Restwiderstandsgradienten begonnen werden kann.

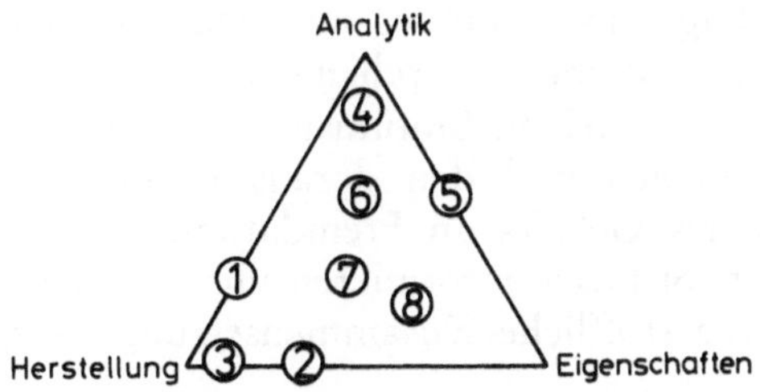

1 HERSTELLUNG VON REINST-NIOB
2 BESTIMMUNG DES RESTWIDERSTANDES IN ABHÄNGIGKEIT VOM HERSTELLUNGSPROZESS
3 DOTIERUNG MIT FREMDATOMEN, EINKRISTALLZUCHT
4 SPURENANALYTISCHE CHARAKTERISIERUNG DER REINSTPROBEN
5 OBERFLÄCHENSEGREGATION VON VERUNREINIGUNGEN
6 ERMITTLUNG DES WIDERSTANDSBEITRAGS FÜR B, C, N, O U.A.
7 ELEKTROTRANSPORT VON C U.A.
8 KORNGRENZENBEWEGUNG IN HOCHREINEN, VERFORMTEN EINKRISTALLEN

Schema 3. Aufgabenverteilung der Gruppen „Herstellung", „Analytik" und „Eigenschaften" bei der Untersuchung von Eigenschaften an reinstem und dotiertem Niob nach S. Hofmann

Der Engpaß lag wiederum bei der Analytik, die nun neue zuverlässige Methoden für die Bestimmung der zudotierten Elemente entwickeln mußte.

Dieses interdisziplinäre Zusammenspiel wiederholt sich in ähnlicher Weise bei allen anderen Vorhaben des Laboratoriums, die sich besonders mit der Aufklärung von Korngrenzenbewegungen, Diffusionsvorgängen von Fremdatomen an Phasengrenzflächen und weiteren Transportphänomenen in und auf einer Metallprobe befassen (Schema 2).

Der Reinststoffanalytik kommt — wie ich zunächst veranschaulichen wollte — bei der Projektwahl eine Schlüsselfunktion zu, wie sie sonst in der Analytik unüblich ist. Die Gruppen „Herstellung" und „Eigenschaften" müssen deshalb an den analytischen Aufgaben in erheblichem Umfang teilhaben. Eine eindeutige Abgrenzung der Aufgaben und der anzuwendenden Methoden ist daher nicht sinnvoll (Schema 3).

Die Lage eines Projektes innerhalb dieses Dreierkoordinatensystems gibt dabei den ungfähren relativen Anteil der jeweiligen Gruppe an dem betreffenden Forschungsprojekt wieder. Dabei kann sich die Lage eines Punktes im Diagramm während des Forschungsvorhabens durchaus verschieben.

Nach dieser allgemeinen Einführung nun zu spezielleren analytischen Fragestellungen und den daraus resultierenden Problemen: Bestimmungen des Gehalts an Fremdatomen in einer reinen oder dotierten Reinststoffprobe informieren nur summarisch — also sehr grob — über die stoffliche Zusammensetzung (Abb. 1). Selbst bei

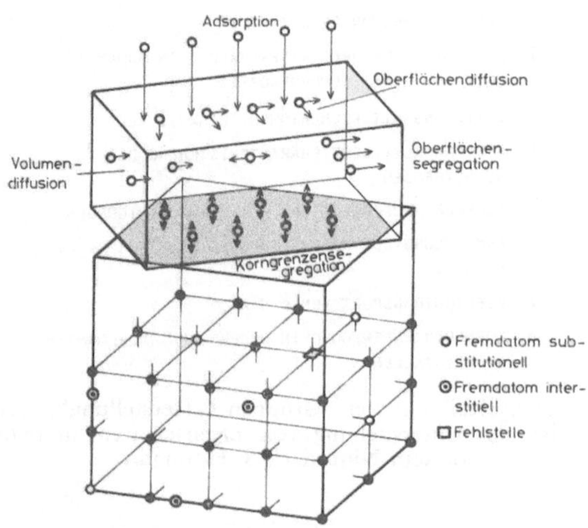

Abb. 1. Fremdatome in kristallinen Festkörpern

einem Niob-Einkristall können wir nicht unterscheiden, welche Anteile der in der Probe vorliegenden Rest-Fremdatome substitutionell im Gitter eingebaut, interstitiell gelöst oder an der Oberfläche segregiert sind, Fragen, die für die Untersuchung von Eigenschaften und ihren Entstehungsmechanismen von größter Bedeutung sind.

Bleiben wir beim Beispiel des Einflusses der Fremdatome auf das Restwiderstandsverhältnis von Reinst-Niob: Man geht davon aus, daß vorwiegend interstitiell gelöste Elemente einen Beitrag liefern. Zumindest ist bei diesen Elementen, die vor allem der 2. Periode des PS angehören, die Gefahr sehr groß, daß sie an Phasengrenzflächen zur Verbindungsbildung mit dem Niob neigen oder daß zeitabhängige Reaktionen mit Komponenten der Atmosphäre im Bereich der Probenoberfläche ablaufen. Deshalb kann jede Manipulation an der Probe die Fremdatomgehalte und ihre Verteilung in und auf der Probe verändern.

Als besonders kritisch sind solche Behandlungen der Probe zu betrachten, die eigentlich eine Oberflächenreinigung beabsichtigen, z. B. durch chemisches Abätzen: Das Niob wird dabei aber edlere metallische Verunreinigungen des zum Ätzen verwendeten Säuregemisches an seine Oberfläche zementieren, was bei einer nachfolgenden Dotierung der Probe mit B, C, N oder O unkontrollierbare, für die weiteren Untersuchungen folgenreiche Sekundärreaktionen auslösen kann. Es können aber auch — und dies nicht nur bei Wärmebehandlung der Probe — Verunreinigungen aus dem Innern der Probe an die Oberfläche diffundieren und Konzentrationsgradienten von primären und sekundären Fremdelementen bilden. Die Oberfläche einer Probe muß deshalb unbedingt in die analytische Charakterisierung einbezogen werden.

Ganz besondere Bedeutung kommt hierfür Verfahren mit guter Tiefenauflösung (z. B. ISS) und hohem Nachweisvermögen (z. B. SIMS) zu. ISS und SIMS rangieren deshalb im Hinblick auf diese Forderungen vor AES und ESCA. Doch darf man aus solchen pauschalen Betrachtungen keinesfalls Schlüsse bezüglich des Leistungsvermögens der verschiedenen Methoden (vgl. Tabelle 1) ziehen, die immer nur problemorientiert diskutiert werden dürfen. Besonders bei dem schwierigen Problem der Quantifizierung der Informationen verspricht eine gezielte wechselseitige Methodenoptimierung die besten Erfolgschancen. In diesem Zusammenhang ist es sicher auch sehr nützlich, auf für Physiker unübliche analytische Bestimmungsprinzipien zurückzugreifen, z. B. auf Lösungsverfahren, die einfach zu eichen sind.

Im folgenden möchte ich ganz kurz auf einen neuen Versuch eingehen: In möglichst kleinen Elektrolysezellen, die auf eine Probenoberfläche aufgesetzt werden, werden definierte Schichten im Bereich von $\geq 0{,}01\ \mu m$ anodisch abgelöst. Im Elektrolyten soll dann eine relativ große Zahl an Elementen durch mikrospektrometrische Verfahren noch im ppm-Bereich recht zuverlässig bestimmt werden. Neben der Bestimmung jeweils nur eines Elementes durch die flammenlose AAS sehen wir auch für eine — allerdings begrenzte — Multielementbestimmung gute Möglichkeiten durch eine optimierte Variante der Laser-Mikroemissionsspektrometrie[7]: Die Elektrolytlösung (ca. 20—50 μl) wird in eine Quarzkapillare (Innendurchmesser 0,5—1 mm, Länge 10 mm) gesaugt und mit flüssigem Stickstoff schockgefroren (Abb. 2). Durch Beschuß der Oberfläche der erstarrten Probe mit Impulsen eines semi-Q-switchgesteuerten Laserstrahls, der auf 20—50 μm gebündelt ist, werden Probenanteile verdampft, das Plasma durch Funken- bzw. Mikrowellenentladung zur Lichtemission angeregt und die Elementgehalte mit einem „inneren Standard" in üblicher Weise spektrometrisch mit Variationskoeffizienten $\leq 10\%$ ausgewertet[8]. In der Entwicklung neuer Techniken zum Aufdampfen definierter, sehr dünner Metallschichten auf Reinststoff-Substrate[9] sehen wir einen anderen Weg zur Standardisierung verschiedener Verfahren zur quantitativen Charakterisierung von Oberflächen.

Nach diesem kurzen Exkurs in den Bereich der Oberflächenanalyse noch einige Worte zur Mikrolokalanalyse aus der Sicht der Reinststoff-Forschung: Auch hier lassen sich die verschiedenen Sondentechniken mit Laser-, Elektronen- und Ionenstrahlen nur problemorientiert bewerten. Allerdings steht die Ionensonde in besonderer Gunst, da sie neben sehr guter Auflösung in Fläche und Tiefe für alle Elemente mit Abstand das derzeit beste Nachweisvermögen besitzt. Sie ist z. Z. das einzige Werkzeug — abgesehen von um-

Tabelle 1. Wichtigste Methoden der Oberflächenanalyse und ihre Gegenüberstellung nach S. Hofmann

AES: Auger-Elektronenspektroskopie
ESCA: Elektronenspektroskopie für chemische Analyse
SIMS: Sekundärionen-Massenspektroskopie
ISS: Ionen-Streuungsspektroskopie

	AES	ESCA	SIMS	ISS
Prinzip:				
Anregung	Elektronen	$h\nu$	Ionen	Ionen
Emission	Elektronen (E)	Elektronen	Ionen (e/m)	Ionen (E)
Informationstiefe (Monolagen)	2—10	10	1	1
Nachweisgrenze:				
[ppm]	1000	1000	1	1000
[g/cm²]	10^{-10}	10^{-10}	10^{-13}	10^{-10}
Empfindlichkeits-Unterschiede für verschiedene Elemente (Faktor)	10	10	10^3	10^2
Nachweis:				
Elemente	$Z>2$	$Z>1$	Alle	Alle
Isotope	Nein	Nein	Ja	Ja
Chem. Bindungen	Spezialfälle	Ja	Ja	Nein
Tiefenprofile	Zusätzlich Sputtering	Zusätzlich Sputtering	Ja	Ja

ständlichen mikro-autoradiographischen Verfahren —, das z. B. über Elementverteilungen an Korngrenzen in Konzentrationen des gesamten ppm-Bereichs am ehesten Auskunft geben kann und uns hoffen läßt, den Einfluß von Fremdatomen auf die Korngrenzenbewegung näher untersuchen zu können.

Aber nicht nur in der vielfältig anwendbaren, dreidimensionalen Gradientenanalyse liegt ihre Stärke, sie bietet vom Prinzip der Anre-

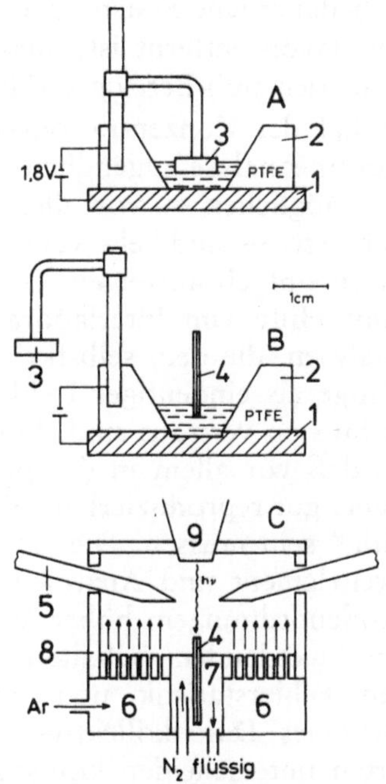

Abb. 2. Schema zur Oberflächenanalyse von Metallen durch Elektropolieren und lösungs-emissionsspektrometrische Elementbestimmung durch Laser-Anregung
A Elektropolieren, *B* Entnahme einer Elektrolytprobe, *C* Laser-Anregung
1 Metallprobe, *2* PTFE-Elektrolysezelle, *3* Kathode, *4* Kapillare, *5* Funkenstrecke, *6* Spülgas, *7* Probenhalterung, *8* Quarzglocke, *9* Lasermikroskop

gung, der Signaltrennung und der Signaldetektion her ebenfalls beste Voraussetzungen für eine sehr nachweisstarke instrumentelle Multielement-bulk-Analyse mit großen Vorteilen für eine konstantere Probenanregung gegenüber der herkömmlichen Festkörpermassenspektroskopie mit Funken-, Bogen- oder Laseranregung. Allerdings wird man, wie auch bei jeder anderen instrumentellen Direktmethode, noch auf längere Sicht auf verläßliche Standard-Bezugsproben angewiesen sein. Auch bei dieser Entwicklung einer besseren

Quantifizierung der FMS wird das Reinststoff-Konzept eine entscheidende Hilfe leisten können. Damit schließt sich der Kreis wieder zur bulk-Analyse und ihren Problemen.

Wurde bislang nur ihre wenig detaillierte Aussage betont, so muß spätestens jetzt dieses Bild korrigiert werden. Es ist festzuhalten, daß uns nur die bulk-Analyse zu zuverlässigen stofflichen Bezugspunkten führt, die alle bisher erwähnten instrumentellen Methoden für Anwendung und Weiterentwicklung benötigen. Gleichzeitig müssen wir die bedauerliche Feststellung hinnehmen, daß man auch heute noch weit davon entfernt ist, diese analytische Grundforderung allgemein für den ppb-Bereich erfüllen zu können[10].

Damit wird pauschal der Konzentrationsbereich angesprochen, der noch nicht der Routineanalyse zugänglich ist. Die Vorstellungen über die Grenzen des Möglichen — vor allem hinsichtlich der Zuverlässigkeit der Ergebnisse — sind sehr verschwommen. Sie lassen sich heute jedoch relativ einfach aufzeigen — aktualisiert durch die Umweltanalytik — mit Hilfe von Interlaboratoriums- bzw. Intermethodenvergleichsanalysen, die dem selbstkritischen Analytiker allerdings schon sehr lange als eindeutiger Indikator für die Richtigkeit von Analysenergebnissen vertraut sind. Immer mehr Ringuntersuchungen bestätigen, daß vor allem in der ppb-Spurenanalyse mit *einer* Methode erhaltene, gut reproduzierbare Ergebnisse keineswegs auch unbedingt „richtig" sein müssen. Die wahren Gehalte können je nach Matrix, Spurenelement und Analysenmethode im Extremfall um mehrere Größenordnungen höher oder niedriger liegen. Auch steigt mit kleiner werdenden Gehalten das Risiko, daß sich die mit der üblichen Fehlerstatistik und mit Ausreißertest errechneten Mittelwerte eines Datenkollektivs u. U. noch erheblich von den wahren Werten unterscheiden können. Diese Problematik in der Reinststoffanalytik — und allgemein in der extremen Spurenanalyse —, daß methodische bzw. systematische Fehler die Ergebnisse wesentlich stärker beeinflussen können, als statistische, fordert gegenüber der herkömmlichen Analytik abweichende Denk- und Arbeitsweisen[10–12].

Dies führt gelegentlich zu Verständigungsschwierigkeiten, wenn neue Verfahrenstechniken oder Güteziffern von herkömmlichen Verfahren und ihre analytische Realität in der Anwendung mit Daten-Konsumenten, aber auch unter analytischen Fachkollegen selbst diskutiert werden.

Unsere Auffassung über die Lösung reinststoff-analytischer Probleme soll nun anhand einiger Beispiele der bulk-Analyse von Reinst-Niob veranschaulicht werden: Kernproblem Nr. 1 bildet — wie schon angedeutet — die Verminderung systematischer Fehler.

Praktisch alle spektrometrischen Direktverfahren, die für eine Multielementanalyse von Reinststoffproben geeignet wären, wie INAA, FMS, aber auch OES, weisen vor allem beim 1. Schritt — der Probenanregung zu analytisch auswertbaren Signalen — viele systematische Fehlerquellen auf, die letztlich alle auf Querstörungen durch Matrix- und andere Begleitelemente zurückzuführen sind. Systematische Fehler lassen sich deshalb nur dann weitgehend ausschalten

Tabelle 2. Bestimmung von Verunreinigungen in Niob durch Protonenaktivierung Vergleich der Nachweisgrenzen (ppm) mit anderen Methoden nach[15]

Spurenelement	IPAA	INAA	OES	Optimale Lösungsverfahren
Titan	0,04	Nicht bestimmbar	40	6
Vanadium	0,15	Nicht bestimmbar	7	—
Chrom	0,05	0,6	4	—
Eisen	0,1	20	10	0,3
Zirkon	0,4	—	4	20
Molybdän	0,2	0,3	10	0,5
Wismut	0,03	0,2	—	5
Hafnium	0,15	0,05	60	40
Tantal	4,5	0,005	80	0,4
Wolfram	0,3	0,04	10	0,5

bzw. kompensieren, wenn Eichstandards zur Verfügung stehen, die der unbekannten Probe in der Zusammensetzung sehr ähnlich sind. Diese Voraussetzung läßt sich zwangsläufig um so weniger erfüllen, je ausgefallener die Matrix und je niedriger die interessierenden Konzentrationsbereiche der in ihr zu bestimmenden Elemente sind. Die nachweisstarke Bestimmung von Ta und W in Reinst-Niob ließ sich nur durch INAA erreichen[13]. Für die Erfassung noch weiterer Elemente genügte allerdings die Nachweisstärke dieser Methode nicht mehr.

Auch durch Aktivierung der Proben mit energiereichen Zyklotron-Neutronen (>14 MeV)[14] und Protonen[14,15] konnte das Spektrum der bestimmbaren Elemente um einige erweitert werden (Tabelle 2). In den meisten Fällen war eine Absicherung der Richtigkeit der Analysendaten bisher nur durch systematisches Variieren der Eichverfahren, durch Probenaufstockung und durch Vergleichsanalysen mit anderen Laboratorien möglich. Sie scheint zwar hinreichend, jedoch steht eine Garantie für die Richtigkeit der Ergebnisse nach unseren Erfahrungen noch solange aus, bis die Werte wenigstens durch ein zweites, völlig unabhängiges Analysenprinzip bestätigt sind.

Die erste und wichtigste Regel in der Reinststoffanalytik besagt demnach, daß bei Fehlen zuverlässiger Standardproben die Ergebnisse eines spektrographischen Direktverfahrens erst dann mit an Sicherheit grenzender Wahrscheinlichkeit als richtig angesehen werden dürfen, wenn wenigstens ein in allen Verfahrensschritten unterschiedliches, weiteres Verfahren zu statistisch signifikant gleichen Werten führt.

Da auch FMS und die weniger universelle und auch weniger nachweisstarke OES nur so verläßlich sind, wie die — in der Reinststoff-Analytik leider noch nicht verfügbaren — Eichstandards, blieb nur die Möglichkeit des Umweges, Interelementeffekte bei der Anregung auszuschalten. Deshalb räumten wir seit Beginn unseres Reinststoff-Projektes sog. Verbundverfahren[16], bei denen die Elementspuren erst von der Matrix und eventuell anderen störenden Begleitelementen isoliert werden, Priorität ein, obwohl damals vielerorts propagiert wurde, solche aus Aufschluß, Trennung und Bestimmung zusammengesetzte Verfahren, wie sie in der klassischen Analyse üblich sind, durch weniger umständliche, instrumentelle Direktverfahren zu verdrängen.

Auch stand außer Zweifel, daß solche Verbundverfahren mit vielen zusätzlichen systematischen Fehlerquellen behaftet sind, wie das Nachweisvermögen begrenzende Kontaminationen oder Wechselwirkungen der sehr kleinen zu bestimmenden Absolutmengen an Phasengrenzflächen (Adsorptions- bzw. Desorptionseffekte), die besonders bei der Manipulation sehr verdünnter Analysenlösungen ins Gewicht fallen[16].

In Kenntnis dieser prinzipiellen Schwierigkeiten diskutierten wir bereits vor 10 Jahren die Randbedingungen[17], die es erlauben sollen, solche Verbundverfahren so zu optimieren, daß sie helfen, die Grenzen der instrumentellen Direktverfahren nicht nur an Zuverlässigkeit, sondern auch an Nachweisstärke und Universalität wesentlich zu überschreiten.

Das Ergebnis waren selbstverständliche und triviale Regeln, deren Originalität eigentlich nur darin bestand, sie konsequent zu verwirklichen:

„Systematische Fehler von Verbundverfahren sind minimal, wenn nur die unbedingt erforderlichen Teiloperationen bei möglichst engem Verbund in Reaktionsräumen mit kleinster Oberfläche bei möglichst niedriger Temperatur ablaufen. Alle Gerätewerkstoffe müssen möglichst indifferent sein. Es darf nur ein Minimum an leicht hochrein zu erhaltenden Reagenzien bzw. Hilfsstoffen verwendet werden. Auch sind alle Kontaminationen des Systems durch die Laboratoriumsluft weitgehend auszuschließen. Jeder Teilschritt eines solchen Verfahrens ist sorgfältig auf seine analytische Ausbeute zu untersuchen, wenn möglich unter Einsatz von Radiotracern[12,16]."

Damit stand fest, daß bei diesem Konzept wesentliche Verbesserungen des Nachweisvermögens nur mit großem experimentellem Aufwand — also relativ hohen Kosten und sorgfältiger Detailarbeit — zu erkaufen sind.

Die wohl wichtigste Voraussetzung bestand in der Einrichtung staubarmer und staubkontrollierter Arbeitsplätze, in deren Bereich die Konzentrationen besonders häufiger Elemente des Laborstaubs, wie z. B. Si, Al, Ca, Na, K, NH_4^+, Mg, Fe, Cu, Zn, B, P, S, C u. a. wenigstens um den Faktor 1000 gesenkt werden konnten. Mittlerweile verfügen wir über eine solche Einrichtung, und beherrschen bereits in vielen Fällen die Arbeitstechniken zur wesentlichen Senkung der Blindwertpegel[11,12].

Als geeignete Gerätewerkstoffe haben sich nur Quarz, PTFE und Polypropylen bestätigt, wobei das zunächst vielversprechende PTFE inzwischen ganz eindeutig die Grenzen seiner Einsatzmöglichkeit als Gefäßmaterial — besonders für Säureaufschlüsse unter erhöhtem Druck[18] — hinsichtlich Reinheit und Beständigkeit erkennen läßt. Dies ist Anlaß zur Suche nach neuen geeigneteren, chemisch indifferenten und temperaturbeständigen Werkstoffen, z. B. Glaskohlenstoff[19].

Auch die Palette der verwendbaren Chemikalien ist äußerst klein; es kommen nur noch solche in Frage, die sich wie Wasser, HF, HCl, HNO_3, NH_3-Wasser oder org. Lösungsmittel, hochrein herstellen lassen[16,20]. Weitere spezielle Reagenzien müssen von Fall zu Fall problemorientiert gereinigt werden.

Da bei allen Verbundverfahren angestrebt wird, die von der Matrix abgetrennten Elementspuren möglichst nachweisstark zu bestimmen, stellt sich immer das Problem, kleinste Absolutmengen der Elemente im ng- oder pg-Bereich zu transferieren, zu dosieren oder zu bestimmen. Hierfür hat sich der reiche Erfahrungsschatz der Mikro- und Ultramikroanalyse bestens bewährt[17,20,21].

Diese allgemeinen Gesichtspunkte der extremen bulk-Analyse sollen im folgenden an einigen praktischen Beispielen etwas veranschaulicht und vertieft werden.

Bei der bereits erwähnten Beeinflussung des Restwiderstandes von Reinst-Niob durch z. B. interstitiell gelösten Stickstoff soll nur — ohne auf den metall-physikalischen Hintergrund[6] näher einzugehen — in Erinnerung gebracht werden, daß die Beweglichkeit der freien Elektronen in einem Metall vor allem von den Wechselwirkungen mit den Gitterschwingungen abhängt. Ein perfektes Gitter besitzt den Idealwiderstand $\varrho_i{}^{(T)}$ bei einer bestimmten Temperatur. Die zusätzliche Streuung der Elektronen an strukturellen Defekten folgt bei geringen Konzentrationen der Matthiessenschen Regel:

$$\varrho_{\text{tot}} = \varrho_i{}^{(T)} + \varrho_L + \varrho_V + \varrho_{KG} + \varrho_{OF} + \varrho_{FA}$$

In unserem Fall interessiert in erster Linie der letzte Term, der den Einfluß durch Fremdatome — hier durch N — berücksichtigt. Die anderen strukturell bedingten Terme für Leerstellen (L), Versetzungen (V), Korngrenzen (KG) und Oberfläche (OF) gehen bei weitgehend perfekten Einkristallen (Ausglühen der Probe), gegen Null, so daß nur noch der letzte Beitrag den Idealwiderstand ϱ_i erhöht. Durch Widerstandsmessungen an Drähten und Stäben aus Reinst-Niob und an mit N dotiertem Reinst-Niob bei normaler Temperatur und 4,2 K kann der Widerstandsanteil des Stickstoffs bzw. auch anderer interstitieller Fremdatome wie B, C, O u. a. bestimmt werden. Umgekehrt kann durch Messung des Restwiderstandsverhältnisses bei genau bekanntem ϱ_{FA} die Stickstoffkonzentration in einer Reinst-Niobprobe bestimmt werden.

Dieses stark vereinfachte Bild soll nur das analytische Problem demonstrieren. Ohne zuverlässige Bestimmung kleinster Stickstoffgehalte in Reinst-Niob besteht kaum eine Chance, die eben erwähnten Zusammenhänge eindeutig zu klären.

Die Abb. 3 charakterisiert unsere analytische Ausgangsposition, die hier durch eine erst kürzlich durchgeführte Ringuntersuchung, die Bestimmung des N-Gehaltes in einer Wolframprobe mit herkömmlichen Methoden, dargestellt wird. Selbst für den ppm-Bereich ergeben sich noch so große Streuungen zwischen den einzelnen Laboratorien, daß mit den herkömmlichen Methoden unser Problem nicht zu lösen war.

Unter den diskutierten Gesichtspunkten einer optimalen Reduzierung der systematischen Fehler, die für die starken Streuungen verantwortlich zu machen sind, suchten wir nach neuen Wegen. Zunächst wurde ein Heißextraktionsverfahren entwickelt[22], bei dem die Probe in frei schwebender Position — also tiegelfrei — in einem HF-Feld aufgeschmolzen wird.

Diese Technik brachte mit Abstand die kleinsten Blindwerte, die zu einem extrem guten Nachweisvermögen beitrugen. Die eigentliche nachweisstarke Bestimmung des isolierten Stickstoffes durch Quadrupol-Massenspektrometrie im UHV stellte trotz des beträchtlichen Aufwandes nur ein Teilproblem dar. Ebenso schwierig war es, diese relative Methode[23] absolut zu eichen, da auch hierfür keine verläßlichen Eichstandards zur Verfügung standen. Die Möglichkeit, diese Methode durch genaue Gasdosierung zu eichen, berücksichtigt nicht systematische Fehler, die bei der Extraktion auftreten können. Hier

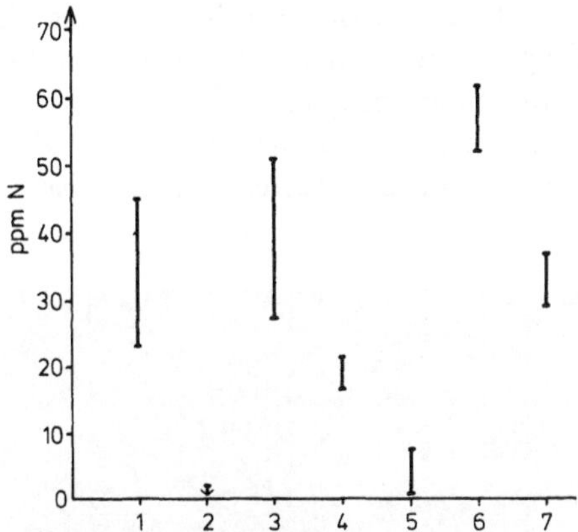

Abb. 3. Ergebnisse einer Ringuntersuchung zur Bestimmung von Stickstoff in Wolfram

Nr. 2 und 5: Heißextraktionsverfahren; Nr. 1, 3, 4, 6 und 7: Kjeldahl-Verfahren

half nur das klassische Kjeldahlprinzip weiter — ein leicht eichfähiges, chemisches Verbundverfahren. Dazu mußte die herkömmliche Kjeldahlmethode um mehr als eine Größenordnung im absoluten Nachweisvermögen verbessert werden. Der erste Schritt für diese Optimierung bestand darin, die beim Lösen der Probe besonders häufig auftretenden systematischen Fehler und vor allem Blindwerte durch ein neues Aufschlußverfahren wesentlich zu reduzieren. Ein Verfahren zur Lösung der Probe (max. 500 mg) in reinster Flußsäure in einem PTFE-Druckgefäß brachte uns nicht nur in diesem Fall, sondern auch für viele Bestimmungsverfahren anderer Elemente die erste Voraussetzung. Auch bei allen weiteren Verbesserungen befolgten wir streng die erwähnten wichtigsten Grundregeln für die extreme Spurenanalyse. Nach Isolierung des durch Natronlauge aus der Aufschlußlösung freigesetzten Ammoniaks durch eine Wasserdampf-Kreislaufdestillation folgt eine coulometrische Titration des Ammoniaks direkt in der Destillationsvorlage in einem möglichst kleinen Bestimmungsvolumen (ca. 2 ml) mit biamperometrischer Endpunktbestimmung[24].

Aussehen und Arbeitsweise der neuen automatisierten Anordnung (Abb. 4) haben allerdings nur noch wenig gemeinsam mit der gewohnten Kjeldahl-Apparatur. Erst jetzt erlaubten die durch zwei unabhängige Methoden abgesicherten analytischen Daten, die Restwiderstandsmessungen in Reinst-Niob eindeutig zu interpretieren.

Wie aus der Gegenüberstellung der N-Gehalte nach M. Winterkorn et al.[23] hervorgeht, weist die N-Bestimmung durch Restwiderstandsmessungen die geringste Streuung auf, gefolgt vom Kjeldahl-Verfahren. Das Heißextraktionsverfahren weist die größte Streubreite auf. Allerdings dürfen wir nicht übersehen, daß es auch für um 1—2 Größenordnungen niedrigere Gehalte praktisch die gleiche relative Standardabweichung aufweist und somit als Anschlußverfahren für den Extrembereich am besten geeignet ist.

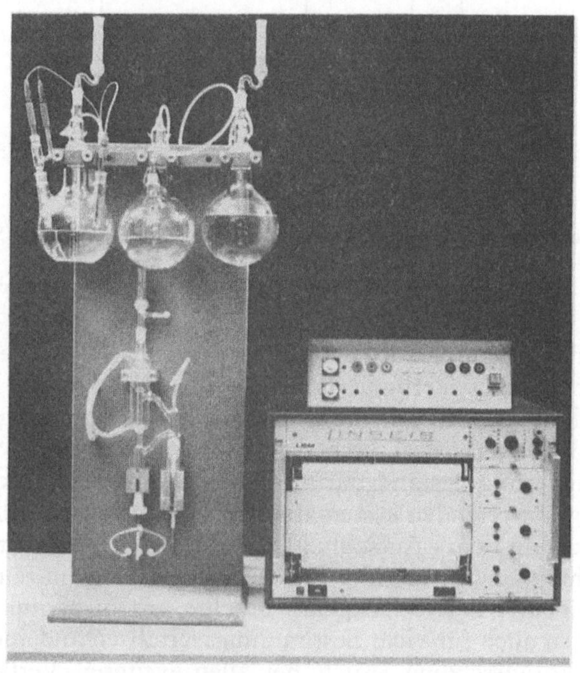

Abb. 4. Optimierte Kjeldahl-Apparatur zur Bestimmung von N-Gehalten im ppm- und ppb-Bereich in Metallen nach einem Kreislaufdestillationsverfahren und coulometrischer Titration des abgetrennten Ammoniums nach [24]

Beim 2. Beispiel geht es um die Bestimmung kleinster Bor-Gehalte in Reinst-Niob und anderen Sondermetallen wie W, Mo, Ta, Zr, Ti usw.

Bei uns steht die Bor-Analytik wieder in erster Linie im Zusammenhang mit Fragen des Elektrotransportes und weiteren Eigenschaftsuntersuchungen, doch rangiert eine zuverlässige Borbestimmung auch aus vielen anderen Gründen am Anfang unserer Prioritätenliste der Reinststoffanalytik.

Auch dieses Beispiel demonstriert den weiten Weg zur Lösung einer problemorientierten analytischen Aufgabe. Die Entwicklungsarbeiten begannen wie beim Stickstoff bereits vor mehr als sechs

Tabelle 3. Abtrennung und Bestimmung von Bor-Spuren in Niob

Bestimmung	Abtrennung	Nachweisgrenzen absolut [μg]	bez. auf 0,5 g Einwaage [ppm]	Bemerkungen
Flammenspektralphotometrie	1. Methylester-Destillation	—	—	Ungeeignet für HF-saure Aufschlußlösungen; B-Verluste beim Eindampfen
	2. Extraktion von $[BF_4]^-$ mit TPA, Eindampfen, Aufnehmen mit DMSO oder Acetonitril	20	40	
Spektralphotometrie	BF_3-Destillation Extraktion von $[BF_4]^-$: 1. Methylenblau/Dichlormethan-THF 2. Nilblau/Dichlorbenzol-Methanol	0,05	2	Hohe und schwankende Blindwerte; F^-- und Säurekonzentration beeinflussen Bestimmung
Plasma-Emissions-Spektrometrie (CMP)	BF_3-Destillation, Extraktion von $[BF_4]^-$: Tetrabutylammoniumhydroxid/MIBK	0,025	0,5	
Emissionsspektrographie mit Glimmentladung	BF_3-Destillation, Extraktion von $[BF_4]^-$: 1. Ag-Pulver-Tablette	0,06	0,1	
	2. Edelmetall-Hohlkathode	< 0,001	< 0,1	

Jahren und informierten uns während des größten Teils dieses Zeitraums nur darüber, was nicht geht. Alle herkömmlichen Trenn- und Bestimmungsverfahren über Borsäure oder Borate mußten wir trotz großer Mühe, die wir investierten, vergessen. Gründe hierfür waren unzureichende Nachweisgrenzen oder große systematische Fehlerquellen, die schon beim Lösen der Probe begannen. Konzentrieren wir uns wieder auf das Niob. Um es rasch in Lösung zu bringen, ohne zu hohe Blindwerte einzubringen oder bereits beim Lösevorgang Bor durch Verflüchtigung zu verlieren, blieb uns nur der Aufschluß mit reinster Flußsäure in einem PTFE-Druckgefäß, der bereits beim N erwähnt wurde.

Für die Abtrennung der Bor-Spuren von der Matrix bot sich die Flüchtigkeit des BF_3 an. Damit war die sinnvollste Konsequenz ein kombiniertes Aufschluß- und Verflüchtigungsverfahren in einer PTFE-Apparatur ebenso, wie es dies für die Abtrennung kleinster Si-Spuren war[12]. Somit reduzierte sich das analytische Problem auf die Bestimmung des abgetrennten Bors neben Si und nur noch wenigen anderen, ebenfalls als Fluoride flüchtigen Elementspuren (Ge, As, Se, Sb u. a.) in flußsauren Lösungen. Diese Aufgabe wurde zunächst ebenfalls mit bekannten lösungsspektralphotometrischen und flammenspektralphotometrischen Methoden zu lösen versucht (Tabelle 3), deren Grenzen sich allerdings bald aus den in der Tabelle angegebenen Gründen abzeichneten. Es gelang nicht, die durch nicht konstant zu haltende Flußsäuremengen bedingten Querstörungen auszuschalten.

Deshalb wurden wir auch hier gezwungen, nach neuen Bestimmungsprinzipien zu suchen, die wir schließlich in 2 emissionsspektrometrischen Verfahren für den ng-Bereich fanden.

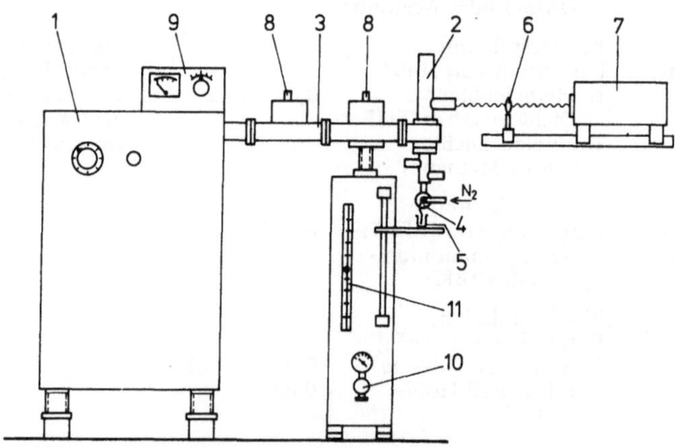

Abb. 5. Kapazitiv-gekoppelter Mikrowellenplasmabrenner (CMP) — Gesamtaufbau
1 Mikrowellengenerator (2,45 GHz, 300 W Effektivleistung), *2* Brenner (vergoldet), *3* Rechteckhohlleiter, *4* Zerstäuber (pneumatisch, ultrabeschallt), *5* Analysenlösung, *6* Sammellinse, *7* Spektrometer, *8* Richtkoppler, *9* Leistungsmeßgerät, *10* Druckminderer, *11* Gasströmungsmeßgerät

Beim ersten Verfahren wird die borhaltige Lösung nach der Abtrennung in ein durch Mikrowellen angeregtes Stickstoffplasma gesprüht[25]. Die Abb. 5 zeigt die Gesamtanordnung. Details des entwickelten Brenners sind Abb. 6 zu entnehmen. Die Lösung (ca. 50 μl) wird in eine Ultraschallkammer injiziert und gelangt als Aerosol in das Plasma. Beim 2. Verfahren (Abb. 7) wird das mit einer speziellen Eindampftechnik homogen in eine Ag-Pulver-Tablette eingebrachte Bor in einer Glimmentladungslampe nach Grimm in fester Form oder in einer Hohlkathode aus Silber angeregt[26].

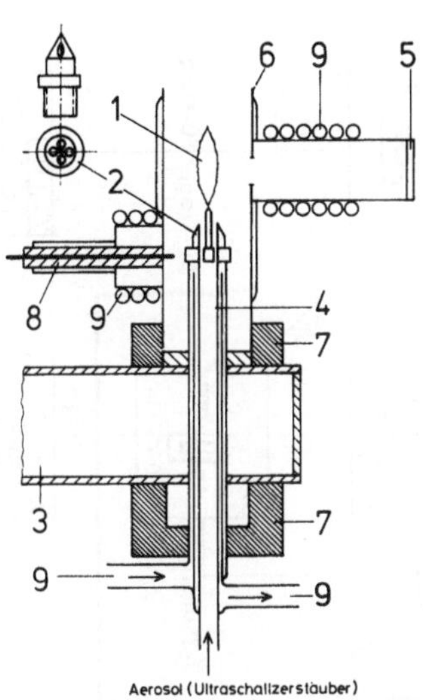

Abb. 6. Mikrowellen-Plasmabrenner — Querschnitt
1 Plasma, *2* Brennerspitze, *3* Rechteckhohlleiter, *4* Aerosol-Zuführung (PTFE), *5* Austrittsspalt mit Quarzfenster (in der Höhe verstellbar), *6* Brennermantel (Wasserkühlung), *7* Grundwellenfilter, *8* Zündkabel, *9* Wasserkühlung

Ohne hier auf experimentelle Einzelheiten weiter einzugehen, sollen nur die Hauptschwierigkeiten summarisch zusammengefaßt werden: Ausschaltung von Blindwerten, Vermeidung von Borverlusten durch Verflüchtigung, Ausschluß des störenden Einflusses der Flußsäure, Querstörungen kleinster Mengen Kohlenstoff durch Carbidbildung, Koinzidenz von Gasbanden bei der spektrometrischen Bestimmung.

Auch dieses Beispiel zeigt, daß wir erst nach langjährigen analytischen Vorarbeiten mit den eigentlichen Eigenschaftsuntersuchungen beginnen können. Weiterhin demonstriert es ganz eindeutig die Grenzen der herkömmlichen Trennmethoden in der Spurenanalyse. Die systematischen Fehlerquellen, die — wie wir gesehen haben — mit kleiner werdenden zu bestimmenden Absolutmengen immens zunehmen, lassen bei solchen Verbundverfahren nur noch wenige Wege offen. Hier führte die Verflüchtigung des zu bestimmenden Elementes beim Probenaufschluß zum Ziel.

Diesem bereits alten Prinzip der „Verdampfungsanalyse" — also einer Abtrennung der Elementspuren von nichtflüchtigen Matrixelementen über die Gasphase — kommt ganz allgemein in der Reinststoffanalytik allergrößte Bedeutung zu. Bereits klassische Beispiele sind die destillative Abtrennung von Zn, Cd, Pb, Tl, Bi, Be u. a.[16]. Kürzlich gelang auch die quantitative Abtrennung von Hg[10] und Se[27]

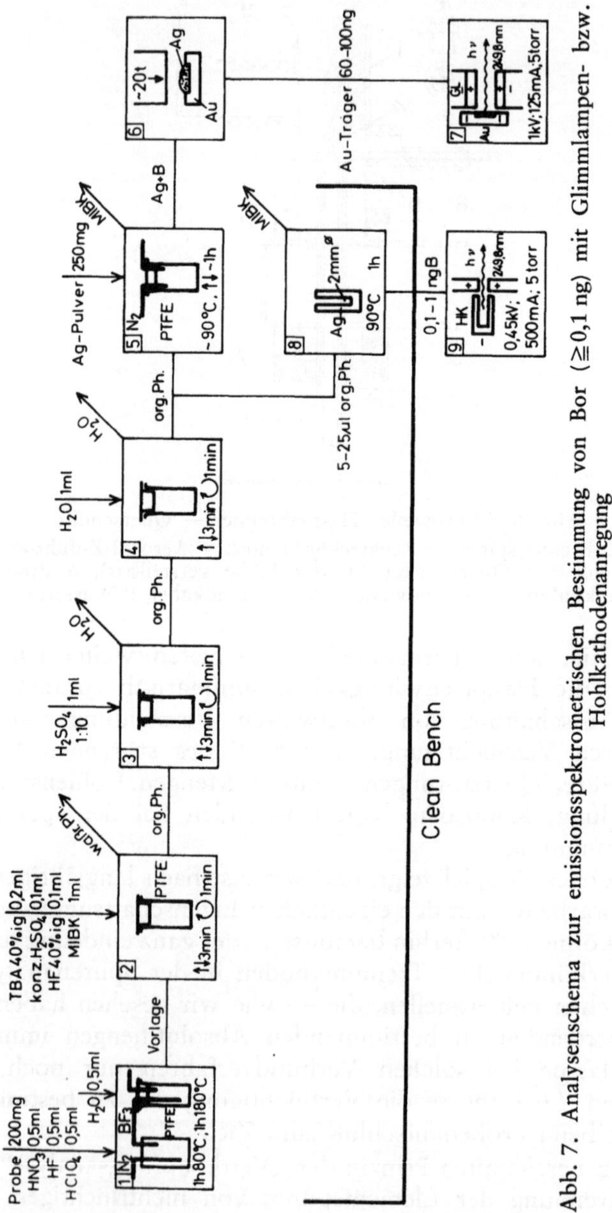

Abb. 7. Analysenschema zur emissionsspektrometrischen Bestimmung von Bor (≧0,1 ng) mit Glimmlampen- bzw. Hohlkathodenanregung

im pg-Bereich von verschiedenen Matrices, z. B. von Reinstkupfer. Noch viele weitere Anwendungen sind erfolgversprechend, von denen hier nur eine unkonventionelle Bestimmungsmethode für geringste Phosphorgehalte in Niob und anderen hochschmelzenden Metallen kurz angedeutet werden soll: Die Niobprobe (ca. 500 mg)

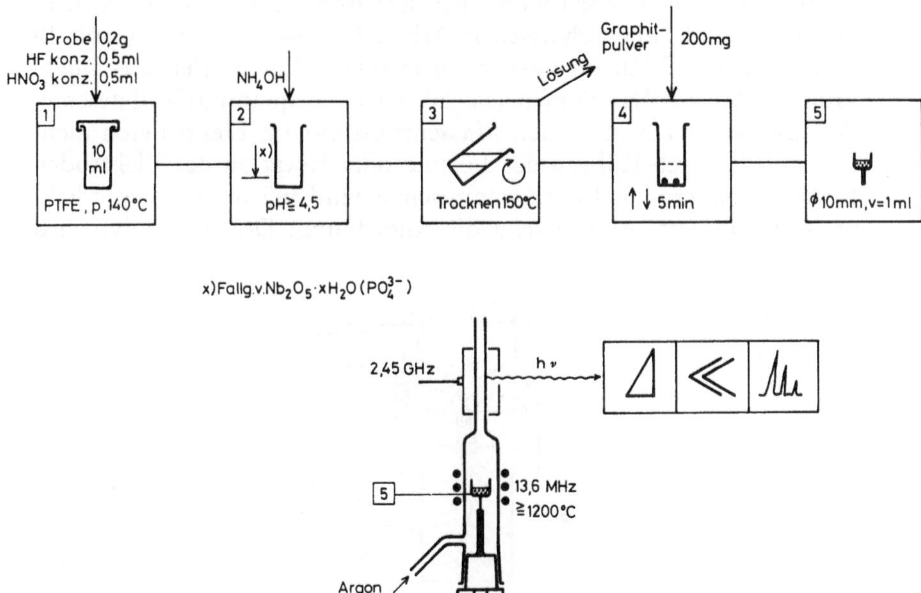

Abb. 8. Analysenschema und Anordnung zur thermochemischen Reduktion von Phosphat mit Graphit und emissionsspektrometrischen Bestimmung des Phosphors nach Anregung in der Gasphase durch Mikrowellen (MIP)

wird in einem Minimum an reinsten Säuren in einer PTFE-Druckbombe gelöst. Aus dieser Lösung, in der das Niob als stabiler Fluorokomplex vorliegt, kann durch partielles Neutralisieren eine kleine Menge an Niobsäure gefällt werden, die, wie Radiotracermengen mit ^{32}P zeigten, das gesamte Phosphat mitfällt. Nach dem Abtrennen und Trocknen des Niederschlages setzt man Graphitpulver zu und erhitzt das Gemisch in einem Graphittiegel durch induktive HF-Heizung auf $> 1200^0$ C (vgl. Abb. 8). Phosphat wird dabei zu elementarem Phosphor reduziert, analog dem Verfahren der technischen Phosphorherstellung. In unserem Fall überführt man die freigesetzten Phosphorspuren mit Hilfe eines Trägergases (z. B. Ar) unmittelbar in das Detektorsystem, das sich direkt über dem Reaktionsraum befindet. Hier wird das Trägergas zusammen mit den Phosphorspuren in einem Mikrowellen (MIP)- oder HF-Feld zu einem Plasma angeregt, das in einer Quarzkapillare geführt wird. Der Phosphor kann dann noch in pg-Mengen emissionsspektrometrisch bestimmt werden.

Außer im Verdampfungsprinzip sehen wir auch in der elektrolytischen Anreicherung und Trennung von Elementspuren eine bevorzugte Möglichkeit, die Nachweisgrenzen von Verbundverfahren in speziellen Fällen noch wesentlich herabzusetzen. So konnten z. B. in einer gerade abgeschlossenen Arbeit[28] selbst pg-Mengen von Bi und Fe, Co und Zn im ng-Bereich in relativ kurzer Zeit aus einem größeren Elektrolytvolumen (ca. 50 ml) noch quantitativ abgeschieden werden, wenn man den Massentransport im Elektrolyten nicht wie üblich durch Rühren der Lösung oder Rotation der Elektroden besorgt, sondern im hydrodynamischen Fluß bei hohen Stromdichten elektrolysiert. Abb. 9 zeigt die Anordnung: Der Elektrolyt wird

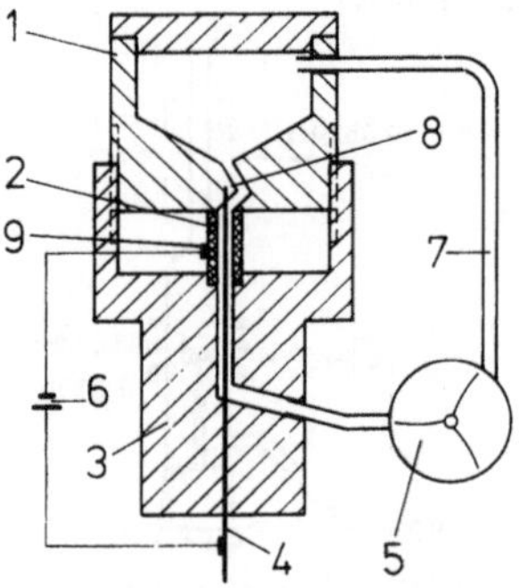

Abb. 9. Anordnung zur elektrolytischen Abscheidung von Elementspuren im hydrodynamischen Fluß

1 Elektrolyt-Vorratsgefäß (PTFE, ca. 50 ml), *2* Graphitrohrkathode (Länge 9 mm, Außendurchmesser 5 mm, Innendurchmesser 2,8 mm), *3* Halterung für Anode und Kathode, *4* Pt/Ir-Kathode (Durchmesser 1,5 mm), *5* Pumpe aus PTFE, *6* Stromquelle (6 V), *7* Pumpkreislauf aus PTFE-Schlauch, *8* Führung der Anode, *9* Pt-Kontakt für Kathode

mit Hilfe einer PTFE-Pumpe (5) in einem Kreislaufsystem durch einen zylindrischen Kathodenraum aus Graphit (2) rasch bewegt. Die Anode aus Pt/Ir befindet sich zentrisch in der Graphitrohr-Kathode. Ein nur geringer Abstand von 0,7 mm zwischen Kathode und Anode erlaubt, mit hohen Stromdichten von ca. 50 A/dm² zu elektrolysieren. Durch den starken Elektrolytdurchsatz von ca. 20 ml/min im engen Elektrolyseraum werden Störungen durch Gasentwicklung weitestgehend vermieden. Auf diese Weise ließen sich z. B. noch 0,01 ppb Bi aus einer ammoniumfluoridhaltigen Lösung in 90 min zu besser als 98% an der Kathode abscheiden (Abb. 10).

Es liegt nahe, die Geometrie der Röhrenkathode so zu wählen, daß die in ihrem Innern abgeschiedenen Metalle unmittelbar z. B. durch flammenlose AAS sicher bestimmt werden können. Aber auch emissionsspektrometrische und aktivierungsanalytische Bestimmungen bereiten keine Schwierigkeiten.

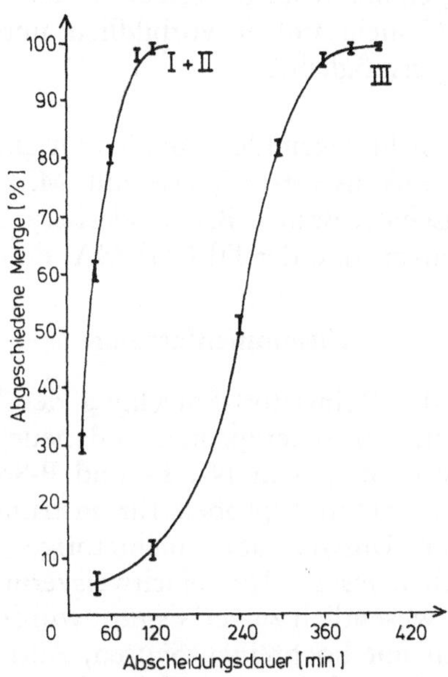

Abb. 10. Abscheidung von 0,5 ng ^{207}Bi in Abhängigkeit von der Elektrolysedauer I aus 10%iger NH_4F-Lösung, pH=5; II wie I+100 μg Bi; III wie I+100 μg Cu; Elektrolysebedingungen: 40 ml Elektrolyt, 5,0 V, 400 mA

Somit ergibt sich für die Bestimmung abscheidbarer Elemente in Gegenwart nicht abscheidbarer Matrixelemente (z. B. Be, Nb, W) in großem Überschuß der folgende einfache Verfahrensverbund: Die Probe (100—500 mg) wird in einer minimalen Menge hochreiner Flußsäure (ca. 2—3 ml) in einem PTFE-Druckgefäß gelöst. Nach Neutralisation der überschüssigen Flußsäure mit hochreinem Ammoniakwasser wird die Aufschlußlösung mit reinstem Wasser verdünnt. Daran schließt sich unmittelbar die elektrolytische Anreicherung der Elementspuren in der Graphitrohrelektrode, die z. B. zur direkten Bestimmung der Elemente als Graphitrohrofen für die flammenlose AAS eingesetzt werden kann. Zur Reduzierung systematischer Fehler konnten wiederum alle postulierten Regeln in fast idealer Weise berücksichtigt werden.

Mit diesem letzten Beispiel, möchte ich den Überblick abschließen. Er sollte zeigen, daß die Analytik im extremen Spurenbereich ein wertvolles Hilfsmittel sein kann, neue Forschungsbereiche der Metallkunde und Metallphysik zu erschließen. Der Erfolg ist allerdings mehr denn je abhängig von der Bereitwilligkeit zur interdisziplinären Zusammenarbeit von Metallkundlern, Metallphysikern und Analytikern. In diesem Sinne gilt mein ganz besonderer Dank allen meinen Kollegen und Mitarbeitern des Laboratoriums für Reinststoffe, die diese Gemeinsamkeit vorbildlich unter Beweis stellten und diesen Beitrag ermöglichten.

Die dieser Übersicht zugrunde liegenden Originalarbeiten wurden zum Großteil in dankenswerter Weise mit Mitteln der Deutschen Forschungsgemeinschaft, Bonn – Bad Godesberg, der Stiftung Volkswagenwerk, Hannover, und der DECHEMA, Frankfurt, unterstützt.

Zusammenfassung

An Beispielen der Reinststoff-Forschung des Niobs wurden die Ursachen analytischer Schwierigkeiten und neue Lösungswege vor allem bei der Bestimmung von N-, B- und P-Spuren gezeigt. Das Fehlen zuverlässiger Standardproben für instrumentelle Direktverfahren zwingt zum Umweg über mehrstufige Verbundverfahren, die sich sicher eichen lassen. Um Nachweisvermögen und Richtigkeit der Verfahren wesentlich zu verbessern, wurden spezielle Druck-Aufschlußverfahren mit hochreinen Säuren, Abtrennungen der Elementspuren in der Gasphase und Elektrolyse in enger Kopplung mit nachweisstarken spektrometrischen Bestimmungsverfahren für die isolierten Elementspuren bevorzugt.

Summary

Importance and Possibilities of the Analysis of Purest Metals

The investigation of those physical properties of metals, which are highly influenced by the very low levels of impurities often raises big methodical problems for the reliable analytical characterization of the sample in the bulk and on the surface.

This paper attempts to show, as examples, the origins of the analytical difficulties for the study of the purest-material of niobium and to indicate new ways to solve the problems for the trace determination of N, B and P. Due to the lack of the reliable standards which makes direct instrumental analysis impossible, an alternative way can be adapted via multi-stage analytical processes, which could be well calibrated. The lower the absolute quantities of the trace elements to be determined, the larger the systematic errors of the processes will become. Only limited principles are applicable to improve essentially the limits of detection and the accuracy of the analyses. They base preferably on special pressure-decomposition techniques with high-purity acids, separation of the trace elements in the gas phase and special electrolysis steps coupling with sensitive spectrometric determination methods of the isolated trace elements.

Literatur

[1] E. Rexer, Reinststoffe in Wissenschaft und Technik, Berlin: Akademie-Verlag. 1963. S. 1—14.

[2] M. Balarin, Wissenschaft und Fortschritt **21**, 111 (1971).

[3] P. A. Thiessen, in: Reinststoffprobleme (Herausgeber: M. Balarin), Band IV, Berlin: Akademie-Verlag. 1972.

[4] M. Balarin, 4. Intern. Symp. „Reinststoffe in Wissenschaft und Technik", Dresden, 1975; in: Reinststoffprobleme, Band V, Berlin: Akademie-Verlag, im Druck.

[5] K. Schulze, E. Fromm, W. Grünwald, F. Haeßner, S. Hofmann, R. Kirchheim, K.-D. Rasch, H. Schultz und M. Winterkorn, 4. Intern. Symp. „Reinststoffe in Wissenschaft und Technik", Dresden, 1975; in: Reinststoffprobleme, Band V, Berlin: Akademie-Verlag, im Druck.

[6] K. Schulze, J. Fuß, H. Schultz und S. Hofmann, Z. Metallkunde, **67**, 737 (1976).

[7] R. Kirchheim, U. Nagorny, K. Maier und G. Tölg, Analyt. Chemistry **48**, 1505 (1976).

[8] K. Maier, R. Kirchheim, U. Nagorny und G. Tölg, in Vorbereitung.

[9] M. Schrader, persönliche Mitteilung.

[10] G. Tölg, Naturwiss. **63**, 99 (1976).

[11] G. Tölg, 4. Intern. Symp. „Reinststoffe in Wissenschaft und Technik, Dresden, 1975; in: Reinststoffprobleme, Band 5, Berlin: Akademie-Verlag, im Druck.

[12] G. Tölg, Talanta **21**, 327 (1974).

[13] E. Preisler und H. Stärk, in: Radiochemical Methods of Analysis, Vol. 1, Wien: Intern. Atomic Energy Agency. 1965. S. 61.

[14] W. Bäuerle, V. Krivan und H. Münzel, Analyt. Chemistry **48**, 1434 (1976).

[15] V. Krivan, Analyt. Chemistry **47**, 469 (1975).

[16] G. Tölg, Talanta **19**, 1489 (1972).

[17] G. Tölg, Ultramicro Elemental Analysis, New York: Wiley—Interscience. 1970.

[18] L. Kotz, G. Kaiser, P. Tschöpel und G. Tölg, Z. analyt. Chem. **260**, 207 (1972).

[19] G. Kaiser, L. Kotz, P. Tschöpel und G. Tölg, in Vorbereitung.

[20] G. Tölg, Elemental Analysis with Minute Samples, in: Comprehensive Analytical Chemistry; C. L. Wilson and D. W. Wilson (Eds.); Vol. III, Amsterdam, London, New York: Elsevier. 1975.

[21] G. Tölg, Pure Appl. Chem. **44,** 645 (1975).

[22] W. Grünwald, F. Haeßner und K. Schulze, J. Less-Common Metals **48,** 325 (1976).

[23] M. Winterkorn, K. Schulze und G. Tölg, Mikrochim. Acta [Wien] Suppl. VII, **1977,** 27.

[24] W. Werner und G. Tölg, Z. analyt. Chem. **276,** 103 (1975).

[25] P. Tschöpel, G. Kölblin und G. Tölg, in Vorbereitung.

[26] P. Faßmann (Diplomarbeit, Universität Stuttgart, 1976), P. Tschöpel und G. Tölg, in Vorbereitung.

[27] A. Meyer, E. Grallath, G. Kaiser und G. Tölg, Z. analyt. Chem. 281, 201 (1976).

[28] G. Volland, P. Tschöpel und G. Tölg, Analyt. Chim. Acta, im Druck

Korrespondenz und Sonderdrucke: Prof. Dr. G. Tölg, Max-Planck-Institut für Metallforschung, Katharinenstraße 17, D-7070 Schwäbisch Gmünd, Bundesrepublik Deutschland.

Mikrochimica Acta [Wien], Suppl. 7, 27—39

MIKROCHIMICA
ACTA

Max-Planck-Institut für Metallforschung
Institut für Werkstoffwissenschaften

Die Bestimmung kleinster N_2- und CO-Gehalte in hochschmelzenden Metallen durch tiegelfreie Heißextraktion im Ultrahochvakuum*

Von

M. Winterkorn, K. Schulze und **G. Tölg**

Mit 4 Abbildungen

(Eingegangen am 27. Oktober 1976)

Zur Bestimmung von Sauerstoff und Stickstoff in hochschmelzenden Metallen wird bevorzugt das Vakuum-Extraktionsverfahren im Graphit-Tiegel eingesetzt[1, 2]. Dabei wird der Sauerstoff als Kohlenmonoxid nachgewiesen. Da eine gleichzeitige Analyse von äquimolar gelöstem Kohlenstoff und Sauerstoff mit dieser Methode nicht möglich ist, müssen zusätzliche Verfahren angewendet werden. Zur Kohlenstoffbestimmung hat sich die Verbrennung im Sauerstoffstrom mit relativkonduktometrischem Nachweis des gebildeten Kohlendioxids als leistungsstark erwiesen[3]. Für die Stickstoffanalyse in Niob konnte kein geeignetes Extraktionsverfahren gefunden werden[1], so daß man hier bisher auf die Kjeldahl-Methode bei der Bestimmung kleinster Mengen zurückgreift[4]. In vielen Fällen steht für die Vielzahl von Bestimmungsmethoden jedoch nicht ausreichend Probenmaterial zur Verfügung. Daher sollte die gleichzeitige Bestimmung mehrerer Elemente angestrebt werden. Dazu sind tiegel- und zuschlagsfrei arbeitende Verfahren besonders geeignet[5, 6], weil keine Nebenreaktionen auftreten und die Gasabgabe der Tiegel ver-

* Vortrag anläßlich des 8. Kolloquiums über metallkundliche Analyse mit besonderer Berücksichtigung der Elektronen- und Ionenstrahl-Mikroanalyse, Wien, 27. bis 29. Oktober 1976.

mieden wird[7]. Nachdem die prinzipielle Möglichkeit der tiegelfreien UHV-Heißextraktion mit einem Quadrupol-Massenfilter als Nachweissystem zur Bestimmung von N_2 und CO bis in den Bereich einiger Gew.-ppm gezeigt wurde[6], soll in der vorliegenden Arbeit ihre Anwendbarkeit durch Vergleichsanalysen geprüft werden.

Meßprinzip

Beim isothermen Glühen oder Schmelzen einer gashaltigen Metallprobe im dynamisch erzeugten Ultrahochvakuum gibt die Probe so lange Gas ab, bis sich eine neue, dem Partialdruck $p_i(t)$ entsprechende Konzentration $c_i(t)$ eingestellt hat. Da die freiwerdenden Gasmoleküle fortlaufend aus dem Reaktionsraum entfernt werden, ist die kleinste erreichbare Konzentration $c_i(t_e)$ durch den End-Partialdruck $p_i(t_e) = p_{i0}$ festgelegt. Die zeitliche, druckabhängige Konzentrationsänderung in der Probe hängt außerdem von der Art des vorliegenden Gas-Metall-Systems ab, wie von den Lösungsenthalpien, den Diffusionskoeffizienten, den Geschwindigkeitskonstanten von Phasengrenz-Reaktionen, der Zersetzungsgeschwindigkeit von Verbindungen, der Umlösung von Verbindungen, der Probengeometrie etc. Deshalb soll hier nur die insgesamt abgegebene Gasmenge Q_i aus dem Druckverlauf $p_i(t)$ berechnet werden:

$$Q_i = S_i \cdot \int_{ta}^{te} f \cdot [p_i(t) - p_{i0}] \cdot dt \tag{1}$$

$S_i\ (l \cdot s^{-1})$ ist das von der Gasart i abhängige Saugvermögen der Pumpe, f ein Korrekturfaktor für die Partialdruckmessung und $(t_e - t_a)$ die Entgasungsdauer. Die insgesamt nachgewiesene Gasmenge Q_i stammt nicht allein aus der Probe. Sie kann durch Lecks und durch Desorption von den Wänden in das Nachweissystem gelangen. Die Kenntnis dieser Anteile ist für eine quantitative Analyse notwendig. Sie können durch eine Bilanzbetrachtung angegeben werden. Wie aus Gl. (1) hervorgeht, läßt sich der Druckverlauf $p_i(t)$ aus der zeitlichen Änderung der freigesetzten und abgepumpten Gasmengen berechnen:

$$\frac{dQ_i}{dt}/\text{Rez.} = \frac{dQ_i}{dt}/\text{Probe} + \frac{dQ_i}{dt}/\text{App.} - \frac{dQ_i}{dt}/\text{Pumpe} \tag{2}$$

Dabei bedeutet $\frac{dQ_i}{dt}/\text{Rez.} = V \cdot \frac{dp_i}{dt}$ mit V als Rezipientenvolumen. Der aus der Probe stammende Anteil ist der zeitlichen Konzentrationsänderung proportional und muß für jede Entgasungsreaktion gesondert betrachtet werden:

$$\frac{dQ_i}{dt}/\text{Probe} = -\lambda \cdot \frac{dc_i}{dt}.$$

Da die Rezipientenwände das anfallende Gas gettern oder desorbieren können, und zusätzlich Lecks berücksichtigt werden müssen, spaltet man den Ausdruck $\frac{dQ_i}{dt}/\text{App.}$ zweckmäßigerweise auf:

$$\frac{dQ_i}{dt}/\text{App.} = S_i \cdot p_{i0} \pm \Delta S_i \cdot p_i(t).$$

ΔS_i bedeutet ein zusätzliches, von der Pumpe unabhängiges Saugvermögen. Die alternierenden Vorzeichen bedeuten in der Bilanz eine Getterwirkung (−) oder eine Desorption (+). Für die Bestimmung der Gasmenge Q_i ist es unerheblich, ob das Gas über eine Zwischenreaktion abgegeben wird. Für die von der Pumpe pro Zeiteinheit abgesaugte Gasmenge gilt:

$$\frac{dQ_i}{dt}/\text{Pumpe} = S_i \cdot p_i(t).$$

Hierbei wird vorausgesetzt, daß das Saugvermögen der verwendeten UHV-Pumpen unter 10^{-2} Pa praktisch druckunabhängig ist. Das Saugvermögen hängt aber je nach Prinzip und Bauart der Pumpen von der Gasart i ab, so daß es für jeden Fall gesondert gemessen werden muß.

Die Genauigkeit des Verfahrens wurde an N_2- und CO-dotierten Niob-Proben überprüft, deren Fremdatomgehalte unter der Grenzlöslichkeit des α-Mischkristalls liegen. Für den hier vorliegenden Fall der Reversibilität von Be- und Entgasung gemäß den Reaktionsgleichungen $(N_2) \rightleftharpoons 2\,[N]_\alpha$ und $(CO) \rightleftharpoons [C]_\alpha + [O]_\alpha$* wurde der zeitliche Konzentrationsverlauf für dünne Proben und großes Saugvermögen S_i berechnet[5]:

$$c_i(t) = c_i(t_e) \cdot \text{ctgh}\left[\sqrt{k_1(T) \cdot k_2(T) \cdot p_{i0}} \cdot t + \frac{1}{2} \ln\left(\frac{c_i(t_a) + c_i(t_e)}{c_i(t_a) - c_i(t_e)}\right)\right].$$

Dabei bedeuten $k_1(T)$ und $k_2(T)$ die Geschwindigkeitskonstanten der Be- und Entgasungsreaktion, $c_i(t_a)$ die Anfangs- und $c_i(t_e)$ die Endkonzentration in der Probe.

---

* Die Entgasung von C- und O-haltigen VA-Metallen kann ab 1900° C teilweise auch durch die Bildung flüchtiger Oxide erfolgen[8].

Aufbau der Apparatur

Der schematische Aufbau der UHV-Extraktionskammer geht aus Abb. 1 hervor. Der Edelstahlrezipient wird durch eine Turbo-Molekularpumpe TVP 2000 (Balzers) mit einem Nennsaugvermögen $S_n = 550$ $(l \cdot s^{-1})$ auf einen Enddruck von $p_0 \approx 9 \cdot 10^{-8}$ Pa ($1{,}33 \cdot 10^2$ Pa $\triangleq$ 1 Torr) evakuiert. Die Pumpe ist bis 120° C und der Rezipient bis 400° C ausheizbar. Alle Flanschverbindungen sind mit Golddraht gedichtet. Die Probe wird in einem *wassergekühlten Schiffchen* (1) quasi tiegelfrei induktiv erhitzt. Der zeitliche Verlauf des Partialdruckes $p_i(t)$ wird mit zwei *Quadrupol-Massenfiltern* (2) und der Totaldruck mit einem *Ionisationsmanometer nach Bayard-Alpert* (3) gemessen.

Zur Bestimmung des Saugvermögens S_i der Pumpe am Ort des Nachweissystems, zur Ermittlung der Empfindlichkeiten E_i der Druck- bzw. Partialdruckmeßröhren und zur optimalen Justierung

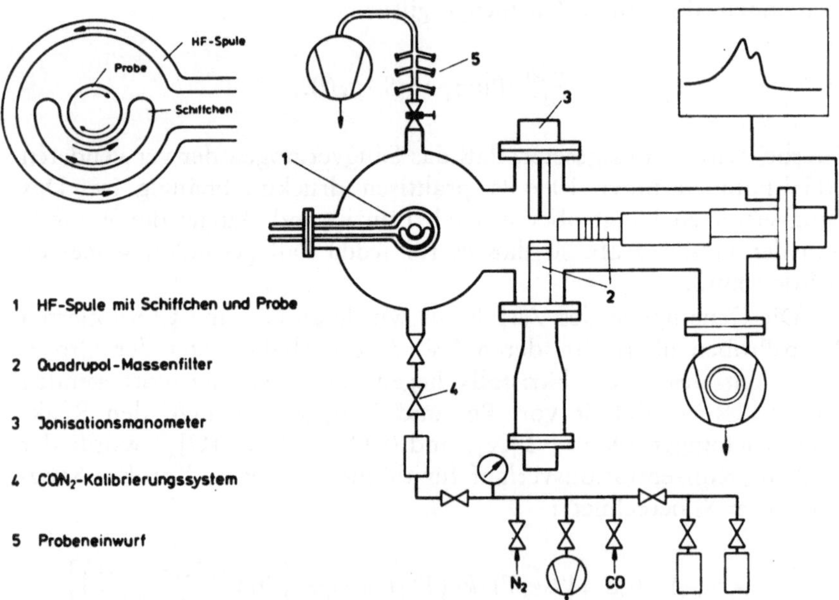

Abb. 1. Gasanalyse durch UHV-Heißextraktion — Schematischer Aufbau

des hochauflösenden Massenfilters dient ein über ein UHV-Ventil mit dem Rezipienten verbundenes *Kalibrierungssystem* (4). Es besteht aus drei evakuierbaren Edelstahl-Büretten, entsprechenden Absperr-Ventilen, Gasanschlüssen und einem Federmanometer nach

Bourdon. Zur Erzeugung von Testgasmischungen und zur Bestimmung des Saugvermögens aus dem Druckabfall in den Büretten wurden die Teilvolumina genau bestimmt. Der Gaseinlaß in den UHV-Rezipienten erfolgt derart, daß der Molekularstrahl an der *Hochfrequenz-Spule* (1) gestreut wird.

Die Proben werden über ein auf 10^{-1} Pa evakuierbares und auf 60^0 C ausheizbares *Schleusensystem* (5) mit Magnetstiften ins Spuleninnere gebracht. Die Probentemperatur wird mit einem gegen

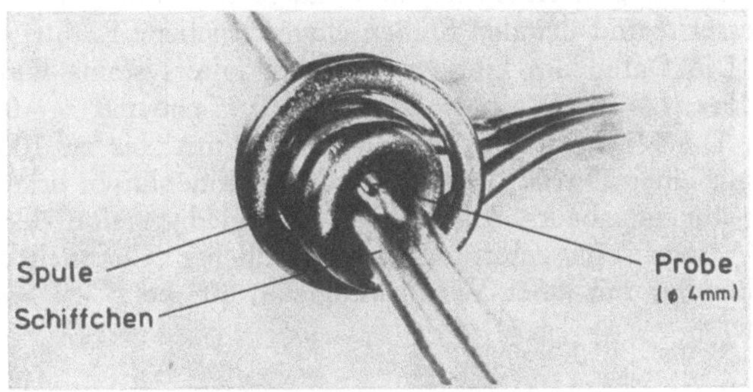

Abb. 2. Anordnung zum Schwebeschmelzen

eine Wolfram-Bandlampe geeichten Teilstrahlungspyrometer durch ein senkrecht zur Längsachse des Schiffchens angebrachtes Schauglas gemessen.

Das *wassergekühlte Kupfer-Schiffchen* (1) ist mit der HF-Spule und einer zylindrischen Niob-Probe (0,4 cm ⌀) in Abb. 2 dargestellt. Die Spule wird über eine koaxiale Durchführung (10 kVA, 400 kHz) von einem HF-Generator (30 kVA, 300 kHz) mit einer Leistung ≤ 10 kVA versorgt. Der größte Teil geht als Blindleistung verloren. Das HF-Feld der Spule besitzt keinen Einfluß auf die Funktion der Massenfilter.

Das in Abb. 1 der Totaldruckmeßröhre gegenüberliegende *Massenfilter QMG 101* (Balzers) mit einer Auflösung $m/\Delta m = 100$ (10% Tal-Definition, $m = 100$, $\Delta m = \text{const.}$) dient zur Registrierung einiger ausgewählter Ionen (H_2^+, C^+, OH^+, H_2O^+, CO^+, N_2^+) des Restgas- bzw. Entgasungsspektrums. Es ist mit einem axial angeordneten Cu-Be-Sekundärelektronenvervielfacher (SEV) und einem Peak-Selektor ausgestattet. Zur simultanen Messung der CO^+- und N_2^+-Ionen bei der Masse 28 wird ein parallel zur Vorzugsrichtung der abgepumpten Moleküle eingebautes *Massenfilter mit axialer Elektronenstoß-Ionenquelle* verwendet (Extranuclear Lab., Pittsburgh).

Es besitzt im Bereich der Masse 28 ein Auflösungsvermögen $m/\Delta m \approx 3600$ (50% Tal-Definition) bei $\Delta m = 0{,}011$ amu (atomar mass units). Das theoretisch erreichbare Auflösungsvermögen ist durch das Verhältnis von Gleichspannung U zu Wechselspannung V am Stabsystem nach der Beziehung $\frac{0{,}1245}{0{,}166\text{-}U/V}$ festgelegt[9, 10, 11]. In der praktischen Anwendung wird es durch das Zusammenwirken von elektrischen und geometrischen Größen bestimmt, wie Größe, Genauigkeit und Stabilität von Frequenz f, Spannung $U + V \cdot \cos \omega \cdot t$ und Leistung L einerseits, und Länge des Stabsystems l, Stabdurchmesser d und der den Stäben eingeschriebene Radius r_0 andererseits. Die Daten des hier verwendeten Filtersystems wurden zu $f = 4{,}8$ MHz, $L = 250$ Watt, $l = 20$ cm, $d = 0{,}95$ cm und $r_0 = 0{,}411$ cm gewählt. Die Hochleistungs-Ionenquelle (50 mA, bis zu 100 eV regelbar) mit einer Extraktorblende und drei Ionenlinsen erlaubt eine optimale Ionenausbeute bei geringer Energiedispersion der Ionen. Als SEV wird ein belüftungsunempfindlicher Channeltron-Multiplier (Bendix) mit einer Verstärkung von 10^6 bei 3 kV Spannung verwendet.

Versuchsdurchführung

Bestimmung des Saugvermögens. Aus Gl. (1) geht hervor, daß das Saugvermögen S_t der Turbo-Molekularpumpe am Ort der Druckmessung zur quantitativen Bestimmung der Gasmenge Q_t genau bekannt sein muß. Da die Druckmessung mit Ionisationsmanometern in der Regel mit einem Fehler bis zu ± 20 Prozent behaftet ist, würde eine Bestimmung des Saugvermögens nach der allgemein angewandten Druckanstiegsmethode im Rezipienten entsprechend der Beziehung

$$S_t = \frac{\dot{Q}_t \,\text{Rez}}{(p_t - p_{t0}) \cdot f} = \frac{V \,\text{Rez}\, (\Delta p_t / \Delta t) \cdot f}{(p_t - p_{t0}) \cdot f} \tag{3}$$

den Fehler nicht eliminieren können.

Daher ist es zweckmäßig, die Leckrate $\dot{Q}_t$ mit einer zusätzlichen, von $(p_t \cdot f)$ unabhängigen Methode zu messen. Dazu bietet sich neben der Verwendung von käuflichen Eichlecks, die Druckabfall-Methode im angeschlossenen Kalibrierungssystem an:

$$\dot{Q}_{tK} = -V_K \cdot \frac{d\,p_{tK}}{d\,t} = L \cdot \Delta p_{tK} \tag{4}$$

Hier bedeuten $\dot{Q}_{tK}$ die Leckrate der Bürette zum UHV-Rezipienten, V_K das Volumen der Bürette, L den Leitwert des UHV-Ventils und

$\Delta p_{iK} = p_{iK} - p_i \approx p_{iK}$ die Druckdifferenz zwischen Bürette und UHV-Rezipient. Durch Auflösen von Gl. (4) nach L und Integration über p_{iK} erhält man als Beziehung zwischen Leckrate und Druck p_{iK}

$$\dot{Q}_{iK} = \frac{V_K}{t} (\ln p_{i0K} - \ln p_{iK}) \cdot p_{iK}, \tag{5}$$

wobei p_{i0K} den Ausgangsdruck in der Bürette bezeichnet. Durch Einsetzen der aus Gl. (5) erhaltenen Werte in Gl. (3) erhält man mit dem bei geöffneten UHV-Ventil gemessenen Druck im Rezipienten p_i das Saugvermögen S_i. Bei der Berechnung der von der Probe freigesetzten Gasmenge mit Gl. (1) entfällt der durch das Ionisationsmanometer verursachte Fehler f.

Eichung der Meßsysteme. Entsprechend den angeführten Überlegungen ist die Bestimmung der Gasmenge Q_i von der genauen Kenntnis des Partialdruckes p_i unabhängig, sofern das Saugvermögen S_i unter identischen Geräteeinstellungen ermittelt wurde. Für die praktische Anwendung der Massenfilter ist die Einstellung der Empfindlichkeit $E_i = i_i/p_i$ (A/Pa) bei hohem Auflösungsvermögen aber nicht reproduzierbar. Daher ist eine Eichung der Massenfilter und die Bestimmung des Saugvermögens S_i in Bezug auf die fest eingestellten Betriebsbedingungen des Bayard-Alpert-Manometers ratsam. Dazu wird die Empfindlichkeit der Totaldruck-Meßröhre für die einzelnen Gasarten i bei konstanter Elektronenenergie gemessen und auf die Empfindlichkeit für Stickstoff bezogen: $(E_i/E_{N_2}) = (i_i/i_{N_2}) \cdot (p_{N_2}/p_i)/BA$. Hierbei setzt man die Partialdrücke bei Verwendung des Kalibrierungssystems mit gasartunabhängiger Druckanzeige $p_i = p_{N_2}$ gleich**. Die mit Hilfe der Massenfilter gemessenen Ionenströme i_{iMF} werden dann auf die Daten der *BA*-Röhre bezogen. Nach Eppler[12] ist es dabei empfehlenswert, jeweils nur einen repräsentativen Peak für eine Gasart zu verwenden.

Da die Signalhöhen für CO und N_2 bei 28 amu durch eine von der Auflösung abhängige Überlappung der Peaks beeinflußt werden, erfolgt vor jeder Messung eine Eichung mit Gasmischungen $0{,}1 < CO/N_2 < 1{,}0$. Abb. 3 zeigt den Doppel-Peak bei $p_{CO} = p_{N_2} = 3{,}3 \cdot 10^{-5}$ Pa.

Eichproben. Zur Überprüfung der Richtigkeit der Analysenergebnisse wurden mehrere Niob-Stäbe (0,4 cm ⌀) hoher Reinheit mit einem elektrischen Restwiderstandsverhältnis $\varrho\,(273\,K)/\varrho\,(4{,}2\,K) \approx 8 \cdot 10^3$ [13] isotherm mit Stickstoff[14] und mit Kohlenmonoxid[15] bei verschiedenen Partialdrücken bis zum Erreichen des thermodyna-

** Nur durchführbar bei annähernd gleichem Molekulargewicht und gleicher Zähigkeit der Gase.

mischen Gleichgewichts zwischen gelösten Fremdatomen und Partialdruck begast. Es wurden Proben mit 2, 18 und 150 Gew.-ppm N_2 und 50 Gew.-ppm CO in einer UHV-Anlage hergestellt. Der maximale Gehalt an interstitiell gelösten Fremdatomen vor der Dotierung lag bei 0,3 Gew.-ppm, wie man aus dem Restwiderstandsverhältnis entsprechend der Matthiessenschen Regel abschätzen kann[13] mit $(\Delta\varrho/\Delta c)_N = 5{,}2 \cdot 10^{-10}\,\Omega\,\mathrm{cm} \cdot \mathrm{atppm}^{-1}$, $(\Delta\varrho/\Delta c)_O = 4{,}5 \cdot 10^{-10}\,\Omega\,\mathrm{cm} \cdot \mathrm{atppm}^{-1}$ und $(\Delta\varrho/\Delta c)_C = 4{,}4 \cdot 10^{-10}\,\Omega\,\mathrm{cm} \cdot \mathrm{atppm}^{-1}$.

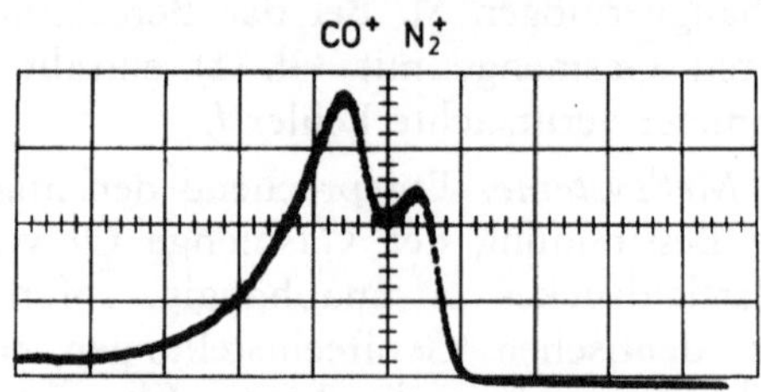

Abb. 3. CO/N_2-Massentrennung
$\Delta m = 0{,}011$ amu, $p_{CO} = p_{N_2} = 3{,}3 \cdot 10^{-5}$ Pa

Nach dem Dotieren wurde der spezifische elektrische Restwiderstand über die gesamte Stablänge (16 cm) in Schritten von 1 cm Länge vermessen. Das Verfahren reagiert sehr empfindlich auf Konzentrationsgradienten und eignet sich für dotierte Proben mit einer Spezies vorzüglich zur Konzentrationsbestimmung. Die angegebenen Widerstandsbeiwerte für gelöste N-, C- und O-Atome wurden mit denselben Analysenmethoden ermittelt, mit denen die hier vorliegenden Proben zusätzlich analysiert wurden: Zur Bestimmung des Stickstoffs wurde das Mikro-Kjeldahlverfahren[4], für den Kohlenstoff die Verbrennungsmethode im Sauerstoffstrom[3] und für Sauerstoff die Vakuumschmelzextraktion im Graphittiegel[1] eingesetzt. Dazu wurden die Proben in kleinstmögliche Stücke zersägt und alternierend mit den genannten Methoden analysiert.

Das Verfahren wurde zusätzlich auf seine Anwendbarkeit durch die Analyse von Stickstoff in Wolfram, Molybdän und Nickel überprüft an Proben, die in einem Ringverfahren analysiert worden waren.

Ergebnisse und Diskussion

Saugvermögen. Das Saugvermögen der Turbo-Molekularpumpe am Analysator wurde für N_2 und CO aus 40 Einzelmessungen zu $S_{N_2} = S_{CO} = 319 \pm 3\%$ rel. $(l \cdot s^{-1})$ bestimmt. Vergleichende Messungen mit Eichlecks (Leybold-Heraeus) ergaben eine zufriedenstellende Übereinstimmung: $S_{N_2} = S_{CO} = 315$ und 340 $(l \cdot s^{-1})$. Für Niob wurde das zusätzliche Saugvermögen ΔS_i bestimmt, das durch die Getterwirkung der auf der Rezipientenwand kondensierten Metallatome hervorgerufen wird. Die Temperaturabhängigkeit für CO und N_2 ist unterschiedlich. Beide Gase zeigen ab 2100° C Probentemperatur eine merkliche Getterwirkung und wenig oberhalb des Schmelzpunktes ($T = 2468°$ C) erhält man $\Delta S_{N_2} = 51$ $(l \cdot s^{-1})$ und $\Delta S_{CO} = 98$ $(l \cdot s^{-1})$ für einen Metalltropfen von 0,4 g. Bei der Bestimmung der Gasgehalte wurde ΔS_i in Abhängigkeit von der Probentemperatur und der Zeit beim schrittweisen Erwärmen berücksichtigt.

Stickstoff-Analysen. Die Analysenergebnisse von N_2-dotierten Niobstäben sind in Abb. 4 über der Stablänge logarithmisch aufgetragen. Der Konzentrationsbereich umfaßt zwei Zehnerpotenzen.

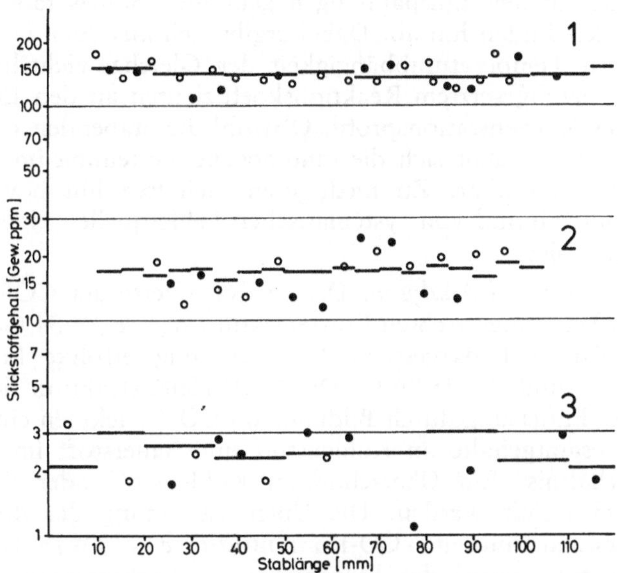

Abb. 4. Gegenüberstellung von Stickstoffgehalten in N_2-dotierten Niobstäben (4 mm ⌀; $\varrho_0 = 2 \cdot 10^{-9}$ $\Omega \cdot$cm)
— Restwiderstandsmessung; ● UHV-Heißextraktion; ○ Kjeldahl-Verfahren

Probe 1 wurde bei $p_{N_2} = 6{,}7 \cdot 10^{-3}$ Pa und $T = 1930°$ C bis zum Erreichen der thermodynamischen Gleichgewichtskonzentration $c_N =$ 143 Gew.-ppm begast. Während mit der UHV-Heißextraktion der mittlere Gehalt zu $\bar{c}_N$ $(HE) = 140 \pm 20$ Gew.-ppm bestimmt wurde, liefert das Kjeldahl-Verfahren einen Wert von $\bar{c}_N$ $(Kj) = 140 \pm 15$ Gew.-

ppm. Aus dem Restwiderstand ergibt sich aus 11 Einzelmessungen ein Gehalt von $\bar{c}_N$ $(RW) = 136 \pm 13$ Gew.-ppm; Angaben als Näherungs-Standardabweichung. Die Begasung der Probe 2 erfolgte bei $p_{N_2} = 3{,}3 \cdot 10^{-4}$ Pa und $T = 2130^0$ C und ergibt eine durch Extrapolation von höheren Drücken ermittelte Konzentration $\bar{c}_N = 14$ Gew.-ppm. Die entsprechenden Analysenwerte $\bar{c}_N$ $(HE) = 16 \pm 5$ Gew.-ppm, $\bar{c}_N$ $(Kj) = 18 \pm 3$ Gew.-ppm und $\bar{c}_N$ $(RW) = 17 \pm 1$ Gew.-ppm zeigen eine sehr gute Übereinstimmung. Auch die bei $p_{N_2} = 4{,}7 \cdot 10^{-6}$ Pa und 2130^0 C begaste Probe 3 mit einer angestrebten Dotierung von $\bar{c}_N = 1{,}7$ Gew.-ppm zeigt eine gute Koinzidenz der Ergebnisse von $\bar{c}_N$ $(HE) = 2{,}3 \pm 0{,}6$ Gew.-ppm mit $\bar{c}_N$ $(Kj) = 2{,}1 \pm 0{,}8$ Gew.-ppm (Gehalte von 3 Proben unter *NWG*) und $\bar{c}_N$ $(RW) = 2{,}5 \pm 0{,}5$ Gew.-ppm.

Die verhältnismäßig großen Standardfehler aller Verfahren für die hochdotierte Probe 1 führen wir auf die hier nur eingeschränkt zulässige Mittelbewertung über die Probenlänge zurück. Die Temperatur des an den Einspannungen gekühlten Stabes fällt von der Mitte zu den Enden hin ab. Dabei ergibt sich aus dem Zusammenwirken von Temperaturabhängigkeit der Gleichgewichtslöslichkeit und stark herabgesetztem Reaktionskoeffizienten an den Enden ein *m*-förmiges Konzentrationsprofil. Obwohl die Stabenden nicht analysiert wurden, macht sich die inhomogene Verteilung im Ergebnis hier stark bemerkbar. Zu niedrigeren Gehalten hin bewirkt der zunehmende Einfluß von systematischen Fehlerquellen einen größeren Relativfehler.

Kohlenmonoxid-Analysen. Die Analysenwerte der CO-dotierten Probe mit einer angestrebten Konzentration $(c_C + c_O) = 34$ Gew.-ppm sind in Tabelle 1 dargestellt. Die Begasung erfolgte bei $p_{CO} = 1{,}3 \cdot 10^{-3}$ Pa und $T = 1830^0$ C. Die UHV-Heißextraktion liefert auf Grund der Entgasung durch Bildung von CO-Molekülen einen Wert für die Gesamtgehalte an Kohlenstoff und Sauerstoff im äquimolaren Verhältnis. Ein Überschuß an Kohlenstoff oder Sauerstoff kann nicht erfaßt werden. Die Übereinstimmung der durch den Restwiderstand ermittelten CO-Konzentration $\bar{c}_{CO}$ $(RW) = 49{,}5$ Gew.-ppm und der Summe der Einzelwerte $\bar{c}_C$ (Verbrennungsmethode) und $\bar{c}_O$ (Vakuumschmelzextraktion) $(\bar{c}_C + \bar{c}_O) = 50{,}5$ Gew.-ppm mit dem Wert der UHV-Heißextraktion $\bar{c}$ $(HE) = 53$ Gew.-ppm ist sehr gut. Die Ergebnisse zeigen, daß die bei Temperaturen über 1900^0 C einsetzende Verdampfung von NbO [8] während der etwa 15 Minuten dauernden Extraktion ohne Einfluß ist. Dieser Befund ergibt sich aus den getrennt analysierten O- und C-Gehalten, die ein molares Verhältnis $\bar{c}_C/\bar{c}_O \approx 1$ aufweisen.

Der besondere Vorteil der Ultrahochvakuum-Heißextraktion besteht darin, daß das Nachweisvermögen durch die niedrigen Restgaspartialdrücke weit unter die durch Trägergas- oder Hochvakuum-Extraktionsverfahren erreichbaren Werte gesenkt werden kann. Für Niob kann die Nachweisgrenze von Stickstoff mit 70 Gew.-ppb und von Kohlenmonoxid mit etwa 50 Gew.-ppb angegeben werden.

Tabelle 1. Analysenergebnisse eines CO-dotierten Nb-Stabes

Methode A c_C	B c_{C+O}	C c_O	D c_{C+O}
23	65	30	63
25	52	25	46
22	48	23	56
21	45	27	46
19	45	37	54
24	46	24	54
20	45	33	52
26	46		
25	47		
28	46		
15	47		
19	47		
18	56		
	57		
$n = 13$	$n = 14$	$n = 7$	$n = 7$
$\bar{c}_C = 22$	$\bar{c}_{C+O} = 49{,}5$	$\bar{c}_O = 28{,}5$	$\bar{c}_{C+O} = 53$
$s = 4$	$s = 6$	$s = 5$	$s = 6$

A: Verbrennungsmethode
B: Restwiderstand
C: HV-Extraktion
D: UHV-Extraktion
c in Gew.-ppm

Die Dauer einer Analyse beträgt bei Gehalten <1 Gew.-ppm allerdings mehrere Stunden, da die Restgaspartialdrücke durch sorgfältiges Ausheizen der Anlage gesenkt werden müssen.

Durch schrittweises Erwärmen der Proben besteht die Möglichkeit, auf der Oberfläche adsorbierte Gasgehalte von den Volumengehalten zu trennen. Daneben besteht die Möglichkeit, auch den Wasserstoff-Gehalt gleichzeitig zu bestimmen. Eine Sauerstoff-Bestimmung durch Begasen der Proben mit einem Reduktionsmittel[16], z. B. C_2H_2, oder eine Kohlenstoff-Bestimmung durch die Begasung mit Sauerstoff[17] ist für spezielle Anwendungen denkbar.

Zusammenfassung

Eine Methode zur gleichzeitigen Bestimmung von Stickstoff und Kohlenmonoxid in Refraktärmetallen durch Ultrahochvakuum-Heißextraktion wurde beschrieben. Die Probe wird im Hochfrequenz-Feld tiegelfrei erwärmt, und das freiwerdende Gas mit Hilfe eines hochauflösenden Quadrupol-Massenfilter-Systems bestimmt ($m/\Delta m >$

2600 bei 28 atomaren Masse-Einheiten). Die Nachweisgrenze ist durch die erreichbaren End-Partialdrücke von N_2, $p_{N_2} = 2{,}5 \cdot 10^{-8}$ Pa und CO, $p_{CO} < 10^{-8}$ Pa, und durch die diesen Drücken entsprechenden Konzentrationen im thermodynamischen Gleichgewicht von N, C und O bei der Entgasungstemperatur gegeben.

Die Methode wurde durch Vergleichsanalysen an stickstoff- und kohlenmonoxiddotierten Niob-Stäben mit der Mikro-Kjeldahl-Methode, der Vakuum-Schmelzextraktion, der Verbrennungs-Methode (C) und durch Messung des elektrischen Restwiderstandes überprüft. Die Nachweisgrenze für N in Nb beträgt 70 Gew.-ppb und für CO in Nb etwa 50 Gew.-ppb (C + O).

Summary

Determination of Nitrogen and Carbon Monoxide in Refractory Metals in the Lower ppm-Range by Levitation Melting in Ultra High Vaccuum

Determination of nitrogen and carbon monoxide in refractory metals by means of ultra high vacuum hot extraction is carried out using radio frequency levitation heating and a high resolution quadrupole mass filter system ($m/\Delta m > 2500$ at 28 amu).

The detection limit is given by the lowest achievable partial pressures of N_2, $p_{N_2} = 2.5 \times 10^{-8}$ Pa, and CO, $p_{CO} < 10^{-8}$ Pa and the correspondent thermodynamically determined concentration of N, C and O at the degassing temperature.

The method was checked by comparison of analyses of N- and CO doped niobium rods with the micro Kjeldahl method, vacuum fusion, combustion of the sample (C) with oxygen and electrical residual resistivity measurements. The detection limit for N in Nb is 70 ppbwt and for CO in Nb about 50 ppbwt (C + O).

Literatur

[1] K. Friedrich, E. Lassner und G. Paesold, J. Less-Common Metals **22,** 429 (1970).

[2] E. Lassner und G. Kraft, J. Less-Common Metals **22,** 83 (1970).

[3] P. Schoch, E. Grallath, P. Tschöpel und G. Tölg, Z. analyt. Chem. **271,** 12 (1974).

[4] W. Werner und G. Tölg, Z. analyt. Chem. **276,** 103 (1975).

[5] W. Grünwald, F. Haessner, W. Hemminger und H. L. Lukas, Z. Metallkde. **65,** 184 (1974).

[6] W. Grünwald, F. Haessner und K. Schulze, J. Less-Common Metals **48,** 325 (1976).

[7] K.-F. Alm und L.-H. Andersson, Erzmetall **27,** 449 (1974).

[8] E. Fromm, Z. Metallkde. **67,** 413 (1976).

[9] W. Paul und H. Steinwedel, Z. Naturforsch. **8** *a*, 448 (1953).
[10] W. Paul und M. Raether, Z. Physik **140,** 262 (1955).
[11] W. Paul, H. P. Reinhard und U. von Zahn, Z. Physik **152,** 143 (1958).
[12] H. Eppler, Balzers Hochvakuum Fachbericht, Analytik, BK 800006DD
[13] K. Schulze, J. Fuß, H. Schultz und S. Hofmann, Z. Metallkde. **67,** 737 (1976).
[14] G. Hörz und E. Fromm, Z. Metallkde. **61,** 819 (1970).
[15] E. Fromm und G. Spaeth, Z. Metallkde. **59,** 65 (1968).
[16] G. Hörz und K. Lindenmaier, Z. Metallkde. **64,** 161 (1973).
[17] G. Hörz und K. Lindenmaier, Z. Metallkde. **63,** 240 (1972).

Korrespondenz und Sonderdrucke: Dr.-Ing. Klaus Schulze, Max-Planck-Institut für Metallforschung, Institut für Werkstoffwissenschaften, Seestraße 92, D-7000 Stuttgart, Bundesrepublik Deutschland.

Mikrochimica Acta [Wien], Suppl. 7, 41—62

MIKROCHIMICA ACTA

Metallwerk Plansee AG & Co. KG, A-6600 Reutte, Österreich, und Wolfram Bergbau- und Hüttengesellschaft mbH., A-8542 St. Peter i. S., Österreich

Einsatz moderner instrumenteller Methoden zur Spurenanalyse in hochschmelzenden Metallen*

Von

H. M. Ortner und **E. Lassner**

Mit 6 Abbildungen

(Eingegangen am 8. Oktober 1976)

1. Einleitung

Viele Eigenschaften sintermetallurgisch hergestellter, hochschmelzender Metalle sprechen außerordentlich empfindlich auf kleine Konzentrationen fremder Elemente an[1–5]. Die Spurenverunreinigungen entstammen teilweise den an und für sich hochreinen Rohstoffen, teilweise werden sie während des Produktionsganges eingeschleppt. Gewisse Spurenelemente werden als Dopelemente den Ausgangsmaterialien des pulvermetallurgischen Herstellungsprozesses zugefügt, um ganz bestimmte Materialeigenschaften zu erzielen. So wird zum Beispiel sog. Non-sag-Wolfram mit K, Al und Si gedopt, um eine bedeutende Steigerung in der Warmfestigkeit zu erreichen. Dies ist insbesondere für Glühlampenwendeln wichtig, damit sie im leuchtenden Zustand nicht durchzuhängen beginnen. In ähnlicher Weise wird HT-Molybdän mit K und Si gedopt, um seine Rekristallisationstemperatur zu erhöhen und seine Duktilität auch bei oftmaliger hoher Temperaturbelastung zu erhalten. Die immer rigoroser werdenden Reinheitsspezifikationen

* Vortrag anläßlich des 8. Kolloquiums über metallkundliche Analyse mit besonderer Berücksichtigung der Elektronen- und Ionenstrahl-Mikroanalyse, Wien, 27. bis 29. Oktober 1976.

sowie die Notwendigkeit einer genauen Überwachung der Dotierungselemente stellen den Analytiker ständig vor neue Probleme.

2. Homogene und heterogene Spurenverunreinigungen und ihre Auswirkungen

Die aus den Rohstoffen stammenden Spurenverunreinigungen kann man in homogene und heterogene Verunreinigungen unterteilen[6, 7]. Homogene Spurenverunreinigungen sind im Idealfall als einzelne Moleküle, Ionen oder Atome über die Matrix verteilt, während heterogene Verunreinigungen diskrete Fremdteilchen variierender Größe darstellen. Über die Grenze zwischen homogen und heterogen verteilten Spuren läßt sich streiten. Praktisch ist diese Grenze mit etwa 0,5 μm, dem Nenndurchmesser der bei der Isolierung heterogener Partikel verwendeten Membranfilter gegeben. Dies deckt sich auch mit der völlig unterschiedlichen Wirkung homogener und heterogener Verunreinigungen. Fremdteilchen mit Partikeldurchmessern unter 0,1 μm sind als quasi homogene Verunreinigungen anzusehen und haben dieselbe Wirkung wie ideal homogen in der Matrix verteilte Verunreinigungen. Ein Trennschema, das die separate Bestimmung dieser beiden verschiedenen Verunreinigungsarten in den Ausgangsprodukten der pulvermetallurgischen Wolframproduktion ermöglicht, wurde bereits vorgestellt[7]. Dasselbe Schema ist nach Ersatz der Natronlauge durch Ammoniak zur Auflösung der oxydischen Rohprodukte auch für Molybdän anwendbar.

Während des Reduzierens und Sinterns kommt es je nach Matrixmetall und je nach Verunreinigungselement zu einer mehr oder weniger starken Verflüchtigung der Verunreinigungen[8].

Ganz allgemein läßt sich sagen:

1. Je höher die Konzentration eines Fremdelementes, desto größer ist der Prozentsatz der Verflüchtigung.
2. Je heterogener die Verteilung der Verunreinigung, desto weniger wird sie verflüchtigt.

Über die möglichen Verunreinigungsarten, die nach dem Reduzieren, Sintern und Verformen im Metall verblieben sind, gibt das nachstehende Schema Auskunft. Im wesentlichen kann man vier Fälle unterscheiden: Die Reste ursprünglich homogen und quasihomogen vorhandener Verunreinigungen verbleiben entweder gelöst oder an Korngrenzen bzw. in den Kristalliten ausgeschieden, jedoch hochdispers in der Matrix verteilt. Ursprünglich heterogene

Verunreinigungen bleiben entweder als diskrete Fremdphase erhalten oder hinterlassen Hohlräume mit oder ohne entsprechende Dif-

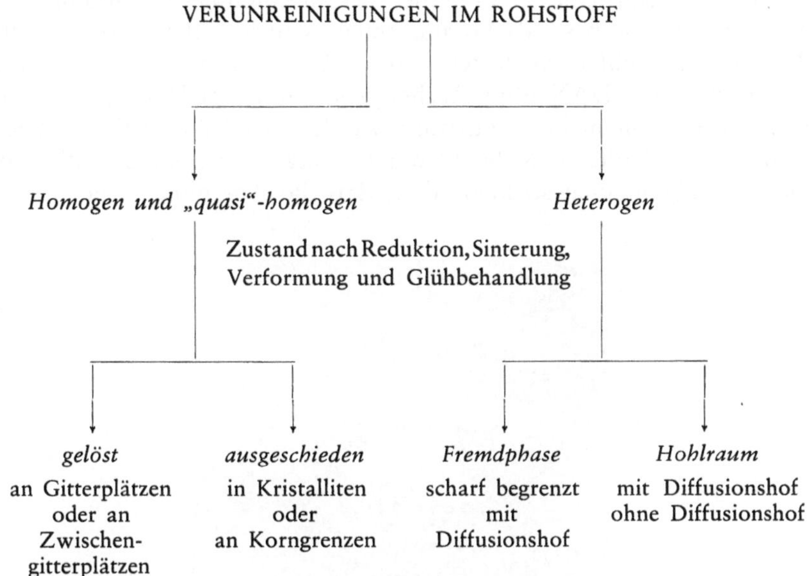

Schema der Wirkung homogener und heterogener Rohstoffverunreinigungen auf das Endprodukt

fusionshöfe. Zur Untersuchung, in welcher der angegebenen Formen ein Fremdelement im Endmaterial vorhanden ist, bedient man sich aufwendiger instrumenteller Analysenverfahren.

3. Einsatz von REM-EDAX, AES und SIMS zur Spuren- und Mikroanalyse in Refraktärmetallen

3.1 REM-EDAX

Für die Untersuchung diskreter Fremdphasen aus ursprünglich heterogenen Verunreinigungen eignet sich selbstverständlich die Kombination Rasterelektronenmikroskopie (REM) — Röntgenfluoreszenzanalyse (RFA) am besten. Dabei ist der energiedispersiven Röntgenfluoreszenzspektrometrie (EDAX) der Vorzug zu geben, weil diese weitgehend geometrieunabhängig ist und deshalb auch sehr unebene Proben wie Bruchgefüge untersucht werden können. Die hohe Analysengeschwindigkeit von EDAX-Systemen ist für Routineuntersuchungen ein nahezu unentbehrlicher Vorteil. Nachteilig ist die oft erschwerte Spektreninterpretation infolge von Linienüberlappungen und hohem Untergrund sowie die geringe Nachweisempfindlichkeit der EDAX.

Abb. 1 zeigt eine keramische Verunreinigung im Bruchgefüge eines Wolframstabes. Als Fremdelement wurde Calcium festgestellt, das hier als Silikat vorliegen dürfte. Si kann in einer Wolframmatrix mittels EDAX ohne Rechenprogramme für Untergrund- und Peaksubtraktion nicht identifiziert werden, weil die Si K_α- und K_β-Linien vom Wolfram M-Spektrum überlagert werden und die Partikel im allgemeinen so klein sind, daß die Anregungsbirne für die

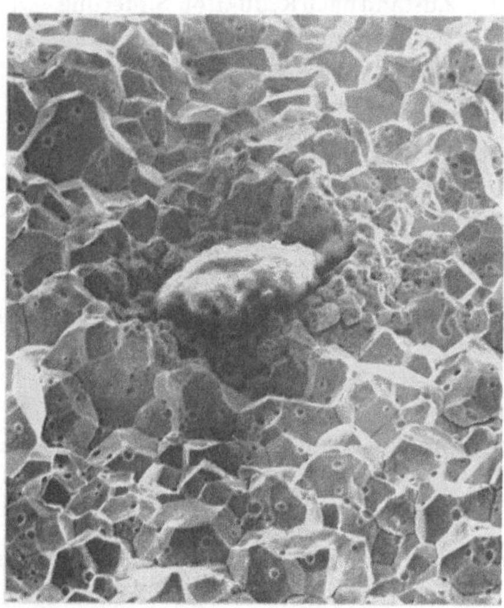

Abb. 1. Keramische Verunreinigung im Bruchgefüge eines Wolframstabes ×500. EDAX-Befund: Calcium. Beschleunigungsspannung 35 keV

Röntgenfluoreszenzstrahlung bis ins Grundmaterial hineinreicht. In Abb. 1 sieht man deutlich, wie die Verunreinigung das umgebende Wolframgefüge verändert hat. Die Korngrenzenfestigkeit ist in diesem Bereich stark herabgesetzt, so daß solche Verunreinigungen oft bei der Probenpräparation herausbrechen. Die Anfertigung von Schliffen ist daher meist nicht möglich. Abb. 2 zeigt als weiteres Beispiel einer diskreten Fremdphase, entstanden aus einer heterogenen Verunreinigung, das Bruchgefüge einer Wolfram-10%-Rheniumschicht mit Tantaleinschlüssen.

Ungleichmäßige Konzentrationsverteilung im Preßling einer pulvermetallurgisch hergestellten Legierung kann Anlaß zur Ausbildung unerwünschter Phasen geben, die in Erscheinung und Wirkung den diskreten Fremdphasen gleichen. Abb. 3 zeigt das Korn einer rheniumreichen σ-Phase im Bruchgefüge einer Wolfram-10%-Rheniumlegierung. Auch solche Phasen wirken durch ihre vom Grundma-

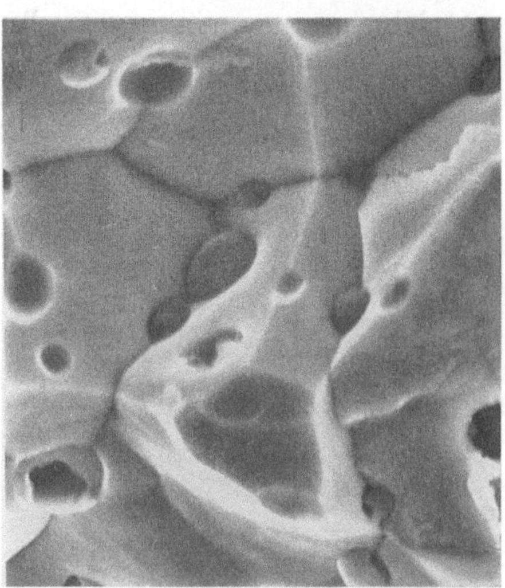

Abb. 2. Bruchgefüge einer Wolfram-10%-Rheniumschicht mit Tantaleinschlüssen ×6600. EDAX-Befund der linsenförmigen Einschlüsse in Bildmitte: Tantal. Beschleunigungsspannung 35 keV

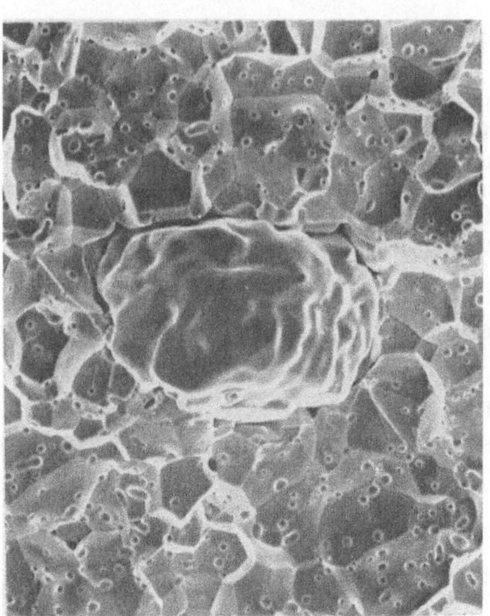

Abb. 3. Korn einer rheniumreichen σ-Phase im Bruchgefüge einer Wolfram-10%-Rheniumlegierung
×500. Beschleunigungsspannung 35 keV

terial stark verschiedenen physikalischen Eigenschaften als Materialfehlstellen. Die hier dargestellte σ-Phase ist z. B. wesentlich härter und spröder als das Grundmaterial.

Abb. 4 zeigt beispielhaft den Hohlraum mit Diffusionshof, den eine heterogene Molybdänverunreinigung im Bruchgefüge einer Wolfram-10%-Rheniumlegierung hinterlassen hat. Durch Legierungsbildung mit dem Grundmaterial und ausgeprägte Oberflächendiffusion bleibt die ursprüngliche heterogene Verunreinigung nicht

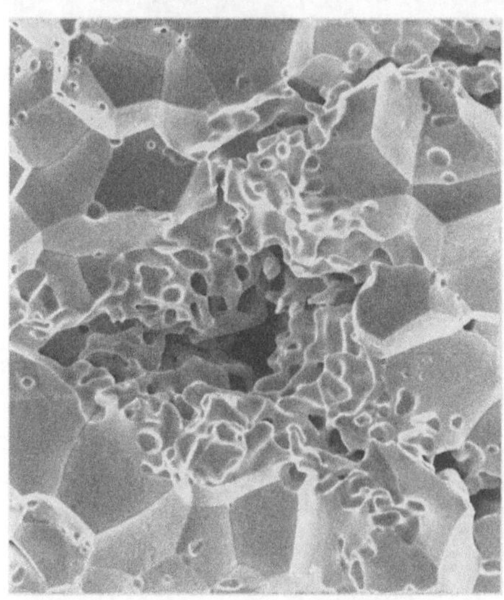

Abb. 4. Hohlraum mit Diffusionshof, hervorgerufen durch eine heterogene Molybdänverunreinigung im Bruchgefüge einer Wolfram-10%-Rheniumlegierung ×500. EDAX-Befund des gestörten Gefüges um das Loch: viel W, wenig Mo. Geringe Rheniummengen sind neben viel W mit EDAX aufgrund von Linienüberlappung und ohne Rechenprogramm für Untergrund- und Peaksubtraktion nicht mehr identifizierbar. Beschleunigungsspannung 35 keV

als solche erhalten, sondern verteilt sich weit in das umgebende Wolfram hinein. Ein ähnliches Verhalten zeigen auch heterogene Eisen- oder Stahlverunreinigungen in Wolfram[9, 10]. In Molybdän hingegen tritt bei Eisenverunreinigungen Legierungsbildung unter Vergrößerung des heterogenen Bereiches ein, ohne daß ein Loch entsteht[9].

3.2 *Augerelektronenspektroskopie*

Die EDAX ist nur für topochemische Analysenprobleme einsetzbar, bei denen relativ hohe Konzentrationen von Fremdelementen innerhalb kleiner Bereiche auftreten. Zum Nachweis von Korngrenzenverunreinigungen, wie sie aufgrund homogener oder quasi homogener Verunreinigungen zu erwarten sind, bedient man sich heute vornehmlich der Augerelektronenspektrometrie. Das Informationssignal stammt dabei etwa aus den ersten fünf Atomlagen der untersuchten Oberfläche.

Wolfram und Molybdän brechen bei Zimmertemperatur spröde, d. h. vornehmlich entlang von Korngrenzen. Erzeugt man entsprechende Bruchflächen direkt im Ultrahochvakuum der AES-Apparatur durch eine geeignete Brechvorrichtung, so können mit Hilfe der AES Korngrenzenverunreinigungen qualitativ und unter bestimmten Voraussetzungen auch quantitativ erfaßt werden.

Besonders Wolfram zählt zu den Metallen, die in ihren mechanischen und physikalischen Eigenschaften sehr empfindlich auf Korngrenzenverunreinigungen ansprechen. Über AES-Untersuchungen an Wolframbruchflächen ist bisher nur wenig bekannt[4, 12–14]. Auch die Interpretation der Ergebnisse durch verschiedene Autoren divergiert sehr. Sicher ist, daß Wolfram duktiler wird, je reiner die Korngrenzen sind. Wie umfangreiche eigene Untersuchungen gezeigt haben[4, 8], sind typische, als Korngrenzenverunreinigungen auftretende Elemente in Wolfram O, N, P, C, S, K und Ca. Die Auswirkungen solcher Korngrenzenverunreinigungen sind schon bei Gehalten von Tausendstel Prozent (Durchschnittsspurenanalyse) recht beträchtlich. Eine häufige, auf Korngrenzenverunreinigungen zurückzuführende Erscheinung ist Kornwachstumshemmung. Ferner bewirken die meisten, üblicherweise an Korngrenzen nachweisbaren Elemente eine Verschlechterung der mechanischen und physikalischen Eigenschaften. Es gibt aber auch Verunreinigungen wie Kalium, die einen günstigen Einfluß haben[4]. Sehr wesentlich ist auch, daß verschiedene Elementkombinationen an Korngrenzenverunreinigungen durchaus verschiedene Auswirkungen auf das Rekristallisationsverhalten und damit auf die Korngrenzenfestigkeit von Wolfram ausüben.

Abb. 5 zeigt als Beispiel die Abhängigkeit der Kornzahl von der Phosphorkonzentration bei unterschiedlichen weiteren Partnern an Korngrenzenverunreinigungen. In allen Fällen erkennt man, daß die Kornzahl mit steigender Phosphorkonzentration abnimmt. Damit sinkt auch die Korngrenzenfestigkeit ab. Darüber hinaus bestehen aber sehr deutliche Unterschiede, je nachdem Phosphor neben Sauerstoff und Stickstoff(I), Calcium und Sauerstoff (II und III), Barium (IV), Calcium und Silizium(V), Stickstoff und Schwefel(VI) bzw. Calcium und Schwefel(VII) vorliegt. Der Unterschied zwischen II und III besteht in der ursprünglichen Dotierung der Ausgangsmetalloxide. Das Wolframtrioxid, aus dem die Prüfkörper für die AES-Untersuchungen II hergestellt wurden, wurde mit $CaHPO_4 \cdot 2H_2O$ dotiert. Das Wolframtrioxid für die Prüfkörper III wurde mit $CaCl_2$ dotiert, der Phosphor stammt hier aus dem eingesetzten Wolframtrioxid von Tungsram (Durchschnittsspurenanalyse 25 ppm P). Hier

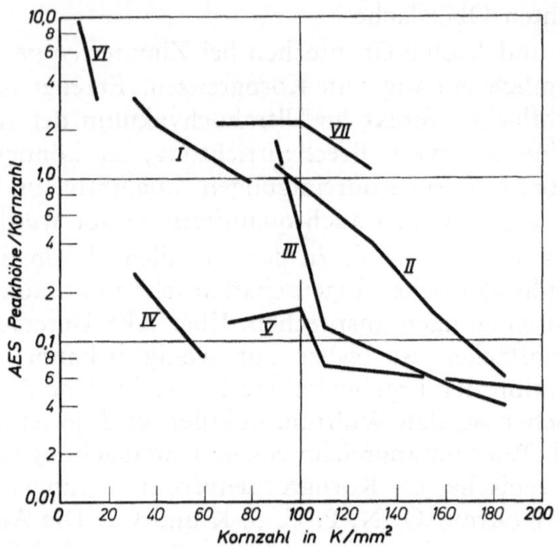

Abb. 5. Abhängigkeit der Kornzahl von der mittels AES gemessenen Phosphorkonzentration an Korngrenzen bei Anwesenheit verschiedener Partner:

I weitere Partner N, O;
II weitere Partner Ca, O (Ca im Rohstoff als $CaHPO_4 \cdot 2\,H_2O$ zudotiert);
III weitere Partner Ca, O (Ca im Rohstoff als $CaCl_2$ zudotiert);
IV weiterer Partner Ba;
V weitere Partner Ca, Si;
VI weitere Partner N, S;
VII weitere Partner Ca, S.

spielen offensichtlich verschiedene Bindungszustände der letztlich an den Bruchflächen durch AES detektierten Partner eine Rolle.

3.3 *Sekundärionenmassenspektrometrie*

Die Sekundärionenmassenspektrometrie (SIMS) stellt heute wohl das empfindlichste Verfahren zur Spurenanalyse von Oberflächen dar. Obwohl die Empfindlichkeit sehr element- und matrixabhängig ist, sind im allgemeinen Nachweisgrenzen im ppb-Bereich zu erwarten[15]. Die Art der Molekülionen, die für ein Element registriert werden, läßt hier auch Schlüsse auf den Bindungszustand des betreffenden Elementes zu, wobei die Interpretationsmöglichkeiten allerdings noch wenig entwickelt sind. Mit Hilfe der Ionenmikrosonde gelingt es, ähnlich wie mit der Elektronenstrahlmikrosonde, jedoch wesentlich empfindlicher, die räumliche Verteilung von Spurenverunreinigungen im μm-Bereich zu untersuchen.

Erste Untersuchungen mit einer Ionenmikrosonde an diversen Wolframproben zeigten beispielsweise, daß Barium eine sehr häufig auftretende Spurenverunreinigung ist. Dabei wurden für Barium ausschließlich Ba^+, Ba_2^+, BaO^+ und Ba_2O^+ Peaks registriert, aber kein BaW^+ Peak. Dies deutet darauf hin, daß Barium in Wolfram in Form von Ba- oder BaO-Präzipitaten vorliegt. Ferner ist in bariumhaltigen Proben ein Großteil des im Wolfram vorhandenen Sauerstoffs an das Barium gebunden und kann nicht an die Korngrenzen diffundieren. In solchen Proben ist mittels AES nur wenig Sauerstoff an den Korngrenzen nachweisbar. Bariumausscheidungen kommen sowohl in den Kristalliten als auch an den Korngrenzen vor. In der Regel wurde jedoch an Bruchoberflächen (meist repräsentativ für Korngrenzen, außer bei vorwiegend interkristallinen Brüchen) mehr Barium gefunden als am Schliff (repräsentativ für Kristallitinneres).

In allen auf Kohlenstoff untersuchten Proben war dieser an den Bruchflächen als WC^+, WC_2^+ oder W_2C^+ zu finden, wobei an den Schliffflächen der gleichen Proben diese Moleküle nicht zu identifizieren waren. Für Stickstoff wurden an den gleichen Proben am Schliff die Moleküle W_2N^+ und $W_2N_2^+$ festgestellt, nicht aber am Bruch. Sauerstoff ist am Schliff und Bruch als WO^+, W_2O^+ und $W_2O_2^+$ in wechselnder Häufigkeit anzutreffen. Eine mögliche Interpretation wäre die Ausbildung einer Carbidphase an den Korngrenzen und von Nitridphasen im Kornvolumen. Oxide verteilen sich relativ gleichmäßig auf Kristallitinneres und Korngrenzen, falls nicht sauerstoffaffine Spurenverunreinigungen wie Barium zu einer Verschiebung führen.

Interessant ist auch, daß mit Hilfe der SIMS geringe Mengen seltener Erden in allen untersuchten Wolframproben feststellbar waren. An einer Bruchfläche wurde sogar ein ziemlich starker Yb^+ Peak registriert, wobei die Identifikation durch die Messung der Isotopenverhältnisse gesichert ist.

Die Verteilung der Dopelemente K, Al und Si sowie von Na, Ca und O in NS-Wolfram wurde von Scheiner, Scherer und Kuhlmann mit der Ionenmikrosonde untersucht[5, 16].

4. Die Bedeutung der Spurendurchschnittsanalyse zur chemischen Charakterisierung von Refraktärmetallen

Die bisher beschriebenen Analysenverfahren, speziell AES und SIMS, sind viel zu aufwendig, um sie routinemäßig als Produktionskontrolle einzusetzen. Die beiden letzteren Verfahren arbeiten zu-

Tabelle 1. Derzeitiger Entwicklungsstand des Spurenanalysenprogrammes des Metallwerkes Plansee zur chemischen Charakterisierung von Molybdän und Wolfram sowie ihren Roh- und Zwischenprodukten

Die untere Grenze des analysierbaren Gehaltsbereiches ist identisch mit der Nachweisgrenze der jeweiligen Analysenmethode. Die obere Grenze des Gehaltsbereiches stellt entweder das Ende des Linearbereiches der entsprechenden Analysenfunktion dar oder aber das Ende desjenigen Bereiches, dessen Erfassung spurenanalytisch sinnvoll erscheint

Element	Analysierbarer Gehaltsbereich in ppm	Art der Spuren-Matrix-Trennung	Instrumentelle Endbestimmungsmethode	Bemerkungen
Ag	2— 100	keine	FAAS	Wichtig für Abfälle (evtl. Stücke mit Ag-Schicht)
Al	1— 100	keine	AAS mit Gasstop und D_2-Kompensation	Wichtig für gedopte Pulver zur NS-Wolfram Herstellung
As	5— 50	keine	AAS unter Verwendung einer EDL mit Gasstop und D_2-Kompensation	Wichtig für die Rohproduktkontrolle
Ba	1— 500	keine	AAS	Wichtig für Rohprodukte
Bi	50—1000	keine	FAAS unter Verwendung einer EDL	Empfindlichere AAS-Methode in Ausarbeitung
C	5—1000	Verbrennung im O_2-Strom	Verbrennungsanalyse mit IR-Absorptionsmessung	Häufig für Analysenzertifikate von Endprodukten gefordert. Sehr wichtig für bestimmte Anwendungsgebiete von Molybdän
Ca	·10— 500	keine	FAAS	Wichtig für die Rohproduktkontrolle
Cd	5— 100	keine	FAAS	
Cl	1— 500	keine	Nephelometrie	Nur in Mo und W Rohstoffen analysiert
Co	1— 500	PAN-Spurenfällung	RFA	Auch direkt mit FAAS bis 10 ppm erfaßbar. Wichtig in der Rohproduktüberwachung uhd für gekobaltetes Molybdän

Cr	10— 500	keine	FAAS	Wichtig in der Rohproduktkontrolle
Cu	1— 500	PAN-Spurenfällung	RFA	Alternativ mit FAAS bis 5 ppm erfaßbar
Fe	5— 500	PAN-Spurenfällung	RFA	Alternativ mit FAAS bis 10 ppm erfaßbar. Wichtigstes metallisches Spurenelement
H	0,1 — 200	Vakuumheiß-extraktion	Vakuumheißextraktion mit Wärmeleitfähigkeits-bestimmung	Wird nur in Metallen bestimmt. Häufig für Analysenzertifikate von Endprodukten gefordert
K	2— 200 100—2000	keine keine	FAAS FAAS	Wichtig für gedopte W-Pulver zur NS-Wolfram Herstellung
Mg	1— 50	keine	FAAS	Wichtig für die Rohproduktkontrolle
Mn	1— 500	PAN-Spurenfällung	RFA	Alternativ mit FAAS bis 10 ppm erfaßbar
Mo in W	20— 500	keine	LAS mit PAR	Wichtig für Rohproduktkontrolle und Endproduktzertifizierung
N	1— 300	Vakuumheiß-extraktion	Vakuumheißextraktion mit Druckmessung nach N_2-Isolierung	Wird nur in Metallen bestimmt. Wichtig für die Endproduktzertifizierung
NH_3	10—1000	keine	Ionenselektive Elektrode	Wird nur im Rohstoff bestimmt
Na	5— 200	keine	FAAS	Wichtig für die Rohproduktkontrolle
Nb	5— 500	Spurenfällung mit $Co(OH)_3$ + Filter-schleim	RFA	Werksinterne Kontaminationsgefahr
Ni	1— 500	PAN-Spurenfällung	RFA	Alternativ mit FAAS bis 10 ppm erfaßbar
O	3—10000	Vakuumheiß-extraktion	Vakuumheißextraktion mit IR-Absorptionsmessung für CO	Wird nur in Metallen bzw. Metallpulvern bestimmt. Wichtigstes nichtmetallisches Spurenelement
P	4— 500	MIBK-Extraktion	LAS	Wichtig für die Rohproduktkontrolle
Pb	1— 100	keine	AAS unter Verwendung einer EDL mit Gasstop u. D_2-Komp.	Wichtig für die Rohproduktkontrolle
S	1—3000	Verbrennung im O_2-Strom	Verbrennungsanalyse mit IR-Absorptionsmessung von SO_2	Bereich >10 ppm nur für sulfidische Rohstoffe interessant
Sb	50— 500	keine	FAAS unter Verwendung einer EDL	Empfindlichere AAS-Methode in Ausarbeitung

Tabelle 1. Fortsetzung

Element	Analysierbarer Gehaltsbereich in ppm	Art der Spuren-Matrix-Trennung	Instrumentelle Endbestimmungsmethode	Bemerkungen
Si	5—500	keine	AAS in Na_2WO_4-imprägnierten Graphitrohren; mit Gasstop und D_2-Komp.	Wichtig für K, Al, Si-gedopte Pulver zur NS-Wolfram Herstellung sowie für alle Rohstoffe und für NS-W-Metall
	200—5000	keine	FAAS	
Sn	50—1000	keine	FAAS unter Verwendung einer EDL	Empfindlichere AAS-Methode in Ausarbeitung
Ti	1—100	Spurenfällung mit $Co(OH)_3$ + Filterschleim	RFA	Methode von Wurzinger und Müller[15]. Wichtig für die Rohproduktkontrolle
Ta	5—500	Spurenfällung mit $Co(OH)_3$ + Filterschleim	RFA	Adaptierte Methode von Wurzinger und Müller. Werksinterne Kontaminationsgefahr
W in Mo	20—1000	keine	RFA	Wichtig für Rohproduktkontrolle und Endproduktzertifizierung
Zn	1—500	PAN-Spurenfällung	RFA	Auch alternativ mit FAAS bis 5 ppm erfaßbar
Zr	5—500	Spurenfälllung mt $Co(OH)_3$ + Filterschleim	RFA	Methode von Wurzinger und Müller[15]
Heterogene Verunreinigungen	20—5000	Filtration	a) Gravimetrische Erfassung in Summe	Bei Bestimmung in Rohstoffen
			b) REM-EDAX-Untersuchung	Untersuchung der Partikel auf Teflonfilter bzw. Untersuchung des Bruchgefüges bei gesinterten Metallen

dem noch im Ultrahochvakuum, was einen sehr beschränkten Probendurchsatz bedingt. Auch die quantitative Auswertung ist für alle diese Verfahren noch recht problematisch. Der hohe Preis solcher Anlagen und die Notwendigkeit eines hochspezialisierten Bedienungspersonals lassen für Klein- und Mittelbetriebe eine Anschaffung derartiger Geräte nicht zu. Hier ist die Zusammenarbeit zwischen einschlägigen Hochschulinstituten und der Industrie besonders notwendig und sinnvoll. Dabei geht es vornehmlich um die Aufklärung der Wirkung der analytisch relativ einfach zu erfassenden durchschnittlichen Spurengehalte auf den Produktionsprozeß und die Eigenschaften des Endproduktes. Somit bleibt die Spurendurchschnittsanalyse Ausgangs- und Bezugspunkt für die chemische Charakterisierung von reinen Feststoffen. Dies ist schon deshalb der Fall, weil AES, SIMS, ESMA, ja praktisch alle modernen, instrumentellen topochemischen Mikro- und Spurenanalysenverfahren auf die Eichung ihrer Signale durch Spurendurchschnittsanalysenverfahren angewiesen sind. Weiters basieren sämtliche Materialspezifikationen auch weiterhin auf Werten der Spurendurchschnittsanalyse. Daher hat auch die Spurendurchschnittsanalyse in der letzten Zeit immer mehr an Bedeutung gewonnen. Tabelle 1 gibt einen Überblick der im Metallwerk Plansee derzeit routinemäßig erfaßten Spuren in Molybdän und Wolfram. Viele dieser Spuren werden auch in Niob und Tantal bestimmt. Tabelle 2 gibt einen Überblick über die dabei zur Verfügung stehenden Geräte. Das Übergewicht atomabsorptionsspektrophotometrischer Methoden für die Analyse auf metallische Spurenkomponenten ist klar ersichtlich. Gerade zur wichtigen Kontrolle der Dopelemente K, Al und Si in den Zwischen- und Endprodukten der NS-Wolframproduktion sind AAS-Methoden unentbehrlich geworden. Ergänzt wird die AAS durch die RFA und für Nichtmetallspuren durch die Vakuumheißextraktion, die Verbrennungsanalyse sowie die Anwendung ionenselektiver Elektroden. Ein kleiner Rest an Spurenkomponenten wird auch heute noch durch die LAS erfaßt, wie z. B. Phosphor in Molybdän und Wolfram oder Molybdän in Wolfram, Niob und Tantal.

5. RFA-Methoden zur Spurenanalyse in Refraktärmetallen

Für die röntgenfluoreszenzspektrometrische Erfassung von Spurenverunreinigungen im Einser-ppm-Bereich ist bei der im Falle der Refraktärmetalle sehr schweren Matrix durchwegs eine Spuren-Matrixtrennung erforderlich. Die Elemente Mn bis Zn können von Mo und W als Matrix vorteilhaft mit PAN getrennt werden. Dies erlaubt ihre gemeinsame Erfassung durch vollautomatische RFA-Endbestimmung mittels des verwendeten Röntgenfluoreszenzspektrometers mit angeschlossenem Computer. Die Meßmethodik muß dabei ebenfalls den Erfordernissen der Spurenanalyse angepaßt sein.

Tabelle 2
Übersicht der verwendeten Geräte zur Spurenanalyse in Refraktärmetallen

1. *Analyse auf metallische und halbmetallische Spuren*

   AAS-Geräte:

   Perkin Elmer Modell 306 (Doppelstrahlgerät) mit Deuterium Untergrundkompensator, zur FAAS eingesetzt. Perkin Elmer Modell 300 (Einstrahlgerät) mit Graphitrohrküvette HGA-72 und Deuterium Untergrundkompensator, zur AAS eingesetzt.

   Elektrodenlose Entladungslampen für As, Bi, Pb, Sb, Sn mit Hochfrequenzgenerator für max. 30 Watt bei 27,12 MHz von Perkin Elmer.

   Röntgenfluoreszenzspektrometer (Sequenztyp) Philips PW 1220/C mit angeschlossenem 8 K Computer PW 9201 und modifiziertem Philips Software Paket X-ray 10.

2. *Analyse auf nichtmetallische Spuren*

   Balzers Exhalograph EAH 220 für Wasserstoffspuren

   Balzers Exhalograph EAN 220 für Stickstoffspuren

   Balzers Exhalograph EAO 201 für Sauerstoffspuren

   Leybold Heraeus C-S-Analysator CSA 301 LC für Kohlenstoff- und Schwefelspuren

   Wösthoff Carmhomat 12 G für Kohlenstoffspuren

   Orion research digital ionalyzer model 801 A und Orion ionenselektive Elektroden für Ammoniak und Fluorid.

   Hitachi Perkin Elmer Spektrophotometer Model 139

3. *Topochemische Mikroanalyse*

   Rasterelektronenmikroskop Jeol JSM-35 (100 Å Auflösung) mit energiedispersivem Röntgenfluoreszenzanalysator EDAX (400 Kanäle) mit Si(Li)-Detektor (186 eV Auflösung).

4. *AES-Untersuchungen* wurden im Auftrag des Metallwerkes Plansee am Institut für Allgemeine Physik der Technischen Universität Wien unter der Leitung von o. Prof. Dr. F. P. Viehböck an einem PHI-Auger-Spektrometer durchgeführt.

   SIMS-Untersuchungen wurden im Auftrag des Metallwerkes Plansee am Reaktorzentrum Seibersdorf von Prof. Dr. F. G. Rüdenauer an einer selbstgebauten Ionenmikrosonde durchgeführt.

Zu diesem Zweck wurde das X-ray 10 Software Paket der Fa. Philips modifiziert[17]. Dies erlaubt nun den Bezug der Meßwerte auf eine beliebige Anzahl von Blindwert- und Standardpräparationen, wobei Ausreißer vor der Mittelwertbildung eliminiert werden können. Ti und Zr werden in Mo und W nach einer in enger Zusammenarbeit mit dem Metallwerk Plansee von Wurzinger und

Müller entwickelten Spurenfällung mit Kobalthydroxid und Filterschleim erfaßt[18]. Diese Methode wird nun auch zur Bestimmung von Nb- und Ta-Spuren in Mo und W verwendet. Nach MIBK-Extraktion gelingt damit auch die Analyse auf Ti- und Zr-Spuren in Ta und Nb.

6. AAS-Methoden zur Spurenanalyse in Refraktärmetallen

AAS-Methoden haben, wie anderswo auch, zu einer Revolution in der Spurenanalytik der Refraktärmetalle geführt. Besonders die Erfassung vieler Spuren in Nb und Ta — vor einigen Jahren noch eine Domäne der Emissionsspektralanalyse — ist durch entsprechende AAS-Methoden mit meist besserer Reproduzierbarkeit und Richtigkeit möglich als früher.

Tabelle 3. Empfindlichkeitsvergleich für die FAAS-Analyse auf Na, K, Mg und Ca-Spuren in Mo, W, Nb, Ta und Re sowie deren Rohprodukten

Meßparameter: Luft-C_2H_2-Flamme; Dreischlitzbrenner; Perkin Elmer Intensitron Einzelelement-Hohlkathodenlampen; Lampenstromstärken wie vom Hersteller als optimal angegeben; Spaltbreite in allen Fällen 0,7 nm; Meßwellenlängen in nm: Na: 589,0 + 589,6; K: 766,5; Mg: 285,2; Ca: 422,7

Alle Lösungen waren 0,01 *M* an CsCl sowie 1%ig in bezug auf die jeweilige Matrix.

Matrix	Empfindlichkeiten in μg/ml für 1% Absorption			
	Na	K	Mg	Ca
H_2O	0,0254	0,0268	0,00803	0,0489
Mo	0,0256	0,0288	0,00856	0,0564
MoO_3	0,0278	0,0303	0,00917	0,0657
W	0,0273	0,0265	0,00859	0,0956
WO_3	0,0262	0,0295	0,00818	0,0759
Re	0,0251	0,0282	0,00815	0,0687
NH_4ReO_4	0,0254	0,0286	0,00944	0,0587
Ta	0,0263	0,0267	*0,0314*	—
Nb	0,0272	0,0268	*0,0293*	—

Der enorme Vorteil von FAAS-Methoden liegt in der Möglichkeit, Spurenkomponenten bis in den Einser-ppm-Bereich ohne vorherige Spuren-Matrixtrennung mit einem Minimum an Probenvorbereitung und damit auch mit einem Minimum an Reagenzienkontamination zu erfassen. Na, K, Mg, Mn, Fe, Co, Ni, Cu, Zn, Ag und Cd können mittels FAAS in Mo, W, Nb, Ta und Re ohne Schwierigkeiten bestimmt werden. Tabelle 3 zeigt als Beispiel die Empfindlichkeiten für die Erfassung von Na-, K-, Mg- und Ca-Spuren in Mo, W, Nb, Ta und Re sowie deren wichtigsten, im Metallwerk Plansee verarbeiteten Rohprodukten. Die geringen Unterschiede, die dabei in den Empfindlichkeiten für Na, K und Mg auftreten, sind eher auf die verschiedenartige Probenauflösung und Präparation zurückzuführen als auf die einzelnen Matrizes selbst. Ca spricht eher auf Matrixvariationen an. Alle instrumentellen Parameter wurden für diesen Vergleich natürlich konstant gehalten. Bei Mg wird für Niob und Tantal als Matrixelemente eine beträchtliche Signaldepression beobachtet, während Ca in Tantal und Niob nicht bestimmbar ist. Dies ist nicht verwunderlich, da die Alkalihexatantalate und Niobate die einzigen leicht wasserlöslichen und damit echt ionogen aufgebauten Salze des Nb und Ta darstellen.

Flammenlose AAS-Methoden erfreuen sich in metallurgischen Laboratorien aus verschiedenen Gründen einer weit geringeren Popularität als FAAS-Methoden[19]. Trotzdem konnten durch sorgfältige Optimierung Spurenbestimmungsmethoden in der Graphitrohrküvette für Al, As, Pb und Si in Refraktärmetallen ausgearbeitet werden.

Für die Erfassung von Siliziumspuren in Mo und W ist dabei die Anwendung natriumwolframatgetränkter Graphitrohre erforderlich[20]. Auf diese Weise wird die Siliziumcarbidbildung weitgehend unterbunden. Dies äußert sich in einer wesentlich verbesserten Nachweisgrenze und Reproduzierbarkeit. Die Bestimmungsgrenze für die Si-Bestimmung in Mo liegt bei 7 ppm, die in W bei 5 ppm. Den limitierenden Faktor stellt hier die Umgebungskontamination in normalen Laboratorien dar. Siliziumbestimmungen bis in den Einser-ppm-Bereich waren bislang nur mit der ziemlich arbeits- und zeitaufwendigen Flußsäuredestillationstechnik möglich, wogegen die Si-AAS-Bestimmung keiner Spuren-Matrixtrennung bedarf und mit einem Minimum an Probenvorbereitung auskommt.

Die Aluminiumspurenanalyse in der Graphitrohrküvette gelingt in den Matrizes Mo und W bis herab zu 1 ppm überraschend gut und problemlos. Die Anwendung beschichteter Graphitrohre ist hier natürlich nicht erforderlich.

Auch die Erfassung von Arsen in Mo und W bis herab zu 1 ppm gelingt in der Graphitrohrküvette ohne große Probleme. Abb. 6 zeigt die zugehörigen Zersetzungs- und Atomisierungskurven. Die Kurven für die Matrizes Mo und W sind identisch. Die Kurven für reine Natriumarsenatlösungen unterscheiden sich jedoch ganz wesentlich von denen für die Matrizes Mo und W. Offensichtlich wirkt der große Mo- oder W-Überschuß — vermutlich durch Heteropolysäurebildung — stabilisierend. Dadurch kann die Zersetzungstemperatur beträchtlich erhöht werden. Auch der Anstieg der Atomisierungskurve ist für Mo- und W-Matrixlösungen steiler als für reine Arsenatlösungen. Für die Atomisierung ist die erreichbare Maximaltemperatur von 2660^0 C optimal. Der Einsatz von natriumwolframatgetränkten Graphitrohren ist auch für die Arsenbestimmung empfehlenswert. In unbehandelten Rohren liegen die Arsenwerte für die ersten analysierten Proben immer zu tief.

Auch für die Bleispurenbestimmung in Mo und W in der Graphitrohrküvette weichen die Zersetzungs- und Atomisierungskurven

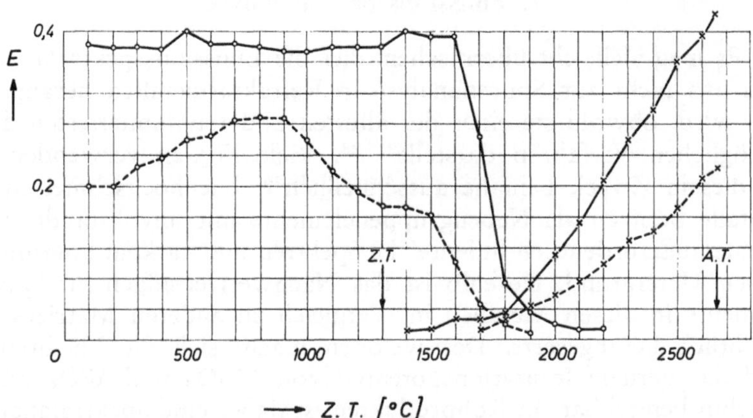

Abb. 6. Zersetzungs- und Atomisierungskurven für die Arsen-Spurenbestimmung in der Graphitrohrküvette

Meßparameter: Meßwellenlänge: 193,7 nm; Spaltbreite: 0,7 nm; EDL für As; Hochfrequenzanregung bei 27,12 MHz und mit 8 Watt; Deuteriumkompensation; Spülgas Argon

Arsen: Einspritzmenge 20 μl ≙ 10 ng As einer Natriumarsenatlösung. Mo- und W-Matrixlösungen: Einspritzmenge 10 μl ≙ 50 μg Mo oder W einer Natriumwolframat- bzw. Ammoniummolybdatlösung

Atomisierungskurven: ○- - -○ reine Lösung
○—○ Matrix Mo oder W
Zersetzungskurven: ×- - -× reine Lösung
×—× Matrix Mo oder W

stark von denen reiner Bleilösungen ab. Durch Bleimolybdat- bzw. Wolframatbildung liegt die optimale Zersetzungstemperatur um 100° C höher als für reine Lösungen. Die günstigste Atomisierungstemperatur ist wieder identisch mit der erreichbaren Maximaltemperatur. Für reine Bleilösungen liegt dagegen die optimale Atomisierungstemperatur bei 2000° C.

Für Si, As und Pb wirkt also die Matrix W oder Mo nicht störend auf ihre Erfassung in der Graphitrohrküvette. Ganz im Gegenteil bedingt die Bildung temperaturbeständiger Verbindungen und teilweise auch eine gewisse WC- bzw. Mo_2C-Schutzschichtbildung bei Carbidentstehungsgefahr empfindlichkeitssteigernd. Es ist anzunehmen, daß durch Graphitrohrimprägnierung sowie durch gezielte Zugabe von Natriumwolframatlösungen zu weiteren Elementen, die schwerlösliche Wolframverbindungen oder Heteropolysäuren zu bilden vermögen, ebenfalls Empfindlichkeitssteigerung bei ihrer flammenlosen atomabsorptionsspektrometrischen Bestimmung auftritt. Weitere diesbezügliche Untersuchungen sind im Gange.

7. Emissionsspektralanalyse

Es mag vielleicht überraschen, daß die Emissionsspektralanalyse von uns nicht zur Spurenanalyse in Refraktärmetallen herangezogen wird, obwohl sie eines der ältesten und renommiertesten diesbezüglichen Verfahren darstellt[21–23]. Viele Firmen verwenden sie zu diesem Zweck beinahe ausschließlich[24]. Die hochschmelzenden Metalle besitzen als Nebengruppenelemente mit unvollständiger d-Schale außerordentlich linienreiche Spektren mit starkem kontinuierlichem Untergrund. Deshalb ist das Nachweisvermögen für Spuren elemente in diesen Metallen im Vergleich zu anderen Matrizes beträchtlich herabgesetzt. Des weiteren macht sich die Flüchtigkeit und das geringe Ionisationspotential von MoO_3 und WO_3 unangenehm bemerkbar. In Rohprodukten ist daher eine Spektralanalyse mit direkter Anregung unmöglich und man ist auf Matrixcarbidbildung, Carrierdestillation und ähnliche Kunstgriffe angewiesen. Dies ist umständlich und geht immer auf Kosten der ohnehin schon schlechten Reproduzierbarkeit. Aber auch in kompakten Metallen werden wesentlich schlechtere Reproduzierbarkeiten erreicht als mit den von uns angewandten Verfahren. Zum Teil dürfte dies auch auf die von Haus aus oft ausgeprägt heterogene Verteilung der Spuren in Sintermetallen zurückzuführen sein[4,5]. Solche Effekte können bei Verfahren mit naßchemischer Probenvorbereitung durch größere Einwaagen kompensiert werden, nicht aber in der Emissionsspektrographie. Entsprechende Ringversuche haben die wesentlich schlechtere Reproduzierbarkeit der Emissionsspektralanalyse gegenüber den hier angewandten Verfahren bewiesen[25]. Auch Versuche mit induktiv gekoppelter Plasma-Anregung verliefen bis jetzt negativ[25]. Die ICP-Emissionsspektralanalyse beseitigt zwar den letztgenannten Nachteil der Emissionsspektralanalyse bei stark heterogener Spurenverteilung, erhöht jedoch den Linienreichtum durch die hohen Temperaturen im Plasma.

Zusammenfassung

Ein Überblick über den Stand der Spurenanalytik von Refraktärmetallen wurde gegeben. Dabei hat man zwischen homogenen und heterogenen Spurenverunreinigungen zu unterscheiden. Die

Wirkung dieser beiden Verunreinigungsarten auf die Endprodukte, das sind hier die sintermetallurgisch hergestellten Refraktärmetalle Molybdän, Wolfram, Niob und Tantal, ist durchaus unterschiedlich. Ein Wirkungsschema wird vorgestellt. Durch heterogene Verunreinigungen verursachte Materialfehler werden routinemäßig im Rasterelektronenmikroskop mit energiedispersivem Röntgenfluoreszenzanalysatorzusatz untersucht. Entsprechende Beispiele wurden angeführt. Zum Nachweis von Korngrenzenverunreinigungen, die durch homogene Spurenverunreinigungen hervorgerufen werden, wurde vor allem die Auger-Elektronenspektrometrie angewandt. Dies wurde an Ergebnissen solcher Untersuchungen illustriert. Für Aussagen über den Bindungszustand von Spurenverunreinigungen in Kristalliten und an Korngrenzen sowie zur extremen, topochemischen Spurenanalyse eignet sich die Sekundärionenmassenspektrometrie am besten. Auch hier wurden erste Ergebnisse für die Untersuchung von Wolfram diskutiert.

Die bisher erwähnten Verfahren sind zu kosten- und zeitaufwendig, um sie für eine rationelle Produktionskontrolle einsetzen zu können. Durch systematische Untersuchungen mit Hilfe dieser Verfahren ist man jedoch zunehmend in der Lage, aus Spurendurchschnittsanalysenwerten der Ausgangsstoffe Rückschlüsse auf ihre Auswirkungen auf das Endprodukt zu ziehen. Daher gewinnt die Spurendurchschnittsanalyse für die chemische Charakterisierung von Refraktärmetallen immer mehr an Bedeutung. Das Spurendurchschnittsanalysenprogramm des Metallwerkes Plansee für Molybdän und Wolfram wird erläutert. Dabei wird auf Entwicklungsschwerpunkte der Spurenanalyse mit röntgenfluoreszenzspektrometrischer und atomabsorptionsspektrometrischer Endbestimmung näher eingegangen. Vor allem die Steigerung in Reproduzierbarkeit und Empfindlichkeit bei flammenlosen Atomabsorptionsverfahren für As, Pb und Si bei Anwesenheit von Molybdän oder Wolfram bzw. in Na_2WO_4-imprägnierten Graphitrohren ist erwähnenswert.

Summary

Application of Modern Instrumental Methods to the Trace Analysis in Refractory Metals

The state of the art of trace analysis in refractory metals is outlined. It is necessary to distinguish between homogeneously distributed trace contaminants and such of a heterogeneous, particulate kind. The effects of these two categories of trace contaminants upon the final products, i. e. the sintered refractory metals molybdenum, tungsten, niobium and tantalum, are quite different. A scheme of such effects is given. Defects caused by heterogeneous trace contaminants are routinely inspected by scanning electron microscopy in connection with energy dispersive X-ray fluorescence spectrometry which is demonstrated by several examples. Grain boundary contaminations originating from homogeneous trace impurities are frequently investigated by Auger-electron spectrometry. Recent results are summarized and some examples are given. Secondary ion mass spectrometry yielded first evidence concerning the nature of chemical bonding of trace contaminants and dope elements within refractory metals. Also ion microprobe mass analysis is a unique method for extreme topochemical micro- and trace analysis. First results of investigations on tungsten are presented.

All above mentioned methods are far too time consuming and expensive as to their use for production control. However, systematic investigations with those methods eventually lead to a better understanding of the effects of the various trace contaminants upon the powder metallurgical production process and on the properties of the relevant end products. As a result, bulk trace analysis becomes more and more important for the chemical characterization of refractory metals. The schedule of bulk trace analysis for molybdenum and tungsten at the Metallwerk Plansee is elucidated. Some new developments concerning the use of wave length dispersive X-ray fluorescence analysis and atomic absorption spectrometry are shown. Better precision and sentitivity was observed for the trace determination of As, Pb and Si by flameless AAS in the presence of Mo and W as well as by use of Na_2WO_4-impregnated graphite tubes. This could become a general approach to improve flameless AAS techniques for various elements.

Verzeichnis der im Text verwendeten Abkürzungen:

AAS	Atomabsorptionsspektrophotometrie, allgemein als übergeordneter Begriff bzw. speziell gebraucht für die Atomabsorptionsspektrometrie mit flammenloser Anregung
AES	Auger-Elektronenspektrometrie
EDAX	Energiedispersive Röntgenfluoreszenzspektrometrie
EDL	Elektrodenlose Entladungslampen
FAAS	Flammenatomabsorptionsspektrophotometrie
LAS	Lösungsabsorptionsspektrophotometrie
MIBK	4-Methyl-2-pentanon
NS-Wolfram	„Non Sag" Wolfram; in der Glühlampenindustrie und in der Vakuum-Metallisiertechnik verwendetes, mit K, Al und Si gedoptes Wolfram von hoher Warmfestigkeit
PAN	1-(2-Pyridylazo)-2-naphthol
PAR	4-(2-Pyridylazo)-resorcin
REM	Rasterelektronenmikroskopie

RFA	Röntgenfluoreszenzspektrometrische Analyse, wellenlängendispersiv
SIMS	Sekundärionenmassenspektrometrie

Literatur

[1] W. M. Meinke und B. F. Scribner, Herausg., Trace Characterization — Chemical and Physical, NBS Monograph 100, Washington D. C., 1967.

[2] G. Kraft, Monographien 15, Informationsheft Nr. 59, Büro Eurisotop (1971).

[3] P. Albert, Monographien 34, Informationsheft Nr. 90, Büro Eurisotop (1974).

[4] F. Benesovsky, P. Braun, W. Färber, E. Lassner, H. Petter, B. Tiles und F. P. Viehböck, Planseeber. Pulvermetallurgie **23,** 101 (1975).

[5] L. Scheiner und V. Scherer, Techn. Wissensch. Abh. Osram **11,** 319 (1973).

[6] E. Lassner und F. Benesovsky, Mikrochim. Acta [Wien], Suppl. 5, **1974,** 291.

[7] E. Lassner, H. M. Ortner, H. Schedle, E. Kantuscher und U. Klupacek, Mikrochim. Acta [Wien] **1974,** 483.

[8] E. Lassner, H. Petter und B. Tiles, Planseeber. Pulvermetallurgie **23,** 86 (1975).

[9] E. Lassner und H. Petter, Mikrochim. Acta [Wien], Suppl. 6, **1975,** 133.

[10] E. Lassner und A. Tiles, Sonderbände der prakt. Metallographie, Bd. 4, Fortschritte in der Metallographie, 285 (1975).

[11] A. Joshi und D. F. Stein, Met. Trans. **1,** 585 (1970).

[12] H. G. Sell, D. F. Stein, R. Stickler, A. Joshi und E. Berkey, J. Inst. Met. **100,** 275 (1972).

[13] A. Joshi und D. F. Stein, Met. Trans. **1,** 2543 (1970).

[14] R. P. Simpson, G. S. Dooley III und T. W. Raas, Met. Trans. **5,** 585 (1974).

[15] H. Liebl, Analyt. Chemistry **46,** 22 A (1974).

[16] V. Scherer, L. Scheiner und H. H. Kuhlmann, Metall **8,** 694 (1975).

[17] H. M. Ortner, E. Lassner und P. Hertroys, X-Ray Spectrom. **4,** 2 (1975).

[18] H. Wurzinger und K. Müller, Z. analyt. Chem., im Druck.

[19] H. M. Ortner, Vortrag im Rahmen der 11. Spektrometertagung in Montreux, 24.—26. Mai 1976.

[20] H. M. Ortner und E. Kantuscher, Talanta **22,** 581 (1975).

[21] H. J. Eckstein, Herausg., Spurenanalyse in hochschmelzenden Metallen, Leipzig: VEB Deutscher Verlag für Grundstoffindustrie, 1970.

[22] K. Horkay-Borsoś und A. J. Hegedüs, Kemiai Közlemenyek 34, 107 (1970).

[23] H. Horkay-Borsoś und A. J. Hegedüs, Kemiai Közlemenyek 36, 311 (1971).

[24] K. Horkay, T. Bereznai und A. J. Hegedüs, Tungsram techn. Mitteilungen 25, 1118 (1975).

[25] V. Scherer, Osram G. m. b. H. München, persönliche Mitteilung.

Korrespondenz und Sonderdrucke: Doz. Dr. H. Ortner, Metallwerk Plansee AG, A-6600 Reutte, Österreich.

Mikrochimica Acta [Wien], Suppl. 7, 63—83

MIKROCHIMICA
ACTA

Philips Research Laboratories, Eindhoven, The Netherlands

Applications of Secondary Ion Mass Spectrometry (SIMS)*

By

H. W. Werner

With 14 Figures

(Received October 27, 1976)

In the Secondary-ion mass-spectrometry (SIMS) method the solid sample placed in the ion-source of a mass spectrometer is bombarded with a beam of primary ions. Because of this bombardment, sample particles (ions and neutrals) are sputtered away. The ions are then separated in a mass spectrometer according to their mass-to-charge ratio. The ion-currents, detected by suitable means, give qualitative and quantitative information about the composition of the sample under consideration.

The applicability of SIMS for the analysis of solids depends to a large extent on the choice of the experimental conditions; the following factors play an important role in the choice.

Primary ion beam. Ar^+, O_2^+, O^- or Cs^+ are chosen as the *primary ions*. For determination of the oxygen content of a sample, for example, Ar^+ is usually chosen as the primary ion. It has the disadvantage, however, that the ion-yield (number of secondary ions/number of primary ions) is strongly element-dependent. These differences in yield may amount to a factor of 10^3. When O_2^+ is used, supported by the bleeding-in of oxygen gas, the differences in the ion-yield are drastically reduced. The small differences remaining can be taken into account for quantitative analysis by using formulae which include the ionization energy[1,2]. The use of oxygen,

---

* Presented at the 8th Colloquium on Metallurgical Analysis with Special Emphasis on Electron and Ion Probe Microanalysis, Vienna, October 27—29, 1976.

moreover, increases the yield of positive ions. O^- is preferred as primary ion for the analysis of insulators[3,4] because in certain modes the negative charges which are brought to the target by negative-ion bombardment are compensated for by electrons which may leave the target. The use of Cs^+-ions or deposition of Cs increases the yield of negative metal ions[5,6].

Primary ion current density. The higher the primary-ion current-density, the higher is the sensitivity, but also the erosion rate, i. e. the consumption of material. A compromise must therefore be made between the primary-ion current-density chosen, the desired sensitivity, and the speed of scanning through the mass spectrum, particularly in the analysis of thin films[7]. The ion current-density must always be chosen so that the erosion rate is greater than the adsorption rate of residual gas atoms. For all these reasons, ultrahigh vacuum instruments are particularly recommended for the analysis of very thin layers.

Energy of the primary ions. The concentration profile of a given element in a sample can be forced deeper into the sample by collisions with primary ions (knock on effect)[8,9]. When primary ions with energies smaller than 5 keV are used, however, this effect can be neglected[10].

Primary beam diameter. With beam diameters of, typically, 1 mm it is possible to carry out survey analyses, especially as possible inhomogeneities average out over the sample surface. For local microspot analysis beam diameters of about 1 μm are used. For imaging of surfaces use is made either of beams of 1 μm diameter in the "raster mode" or a beam of 300 μm diameter in the "ion-imaging mode" (for a review see refs. 11 and 40).

The mass spectrometer. This may be a quadrupole or a sector-type instrument.

The mass range from *H* to *U* can be used. For the detection of polyatomic ions the mass range can be extended up to about 1000.

The mass spectrometer can be run in a low mass-resolution mode (300) or a high mass-resolution mode (up to 5000). In the latter case it is possible, for example, to resolve the doublet of $^{27}Al^+/^{54}Fe^{2+}$ or to separate hydrocarbon from metal peaks ($C_{10}H_{18}/^{138}Ba$)[12].

Discrimination between atomic ions and molecular ions can also be achieved by using an energy window: if the window is shifted to higher energies, atomic ions are preferentially transmitted through the mass spectrometer, because the molecular ions generally have a lower initial energy.

The limit of detection depends largely on the choice of the parameters mentioned above, on the element detected, and on the matrix. It ranges from 1 part in 10^9 to 1 part in 10^4.

Examples of the Applications of SIMS

Depending on the choice of parameters we have six different groups of SIMS applications (Table I). Typical examples will be discussed in more detail below.

Table I. Various Modes of SIMS

(1) Qualitative analysis
— Positive secondary ions (Na^+, Al^+, K^+ ...)
— Negative secondary ions (C^-, O^-, F^-, Cl^- ...)

(2) Quantitative analysis
— $\phi_b = 1$ mm, $j_b = f$ (sample thickness)
— Accuracy: 5% error with external standard; error up to a factor of $\times 2$ with two internal standards

(3) Monolayer analysis (static SIMS)
— $\phi_b = 1$ mm, $j_b = 1$ nA/cm², $\dot{z} = 1$ Å/h

(4) Depth analysis (dynamic SIMS)
— $\phi_b = 1$ mm $j_b = 3\ \mu$A/cm² $-$ 1 mA/cm², $\dot{z} = 300$ Å/h $-$ 10 μm/h

(5) Imaging of surfaces
— $\phi_b = 300\ \mu$m, (Secondary ion microscope)
— $\phi_b = \ \ 1\ \mu$m, (Secondary ion microprobe)

(6) Analysis of chemical compounds or phases
Fingerprint spectra

In *qualitative survey analysis* a complete spectrum from hydrogen to uranium (or higher) is measured. It is important to measure positive as well as negative secondary-ion currents[13] (cf. Fig. 1).

Quantitative analysis, i. e. the determination of the concentration c_M of an element (with mass number M) from the measured secondary-ion current I_s, corrected for isotopic abundance, is possible in principle by use of the relation

$$I_s = I_p c_M S f_M \tag{1}$$

where I_p = primary-ion current, S = ion yield = number of emitted secondary ions/number of primary ions, f_M = mass-dependent transmission of spectrometer. The apparatus constants I_p and f_M can be determined once and for all by calibration. It has been shown[14] that the ion-yield of pure elements depends exponentially on the ionization energy. It was found later that for multicomponent samples the yield also depends on the matrix (matrix effect). Many authors have described calculation of the ion-yield either from first principles or by using adjustable parameters[1, 15–20]. For a recent review of these theories, see Ref. 21. For practical analytical problems the method of Andersen and Hinthorne[1] or methods derived from it are the ones mainly used. These methods are based on the assumption that $S^+ \sim A(T) \exp[-E_i/kT]$, where $A(T)$ depends on the element considered and the temperature T; k is the Boltzmann constant and E_i the ionization energy. (An analogous relation for

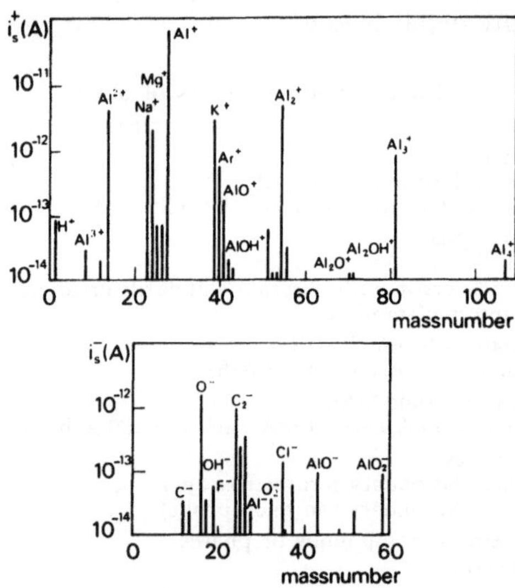

Fig. 1. Spectra (schematic) of positive (above) and negative (below) secondary ions obtained from an Al-sample after 10 minutes of bombardment[13]

negative ions has been given by Andersen and Hinthorne[1]). The influence of the matrix on the ion-yield is allowed for by means of the temperature T. The two unknowns A and T are determined by measuring the ion-current of two known internal standards in a given matrix. Andersen and Hinthorne have shown for a large variety of samples that their method gives useful values for practical quantitative analysis. The applicability of these or similar methods for quantitative analysis has since been verified by many authors[2, 22–25].

Fig. 2 gives results which have been obtained with a one-parameter method (QUASIMS[26]). It can be seen that the majority of the concentrations calculated for various elements deviate by a factor of less than 1.3 from the specified concentration values. Investigations by other authors have produced comparable results[22–25].

Semi-quantitative analysis of solids is possible by use of the internal standard method. The variation in the error of this method

— between about 20% and a factor of 2 — is due, among other things, to sample inhomogeneity, and the uncertainty in the factor

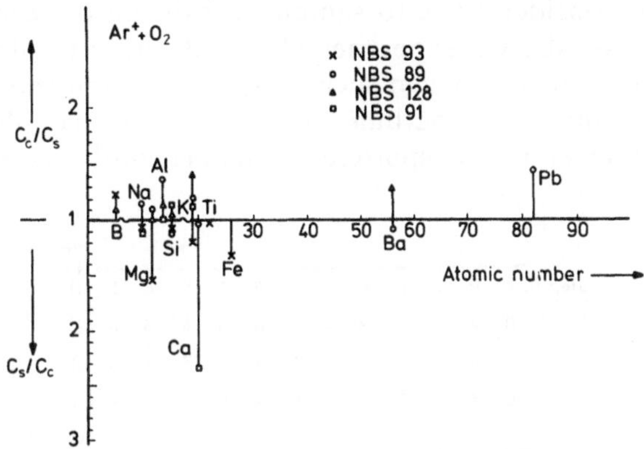

Fig. 2. Ratio of calculated c_c to specified c_s concentration and its reverse as a function of atomic number, determined by QUASIMS from different NBS glass standards[26]

A (partition functions). When the working-curve approach[2, 27–29] is used, an error of several per cent may be expected.

Analysis of Monolayers and Study of Surface Reactions

Benninghoven[30] has developed the so-called static SIMS method. In this the primary-ion current-density is so low (and the residual gas pressure in the mass spectrometer is also correspondingly low)

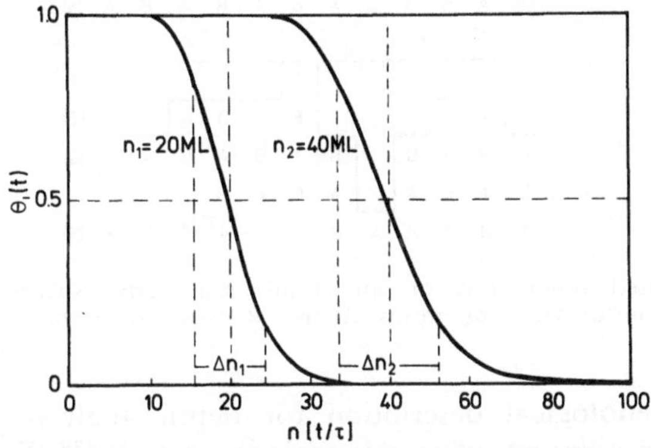

Fig. 3. Calculated depth profiles for homogeneous thin films of 20 and 40 atomic layers thickness. Ordinate: degree of coverage; abscissa: sputter time t / time τ needed to sputter away an equivalent of one monolayer (after Hofmann[31])

that several hours are needed to sputter away one monolayer. Benninghoven has shown that the secondary-ion current from a monolayer decreases exponentially with time. Hofmann[31] has extended these considerations to samples consisting of several monolayers. He has shown experimentally and theoretically that the decrease in ion current, when such a layer is broken through, takes place not abruptly but continuously (Fig. 3). He has also pointed out that the layer is not sputtered homogeneously as assumed in

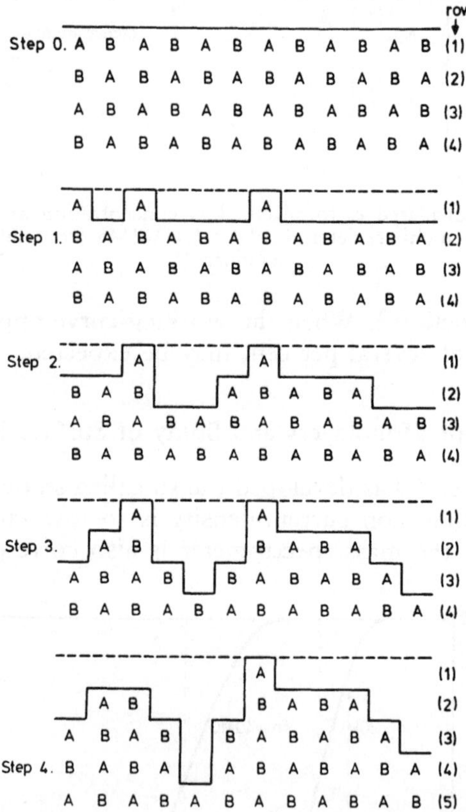

Fig. 4. Calculated topography on an atomic scale after successive steps of sputtering[32] (Sputter yield of atoms A and B assumed to be: $S_A=1$, $S_B=2$)

the phenomenological description for depth analysis. Instead, a surface topography on an atomic scale is generated[32] (Fig. 4) which can be described by a Poisson distribution[31]. Hofmann has also shown that this Poisson distribution is a direct consequence of the formula given by Benninghoven[33] (which assumes that only those ions are sputtered which in turn have become surface atoms after the atoms originally on top of them have been sputtered away).

Benninghoven[34] has used this static SIMS method to investigate systematically the oxidation behaviour of different metals. Fogel[35] has carried out similar studies, but under conditions of dynamic

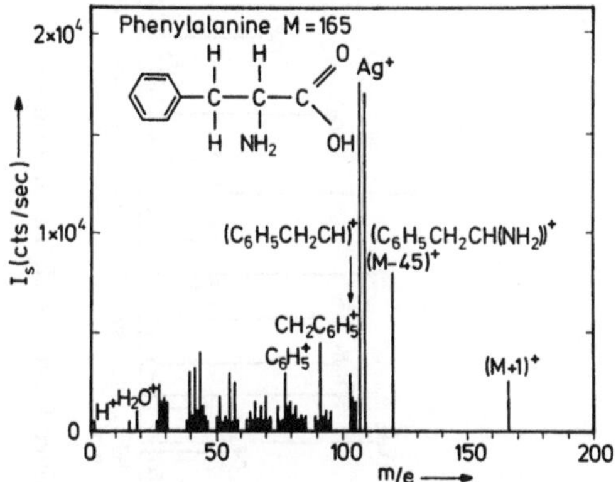

Fig. 5. Positive secondary-ion spectrum obtained from a thin film of phenylalanine (after Benninghoven[36])

equilibrium. Recently, Benninghoven[36] has indicated the possibility of using static SIMS in the identification of solid organic compounds. From the cracking pattern of the first monolayer it is possible to draw conclusions about the original molecule structure in the same way as from mass spectra of gaseous compounds. Fig. 5 shows the (positive ion) cracking pattern obtained from phenylalanine [$C_6H_5CH_2CH(NH_2)COOH$]. From these mass peaks and their relative abundances the structures and bond strenghts in the original molecule can be traced. The mass peak at C_6H_5, for example, is generated by splitting off the carbon ring from the molecule and removing one loosely bound electron. The ion at mass $M-45$ (M = mass of the parent molecule) is generated by splitting off a COOH-group. This COOH-group is found as a negative ion at mass 45. The parent molecule itself is not found as an ion because it is not stable as such. However, a protonated positive ion is found at mass $M+1$ (the ion is stabilised by the protonation).

In the negative spectrum, on the other hand, $(M-1)^-$ is found as a stable ion obtained after splitting of a hydrogen atom from the parent molecule. Similar considerations for secondary ions of

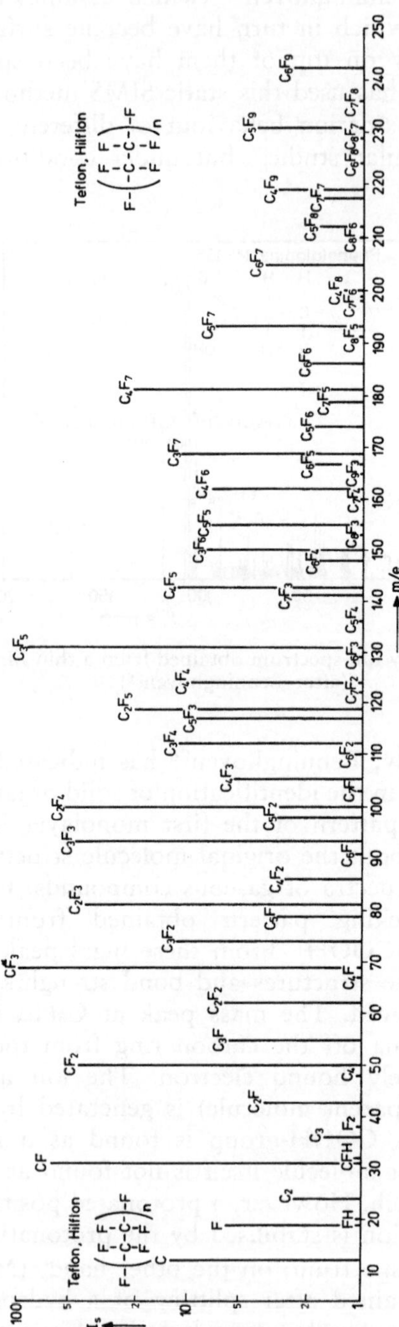

Fig. 6. Positive secondary-ion spectrum obtained from a thick Teflon sample

inorganic molecules give a clue to the formation of secondary ions from inorganic material[37].

Fig. 6 shows the positive secondary-ion spectrum obtained in our laboratory from a Teflon sample by means of sputtering of some hundred atomic layers (semi-dynamic mode). The fragment ions CF_2^+, $C_2F_4^+$, $C_3F_6^+$, $C_2F_2^+$, $C_3F_4^+$, etc. match the structure of $(CF_2\text{-}CF_2)_n$ chains. The CF_3 groups at the end of the chains, situated preferentially at the surface of the sample, are responsible for CF_3^+, $C_2F_5^+$, $C_3F_7^+$, $C_2F_3^+$, $C_3F_5^+$, $C_4F_7^+$.

From the foregoing we may conclude that SIMS offers the possibility of analysing organic solids. SIMS has the advantage that it can directly analyse organic solids without the need for conversion into the gas phase. Moreover it has high sensitivity, needs only samples of small size (small lateral dimensions and thickness) and offers the possibility of localised microspot analysis*, since a fine ion-beam (a few μm in diameter) can be directed onto any desired spot with great accuracy.

Determination of Depth Profiles

In this case the sample, continuously bombarded with an ion beam, is sputtered away layer by layer. The peak-height (secondary-ion current) at one or more preselected masses is simultaneoulsy recorded as a function of time. The ion current recorded as a function of time in this way can be transformed by suitable calibration into concentration as a function of depth (concentration profile). By use of large primary-ion current-densities (Table I) profiles can be determined over depths which range from about 100 Å to about 20 μm.

Fig. 7 shows the concentration profile of aluminium in AlGaAs, which we have obtained from a multi-sandwich layer. The large depth range covered by SIMS can easily be seen: on the one hand, layers many μm in thickness can be sputtered away, and on the other hand, concentration changes can still be traced over a few hundred Å. The steepness of the decrease (or increase) of a given depth z can be characterized by the ratio $\Delta z/z$ (relative depth resolution) which is independent of the depth in which the profiles occur. The value of z depends on the quality of the instrument

* ESCA is another method which can be used for the analysis of organic solids. Although the sample thickness needed is only some tens of Å, the minimum area required for an analysis is a few mm^2, i. e. only macrospot analyses can be carried out.

used and on the profile originally present in the sample[38]. The influence of the instrument on the value of Δz is determined mainly by the *primary-beam inhomogeneity* provided the layer thickness exceeds several hundred Å[31, 39]. This may be explained as follows: an inhomogeneous ion beam generates a curved crater bottom (Fig. 8), i. e. at a given time there will be penetration to different depths at different spots in the sample. Contributions from differ-

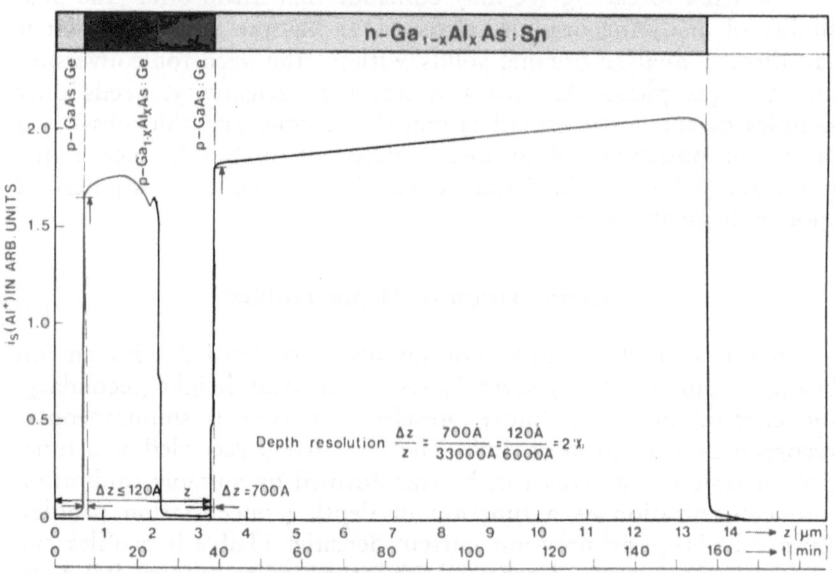

Fig. 7. Al-depth profile obtained from a GaAlAs sandwich layer

ent depths are therefore measured (with different concentrations due to the concentration gradient). The measured profile is distored relative to that which was originally present.

The remedy is to try to procedure a crater bottom as flat as possible, by scanning across a large area with the primary beam, and then extracting secondary ions from only a small inner portion of the area scanned. This selection can be obtained by use of electronic or mechanical apertures[11, 40].

Some other effects which distort the profile are also illustrated in Fig. 8. By *knock-on effects* of primary particles on the target atoms the latter are permanently displaced from their original position, preferentially deeper into the target[41–43]. The range of these displacements is approximately equal to the average penetration depth of the primary ions. This effect has been illustrated by McHugh[27].

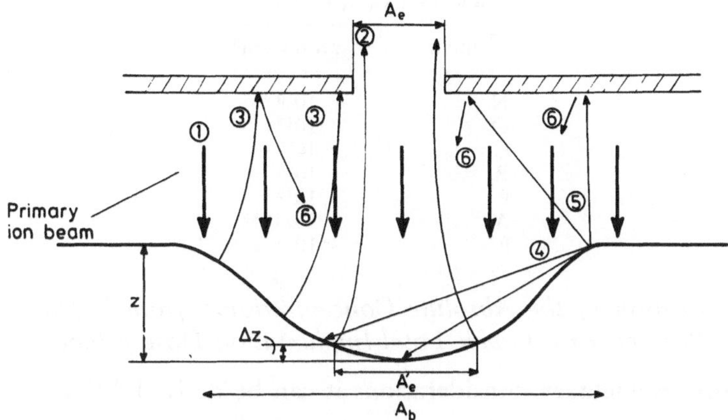

Fig. 8. Crater profile (schematic) obtained by using an inhomogeneous primary-ion beam. *1*, primary-ion beam, considered to be in a plane inclined to the plane of the paper; bombarded area A_b. *2*, secondary ions which can pass the extraction electrode A_e. *3*, secondary ions and neutrals starting outside the extraction region A_e' intercepted by the extraction electrode. Sputtered neutrals from crater edge: *4*, deposited in central crater region; *5*, deposited on the extraction electrode opposite the target; *6*, particles, sputter-deposited from the target onto the extraction electrode, being resputtered

For small layer thicknesses (< 100 Å) it is the surface topography generated on an atomic scale that limits the resolution, as discussed by Hofmann[31].

If the sample is not completely flat, either from the very beginning of the measurement (e. g. porous evaporated layers) or because a surface roughness builds up during the sputtering (e. g. when polycrystalline materials or sandwich structures are bombarded), the depth resolution is much worse than in the cases mentioned above. This can be explained by using the arguments discussed for the case of the influence of beam inhomogeneity. The use of oxygen or nitrogen[44] may bring about an improvement.

More details on disturbing effects can be found in the literature [27,39,45].

Notwithstanding all these difficulties SIMS has been developed into a reliable method with extremely good sensitivity (low limit of detection), as shown in Table II. These limits of detection can be determined by comparing SIMS results with those obtained by other analytical methods or from the SIMS data obtained from implanted layers[39].

Table II. Limit of Detection (Atoms/cm^3) for Various Elements in Si (B, P, As, F) and in Ta (N, O, C)[60]

Element	atoms/cm^3
N	10^{19}
O	10^{17}
C	10^{17}
B	10^{14}
P	10^{17}
As	5×10^{16}
F	$< 10^{16}$

Determination of the Absolute Concentration η from Implantation Profiles for a Given Total Implantation Dose n (cm^2)

From elementary considerations it can be derived[39] that

$$I^+(t)\,dt = C' \cdot k\,\eta\,[z(t)]\,dz = (C'/\dot{z})\,\eta\,(z)\,dz \tag{2}$$

or

$$I(t) = C'\,\eta\,(z) \tag{3}$$

where I^+ is the measured ion current as a function of time, C' is a constant, z is the depth, $k = dt/dz = 1/\dot{z}$ ($\dot{z}$ is the sputter rate), η = absolute concentration of particles (cm^{-3}).

From (2) and (3) we obtain

$$\frac{\int I^+(t)\,dt}{\int \eta\,(z)\,dz} \cdot \dot{z} = C' \tag{4}$$

The given total implantation dose n is traced back to the concentration $\eta\,(z)$ distributed across all depths z, i. e. $\int \eta\,(z)\,dz = n$. The sputter rate $\dot{z} = Z/t_B$ having been determined by measuring the average crater depth Z at a given bombardment time t_B, C' can be determined from (4).

Conversion from ion currents $I^+(t)$ into concentration $\eta\,(z)$ is possible by using Eq. (3).

The determination of *implantation profiles* by this method is one of the most important applications of SIMS in the electronics and semiconductor industry. Fig. 9 shows as an example the concentration profiles of B and F determined from a Si sample implanted with 200-keV BF_2^+ ions[46]. BF_2-implantation, instead of the usual B implantation, was chosen (*a*) to obtain a good amorphisation of the layer (the density of energy deposition within one cascade volume and, therefore the damage, is increased by decreasing the implantation energy; (*b*) in order to obtain a low-energy implant also for high implantation energy. The BF_2^+ with a total energy of 200 keV splits into one B and two F ions on hitting the

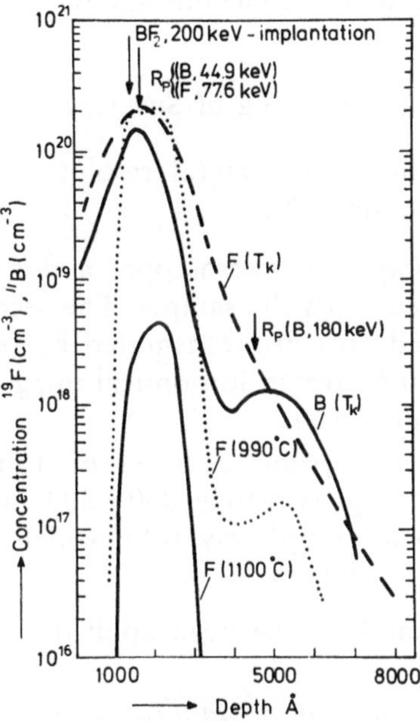

Fig. 9. Concentration profile (atoms/cm³) of *B* and *F* as a function of depth from an Si sample[46] implanted with 200-keV BF_2^+ ions. Total implanted dose: $n = 2 \times 10^{15}$ atoms/cm²

target. These ions carry an energy proportional to their masses (44.9 keV for B and 77.55 keV for F). The ranges R_p at these low energies (see Fig. 8) are therefore much smaller than at 200 keV.

The B profile at room temperature (T_k) shows, besides the expected maximum at $R_p = 1600$ Å, a second smaller maximum at 5000 Å. The latter is caused by impact dissociation of BF_2^+ (total energy 25 keV, energy of B = 5.6 keV) at residual gas molecules before post-acceleration: B^+ ions which are generated in this way can therefore gain the full energy (175 keV) in the post-acceleration section and therefore hit the target with a total energy of 180.6 keV. The corresponding range $R_p = 4600$ Å is situated in fact close to the second maximum. (This maximum is shifted towards higher values owing to the contribution of the first maximum.)

Other fields of applications are determination of the distribution of F in teeth[23] and determination of profiles in garnet epilayers[47].

These latter measurements have demonstrated compositional variations arising from non-steady-state growth conditions and have shown[48] that compositional transient effects increase with decreasing axial rotation and with increasing supercooling.

Concentration profiles in metallic samples have also been determined[24, 49–51].

Imaging of Surfaces

Imaging of surfaces with lateral resolution of ca. 1 μm is obtained in different modes[51, 52].

(*a*) In *ion imaging* (ion microscope) a fixed primary beam of about 300 μm diameter hits the sample. The secondary ions emitted from this bombarded area are transmitted by the ion-optics of the mass spectrometer and give an ion optical image on a photographic plate or a fluorescent screen.

(*b*) In the ion *microprobe* a beam of 1 μm diameter rasters across a surface of approximately 300×300 μm. The emitted ion currents are fed to a cathode-ray tube which is rastered in synchronisation with the primary beam.

These imaging modes have been applied to a large number of problems.

Study of oxide formation in stainless steel. This has been carried out in combination with depth analysis by Servais and Leroy at CRM[53]. Ion images of Cr and Si taken at different depths are shown in Fig. 10. The chromium image at 1100 Å depth shows that chromium is homogeneously distributed across the grains. Some grain boundaries are still chromium-depleted (dark) whilst others are already enriched. At 3000 Å depth a homogeneous chromium oxide layer is present with chromium enrichment in the grain boundaries (as oxide). At 7000 Å depth the homogeneous chromium oxide layer has nearly been sputtered away. Only a few chromium oxide particles are left at the grain boundaries. Si shows somewhat different behaviour. At 1600 Å depth silicon is present only *in* the grains (white) and at 7200 Å it is present only in the grain *boundaries*.

Anomalous behaviour of the resistance of aluminium oxide. It was found in our laboratory[54] that the resistance of an aluminium oxide sample as a function of the amount of Fe inclusions suddenly dropped by a factor of 10^{13} when the Fe concentration exceeded about 20%. The question raised was whether structural changes (e. g. precipitates, or formation of second phases at the grain boundaries) could be held responsible for this effect.

An explanation was found by using SIMS imaging. Fig. 11 shows the Fe^+ image for an Fe concentration larger than 20%. It can be

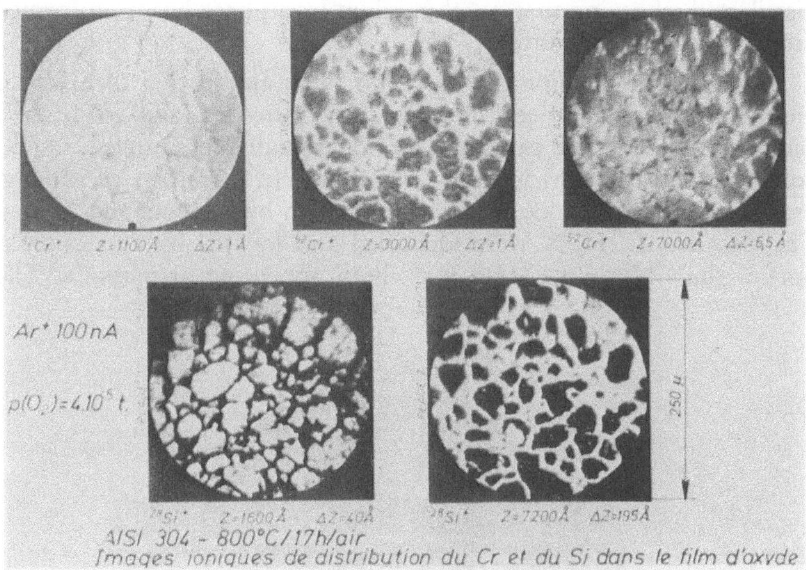

Fig. 10. Cr^+ and Si^+ images at different depths, obtained from oxidised stainless steel (after Servais and Leroy[53])

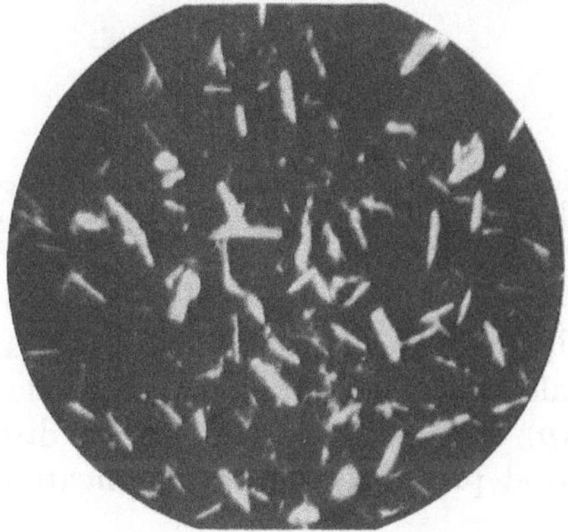

Fig. 11. Fe distribution in Al-oxide, showing the formation of Fe-bridges in the Al-oxide matrix[54] (viewing field 250 μm)

seen that Fe is precipitated and has formed bridges throughout the entire aluminium oxide, i. e. the electric resistance is determined mainly by these iron bridges instead of the aluminium oxide.

We were also able to exclude the formation of aluminium-iron phases by comparing the iron image with the corresponding aluminium image. The aluminium was found to be homogeneously distributed, showing that no aluminium-iron phase has been formed around the Fe precipitates.

Investigation of biological samples. The application of SIMS to biological tissue has been illustrated by Morrison and Slodzian[55]. Biological tissues are prepared for ion imaging by procedures involving fixation, dehydration, embedding in paraffin, sectioning, deposition on gold disks, removal of paraffin by solvents and drying. The elements C, H, N were identified and located by an examination of the CN^- and $C_2H_2^-$ ions, both appearing at mass 26. The

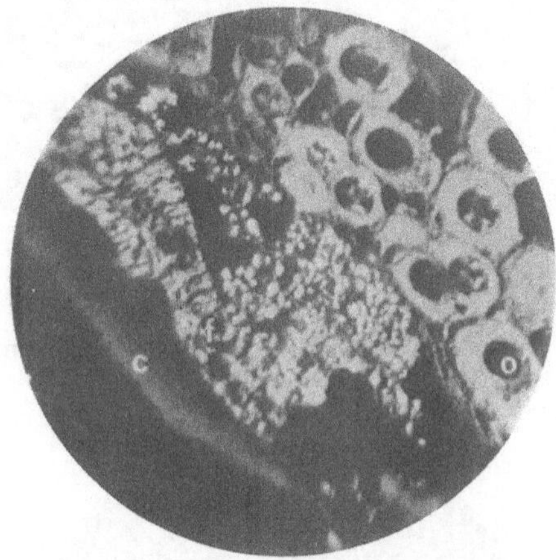

Fig. 12. $^{40}Ca^+$ ion micrograph of a transversal section of insect abdomen showing distribution in cuticle (*c*), fat body (*f*), pericardial cells (*p*) and ovocytes (*o*) (viewing field 250 μm) (after Morrison and Slodzian[55])

distribution of calcium in a transversal section of an insect is shown in Fig. 12. The calcium distribution in the cuticle (*c*), fat-body (*f*), pericardial cells (*p*) and ovocytes (*o*) can be distinguished. These results indicate good prospects for the application of SIMS in the life sciences.

Identification of Compounds and Phases

The fact that the intensity of SIMS peaks is dependent on the properties of the matrix (band structure, the surroundings of a particle in the lattice, e. g. oxygen) has been used for the identification of chemical compounds[56] by means of fingerprint spectra. The method of fingerprint spectra is based essentially on two assumptions: (1) every phase (chemical compound, alloy, structure)

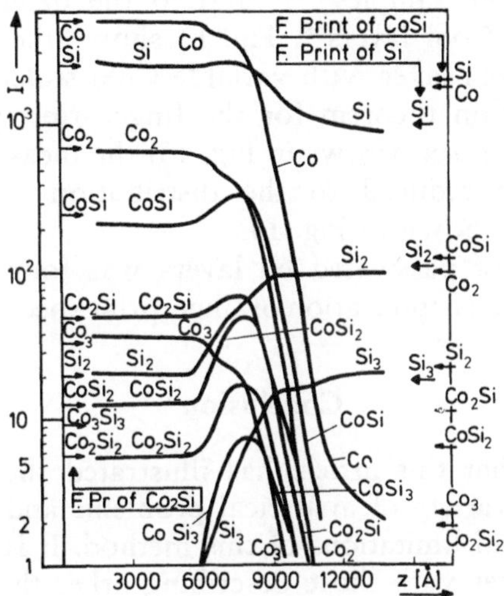

Fig. 13. Secondary-ion currents as a function of bombardment time, obtained from CoSi multilayers[58]

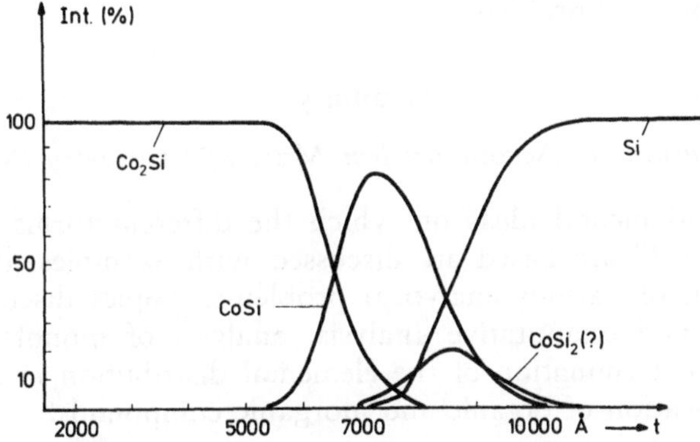

Fig. 14. Concentration profiles of the different CoSi phases (obtained from the measured ion currents of Fig. 13) by using the method of fingerprint spectra[58]: concentrations (%) vs. depth (Å)/bombardment time (t)

of a system has its own characteristic fingerprint spectrum; (2) when several independent phases are present, the fingerprint spectra of the individual phases are superimposed linearly to give the measured SIMS spectrum. Owing to this linear superposition the contribution of the individual components to the measured SIMS spectrum can be determined if the fingerprint spectra of the individual components have been determined by previous calibration.

Recently these ideas have been extended to alloys of copper and aluminium[57], to Fe samples[49, 50] and to the determination of the stoichiometry of CoSi layers[58]. Fig. 13 shows the measured depth profile from a CoSi layer with variable CoSi stoichiometry. By use of the superposition theorem for the fingerprint spectra of Co_2Si, CoSi, Si and $CoSi_2$ (see arrows in Fig. 13) the measured curves from Fig. 13 could be reduced to the distribution of the individual Co_xSi_y phases as shown in Fig. 14.

The analysis of passivated Ni layers was found to be possible *only* by simultaneous application of fingerprint spectra and imaging[59].

Conclusion

It is hoped that this article has illustrated the applicability of SIMS to a great variety of analytical problems and has also shown the capabilities and limitations of this method. It is also hoped that this paper, together with those describing other thin-film analytical methods (AES, ESCA, etc.), will help the analyst to realise that only by a combination of the different modern thin-film methods he can cope with the ever-increasing demands to solve more and more complicated problems.

Summary

Applications of Secondary Ion Mass Spectrometry (SIMS)

The fundamental ideas on which the different forms of application of SIMS are based are discussed with examples illustrating the solution of various analytical problems. Topics discussed are: qualitative and quantitative analysis, analysis of monolayers and thin films, determination of the elemental distribution in a surface and identification of organic and inorganic compounds.

Zusammenfassung

Die Grundprinzipien der verschiedenen Betriebsarten von SIMS wurden besprochen und ihre Anwendung für die Lösung verschiedenartiger analytischer Probleme wurde illustriert. Unter anderem wurden besprochen: qualitative und quantitative Analyse, Analyse von Monolagen und dünnen Schichten, Bestimmung der Elementverteilung in oberflächennahen Schichten sowie Identifizierung von organischen und anorganischen Verbindungen.

References

[1] C. A. Andersen and J. R. Hinthorne, Analyt. Chemistry **45**, 1421 (1973).

[2] A. E. Morgan and H. W. Werner, Analyt. Chemistry **48**, 699 (1976).

[3] C. A. Andersen, H. J. Roden, and C. F. Robinson, J. Appl. Phys. **40**, 3419 (1969).

[4] H. W. Werner and A. E. Morgan, J. Appl. Phys. **47**, 1232 (1976).

[5] H. A. Storms, K. F. Brown, and J. D. Stein, paper presented at Japan-US joint seminar on Quantitative Techniques in SIMS; Honolulu, Hawaii, U. S. A., October 1975.

[6] P. Vallerand, Thesis, University Quebec, 1976.

[7] H. W. Werner and H. A. M. de Grefte, Surface Sci. **35**, 458 (1973).

[8] F. Schulz, K. Wittmaack, and J. Maul, Radiat. Eff. **18**, 211 (1973).

[9] J. A. McHugh, Workshop on SIMS, NBS Spec. Publ. 427, Gaithersburg Mld., K. F. Heinrich and D. E. Newbury eds., 179 (1975).

[10] W. K. Hofker, H. W. Werner, D. P. Oosthoek, and H. A. M. de Grefte, Proc. III Intern. Conf. Ion Implantation in Semiconductors, Yorktown Heights (1972), B. L. Crowder ed., 133, New York: Plenum Press. 1973.

[11] H. Liebl, paper presented at the 7th Intern. Mass Spectrometry Conference, Florence 1976.

[12] P. Williams and C. A. Evans Jr., Workshop on SIMS, NBS Spec. Publ. 427, Gaithersburg Mld., K. F. Heinrich and D. E. Newbury eds., 63 (1975). See also J. M. Morabito, ibid., p. 191.

[13] H. W. Werner, Developments in Applied Spectroscopy, ed. E. L. Grove, 7 *A*, 239. New York: Plenum Press. 1969.

[14] H. W. Werner and H. A. M. de Grefte, Vakuumtechnik **17**, 37 (1967).

[15] P. Joyes, J. Physique **29**, 774 (1968).

[16] J. M. Schroeer, T. N. Rhodin, and R. C. Bradley, Surface Sci. **34**, 571 (1973).

[17] G. Blaise and G. Slodzian, J. physique **35**, 243 (1974).

[18] J. Antal, Phys. Lett. **55 A**, 281 (1976).

[19] Z. Jurela, Intern. J. Mass. Spectrom. Ion Phys. **12**, 33 (1973).

[20] W. H. Gries and F. G. Rüdenauer, Intern. J. Mass. Spectrom. Ion Phys. **18**, 111 (1975).

[21] F. G. Rüdenauer, paper presented at the 7th Intern. Mass. Spectrometry Conference, Florence, 1976.

[22] D. S. Simons, J. E. Baker, and C. A. Evans Jr., Analyt. Chemistry **48**, 1341 (1976).

[23] S. J. Larsson and A. Lodding, paper presented at the 7th Intern. Mass. Spectrometry Conference, Florence 1976; see also A. Lodding, J. M. Gourgout, L. G. Petersson, and G. Frostell, Z. Naturforsch. **29 A**, 897 (1974).

[24] T. Ishitani, H. Tamura, and T. Kondo, Analyt. Chemistry **47**, 1294 (1975).

[25] R. Shimizu, T. Ishitani, T. Kondo, and H. Tamura, Analyt. Chemistry **47**, 1020 (1975).

[26] A. E. Morgan and H. W. Werner, submitted to Analyt. Chemistry.

[27] J. A. McHugh, Radiat. Eff. **21**, 209 (1974).

[28] K. Tsunoyama, Y. Ohashi, T. Suzuki, and K. Tsuruoka, Jap. J. Appl. Phys. **13**, 1683 (1974).

[29] J. P. Servais, H. Graas, V. Leroy, and L. Habraken, Le Vide **181**, 27 (1976).

[30] A. Benninghoven, Surface Sci. **28**, 541 (1971).

[31] S. Hofmann, Appl. Phys. **9**, 59 (1976).

[32] H. W. Werner and N. Warmoltz, Surface Sci. **57**, 706 (1976).

[33] A. Benninghoven, Z. Physik **230**, 403 (1970).

[34] A. Benninghoven, Surface Sci. **39**, 416 (1973).

[35] Ya. M. Fogel, Intern. J. Mass. Spectrom. Ion Phys. **9**, 109 (1972).

[36] A. Benninghoven, D. Jaspers, and W. Sichtermann, Appl. Phys. **11**, 35 (1976).

[37] A. E. Morgan and H. W. Werner, unpublished work.

[38] H. W. Werner, Vacuum **24**, 493 (1974).

[39] H. W. Werner, Acta Electronica **19**, 53 (1976).

[40] H. Liebl, J. Vac. Sci. Technol. **12**, 385 (1975).

[41] J. L. Maul, Thesis, Techn. Univ. München, 1974.

[42] W. K. Hofker, H. W. Werner, D. P. Oosthoek, and H. A. M. de Grefte, Appl. Phys. **2**, 265 (1973).

[43] T. Ishitani and R. Shimizu, Phys. Lett. **46 A**, 487 (1974).

[44] W. O. Hofer and H. Liebl, Appl. Phys. **8**, 359 (1975).

[45] R. K. Lewis, NBS Spec. Publ. 400—423, 45 (1976).

[46] A. J. Linssen, unpublished work.

[47] A. E. Morgan, H. W. Werner, and J. M. Gourgout, submitted to Appl. Physics.

[48] H. D. Jonker, A. E. Morgan, and H. W. Werner, J. Crystal Growth **31**, 387 (1975).

[49] Ph. Maitrepierre, 11th Annual Conf. of the Microbeam Analysis Society, Aug. 1976. Miami (Florida), U. S. A.

[50] K. Tsunoyama, Y. Ohashi, and T. Suzuki, Analyt. Chemistry **48**, 832 (1976).

[51] H. Liebl, Analyt. Chemistry **46**, 22 A (1974).

[52] C. A. Evans Jr., Analyt. Chemistry **47**, 855 A (1975).

[53] J. P. Servais and V. Leroy, presented at the Apeldoorn SIMS meeting, organized by P. von Rosenstiel (TNO) 1976, submitted to Surface Science.

[54] J. Klomp, H. A. M. de Grefte, and H. W. Werner, unpublished work. See also: J. T. Klomp and R. H. Lindenhovius, submitted to Ceramurgia International.

[55] G. H. Morrison and G. Slodzian, Analyt. Chemistry **47**, 932 A (1975).

[56] H. W. Werner, H. A. M. de Grefte, and J. van der Berg, Adv. Mass Spectrometry **6**, 677 (1974).

[57] H. Beske and R. Murcia, paper presented at the 7th Intern. Mass. Spectrometry Conference, Florence 1976.

[58] H. W. Werner and H. A. M. de Grefte, unpublished work.

[59] H. W. Werner, A. E. Morgan, and H. A. M. de Grefte, Appl. Phys. **7**, 65 (1975).

[60] J. M. Morabito, Workshop on SIMS, NBS Spec. Publ. 427, Gaithersburg Mld., K. F. Heinrich and D. N. Newbury eds., 218 (1975).

Correspondence and reprints: Dr. H. W. Werner, N. V. Philips Research Laboratories, Eindhoven, The Netherlands.

Mikrochimica Acta [Wien], Suppl. 7, 85—94

MIKROCHIMICA ACTA

Österreichische Studiengesellschaft für Atomenergie Ges. m. b. H., Wien

A Comparison of Quantitative Models for SIMS Analysis*

By

F. G. Rüdenauer

With 4 Figures

(Received October 27, 1976)

The Kinetic Model

The kinetic model of secondary-ion emission developed by Joyes[1] refers only to ions emitted in random directions at high initial energies (> 30 eV) from pure metals under rare-gas bombardment. It describes secondary-ion emission as a three-step process: (*a*) penetration of primary-beam particles into the target and emission of secondary-target particles by random collision cascades ("erratic emission"); (*b*) creation of inner-shell electronic excitation ("deep holes") during violent collisions between target particles; (*c*) emission of target particles as excited neutral species (for sufficiently long electronic relaxation times). De-excitation outside the metal by an Auger effect yields a positive secondary ion and Auger electron(s).

The first step is mathematically treated by solving the Boltzmann transport equation by means of an approximated Bohr interatomic potential.

The creation of electronic excitation proceeds by an "electron promotion" process. For example, as two Al target atoms approach each other in the course of a collision, the atomic orbitals will

* Presented at the 8th Colloquium on Metallurgical Analysis with Special Emphasis on Electron and Ion Probe Microanalysis, Vienna, October 27—29, 1976.

combine into molecular orbitals (Fig. 1) (in the asymptotic case of zero internuclear distance these orbitals will merge into the corresponding atomic orbitals of the compound nucleus Fe). The molecular oribtal $4f\sigma$ is "promoted" in energy and crosses the conduction band of metallic Al. The broadened molecular orbital inter-

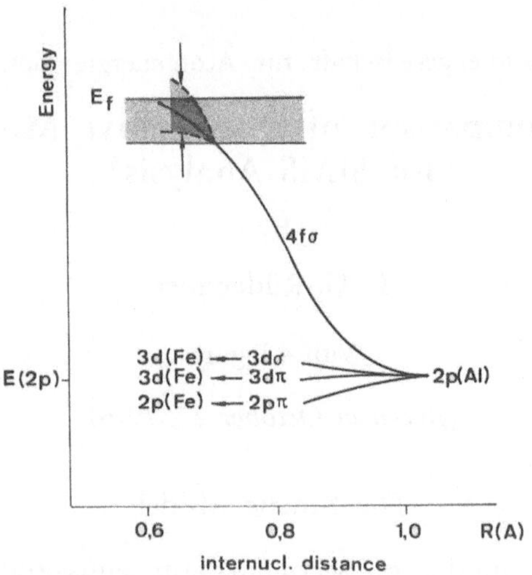

Fig. 1. Electronic energy levels of two colliding Al atoms inside metallic Al. E_F = Fermi energy, R = internuclear distance

acts with free states above the Fermi level so that an electron transition into the Fermi sea may occur, leaving a deep hole ($2p$) on one of the collision partners.

These deep holes, depending on their lifetimes, may be de-excited by Auger processes either inside the metal during the passage of the target particle to the sample surface, in the immediate vicinity of the sample surface, or *in vacuo* after the sputtering process. Only in the last case does the Auger process *in vacuo* yield a secondary ion, the first two cases leading to emission of a ground-state (or weakly excited) neutral atom.

In the calculation of Auger lifetimes (τ_A) of excited atoms inside a metal the effects of the conduction electrons have to be considered[2], so the lifetimes differ from those calculated for free atoms. Numerical values obtained are τ (Al) $\approx 1 \times 10^{-4}$ sec, τ (Cu) $\approx 1.3 \times 10^{-16}$ sec. From these orders of magnitude it is obvious that, owing to their short Auger lifetime, most of the excited Cu-atoms will be de-excited while still inside the metal, thus giving rise to a Cu^+

secondary-ion current which is much weaker than the Al^+-current from Al metal. This is borne out ex-perimentally.

Table I. Theoretical Results of Kinetic Model Together with Experimental Values (brackets). Primary energy E_1, mean energy of singly-charged ($\bar{E}^+$) and doubly-charged ($\bar{E}^{++}$) secondary ions corresponding yields (S^+, S^{++})

	Mg	Al	Cu
E_1 (keV)	8.0	8.0	10.0
$\bar{E}^+$ (eV)	220 (200)	—	215 (235)
$\bar{E}^{++}$ (eV)	220 (340)	240 (280)	—
S^+	1.6×10^{-3} (2.8×10^{-3})	—	(6×10^{-4})
S^{++}	2.4×10^{-4} (2.0×10^{-4})	1.8×10^{-4} (3.5×10^{-4})	0

Table I further summarizes some quantitative results of the kinetic model.

The Autoionization Model

This model, developed by Blaise and Slodzian[3–5], applies to ion-emission from pure metals and dilute solid solutions under rare-gas bombardment in an ultrahigh vacuum. Again, a three step process is assumed: (*a*) creation of an inner level electronic excitation; (*b*) transition of 2 or 3 conduction-band electrons into energetically equivalent autoionizing states of an atom at or near the target surface; (*c*) relaxation of the autoionizing states *in vacuo* by an Auger effect yielding the secondary ion and Auger electron(s). The sputter-ion yield S^+ is expressed as $S^+ = P_h \cdot P_A \cdot S^0$; P_h is the probability, for the sputtered particle, of carrying a deep hole near the surface, P_A the probability of an electron transition into an autoionizing state and S^0 the sputtering yield. Quantitative calculations have been published for pure elements of the transition-metal series and of dilute binary solutions of these elements. For the sake of easy comparison with experiment, P_h and S^0 are assumed to be independent of the element, so that $S^+ \sim P_A$. For the calculation of P_A detailed knowldege of the electronic structure of the metal as well as of the free atom is required.

When certain simplifying assumptions are made, trends of ion-yield from element to element are represented correctly and absolute values are predicted within a factor of better than 2 for most pure metals[3] (see Fig. 2). In dilute solid solutions, depending on the atomic number of the impurity, a change in the density of states of the conduction band of the matrix metal occurs in the vicinity of an impurity atom[5]. Consequently, the secondary-ion yield of a trace

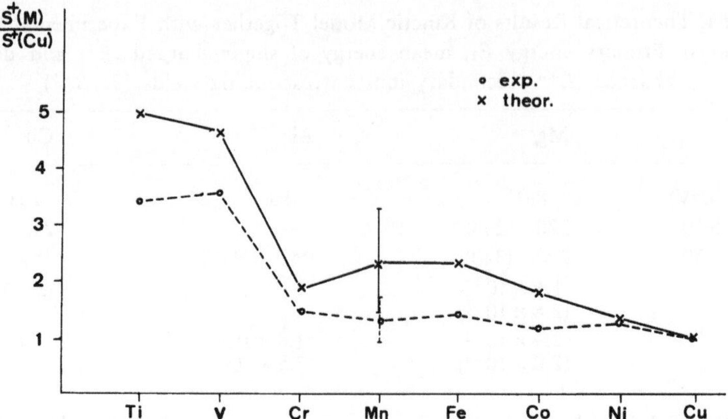

Fig. 2. Comparison of experimental relative secondary-ion yields (○) from pure metals with values predicted by autoionization model (×)

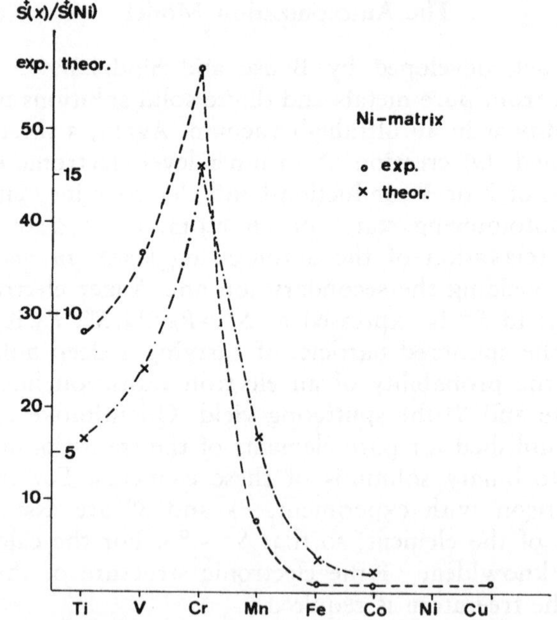

Fig. 3. Secondary-ion yields of trace elements diluted in Ni (○) experiment; (×) predicted by autoionization model

element will show a pronounced matrix effect. Fig. 3 shows calculated and measured relative yield-factors, normalized to Cu = 1 for transition metals from a Ni matrix[4]. Again, the trend from element to element is represented correctly, but absolute yield-factors (Cu = 1) are predicted only within a factor of about 3—5, depending on the particular matrix/impurity combination.

Surface Effect Models

This group of models assumes that all the processes relevant to ionization of a sputtered particle take place directly at or immediately in front of the sample surface. A particle, as it is being

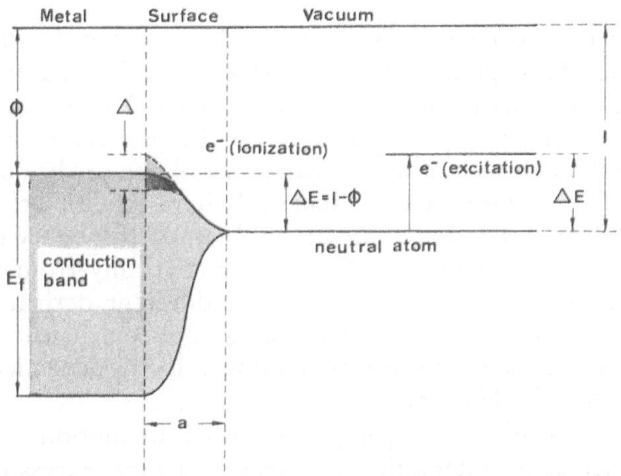

Fig. 4. Electronic energy levels near a metal surface
ϕ = work function I = ionization energy, a = surface thickness, E_F = Fermi energy

ejected from the surfaces, gradually changes its electronic structure from that of the bulk metal to that of the free atomic (ionic) energy levels (Fig. 4).

Electron transitions from the sputtered atom back to the metal may occur during the ejection process. The probability R^+ of finding a sputtered particle in an ionized state at a great distance from the surface is then equal to the experimentally observable ratio of emitted ions to total emitted particles $R^+ = S^+/(S^0 + S^+) \approx S^+/S^0$. Sroubek[6] assumes the flight-time of the particle through the surface region of width a to be short, and calculates R^+ according to a "sudden" approximation approach[7]:

$$R^+ \cong S^+/S^0 = [(I - \Phi)\,\pi \cdot v/n\,\Delta^2 a]^{1/2}$$

where a is the width of the surface zone, I the ionization energy of the particle, v the velocity of the particle, Φ the work-function of the metal, n an integer and Δ the width of the broadened "adatom" ground state immediately at the surface. Δ is not calculated explicitly and may vary strongly from element to element, accounting for the large variations in sputter-ion yields. No detailed comparisons with experimental values have been published.

Schroeer *et al.*[8] use the adiabatic approximation[7] to calculate the same transition probability and obtain

$$R^+ \cong S^+/S^0 = \frac{B^2}{(I-\Phi)^2} \, [h \bar{v}/a(I-\Phi)]^n$$

where $\bar{v}$ is the mean sputtering velocity, B the surface binding energy, and a and the exponent n are considered as free parameters and are fitted to experimental sputter-ion yields. Numerical values of a and n, however, depend strongly on the particular experimental conditions[9]. Ion-yields of metals can generally be predicted to within a factor of 2—4. Gries and Rüdenauer[10] have modified the Schroeer theory by fitting n to experimentally obtained secondary-ion energy distributions and calculating S^0 and v analytically from Sigmund's sputtering theory[11]. Cini[12] has given a different derivation of R^+ and found that owing to the different electronic structure of an adatom near a metal surface no unique veloctiy dependence of R^+ may exist for all elements.

Antal[13] considers a target particle set into motion through the metal lattice as an interstitial representing a local excess of positive charge which is exactly balanced by an "electron cloud" moving with the particle (quasi-atom). A de Broglie electron wave is attached to this electron cloud and is partially reflected at the potential wall formed by the sample surface. The ionization probability R^+ of a sputtered atom can therefore be equated to the quantum mechanical reflection coefficient of the electron wave at the surface potential barrier:

$$R^+ = \varrho = |(1-\beta)/(1+\beta)|^2$$

$$\beta \cong [(2I-\Phi)/(E_F+V_a)]^{1/2}$$

where E_F is the Fermi energy and V_a the screening potential of the moving electron cloud.

Without use of fitting parameters, calculated ion-yields for many pure metals agree with experimental data within a factor of 2 with the exception of the noble metals for which yields are overestimated by some orders of magnitude[13].

For trace elements in an Fe-matrix the following ratios between predicted and measured[14] yields have been obtained[15]: 0.39 (V), 0.44 (Cr), 0.85 (Co), 2.5 (Ni), 2.9 (Cu).

Thermodynamic Models

The well-known local thermal equilibrium model by Andersen and Hinthorne[16] has been used in various modifications in different laboratories and, with the use of two internal standards, is generally able to predict elemental concentrations of multielement metal, glass, semiconductor and mineral samples to within a factor of 2 and often better. A detailed discussion on fundamental aspects can be found in the literature[17–20]. This model is doubtless the most widely used in actual analytical work. It is based on the assumption that a "surface plasma" exists on an ion-bombarded sample in which neutrals, ions and electrons are in a state of local thermodynamic equilibrium which can be described by the Saha-Eggert equation

$$\frac{\eta^{+}\cdot\eta^{e}}{\eta^{0}}=\left(\frac{2\pi mkT}{h^{2}}\right)^{3/2}\frac{2Z^{+}}{Z^{0}}e^{-(I-\Delta E)/kT}$$

Here, η^{+}, η^{0}, η^{e} are the volume concentrations of ions, neutrals and electrons respectively, Z^{+} and Z^{0} are the temperature-dependent partition functions of ions and neutrals respectively, h and k are Planck's and Boltzmann's constants respectively, m is the mass of the electron, I the first ionization energy of the particle and ΔE the "depression" of the ionization energy due to collective plasma effects. T is the "temperature" of the surface plasma. Relative elemental atomic concentrations C_A/C_B of the elements A and B in an unknown sample are proportional to the ratio of the total numbers of particles of kinds A and B in the plasma:

$$C_A/C_B\sim\frac{\eta^{+}{}_A+\eta^{0}{}_A}{\eta^{+}{}_B+\eta^{0}{}_B}=\frac{\eta^{0}{}_A}{\eta^{+}{}_B}\cdot\frac{\left(1+\dfrac{\eta^{0}{}_A}{\eta^{+}{}_A}\right)}{\left(1+\dfrac{\eta^{0}{}_B}{\eta^{+}{}_B}\right)}$$

Here, a possible contribution from molecular plasma particles has been neglected[18, 20, 23]. The ratio of detected secondary-ion currents from elements A and B in a multielement sample is assumed to be equal to the volume density of the respective charged species in the surface plasma: $i^{+}{}_A/i^{+}{}_B=\eta^{+}{}_A/\eta^{+}{}_B$. Therefore concentration ratios for all elements in a multielement sample may be calculated from experimentally measured secondary-ion currents, by use of the

Saha-Eggert equation, provided the plasma parameters T and η^e are known. The state of the plasma, characterized by T and η^e is determined from the ion-emission of at least two internal standard elements in the sample, by means of a mathematical algorithm described in the literature[16, 18, 20, 21]. Nevertheless, the remarkable success of this method in predicting absolute sample composition cannot be fully accepted without conceptual difficulties. It turns out that in the Saha-Eggert equation given above, a number of parameters may be changed rather arbitrarily and rigorous simplifications may be made without markedly affecting the quality of the analysis. Table II gives a short summary of these different evaluation procedures. T and η^e as well as the quality of fit, Δ_{st} (relative percentage deviation of calculated concentration *vs.* known concentration of

Table II. Evaluation of Saha-Eggert Equation by Use of Various Approximations

Stand.	T (K)	η_e (cm^{-3})	Δ_{st}	Δ_{tot}	
Al, V	14 059	8.6E17	0.01	44.2	(A)
Si, V, Cu	9 305	6.4E16	9.1	49.9	(A)
Al, V	7 844	3.7E17	0.06	62.7	(C)
Al, V	10 516	4.5E17	0.007	35.7	(D)
Al, V	5 676	2.4E18	0.92	1254.	(F)

internal standard elements) and quality of analysis Δ_{tot} (relative percentage deviation of calculated concentration *vs.* known concentration of all elements present in the sample) are given as a function of evaluation method (column 6) and choice of internal standard elements (column 1). Method (*A*) uses the complete Saha-Eggert equation given above, method (C) ignores the plasma effects on the ionization energy ($\Delta E = 0$), method (*D*) uses ground-state degeneracies instead of complete temperature-dependent partition functions, and method (*F*) assumes a low degree of ionization in the plasma ($\eta^+/\eta^0 \ll 1$). In cases (*A*), (*C*), (*D*) the quality of analysis is obviously of the same order of magnitude. In particular, the large variation in plasma parameters T and η_e with choice of different internal standards (lines 1 and 2) may suggest that the description of an ion-bombarded surface as a plasma in a state of thermodynamic equilibrium may not be conceptually appropriate.

Probably Werner's interpretation of the ion-emission process[19] as a series of uncorrelated statistical emission events, leading to a Saha-Eggert type of equation may be a more adequate description of the phenomenon.

Lodding and co-workers[22], instead of relying on internal standard elements, use the ratio of doubly-charged to singly-charged predominant sample species as a third variable in a calibration-curve approach to predict, in the framework of the Andersen model, absolute concentrations of trace elements in mineral samples.

Jurela[23] uses the Dobretsov equation for non-equilibrium surface ionization:

$$S^+/S^0 = Z^+/Z^0 \cdot \exp\{[\Phi - I\,(x_c)]/kT\}$$

which is formally equivalent to the Saha-Eggert equation used by Andersen[16] [Z^+, Z^0 are partition functions, $I(x_c)$ is the ionization potential at the critical distance for charge-exchange] to demonstrate, by comparison with experimental yield-figures S^+, the existence of local thermal spikes on an ion-bombarded surface.

Summary

A Comparison of Quantitative Models for SIMS Analysis

A description is given of those theoretical models of secondary ion emission which so far have been explicitly applied in various laboratories for quantitative elemental analysis by use of secondary-ion mass spectroscopy (SIMS) of solid samples. Theoretical predictions for secondary-ion yields from pure metals and multielement samples are compared with experimental results.

Zusammenfassung

Eine Beschreibung jener theoretischen Modelle der Sekundärionenemission wurde gegeben, die bisher in verschiedenen Labors konkret zur quantitativen Elementanalyse mit Hilfe der Sekundärionen-Massenspektrometrie (SIMS) herangezogen wurden. Theoretische Berechnungen von Sekundärionenausbeuten aus Reinmetallen und Multielement-Proben wurden mit experimentellen Ergebnissen verglichen.

References

1 P. Joyes, J. physique **29,** 774 (1968); **30,** 243, 365 (1969).

2 P. Joyes and J.-F. Hennequin, J. physique **29,** 483 (1968).

3 G. Blaise and G. Slodzian, J. physique **31,** 93 (1970).

4 G. Blaise and G. Slodzian, J. physique **35,** 237 (1974).

5 G. Blaise and G. Slodzian, J. physique **35,** 243 (1974).

6 Z. Sroubek, Surface Sci. **44,** 47 (1974).

[7] L. I. Schiff, Quantum Mechanics, New York: McGraw-Hill. 1955.

[8] J. M. Schroeer, T. N. Rhodin, and R. C. Bradley, Surface Sci. **34,** 517 (1973).

[9] F. G. Rüdenauer, W. Steiger, and R. Portenschlag, Mikrochim. Acta [Wien], Suppl. 5, **1974,** 421.

[10] W. H. Gries and F. G. Rüdenauer, Intern. J. Mass. Spectrom. Ion Phys. **18,** 111 (1975).

[11] P. Sigmund, Phys. Rev. **184,** 383 (1969).

[12] M. Cini, Surface Sci. **54,** 71 (1976).

[13] J. Antal, Phys. Lett. **55** *A*, 281 (1976).

[14] F. G. Rüdenauer, W. Steiger, and H. W. Werner, Surface Sci. **54,** 553 (1976).

[15] J. Antal, private communication.

[16] C. A. Andersen and J. Hinthorne, Analyt. Chemistry **45,** 1421 (1973).

[17] H. W. Werner and A. E. Morgan, Proc. 7th Int. Mass. Spectrom. Conf., Florence (Italy), Aug. 30 — Sept. 3, 1976, in press.

[18] D. S. Simons and C. A. Evans, in Japan-US Joint Seminar on Quantitative Techniques in SIMS, Oct. 12—17, 1975; Honolulu, Hawaii/ U. S. A.; reprints available from C. A. Evans, Mat. Res. Labs., Univ. of Illinois, Urbana/Ill. 61801.

[19] H. W. Werner, Quantitative Analysis by SIMS, to be published; Philips Research Labs., Eindhoven/The Netherlands.

[20] R. Shimizu, T. Ishitani, T. Kondo, and K. Tamura, Analyt. Chemistry **47,** 1020 (1975).

[21] F. G. Rüdenauer and W. Steiger, Vacuum, in press.

[22] A. Lodding, T. M. Gourgout, L. G. Petersson, and G. Frostell, Z. Naturforsch. **29** *A*, 897 (1974); S. J. Larsson and A. Lodding, presented at 7th Intern. Mass. Spectrometry Conf., Florence 1976.

[23] Z. Turela, Intern. J. Mass. Spectrom. Ion Phys. **12,** 33 (1973).

Correspondence and reprints: Univ.-Doz. Dr. F. G. Rüdenauer, Lenaugasse 10, A-1082 Vienna, Austria.

Mikrochimica Acta [Wien], Suppl. 7, 95—107

MIKROCHIMICA ACTA

Institut für Werkstoffwissenschaften, Lehrstuhl 1
Universität Erlangen – Nürnberg

Ermittlung kleiner Diffusionskoeffizienten mittels SIMS in oxydischen Verbindungen*

Von

H. G. Sockel und D. Hallwig

Mit 6 Abbildungen

(Eingegangen am 27. Oktober 1976)

1. Einführung und Grundlagen des Verfahrens

Kleine Diffusionskoeffizienten und die damit verbundenen kleinen Eindringtiefen markierter Teilchen in ein Material erfordern bei der Analyse der Konzentrationsprofile hohe örtliche Auflösung.

Bei einer Schichtenanalyse des Diffusionsprofils mittels mechanischer Abtragung der Substanz liegen die kleinsten Einzelschritte bei $\sim 5\ \mu m$. Bei Annahme vernünftiger Anlaßzeiten im Bereich von 10^5 bis 10^6 s ist die Messung von Diffusionskoeffizienten $\geq 10^{-17}\ m^2\ s^{-1}$ möglich. Chemische Ablösung der Substanz erlaubt kleinere Schritte und verschiebt die Grenze zu $\sim 10^{-20}\ m^2\ s^{-1}$. Bei vielen Oxidverbindungen bereitet es Schwierigkeiten, ein geeignetes Lösungsmittel zu finden, das genügend Material löst und auf einer Fläche gleichmäßig angreift. Kernphysikalische Verfahren mit Nachweis der bei einer Kernreaktion erzeugten geladenen Sekundärteilchen erlauben die Bestimmung von Konzentrationsprofilen mit Eindringtiefen bis zu einigen μm. Der Reaktionsort wird aus der Energie der Primärteilchen oder der Sekundärteilchen rechnerisch bestimmt,

---

* Vortrag anläßlich des 8. Kolloquiums über metallkundliche Analyse mit besonderer Berücksichtigung der Elektronen- und Ionenstrahl-Mikroanalyse, Wien, 27. bis 29. Oktober 1976.

die Ortsauflösung der Verfahren liegt bei 0,1 bis 0,01 μm. Der experimentelle und rechnerische Aufwand für diese Analysenmethode ist allerdings relativ hoch[1–4].

Für kleine Diffusionskoeffizienten bietet sich die Ionenstrahlabtragung mit gleichzeitiger Sekundärionenmassenspektrometrie (SIMS) an. Dieses Verfahren vereinigt in eleganter Weise ein kontinuierliches Abtragen des Festkörpers und eine gleichzeitige Konzentrationsermittlung. Man erkennt für kleine Eindringtiefen sofort die Vorteile gegenüber Verfahren mit Schichtenabtragung und nachgeschalteter Konzentrationsbestimmung. Im Gegensatz zur chemischen Ablösung ist das Verfahren ohne Ausnahme auf alle festen Materialien anwendbar.

Die hohe örtliche Auflösung wird durch langsame Abtragung der Substanz mit etwa 0,03 bis 0,3 nm s^{-1} erreicht, so daß noch Einzelschritte von etwa 3 bis 10 nm gemessen werden können. Eine Unterschreitung dieses Wertes ist zwar durch entsprechend klein gewählte Abtragraten und Abtragzeiten möglich, aber nicht sinnvoll. Die mit 1 bis 10 kV beschleunigten Ionen weisen je nach Energie und Teilchenart Eindringtiefen zwischen 2 und 10 nm auf. Das bedeutet, daß aus einer Oberflächenschicht dieser Dicke auch Sekundärteilchen für die massenspektrometrische Analyse herausgeschlagen werden können und der über SIMS ermittelte Konzentrationswert eine spezielle Mittelung der Konzentrationen in dieser Schicht darstellt. Durch die genannte örtliche Auflösung und eine praktikable Anlaßzeit von 10^5 bis 10^6 s werden Diffusionskoeffizienten bis zu 10^{-22} m^2 s^{-1} zugänglich, wenn nicht andere Faktoren störend auftreten. Auf Grund der massenspektrometrischen Trennung der Sekundärionen beschränkt sich die Konzentrationsprofilanalyse auf Fremdstoffe und stabile Isotope. Die Nachweisempfindlichkeit reicht je nach experimentellem Aufwand und verwendetem Massenspektrometer bis zu 10^{-7}.

Beim Beschuß eines Festkörpers mit Teilchen erfolgt eine Anregung der Festkörperoberfläche, die zu einer Emission von Photonen, Elektronen, Ionen und Neutralteilchen führt. Die Ionen können mit einem Massenspektrometer leicht nachgewiesen werden, da die Sekundärionen bei Beschuß mit Primärionen von einigen keV nur einige eV an kinetischer Energie besitzen. Während der Sekundärionenemission wird Material von der Festkörperoberfläche abgetragen. Für quantitative Messungen sind die Kenntnisse der apparatespezifischen Sekundärionenausbeuten $S_M^{\pm}$, Zahl der emittierten Ionen pro einfallendes Primärion, für verschiedene Festkörper und Elemente sowie der Abtragrate erforderlich. Der Sekundärionenstrom $I^{\pm}$ für eine bestimmte Masse M wird dann bei gegebenem Primärionenstrom j_p und bekannter Konzentration c_M über

$$I^{\pm}(M) = j_p\, c_M\, S_M^{\pm} \tag{1}$$

erhalten. Die Konzentrationsermittlung erfolgt durch Messung des Sekundärionenstromes $I^{\pm}$, wenn j_p und $S_M^{\pm}$ bekannt sind[5].

Für die Profilanalyse müssen j_p und $S_M^{\pm}$ für jede Messung bekannt sein und für die Zuordnung der Eindringtiefe ist die Kenntnis der abgetragenen Schichtdicke notwendig.

Die Abtragrate hat sich als weitestgehend unabhängig vom Restgas und von Konzentrationsänderungen von Verunreinigungen herausgestellt und kann als konstant angesetzt werden. Der Primärionenstrom ist meßbar. Er hängt nur von der Primärionenquelle ab und kann konstant gehalten werden. Als unbekannte Größe bleibt die Sekundärionenausbeute $S_M^{\pm}$. Messungen dieser Größe an reinen Elementen weisen starke Streuungen auf[6]. Es werden Einflüsse der Restgaszusammensetzung und der Targetoberfläche beobachtet[7]. Bei Mischkristallen bzw. Verbindungen werden elementspezifische Abhängigkeiten von der Zusammensetzung bzw. vom Bindungscharakter festgestellt. Bei diesen Abhängigkeiten ist bisher nur weniges so zu handhaben, daß auf direkte Weise Konzentrationsprofile gemessen werden können. Daher muß man sich zur Zeit auf Konzentrationsbestimmungen von Isotopen beschränken. Auf Grund gleicher Elektronenhülle und damit auch gleicher Bindung im Festkörper darf man gleiche Sekundärionenausbeuten für sie annehmen, da die Masseneinflüsse in erster Näherung zu vernachlässigen sind.

Setzt man $S_M^{\pm}$ für die Isotope eines Elementes gleich, so erhält man z. B. für die Bestimmung des Molenbruches $N\,(^{18}O)$ eines ^{18}O und ^{16}O enthaltenden Festkörpers aus den gemessenen Sekundärionenströmen I_i die folgenden Beziehungen

$$\begin{aligned} N\,(^{18}O) &= c_{18}/(c_{16}+c_{18}) = \\ &= j_p\, c_{18}\, S_O^{-}(t)/j_p\, S_O^{-}(t)\,(c_{16}+c_{18}) = \\ &= I_{18}/(I_{16}+I_{18}) \end{aligned} \tag{2}$$

Hierbei wurden die Konzentrationen der Teilchen in mol m^{-3} mit c_i bezeichnet.

Die Analysenbedingungen können über kurze Zeiten recht gut konstant gehalten werden. Bei kurz aufeinanderfolgenden Messungen von I_{16} und I_{18} bleibt daher $S_O^{-}(t)$ konstant und fällt in Gl. (2) heraus. Man sieht daraus, daß ohne sehr hohe Anforderungen an Apparatur und Probe verläßliche Konzentrationsbestimmungen von Isotopen möglich sind.

Was die Abtragrate betrifft, so ist zu erwarten, daß sie unter sonst konstanten Sputterbedingungen noch von der Orientierung und der Mikrostruktur der Probe abhängt. So können örtlich variierende Versetzungsdichten bei Einkristallen, z. B. bei durch mechanische Bearbeitung stark verformten Oberflächenbereichen, weiterhin Bereiche mit sich ändernder Korngröße oder unterschiedlicher Textur eine Änderung der Abtragrate mit der Eindringtiefe hervorrufen. Die Konstanz der Abtragrate wird daher nur in einem von der Konzentration und der Mikrostruktur her homogenen Material gegeben sein.

Die eigenen Untersuchungen bestehen in der Anwendung des beschriebenen Verfahrens zur Profilanalyse von ^{18}O in ZnO und in Mg_2SiO_4 sowie ^{26}Mg in Mg_2SiO_4. An den Ergebnissen sollen die Leistungsfähigkeit der Methode, aber auch die bei der Präparation und der Analyse auftretenden Schwierigkeiten diskutiert werden.

2. Experimente

2.1 *Präparation der Proben*

Zur Untersuchung der Diffusion von ^{18}O in Zinkoxid und ^{26}Mg sowie ^{18}O in Forsterit wurden Einkristalle dieser Verbindungen verwendet. Die Proben wurden mit Anschliffen versehen, die nach dem Polieren eine Oberflächenrauhigkeit $\lesssim 10$ nm aufwiesen. Nach Schleif- und Poliervorgängen wurde eine Glühung an Luft bei der späteren Anlaßtemperatur durchgeführt, um die bei der mechanischen Bearbeitung eingebrachten Defekte in den oberflächennahen Bereichen ausheilen zu lassen. Dabei wurde die Glühzeit ebenso lang wie die vorgesehene Diffusionszeit gewählt.

Zur Untersuchung der ^{18}O-Diffusion wurde die Probe anschließend in einer ^{18}O-angereicherten Atmosphäre bei der Versuchstemperatur angelassen.

Auf die Proben, die zur Ermittlung der ^{26}Mg-Diffusion in Forsterit vorgesehen waren, wurden Schichten von etwa 4 μm Dicke der ^{26}Mg-angereicherten Verbindung aufgebracht. Dies wurde durch Aufdampfen des Materials in einer Elektronenstrahlverdampfungsanlage bei Einsatz stöchiometrischen Materials erreicht. Die so vorbereiteten Proben wurden dann der Diffusionsglühung unterworfen.

2.2 *Apparatur*

Das Analysenverfahren kann mit dynamischer Sekundärionenmassenspektrometrie bezeichnet werden. Ar^+-Ionen aus einer Penning-Ionenquelle wurden auf 3,6 keV beschleunigt. Mit dieser kinetischen Energie treffen sie unter einem Winkel von 60^0 gegen die Flächennormale auf die Probe. Die Ionenstromdichten liegen je nach eingestelltem Arbeitsdruck der Penningionenquelle zwischen 0,5 und 10 mAm^{-2}. Senkrecht zur Analysenfläche ist das Quadrupolmassenspektrometer angeordnet.

Die Ionenoptik des Massenspektrometers ist so gewählt, daß ein Akzeptanzbereich von 0,9 mm Durchmesser auf der Probe erreicht wird. Dieser ist in dem Auftreffbereich des Ionenstrahls, der einen Durchmesser von 5 mm besitzt, so angeordnet, daß nur Material aus dem ebenen Kraterboden zur Messung herangezogen wird. Auf diese Weise können Einflüsse vom Kraterrand ausgeschlossen werden. Der Einsatz eines Sekundärelektronenvervielfachers ermöglicht es, einzelne Ionen zu zählen. Dies ist notwendig, da durch die kleine Akzeptanz nur ein sehr kleiner Raumwinkel erfaßt wird und der analysierte Sekundärionenstrom entsprechend gering ist. Eine Erhöhung der Primärionenstromstärke bringt zwar einen höheren Sekundärionenstrom und verbessert damit die statistische Sicherheit, führt aber gleichzeitig zu einer höheren Abtragrate und verschlechtert somit die örtliche Tiefenauflösung. Die Abtragrate wird durch interferometrische oder mechanische Messung der Kratertiefe bestimmt. Hierdurch ist auch eine Kontrolle der Güte der Oberfläche bzw. des Kraterbodens gegeben.

3. Ergebnisse

3.1 ^{18}O-Diffusion

Die Konzentrationsprofile wurden aus den gemessenen Intensitäten der Elemente und Isotope als Funktion der Abtragzeit berechnet. Die Konstanz der Abtragrate konnte über die Intensität von ausgewählten abgesputterten Partikeln verfolgt werden, deren Konzentration sich im Kristall nicht änderte. In Abb. 1 ist das ermittelte Profil für die Komponente ^{18}O in Zinkoxid wiedergegeben. Der über Gl (2) berechnete Molenbruch $N(^{18}O)$ ist als Funktion der Eindringtiefe x aufgezeichnet. Man erkennt, daß Einzelschritte von 4 nm noch aufgelöst werden können. Profile mit 0,1 μm mittlerer Eindringtiefe können daher ohne Schwierigkeiten analysiert werden und es ergeben sich trotz Diffusion in oberflächennahen Bereichen vernünftige Konzentrationsverläufe. Dies wird durch eine dem Diffusionsproblem mit entsprechenden Randbedingungen angepaßten Darstellung von $\mathrm{erf}^{-1}\,[(N(^{18}O)-N_s)/(N_\infty-N_s)]$ gegen die Eindringtiefe x nochmals deutlicher belegt (Abb. 2). Hierbei wird die Oberflächenkonzentration bzw. die natürliche Isotopenkonzentration der Probe durch N_s bzw. N_∞ bezeichnet.

Die Darstellung der Meßpunkte führt auf eine Gerade, aus deren Steigung ein Diffusionskoeffizient von $D = 1{,}05 \cdot 10^{-20}\ m^2\ s^{-1}$ ermittelt wird.

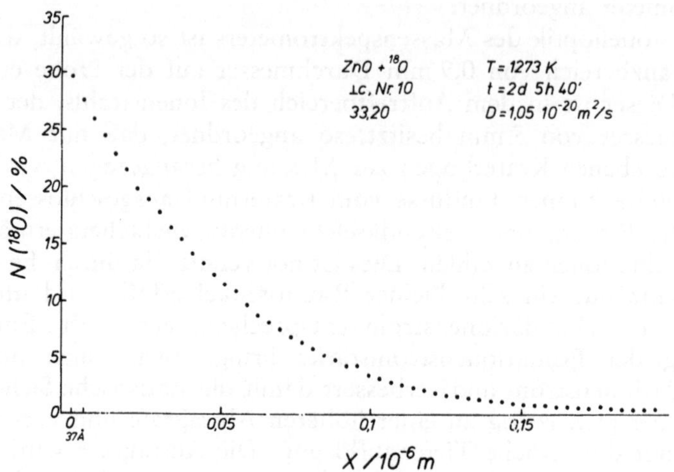

Abb. 1 ^{18}O-Diffusionsprofil in Zinkoxid

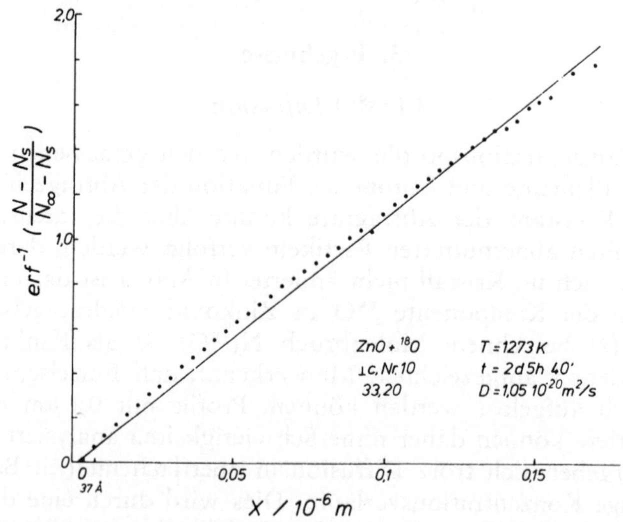

Abb. 2. Normierte Darstellung des ^{18}O-Diffusionsprofils in Zinkoxid

Bei einer Reihe von Messungen tritt anomales Verhalten im Verlauf des Molenbruches im Bereich von 0 bis 0,02 μm auf. Anstatt eines erwarteten kontinuierlichen Abfalls wird ein Maximum beobachtet.

Der gleiche anomale Effekt mit einem Maximum bei kleinen Eindringtiefen wird für die Diffusion von ^{18}O in Forsterit (Mg_2SiO_4) gefunden, wie aus Abb. 3 zu ersehen ist. Die Darstellung von

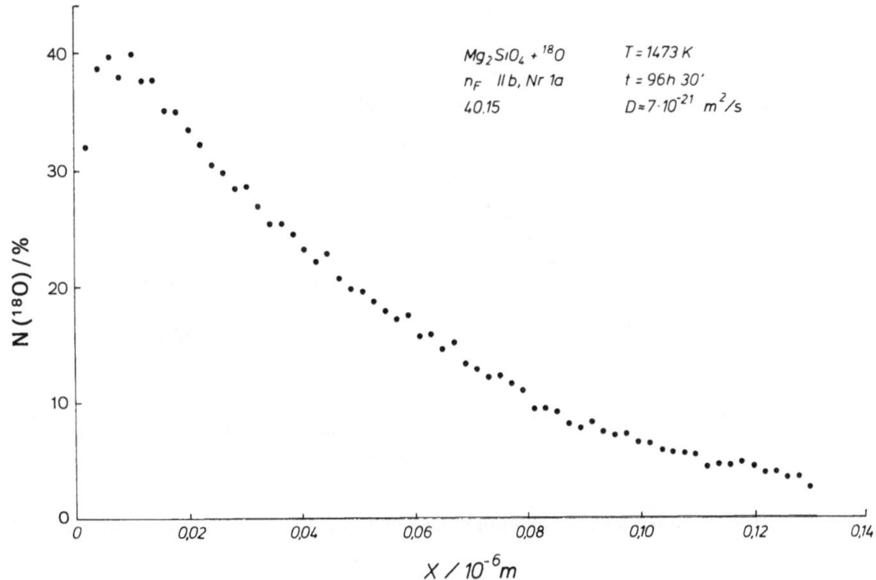

Abb. 3. ^{18}O-Diffusionsprofil in Forsterit

$\mathrm{erf}^{-1}\,[(N(^{18}O)-N_s)/(N_\infty-N_s)]$ gegen x liefert hier ebenfalls eine Gerade (Abb. 4) und führt auf einen Diffusionskoeffizienten von $D=7\cdot 10^{-21}\ \mathrm{m^2\,s^{-1}}$, der wegen des Anfangsmaximums und der unsicheren Oberflächenkonzentration sowie der Unsicherheit der Abtragrate mit einem Fehler von 50% behaftet ist.

3.2 ^{26}*Mg-Diffusion*

Ein Beispiel der beobachteten Profile der ^{26}Mg-Isotope ist in Abb. 5 gezeigt. Die Konzentrationsänderung von ^{26}Mg beginnt hier nicht direkt unter der Oberfläche, sondern wegen der aufgebrachten ^{26}Mg-dotierten Schicht erst im Bereich 5 μm unter der Oberfläche. Zur Absicherung gegen störende Einflüsse bei der Analyse des Profilverlaufes wurden die Profile einiger Ausgangsproben vor der Anlaßbehandlung aufgenommen. Ein typischer Verlauf ist in Abb. 6

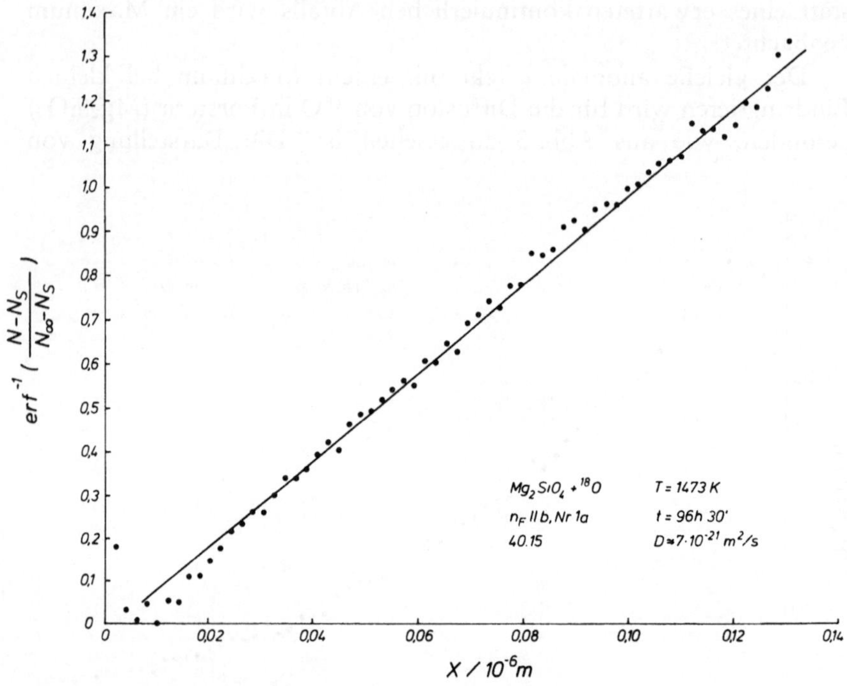

Abb. 4. Normierte Darstellung des ^{18}O-Diffusionsprofils in Forsterit

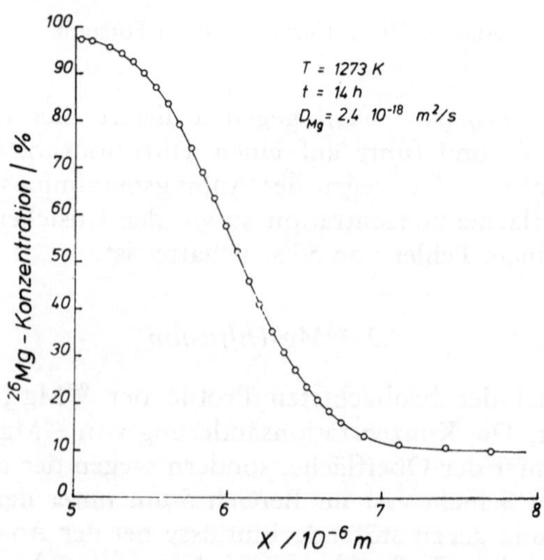

Abb. 5. ^{26}Mg-Diffusionsprofil in Forsterit

wiedergegeben, aus dem man eine scheinbare Breite des Überganges zwischen dotiertem und undotiertem Material entnehmen kann.

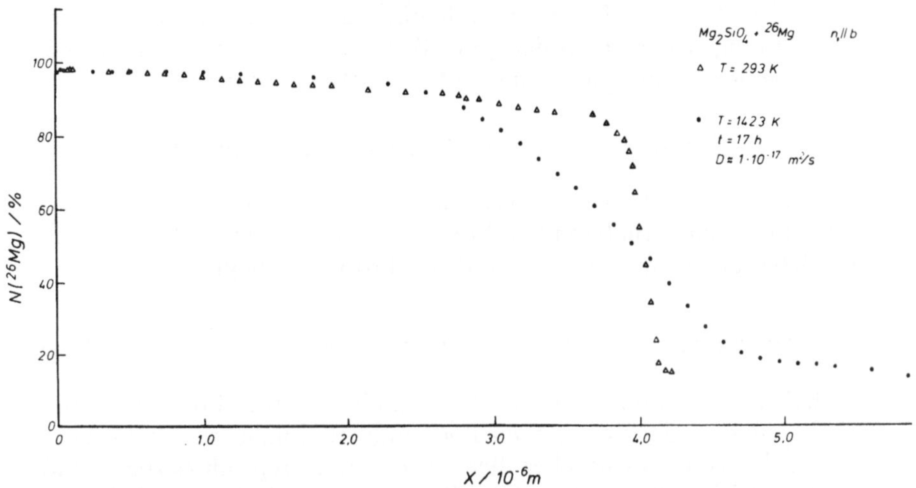

Abb. 6. ^{26}Mg-Profile einer aufgedampften Mg_2SiO_4-Schicht auf Forsterit ohne und mit Temperaturbehandlung

4. Diskussion

4.1 Anwendbarkeit und besondere Eignung der Methode

Die Ergebnisse in den ausgewählten Systemen zeigen, daß die dynamische Sekundärionenmassenspektrometrie eine besonders geeignete Methode zur Profilanalyse bei kleinen Eindringtiefen darstellt. Dies beruht auf mehreren Vorzügen gegenüber anderen Verfahren:

1. Die Methode gestattet simultane Substanzabtragung und Konzentrationsanalyse in einer Apparatur. Damit werden die Schwierigkeiten mechanischer oder chemischer Abtragung und die nachfolgende Analyse geringer Mengen abgetragenen Materials, beides zeitaufwendige Arbeitsvorgänge, umgangen.
2. Die Konzentrationsanalyse wird mit dem abgesputterten, ionisierten Material im Massenspektrometer vorgenommen. Es entfallen die Schwierigkeiten des Umgangs mit kleinen Substanzmengen bei chemischer oder mechanischer Abtragung sowie vor allem die Überführung der Substanz in gasförmige Verbindungen zur massenspektrometrischen Analyse, die insbesondere bei den meisten oxydischen Verbindungen große Schwierigkeiten bereitet.

3. Die erreichbare örtliche Auflösung zwischen 3 und 10 nm gestattet bei praktikablen Anlaßzeiten von 10^6 s die Bestimmung von Diffusionskoeffizienten im Bereich von 10^{-22} bis 10^{-14} $m^2 s^{-1}$. Die Empfindlichkeit der Konzentrationsbestimmung reicht bis in den ppm-Bereich und erschließt damit ein weites Gebiet der Fremdstoff- und Isotopenanalyse[5].

4.2 *Grenzen und Schwierigkeiten der Methode*

Die Grenzen und Schwierigkeiten der Methode werden einerseits durch das Analysenverfahren selbst und zum anderen durch die Behandlung und den Zustand der Proben bedingt.

Einschränkungen und Schwierigkeiten durch das Analysenverfahren

Bei der Ionisation der Teilchen durch Ionenbeschuß und deren Nachweis sind die elektrischen Potentialverhältnisse an der Probenoberfläche von wesentlicher Bedeutung. Eine reproduzierbare und konstante Einstellung eines Oberflächenpotentials bereitet bei oxydischen Proben, die Isolatoren oder Halbleiter sind, besondere Schwierigkeiten. Eigene Experimente an anderen Oxiden haben gezeigt, daß auch mit zusätzlichem Elektronenbeschuß nicht immer optimale Nachweisbedingungen für die Sauerstoffisotope eingestellt werden können. Starken Einfluß hat möglicherweise dabei die elektrische Leitfähigkeit in den Oberflächenbereichen. Diese wird bei oxydischen Verbindungen einerseits durch die Präparationsbedingungen, insbesondere die bei der Abkühlung auftretenden Sauerstoffpartialdrucke und die Abkühlgeschwindigkeiten und andererseits durch die Oberflächenbelegungen in der Untersuchungsapparatur bestimmt. Bei beiden Einflußmöglichkeiten ist es schwierig, definierte reproduzierbare Bedingungen einzustellen. Unterschiedliche Bedingungen können zu unterschiedlichen Nachweisempfindlichkeiten und Abtragraten führen. Eine mögliche Änderung der Leitfähigkeit mit der Eindringtiefe würde die Verhältnisse weiter komplizieren.

Ein selektives Heraussputtern von bestimmten Elementen[9, 10], das in seinen Ursachen noch nicht vollständig geklärt ist, wurde bei den hier in Frage kommenden Elementen nicht beobachtet. Auf Grund der sehr kleinen Beweglichkeiten von Sauerstoff, Silizium und Magnesium bei der Analysentemperatur sind Konzentrationsverschiebungen beim Sputterprozeß unwahrscheinlich und der genannte Prozeß nicht zu erwarten.

Zur Erreichung höherer Abtragraten wählt man Einfallswinkel der Ionen gegen die Oberflächennormale um 60^0 herum, da bei etwa 75° ein Maximum vorliegt[8]. Das bedeutet aber, daß Variationen um den Winkel von 60° zu beträchtlichen Änderungen in der Abtragrate führen. Deshalb werden an Proben, die eine Krümmung der Ausgangsfläche aufweisen, unterschiedlich hohe Abtragraten über die Oberfläche beobachtet, die natürlich zu Verfälschungen des wirklichen Diffusionsprofils führen. Wegen der Größenordnung der Abtragraten zwischen 0,1 und 1 μm/h sind wegen des zeitlichen Aufwandes nur Analysen von Profilen mit etwa 10 μm maximaler Eindringtiefe sinnvoll.

Eine Anwendung des hier an Einkristallen praktizierten Verfahrens auf Polykristalle stößt wegen der Abhängigkeit der Abtragrate von der Kristallorientierung auf Schwierigkeiten. Bei der Abtragung wird sich nach einer Übergangsphase eine mittlere Rauhigkeit ausbilden, die bei statistischer Verteilung der Orientierung der Kristallite in der Größenordnung der Korndurchmesser liegt. Dies wird verursacht durch Schattenwurf herausragender Körner mit geringerer Abtragrate im Ionenstrahl. Daher kann dynamische SIMS nicht generell zur Messung kleiner Diffusionskoeffizienten an Polykristallen angewendet werden.

Die Ausweitung der hier angewandten Isotopendiffusion auf Fremdstoffdiffusion wird wegen der Konzentrationsabhängigkeit der Sekundärionenausbeute auf größere Schwierigkeiten stoßen. Diese können auch mit den vorgelegten theoretischen Untersuchungen nicht ausgeräumt werden[6]. Daher sind im Falle der Fremdstoffdiffusion Eichmessungen der konzentrationsabhängigen Sekundärionenausbeute und der Abtragerate erforderlich.

Einschränkungen und Schwierigkeiten durch die Präparation der Proben

Die bei der Untersuchung der Sauerstoffdiffusion beobachtete Anomalie, ein Maximum im Konzentrationsverlauf, wie ihn beispielsweise Abb. 3 zeigt, kann durch Vorgänge bei der Präparation der Probe hervorgerufen werden. Ein möglicher Prozeß besteht in der Herausdiffusion von ^{18}O aus der Probe nach der Anlaßbehandlung. Wird die ^{18}O-behandelte Probe bei tiefer Temperatur an der Luft gelagert, so lassen auch die sehr kleinen Diffusionskoeffizienten einen Austausch von ^{18}O und ^{16}O in dünnen Oberflächenschichten zu. Dadurch tritt ein Konzentrationsabfall an ^{18}O in der Nähe der Oberfläche ein. Ein weiterer Prozeß mit einem Einfluß auf das Profil ist die Adsorption von ^{16}O an der Oberfläche der Probe. Stellt man sich die Oberfläche als völlig glatte Ebene vor, so sollte diese Adsorptionsschicht in sehr kurzer Zeit abgetragen sein und den

Verlauf des gemessenen Profils nicht bis zu 0,02 μm beeinflussen. Wegen der Rauhigkeit $\leq 0{,}01$ μm bei den verwendeten Proben kann sich der Einfluß der adsorbierten Schicht bis zu Eindringtiefen im Bereich von 0,01 μm hinziehen.

Defekte, insbesondere Versetzungen, die durch die Oberflächenbearbeitung in das Material gebracht wurden und während der Erholungsglühung nicht ausheilen, könnten zu einer Änderung der Abtragrate mit der Eindringtiefe führen. Da die Energiebeträge, die in diesen Defekten gespeichert sind, klein im Vergleich zur in Frage kommenden Bindungsenergie sind, wird man auch bei hohen Defektkonzentrationen nur geringe Einflüsse erwarten.

Die Auswertung der gemessenen Konzentrationsprofile von ^{18}O unter Annahme von Diffusionslösungen mit feststehender Oberfläche liefern einen scheinbaren Diffusionskoeffizienten. Dieser ist nur bei vernachläßigbarer Grenzflächengeschwindigkeit dem Tracerdiffusionskoeffizienten gleichzusetzen. Bei größeren Abdampfraten läuft die Probenoberfläche hinter den eindringenden Isotopen her. Die ermittelten scheinbaren Diffusionskoeffizienten sind daher immer kleiner als die wahren Tracerdiffusionskoeffizienten. Diese Differenz nimmt mit wachsender Verdampfungsgeschwindigkeit, d. h. steigender Temperatur, zu, wenn die Aktivierungsenergie der Verdampfungsgeschwindigkeit höher liegt als die der Diffusion. Anderenfalls zeigt die Differenz entgegengesetztes Temperaturverhalten. Eine exakte Ermittlung von Diffusionskoeffizienten aus den gemessenen Profilen setzt daher immer die Kenntnis und Einbeziehung der Abdampfraten in die Diffusionsgleichungen voraus. Dies gilt ganz besonders für kleine Diffusionskoeffizienten, da bei diesen schon sehr kleine, nur schwer meßbare Abdampfraten stören können.

Durch Bereitstellung von Sachmitteln wurde diese Arbeit von der DFG unterstützt. Für die Hilfe bei der Durchführung der Arbeit sind wir den Herren Prof. Dr. E. Mollwo, Dr. H. Bach (Schott, Mainz), Dr. R. Helbig und P. Hini (Siemens Forschungszentrum, Erlangen) zu Dank verpflichtet.

Zusammenfassung

Die Methode der Ionenstrahlabtragung mit simultaner Sekundärionenmassenspektrometrie (SIMS) zur Ermittlung von Konzentrationsprofilen kleiner Eindringtiefe wird im Hinblick auf ihre Anwendbarkeit, ihre Vor- und Nachteile diskutiert. Die eigenen Messungen dienten der Bestimmung der Tracerdiffusionskoeffizienten von ^{18}O in ZnO sowie ^{18}O und ^{26}Mg in Mg_2SiO_4. Anhand der

Ergebnisse soll die Leistungsfähigkeit der Methode gezeigt, aber auch über die Schwierigkeiten bei der Präparation der Proben und ihrer Analyse berichtet werden.

Summary

Determination of Small Diffusion Coefficients by Secondary Ion Mass Spectrometry of Oxidic Compounds

Ion beam sputtering and simultaneous secondary ion mass spectrometry (SIMS) as a method for the determination of concentration profiles with small penetration depth is discussed with respect of applicability, advantages and disadvantages. The own measurements have been performed with the aim to obtain tracer diffusion coefficients of ^{18}O in ZnO and of ^{18}O and ^{26}Mg in Mg_2SiO_4. In connexion with the results the efficiency of the method can be shown but also the difficulties in sample preparation and their analysis are reported.

Literatur

[1] R. Robin, A. R. Cooper und A. H. Heuer, J. Appl. Phys. **44**, 3770 (1973).

[2] R. W. Ollerhead, E. Almquist und J. A. Kuehner, J. Appl. Phys. **37**, 2440 (1966).

[3] J. M. Calvert, D. J. Derry und D. G. Lees, J. Phys. D: Appl. Phys. **7**, 940 (1974).

[4] P. J. Wise, D. G. Barnes und D. J. Neild, J. Phys. D: Appl. Phys. **7**, 1475 (1974).

[5] H. W. Werner und H. A. M. De Grefte, Surface Sci. **35**, 458 (1973).

[6] F. G. Rüdenauer, W. Steiger und R. Portenschlag, Mikrochim. Acta [Wien], Suppl. 5, **1974**, 421.

[7] J. Maul und K. Wittmaack, Surface Sci. **47**, 358 (1975).

[8] H. Bach, Schott Information **4**, 6 (1972).

[9] H. Bach, Rad. Effects **28**, 215 (1976).

[10] R. Holm und S. Storp, Phys. Bl. **32**, 342 (1976).

Korrespondenz und Sonderdrucke: Dr. H. G. Sockel und Dipl.-Phys. D. Hallwig, Institut für Werkstoffwissenschaften, Lehrstuhl 1, Universität Erlangen – Nürnberg, Martensstraße 5, D-8520 Erlangen, Bundesrepublik Deutschland.

Mikrochimica Acta [Wien], Suppl. 7, 109—128

MIKROCHIMICA
ACTA

Max-Planck-Institut für Metallforschung, Institut für Werkstoffwissenschaften, Stuttgart

Oberflächen- und Tiefenanalyse mit der Auger-Elektronen-Spektroskopie (AES)*

Von

S. Hofmann

Mit 11 Abbildungen

(Eingegangen am 27. Oktober 1976)

1. Einleitung

Die Bedeutung der Oberflächenanalyse für die Entwicklung neuer Werkstoffe, für das Verständnis und das Studium ihrer Eigenschaften ergibt sich aus der Tatsache, daß die chemische Zusammensetzung von Grenzflächen viele Materialeigenschaften bestimmt. Dies gilt für Rekristallisations- und Bruchvorgänge, Haftfestigkeitsprobleme bei Verbundwerkstoffen, für Korrosion, Reibung und Verschleiß, den Übergangswiderstand elektrischer Kontakte, um nur einige Beispiele zu nennen. Allein diese Aufzählung macht es schon verständlich, daß die Entwicklung oberflächenspezifischer Analysenverfahren in den letzten fünf bis zehn Jahren einen stürmischen Aufschwung erlebt hat, der zu einer großen, noch in stetigem Wachstum befindlichen Zahl einschlägiger Methoden geführt hat.

Jede Oberflächenanalysenmethode ist charakterisiert durch ihre geringe Informationstiefe, die bei den heute gebräuchlichen Verfahren unterhalb von 50 Å (5 nm) liegt. Das bedeutet jedoch auch, daß im allgemeinen eine — wenn auch sehr dünne — Schicht analysiert wird, weshalb die Oberflächenanalyse eine Tiefenanalyse einschließt. Andererseits lassen sich oberflächenanalytische Methoden

* Vortrag anläßlich des 8. Kolloquiums über metallkundliche Analyse mit besonderer Berücksichtigung der Elektronen- und Ionenstrahl-Mikroanalyse, Wien, 27. bis 29. Oktober 1976.

zur Ermittlung von Konzentrationsprofilen hoher Tiefenauflösung einsetzen, ein Vorzug, der ihnen das weite Gebiet der Analyse dünner Schichten eröffnet hat. Zu dieser Entwicklung kommt noch die

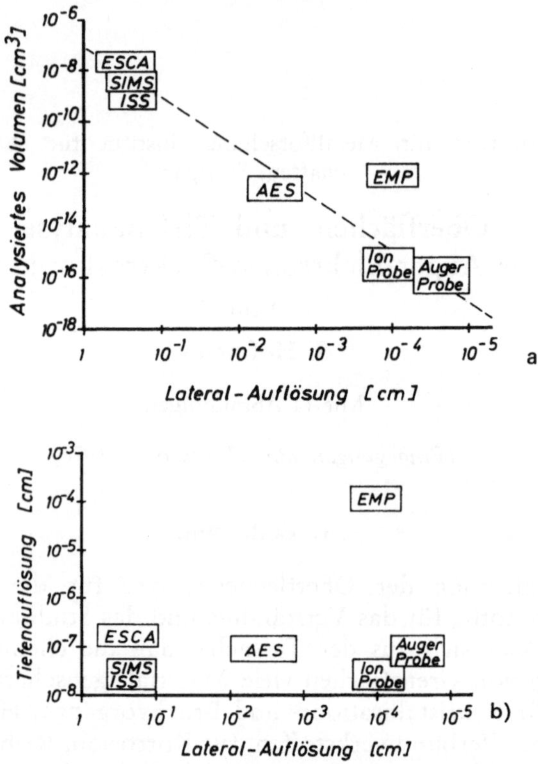

Abb. 1. a) Analysiertes Volumen und Lateralauflösung verschiedener instrumenteller Verfahren. b) Lateral- und Tiefenauflösung der Verfahren in a) (AES = Auger-Elektronen-Spektroskopie, ESCA = Photoelektronenspektroskopie, SIMS = Sekundärionenmassenspektroskopie, ISS = Ionenrückstreuung an Oberflächen, Ion Probe = Ionen-Mirkosonde, Auger-Probe = Auger-Mikrosonde, EMP = Elektronenmikrosonde)

Steigerung der Lateral-Auflösung durch Sonden- oder abbildende Verfahren, die dann eine dreidimensionale Analyse bis in den Submikron-Bereich ermöglichen.

Abb. 1 gibt einen Überblick über die Einordnung der gebräuchlichsten Verfahren hinsichtlich des analysierten Volumens* und der

* Bei den nicht zerstörungsfreien Verfahren (SIMS und Ion Probe) hängen das benötigte Volumen und die erreichbare Tiefenauflösung noch von Zeit und Empfindlichkeit ab[28, 45].

Lateralauflösung. Oberflächenspezifische Methoden liegen auf der gestrichelten Geraden, die Elektronenstrahlmikrosonde (EMP) ist hier nur als Vergleich eingezeichnet und ist nach der oben gegebenen Definition kein spezifisches Oberflächenuntersuchungsverfahren. Das selbst bei Verfahren niedriger Lateralauflösung (ESCA, SIMS, ISS, AES) sehr kleine erfaßte Volumen ($< 10^{-8}$ cm^3) verdeutlicht die Problematik quantitativer Analysen, da das Risiko systematischer Fehler durch fehlende absolute Vergleichsmethoden erhöht wird.

Alle diese Verfahren haben ihre besonderen Vor- und Nachteile, die eine Auswahl im Hinblick auf problemspezifische Anforderungen nahelegen. Im folgenden möchte ich mich im wesentlichen auf die Auger-Elektronen-Spektroskopie beschränken, die zur Zeit wohl die verbreitetste Oberflächenanalysenmethode ist und von uns seit einigen Jahren erfolgreich insbesondere in der Reinststoff-Forschung eingesetzt wird. Dabei soll versucht werden, die enge Beziehung zwischen Oberflächen- und Tiefenprofilanalyse aufzuzeigen.

2. Oberflächenanalyse mit der AES

2.1 Grundlagen und qualitative AES

Die grundlegenden Forderungen, die an eine optimale oberflächenanalytische Methode gestellt werden, sind ein spezifischer Nachweis aller Elemente, der quantitativ, von hoher Empfindlichkeit und matrixunabhängig sein soll, sowie eine möglichst kleine Informationstiefe im Nanometerbereich. Diese letzte Forderung zeichnet die oberflächenspezifischen gegenüber anderen instrumentellen Analysenmethoden, wie etwa der Mikrosondentechnik aus. Durch den Auger-Effekt[1], der als Folgeprozeß der Ionisation einer inneren Elektronenschale eines Atoms auftritt, ist die zu messende Energie des emittierten Augerelektrons durch die 3 beteiligten Elektronenenergieterme WXY (verringert durch die Austrittsarbeit des Analysators ϕ_A) bestimmt[2,3]:

$$E_{WXY} = E_W(Z) - E_X(Z) - E_Y(Z + \Delta) - \phi_A \tag{1}$$

Diese eindeutige Zuordnung zur Ordnungszahl Z (Δ wird eingeführt zur Charakterisierung des 2fach ionisierten Zustandes für Y) erlaubt prinzipiell eine qualitative Analyse der Elemente mit Ausnahme von Wasserstoff und Helium, da hier keine 3 Hüllelektronen vorhanden sind. Auf der Basis von (1) lassen sich die Auger-Energien für die zahlreichen möglichen Übergänge eines Elementes berechnen[2–4]. Theoretische Aussagen über die Intensitäten sind wesentlich schwieriger zu erhalten, da hierzu exakte Werte über die Wirkungsquerschnitte von Ionisierung und Augerübergängen nötig sind, die sich nur in einfachen Fällen (niedrige Ordnungszahl) ab initio berechnen lassen[5,6]. Da mit zunehmender Bindungsenergie des primär ionisierten Zustandes *W* die konkurrierende Röntgenemission wahrscheinlicher wird, beschränkt man sich in der Regel auf Auger-Energien unterhalb von 2,4 keV. Deshalb werden für den Nachweis der Elemente von $Z=3$ bis 14 die KLL-Übergänge, von $Z=15$ bis $Z=40$ die LMM-Übergänge, für $Z=40$ bis 79 die MNN-Übergänge und NOO-Übergänge für Elemente höherer Ordnungszahlen herangezogen[3]. Damit läßt sich ein Diagramm der Auger-Energien analog zum Moseley-Diagramm der Röntgenspektroskopie erstellen[7]. Aus den oben angeführten Gründen identifiziert man gemessene Augerspektren am besten an Hand empirischer „fingerprint"-Spektren, wie sie in einem Handbuch zusammengefaßt sind[7]. Dabei wird üblicherweise als Augerspektrum die — zur Verbesserung des Signal-Rausch-Verhältnisses elektronisch erzeugte — Ableitung der Energieverteilungskurve $N(E)$ nach E, $dN(E)/dE$ bezeichnet und der Ort des Minimums der charkateristischen Doppelpeak-Kurve auf der Energieskala als Auger-Energie angegeben. Die absolute Empfindlichkeit der heute meist verwendeten Auger-Spektrometer mit Zylinderspiegelanalysator[8] reicht bis etwa 0,1 at-%, die relative Empfindlichkeit der einzelnen Elemente untereinander liegt innerhalb einer Zehnerpotenz.

Ein Matrixeffekt auf die Auger-Energie ist nach [1] grundsätzlich zu erwarten, da die am Auger-Übergang beteiligten Energieniveaus durch eine chemische Bindung verschoben werden. Durch die Differenzbildung nach (1) wird dieser Effekt jedoch (im Gegensatz zu ESCA) verkleinert, so daß er sich nur bei Valenzübergängen deutlich zeigt, bei denen je nach Bindungstyp Augerenergieunterschiede bis zu mehreren eV auftreten können[2,3]. Solche Energieverschiebungen können in Einzelfällen zur Verbindungsanalyse herangezogen werden. Der intensivste LVV-Augerpeak von Silizium liegt z. B. für reines Si bei 92 eV, für Si_3N_4 bei 87 eV und für SiO_2 bei 78 eV[9,10]. Abb. 2 zeigt das niederenergetische Augerspektrum von Aluminium im reinen Metall (a) und in Al_2O_3 (c). Höherenergetische Übergänge (>100 eV) zeigen im Augerspektrum im allgemeinen gegenüber der natürlichen Linienbreite (5—15 eV) keine merklichen Energieverschiebungen. Jedoch treten oft Peakformänderungen auf, die durch die Abhängigkeit der Plasmonenanregungsverluste von der Elektronendichte herrühren, wie es z. B. die Unterschiede im Augerspektrum des Kohlenstoffs für CO und Metallcarbid zeigen[11]. Sie sind vor allem für die quantitative Analyse (siehe Abschnitt 2.2) bedeutungsvoll.

Die für die Praxis wohl wichtigste Eigenschaft der AES ist ihre geringe Informationstiefe. Sie ist nicht — wie etwa bei der Elektronenstrahlmikrosonde — durch die Eindringtiefe der Primärelektronen bedingt, sondern durch die mittlere Austrittstiefe der Augerelektronen und daher von deren Energie abhängig. Sie wird bestimmt

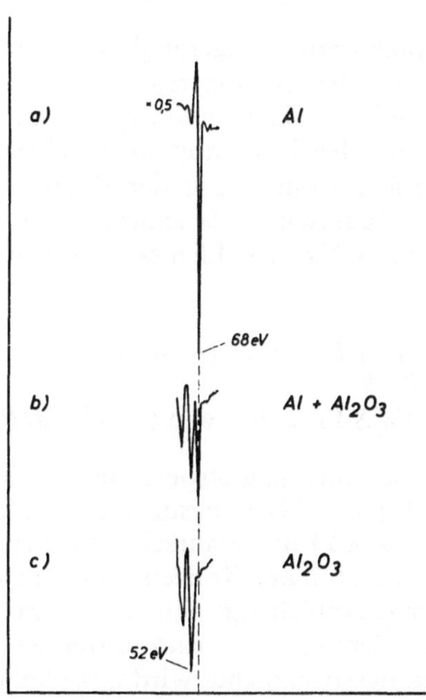

Abb. 2. LVV-Augerspektren von Al
a) Metallisches Al, b) $Al_2O_3 + Al$, c) Al_2O_3

durch den Wirkungsquerschnitt für inelastische Streuung der im Festkörper erzeugten Augerelektronen. Nach einem dadurch hervorgerufenen Energieverlust wird ein Augerelektron nicht mehr als solches erkannt und trägt nur noch zur Erhöhung des Elektronenuntergrundes auf der niederenergetischen Seite des betreffenden Auger-Peaks bei.

Die Entkommwahrscheinlichkeit aus dem Festkörper nimmt exponentiell mit dem Quotienten aus dem Abstand des Entstehungsortes und der mittleren Austrittstiefe ab. Sie beträgt für den bei der AES interessierenden Energiebereich zwischen 50 eV und 2000 eV etwa 3 bis 30 Å [3,12] und stellt ein Maß für die Informationstiefe dar. Während man bisher eine „universelle“, für alle Matrices gültige Abhängigkeit von der Elektronenenergie annahm[2,12] mehren sich in jüngster Zeit Beispiele für z. T. erhebliche, matrixbedingte Unterschiede bei gleicher Energie[13,14]. Die grundsätzlichen Probleme und die Möglichkeiten, die sich aus der energieabhängigen Austrittstiefe ergeben, sind vor allem für die quantitative Augeranalyse von Bedeutung.

2.2 *Quantitative AES*

Eine exakte quantitative Augeranalyse erfordert die eindeutige Zuordnung eines meßbaren Augerelektronenstroms zum Primärelektronenstrom und der Elementkonzentration. Für eine in der Ebene senkrecht zur Oberfläche homogene, ebene Probe, die durch einen Primärelektronenstrom I_p mit der Energie E_p angeregt wird, kann der in einem Raumwinkel Ω emittierte Augerelektronenstrom für einen Übergang WXY des Elementes i wie folgt ausgedrückt werden[12]:

$$I_i\,(WXY) = \int_{\Omega} \int_{E_W}^{E_p} \int_{0}^{\infty} I\,(E, z)\,\sigma_i\,(E, W) \cdot \varrho_i\,(WXY) \cdot c_i\,(z) \cdot \exp\,(-z/\lambda) \cdot d\Omega \cdot dE \cdot dz \tag{2}$$

Dabei ist $I\,(E, z)$ die Anregungsstromdichte in der Tiefe z mit der Energie E, $\sigma_i\,(E, W)$ der Wirkungsquerschnitt für die Ionisierung des Niveaus W, $\varrho_i\,(WXY)$ die Wahrscheinlichkeit des WXY-Augerüberganges, $c_i\,(z)$ die atomare Konzentration in der Tiefe z und λ die energie- und matrixabhängige mittlere Austrittstiefe der Augerelektronen*. Der Beitrag der rückgestreuten Primärelektronen $I_B\,(E, z)$ zur Anregungsstromdichte wird gewöhnlich durch $I\,(E, z) = I_p + I_B\,(E, z) = I_p \cdot [1 + R_B\,(E, z)]$ beschrieben, wobei R_B den Rückstreubeitrag darstellt. Damit und durch Einführen der gesamten Analysatortransmission Γ erhält man aus (2):

$$I_i\,(WXY) = I_p \cdot \Gamma \cdot \sigma_i\,(E_p, W) \cdot \varrho_i\,(WXY) \cdot \int_0^{\infty} [1 + R_B\,(z)] \cdot c_i\,(z) \cdot \exp\,(-z/\lambda)\, dz \tag{3}$$

Für eine homogene Zusammensetzung in z-Richtung folgt daraus[2]:

$$I_i\,(WXY) = I_p \cdot \Gamma \cdot \sigma_i\,(E_p, W) \cdot \varrho_i\,(WXY) \cdot (1 + R_B) \cdot c_i \cdot \lambda \tag{4}$$

Eine Berechnung der Konzentration c_i nach (4) setzt die genaue Kenntnis des Ionisationswirkungsquerschnittes σ_i, der Übergangs-

---

* In der praktischen Anwendung muß λ noch mit dem Cosinus des Analysator-Abnahmewinkels korrigiert werden, d. h. $\lambda \rightarrow \lambda \cdot \cos\varphi \approx \lambda \cdot 0{,}75$ für CMA[14,21].

wahrscheinlichkeit, des Rückstreubeitrages und der Austrittstiefe voraus, die im allgemeinen nicht oder mit nur ungenügender Genauigkeit bekannt sind. Deshalb muß man auf Eichstandards (*St*) bekannter Zusammensetzung und gleicher Oberflächenrauhigkeit wie die Meßprobe zurückgreifen, die aus dem Intensitätsverhältnis nach (4) die Konzentration c_i ermitteln lassen:

$$c_i = c_{St} \cdot \frac{(1+R_B{}^i) \cdot \lambda_i \cdot I_i}{(1+R_B{}^{St}) \cdot \lambda_{St} \cdot I_{St}} \tag{5a}$$

Im Falle von Reinelementstandards müssen noch die matrixabhängigen Größen R_B und λ berücksichtigt werden, die bei Standards mit einer der Meßprobe ähnlichen Zusammensetzung als gleich angenommen werden dürfen, so daß als gute Näherung folgt:

$$c_i \approx c_{St} \cdot \frac{I_i}{I_{St}} \tag{5b}$$

Eine zwar weniger genaue, aber in der Praxis bewährte Methode ist die der relativen Empfindlichkeiten der Elemente[3,7,12,14]. Aus (4) läßt sich ein Empfindlichkeitsfaktor S_i definieren, so daß

$$I_i = I_p \cdot \Gamma \cdot S_i \cdot c_i \tag{6}$$

ist. Die Gesamtkonzentration c einer Probe mit m Elementen läßt sich damit wie folgt beschreiben:

$$c = \sum_{j=1}^{m} c_j = (1/I_p\Gamma) \cdot \sum_{j=1}^{m} (I_j/S_j)$$

Der relative Anteil des Elementes i ist damit

$$X_i = \frac{c_i}{c} = (I_i/S_i) / \sum_{j=1}^{m} (I_j/S_j) \tag{7}$$

Auf der Basis von (7) läßt sich eine quantitative Augeranalyse durchführen[3,7,9,12,15,16]. Dabei werden im allgemeinen die Intensitäten I_j, die im Augerspektrum erhaltenen Abstände vom positiven zum negativen Extremwert des betreffenden Augersignals, herangezogen. Dies ist zulässig, solange die Signalform nicht von der Zusammensetzung abhängt[17]. Tabelle 1 zeigt am Beispiel einer Edelstahlprobe, deren Oxidschicht durch Beschuß mit Argonionen entfernt wurde, was für die Hauptbestandteile an ähnlichen Elementen unter Verwendung der Empfindlichkeitsfaktoren nach [7] erreicht werden kann. Allerdings können durch den Sputtering-Abtrag Elemente mit kleiner Zerstäubungsrate in der Oberfläche angereichert werden und damit eine höhere Volumenkonzentration vortäuschen. Dies ist vermutlich die Hauptursache für den zu hohen Mo-Gehalt der AES-Analyse nach Tabelle 1. Daß auch andere Verfahren zur Herstellung einer für das Volumen repräsentativen, 3-dimensional homogenen

Tabelle 1. Vergleich von Röntgenfluoreszenz- und AES-Analyse (nach $t_s = 1200$ s, $z > 300$ Å Tiefe) einer Edelstahlprobe AISI 316 L

Element	Fe	Cr	Ni	Mo
RFA [Gew.-%]	63,9	17,7	13,3	2,8
AES [Gew.-%]	65	16	12	6
Auger-Übergang	$L_3M_4M_4$	$L_3M_2M_4$	$L_3M_4M_4$	$M_5N_2N_4$
Auger-Energie [eV]	703	529	848	186

Oberflächenkonzentration (Voraussetzung für die Gültigkeit von (4) bis (7)), etwa Ritzen oder Brechen nicht immer erfolgreich anwendbar sind, wurde von Färber[18] gezeigt.

Auch durch Oberflächensegregationsvorgänge[19] stellen sich oft in den ersten Atomlagen gegenüber den Volumenwerten stark veränderte Zusammensetzungen ein, die eine quantitative Analyse auf der Basis von (4) bis (7) sehr unsicher machen. Deshalb muß man im allgemeinen die Tiefenverteilung berücksichtigen. Abb. 3 zeigt schematisch, wie unter Berücksichtigung von (3) die gleiche Auger-Signalhöhe für verschiedene Konzentrationen erhalten werden kann, je nachdem ob ein Element homogen in die Tiefe verteilt ist oder nur in einer oberflächennahen Schicht auftritt. Unter Vernachlässigung matrixabhängiger Rückstreueffekte und Austrittstiefen gilt in erster Näherung[20] nach (3):

$$I_i = \alpha_i \cdot \int_0^\infty c_i(z) \cdot \exp(-z/\lambda_i)\, dz \tag{8}$$

Für ein binäres System aus den Elementen A und B gilt für den Fall homogener Verteilung nach (7):

$$\frac{X_A}{X_B} = \frac{I_A \cdot \alpha_B \cdot \lambda_B}{I_B \cdot \alpha_A \cdot \lambda_A} = \frac{I_A}{I_B} \cdot \frac{S_B}{S_A} \tag{9}$$

und für den Fall eines konstanten Molenbruchs X_A bis zur Tiefe z_1 und $X_A = 0$ für $z > z_1$ mit (8):

$$I_A = \alpha_A \cdot \lambda_A \cdot X_A [1 - \exp(-z_1/\lambda_A)]$$

und

$$I_B = \alpha_B \cdot \lambda_B \cdot \{X_B [1 - \exp(-z_1/\lambda_B)] + \exp(-z_1/\lambda_B)\}$$

Daraus folgt:

$$\frac{X_A}{X_B} = \left\{\frac{I_B}{I_A} \cdot \frac{\alpha_A \cdot \lambda_A}{\alpha_B \cdot \lambda_B} \cdot [1 - \exp(-z_1/\lambda_A)] - \exp(-z_1/\lambda_B)\right\}^{-1} \quad (10)$$

Eine ähnliche Beziehung wurde von Seah[21] für homogene Aufdampfschichten im Monolagenbereich angegeben. Wesentlich ist hier das Verhältnis der Dicke z_1 der betrachteten Oberflächenschicht zu

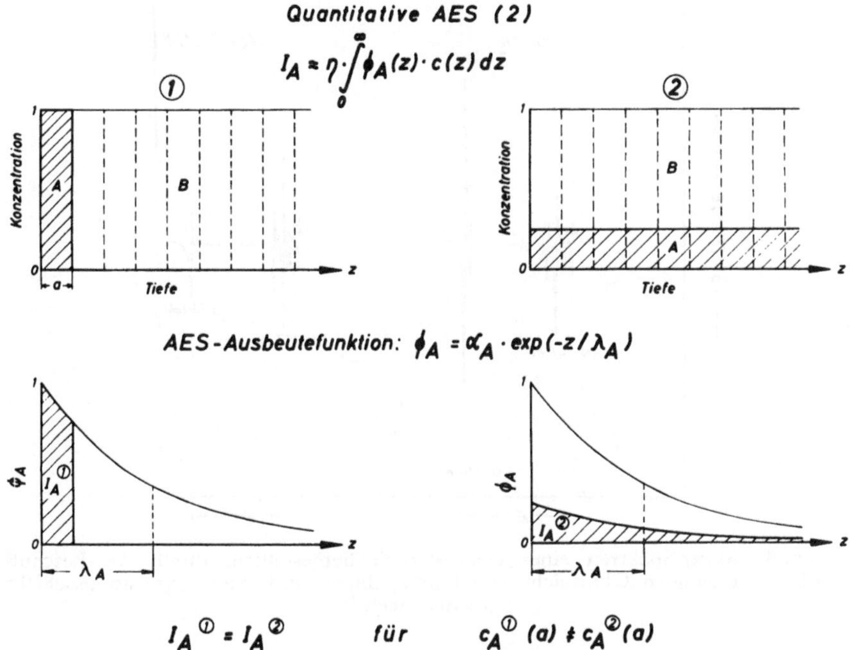

Abb. 3. Quantitative AES unter Berücksichtigung der Tiefenverteilung (Näheres im Text)

den mittleren Austrittstiefen λ_A und λ_B. Der Grenzfall einer dicken Schicht, $z_1 \gg \lambda_A, \lambda_B$ ergibt (7). Für Adsorptions- und Segregationsuntersuchungen an Oberflächen erhält man nur dann eine lineare Beziehung zwischen der Oberflächenbedeckung X_A und dem Intensitätsverhältnis I_A/I_B, wenn $\lambda_B \gg z_1$ ist oder für den Fall sehr kleiner Oberflächenbedeckung. Ist diese jedoch im Bereich einer Monolage, so kann eine unzulässige Linearisierung von (10) zu Fehlern bei der quantitativen Auswertung führen[22]. Ein Beispiel soll dies näher erläutern:

Bei Oberflächen-Segregationsuntersuchungen im System Nb-O [19, 20] wurden Maximalbedeckungen gefunden (rechtes Spektrum in Abb. 4), die durch Kalibrierung über (7) mit elektrolytisch erzeugten Nb_2O_5-Schichten (linkes Spektrum in Abb. 4) zu etwa 0,3 Monolagen abgeschätzt werden konnten. Andererseits deuteten Begasungsexperimente mit Sauerstoff eine Oberflächenbelegung von etwa einer Monolage für das Peakverhältnis Nb-O in Abb. 4 an. Die Diskrepanz fand ihre Erklärung darin, daß nur für Nb_2O_5 (homogen) Gl. (7) anwendbar ist, für Adsorption und Segregation

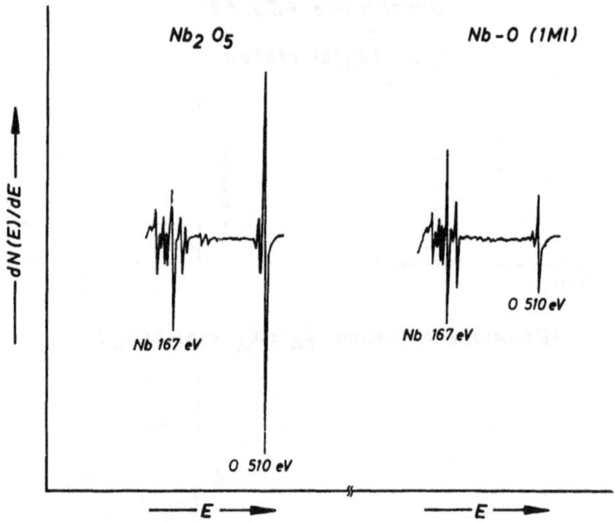

Abb. 4. Auger-Spektren einer elektrolytisch hergestellten, durch Ar^+-Beschuß (1 keV) gereinigten Oberfläche von Nb_2O_5 (links) und einer Segregationsschicht (rechts) nach [19]

dagegen (10) angewandt werden muß, da die Dicke der Belegungsschicht in diesen beiden Fällen von der Größenordnung eines Atomdurchmessers ist. Für $z_1 = 3$ Å, λ_O (510 eV) = 10 Å und λ_{Nb} (167 eV) = 5 Å ergibt sich mit dem für Nb_2O_5 aus (7) errechneten Empfindlichkeitsverhältnis eine Sauerstoffbedeckung von 0,9 Monolagenäquivalenten für die Sättigung der Sauerstoffsegregation[19, 20]. In Abb. 5 sind neben diesen Werten die nach (10) erwarteten Werte von X_A/X_B für die (über die Empfindlichkeitsfaktoren nach (7) normierten) Intensitätsverhältnisse I_A/I_B aufgetragen. Als Parameter sind dabei die maßgebenden Quotienten aus z_1/λ_A bzw. z_1/λ_B angegeben. Deutlich ist der Übergang zur linearen Beziehung für kleine X_A/X_B zu erkennen, da dann der zweite Exponentialterm in (10) vernachlässigbar wird. Selbstverständlich ist bei diesem erwähnten System, bei dem ein Metalloxid mit einem Metall verglichen wird, eine Beeinflussung der Empfindlichkeiten über den Rückstreufaktor (3) und der Austrittstiefen durch deren Matrixabhängigkeit vorhanden, die in einer nächstbesseren Näherung berücksichtigt werden müssen.

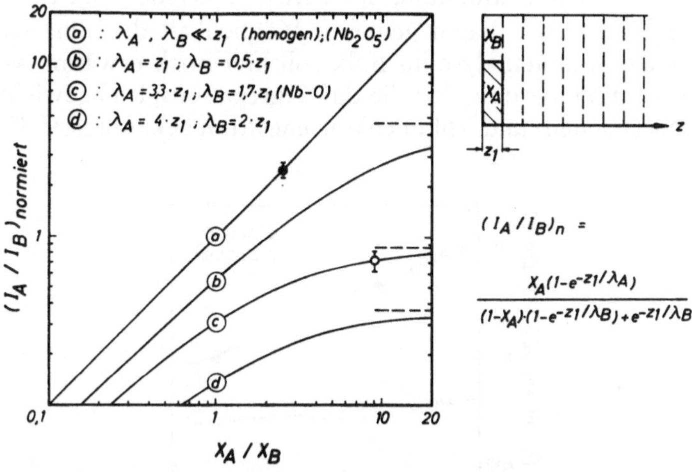

Abb. 5. Verhältnis der Augerintensitäten (APPH) I_A/I_B als Funktion der Konzentrationsverhältnisse X_A/X_B in z_1 für verschiedene Werte von z_1/λ_A, z_1/λ_B nach Gl. (10) (Beispiele Nb_2O_5 und Nb-O siehe Text)

3. Tiefenprofilermittlung mit der AES

3.1 Tiefeninformation aus AES-Intensitäten

Die im Abschnitt 2.2 erwähnten Überlegungen führen unmittelbar zu dem Schluß, daß bei bekannten Konzentrationsverhältnissen in der Oberflächenschicht und den Empfindlichkeitsfaktoren eine Aussage über die Dicke der Schicht z_1 bei bekanntem λ möglich ist. Auf diese Anwendungsmöglichkeit der *AES* hat zuerst Gallon[23] hingewiesen. Vorteilhaft läßt sich dieses Verfahren zur Gewinnung von Tiefeninformation mit ESCA (z. B. für Oxidschichtdickenermittlung) einsetzen, wie von Holm gezeigt wurde[24]. Durch Variation der Anregungsintensitätsflußdichte über den Elektronenbeschußwinkel sowie durch Änderung der effektiven mittleren Austrittstiefe über die Richtung der nachgewiesenen Augerelektronen (z. B. Kippen der Probe) kann zumindest eine qualitative Information über die Tiefenverteilung erhalten werden. Für die AES ist der Fall der Beobachtung zweier Augersignale desselben Elementes mit unterschiedlicher Energie besonders wertvoll. Ein Beispiel zeigt Abb. 6 für Zinn, das an der (111)-Oberfläche eines mit 0,5 at-% Sn dotierten Kupfer-Einkristalls segregiert ist[25]. Der unterschiedliche Effekt der Sn-Bedeckung auf die beiden Cu-Augersignale zeigt deutlich, daß Sn an der Oberfläche angereichert ist. Eine Abschätzung nach (10) für eine Anreicherung in der ersten Monolage ergibt für $I_{Sn} = 60$ mm (Abb. 6) $X_{Sn} \approx 0{,}3$ in Übereinstimmung mit LEED-Untersuchungen[25].

Eine bisher noch kaum genützte Möglichkeit des Einsatzes der AES für die Spurenanalyse im Bulk soll hier noch erwähnt werden: Für gelöste Fremdatome, für die das Segregationsgleichgewicht zwischen Oberflächen- und Volumenkonzentration bekannt ist[19, 22], kann

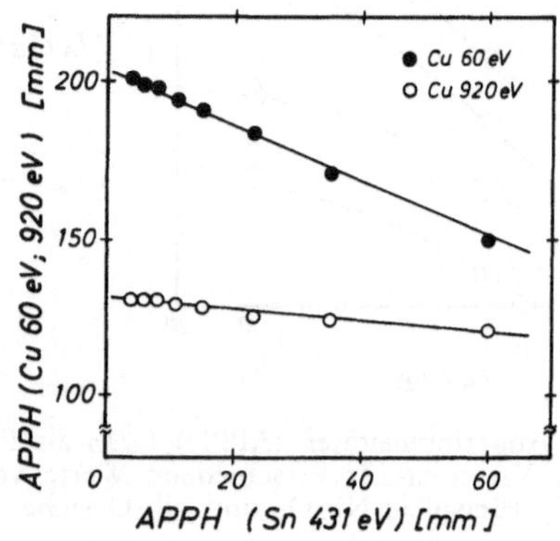

Abb. 6. Augerintensitäten (APPH) von Cu (920 eV) und Cu (60 eV) im Vergleich zu Sn (431 eV) bei der Oberflächensegregation von Sn an Cu(111) [25]

aus der quantitativen Oberflächenanalyse direkt auf die Volumenkonzentration geschlossen werden, wenn eine Gleichgewichtseinstellung bei erhöhter Probentemperatur erreicht wird. Falls Anreicherungsfaktoren von 10^3 oder mehr (wie für O in Nb) auftreten, lassen sich noch Volumenkonzentrationen im ppm-Bereich nachweisen.

Die Tiefeninformation aus der Energieabhängigkeit der mittleren Austrittstiefen hat jedoch neben deren Unsicherheiten prinzipiell den Nachteil, daß sie nur dann quantitative Informationen liefert, wenn das Integral in (3) lösbar, d. h. die Form der $c(z)$-Kurve bekannt ist. Außerdem ist diese Methode auf Tiefenbereiche der Größenordnung einiger λ beschränkt, d. h. für AES < 50 Å. Aus diesen Gründen wird zur Ermittlung von Konzentrations-Tiefenprofilen das universell anwendbare Verfahren des sukzessiven Abtragens der Oberflächenschicht durch Beschuß mit Edelgasionen verwendet[3, 16, 26, 27, 28].

3.2 *Konzentrations-Tiefenprofile durch Sputtering und AES*

Die instrumentellen Anforderungen an eine erfolgreiche Tiefenanalyse durch Sputtering[28] sind bei der AES im allgemeinen schon durch die Geometrie (Ionenstrahldurchmesser > 2 mm, Elektronenstrahldurchmesser < 100 μm) mit hinreichender Genauigkeit erfüllt[3].

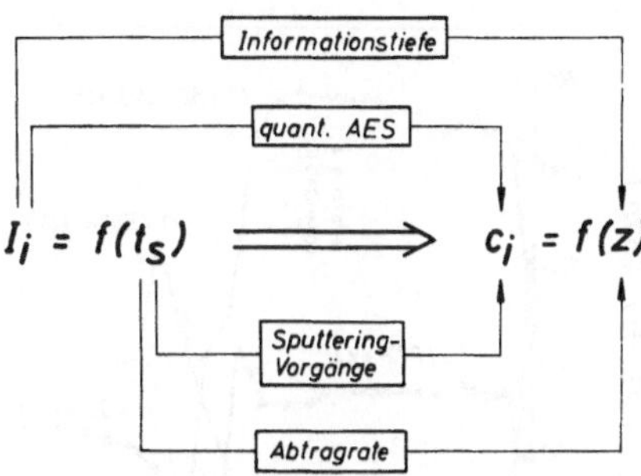

Abb. 7. Schema der Tiefenprofilermittlung durch Sputtering und AES

Das Grundproblem besteht dann in der Überführung der im Sputtering-Experiment erhaltenen Information Augersignalhöhen I_i in Abhängigkeit von der Sputtering-Zeit t_s, $I_i = f(t_s)$ in die Elementkonzentration c_i als Funktion der abgetragenen Schichtdicke z, $c_i = f(z)$. Das Prinzip des Vorgehens ist in Abb. 7 schematisch angedeutet. Das einfachste Verfahren besteht darin, $c_i = f(I_i)$ nach (7) (Abschnitt 2.2) und $z = f(t_s)$ aus $z = \dot{z} \cdot t_s$ zu ermitteln[16, 28]. (Die Abtragrate $\dot{z}$ kann dabei entweder aus der Kenntnis von Primärionenenergie und -stromdichte und den entsprechenden Sputtering-Ausbeuten[29] abgeschätzt oder besser durch ähnliche Schichten bekannter Dicke bestimmt werden.) Abb. 8 zeigt hierfür ein Beispiel aus [16].

Zu den bereits in Abschnitt 2.2 behandelten Problemen der quantitativen AES bei variabler Zusammensetzung mit der Tiefe („Informationstiefe" in Abb. 7) und einer Änderung der Abtragrate durch unterschiedliche Sputtering-Ausbeuten der einzelnen Bestandteile muß für eine sorgfältige Auswertung eine ganze Reihe von Effekten beachtet werden, denen die komplexe Natur des Abtragvorganges durch Ionenbeschuß zugrunde liegt und die Gegenstand intensiver Grundlagenforschung sind[26, 30]. Die wesentlichsten sind: ionenbeschuß-induzierte Oberflächen-Konzentrationsänderungen ("preferential sputtering")[31, 32], Konzentrationsänderungen durch Ionenimplantation ("knock on"-Effekt und "ion-mixing")[33, 34] und durch den Ionenbeschuß induzierte Diffusion und chemische Reaktionen[35], Änderungen der Oberflächentopographie durch kristallorientierungs- und baufehlerabhängige Sputtering-Ausbeuten[36], und nicht zuletzt durch die statistische Natur des Sputtervorganges, durch den (näherungsweise) jeder Teil einer freigelegten tieferen Schicht mit derselben Wahrscheinlichkeit wie die ursprünglich oberste Schicht abgebaut wird. Alle diese Prozesse sind beim Abtragen durch Ionenbeschuß wirksam und beeinflussen sich gegenseitig. In jüngster Zeit

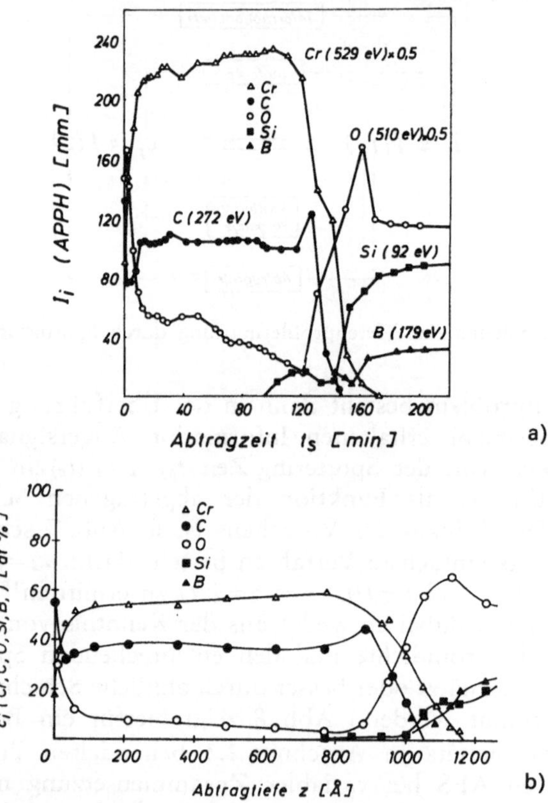

Abb. 8. a) Sputtering-Tiefenprofil einer Cr-Sublimationsschicht (990 Å Dicke) auf einem Borosilikatglas-Substrat (1 keV Ar^+-Ionen)[16]. b) Auswertung nach der Näherungsmethode von Gl. (7)[16]

hat sich jedoch gezeigt, daß bei niedriger Primärionen-Energie (500 eV bis 1 keV) und -Stromdichte die angeführten Effekte verringert werden können[26, 34]. Darüber hinaus lassen sich orientierungsabhängige Einflüsse durch Sputtering mit reaktiven Ionen[36] vermeiden. Unter günstigen äußeren Bedingungen bleibt in erster Näherung als fundamentale Einflußgröße nur noch die durch den sukzessiven Schichtabbau bedingte Mikrorauhigkeit zu berücksichtigen. Nach diesem von Benninghoven[37] angegebenen Modell beträgt die Bedeckung Θ der Komponente i mit der Sputtering-Zeit t für N Schichten:

$$\Theta_i(t) = \sum_{n=0}^{N} \Theta_{i,n} \cdot \frac{1}{n!} \left(\frac{t}{\tau}\right)^n \cdot \exp(-t/\tau) \tag{11}$$

Dabei ist τ die mittlere Abbauzeit für eine Schicht:

$$\tau = \frac{N_0 \cdot e}{j_p \cdot \gamma} \cdot \frac{a}{a_0} \tag{12}$$

(N_0 = Auswahl der Atome in einer Monolage der Dicke a_0, e = Elementarladung, j_p = Primärionenstromdichte, γ = Sputter-Ausbeute, a = mittlere Dicke der sukzessive abgetragenen Schichten.)

Werden die Einzelbelegungen durch die Augerausbeute nach (7) gewichtet, d. h. für $\Theta_{i,n}$ in (11):

$$I_{i,n} = \alpha_i \int_0^{\infty} c_i(z) \cdot \exp(-z/\lambda_i)\, dz \tag{13}$$

gesetzt, erhält man daraus die Augerintensität als Funktion der Abtragzeit $I_i(t)$ bzw. der abgetragenen Schichten $n = t/\tau$.

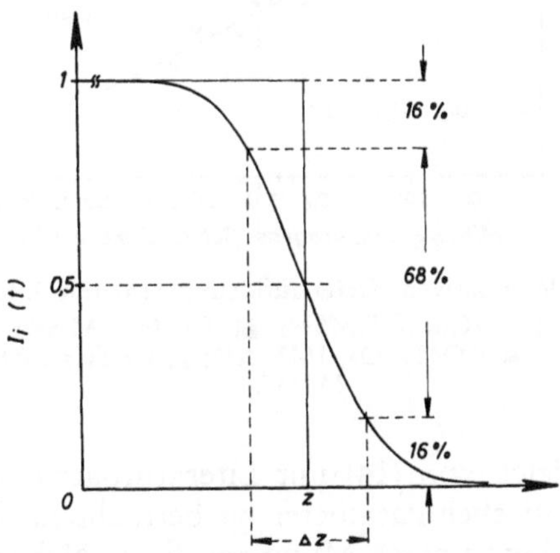

Abb. 9. Definition der Tiefenauflösung (falls $z \propto t$ gilt $\Delta z/z = \Delta t/t$)

Die Überprüfung dieses Modells läßt sich am einfachsten mit Hilfe des Begriffes der Tiefenauflösung bewerkstelligen, die ein Maß für die Wiedergabegenauigkeit eines realen Konzentrationsprofils beim Abtragen durch Sputtering darstellt. Dabei betrachtet man die Funktion $\Theta_i(t)$ nach (11), die sich beim Abtragen eines idealen

Rechteckprofils einer Komponente ergibt. In einer früheren Arbeit[28] wurde gezeigt, daß dann für dickere Schichten ($n > 10$) die Gl. (11) in das Integral über eine Gaußverteilung übergeht, deren Standardabweichung σ den Wert $n^{1/2}$ hat. Abb. 9 veranschaulicht die Definition der Tiefenauflösung durch den Wert $2\,\sigma$, der im Tiefenmaßstab eine Änderung der Bedeckung von 84% auf 16% des Maximalwertes entspricht. Der 50%-Wert definiert die Lage der Ausgangs-Rechteckfunktion. Nach [28] gilt für die absolute Tiefenauflösung $\Delta n = 2\,n^{1/2}$. In Einheiten der Sputterschichtdicke $a = z/n$ gilt für die relative Tiefenauflösung $\Delta n/n = \Delta t/t = \Delta z/z$:

$$\frac{\Delta z}{z} = 2/n^{1/2} = 2 \cdot \left(\frac{a}{z}\right)^{1/2} \tag{14}$$

Diese Beziehnung ist für eine große Zahl unterschiedlicher Systeme und Nachweisverfahren bestätigt worden, wie der in Abb. 10 aus [38]

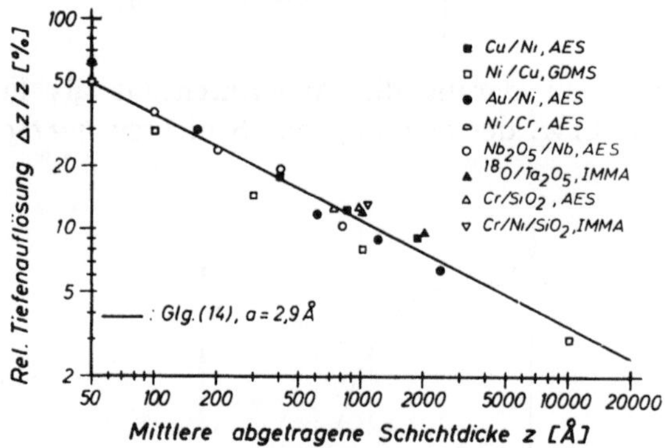

Abb. 10. Vergleich der relativen Tiefenauflösung (13) mit Literaturdaten nach [38] ⌓ Ni/Cr, AES[16]; □ Ni/Cu, GDMS[39]; ■ Cu/Ni, AES[40]; ● Au/Ni, AES[34]; ○ Nb_2O_5/Nb, AES[28]; ▲ $^{15}O/Ta_2O_5$, IMMA[41]; △ Cr/SiO_2, AES[16]; ▽ CrNi/SiO_2, IMMA[42]

dargestellte Vergleich von (14) mit Literaturdaten zeigt. Die Größe a ist dabei als kritischer Parameter zu betrachten, der bei Metallen in der Größenordnung einer Monolage liegt. Neben der Systemabhängigkeit dieser Größe und der Abweichung der tatsächlichen Profile vom angenommenen Rechteckprofil sind hier auch die oben angeführten weiteren Sputterprozeßeinflüsse auf die Tiefenauflösung außer Acht gelassen, die sich näherungsweise nach dem Fehlerfortpflanzungsgesetz zu (14) hinzuaddieren[38]. Ebenfalls nicht explizit berücksichtigt ist der Einfluß der Informationstiefe bei der AES. Ein nach (14) berechnetes Beispiel (Abb. 11)[43] zeigt jedoch einen relativ kleinen Einfluß von λ auf die Tiefenauflösung für Schichtdicken über 200 Å, da er mit dem Verhältnis λ/z abnimmt.

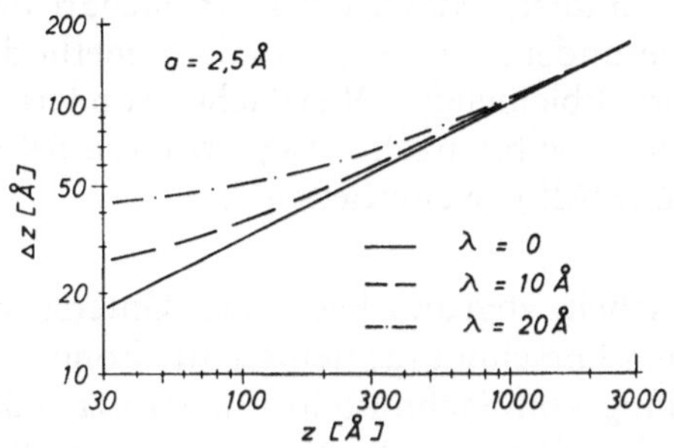

Abb. 11. Einfluß der Informationstiefe λ auf die Tiefenauflösung Δz als Funktion der Abtragtiefe z ($\Delta z \approx 2 \cdot (a \cdot z + \lambda^2)^{1/2}$ nach [38]

4. Schlußfolgerungen

Die großen Erfolge der AES bei der Oberflächenanalyse beruhen nicht zuletzt darauf, daß die Zuordnung eines Spektrums zu einem Element i. a. keine Schwierigkeiten bereitet, wenn man von Überlappungsproblemen in Multielementsystemen absieht. Außerdem ist eine halbquantitative Analyse (rel. Fehler $\pm 50\%$) an Hand von Empfindlichkeitsfaktoren einfach durchführbar. Durch Verwendung geeigneter Eichstandards läßt sich die Genauigkeit auf $<10\%$ steigern[18]. Um in die nächsthöhere Größenordnung vorzustoßen, muß der Aufwand erheblich gesteigert und z. B. die absolute Augerausbeute durch Integration der Spektren und Abziehen des Untergrundes bestimmt werden[14]. Eine grundsätzliche Begrenzung der Genauigkeit der AES liegt jedoch gerade in der hohen Tiefenauflösung, durch die bereits kleinste Schwankungen in der Zusammensetzung der ersten Atomlagen empfindlich nachgewiesen werden, wie sie etwa durch Kontaminations- und Segregationseffekte selbst unter extremen UHV-Bedingungen hervorgerufen werden. Ein sehr ernstes Problem — vor allem bei der Analyse chemischer Verbindungen — stellen Einflüsse des zur Anregung verwendeten Elektronenstrahls auf die Zusammensetzung der Oberfläche dar[44], wie z. B. elektronenstoßinduzierte Desorption, Verdampfung und Diffusion, die bei den hohen Stromdichten der neueren Spektrometer mit Lateralauflösungen im μm-Bereich und darunter besonders sorgfältig kontrolliert werden müssen.

Die Tiefenanalyse durch AES in Kombination mit Sputtering-Verfahren hat deanben noch alle Nachteile der Ionenbombardementeinflüsse auf die Probenzusammensetzung zu berücksichtigen. Erst wenn diese genügend genau bekannt sind, kann eine quantitative Analyse zuverlässig erfolgen. Hierbei können Vergleichsprofile derselben Probe mit unterschiedlicher Primärionenart und Primärionenenergie und insbesondere mit einer Analysenmethode, die nicht wie die AES die zurückbleibende Oberfläche, sondern stattdessen die abgetragene Materie selbst nachweisen, wie die Sekundärionenmassenspektroskopie (SIMS), weiterhelfen[42].

Die dieser Arbeit zugrundeliegenden Untersuchungen wurden von der Deutschen Forschungsgemeinschaft, Bonn – Bad Godesberg, durch Bereitstellung von Sachmitteln unterstützt. Für wertvolle Anregungen und Diskussionen ist der Verfasser Herrn Prof. Dr. G. Tölg und Herrn Dipl.-Phys. J. Erlewein zu Dank verpflichtet.

Zusammenfassung

Die Auger-Elektronen-Spektroskopie (AES) nimmt heute einen hervorragenden Platz in der Reihe der Verfahren zur Oberflächen- und Tiefenanalyse ein, obwohl ihr Einsatz als quantitative Analysenmethode noch in den Anfängen steht. Nach einem Überblick über die Grundprobleme und Möglichkeiten der qualitativen und quantitativen AES wird am Beispiel der Oberflächensegregation in binären Systemen der Einfluß der Tiefenverteilung im Monolagenbereich auf die quantitative Auswertung aufgezeigt. Für die Tiefenprofilermittlung in Kombination mit Sputtering durch Ionenbeschuß wird insbesondere die Frage der zu erwartenden Tiefenauflösung diskutiert, die hierbei die Wiedergabegenauigkeit von Konzentrationsverteilungen in dünnen Schichten beschränkt.

Summary

Surface and In-depth Analysis by Auger Electron Spectroscopy (AES)

Today, AES has become one of the most prominent methods in surface and thin film analysis. Its use as a tool for quantitative analysis, however, is still in the beginnings. After a survey of the basic problems and possibilities of qualitative and quantitative AES, examples from surface segregation studies in binary systems show the influence of elemental depth distribution in the monolayer region on the quantitative evaluation of AES data. Depth profiling in combination with sputtering by ion bombardment is discussed with special emphasis on the expected depth resolution, which is felt to be mainly responsible for the accuracy obtained in the evaluation of concentration-depth-profiles in thin films.

Literatur

[1] P. Auger, J. phys. radium **6,** 205 (1925).

[2] J. C. Rivière, Contemp. Phys. **14,** 513 (1973).

[3] A. Joshi, I. E. Davis and D. W. Palmberg, in A. W. Czanderna, ed.: Methods of Surface Analysis, Amsterdam: Elsevier. 1975.

[4] D. A. Shirley, Phys. Rev. A7, 1520 (1973).

[5] R. L. Gerlach und A. R. DuCharme, Surf. Sci. **32,** 329 (1972).

[6] P. Staib, Phys. Lett. **41** *A,* 3 (1972).

[7] P. W. Palmberg, G. E. Riach, R. E. Weber und N. C. MacDonald, Handbook of Auger Electron Spectroscopy, 2nd. ed., Edina, Minn: Physical Electronics. 1976.

[8] P. W. Palmberg, G. K. Bohn und J. C. Tracy, Appl. Phys. Lett. **15,** 254 (1969).

[9] S. Hofmann und L. J. Gauckler, Powder Met. Int. **6,** 90 (1974).

[10] P. H. Holloway, Surf. Sci. **54,** 506 (1976).

[11] T. W. Haas, J. T. Grant und G. J. Dooley, J. Appl. Phys. **43,** 1853 (1972).

[12] P. W. Palmberg, Analyt. Chemistry **45,** 549 A, 1973.

[13] C. J. Powell, Surf. Sci. **44,** 29 (1974).

[14] P. W. Palmberg, J. Vac. Sci. Technol. **13,** 214 (1976).

[15] S. Hofmann, L. J. Gauckler und L. Tillmann, Mikrochim. Acta [Wien], Suppl. 6, **1975,** 373.

[16] S. Hofmann und A. Zalar, Thin Solid Films **37,** 219 (1976).

[17] R. E. Weber und A. L. Johnson, J. Appl. Phys. **40,** 314 (1969).

[18] W. Färber, Vakuum-Technik **25,** 104 (1976).

[19] S. Hofmann, G. Blank und H. Schultz, Z. Metallkde. **67,** 189 (1976).

[20] S. Hofmann und G. Blank, Symposium Gas-Oberflächen-Wechselwirkung, Meersburg 1975.

[21] M. P. Seah, Surf. Sci. **40,** 595 (1973).

[22] H. J. Grabke, C. Tauber und H. Viefhaus, Scripta Met. **9,** 1181 (1975).

[23] T. E. Gallon, Surf. Sci. **17,** 486 (1969).

[24] R. Holm, Vakuum-Technik **23,** 208 (1974).

[25] S. Hofmann und J. Erlewein, Scripta Met. **10,** 857 (1976).

[26] G. K. Wehner, in A. W. Czanderna, ed., Methods of Surface Science, Amsterdam: Elsevier. 1975. S. 5.

[27] S. Hofmann und H. E. Exner, Z. Metallkde. **65,** 721 (1974).

[28] S. Hofmann, Appl. Phys. **9,** 59 (1976).

[29] G. Carter und J. S. Colligon, Ion Bombardment of Solids. London: Heinemann. 1968.

[30] J. W. Coburn, J. Vac. Sci. Technol. **13,** 1037 (1976).

[31] H. Shimizu, M. Ono und K. Nakayama, Surf. Sci. **36,** 817 (1973).

[32] H. J. Mathieu und D. Landolt, Surf. Sci. **53,** 228 (1975).

[33] F. Schulz, K. Wittmaack und J. Maul, Radiat. Eff. **18,** 211 (1973).

[34] H. J. Mathieu, D. E. McClure und D. Landolt, Thin Solid Films **38,** 281 (1976).

[35] C. G. Pantano, D. B. Dove und G. Y. Onoda, J. Vac. Sci. Technol. **13,** 414 (1976).

[36] W. O. Hofer und H. Liebl, Appl. Phys. **8,** 359 (1975).

[37] A. Benninghoven, Z. Physik **230,** 403 (1970).

[38] S. Hofmann, Appl. Phys. 1977, im Druck.

[39] J. W. Coburn, E. W. Eckstein und E. Kay, J. Appl. Phys. **46,** 2828 (1975).

[40] P. S. Ho und J. E. Lewis, Surf. Sci. **55,** 335 (1976).

[41] J. A. McHugh, in Workshop on SIMS, NBS spec. publ. **427,** K. F. Heinrich und D. E. Newbury, Hrsg. (Gaithersburg 1975). S. 79.

[42] S. Hofmann, J. Erlewein und A. Zalar, Z. analyt. Chem. 1977, im Druck.

[42] S. Hofmann und A. Zala , unveröffentlicht.

[43] S. Hofmann und J. Erlewein, Veröffentlichung demnächst.

[44] J. Ahn, C. R. Perleberg, D. L. Wilcox, J. W. Coburn und H. F. Winters, J. Appl. Phys. **46,** 4581 (1975).

[45] H. W. Werner, Surface Sci. **47,** 301 (1975).

Korrespondenz und Sonderdrucke: Dr. S. Hofmann, Max-Planck-Institut für Metallforschung, Institut für Werkstoffwissenschaften, Seestraße 92, D-7000 Stuttgart 1, Bundesrepublik Deutschland.

Mikrochimica Acta [Wien], Suppl. 7, 129—137

MIKROCHIMICA
ACTA

Aus dem Institut für Allgemeine Physik der
Technischen Universität Wien

Einfluß des Elektronenstrahls und des Zerstäubens bei der AES

Von

P. Braun, G. Betz und W. Färber

Mit 4 Abbildungen

(Eingegangen am 27. Oktober 1976)

1. Einleitung

Bei der Wechselwirkung der Primärelektronen mit einer Festkörperoberfläche kann man prinzipiell drei Fälle unterscheiden[1]:

a) Die Elektronenstoß-Desorption, wobei insbesondere schwächer gebundene Gasmoleküle durch die primären Elektronen desorbiert werden. Die anfängliche Desorptions-Wahrscheinlichkeit beträgt für schwach gebundene Sauerstoff-Atome ungefähr 10^{-2} Atome pro Elektron[2]. Bei einem Primärstrom von üblicherweise etwa 10^{-5} A desorbieren physisorbierte Sauerstoff-Atome in weniger als einer Sekunde. Aus diesem Grund wird bei Stromstärken dieser Größenordnung nur chemisorbierter Sauerstoff nachgewiesen.

b) Die durch Elektronen stimulierte Adsorption von Restgasmolekülen. Gasmoleküle, die an einer Oberfläche nur schwach gebunden werden, können unter dem Einfluß des Elektronenstrahls an oder nahe der Oberfläche dissoziieren. Es kann nun vorkommen, daß abhängig von der Art der dissoziierten Spezies diese an der Oberfläche viel stärker gebunden wird als das ursprüngliche Gasmolekül. So zum Beispiel kommt

---

* Vortrag anläßlich des 8. Kolloquiums über metallkundliche Analyse mit besonderer Berücksichtigung der Elektronen- und Ionenstrahl-Mikroanalyse, Wien, 27. bis 29. Oktober 1976.

es zu Sauerstoffbindungen in jenem Bereich einer reinen Siliziumoberfläche, der der Einwirkung von Elektronen unterliegt. Durch Verminderung des Restgasdrucks ist eine Reduzierung dieses Elektronenstrahl-Effekts möglich.

c) Die durch Elektronen induzierte Dissoziation oder Aufspaltung von Oberflächenmolekülen. Dieser Fall ist von größter Bedeutung, da auf diese Art die Oberflächenzusammensetzung oft wesentlich geändert wird und einige Materialien durch die Einwirkung von Elektronen sogar zerstört werden. Besonders empfindlich zeigen sich z. B. Alkalihalogene, wobei bevorzugt die Halogenatome desorbieren[3], und SiO_2, das eine teilweise Aufspaltung in elementares Si zeigt[4].

Die Bedeutung des Zerstäubens mit Ar^+-Ionen liegt bei der AES in der Reinigung kontaminierter Proben nach dem Einbringen in das UHV-System und in der Aufnahme von Konzentrations-Tiefenprofilen dünner Schichten. Da die Information bei der AES nur aus den obersten 2—5 Atomlagen stammt, werden Änderungen, die durch das Zerstäuben in der Oberflächenzusammensetzung entstehen, in einer quantitativen Analyse erfaßt werden müssen. Während das Zerstäuben von reinen Elementen problemlos ist, kann bei Materialien, die aus zwei oder mehr Komponenten aufgebaut sind, ein selektives Zerstäuben der einzelnen Elemente oder Komponenten auftreten. Prinzipiell läßt sich beobachten, daß jene Komponente mit dem niedrigeren Zerstäubungskoeffizienten an der Oberfläche angereichert wird[5], obwohl nicht sichergestellt ist, inwieweit die Zerstäubungsausbeuten der Reinelemente in der Legierung erhalten bleiben[6]. Hierbei ist auch zu unterscheiden, ob es sich um ein homogenes, einphasiges System wie z. B. Ag-Au oder Au-Cu oder um ein heterogenes, mehrphasiges System wie z. B. Ag-Cu handelt. Weiters kann durch das Zerstäuben eine beschleunigte Oberflächendiffusion einzelner Komponenten hervorgerufen werden.

Ein vollständigeres Bild der Veränderungen an Oberflächen durch Zerstäuben erhält man unter Berücksichtigung eventuell noch zusätzlich auftretender Effekte, wie das „Einschießen“ in geringer Konzentration vorhandener schwerer Atome in die Matrix eines leichten Elements.

2. Ergebnisse und Diskussion

2.1 Carbonate

Die Augeranalyse von Carbonaten zeigt den sehr überraschenden Effekt, daß bei einer großen Anzahl verschiedener Carbonate kein Kohlenstoff-Signal gefunden werden kann. Die folgenden Carbonate wurden untersucht: ein Calcit-Kristall ($CaCO_3$); eine Perle, deren Zusammensetzung aus 92% Aragonit ($CaCO_3$) und 8% organischen Verbindungen besteht; sowie gepreßtes Pulver aus $MgCO_3$, $MnCO_3$, $SrCO_3$ und $BaCO_3$. Abb. 1 zeigt ein Augerspektrum von

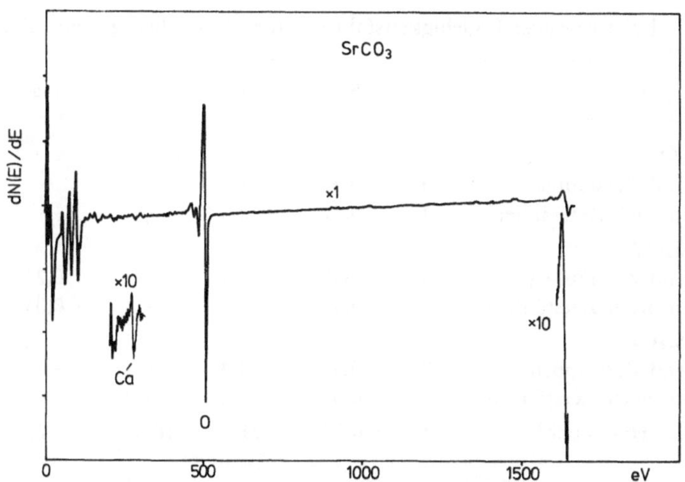

Abb. 1. Augerspektrum von $SrCO_3$. Primärelektronenenergie 2 keV, Elektronenstrom 30 μA, Modulationsspannung 4 V

$SrCO_3$ nach einem kurzen Zerstäubungsvorgang. Unter Zugrundelegung des Handbuches der AES[7] sollte der C-Peak ungefähr doppelt so groß wie der niederenergetische Sr-Peak bei 110 eV sein. Auch eine Erhöhung der Empfindlichkeit um den Faktor 10 im Energiebereich des Kohlenstoffs zeigt keine Anzeichen dieses Elements. Ebenso zeigen Augerspektra, die während des Zerstäubens aufgenommen wurden, keinen Kohlenstoff an der Oberfläche. Dagegen wurde eine Probe, die Perle, mit ESCA analysiert und hier zeigte sich deutlich Kohlenstoff.

Zur Deutung dieses Effektes kann man annehmen, daß bei Carbonaten der Primärelektronenstrahl die Verbindung aufspaltet, wobei CO bzw. CO_2 von der Oberfläche desorbiert wird. Jener Teil der Oberfläche, der vom Elektronenstrahl beeinflußt wird, wird zum Oxid, das außerdem an Sauerstoff verarmt ist. Letzteres wurde auch bei der Untersuchung von Oxiden wie SiO_2 oder Al_2O_3 gefunden[4,6].

2.2 *Silikate*

Drei sehr ähnlich aufgebaute Silikate (K Al Si_3O_8, Na Al Si_3O_8 und Ca Al_2 Si_2O_8) wurden während und nach dem Zerstäubungsvorgang mittels AES analysiert. Tabelle 1 zeigt die Ergebnisse. Bei Verwendung der entsprechenden chemischen Formel lassen sich aus den gemessenen Auger-Peakhöhen relative Auger-Ergiebigkeitsfaktoren bezogen auf Aluminium errechnen. Wie man sieht, sind diese Werte für die Elemente Si und O nur unwesentlich vom Zerstäuben abhängig, jedoch ändern sich für die Elemente K, Na und Ca die Auger-Ergiebigkeitsfaktoren drastisch, wenn das Zerstäuben unterbrochen wird. Außerdem beinhaltet die Tabelle jene Auger-Ergiebigkeitsfaktoren, die man errechnet, wenn an Stelle der Messungen die Daten aus dem Handbuch der AES[7] genommen werden. Die großen Unterschiede, die bis zu einem Faktor 10 betragen, können nicht von Matrixeffekten, chemischen Effekten oder der Oberflächentopographie herrühren, vielmehr müssen diese Unterschiede auf differentielles Zerstäuben und den Einfluß des Elektronenstrahls zurückgeführt werden. Die Abb. 2 zeigt ein ausgewähltes Spektrum von Ca Al_2 Si_2O_8 während und nach dem Zerstäuben, sowie während des wieder aufgenommenen Zerstäubens. Nach Beenden des Ionenbombardements steigen die Auger-Peakhöhen aller Elemente mit Ausnahme von Si, dessen Signal kleiner wird, an. Daß dies kein Ausheilvorgang nach dem Zerstäuben sein kann, sieht man daraus, daß eine verhältnismäßig dicke Schicht von einigen 10 nm diese geänderte Zusammensetzung zeigt. Hier handelt es sich um Diffusionsprozesse, die möglicherweise durch die Einwirkung des Elektronenstrahls noch beschleunigt werden.

Tabelle 1. Relative Auger-Ergiebigkeitsfaktoren (pro Atom) bezogen auf Aluminium

	Al	Si	O	K	Na	Ca
K Al Si_3O_8						
während Zerstäuben	1	0,37	2,1	3,2	—	—
10 min nach Zerstäuben	1	0,37	2,3	0,85	—	—
Na Al Si_3O_8						
während Zerstäuben	1	0,35	1,9	—	0,21	—
10 min. nach Zerstäuben	1	0,37	2,1	—	$<0{,}05$	—
Ca Al_2 Si_2O_8						
während Zerstäuben	1	0,43	3,4	—	—	7,5
10 min. nach Zerstäuben	1	0,39	3,2	—	—	9,0
Daten aus Handbuch[7]	1	0,92	21	16,8	1,2	9,4

Elektronenstrahl-Mikroanalysen von ähnlichen Materialien und zwar Na_2O oder K_2O in SiO_2 zeigten ebenso zeitliche Änderungen der Oberflächenzusammensetzung unter der Einwirkung der Primärelektronen[8].

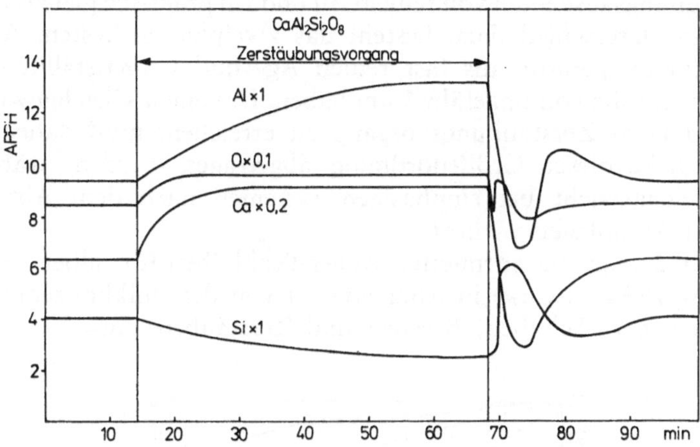

Abb. 2. Änderungen in der Oberflächenzusammensetzung von Ca Al_2 Si_2O_8 während und nach dem Zerstäubungsvorgang mit 2 keV Ar^+-Ionen

2.3 *Binäre Legierungen*

In letzter Zeit sind die binären Legierungssysteme Ag-Au, Au-Cu und Ag-Cu ausführlich hinsichtlich der Änderung der Oberflächenzusammensetzung beim Zerstäubungsvorgang untersucht worden[5,9]. Dazu sind eine Reihe von Legierungen mit bekannter Zusammensetzung eines jeden Systems mit Ar^+-Ionen der Energie von 1 keV zerstäubt und mit AES analysiert worden.

Die Systeme Ag-Au und Au-Cu sind einphasig und stellen damit feste Lösungen über den ganzen Konzentrationsbereich dar, während das System Ag-Cu zweiphasig ist und einen eutektischen Punkt bei 39,9 at% Kupfer aufweist.

Um die durch das Zerstäuben hervorgerufenen Änderungen zu zeigen, ist eine entsprechende Bezugsoberfläche notwendig, deren Zusammensetzung der des Bulks entspricht. Für einphasige Systeme wie Ag-Au, Au-Cu ist diese durch Schaben (Ritzen) oder Brechen der Proben im UHV herstellbar. Leider versagen diese Methoden bei mehrphasigen Systemen, da eine unterschiedliche Festigkeit der Körner der einzelnen Komponenten die Oberflächenzusammensetzung verfälscht[9,10].

Die einphasigen Systeme Ag-Au und Au-Cu zeigen eine selektive Zerstäubung in guter Übereinstimmung mit den Zerstäubungsausbeuten für die Reinelemente[11]. Für das System Ag-Au bedeutet das eine Anreicherung von Gold an der Oberfläche, während das System Au-Cu durch die Zerstäubung keine Veränderung erfährt, da die Zerstäubungsausbeuten von reinem Au und Cu praktisch gleich sind[11].

Zum Unterschied dazu besteht das zweiphasige System Ag-Cu bei Raumtemperatur aus fast reinen Ag- und Cu-Kristalliten, die eine Korngröße von ungefähr 1 μm haben. Um einen Gleichgewichtszustand beim Zerstäubungsvorgang zu erreichen, muß daher eine Schichtdicke dieser Größenordnung abgetragen werden, während das Gleichgewicht bei einphasigen Systemen nach dem Abtragen weniger Monolagen vorliegt.

Abb. 3 zeigt die normierten Auger-Peakhöhen für Silber, $Ag_N = 100 \times Ag_m/(Ag_m + Cu_m)$ in Abhängigkeit von der Bulkkonzentration Ag_b nach dem Schaben, Brechen und Zerstäuben. Ag_m bzw. Cu_m

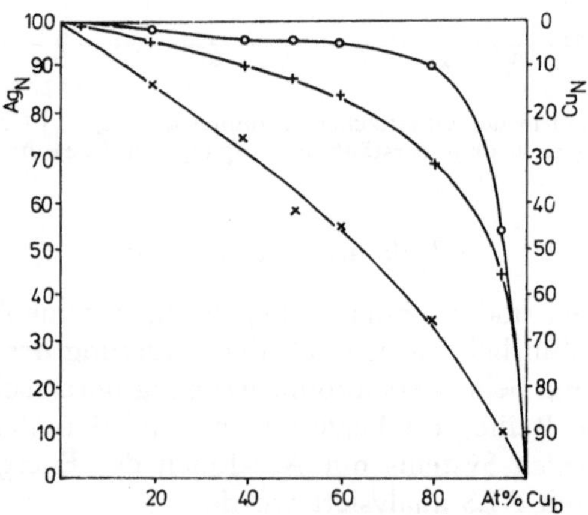

Abb. 3. Normierte Auger-Peakhöhen Ag_N, Cu_N in Abhängigkeit von der Bulkkonzentration Ag_r nach Brechen (○), Schaben (+) und Zerstäuben (×) der

stellen die gemessenen Auger-Peakhöhen der Auger-Übergänge mit 351/356 eV für Ag und mit 58/60 eV für Cu dar. Die ungleiche Festigkeit der Ag- und Cu-Kristallite resultiert in unterschiedlichen Kurven für Schaben und Brechen der Proben, womit für derartige Systeme keine Referenzdaten für die Bulkkonzentration zu erhalten sind. Aus diesem Grund läßt sich auch das Ausmaß eines differentiellen Zerstäubens nicht zeigen.

Außerdem weisen Ag-Cu-Legierungen sehr starke Änderungen in der Oberflächenkonzentration auf, wenn der Zerstäubungsvorgang unterbrochen wird. Abb. 4 zeigt dieses Verhalten für eine 5 at% Ag und 95 at% Cu enthaltende Legierung. Unterbricht man den Zerstäubungsvorgang, steigt das Silbersignal innerhalb 15 Minuten um den Faktor 8 an. Wird der Zerstäubungsvorgang wieder aufgenommen, stellen sich die früheren Verhältnisse in sehr kurzer Zeit wieder ein. Es konnte sichergestellt werden, daß dieser Effekt nicht von

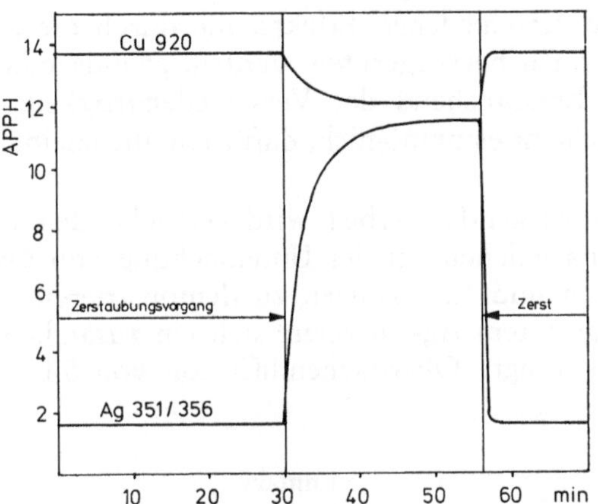

Abb. 4. Änderungen der Ag- bzw. Cu-Auger-Peakhöhen einer 5 at% Ag — 95 at% Cu Probe, hervorgerufen durch Unterbrechung des Zerstäubungsvorganges

einer Erwärmung durch den Elektronenstrahl herrührt. Die Erhöhung des Silbersignals nach Unterbrechen des Zerstäubungsvorganges erweist sich als umgekehrt proportional der Silberkonzentration im Bulk. Eine einfache Rechnung zeigt unter der Annahme einer Oberflächendiffusion von Silber auf durch Zerstäuben freigelegte Kupferkristallite, daß diese unabhängig von der Bulkkonzentration zu einer Bedeckung der Kupferkörner mit 1—2 Atomlagen Silber führt.

Bei den einphasigen Systemen Ag-Au und Au-Cu werden naturgemäß keine Änderungen der Oberflächenzusammensetzung nach Unterbrechen des Zerstäubens beobachtet.

Schlußbemerkung

Die Autoren danken Prof. Dr. F. P. Viehböck für die wohlwollende Unterstützung dieser Arbeit sowie dem Fonds zur Förderung der Wissenschaftlichen Forschung (Projekt Nr. 2559 und Nr. 2782) für die Finanzierung.

Zusammenfassung

Die chemische Zusammensetzung der Oberfläche von Materialien, die aus zwei oder mehr Komponenten bestehen, wird sehr oft durch den Einfluß der Primärelektronen sowie durch das Zerstäuben, wie es zur Reinigung der Probenoberfläche, bzw. zur Aufnahme von Tiefenprofilen verwendet wird, drastisch verändert. In einer quantitativen Beschreibung der Oberflächenzusammensetzung müssen daher die verschiedenen Effekte, die durch die primären Elektronen oder Ionen hervorgerufen werden, grundsätzlich berücksichtigt werden. Entsprechend der Verschiedenartigkeit der auftretenden Effekte scheint es unmöglich, dafür ein allgemeingültiges Modell aufzustellen.

Mit der vorliegenden Arbeit wird versucht, den Einfluß der erwähnten Primärteilchen bei der Untersuchung von Oxiden, Carbonaten, Silikaten und Legierungen zu demonstrieren. Im zweiphasigen Legierungssystem Ag-Cu zeigte sich ein zusätzlicher Effekt, der durch die bevorzugte Oberflächendiffusion von Silber erklärt werden kann.

Summary

Influence of the Probing Electron Beam and Sputtering in AES

The probing electron beam and sputtering used for cleaning and depth profiling influences the chemical composition of composite materials often in a dramatic way. Therefore, in a complete analysis several effects induced by the incident electrons or ions have to be included in a quantitative description of the surface composition. No general model can be given as these effects depend on the type of material investigated. The present paper deals with oxides, carbonates, silicates, and alloys to show the influence of the probing electrons or ions. In a two-phase alloy system (Ag – Cu) a further effect is demonstrated which is explained by pronounced surface diffusion of one constituent (Ag).

Literatur

[1] T. E. Gallon und J. A. D. Matthew, Rev. Phys. Technol. 3, 31 (1972).

[2] T. E. Madey und J. T. Yates Jr., J. Vac. Sci. Technol. 8, 525 (1971).

[3] P. W. Palmberg und T. N. Rhodin, J. Phys. Chem. Solids 29, 1917 (1968).

[4] C. C. Chung, Characterization of Solid Surfaces, Ed. P. F. Kane und G. B. Larrabee, New York: Plenum Press. 1974.

[5] W. Färber, G. Betz und P. Braun, Nucl. Instr. Meth. **132,** 351 (1976).

[6] P. Braun, W. Färber und G. Betz, wird veröffentlicht.

[7] P. W. Palmberg et al., Handbook of Auger Electron Spectroscopy, Minnesota: Physical Electronics. 1972.

[8] L. F. Vassamillet und V. E. Caldwell, J. Appl. Phys. **40,** 1637 (1969).

[9] W. Färber, Dissertation, Wien, 1975.

[10] W. Färber, Vakuum-Techn. **25,** 104 (1976).

[11] G. K. Wehner, Methods and Phenomena 1, Method of Surface Analysis, Ed. A. W. Czanderna, New York: Elsevier. 1976.

Korrespondenz und Sonderdrucke: P. Braun, Institut für Allgemeine Physik der Technischen Universität Wien, Karlsplatz 13, A-1040 Wien, Österreich.

Mikrochimica Acta [Wien], Suppl. 7, 139—152

MIKROCHIMICA ACTA

Aus dem Ingenieur-Bereich Angewandte Physik der Bayer AG, Leverkusen

Oberflächenuntersuchungen an Metallen und Legierungen mit ESCA*

Von

R. Holm und **S. Storp**

Mit 10 Abbildungen

(Eingegangen am 27. Oktober 1976)

ESCA (nach K. Siegbahn[1]: Electron spectroscopy for chemical analysis) ist eine Methode zur Bestimmung von Elementen und ihren Bindungszuständen in der Oberfläche von Festkörpern[2, 3]. Sie beruht auf dem Photoeffekt an inneren Atomorbitalen und kann folgende Informationen liefern:

1. Art der an der Oberfläche vorliegenden Elemente aus der kinetischen Energie der Photo- und Augerelektronen;
2. Oxydationszustand der Elemente aus chemischen Verschiebungen und Satellitenstrukturen;
3. Abschätzung der Konzentration aus den Intensitäten bzw. Angaben über relative Mengen aus den Intensitätsverhältnissen;
4. Information über die Tiefenverteilung von Elementen und Verbindungen, und zwar im Bereich der Austrittstiefe der Photo- und Augerelektronen zerstörungsfrei, für größere Schichtdicken unter Zuhilfenahme abbauender Verfahren.

Dies sei am Beispiel von Abb. 1 näher erläutert. Sie zeigt mit gedehnter Abszisse das Mo 3d-Dublett verschieden vorbehandelter Mo-Bleche. Bei Luftoxydation von Metallen treten deren chemisch beständigste Oxide auf[4], d. h. z. B. bei Cr(III), Ti(IV) und Mo(VI).

---

* Vortrag anläßlich des 8. Kolloquiums über metallkundliche Analyse mit besonderer Berücksichtigung der Elektronen- und Ionenstrahl-Mikroanalyse, Wien, 27. bis 29. Oktober 1976.

Bei vermindertem O_2-Angebot oder bei Lagerung in H_2O werden auch Oxide niedrigerer Wertigkeit[5] gebildet; bei Mo Abb. 1 links deuten die ESCA-Spektren auf Mo(IV). Ist die Oxidschicht auf einem Metall dünner als die mit ESCA erfaßte Schichtdicke[6] (entspricht etwa dem dreifachen Wert der mittleren Austrittstiefe), so

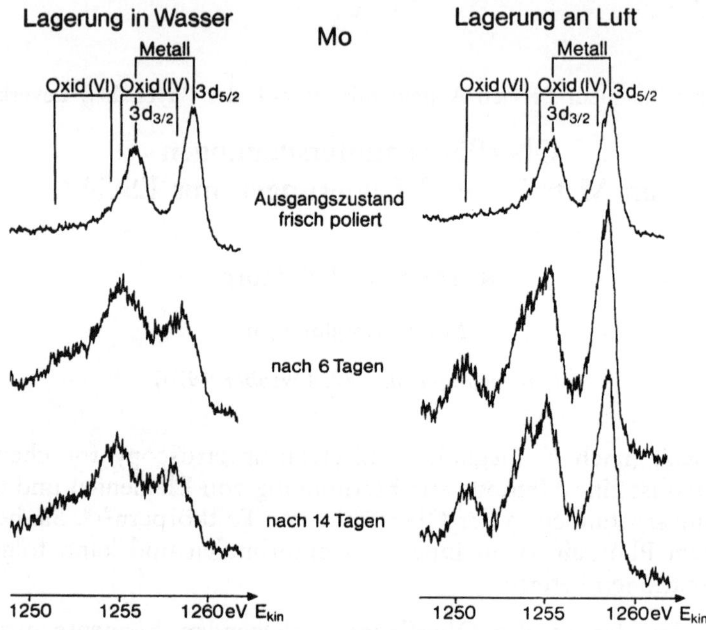

Abb. 1. Oxydation von Mo bei Lagerung an Luft und in Wasser, verfolgt an Hand der chemischen Verschiebung der Mo 3d-Niveaus[5]

treten im ESCA-Spektrum Oxid und Metall nebeneinander auf. Das Intensitätsverhältnis Oxid : Metall ist dann ein Maß für die Dicke der Oxidschicht. Auf diese Weise läßt sich aus Abb. 1 das Wachstum der Oxidschicht auf Mo bei Lagerung an Luft oder H_2O, ganz allgemein Zusammensetzung und Bildungsgeschwindigkeit von Oxid- und Passivschichten auf metallischen Werkstoffen in Abhängigkeit von thermischer oder chemischer Beeinflussung, verfolgen[4].

Messungen an Stählen

Bei Mehrkomponentensystemen wie z. B. Legierungen und Stählen werden Oxid und Metall für alle Legierungspartner getrennt erfaßt. Bildet man die Intensitätsverhältnisse für die einzelnen Elemente in der Oxid- und Metallphase getrennt, so läßt sich aus einem

ESCA-Spektrum sofort ablesen, welche Konzentrationsänderungen im Oxid gegenüber dem Metall vorliegen[4]. Ein Beispiel hierfür gibt Abb. 2. Nach 30 Tagen Luftlagerung ist die Oxidschicht auf der betrachteten Probe immer noch so dünn, daß Oxid und Metall für

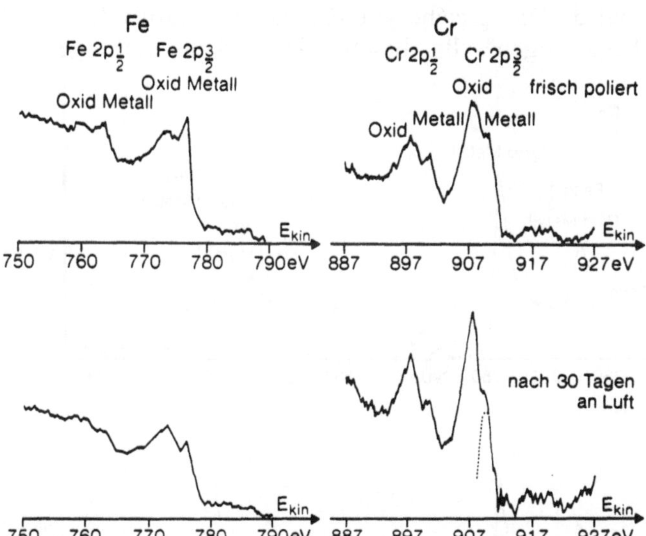

Abb. 2. Fe 2p- und Cr 2p-Spektren von der Oberfläche des Stahles X 2 CrNi 18 9 zur zerstörungsfreien Ermittlung des Fe/Cr-Verhältnisses in der Oxid- und der darunter liegenden Metallschicht[4]

alle Legierungspartner im ESCA-Spektrum auftreten. Die Intensität der Oxidlinien hat für Fe und Cr gegenüber der frisch polierten Probe zugenommen, und zwar für Cr geringfügig stärker als für Fe. Das Intensitätsverhältnis Fe_{Metall} : Cr_{Metall} unterscheidet sich nicht vom Ausgangszustand. Eine genaue Betrachtung der chemischen Verschiebung der Fe $2p_{3/2}$-Linien zeigt, daß die Differenz zwischen Fe-Metall und Fe-Oxid um etwa 0,5 eV kleiner ist als bei der Luftoxydation von reinem Fe. K. Asami et al.[7] deuteten dies als eine Zunahme des Anteils von zweiwertigem Fe in der Oxidschicht. Wir haben die gleiche Beobachtung bei allen von uns untersuchten Stählen sowohl bei Lagerung an Luft als auch beim Angriff von H_2O und Säuren gemacht. Der Effekt tritt jedoch nur dann auf, wenn eine Cr-reiche Oxidschicht aufgebaut wird. So wird z. B. bei der Luftoxydation des weitgehend Cr-freien Werkstoffs G-X 70 Si 15 für Fe-oxid der gleiche Shift gefunden wie für reines Fe[4].

In früheren Arbeiten[4, 8–10] konnte gezeigt werden, daß die Bildungsgeschwindigkeit der Oxidschicht an Luft bei höheren Temperaturen rasch zunimmt. Von den dann erzeugten, relativ dicken Schichten erfaßt ESCA nur die obersten 100 Å. Bei Temperaturen bis 400° C ist hier Fe (als Fe-oxid) als Hauptlegierungsbestandteil am stärksten vertreten. Erst oberhalb 400° C wird Cr hinreichend beweglich, so daß oberhalb 500° C eine Cr-oxidreiche Oxidschicht gebildet wird. Das gleiche gilt für das Verhältnis Co : Cr bei Co-Cr-Mo-Legierungen[8]. Bei beschränktem Sauerstoffangebot reagiert

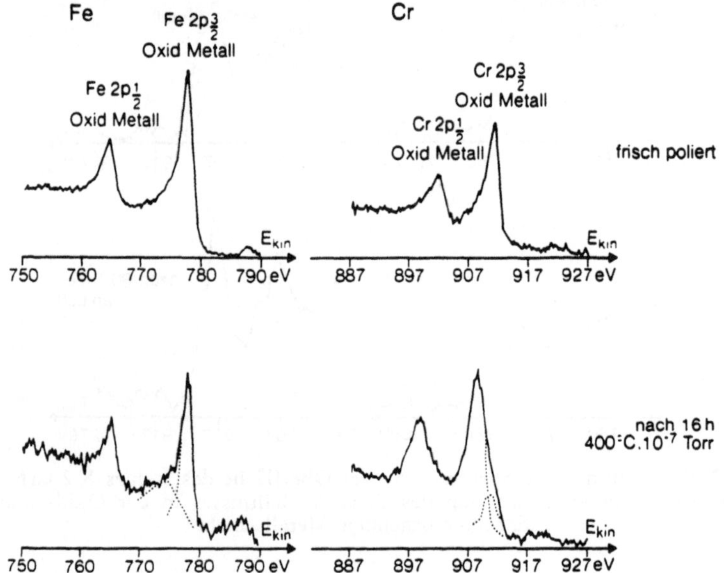

Abb. 3. Cr-Anreicherung in der Oxidschicht des Stahles X 10 CrNiMoTi 18 10 nach Heizung im Vakuum[4]

der Sauerstoff bereits bei Temperaturen um 400° C fast ausschließlich mit dem Cr (Abb. 3)[4]. Ni ist am Aufbau der Oxidschichten praktisch nicht beteiligt.

Bei Lagerung frisch polierter Stahlproben in Wasser, verdünnter und konzentrierter HNO_3 treten gegenüber der Luftlagerung folgende Unterschiede auf (vgl. Tabelle 1 und Abb. 4):

a) Es bildet sich stets eine Cr-reiche Oxidschicht aus, in der das Cr dreiwertig vorliegt (Abb. 4 links unten). Die Anreicherung in Bezug auf Fe kann gegenüber der an Luft gebildeten Oxidschicht bis zu einem Faktor 20 betragen.

b) Das Intensitätsverhältnis $Fe_{Metall} : Cr_{Metall}$ ist kleiner. Das bedeutet: die unter der Oxidschicht liegende Metallschicht ist an Fe verarmt. Dies spricht für folgenden Entstehungsmecha-

Tabelle 1. ESCA-Intensitätsverhältnisse wichtiger Legierungspartner an der Oberfläche des Stahles X 10 CrNiMoTi 18 10 bei Lagerung in H_2O und HNO_3

Probe	Fe $2p_{2/3}$: Cr $2p_{3/2}$ Metall : Metall	Oxid : Oxid	Fe $2p_{3/2}$: Mo $3d_{5/2}$ Oxid : Oxid	Fe $2p_{3/2}$: Si 2p Oxid : Oxid
Referenzprobe poliert	3,4	2,3	20	—
H_2O (20° C) Mittelwert für 2 h bis 3 d Lagerung	3,1	0,7	12	—
HNO_3 (10%, 20° C) Mittelwert für 20 min bis 1 h Lagerung	2,9	0,5	4,5	35
HNO_3 (98%, 20° C)				
5 min	3,0	0,5	5,0	26
2 h	3,2	0,5	4,2	2,4
HNO_3 (98%, 86° C)				
1 h	—	0,2	1,6	0,2
4 h	—	—	—	nur SiO_2 nachweisbar

nismus der Oxidschicht: Die einzelnen Legierungsbestandteile gehen mit unterschiedlicher Geschwindigkeit in Lösung, und zwar Fe stärker als Cr[11]. Auch oxydiertes Fe geht in Lösung, während oxydiertes Cr an der Oberfläche verbleibt. Hat der Cr-Gehalt der Oxidschicht einen hohen Grad erreicht, so bildet sich ein Gleichgewichtszustand bzw. die Oxidschicht wirkt als Passivschicht. Analoges wird auch bei Co-Cr-Mo-Legierungen beobachtet.

c) Aus ähnlichen Gründen kommt es auch zur Anreicherung anderer Legierungspartner in der Oxidschicht. Enthält der Stahl Si, so kann es insbesondere bei längerer Lagerung in hochkonzentrierter HNO_3 zur Ausbildung einer mehr als 100 Å dicken SiO_2-Schicht kommen. (Man achte auf die relativ hohe Intensität der Si-Linien in Abb. 4 links unten!) Auch dies ist nur verständlich, wenn man davon ausgeht, daß zur Bildung der Oxid- bzw. Passivschichten mehr als nur die obersten Monolagen des Materials angegriffen werden.

d) Mo wird ähnlich wie bei der Lagerung von Mo-Blech in H_2O auch auf Legierungen im vierwertigen Zustand gefunden[5]. Der Mo-Gehalt ist jedoch meist so gering, daß wegen des schlechten Signal-Untergrund-Verhältnisses genaue Aussagen schwierig sind. Bei Lagerung des Stahls X 10 CrNiMoTi 18 10 in HCl werden Fe, Cr und Ni wesentlich schneller gelöst als Mo, so daß Mo an der Oberfläche stark angereichert wird (Abb. 4 rechts unten). In diesem Fall treten im ESCA-Spektrum nur Linien von Mo-Metall und Mo(IV) auf. In

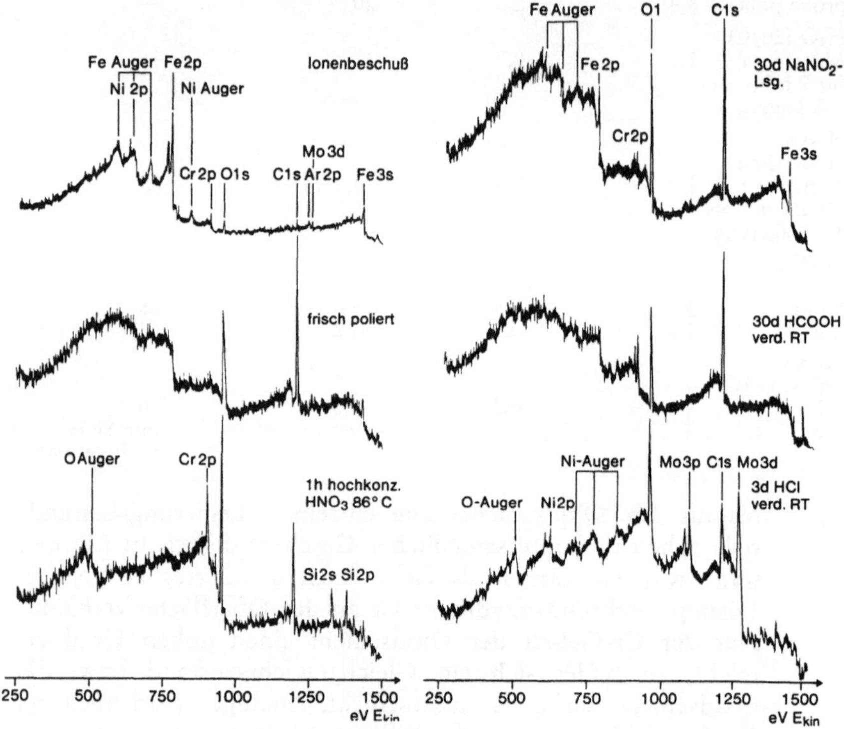

Abb. 4. ESCA-Oberflächenanalysen von Stahl X 10 CrNiMoTi 18 10

konzentrierter HNO_3 treten die oxydierenden Eigenschaften der Säure stärker hervor und es wird überwiegend Mo(VI) gebildet. Bezüglich der Menge des Mo wurde festgestellt, daß weitgehend unabhängig von der Art der HNO_3-Lagerung Mo parallel zu Cr in der Oxidschicht angereichert wird; das Intensitätsverhältnis Cr-oxid : Mo(VI)-oxid beträgt etwa 10.

Messungen an Ag-Sn-Legierungen

Bei diesem Beispiel geht es um die Rolle, die eine geringe Menge (ca. 2%) Zn an der Oberfläche einer Legierung mit 70% Ag und ca. 25% Sn spielt (Abb. 5, 6, 7)[12]. Bei einer frisch polierten Probe

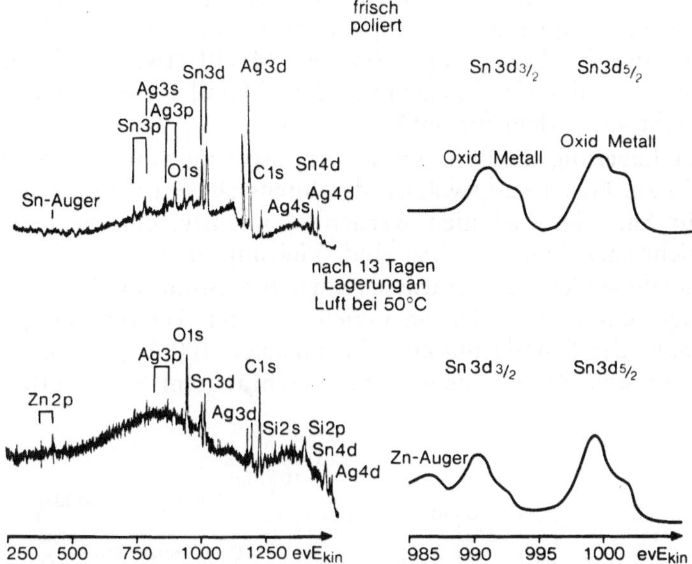

Abb. 5. ESCA-Oberflächenanalysen an einer Ag-Sn-Legierung mit ca. 2% Zn

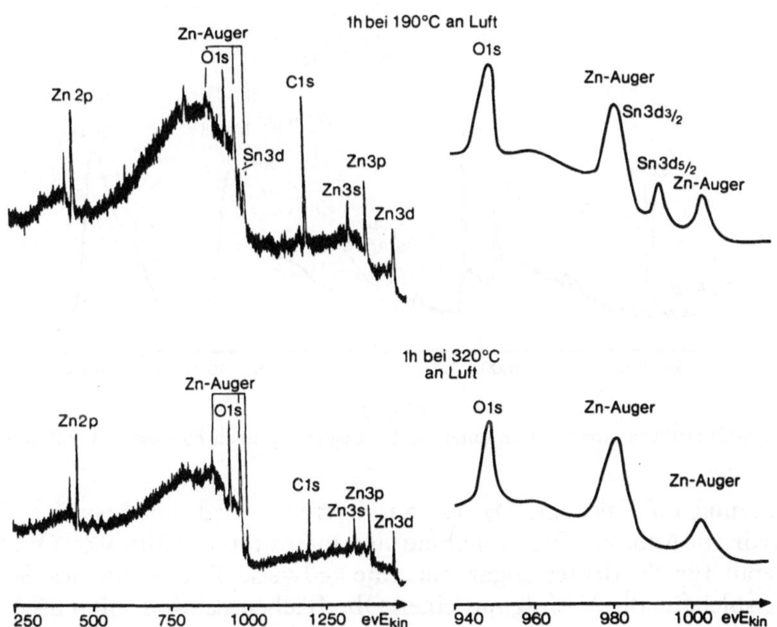

Abb. 6. ESCA-Oberflächenanalysen an einer Ag-Sn-Legierung nach Heizung an Luft

(Abb. 5) dominieren im Spektrum die Linien von Ag und Sn. Zn ist nur bei empfindlichster Spektrometereinstellung nachweisbar. Bei Sn sind die Linien für Oxid und Metall etwa gleich intensiv. Der Shift für das Oxid gegenüber dem Metall beträgt etwa 1,8 eV, entspricht somit dem für SnO.

Bei Lagerung an Luft nimmt die Intensität von Ag ab und die von Zn zu. Gleichzeitig wächst das Intensitätsverhältnis Oxid : Metall für Sn. Die Zn-Linien werden so intensiv, daß sie bereits im Übersichtsspektrum zu sehen sind. Heizung an Luft (Abb. 6) führt mit zunehmender Temperatur zu einer Intensitätsabnahme zunächst der Ag-, dann auch der Sn-Linien, bis bei Temperaturen wenig unterhalb des Schmelzpunktes die obersten 100 Å der Probe praktisch nur aus ZnO bestehen. Bei beschränktem Sauerstoffangebot

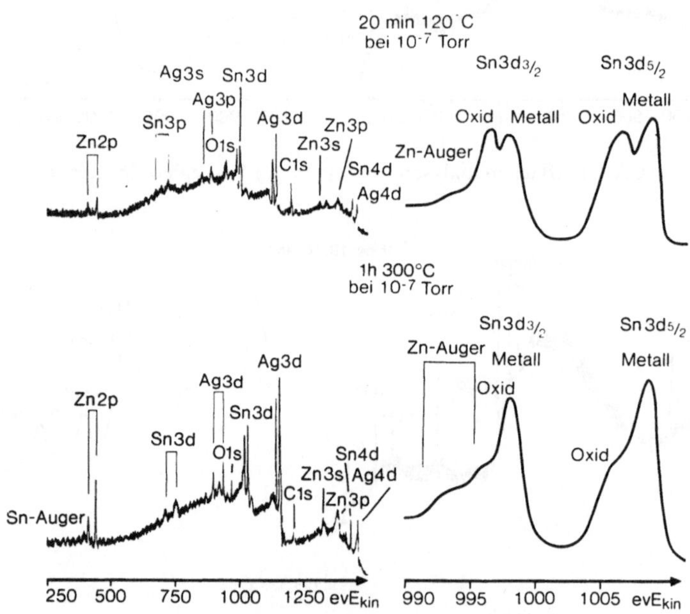

Abb. 7

ESCA-Oberflächenanalysen an einer Ag-Sn-Legierung nach Heizung im Vakuum[12]

(Heizung im Vakuum, O_2 nur aus Restgas) wird vorzugsweise Zn oxydiert (Abb. 7). Die Abnahme des Intensitätsverhältnisses Oxid : Metall für Sn deutet sogar auf eine teilweise Reduktion des SnO (Beispiel für die Verfolgung einer Oberflächenreaktion mit ESCA!).

Hervorstechendstes Merkmal ist die starke Anreicherung von Zn in den obersten Monolagen, ein Vorgang wie er auch von Zn-

Cu-Legierungen her bekannt ist. Dieser Befund ist in Übereinstimmung mit dem Nachweis von Zn-Anreicherungen an Korngrenzen im REM bzw. Mikrosonde; mit ESCA läßt sich dieser Effekt jedoch bereits in einem sehr viel früheren Stadium beobachten. Zur Zn-Anreicherung bedarf es der Gegenwart von Sauerstoff; im Hochvakuum verläuft sie wesentlich langsamer.

Dieses Beispiel sowie die im vorigen Abschnitt beschriebenen Untersuchungen zeigen die Gültigkeit einiger allgemeiner Regeln:

a) Beim Heizen im Vakuum wird die Oberfläche einer Legierung mit dem Partner angereichert, der die geringste Sublimationswärme besitzt.

b) Bei der Wechselwirkung mit aktiven Gasen reichert sich die Komponente an, die die stärkste chemische Bindung mit dem Gas eingeht. So wird das Minimum der Oberflächenenergie und damit das thermodynamische Gleichgewicht erreicht. Voraussetzung dafür ist jedoch, daß alle Legierungspartner bei der betreffenden Temperatur hinreichend beweglich sind.

c) Bei Behandlung mit Säuren oder Basen, die spezifisch eine Komponente aus der Legierung lösen, reichert sich die Oberfläche mit dem schwerer löslichen Bestandteil an.

Beobachtungen beim Ionenbeschuß von Metalloberflächen

Bei der routinemäßigen Untersuchung von Metalloberflächen hat man es mit mehr oder weniger stark kontaminierten Proben zu tun. Häufig liegt die Versuchung nahe, die störende Kontaminationsschicht durch Ionenbeschuß zu entfernen, um höhere Nachweisempfindlichkeiten für die Metall-Komponenten zu erreichen bzw. um zu vermeiden, die gesamten Versuche noch einmal sauberer zu wiederholen. Bei Anwendung von Ionenbeschuß sollte man sich jedoch über die Schwierigkeiten im klaren sein, die mit diesem Verfahren zwangsläufig verbunden sind. In früheren Arbeiten[13, 14] wurde gezeigt, daß Oxide auf Metallen durch Ionenbeschuß reduziert werden. Aus Abb. 8 geht hervor, daß MoO_3 auf Mo schon merklich reduziert wurde, bevor die Mo-Metallinien an Intensität relativ zu den Oxidlinien zunahmen, d. h. bevor die Oxidschicht wirklich abgebaut wurde. Die angegebenen Ionendosen entsprechen Werten, wie sie zum Abbau von Kontaminationsschichten üblich sind.

Beim Ionenbeschußabbau von Mehrkomponentensystem ist folgendes zu beachten:

Die Zerstäubungsraten für die verschiedenen Elemente und Verbindungen unterscheiden sich bei vorgegebenen Beschußparametern

Tabelle 2. ESCA-Intensitätsverhältnisse wichtiger Legierungspartner an der Oberfläche verschiedener Stähle im Vergleich zu den zugehörigen integralen Mengenverhältnissen

Probe	Fe : Cr Metall : Metall	Oxid : Oxid	Fe : Ni Metall : Metall
Stahl X 10 CrNiMoTi 18 10			
chem. Analyse	3,7	—	5,1
mech. poliert*	3,4	2,3	3,9
Ionenbeschuß*	6,0	—	4,3
Stahl X 2 CrNiSi 18 15			
chem. Analyse	3,5	—	4,4
mech. poliert*	3,2	2,5	3,6
Ionenbeschuß*	5,2	—	3,5
Stahl X 2 CrNi 18 9			
chem. Analyse	3,8	—	6,5
mech. poliert*	3,5	2,4	5,7
Ionenbeschuß*	4,9	—	5,9
Stahl X 2 CrNiMoN 25 25			
chem. Analyse	1,9	—	1,9
mech. poliert*	1,7	1,3	1,6
Ionenbeschuß*	3,1	—	1,8

* Fe $2p_{3/2}$: Cr $2p_{3/2}$, Fe $2p_{3/2}$: Ni $2p_{3/2}$ (Ionenbeschuß: $6 \cdot 10^{-2}$ Asec cm^{-2})

(Energie, Masse und Art der Ionen, Beschußwinkel) um etwa 2 Größenordnungen (0,5 bis 50 Atome/Ion)[15]. Aus diesem Grunde kommt

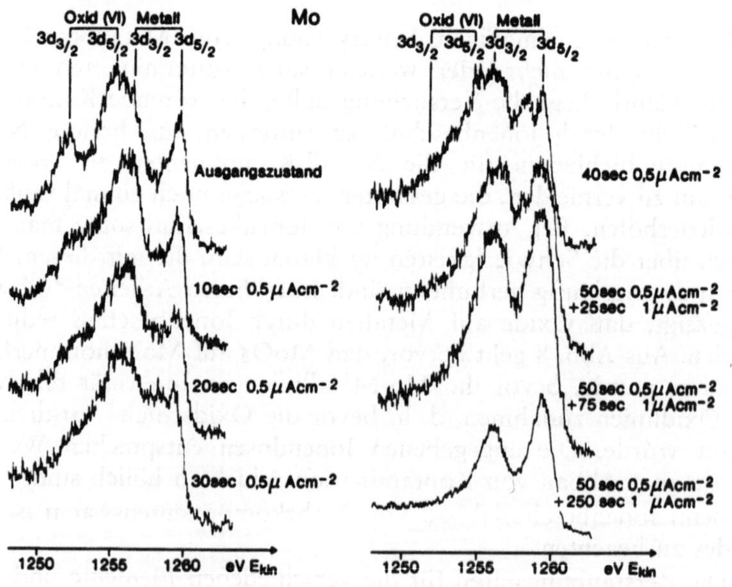

Abb. 8. Ioneninduzierte Reduktion von MoO_3 auf Mo[13] (Ar^+, 5 keV, 90°)

es beim Zerstäuben von Mehrkomponentenmaterialien, z. B. bei Legierungen und Mischoxiden im allgemeinen zu einer Anreicherung derjenigen Elemente in der Oberfläche, die eine niedrigere Zerstäubungsrate haben. Die Zerstäubungsrate wird dann erst nach der Einstellung eines neuen Konzentrationsgleichgewichtes konstant.

Legierungen haben häufig an der Oberfläche eine andere Zusammensetzung als im Volumen. Um diesen Effekt nachzuweisen oder um den Übergang von der Oberfläche ins Innere zu studieren, wird häufig Ionenbeschuß eingesetzt und als Referenz die Gleichgewichtsverhältnisse nach längerem Ionenbeschuß herangezogen[16].

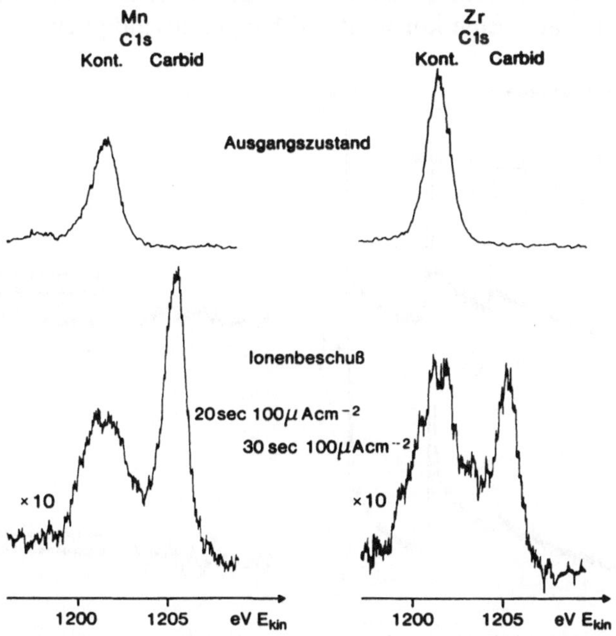

Abb. 9. Ioneninduzierte Bildung von Carbid beim Abtragen einer Kontaminationsschicht auf Mn und Zr[14] (Ar^+, 5 keV)

Daß diese jedoch keineswegs der wahren Bulk-Zusammensetzung entsprechen müssen[16], zeigt eine Untersuchung an verschiedenen Stählen (Tabelle 2): Mit ESCA lassen sich zerstörungsfrei die Intensitätsverhältnisse der Legierungspartner in der Metallphase unter der Oxidschicht bestimmen (vgl. Abb. 2). Sie stimmen mit den naßchemisch ermittelten Werten recht gut überein (für Mo ist eine höhere Empfindlichkeit für das 3d-Niveau sowie eine größere erfaßte Schichtdicke auf Grund der höheren kinetischen Energie, d. h. insgesamt ein Faktor 3 in Rechnung zu stellen); dagegen ist nach Abbau der Oxidschicht durch Ionenbeschuß eine deutliche Verarmung an Cr festzustellen. Man vergleiche hierzu auch die beiden oberen Spektren links in Abb. 4. Dies ist auf die höhere Zerstäubungsrate von Cr gegenüber Fe und Mo sowie auf die Tatsache zurückzuführen, daß Cr bevorzugt mit O (der nur zum kleineren Teil aus dem Restgas stammt, vor allem aber beim Abbau der Oxidschicht freigesetzt wird) reagiert.

Ein weiteres Beispiel für ioneninduzierte Reaktionen ist die häufig beobachtete Bildung von Metall-Carbiden beim Abbau von Kontaminationsschichten auf Metalloberflächen (Abb. 9)[13,14].

Bei der Zerstäubung wird ein Teil der Beschußionen in die Oberfläche eingebaut. Eine konstante Abbaugeschwindigkeit ist erst dann

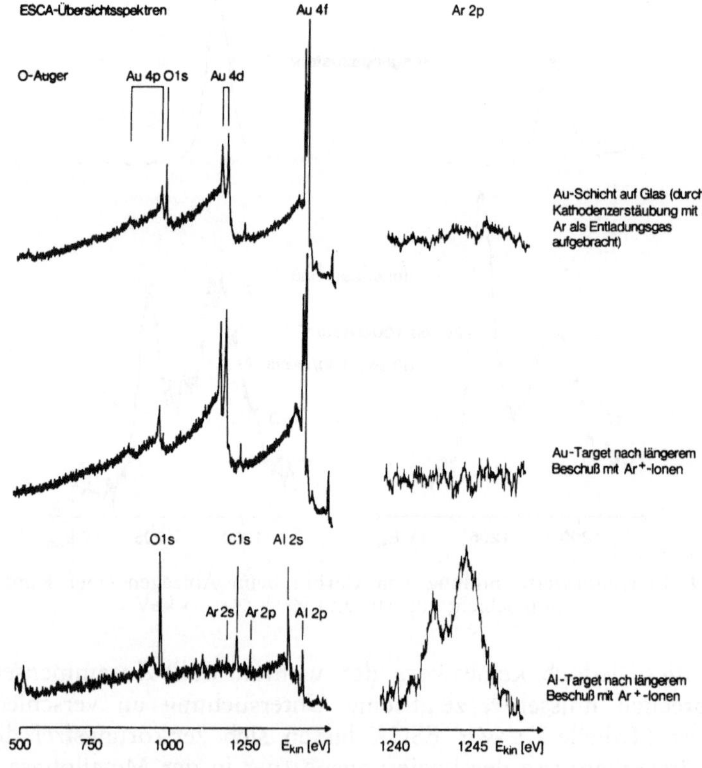

Abb. 10. Einbau von Ar in der Oberfläche von Metallen[18]

zu erwarten[17], wenn die Konzentration der Beschußionen in der Oberfläche einen konstanten Wert erreicht.

Der Einbau von Edelgasionen in Metalle ist sehr unterschiedlich und hängt stark vom betrachteten System ab. Bei Edelmetallen konnten wir keinen Einbau von Beschußionen feststellen[18]. Dagegen traten insbesondere bei Metallen mit einer Passivschicht, die sich schwer zerstäuben läßt, wie z. B. Aluminium, Linien von implantiertem Argon im ESCA-Spektrum auf (Abb. 10, auch in Abb. 4 links oben ist Ar 2p erkennbar). Außer der Oxidschicht können noch weitere Gründe hierfür maßgebend sein: Für Edelmetalle ist die Zerstäubungsrate hoch; bei Au werden pro einfallendes Ar-Ion 4—5 Au-Atome zerstäubt, so daß etwa implantiertes Ar sofort wieder frei wird. Bei Al oder auch Si sind außerdem knock-in Effekte besonders ausgeprägt.

Wegen dieser Schwierigkeiten beim Ionenbeschuß sollte man bevorzugt die Möglichkeit nutzen, daß man mit ESCA nicht nur die oberste Monolage, sondern einen größeren Tiefenbereich zerstörungsfrei erfaßt, in unserem Falle also die chemisch relevanten Schichten unter der Kontaminations- bzw. Oxidschicht bis zu 50 Å, ohne diese vorher abzutragen[6, 14]. Hierin liegt einer der bedeutendsten Vorteile dieser Methode zur Untersuchung realer, d. h. nicht unter UHV-Bedingungen präparierter Oberflächen[19].

Zusammenfassung

Mit ESCA läßt sich die Zusammensetzung dünner Oberflächenschichten im Hinblick auf die beteiligten Elemente, deren Wertigkeit und Tiefenverteilung innerhalb von etwa 100 Å Dicke bestimmen. Über Untersuchungen zur Bildung von Oxid- bzw. Passivschichten auf Stählen und Ag-Sn-Legierungen sowie über einige Effekte, die beim Ionenbeschuß von Metalloberflächen auftreten, wurde berichtet.

Summary

Surface Investigation of Metals and Alloys by ESCA

ESCA enables the composition of thin surface layers of about 100 Å thickness to be determined in respect of the elements present and of their valencies and distribution in depth. Investigations concerning the formation of oxide or passive layers on steels and Ag-Sn alloys, and some of the effects observed when metal surfaces are bombarded with ions, are reported.

Literatur

[1] K. Siegbahn et al., Atomic, Molecular and Solid State Structure Studied by Means of Electron Spectroscopy, Uppsala: 1969.

[2] R. Holm, G-I-T Fachz. Lab. **16**, 122 (1972).

[3] R. Holm, G-I-T Fachz. Lab. 17, 929, 1025 (1973).

[4] R. Holm und E. M. Horn, Metalloberfläche — Angew. Elektrochem. 28, 490 (1974).

[5] R. Holm und S. Storp, Vakuum-Technik 25, 1976.

[6] R. Holm, Vakuum-Technik 23, 208 (1974).

[7] K. Asami, K. Hashimoto und S. Shimodaira, Corrosion Sci. 16, 387 (1976).

[8] R. Holm und J. Ohnsorge, Sonderbände der prakt. Metallographie 6, 126 (1976).

[9] H. Fischmeister und I. Olefjord, Mh. Chem. 102, 2693 (1971).

[10] I. Olefjord, Metal Sci. 9, 263 (1975).

[11] Y. M. Kolotyrkin, Electrochim. Acta 18, 593 (1973).

[12] R. Holm und S. Storp, J. Electron Spectr. 8, 459 (1976).

[13] R. Holm und S. Storp, Appl. Phys., im Druck.

[14] R. Holm und S. Storp, Vakuum-Technik 25, 41, 73 (1976).

[15] G. Carter und J. S. Colligon, Ion Bombardment of Solids, London: Heinemann. 1968.

[16] F. Pons, J. Le Héricy und J. P. Langeron, Surface Sci. 51, 336 (1975).

[17] C. A. Andersen, Int. J. Mass. Spectrom. Ion Phys. 3, 430 (1970).

[18] R. Holm, B. Reinfandt und S. Storp, Beitr. elektronenmikroskop. Direktabb. Oberfl. 9 (1976), im Druck.

[19] R. Holm und S. Storp, Phys. Bl. 32, 342 (1976).

Korrespondenz und Sonderdrucke: Dr. R. Holm, Bayer AG, INAP-CP1, E41, D-5090 Leverkusen, Bundesrepublik Deutschland.

Mikrochimica Acta [Wien], Suppl. 7, 153—170

MIKROCHIMICA ACTA

Institut für Technische Physik der Technischen Universität Wien

Coating-Untersuchungen mit modernen physikalischen Methoden*

Von

Maria F. Ebel und **Johann Wernisch**

Mit 17 Abbildungen

(Eingegangen am 27. Oktober 1976)

Die praktische Bedeutung von Dünnschichtüberzügen hat immer mehr zugenommen und erstreckt sich in verschiedensten Varianten z. B. auf Korrosionsschutz, Beeinflussung der optischen Oberflächeneigenschaften, Kontaktierungen bzw. Elektronik. Abhängig von dem jeweiligen Einsatzgebiet werden verschiedenartige Forderungen an das Meßverfahren zu stellen sein, die einerseits von der zu untersuchenden Probe und anderersetis von der gewünschten Information abhängen. Die folgenden Ausführungen sollen anhand von vier, heute gängigen physikalischen Untersuchungsmethoden in Verbindung mit vier verschiedenen Probentypen die möglichen Aussagen aufzeigen.

Bei den Verfahren handelt es sich um die Rasterelektronenmikroskopie (SEM), die Röntgenfluoreszenzanalyse (XRFA), die Bildanalyse mit lichtoptischem Mikroskop (BA) und die Röntgenphotoelektronenspektrometrie (XPS). Als Proben fanden verzinktes Stahlblech, anodisiertes Aluminium nach Heißwassersealing, mit TiN beschichtete Al_2O_3-Sinterkörper und Preßkörper aus AlP-Körnern mit Paraffin als Coating-Substanz Verwendung. In Tabelle 1 ist das Versuchsprogramm in Kurzform zusammengestellt.

---

* Vortrag anläßlich des 8. Kolloquiums über metallkundliche Analyse mit besonderer Berücksichtigung der Elektronen- und Ionenstrahl-Mikroanalyse, Wien, 27. bis 29. Oktober 1976.

Die Dicke der Schichten ist naturgemäß auf ihre jeweilige Funktion abgestimmt. So dient der Zn-Überzug dem Korrosionsschutz des Stahlblechs und ebenso die anodische Aluminiumoxid-Schicht dem Schutz des Al-Blechs. Die TiN-Beschichtung der Al_2O_3-Sinterkörper hingegen erfolgte in Hinblick auf eine Beeinflussung der mechanischen Eigenschaften. In den bisher genannten Fällen liegt die Schichtdicke in der Größenordnung von μm, während sie im letzten Beispiel wesentlich dünner ist. Hier dient der Paraffinüberzug auf den einzelnen AlP-Pulverkörnern der Hintanhaltung einer raschen Reaktion des AlP mit der Luftfeuchtigkeit, wobei jedoch bei einem zu dicken Coating die Reaktion weitgehend zum Erliegen kommt. Die Schichtdicke ist hier vergleichsweise um zwei Größenordnungen geringer.

Tabelle 1. Versuchsprogramm — Untersuchte Proben

Träger	Stahlblech	Al-Blech	Al_2O_3	AlP
Coating	Zn	Al-Oxid	TiN	Paraffin

Untersuchungsmethoden
SEM, XRFA, BA, XPS

Die meßtechnischen Überlegungen wurden jedoch nicht nur in Hinblick auf die Dicke des Überzugs angestellt, sondern auch unter Berücksichtigung unterschiedlicher Oberflächengestalt der Probenkörper. Während die Blechproben eine ebene Oberfläche aufweisen, liegen die Al_2O_3-Sinterkörper als Stäbchen und die AlP-Proben als Preßlinge vor, wobei im letzteren Fall — herstellungsbedingt — jedes einzelne Pulverkorn einen mikroskopisch dünnen Paraffinüberzug hat. Weiters waren auch Fragen der Güte des Coatings für die Probenwahl ausschlaggebend.

Rasterelektronenmikroskopie

Die erste Fragestellung war der Dicke des Zn-Überzugs gewidmet. Dazu wurden von den Blechen Schnitte angefertigt, diese in eine Kunststoffmasse eingebracht und anschließend geschliffen und poliert. In Abb. 1 sind ein SE-Bild sowie die Zn $K\alpha$- und Fe $K\alpha$-Verteilungsbilder von ein und derselben Probenstelle wiedergegeben. Anhand des Maßstabs ist zu erkennen, daß die Schichtdicke etwa 20 μm beträgt und außerdem neben statistischen Schichtdickenschwankungen Poren enthält. Die an der Grenzfläche Fe-Zn zu erwartende Legierungsschicht kann aufgrund dieser Aufnahmen als sehr dünn angesehen werden. Schließlich bietet noch der ebenfalls in Abb. 1 enthaltene „Linescan" (Messung der Zn Kα-Röntgenintensität in der im SE-Bild durch den Pfeil gekennzeichneten Richtung

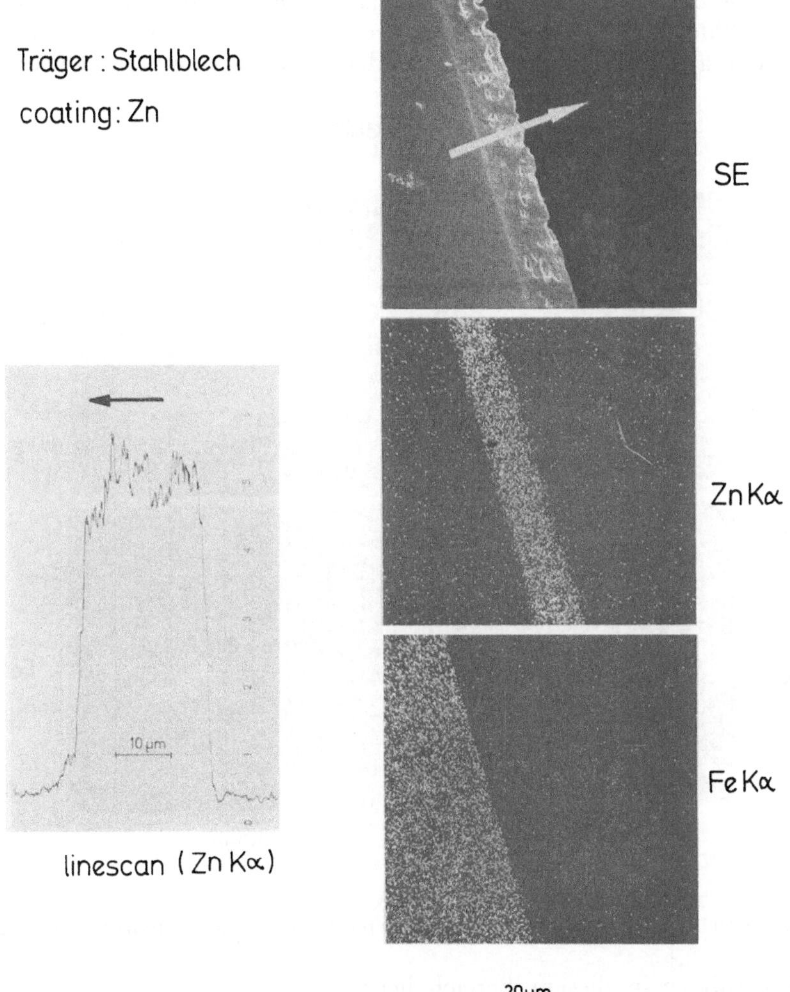

Abb. 1. SE-Bild, Zn Kα- und Fe Kα-Verteilungsbilder an einer Stelle der Zn-Schicht, sowie Zn Kα-Registrierdiagramm in Querrichtung

längs einer Geraden) eine zusätzliche Information über die Schichtdicke und den Konzentrationsverlauf. Auch hier ist aus der rechtsseitigen Flanke, die der Trennfläche Fe-Zn entspricht, kein Hinweis auf eine ausgeprägte Legierungsschicht vorhanden. Die endliche

Flankensteilheit rührt von dem für die Aufnahme des „Linescan" erforderlichen Strahlquerschnitt her.

Abb. 2 zeigt im Auflicht aufgenommene Stellen der Zn-Auflage im Bereiche von Korngrenzeneinziehungen. Unter den jeweiligen BE-Bildern sind von derselben Probenstelle die Fe Kα-Verteilungsbilder angeordnet, aus denen eindeutig die verminderte Dicke der

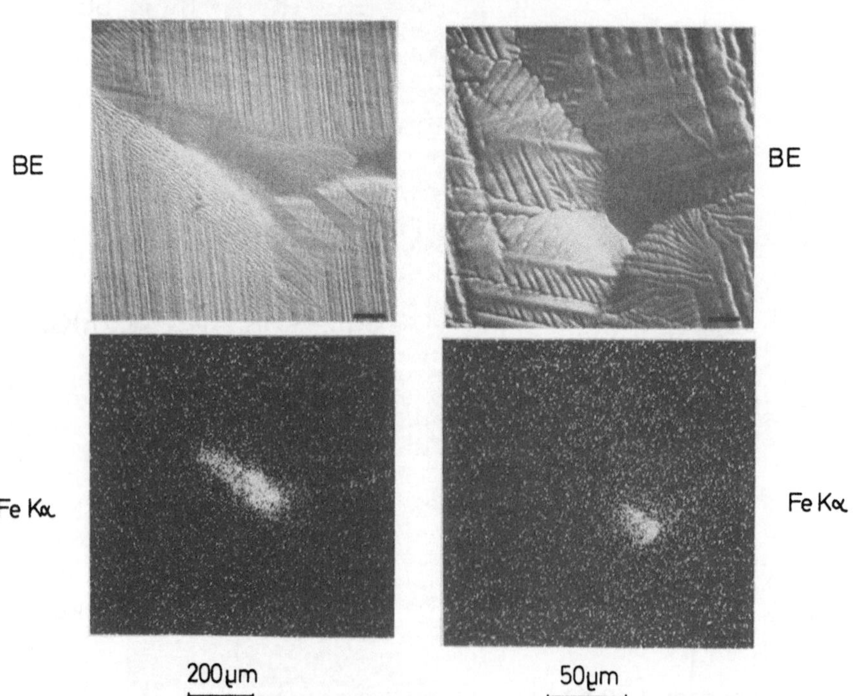

Abb. 2
BE und Fe Kα-Verteilungsbilder im Bereich zweier Korngrenzeneinziehungen

Zn-Auflage in diesem Bereich hervorgeht. Die Zn Kα-Verteilungsbilder zeigen keinen signifikanten Kontrast und wurden deshalb nicht wiedergegeben. Auf den verzinkten Stahlblechen konnten, wie aus Abb. 3 zu ersehen ist, oberflächliche Beschädigungen beobachtet werden. Die Fe Kα- und Zn Kα-Verteilungsbilder lassen hier deutlich ein Loch in der Zn-Auflage erkennen.

Bei der Untersuchung der Aluminiumoxid-Schicht ist zu beachten, daß sowohl im Träger als auch im Coating Al, allerdings in unterschiedlicher Menge, enthalten ist. Dies äußert sich auch in dem in Abb. 4 gezeigten Al Kα-Verteilungsbild. Aus dem SE-Bild folgt die Dicke der Schicht zu etwa 17 μm. Auch der Al Kα-„Linescan" zeigt die verminderte Kα-Intensität im Schichtbereich, wobei

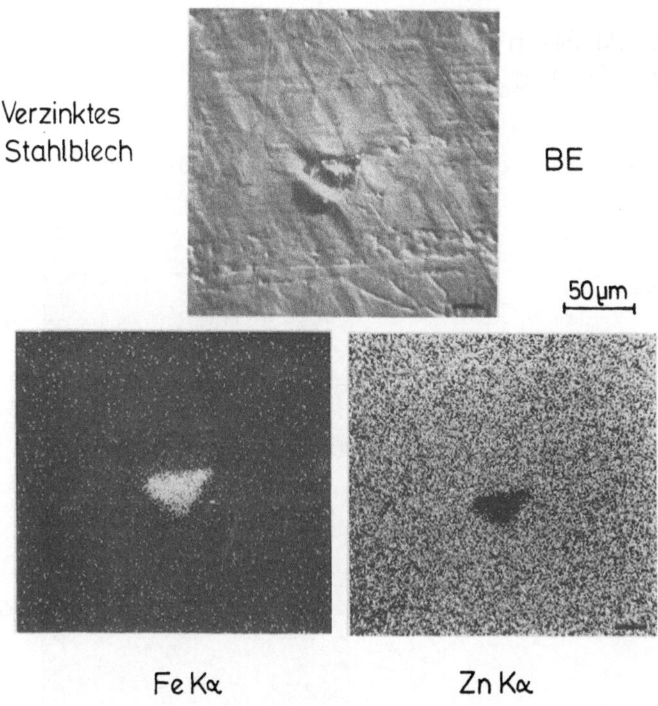

Abb. 3. Lochstelle der Zn-Auflage

die Dicke der Schicht längs der vermessenen Linie sogar noch weniger als 17 μm beträgt. Die Schicht kann nach dem SE-Bild als dicht angesprochen werden.

Wie bereits erwähnt, handelt es sich bei den Al_2O_3-Sinterkörpern um Stäbchen, so daß hier in einigen Bereichen keine geradlinige Begrenzung vorlag. Als für den Träger repräsentatives Element wurde Al und für die Schicht Ti gewählt. Die entsprechenden Ergebnisse sind aus Abb. 5 zu ersehen, wobei die Dicke des Coatings rund 22 μm beträgt und dicht ist. Die besonders im Ti Kα-Registrierdiagramm enthaltene geringe Flankenneigung ist durch den für diese Untersuchungen erforderlichen hohen Elektronenstrahlquerschnitt bedingt.

Die AlP-Preßlinge lassen sich wegen der Sprödigkeit des AlP und der Reaktionsfreudigkeit des AlP mit Wasser nicht im Schnitt untersuchen. Eine weitere Schwierigkeit bei der Probenpräparation bietet das weiche Paraffin-Coating und dessen an der Grenze des Auflösungsvermögens liegende Schichtdicke. Im Auflicht ergibt allerdings die Beobachtung der Probenoberfläche der Preßlinge nach

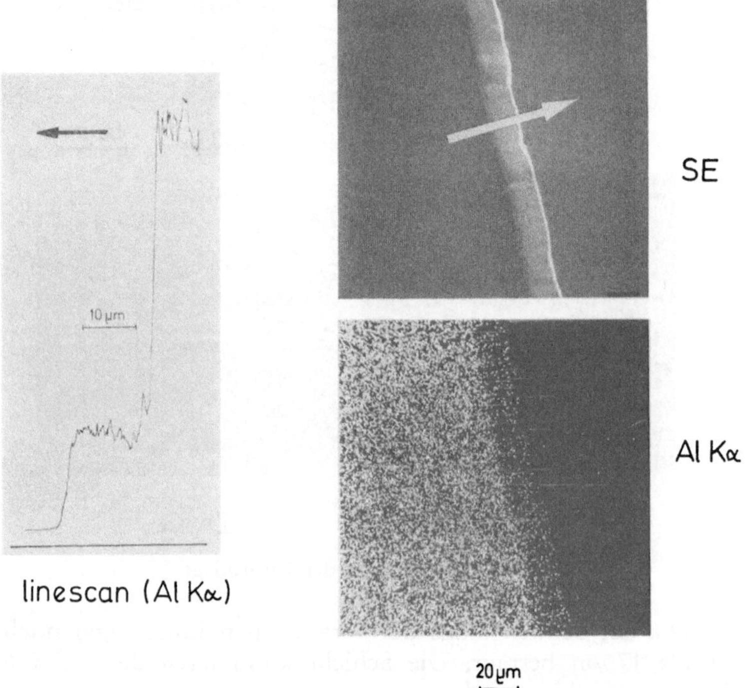

Abb. 4. Typische Ergebnisse für eine anodische Aluminiumoxid-Schicht

unterschiedlicher Auslagerungsdauer (1-Stunden-Schritte) an Luft (relative Feuchtigkeit ungefähr 50%, Temperatur 22^0 C) eine eindeutige Bestätigung für die Existenz des Coatings, wie dies Abb. 6 zeigt. Hier wird eine ausgewählte Probenstelle in verschiedenen Phasen der Auslagerung gezeigt; deutlich sind die im Coating entstehenden Risse zu erkennen. Diese haben ihre Ursache im größeren Volumen des Folgeprodukts $Al(OH)_3$, wodurch ein Quellen der Preßkörper bewirkt wird. Hinsichtlich der Dicke der Paraffinschicht ist mit Hilfe der Rasterelektronenmikroskopie keine Aussage möglich.

Röntgenfluoreszenzanalyse

Diese kann bei der Untersuchung ebener dünner Schichten über die Träger- oder die Schichtfluoreszenzstrahlung erfolgen. Der An-

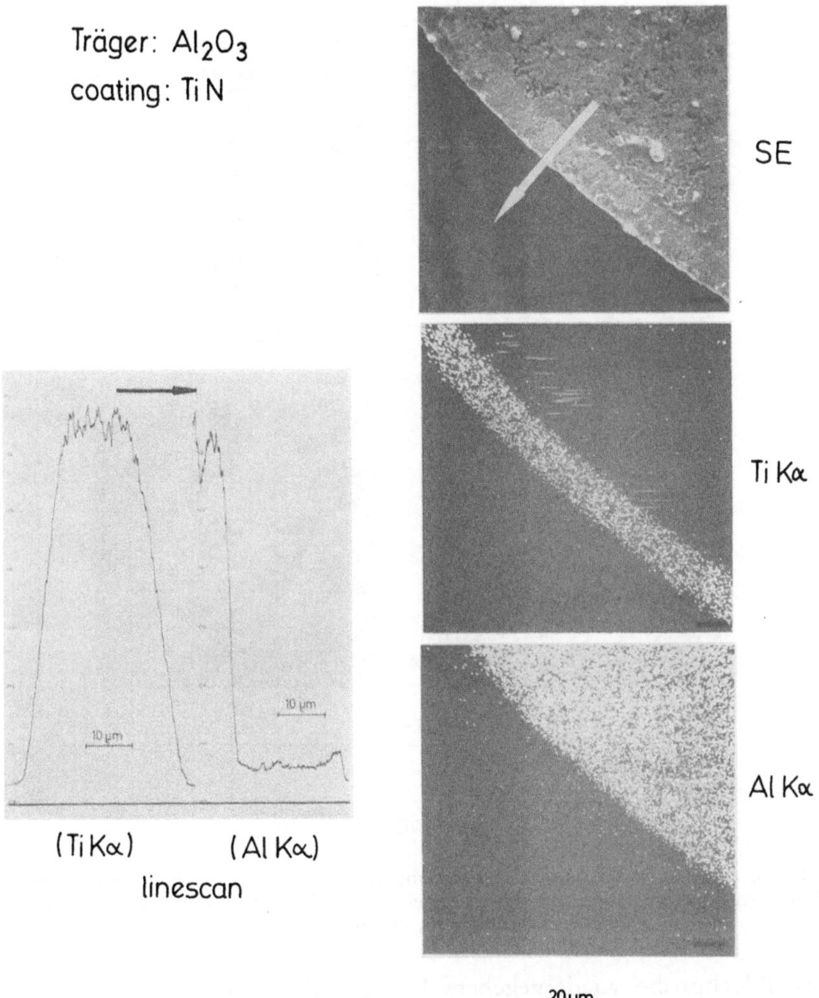

Abb. 5. Typische Ergebnisse für TiN auf Al_2O_3

wendungsbereich überstreicht Dicken von einigen hundert Å bis — abhängig von der Elementkombination — maximal 50 μm. Daher wurden bei den verzinkten Stahlblechproben sowohl die Fe Kα-

Fluoreszenzintensität des Trägers als auch die Zn Kβ-Fluoreszenzintensität zur Dickenbestimmung herangezogen. Die Messung erfolgte mit einem energiedispersiven System. In Abb. 7 sind die Fe Kα-Intensitäten der Probe und zum Vergleich die der unbeschichteten

Abb. 6. Auflichtaufnahmen der Oberfläche von AlP-Preßlingen nach unterschiedlicher Auslagerungsdauer an Luft, die eindeutig die Ausbildung von Rissen im Paraffin-Coating erkennen lassen

Stahlblechprobe wiedergegeben. Der Quotient aus den rechts oben angeführten integralen Intensitäten beträgt $r_{Fe} = 0{,}05$ und kann über die in Abb. 8 gezeigte theoretische Abhängigkeit der relativen Fe Kα-Intensität von der Dicke der Zn-Schicht einer Schichtdicke von 20 μm zugeordnet werden. Für die theoretische Berechnung ist die Primär- und die Sekundäranregung ins Kalkül zu ziehen. Weiters wurden die Massenschwächungs- und Photoabsorptionskoeffizienten den Tabellen von McMaster[1] entnommen und das weiße Spektrum durch die Kramerssche Näherung beschrieben. Die Winkel α und β betragen bei dem verwendeten Gerätetyp jeweils 22,5°.

Verzinktes Stahlblech (FeKα)

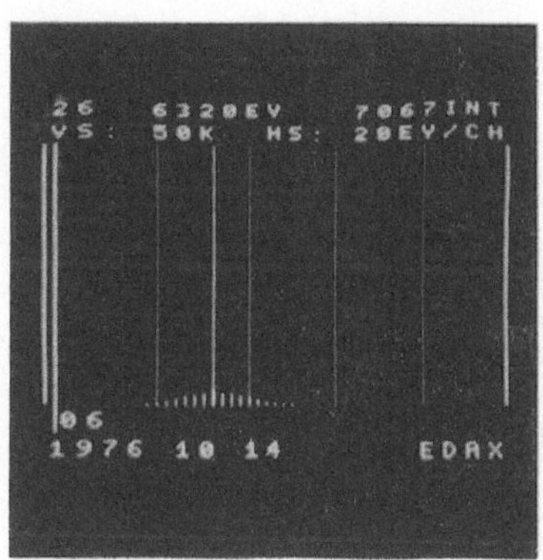

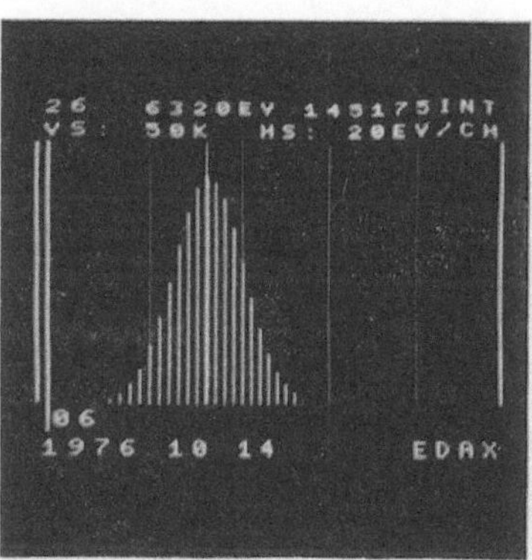

Probe r_{Fe}=0'05 Referenz

Abb. 7. Trägerfluoreszenz-Zählrate bei einer verzinkten Stahlblechprobe im Vergleich zum unbeschichteten Trägermaterial

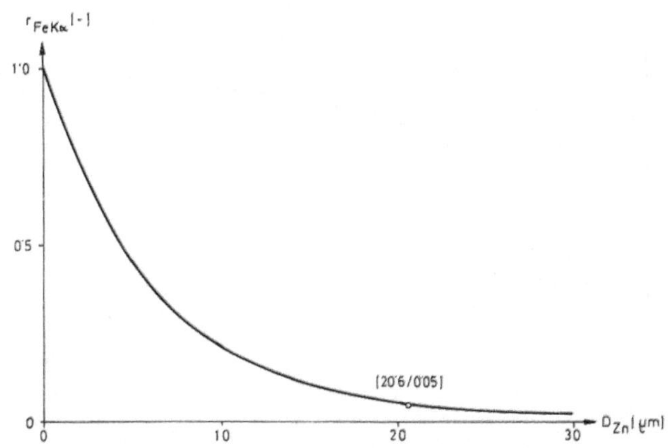

Abb. 8. Theoretischer Verlauf der relativen Fe Kα-Fluoreszenzintensität in Abhängigkeit von der Zn-Schichtdicke

Bei der Schichtfluoreszenzmethode wurde Zn Kβ-Strahlung verwendet, da im Bereich der Zn Kα-Strahlung W L-Linien zu beobachten sind. Die Abb. 9 und 10 sind analog zu den Abb. 7 und 8

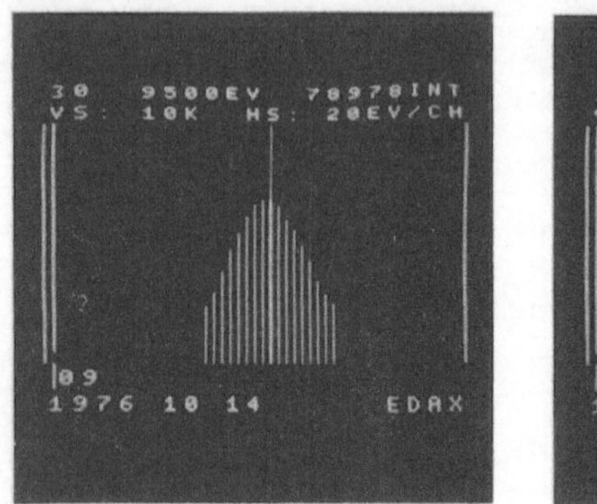

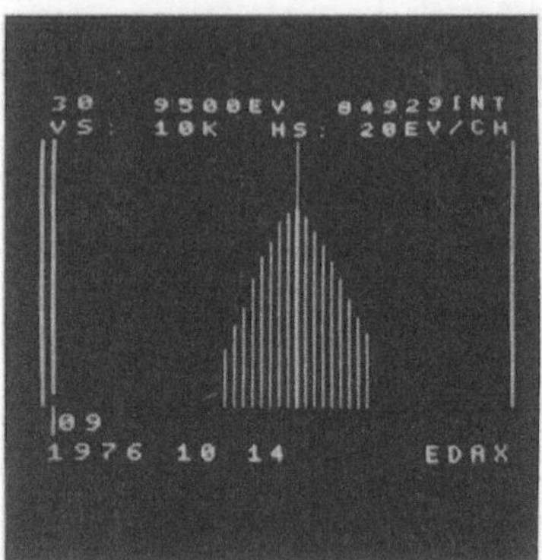

Abb. 9. Schichtfluoreszenz-Zählrate bei einer verzinkten Stahlblechprobe im Vergleich zu einem Reinzinkblech

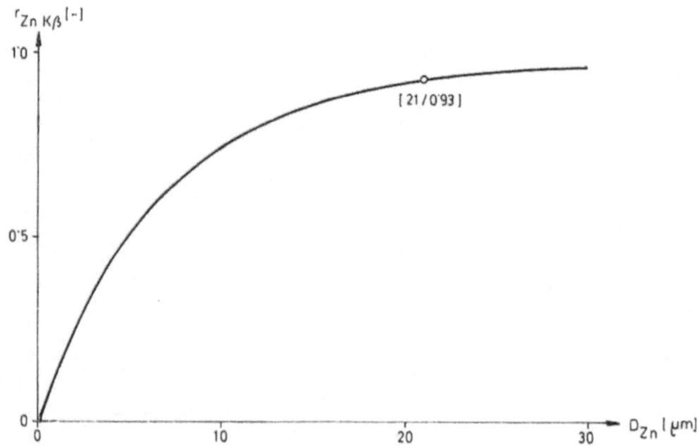

Abb. 10. Theoretischer Verlauf der relativen Zn Kβ-Fluoreszenzintensität in Abhängigkeit von der Zn-Schichtdicke

zu verstehen. Aus beiden Messungen ergibt sich naturgemäß eine mittlere Schichtdicke von rund 21 μm, wobei der theoretische Verlauf erkennen läßt, daß das Verfahren bei größeren Schichtdickenwerten hinsichtlich der Genauigkeit bereits problematisch zu werden beginnt.

Im Falle der anodischen Aluminiumoxid-Schicht tragen sowohl der Träger als auch die Schicht zur gemessenen Al Kα-Fluoreszenzintensität bei. Dieser Befund ist aus Abb. 11 zu ersehen, die den theoretischen Verlauf der relativen Al Kα-Fluoreszenzintensitäten

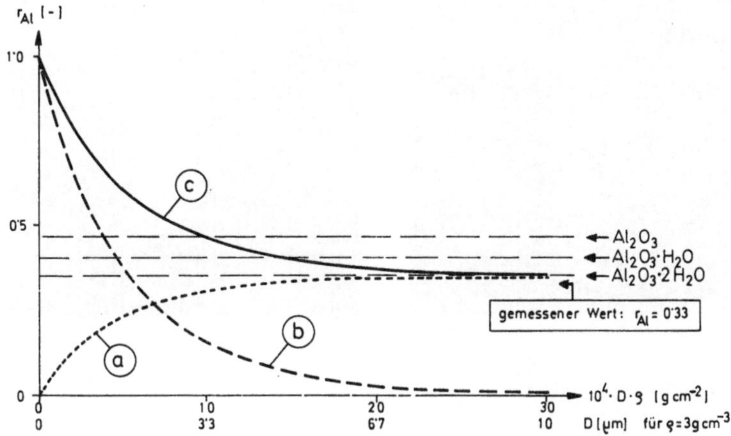

Abb. 11. Theoretischer Verlauf der relativen Al Kα-Röntgenfluoreszenzintensität einer $Al_2O_3 \cdot 2\,H_2O$-Schicht in Abhängigkeit von der Massenbelegung

a) Beitrag der Schicht, b) Beitrag des Trägers, c) Summenkurve. Außerdem sind die für dicke Schichten geltenden Grenzwerte für unterschiedliche Schichtzusammensetzung angegeben

darstellt. Hier repräsentiert die Kurve (a) den von der Schicht herrührenden Beitrag und (b) den vom Träger. Da keine schlüssigen Angaben über die Menge des Kristallwassers vorliegen, sind für dicke Schichten sich ergebende Grenzwerte für Al_2O_3, $Al_2O_3 \cdot H_2O$ und $Al_2O_3 \cdot 2H_2O$ angegeben. Die Kurven (a) und (b) mit der Summenkurve (c) gelten für $Al_2O_3 \cdot 2H_2O$, da der gemessene Wert der relativen Fluoreszenzintensität 0.33 beträgt. Außerdem kann die relative Fluoreszenzintensität, da die Dichte des Schichtmaterials ebenfalls nur näherungsweise bekannt ist, zunächst nur in Abhängigkeit von der Massenbelegung $D \cdot \varrho$ angegeben werden. Unter der Annahme einer Dichte $\varrho = 3\,g \cdot cm^{-3}$ sind darunter die entsprechenden Schichtdickenwerte eingetragen. Das Versuchsergebnis liefert zwar keine Aussage über die Schichtdicke, gibt jedoch Aufschluß über den

Wasseranteil, der auf Grund der Abb. 11 als zwischen $Al_2O_3 \cdot 2H_2O$ und $Al_2O_3 \cdot 3H_2O$ liegend anzunehmen ist. Die gemessenen Al Kα-Röntgenfluoreszenzintensitäten an anodisiertem Blech und zum Vergleich an unbeschichtetem Blech sind aus Abb. 12 zu ersehen.

Anodisiertes Al-Blech (Al Kα)

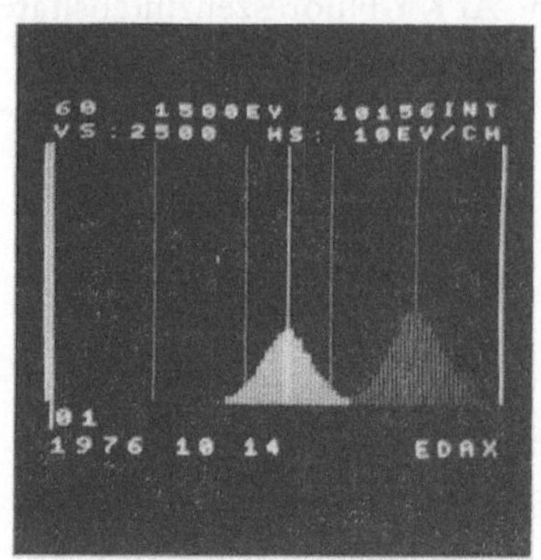

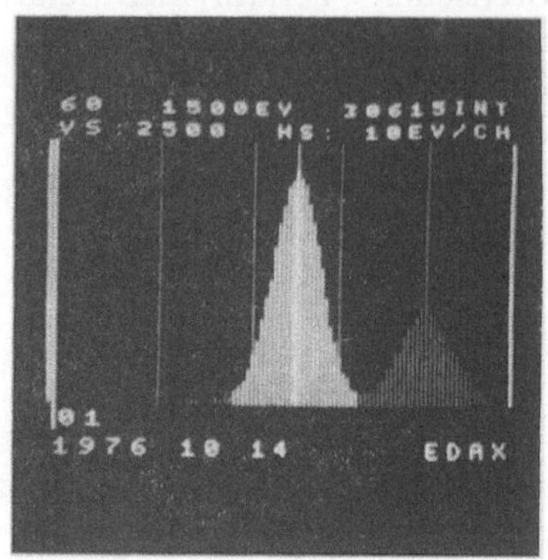

Probe $r_{Al} = 0{\cdot}33$ Referenz

Abb. 12. Gemessene Al Kα-Röntgenintensität von anodisiertem Al-Blech und blankem Al-Blech

Da die theoretischen Ansätze bei der Röntgenfluoreszenzanalyse auf ebenen Probenoberflächen aufbauen, versagt dieses Verfahren bei den beiden verbleibenden Probenarten.

Bildanalysengerät

Abb. 13 gibt mikroskopische Schnittbilder durch die ersten drei Probentypen wieder. Hinsichtlich der Präparation der AlP-Preßlinge gelten die bereits bei der Rasterelektronenmikroskopie getroffenen Feststellungen. Als Schichtdicken ergeben sich bei den ersten drei Proben vergleichbare Werte zur Rasterelektronenmikroskopie. Hier können in der Zn-Schicht keine Poren beobachtet werden, da die Tiefenschärfe des optischen Lichtmikroskops wesentlich geringer ist als jene des Rasterelektronenmikroskops. Es fällt weiter auf, daß die Schichten sicher nicht durch eine Dicke zu beschreiben sind, sondern eher durch eine Schichtdickenverteilung. Das an das Licht-

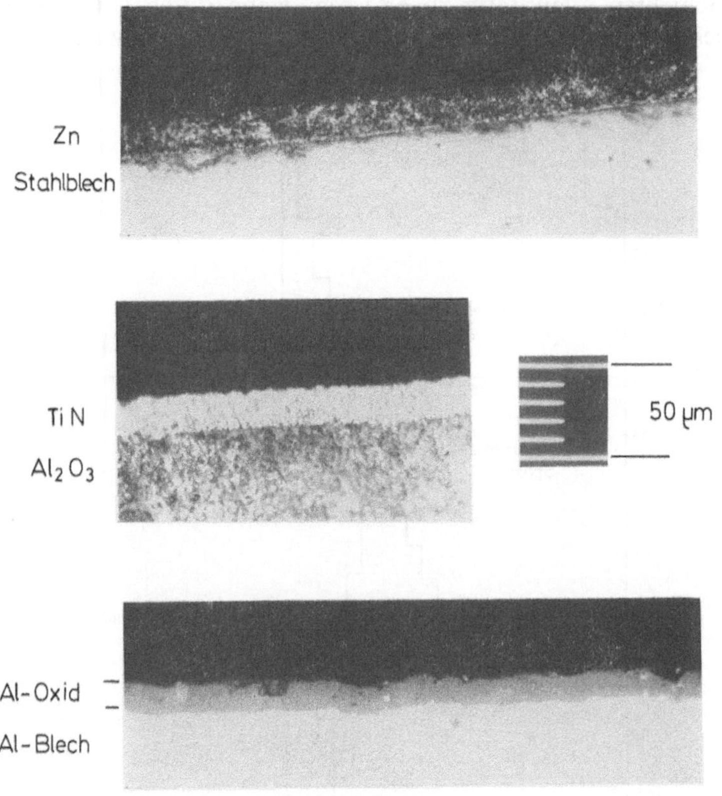

Abb. 13
Schliffbilder zur Veranschaulichung der Zn-, TiN- und Aluminiumoxid-Schichten

mikroskop angeschlossene Bildanalysengerät bietet nun die Möglichkeit, anstelle eines Schichtdickenwerts die Schichtdickenverteilung quantitativ zu erfassen. Aus Abb. 14 folgen die mit dem Bildanalysengerät gemessenen Schichtdickenverteilungen, wobei auf der Ordinate die Wahrscheinlichkeitsdichte ψ_D und auf der Abszisse die Schichtdicke D aufgetragen sind. Derartige Untersuchungen geben einen zusätzlichen Einblick in den Realbau von Schichten. Die Mittelwerte stimmen sehr gut mit den nach anderen Methoden gefundenen Schichtdickenwerten überein.

Röntgenphotoelektronenspektrometrie

Die geringe Informationstiefe dieses Verfahrens (etwa 5 nm) hat zur Folge, daß nur die an der Oberfläche vorhandenen Elemente zum Nachweis gelangen. Damit ist es möglich, die Dicke sehr dünner Schichten quantitativ zu erfassen, wenn durch einen Argonionenbeschuß systematisch die Oberfläche abgetragen wird. Im Falle

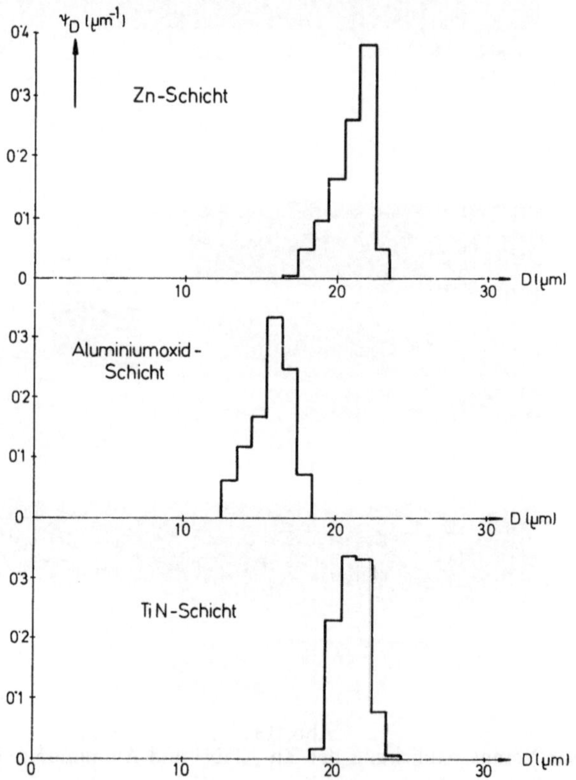

Abb. 14. Schichtdickenverteilung der Zn-, Aluminiumoxid- und TiN-Schichten, ausgedrückt durch die Wahrscheinlichkeitsdichte

dicker Schichten würde dieser Abtrag extrem lange Meßzeiten bedingen, weshalb dieses Verfahren sinnvoll nur auf Dicken von einigen hundert nm anzuwenden ist. Somit scheiden die ersten drei Proben aus und im Falle der AlP-Preßkörper kann das in Abb. 15 gezeigte Modell zur Veranschaulichung der Verhältnisse herangezogen werden. Die AlP-Körner sind von einem unregelmäßigen Paraffin-Coating umgeben; die erste Messung zeigt die Elementverteilung an der Oberfläche. Wird nun durch Argonionenbeschuß eine dünne Schicht abgetragen und die XPS-Untersuchung wieder-

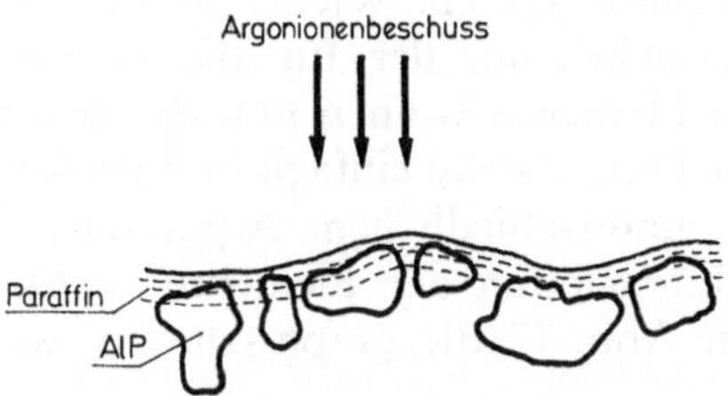

Abb. 15. Modellvorstellung der Verhältnisse für Preßkörper aus mit Paraffin vermengten AlP-Körnern

holt, so zeigt sie — abgesehen von selektivem Abtrag — die Elementverteilung an der neuen Oberfläche. Trägt man wieder ab, so

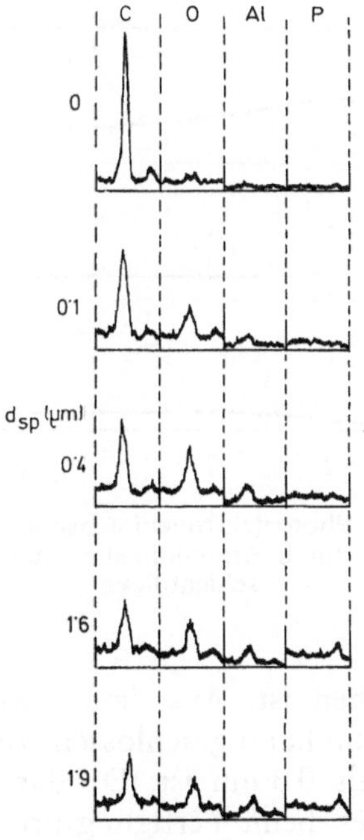

Abb. 16
Röntgenphotoelektronenspektren nach unterschiedlichem Argonionenabtrag

gelangt man schließlich bis zu den AlP-Körnern. Zunächst ist für die Kontamination und das Coating Kohlenstoff repräsentativ. Für die äußerste Hülle der AlP-Körner sind dies Aluminium und Sauerstoff, da die Körner an der Oberfläche bereits zu $Al(OH)_3$ reagiert haben. Für die eigentlichen AlP-Körner sind schließlich die Elemente Aluminium und Phosphor typisch. Wieder in Verbindung mit Abb. 15 und unter Berücksichtigung der für die einzelnen Komponenten charakteristischen Elemente können nun die in den Abb. 16 und 17 gefundenen Versuchsergebnisse einfach interpretiert werden. In Abb. 16 sind die nach unterschiedlichem Argonionenabtrag gemessenen Photoelektronen-Intensitäten der Elemente C, O, Al und P dargestellt, während in Abb. 17 die graphische Auswertung dieser Ver-

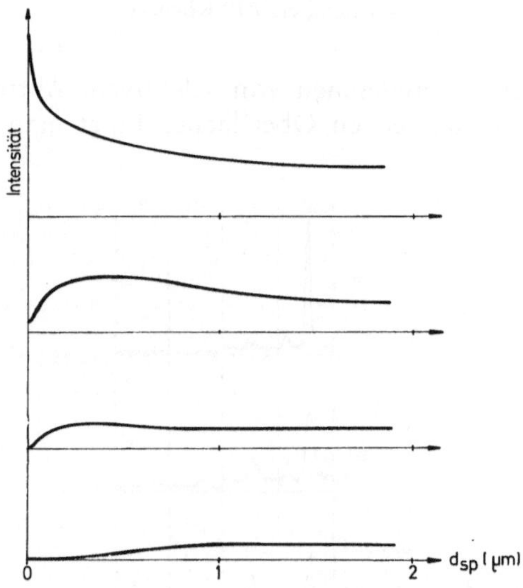

Abb. 17. Abhängigkeit der Photoelektronenintensität der Elemente C, O, Al und P in Abhängigkeit von der durch Argonionenbeschuß abgetragenen Oberflächenschichtdicke

suchsreihe wiedergegeben ist. Aus dem erstmaligen Auftreten des P-Signals bei rund 0,3 μm kann geschlossen werden, daß die Paraffin-Coatingdicke kleiner als 0,3 μm ist. Da das $Al(OH)_3$ extrem feinkörnig auftritt, wird es beim Fertigungsprozeß teilweise von den AlP-Körnern abgetragen und in die Paraffinschicht eingemischt. Somit sind die Dickenwerte d_{sp}, bei denen ausgehend von $d_{sp}=0$ die Al- und O-Signale einen annähernd konstanten Wert annehmen (das ist bei etwa 0,1 μm der Fall), als untere Grenze der Dicke des Paraffin-Coatings anzunehmen. Unter Berücksichtigung der dem

AlP beigemengten Paraffinmenge und der AlP-Korngröße kann die Paraffin-Schichtdicke abgeschätzt werden und führt zu einem mit den XPS-Messungen in gutem Einklang stehenden Ergebnis.

Schlußfolgerungen

Aus Tabelle 2 sind die Einsatzmöglichkeiten der verschiedenen Verfahren für die vier unterschiedlichen Proben ersichtlich. „Plus“ symbolisiert eine vollwertige Aussage, während „Minus“ das Fehlen einer Aussagemöglichkeit angibt. In den beiden Fällen wo „Plus“ und „Minus“ eingetragen sind, gilt bei der Röntgenfluoreszenzanalyse

Tabelle 2. Einsatzmöglichkeiten der behandelten Untersuchungsmethoden

	Zn Stahlblech	Al-Oxid Al-Blech	TiN Al_2O_3	Paraffin AlP	Coating Träger
SEM	+	+	+	+ −	
XRFA	+	+ −	−	−	
BA	+	+	+	−	
XPS	−	−	−	+	

das Plus-Zeichen für die Information über die Zusammensetzung der Schicht und das Minus-Zeichen für die Unmöglichkeit einer Aussage über die Schichtdicke, zumindest bei größeren Aluminiumoxid-Dicken. Das Rasterelektronenmikroskop in Verbindung mit den AlP-Preßlingen gibt keine Auskunft über die Dicke des Coatings, sondern nur, daß eine solche tatsächlich existiert. Die bei der Röntgenphotoelektronenspektroskopie mit „Minus“ eingetragenen Felder können dann auch mit einem Plus-Zeichen versehen werden, wenn als Fragestellung beispielsweise nur die äußerste Oberfläche der Schicht von Interesse ist.

Anerkennung

Das Röntgenphotoelektronenspektrometer wurde aus Mitteln des Fonds zur Förderung der wissenschaftlichen Forschung (Projekt Nr. 1567) angeschafft.

Zusammenfassung

Die physikalischen Verfahren SEM, XRFA, BA und XPS wurden auf verzinktes Stahlblech, anodisiertes Aluminium, mit TiN beschichtetes Al_2O_3 und mit Paraffin gecoatetes AlP angewandt. Die

Aussagen wurden hinsichtlich Schichtdicke, Schichtdickenverteilung und Realbau der Schicht erörtert. Zusätzlich wurden die durch die Schichtdicke und die Gestalt der Proben gegebenen Grenzen der Verfahren aufgezeigt.

Summary

Investigations of Coatings by Means of Modern Physical Methods

The physical methods of SEM, XRFA, BA and XPS are applied to steel coated with Zn, anodized aluminium, Al_2O_3 coated with TiN and AlP coated with paraffin. The experiments provide informations on coating thickness, thickness distributions and the real structure of coatings. Besides the limits of the methods are discussed.

Literatur

[1] McMaster, W. H., et al., Compilation of X-ray Cross-Sections, Clearinghouse U. S. Department of Commerce, Springfield, Virginia (1969).

Korrespondenz und Sonderdrucke: Dr. Maria F. Ebel, Institut für Technische Physik der Technischen Universität Wien, Karlsplatz 13, A-1040 Wien, Österreich.

Mikrochimica Acta [Wien], Suppl. 7, 171—184

MIKROCHIMICA
ACTA

Aus dem Ingenieur-Bereich Angewandte Physik der Bayer AG, Leverkusen

Untersuchung dünner Schichten im Rasterelektronenmikroskop*

Von

R. Holm und **S. Storp**

Mit 8 Abbildungen

(Eingegangen am 27. Oktober 1976)

1. Untersuchungen mit dem energiedispersiven Röntgenspektrometer am REM

Butz und Wagner[1] sowie Hantsche und Koschnick[2] haben gezeigt, daß die Empfindlichkeit einer Mikrosonde mit Kristallspektrometern, aber auch eines Rasterelektronenmikroskops (REM) mit energiedispersivem Röntgenspektrometer ausreicht, um dünne Oberflächenschichten bis in den Monolagenbereich nachzuweisen. Man muß dabei jedoch voraussetzen, daß der Schichtaufbau bekannt ist, denn normalerweise kann ein Elektronenstrahlröntgenmikroanalysator nicht zwischen einer Anreicherung eines Elementes an der Oberfläche oder seiner homogenen Verteilung im erfaßten Tiefenbereich (ca. 10000 Å) unterscheiden. Dienwiebel, Fuchs und Hachtel[3] wiesen darauf hin, daß eine derartige Unterscheidung mit den Mitteln der Elektronenstrahlröntgenmikroanalyse durch Kippexperimente möglich wird. Dies ist darauf zurückzuführen, daß bei zunehmendem Neigungswinkel der Probe (bis hin zu streifendem Einfall) der Schwerpunkt der Anregung näher zur Probenoberfläche hin verlegt wird. Die Autoren berichten von Intensitätssteigerungen bis zu 100%. Solche Kippexperimente sind einer einfachen Variation

---

* Vortrag anläßlich des 8. Kolloquiums über metallkundliche Analyse mit besonderer Berücksichtigung der Elektronen- und Ionenstrahl-Mikroanalyse, Wien, 27. bis 29. Oktober 1976.

der Primärstrahlspannung vorzuziehen, da sich die Anregungswahrscheinlichkeiten für die einzelnen Elemente nicht ändern.

Als Beispiel seien einige Messungen an einer ca. 1000 Å dicken Cr-Schicht auf einer Ni-Unterlage betrachtet. Eine Verminderung der Primärstrahlspannung von 30 kV auf 20 kV (Abb. 1) ergibt eine deutliche Erhöhung der Cr-Intensität gegenüber Ni. Eine weitere Herabsetzung der Primärstrahlspannung auf 10 kV würde kein eindeutiges Resultat liefern, da dann die Anregungswahrscheinlichkeit für Ni erheblich stärker abnimmt als für Cr. Durch Kippen der

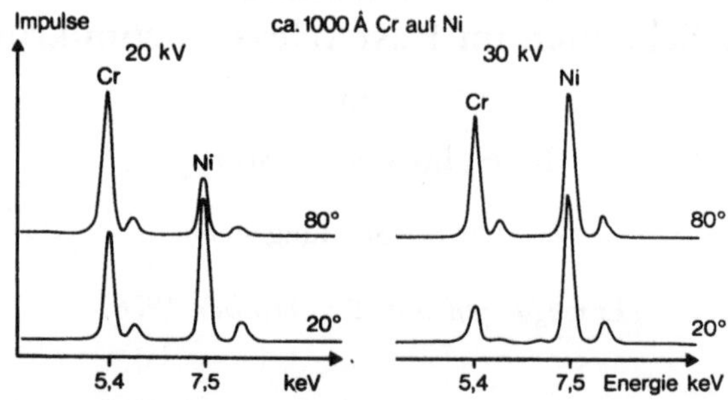

Abb. 1. Röntgenmikroanalyse einer galvanisch abgeschiedenen Cr-Schicht auf Ni (ca. 1000 Å) bei verschiedenen Primärstrahlspannungen und Neigungswinkeln

Probe bis hin zum streifenden Einfall der Primärelektronen erhält man ebenfalls eine starke Intensitätszunahme der Cr-Linien. Dies ist bei 20 kV Primärstrahlspannung besonders deutlich (Abb. 1 links oben).

Das Beispiel zeigt, daß durch Kippexperimente im REM innerhalb des Bereiches der Eindringtiefe der Primärelektronen differenziert werden kann und das Erkennen von Oberflächenschichten möglich ist. Die Anwendungsmöglichkeiten dieser Verfahren sind jedoch im wesentlichen auf Schichten begrenzt, die dicker sind als 500 Å. Bei dünneren Schichten treten deutliche Intensitätssteigerungen erst bei Übergang zu streifendem Einfall auf (Intensitätssteigerungen bei kleineren Neigungswinkeln z. B. von 0 bis 50^0 haben nichts mit Oberflächeneffekten zu tun, sondern sind auf geometrieabhängige Absorption besonders der weichen Röntgenstrahlen zurückzuführen). Hier sind Mikroanalysen nur noch dann sinnvoll durchzuführen, wenn hinreichend große ebene Flächen zur Verfügung stehen, d. h. praktisch nur an polierten Proben. Der Auftreffbereich des Elektronenstrahls wird stark verzerrt. Die große Zahl der reflektierten Elektronen darf weder in anderen Bereichen der

Probe noch an anderen Stellen der Probenkammer Röntgenstrahlen auslösen. Schließlich ist die erfaßte Schichtdicke immer noch groß gegenüber der Dicke der Oberflächenschicht, so daß im energiedis-

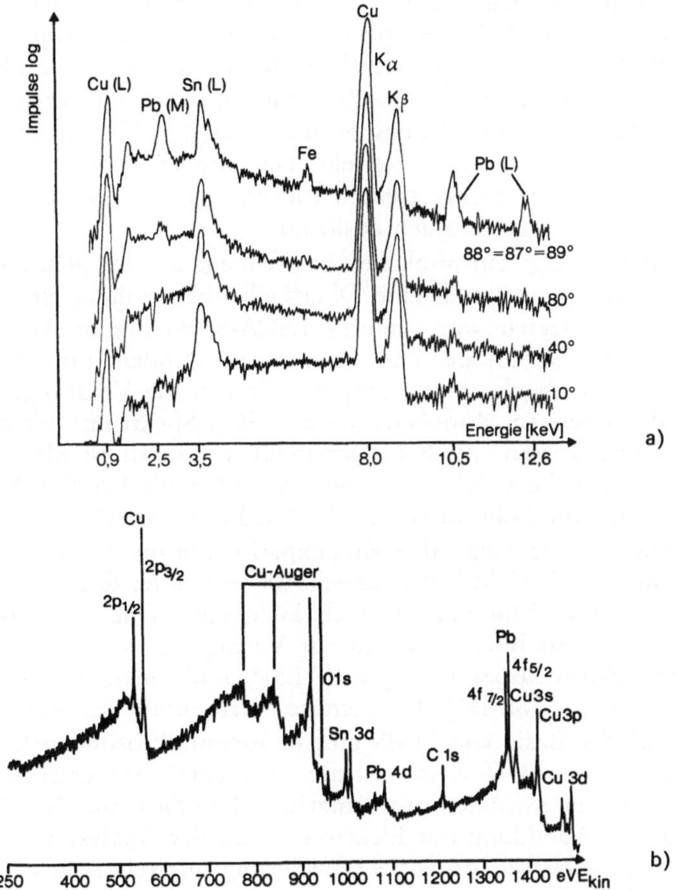

Abb. 2. Pb-Anreicherung auf einer Bronze (G Sn Bz 12)
a) Kippexperimente bei Röntgenmikroanalyse; b) ESCA-Übersichtsspektrum

persiven Spektrum die Linien der Elemente des Substrats nach wie vor dominieren. Man kann davon ausgehen, daß der Streubereich der Primärelektronen bei streifendem Einfall gegenüber senkrechtem Einfall etwa halbiert wird, d. h. es werden immer noch Röntgenstrahlen aus einer Tiefe von 1000—5000 Å emittiert.

Wirkungsweise und Grenzen des Verfahrens sollen an einem Beispiel aus der Praxis aufgezeigt werden, bei dem eine Oberflächenanalyse mit elektronenspektroskopischen Methoden (ESCA[4], erfaßte Schichtdicke maximal 100 Å[5,6]) vorliegt[7]. Abb. 2a zeigt eine Folge von energiedispersiven Röntgenspektren bei unterschiedlichem Neigungswinkel von einer polierten Bronzeprobe. Der Pb-Gehalt der Legierung ist kleiner 0,5%, Pb hat sich jedoch in der Oberfläche angereichert (vgl. ESCA-Spektrum Abb. 2b). Beim Kippexperiment im REM zeigt sich eine deutliche Intensitätssteigerung aller Pb-Linien im Winkelbereich 80—89°. Die schon bei kleineren Neigungswinkeln auftretende Intensitätszunahme der Pb(M)-Linie ist ausschließlich ein Absorptionseffekt. Das Auftreten der schwachen Fe-Linie rührt von rückgestreuten Elektronen her, die an der Probenhalterung Röntgenstrahlen auslösten.

Abb. 3 zeigt ein ähnliches Experiment an der gleichen Bronze-Probe, nachdem durch eine Oberflächenbehandlung eine Sn-Verarmung eingetreten war (unteres ESCA-Spektrum in Abb. 3a). Die Intensitätszunahme der Pb-Linien bei streifendem Einfall (Abb. 3b) wird wieder beobachtet, dagegen läßt sich die Verdrängung des Sn aus den obersten Monolagen (siehe ESCA-Spektrum) mit dem REM nicht nachweisen. Auch bei streifendem Einfall ist also die Informationstiefe beim REM wesentlich größer als bei ESCA. Dies erklärt auch die hohe Intensität der Cu-Linien in Abb. 2 und 3.

Das Beispiel zeigt, daß Kippexperimente im REM nur anwendbar sind im Schichtdickenbereich 100—1000 Å; das Verfahren versagt jedoch im Monolagenbereich. Hier stehen eine Reihe von makroskopischen Analysenmethoden zur Verfügung, von denen ESCA[4,5], Augerelektronenspektroskopie (AES)[8] und Sekundärionenmassenspektroskopie (SIMS)[9] die weiteste Verbreitung gefunden haben[10].

Auf der Basis von SIMS gibt es Ionenmikrosonden[11]. Auch die Kombination SIMS-REM wurde versucht[12], sie erscheint jedoch aus mehreren Gründen problematisch: Es gibt keine Kopplung zwischen der Abbildung mit Elektronen und der Analyse mit Ionen, so daß man auch bei sorgfältiger Justierung nur relativ große Bereiche sinnvoll untersuchen kann. In einem normalen REM sind die Vakuumbedingungen für statische SIMS zu schlecht. Bei dynamischer SIMS ist die Abtragrate hoch und es treten die bekannten Artefakte wie ioneninduzierte Reaktionen, selektive Zerstäubung in den Vordergrund[13,14].

2. Auger-Mikroanalyse

Von den elektronenspektroskopischen Verfahren kommt als Mikromethode z. Zt. nur AES in Frage, da sich Röntgenstrahlen nicht bündeln lassen, das PhEEM nur eine Materialdifferenzierung[15], aber keine Analyse erlaubt und andere Röntgenphotoelektronen-emissions-Elektronenmikroskope[11] z. Zt. aus Intensitätsgründen in-

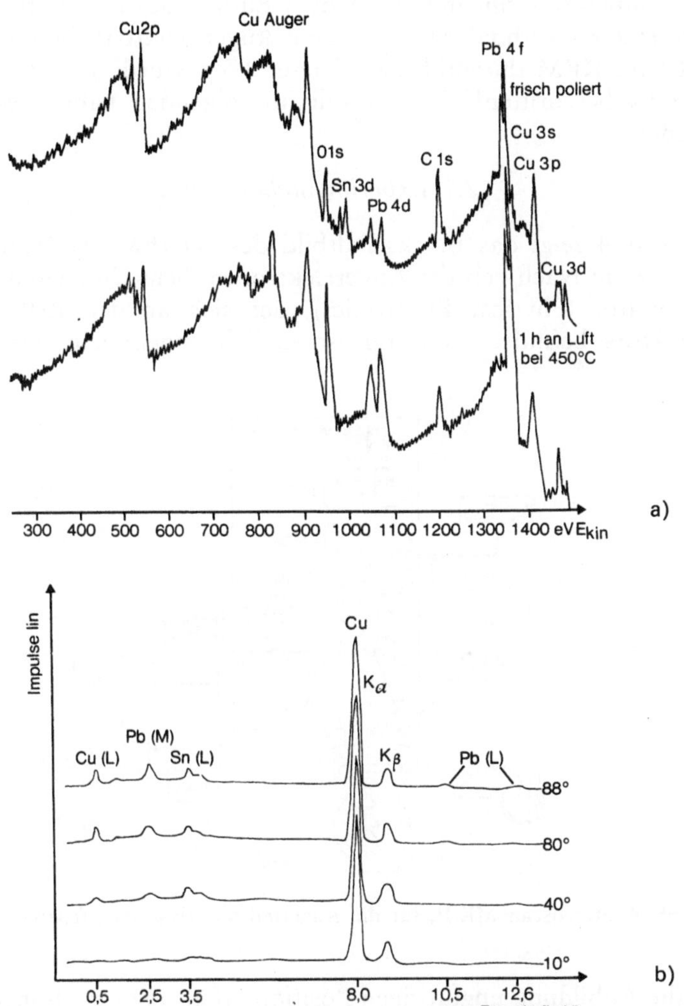

Abb. 3. Pb-Anreicherung und Sn-Verarmung auf einer Bronze (G Sn Bz 12)
a) ESCA-Übersichtsspektren; b) Kippexperimente bei Röntgenmikroanalyse

diskutabel sind. Die Kombination eines REM mit einem Auger-spektrometer ist für die industrielle Praxis besonders attraktiv.

Die Hauptschwierigkeit liegt in der Überwindung des Kontaminationsproblems. Ein mehrfach beschrittener Weg ist, das REM zu einem UHV-Gerät auszubauen[16]. Jedoch ist die Kontamination der Probe durch Kontakt mit Laborluft oder Restgas (in der Regel nicht mehr als 2—3 Monolagen) zu trennen vom Aufwachsen von Kontaminationsschichten unter dem Einfluß des Primärstrahls. Läßt sich letzteres verhindern, so ist eine Auger-Mikroanalyse auch ohne UHV im REM durchführbar. Dieser Weg wurde zuerst von E. K. Brandis beschritten[17,18] und soll im folgenden näher beschrieben werden.

2.1 *Experimenteller Aufbau*

Abb. 4 zeigt das Blockschaltbild des bei IBM verwendeten Gerätes. Zum Nachweis der Augerelektronen dient ein Zylinderspiegel-Analysator (Physical Electronics), der sich an der Stelle des SE-Detektors befindet. Letzterer ist seitlich angebracht. Trotz dieser

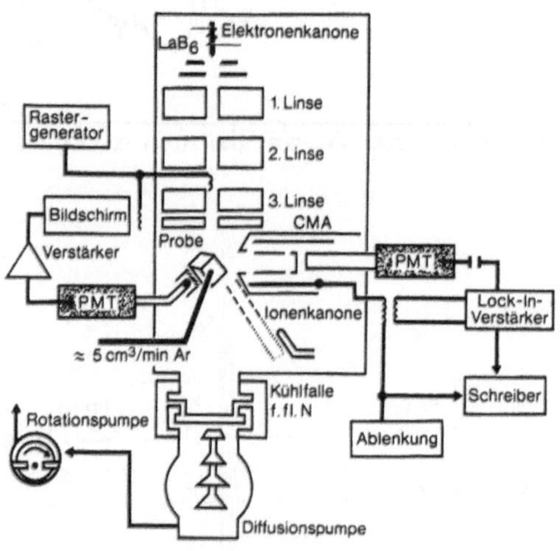

Abb. 4. Stereoscan MK II, für die Augermikroanalyse modifiziert von IBM

für die Abbildung ungünstigen Position erhält man bei hohen Strahlströmen noch hinreichend gute Bilder. Diese Anordnung gestattet die Bewegung der stark gekippten Probe (ca. 60^0) in y-Richtung, ohne daß sie den Fokus des Zylinderspiegelanalysators verläßt. Zur Abtragung von Kontaminationsschichten dient eine Ar^+-Kanone. Sie überstreicht mehr als den vom Analysator erfaßten Probenbereich, so daß auch Tiefenprofile aufgenommen werden können. Während des Ionenbeschusses ist eine Augeranalyse möglich, eine Abbildung dagegen nicht. Über dem Augeranalysator ist eine Kapillare angebracht, durch die Ar-Gas auf die Probe strömt (Verbrauch ca. 5 cm^3/min, Gasdruck im Probenraum ca. 10^{-4} Torr). Da der Partialdruck von Kohlenwasserstoffen im verwendeten Ar sehr niedrig ist, läßt sich so das Aufwachsen von Kontaminationsschichten auf der Probe auch bei intensivem Elektronenbeschuß vermeiden. Diese einfache Antikontaminationseinrichtung[19, 20] ermöglicht es, auch in einem nur mit Diffusionspumpen ausgerüsteten REM Auger-Mikroanalysen auszuführen. Um hohe Primärstrahlstöme (10^{-7} A) bei gleichzeitiger Bündelung zu erhalten, ist das verwendete REM mit einer LaB_6-Kathode ausgerüstet.

2.2 Vorteile der Augermikroanalyse

Der Augereffekt und seine Anwendungen sind bekannt. Nur einige Punkte sollen hervorgehoben werden, die im Vergleich zur Röntgenmikroanalyse wesentlich sind[21].

Nimmt ein Atom bei einer primären Ionisierung einen Energiebetrag von weniger als 2 keV auf, so wird es vorzugsweise über den Augereffekt relaxieren. Daraus folgt, mit AES lassen sich alle Elemente, leichte und schwere (außer H und He, die nur eine Elektronenschale haben) mit nahezu gleicher Empfindlichkeit nachweisen.

An der Emission von Augerelektronen sind drei Energieniveaus beteiligt. Deshalb treten im Spektrum Veränderungen in Abhängigkeit vom Bindungszustand der nachgewiesenen Atome auf, besonders bei niederenergetischen Elektronen, die aus dem Valenz- bzw. Leitungsband stammen.

Auch bei hochenergetischen Übergängen beobachtet man Änderungen der Linienform und der Struktur der Liniengruppen (Abb. 5). Das obere Spektrum[22] von Si in Abb. 5 kann nur in einer UHV-Apparatur aufgenommen werden. Das mittlere Spektrum gibt den Fall einer frisch mit HF behandelten und nur kurzzeitig an Luft gelagerten Si-Probe wieder, wie es im REM aufgenommen wurde; es unterscheidet sich von einer SiO_2-Schicht, die dicker als 100 Å ist (Abb. 5 unten).

Die mittlere Austrittstiefe[6] der Augerelektronen beträgt je nach ihrer kinetischen Energie 5—30 Å, d. h. die von der Analyse erfaßte Oberflächenschicht ist 10—100 Å dick. Eine Kontaminationsschicht von wenigen Monolagen kostet zwar Intensität, verhindert jedoch nicht die Analyse, besonders wenn hochenergetische Linien betrachtet werden. Eine zerstörungsfreie Gewinnung von Tiefeninformation auf Grund des unterschiedlichen Verhaltens von Linien des gleichen Elementes bei niedriger und hoher kinetischer Energie ist wie bei ESCA möglich[6, 21].

Wegen der geringen Austrittstiefe der Augerelektronen wird der Durchmesser des Primärelektronenstrahls zum limitierenden Faktor beim räumlichen Auflösungsvermögen im Elementverteilungsbild. Es sollte das gleiche Auflösungsvermögen wie im Bild der rückgestreuten Elektronen erreichbar sein, vorausgesetzt, die Nachweis-

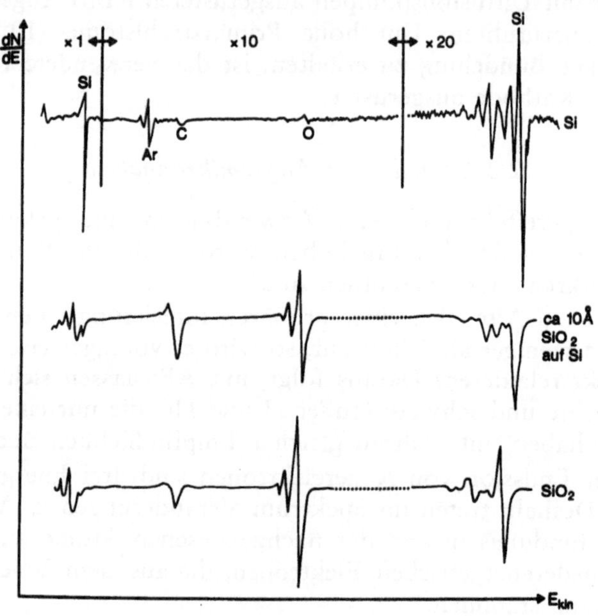

Abb. 5. Chemische Effekte in Auger-Spektren

empfindlichkeit des Spektrometers ist ausreichend, um auch bei niedrigen Primärstrahlströmen noch Analysen durchzuführen.

2.3 *Beispiele*

Das Spektrum eines an Luft polierten und an Luft mehrere Tage gelagerten Fe-Bleches zeigt, daß die Aufnahme von Augerspektren mit der in Abb. 4 beschriebenen Apparatur leicht gelingt (Abb. 6). Das C-Signal rührt von der stets vorhandenen Kontaminationsschicht her, die aber nur wenige Monolagen dick ist. Ein Aufwachsen von Kontaminationsschichten unter dem Elektronenstrahl wird durch die Spülung mit Ar verhindert. Bei hinreichend intensivem Elektronenbeschuß läßt sich sogar eine Desorption der Kohlenwasserstoffe beobachten. Die niederenergetische Fe-Linie (47 eV) erscheint in diesem Spektrum nicht (oder wird nur bei höherer Verstärkung sichtbar). Dies liegt einmal daran, daß die Austrittstiefe dieser Augerelektronen kaum größer als die Dicke der Kontaminationsschicht ist. Außerdem geht durch die Spülung mit Ar ein Teil der Auger-

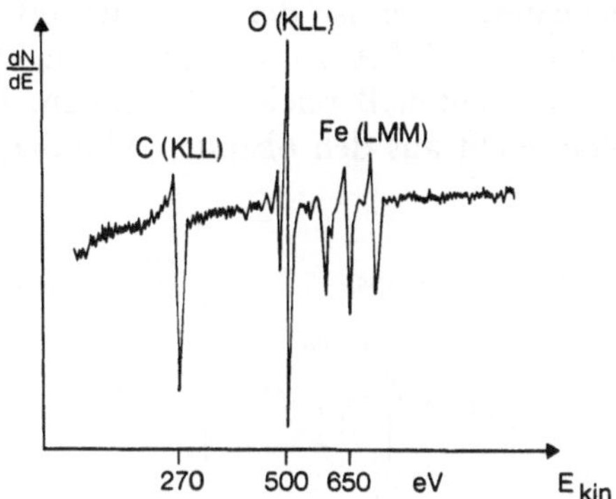

Abb. 6. Auger-Spektrum einer an Luft gelagerten Fe-Probe, aufgenommen im REM

elektronen verloren, was im niederenergetischen Bereich bis zu 20% ausmachen kann. Der Nachweis der hochenergetischen Augerelektronen wird dadurch jedoch kaum beeinflußt.

Mit hinreichend intensiven Linien lassen sich Linescans und Elementverteilungsbilder aufnehmen. Es werden nicht nur Hell-Dunkel-Zeichnungen, sondern auch Grautöne wiedergegeben (näheres siehe [18]).

Abb. 7 zeigt Vergleichsmessungen mit einem Augerspektrometer und einem energiedispersiven Röntgenspektrometer an einer Emailprobe[7,18]. Es lassen sich daran eine Reihe von Punkten aufzeigen:

Die Elemente B, O, F treten nur im Augerspektrum auf. In Bezug auf Ba und Ni ist die energiedispersive Röntgenmikroanalyse empfindlicher. Bei einem Vergleich ist jedoch zu bedenken, daß die Information des Augerspektrums aus einer viel dünneren Schicht stammt, daß also eine viel geringere Anzahl von Atomen dazu beigetragen hat.

Überlagerungen von Linien können bei jedem Analysenverfahren auftreten. In unserem Falle ist z. B. F neben viel Fe nicht nachweisbar. Auch die Anzeige für B ist nur eindeutig, wenn man beweisen kann, daß kein Cl vorhanden ist.

Bei isolierenden Proben ist mit Aufladungserscheinungen zu rechnen. Ist die Aufladung während der Meßzeit konstant, so ergibt sich eine Verschiebung des gesamten Spektrums, die an Hand eines bekannten Elements leicht gemessen werden kann. Anderenfalls ist die Primärstrahlspannung so weit zu erniedrigen, bis sich ein Gleichgewicht einstellt. Dies bedeutet u. U. einen Verlust an räumlichem Auflösungsvermögen. Die Messungen an der Emailprobe zeigen, daß auch Isolatoren einer Auger-Mikroanalyse zugänglich sind. Eine Aufladung wurde vermieden, indem man bei etwa 3 kV Primärstrahlspannung arbeitete; hier ist der SE-Emissionskoeffizient ≈ 1.

Bei Strahlströmen $> 10^{-8}$ A ist mit gewissen chemischen Veränderungen der untersuchten Bereiche zu rechnen. Besonders Alkalien und F dampfen leicht aus den obersten Monolagen ab. Deshalb

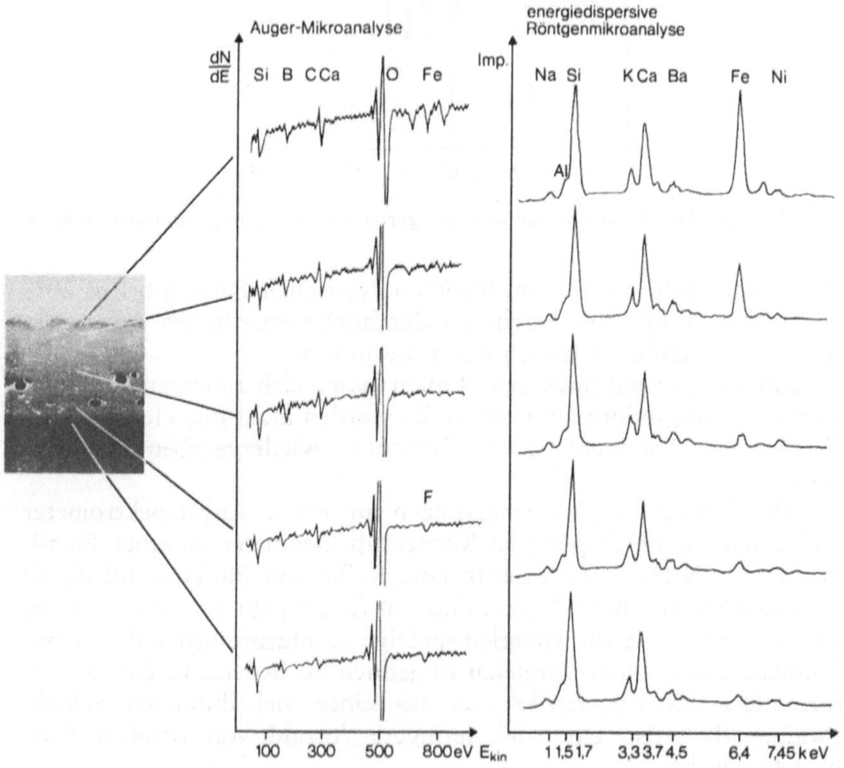

Abb. 7. Auger- und Röntgenmikroanalyse an einer Emailprobe

treten Na und K wohl im Röntgenspektrum, aber nicht im Augerspektrum auf. Aus diesen Gründen ist an eine Untersuchung von Kunststoffen erst zu denken, wenn eine empfindlichere Nachweiselektronik eine Anregung mit Primärstrahlströmen von weniger als 10^{-11} A gestattet.

Weiterhin eröffnet die Augermikroanalyse neue Möglichkeiten bei der Aufnahme von Tiefenprofilen. Normalerweise geschieht dies durch Ionenbeschuß, obwohl man weiß, daß in ungünstigen Fällen grobe Fehler auftreten können[13]. Es wird stets günstig sein, über einen kleinen Brennfleck zu verfügen, denn je kleiner der vom Primärelektronenstrahl getroffene Bereich ist, um so weniger braucht man Randeffekte zu befürchten. Bei Schichtdicken von mehr als

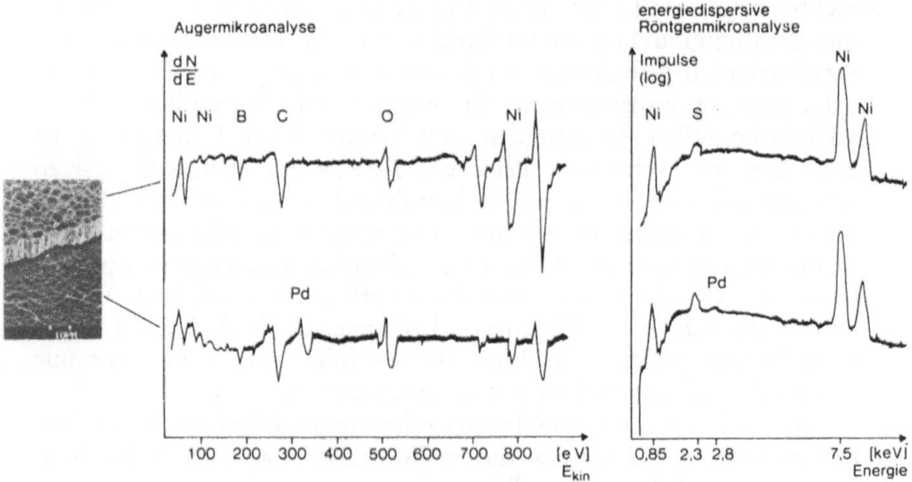

Abb. 8. Auger- und Röntgenmikroanalyse an einer Ni-Abscheidung

1000 Å werden die Schwierigkeiten beim Abbau durch Ionenbeschuß jedoch sehr groß; Randeffekte, unterschiedliche Zerstäubungsraten für verschiedene Komponenten und inhomogene Intensitätsverteilung im Ionenstrahl verfälschen das Ergebnis. Die Augermikroanalyse gestattet als Alternative die Untersuchung schräger Anschliffe (10^0 und weniger gegenüber der Probenoberfläche). So werden dünne Schichten hinreichend verbreitert, so daß das laterale Auflösungsvermögen z. B. der Kombination REM + Augerspektrometer ausreicht.

Abb. 7 ist als ein derartiges Beispiel anzusehen, auch wenn die Emailschicht über 100 μm dick ist. In der herkömmlichen Mikroanalysentechnik ist der schräge Anschliff wegen der großen erfaßten Schichtdicke nicht anwendbar; die Schwierigkeiten entfallen aber bei der geringen Informationstiefe der Auger-Mikroanalyse. So zeigt das Augerspektrum den tatsächlichen Fe-Gehalt in der Grenzzone Email/Metall, während das energiedispersive Röntgenspektrum auch Fe von der Unterlage erfaßt. Aus den Spektren geht außerdem hervor, daß das Mengenverhältnis Si : B bei weitem nicht so stark schwankt, wie angenommen wurde. Die Herstellung schräger Anschliffe ist sicher eine gute Methode zur Gewinnung von Tiefeninformation bei Oberflächenschichten mit einer Dicke $\geq 1\ \mu m$ und praktisch nur durch Schleifartefakte begrenzt.

Bei einer chemisch abgeschiedenen Ni-Schicht auf Fe zeigten sich Fehler derart, daß ein Teil der Ni-Schicht beim Biegen leicht abplatzte (Abb. 8). Die energiedispersive Röntgenmikroanalyse (Abb. 8 rechts) zeigte praktisch keine Unterschiede zwischen dem oberen und dem unteren Teil der Ni-Schicht. Da u. a. vermutet wurde, daß verschiedene B-Gehalte eine Rolle spielen könnten, wurde die Auger-Mikroanalyse hinzugezogen. Es wurden jedoch deutliche Unterschiede bezüglich Pd gefunden. Auf Grund dieser Erkenntnisse ist auch der sehr schwache Peak bei 2,8 keV im energiedispersiven Röntgenspektrum als vom Pd herrührend zu deuten. Die Unterschiede in der spektroskopischen Aussage der beiden Mikroanalysenmethoden liegen nicht in der Empfindlichkeit (die energiedispersive Röntgenmikroanalyse ist sogar die empfindlichere Methode!), sondern in der erfaßten Schichtdicke (bei Auger ca. 50 Å, bei der Röntgenmikroanalyse ca. 10000 Å). Daraus folgt, Pd ist in einer nur wenige Monolagen dicken Schicht angereichert.

Das Beispiel zeigt, daß bereits sehr dünne Schichten zu Fehlern führen können; sie werden durch die neuen analytischen Möglichkeiten erheblich besser erfaßbar.

3. Ausblick

Auch unter Berücksichtigung aller Schwierigkeiten darf man davon ausgehen, daß die Auger-Mikroanalyse eine wertvolle Ergänzung der Röntgenmikroanalyse darstellen wird.

Typische Anwendungen der Augermikroanalyse werden sein:

a) Untersuchung von Inhomogenitäten im Monolagenbereich.
b) Oberflächenanalyse, wenn Teilchengröße oder Substanzmenge zu klein sind, um die Untersuchung z. B. mit ESCA durchzuführen.
c) Elementverteilungsbilder mit einem besseren räumlichen Auflösungsvermögen als mit der Röntgenmikrosonde.
d) Aufnahme von Tiefenprofilen.

Sieht man von den zweifellos nicht immer vernachlässigbaren Strahlenschäden ab, so kommt die Augermikrosonde der Vorstellung von einem Mikrooberflächenanalysenverfahren sicher am nächsten. Sie bietet darüber hinaus den Vorteil, sich mit verhältnismäßig geringem finanziellen Aufwand verwirklichen zu lassen.

Zusammenfassung

Es ist das Ziel, Schichten im Dickenbereich von einigen tausend Å bis herab zu einer Monolage mit möglichst hohem räumlichen Auflösungsvermögen zu untersuchen. Durch Variation der Primärstrahlspannung sowie durch Kippexperimente kann von der üblichen Elektronenstrahlröntgenmikroanalyse ausgehend in diesen Bereich vorgestoßen werden. Neue Möglichkeiten eröffnet die Augermikroanalyse nicht nur im Hinblick auf die Mikroanalyse im Monolagenbereich, sondern auch für die Untersuchung tiefer liegender Grenzschichten nach der Methode der schrägen Anschliffe.

Summary

Analysis of Thin Layers in the Scanning Electron Microscope

The purpose of the investigation was to enable layers with thicknesses extending from several thousand Å down to the thickness of a monolayer to be studied at the highest possible spatial resolution. By variation of the primary beam voltage and by means of tilting experiments, one can already obtain results for such layers by X-ray microanalysis. Further opportunities, not only in the microanalysis of monolayers, but also — by the use of taper sections — in the investigation of deeper lying interfaces, are offered by Auger microanalysis.

Literatur

[1] R. Butz und H. Wagner, Surface Sci. **34,** 693 (1973).

[2] H. Hantsche und P. Koschnick, Mikrochim. Acta [Wien], Suppl. 5, **1974,** 73.

[3] I. Dienwiebel, A. Fuchs und L. Hachtel, Beitr. elektronenmikroskop. Direktabb. Oberfl. **7,** 573 (1974).

[4] K. Siegbahn et al.: ESCA; Atomic, Molecular and Solid State Structure Studied by Means of Electron Spectroscopy. Uppsala 1967.

[5] R. Holm, G-I-T Fachz. Lab. **17,** 929, 1025 (1973).

[6] R. Holm, Vakuum Techn. **23,** 208 (1974).

[7] R. Holm und S. Storp, Vakuum Techn. **25,** 41, 73 (1976).

[8] C. C. Chang, Surface Sci. **25,** 53 (1971).

[9] A. Benninghoven, Surface Sci. **35,** 427 (1973).

[10] R. Holm, INTERKAMA 1974, Kongreßband S. 27.

[11] H. Seiler, Chemie Ing. Techn. **46,** 797 (1974).

[12] J. A. Leys und J. T. Mc Kinney, Proc. 9th SEM Symp. IITRI 1976.

[13] R. Holm und S. Storp, Appl. Phys. **12,** 101 (1977).

[14] J. Dittmann, Mikrochim. Acta [Wien], **1975,** 359.

[15] G. Pfefferkorn und K. Schur, Beitr. elektronenmikr. Direktabb. Oberfl. 2, 19 (1969).

[16] A. Christou, Proc. SEM/IITRI (1975), 149.

[17] E. K. Brandis, Proc. SEM/IITRI (1975), 141.

[18] E. K. Brandis und R. Holm, Beitr. elektronenmikr. Direktabb. Oberfl. 7, im Druck.

[19] R. Castaing und J. Des Camps, C. r. acad. sci., Paris 238, 1506 (1954).

[20] E. K. Brandis, F. W. Anderson und R. Hoover, Proc. SEM/IITRI (1971), 505.

[21] R. Holm, Beitr. elektronenmikr. Direktabb. Oberfl. 6, 147 (1973).

[22] P. W. Palmberg et al., Handbook of Auger Electron Spectroscopy, Physical Electronics Industries 1972.

Korrespondenz und Sonderdrucke: Dr. R. Holm, Bayer AG IN AP-CP1, E41, D-5090 Leverkusen, Bundesrepublik Deutschland.

Mikrochimica Acta [Wien], Suppl. 7, 185—196

MIKROCHIMICA ACTA

MPI für Plasmaphysik*, Garching b. München

Dünnschichtanalysen in der Elektronensonde**

I. Bemerkungen zur Meßtechnik der Dickenbestimmung

Von

Wolfgang O. Hofer

Mit 7 Abbildungen

(Eingegangen am 27. Oktober 1976)

Anregung von Röntgenstrahlen durch Elektronenbeschuß ist eine der wirkungsvollsten und universellsten Methoden zur Analyse dünner Schichten, insbesondere zur Schichtdickenbestimmung[1–5]. Zerstörungsfreiheit, Elementspezifität, die Möglichkeit zur Mikrobereichsanalyse und die Anwendbarkeit über nahezu das gesamte Periodensystem ($Z \gtrsim 5$) sind die kennzeichnenden Eigenschaften. Hinzu kommt ein Meßbereich von 10^{-1} bis 10^{+4} Å und ein in den letzten Jahren immer weiter verfeinertes Computerverfahren zur Berechnung der Dicke aus gemessenen Intensitätsverhältnissen, wodurch das Elektronensondenverfahren zu einem autonomen Verfahren wird, vergleichbar in dieser Beziehung mit der Aktivierungsanalyse, der (Rück)-Streuung energiereicher leichter Ionen (RBS) oder der Röntgenfluoreszenz.

Um jedoch die volle Einsatzfähigkeit des Verfahrens auszunutzen, insbesondere also niedrigste Nachweisgrenze, maximale Empfindlichkeit und größte Reproduzierbarkeit zu erzielen, sind eine Reihe experimenteller Parameter zu optimieren und meßtechnische Gesichtspunkte zu berücksichtigen. Es ist das Ziel dieser Arbeit, einige Auswahlkriterien für optimale Analysenbedingungen anzugeben.

---

* EURATOM Association.

** Vortrag anläßlich des 8. Kolloquiums über metallkundliche Analyse mit besonderer Berücksichtigung der Elektronen- und Ionenstrahl-Mikroanalyse, Wien, 27. bis 29. Oktober 1976.

Die hier mitgeteilten Ergebnisse entstammen dem Bemühen, die Niederschlagsmuster von Einkristallen bei Ionenzerstäubung mit größtmöglicher Genauigkeit zu messen[6]. Diese Untersuchung, die letztlich der Erforschung der Energiedissipation durch atomare Stoßkaskaden in Festkörpern diente, wurde bis zum Jahre 1972 in der Gesellschaft für Strahlen- und Umweltforschung in Neuherberg durchgeführt.

Experimentelle Anordnung

In Abb. 1 ist schematisch die experimentelle Anordnung dargestellt[7,8]. Ein in einer modifizierten Fernfokus-Elektronenquelle erzeugter Elektronenstrahl trifft nach Passieren einer 500-μm-Blende

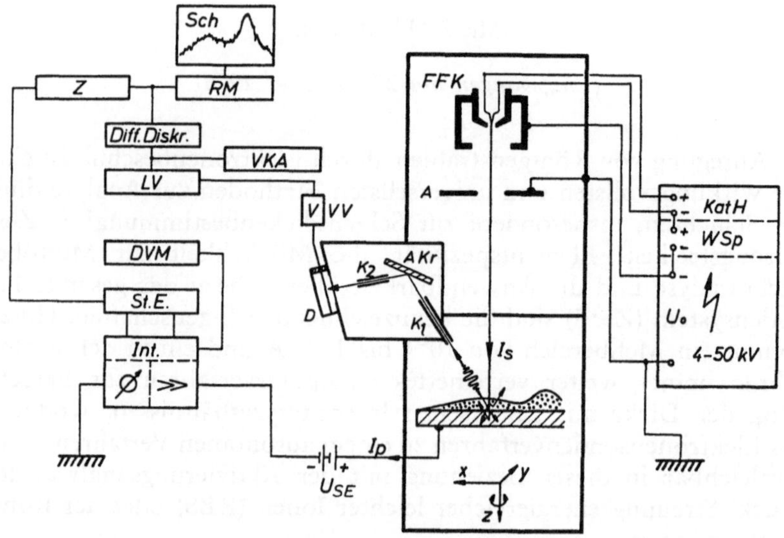

Abb. 1. Experimenteller Aufbau in schematischer Darstellung

senkrecht auf die Probe. Der Elektronenstrom wird integriert, wobei Sekundärelektronen durch Vorspannung der Probe auf +32 V zurückgehalten werden — eine wesentliche Vorbedingung für die hier gewählte Form der Datenerfassung. Das Röntgenspektrometer*, unter einem Abnahmewinkel von 60⁰ angebracht, ist für ebene Analysator-Kristalle ausgelegt und für Proportionszählrohre sowie

* MRS-1T einer Siemens Röntgenfluoreszenzanlage.

Szintillationsdetektoren zum Quantennachweis geeignet; es hat kein $\vartheta - 2\vartheta$ Getriebe und erlaubt daher keinen Wellenlängen-scan. Alle hier mitgeteilten Meßergebnisse sind daher nicht bezüglich des Bremsstrahlen-Untergrundes korrigiert; dies ist, solange nur Schichtdickenmessung durchgeführt wird, ohne Nachteil. — Für energiedispersive Messungen konnten die Röntgendetektoren auch direkt angeflanscht werden.

Tabelle 1. Zusammenstellung der wellenlängendispersiv untersuchten Film-Trägersysteme und einiger charakteristischer Spektrometerdaten

Meßschicht	Verw. Strahlung: Linie	Quantenenergie [keV]	Absorptionskante [keV]	Analysatorkristall	Detektor: Art	FWHM %	Wirkungsgrad, %	Träger
Mg	K_α	1,25	1,30	AdP	90% Ar + 10% CH_4 Durchfluß-Zählrohr	34	65	Al
Al	K_α	1,48	1,56	AdP	90% Ar + 10% CH_4 Durchfluß-Zählrohr	34	65	Cu
Ag	L_{α_1}	2,98	3,81	NaCl (100)		30	ca 45	Al, Au
Cu	K_{α_1}	8,05	8,98	LiF (100	Xe-gefülltes Proportional-Zählrohr	20	70	Al
Zn	K_{α_1}	8,64	9,66	LiF (100	Xe-gefülltes Proportional-Zählrohr	20	70	Cu

Die Herstellung der Eichschichten wurde in einer konventionellen Aufdampfapparatur durch Bedampfung durchgeführt. Mit Hilfe eines Schwingquarzoszillators wurde der Beschichtungsablauf kontrolliert und das dabei erhaltene Ergebnis durch Vielstrahlinterferometrie überprüft. Wegen der Kondensationshemmung mußten für die Metalle Mg und Zn gekühlte Auffänger verwendet werden, weshalb die Schwingquarzmethode nicht mehr einsetzbar und die Vielfachinterferenz mit einem größeren Fehler behaftet war. Für Mg wurde deshalb ein naßchemisch-spektrometrisches Verfahren angewandt: die Schichten wurden nach Vermessung in der Elektronensonde in 0,4-n HCl von ihrem Cu-Träger gelöst und der Mg-Gehalt mittels Atomabsorptionsspektrometrie bestimmt. Im Vergleich zur Tolansky-Methode erlaubt dieses Verfahren sowohl größere Genauigkeit, als auch niedrigere Nachweisgrenzen (d. h. dünnere Schichten).

Experimentelle Details sind an anderer Stelle[8] näher beschrieben. Tabelle 1 gibt eine Übersicht über die in wellenlängendispersiver Weise untersuchten Film-Substrat-Kombinationen und die dabei gewählten Analysatorbedingungen.

Experimentelle Ergebnisse und Diskussion

In einer früheren Mitteilung[9] wurden die Ergebnisse für Cu-Schichten auf Al, kurz Cu(Al), und der dazu inverse Fall Al(Cu) ausführlich besprochen, weshalb hier anhand von Abb. 2 nur das Wesentlichste wiedergegeben ist:

A. Bis zum Maximum des Anregungsquerschnittes steigt die Steilheit der Impulsausbeutekurven $J = J(t)$, und somit die Empfind-

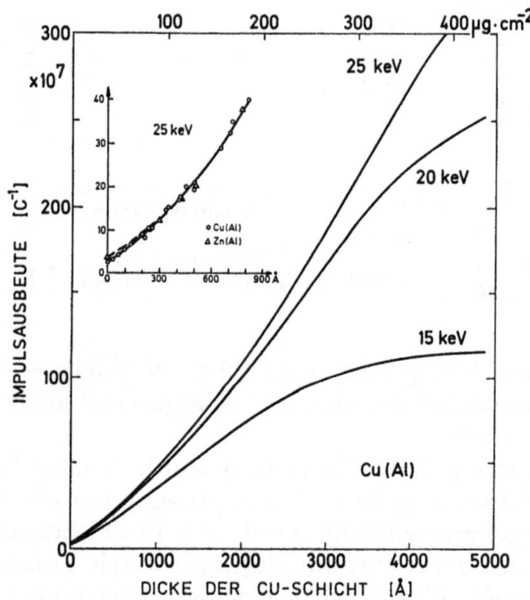

Abb. 2. Anzahl der registrierten CuK_α-Röntgenquanten pro Ladungseinheit in Abhängigkeit von der Dicke dünner Cu-Schichten auf einem Al-Träger. Die Einfügung enthält auch die Werte für Zn-Schichten, um die Übertragbarkeit der Werte beider Systeme aufzuzeigen.

lichkeit $\varepsilon \equiv dJ/dt$ des Verfahrens; t ist die Schichtdicke der zu vermessenden dünnen Schicht. In gleicher Weise erweitert sich wegen der zunehmenden Elektronenreichweite der Meßbereich.

B. Alle Ausbeutekurven $J(t)$ weisen einen Wendepunkt auf, die differenzierten $\varepsilon(t)$-Kurven daher ein Maximum. Trotz der Ähnlichkeit mit der Tiefenverteilungsfunktion $\Phi(t)$ und der engen physikalischen Verknüpfung[9,10] bestehen doch einige quantitative Unterschiede: die Ausbeute enthält, da die Zahl der emittierten Quanten pro *absorbiertem* Elektron gemessen wird, auch die Abhängigkeit der Elektronenrückstreuung von der Schichtdicke, $R\,(t)$

$$J\,(t) = K_t \frac{n\,(t)}{1 - R\,(t)} \qquad (1)$$

wobei $n(t)$ die Quantenausbeute pro einfallendem Elektron ist und K_t die Apparatekonstante (Spektrometer-Transmission, Detektorwirkungsgrad usw.). Damit ist

$$\varepsilon\,(t) \equiv J'\,(t) = K_t \frac{n'\,(t) \cdot (1 - R) + R'\,(t) \cdot n\,(t)}{[1 - R\,(t)]^2} \qquad (2)$$

und wegen $R\,(t) < 1$,

$$\varepsilon\,(t) \approx K_t \left\{ \frac{dn}{dt} (1 + R) + \frac{dR}{dt} \cdot n \cdot (1 + 2R) \right\} \qquad (3)$$

Es ist zu beachten, daß nur im Falle $Z_{\mathrm{F(ilm)}} \approx Z_{\mathrm{S(ubstrat)}}$

$$n'\,(t) = \Phi\,(t) \qquad \text{und} \qquad R'\,(t) = 0,$$

womit die hier angewandte Meßwerterfassung identisch wird mit der üblichen. Für $Z_F \neq Z_S$ ist der zweite Term in (2) von Null verschieden und zwar[9] ist er positiv für $Z_F > Z_S$ und negativ für $Z_F < Z_S$. Für Elemente mittlerer bis hoher Ordnungszahl auf Trägermaterialien niedriger Ordnungszahl bringt die Normierung auf integrierten Probenstrom daher eine Empfindlichkeitssteigerung. — Schließlich steigt mit zunehmender Cu-Schichtdicke die Intensität der Bremsstrahlung an, und damit auch der Beitrag im erfaßten Intervall um die Cu K_α-Linie. Wie groß dieser Beitrag sein kann, zeigt Abb. 3 für den Fall der Zn K_α-Strahlung*. Beide Effekte, sowohl die Schichtdickenabhängigkeit der Rückstreuung, als auch der miterfaßte Bremsstrahlenanteil, erhöhen die Meßempfindlichkeit, da die Signalverstärkung durch die zu bestimmende Schicht verursacht wird.

Abb. 3 vermittelt auch eine Abschätzung des dynamischen Bereiches, der für die Schichtdickenbestimmung von Zn auf verschiedenen Substraten sowohl für wellenlängen- als auch energiedispersive Messung zur Verfügung steht.

Jede Erhöhung der Anregungsdichte in der Meßschicht erhöht die Empfindlichkeit des Verfahrens. Hierzu gibt es noch weitere Möglichkeiten. Wie beschrieben[9], läßt sich durch Aufbringen einer dünnen Oberflächenschicht hoher Ordnungszahl** das Maximum

---

* Im Extremfall steigt der durch die Meßschicht erzeugte Bremsstrahlenanteil von der Al_∞- auf die Cu_∞-Kurve.

** Ein Metall hoher Ordnungszahl ist wegen des im Vergleich zur Streuung geringeren Energieverlustes günstig.

der Anregungsdichte in gewissen Grenzen so verschieben, daß die höchste Anregung im interessierenden Tiefenbereich zu liegen kommt.

Eine Erhöhung der Röntgen-Quelldichte ist schließlich noch durch Ausnutzung der Elektronenrückstreuung vom Substrat her möglich. Dieses Verfahren empfiehlt sich vor allem für Schichten niedriger Ordnungszahl und nicht zu geringer Dicke (> 10 Å). Hierdurch

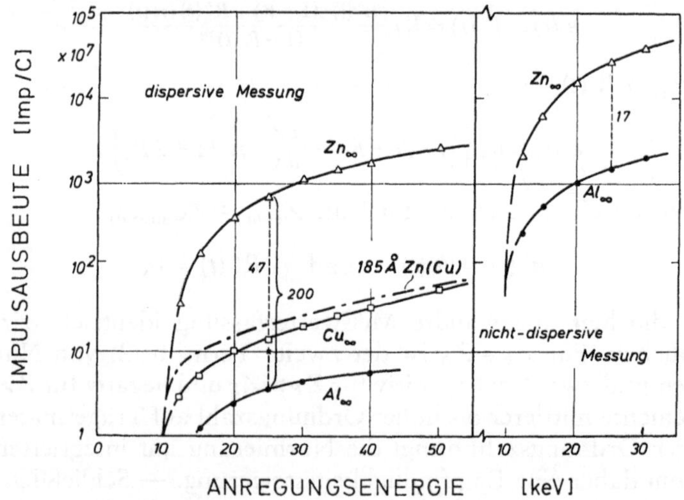

Abb. 3. Impulsausbeute für die ZnK_α-Strahlung in Abhängigkeit von der Elektronenenergie für verschiedene Proben. Index ∞ bedeutet Massivmaterial. Die Zahlen an den vertikalen strichlierten Linien bezeichnen den dynamischen Bereich

kann ein über weite Bereiche linearer $I(t)$-Verlauf erzielt werden, Abb. 4, 5. Durch Doppel-Kollimation und sorgfältige Impulshöhendiskriminierung war es möglich, das Signal/Rauschverhältnis auf 300 zu steigern, obwohl die Verhältnisse hier im Vergleich zu Abb. 3 ungünstiger liegen. Vor allem bei sehr dünnen Schichten wirkt sich die durch das Bremsspketrum im Analysatorkristall erzeugte Fluoreszenzstrahlung störend aus. Ein Beispiel hierfür ist in Abb. 6 gezeigt: die in einem AdP-Kristall erzeugte PK_α-Strahlung ist von den MgK_α-Quanten gerade noch (ohne Entfaltungsprozedur) zu trennen. Noch ungünstiger ist die Situation für den in Abb. 7 dargestellten Fall von Ag-Schichten auf Al-Trägern; hier ist die NaK_α- von der $Ag\,L_\alpha$-Strahlung nur um 330 eV verschoben und somit mit dem Proportionalzählrohr nicht separierbar. Der mit der Elektronenenergie stark ansteigende Untergrund (Abschnitt auf der Ordinate) findet hierin seine Erklärung. Ansonsten weist das Ag(Al)-System große

Ähnlichkeit zu Cu(Al) auf. Man beachte auch die Abflachung bei der 25-kV-Kurve: erst für Schichtdicken über 1500 Å bringt diese

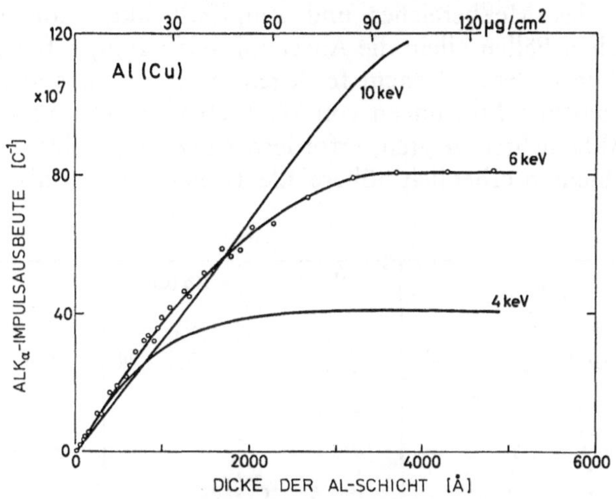

Abb. 4. AlK$_\alpha$-Impulsausbeute für dünne Al-Schichten auf Cu-Trägern. Der Untergrundbeitrag durch das Cu-Substrat wurde abgezogen

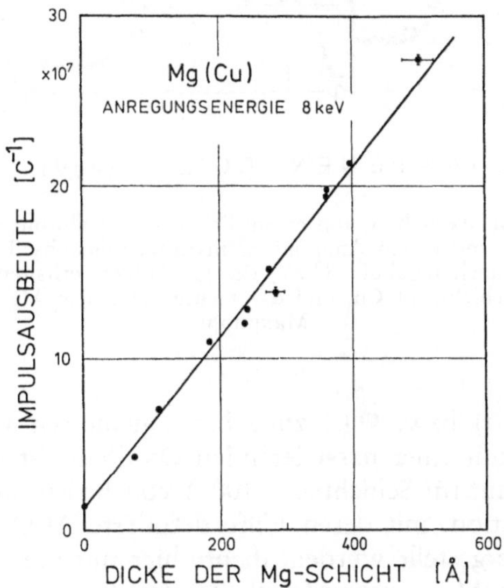

Abb. 5. MgK$_\alpha$-Impulsausbeute für Mg-Schichten auf Cu-Trägern

hohe Anregungsenergie Vorteile, ohne jedoch jemals die Empfindlichkeit der 15 keV-Anregung zu erreichen. Mit anderen Worten, der bei dem Elektronensondenverfahren zur Verfügung stehende Meßbereich erstreckt sich zwar über mindestens 4 Größenordnungen, dies jedoch nicht mit konstanter Empfindlichkeit.

Weite des Meßbereiches und Empfindlichkeit können jedoch nicht in allen Fällen allein die Anregungsbedingungen für ein vorgegebenes Film-Substrat-System festlegen. Wie die an anderer Stelle[9] wiedergegebenen Messungen von W. Weber[7] an elektrolytisch oxydierten Al-Schichten zeigten, erfordern stark ausgebildete Kontaminationsschichten erheblich höhere Elektronenenergien als nach dem

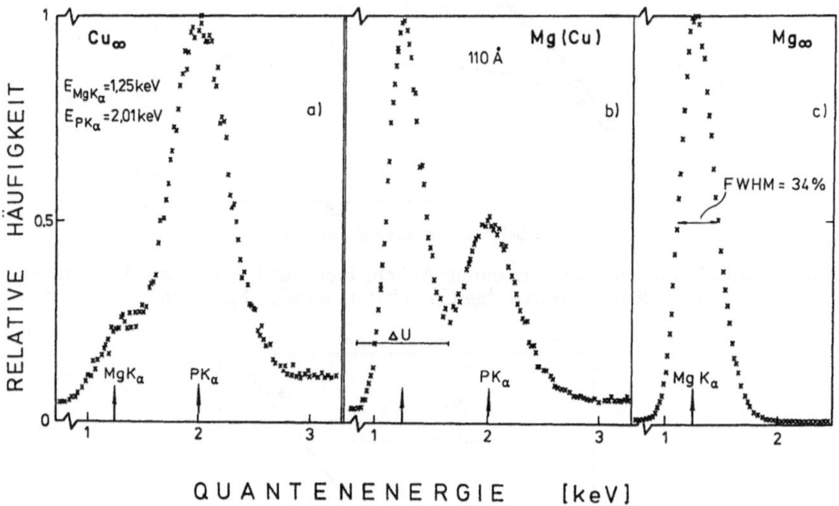

Abb. 6. Impulshöhenverteilung von einem Proportionalzählrohr nach Analyse des Röntgenspektrums mit einem Ammoniumdihydrogenphosphat-Kristall. Das linke Spektrum wurde nach Beschuß (8 keV) des Cu-Trägers erhalten, das mittlere an einer 110 Å Mg-Schicht auf Cu, und das rechte auf einem Mg. Normierung auf Maximum

Verlauf von $\varepsilon(t)$ bzw. $\Phi(t)$ zunächst angemessen wäre. Für Elemente wie Al mit einer passivierenden Oxidhaut ist dies bei Exposition an Luft nur für Schichten < 100 Å von Bedeutung; die elektrolytische Oxydation, mit deren Hilfe definierte Al_2O_3-Schichten bis über 1000 Å hergestellt wurden, diente hier nur zur Simulation der Verhältnisse an Mg, einem Metall, das bei Exposition an Luft bis in tiefe Schichten oxydiert, und dessen Oxid an dem Grundmaterial nicht gleichförmig haftet[11]. Diese Untersuchungen führten schließlich zu verhältnismäßig hohen Anregungsenergien, wie etwa 8 keV (Überspannung > 6!) für Mg im Schichtdickenbereich bis 700 Å.

Testmessungen bei dieser Energie zeigten an durch Zerstäubung von Mg-Einkristallen gewonnenen Schichtdickenprofilen keinen

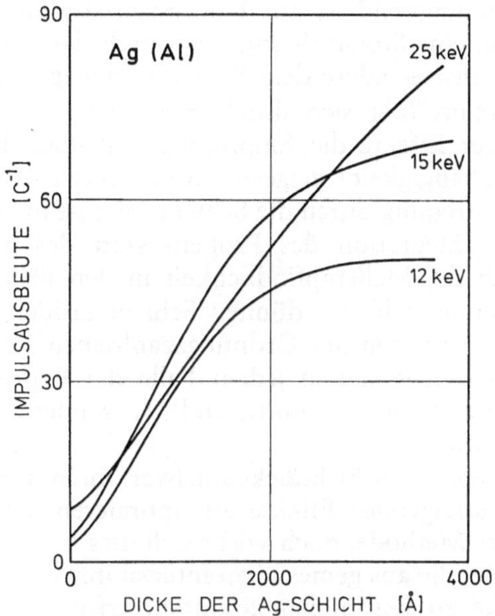

Abb. 7. AgL_α-Impulsausbeute für dünne Ag-Schichten auf Al-Trägern

Unterschied, ob die Messung an der metallischen oder an der vollkommen durchoxydierten Schicht erfolgte[12].

Schlußbemerkungen

Das Verfahren, die Dicke dünner Schichten mit Hilfe elektronenstoß-angeregter Röntgenstrahlung zu messen, zeichnet sich vor allem aus durch einen weiten Anwendungs- und Meßbereich, Elementspezifität und Zerstörungsfreiheit. Um die Leistungsfähigkeit des Verfahrens voll auszuschöpfen, ist eine Reihe experimenteller und instrumenteller Einflußgrößen zu berücksichtigen, von denen die wichtigsten anhand von Beispielen besprochen wurden.

Träger mittlerer bis hoher Ordnungszahl erhöhen durch Elektronenrückstreuung in die Meßschicht die Anregungsdichte und linearisieren den zunächst sigmoidförmigen Ausbeuteverlauf.

In speziellen Fällen erhöht eine Deckschicht hoher Ordnungszahl durch Aufstreuung der Elektronen die Röntgenquelldichte in der Meßschicht; diese Deckschicht kann weiterhin Schutzfunktion (gegen Kontamination, Oxydation) ausüben und die Ladungsträgerableitung (bei isolierenden Schichten) übernehmen.

Vor allem im Bereich dünnster Schichten auf Trägern mittlerer und hoher Ordnungszahl ist auf Fluoreszenzstrahlung vom Analysator zu achten, eine Störstrahlung, die durch das Bremskontinuum von der Probe, insbesondere dem Substrat, erzeugt wird.

Darüber hinaus läßt sich durch Einbeziehen weiterer schichtdickenabhängiger Effekte die Empfindlichkeit über die reine Röntgenintensitätsabhängigkeit steigern, etwa durch Ausnützung der Elektronenrückstreuung durch die Schicht; dies ist in einfacher Weise möglich durch Integration des Proben- statt des Sondenstromes. Damit läßt sich die Meßempfindlichkeit in den Fällen erhöhen, in denen die Ordnungszahl der dünnen Schicht größer ist als die des Trägers; unabhängig von der Ordnungszahlreihenfolge erhöht diese Art der Meßwerterfassung in jedem Falle die Reproduzierbarkeit, da die Messung nicht intermittierend[1–4], sondern kontinuierlich durchgeführt wird.

Das Bestreben, das Schichtdickenmeßverfahren durch Integration empfindlichkeitssteigender Effekte zu optimieren, erhöht zwar die Komplexität der Methode, doch wirkt sich dies kaum nachteilig aus. *Rechenverfahren,* die aus gemessenen Intensitäten ohne Eichprozedur die Schichtdicke zu bestimmen gestatten, erfordern in jedem Fall Digitalcomputer[13–15]; da die Einzeleffekte heute i. a. gut verstanden werden, sollten sie sich unschwer in das Programm einfügen lassen. Andererseits ist eine Genauigkeitssteigerung auf weniger als 10% mit Hilfe der Computercodes kaum zu erwarten, wohingegen das strikt *experimentelle Eichverfahren* letztlich nur auf der Genauigkeit der Referenzmessung beruht und somit eine Verbesserung um eine Größenordnung* erlaubt.

Danksagung

Der experimentelle Teil der Arbeit wurde zur Gänze im Institut für Strahlenschutz der Gesellschaft für Strahlen- und Umweltforschung mbH, Neuherberg bei München, durchgeführt. Für die großzügige Unterstützung und die rege Anteilnahme bin ich Herrn Dr. F. Schulz zu großem Dank verpflichtet. Der apparative Aufbau erfolgte gemeinsam mit den Herren Dipl.-Phys. W. Weber und Dr. G. Dürr, wofür ich mich herzlich bedanke. Die freundliche und

* In diesem Präzisionsbereich sollte statt der geometrischen Dicke der Schicht besser die (Atom) Flächendichte, die ursprüngliche Größe, angegeben werden.

hilfsbereite Arbeitsatmosphäre des Institutes wird mir stets in angenehmer Erinnerung verbleiben.

Zusammenfassung

Die Dicke dünner metallischer Schichten wurde auf verschiedenen Trägerelementen mit Hilfe elektronenstoßangeregter Röntgenstrahlung gemessen. Die maximale Leistungsfähigkeit dieses universell anwendbaren Verfahrens erfordert sorgfältige Optimierung experimenteller Parameter und instrumenteller Einstellungen. Bei vorgegebener Film-Trägerkombination sind von entscheidender Bedeutung für Nachweisgrenze, Empfindlichkeit und Meßbereich die Anregungs- und Quantenenergie, die Spektrometereinstellung und differentielle Impulshöhendiskriminierung. Eine zusätzliche Empfindlichkeitssteigerung läßt sich erzielen durch künstliche Erhöhung der Anregungsdichte in der Meßschicht mittels erhöhter Elektronenstreuung in der Oberfläche oder durch Rückstreuung vom Substrat, sowie durch eine spezielle Art der Meßwerterfassung, die die Elektronensrückstreuung von der Meßschicht ausnützt. Auch der Beitrag des Bremskontinuums des dünnen Films läßt sich empfindlichkeitssteigernd verwenden.

Summary

Analysis of Thin Films in an Electron Probe

The thickness of thin metallic films on different substrates was determined by means of electron induced X-ray excitation. In order to achieve maximum performance, this universally applicable method requires careful optimization of experimental parameters and instrumental settings. For given film-substrate combinations the excitation energy, the energy of the registered quanta, the spectrometer setting and differential pulse height discrimination are of decisive influence on the detection limit, sensitivity, and measuring range. Additional enhancement in sensitivity can be achieved by artificially increasing the excitation density in the layer by means of enhanced scattering of electrons in the surface, by electron backscattering from the substrate or by a special method of data acquisition which also includes the influence of electron backscattering by the thin film. The contribution by the bremscontinuum from the film can also be used to advantage.

Literatur

1 W. E. Sweeney, R. E. Seebold und L. S. Birks, J. Appl. Phys. **31**, 1061 (1960).

2 L. Hofmann, G. Wiech und E. Zöpf, Z. Physik **229**, 131 (1969).

[3] R. Butz und H. Wagner, phys. stat. sol. (a) **3**, 325 (1970); Surf. Sci. **34**, 693 (1973).

[4] K. H. Ecker, J. Phys. D **6**, 2150 (1973).

[5] H. Hantsche und P. Koschnick, Mikrochim. Acta [Wien], Suppl. 5, **1974**, 73.

[6] W. O. Hofer, Radiat. Eff. **19**, 263 (1973).

[7] W. Weber, Diplomarbeit Universität München 1969, unveröffentlicht.

[8] W. O. Hofer, GSF-Bericht P 44, 1972.

[9] W. O. Hofer, Thin Solid Films **29**, 223 (1975).

[10] G. Dürr, W. O. Hofer, F. Schulz und K. Wittmaack, Z. Physik **246**, 316 (1971).

[11] D. Michell und A. P. Smith, phys. stat. sol. **27**, 291 (1968).

[12] W. O. Hofer, Radiat. Eff. **21**, 141 (1974).

[13] W. Reuter in G. Shinoda, K. Kohra and T. Ichonokawa (Hrsg.), X-Ray Optics and Microanalysis, Univ. Tokyo Press, Tokyo 1972. S. 121.

[14] C. Kalus in E. Preuss (Hrsg.), Quantitative Analysis with Electron Microprobes and Secondary Ion Mass Spectrometry, Jül-Conf.-8. 1973. S 233.

[15] D. F. Kyser and K. Murata, IBM Journal Res. Dev. **18**, 352 (1974).

Korrespondenz und Sonderdrucke: Dr. W. O. Hofer, MPI für Plasmaphysik, Projekt PWW, D-8046 Garching b. München, Bundesrepublik Deutschland.

Mikrochimica Acta [Wien], Suppl. 7, 197—207

MIKROCHIMICA
ACTA

Österreichische Studiengesellschaft für Atomenergie Ges. m. b. H.
Institut für Metallurgie, Forschungszentrum Seibersdorf

Farbtechniken in der Rasterelektronenmikroskopie und Mikroanalyse*

Eine Übersicht

Von

E. M. Hörl

Mit 2 Abbildungen

(Eingegangen am 27. Oktober 1976)

Farbdarstellungen zweidimensionaler Verteilungen verschiedenster experimenteller wie theoretischer physikalischer Größen, seien es die in einem bestimmten System anfallenden Meßgrößen oder irgendwelche andere Parameter, erleichtern oder ermöglichen überhaupt erst das Erfassen bestimmter Zusammenhänge. Auf dem Gebiet der Rasterelektronenmikroskopie und im speziellen auf dem Sektor der Mikroanalyse sind Farbtechniken in der allerletzten Zeit in größerem Umfang entwickelt worden, so daß es angezeigt erscheint, einen Überblick über diese Methoden zu geben und die spezielle Anwendbarkeit bzw. Überlegenheit einzelner Techniken gegenüber den herkömmlichen Schwarz-Weiß-Methoden zu diskutieren.

Die Verwendung von Farben für die Präsentation wissenschaftlicher Ergebnisse — vor allem um gewisse Verbindungen und Zusammenhänge klar hervortreten zu lassen — war natürlich schon immer ein viel benützter Weg und es ist daher eine klare Abgrenzung der hier zu besprechenden und das Rastermikroskop bzw. die Mikrosonde unmittelbar betreffenden Techniken von allen anderen, allgemein in der Wissenschaft üblichen Verfahren, notwendig. Diese

* Vortrag anläßlich des 8. Kolloquiums über metallkundliche Analyse mit besonderer Berücksichtigung der Elektronen- und Ionenstrahl-Mikroanalyse, Wien, 27. bis 29. Oktober 1976.

Abgrenzung kann in unserem Fall sehr leicht dadurch erfolgen, daß die Verwendung eines Farbmonitors (Farbbildröhre) für die zu diskutierenden Techniken als wesentlich angesehen wird. Dies ist auch, wie am Ende dieser Ausführungen klar zu erkennen sein wird, sicherlich gerechtfertigt.

In dieser Arbeit werden wir alle Farbtechniken diskutieren, die unseres Wissens heute in der Rastermikroskopie und Mikroanalyse in praktischer Verwendung stehen. Dies sind (1) die farbige Darstellung der Verteilung chemischer Elemente, die sich gegenwärtig bei Röntgenfluoreszenzuntersuchungen (elemental scan) von großem Vorteil erweist und vielleicht in den nächsten Jahren auch bei Auger-Arbeiten und Untersuchungen mit anderen Oberflächentechniken zum Einsatz kommen wird, (2) die Darstellung von Intensitätsverteilungen entlang von Probenoberflächen durch Farben bei digitaler Speicherung der Meßwerte, (3) die Beobachtung der Kathodolumineszenzphänomene in Farben (Kathodolumineszenz — Farbrasterelektronenmikroskopie), (4) die Rot-Grün-Stereotechnik und schließlich (5) die Differenzierung zwischen Elektronen verschiedener Energien unter Verwendung von Farben. Dabei ist die angegebene Reihenfolge willkürlich gewählt.

Historische Entwicklung

Die Idee einer Farbelektronenmikroskopie wurde um 1940 wohl mit der Überlegung geboren, daß ein Fluoreszenzschirm, der für verschiedene Elektronenenergien in verschiedenen Farben leuchtet[1, 2], bzw. ein Farbfilm, der Elektronen verschiedener Energie in verschiedenen Farben wiedergibt, Bilder mit wesentlich mehr Informationsgehalt liefern müßte, als ein einfärbig fluoreszierender Schirm bzw. ein Schwarz-Weiß-Film. Derartige Farbschirme bzw. Farbfilme haben sich allerdings in der Elektronenmikroskopie praktisch kaum anwenden lassen, da die auftretenden Elektronenenergieverluste üblicherweise klein sind und damit eine Farbdifferenzierung auf obige Weise unmöglich wird. Der Gedanke, in der Transmissionselektronenmikroskopie den Elektronen nach Durchsetzen des Präparats entsprechend ihren Energieverlusten verschiedene Farben zuzuordnen, wurde jedoch weiter verfolgt und fand im Vorschlag für ein Elektronenmikroskop, das in Strahlrichtung hinter der Projektivlinse ein einfaches Analysatorsystem mit 3 Leuchtschirmen besaß, Anwendung[3].

Im Jahre 1967 hat K.-H. Müller im Rahmen einer Patentanmeldung bzw. eines späteren Patents[4] eine große Anzahl von Möglichkeiten für die Anwendung von Farbtechniken in der Transmissions-

und Rasterelektronenmikroskopie aufgezeigt. Seine Darstellungen sind vor allem für die oben angeführten Techniken (1) und (5) sehr interessant.

1968 hat J. F. Ficca als erster ein Farbdisplaysystem[5] vorgestellt, womit drei von insgesamt sieben Signalen (Probenstrom, rückgestreute Elektronen, Kathodolumineszenz, erstes Röntgenspektrometer, zweites Röntgenspektrometer, drittes Röntgenspektrometer und ein Signal nach Wahl), die bei einem Rastermikroskop bzw. einer Mikrosonde zur Verfügung stehen, den Primärfarben Rot, Grün und Blau eines Farbmonitors zuzuordnen sind. Damit wurden erstmalig durch direkte Überlagerung der den drei Signalen entsprechenden Bilder in den Farben Rot, Grün und Blau Zusammenhänge aufgedeckt, die durch drei nebeneinanderliegende Schwarz-Weiß-Bilder nicht zu sehen gewesen wären.

In der Folgezeit nahm die Zahl der Publikationen über Farbmethoden stetig zu. Sie betrafen vorerst Technik (1) und später auch alle übrigen oben angeführten Methoden. Sie werden in den einzelnen Kapiteln angeführt.

Verteilung chemischer Elemente bei Verwendung des „Elemental Scan"

Nach ersten grundlegenden Arbeiten von K. F. J. Heinrich[6–8] mit Farbfiltern in Kombination mit einem Schwarz-Weiß-Monitor wurden 1971 die Ideen Müllers[4] und Ficcas[5] bezüglich der Farbdarstellung der Verteilung chemischer Elemente mit einem Farbmonitor wieder aufgegriffen[9, 10] und in der Folgezeit in einer Reihe von Arbeiten[11–14] weiter entwickelt, so daß heute bereits brauchbare Geräte zur Verfügung stehen.

Der Grundgedanke der Methode ist sehr einfach: Im Falle eines energiedispersiven Röntgenfluoreszenzsystems werden vom Vielkanalanalysator bzw. von drei getrennten Einkanälen die Röntgenimpulse von drei für die jeweilige Problemstellung interessanten Röntgenlinien von den anfallenden Impulsen separiert und getrennt dem Rot-, Grün- und Blaueingang eines Farbmonitors zugeleitet (Abb. 1). Der Elektronenstrahl im Monitor läuft synchron mit dem abtastenden Strahl im Rastermikroskop und wird beim Eintreffen eines Röntgenimpulses hellgetastet. So werden die der ersten Röntgenlinie entsprechenden Impulse roten Einzelpunkten, die der zweiten grünen und die der dritten blauen Punkten zugeordnet. Rot erscheinende Gebiete entsprechen so Anhäufungen des Elements, das der ersten Röntgenlinie zugeordnet ist, usw. Da die farbigen Einzelpunkte nur für sehr kurze Zeit am Leuchtschirm sichtbar sind, ist es zumindest bei kleinen Impulsraten notwendig, das Schirmbild zu fotografieren, um ein Aufaddieren zu erreichen. Dabei muß eine Belichtungszeit von mehreren Minuten verwendet werden. In dieser Weise entsteht ein Bild mit wesentlich mehr Auflösung als ein Bild bei einem einzelnen Strahldurchlauf. Dieses Aufaddieren ist auch

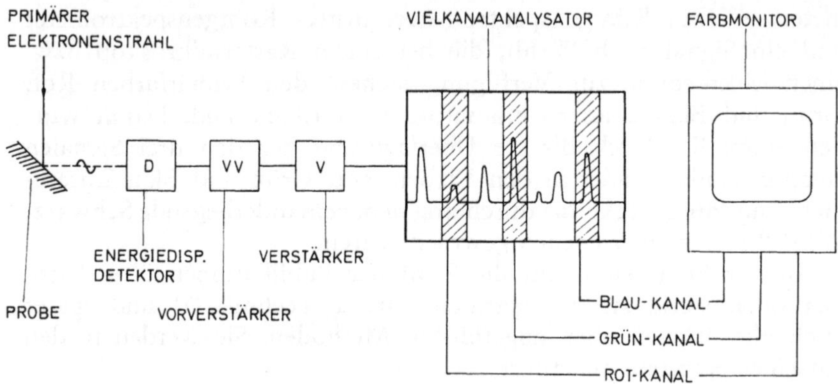

Abb. 1. Prinzip der Röntgenfluoreszenz-Farbrasterelektronenmikroskopie bei Verwendung des „elemental scan"

auf elektronische Weise, z. B. mittels einer Speicherplatte, möglich. Die Abbildungen in Lit. 11 und 14 zeigen eine Reihe Farbbilder von Beispielen praktischer Anwendungen.

Stehen drei wellenlängendispersive Spektrometer zur Verfügung, so können ebenfalls die Impulse, die von den einzelnen Spektrometern kommen, den Rot-, Grün- und Blaueingängen eines Monitors zugeführt werden. Das System arbeitet dann analog dem vorher beschriebenen.

Welche Vorteile liefert für die Darstellung einer Elementverteilung die Farbtechnik gegenüber der bisher üblichen Schwarz-Weiß-Methode?

1. Bestimmte Konzentrationsverhältnisse der vorliegenden Elemente (z. B. bestimmte intermetallische Phasen, Verbindungen usw.) ergeben ganz bestimmte Mischfarben. Dadurch ist das Auffinden z. B. einer bestimmten Phase mit vorgegebener Elementzusammensetzung sehr erleichtert.
2. Bereits kleine Konzentrationsunterschiede innerhalb einer Phase, Verbindung oder Legierung machen sich durch Farbschwankungen bemerkbar. Diffusionsvorgänge zeigen sich in kontinuierlichen Übergängen zwischen den Farben der reinen Elemente. Haben zwei Elemente eine sehr ähnliche Verteilung

entlang einer Oberfläche, würden die üblichen Schwarz-Weiß-Verteilungsbilder, wenn sie nebeneinander betrachtet werden, kaum Unterschiede zu erkennen gestatten. Die Farbtechnik jedoch wird schon sehr kleine Unterschiede durch Farbänderungen sichtbar machen.

Die beschriebene Methode findet gegenwärtig nur beim Röntgenfluoreszenzverfahren Anwendung. Sie dürfte aber in der Zukunft auch bei den anderen analytischen Oberflächentechniken, wie etwa der Auger-Methode, eingesetzt werden.

Darstellung zweidimensionaler Intensitätsverteilungen digital gespeicherter Werte

Die Idee, für die Darstellung zweidimensionaler Verteilungen von Intensitäten Farbmonitore zu verwenden und den Teilbereichen des gesamten Intensitätsumfangs einzelne Farben zuzuordnen, dürfte wohl in der Medizin (Szintigrammetrie von Leber, Schilddrüse, Gehirn usw.) zuerst in die Praxis umgesetzt worden sein. Erst in der allerletzten Zeit wurden für Rastermikroskope und Mikrosonden brauchbare Geräte[15–17] entwickelt, die für die Ermittlung der exakten quantitativen Verteilung der Röntgenintensität eines Elements entlang einer Oberfläche eingesetzt werden können. Man kann auch gleichzeitig die Verteilung von zwei oder mehreren Elementen studieren, falls nur wenige Intensitätsstufen pro Element erforderlich sind.

Die Grundidee dieser Technik ist die folgende: Die gesamte abzurasternde Präparatfläche wird in 10^4—10^6 Einzelfelder (z. B. 96×96 oder 288×448) unterteilt, die den Kanälen eines Vielkanalanalysators (Speichers) entsprechen. Die von den Einzelfeldern emittierten Röntgenquanten werden in den zugeordneten Kanälen gespeichert. Die maximal pro Kanal mögliche Impulszahl wird in Stufen (Teilbereiche) unterteilt; bei den oben zitierten Geräten beträgt diese Stufenzahl acht. Diesen Stufen werden Farben zugeordnet. Je nach Auffüllung der Kanäle, d. h. je nach der erreichten Stufe, wird dieses Feld auf dem mit dem Analysator gekoppelten Farbmonitor in der dieser Stufe zugeordneten Farbe dargestellt. Das auf dem Monitorschirm sichtbare Bild kann dann mittels eines Farbdruckers auf Papier festgehalten werden. Die den einzelnen Intensitätsstufen entsprechenden Farben können auf dem Monitorschirm neben der Elementverteilung in Form eines Streifens mit dem dazugehörigen Zahlenwert wiedergegeben werden. In den Farbabbildungen der Lit. 15 werden Beispiele für die Anwendung dieser Methode gegeben.

Der Vorteil dieses Verfahrens gegenüber einer Grauwertdarstellung liegt klar auf der Hand:

1. Das menschliche Auge vermag in einer zweidimensionalen Darstellung nur etwa zehn Graustufen zu unterscheiden. Bei einer Farbdarstellung sind sehr viel mehr Differenzierungen möglich.
2. Bereiche gleicher Intensität treten durch die einheitliche Farbe klar hervor. Auf diese Weise können z. B. bei Diffusionsuntersuchungen die Bereiche gleicher Konzentration sehr eindrucksvoll wiedergegeben werden. Werden diese Bereiche erstens sehr schmal und zweitens mit einem relativ großen Intensitätsabstand voneinander gewählt, können Isointensitätskonturen mit den durch ihre Farben festgelegten Werten dargestellt werden.

Gegenüber einem Verfahren[18], das die Ziffern 0, 1, ... 9 zur Charakterisierung der Intensität verwendet, und bei dem der Probenraster mit diesen Ziffern ausgedruckt wird, erweist sich die Farbtechnik eindeutig im Vorteil, da Bereiche, die mit einer bestimmten Ziffernart bedeckt sind, schwer von Bereichen, die mit einer anderen Ziffernart überzogen sind, differenziert werden können. Diese Schwierigkeit kann nur durch eine nachträgliche Kolorierung der Ausdrucke überwunden werden[18], was eindeutig zu Gunsten der Farbtechnik spricht.

Diese Methode der Darstellung zweidimensionaler Intensitätsverteilungen digital gespeicherter Werte durch Farben wurde in der Vergangenheit in modifizierter Weise auch für eine Reihe anderer technischer Aufgaben herangezogen. So wurde beispielsweise die berechnete Temperaturverteilung in einem Werkstück damit anschaulich sichtbar gemacht.

Kathodolumineszenz-Farbrasterelektronenmikroskopie

1972 wurde vom Verfasser und seinen Mitarbeitern ein System entwickelt[19], um unter Verwendung eines Farbmonitors und eines sehr wirkungsvollen Detektorsystems die Kathodolumineszenz-Rasterelektronenmikroskopie auf eine Weise zu betreiben, die sehr viel mehr Aussagen erlaubt, als das herkömmliche Schwarz-Weiß-Verfahren. Diese Technik mit einem Farbmonitor wurde in den folgenden Jahren sowohl für die Lösung praktischer Probleme verwendet, wie auch in ihrer Art weiter verbessert[20,21,11,13,14,22].

Das Wesentliche dieser Technik ist in Abb. 2 wiedergegeben: Das von der Probe emittierte Licht wird mittels eines Spiegels in der Form eines Rotationsellipsoids durch eine kleine kreisförmige Blende auf die Stirnfläche eines Lichtleiters fokussiert. Dabei befindet sich die Probe im linksliegenden, die Blende im rechtsliegenden Brennpunkt. Der erste Teil des Lichtleiters ist einteilig, der zweite dreiteilig. Die Enden des geteilten Lichtleiters liegen vor den

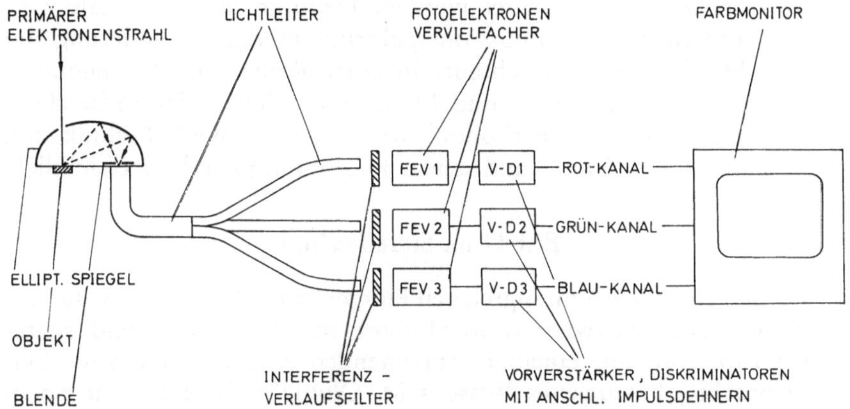

Abb. 2. Prinzip der Kathodolumineszenz-Farbrasterelektronenmikroskopie

Fenstern der drei Photoelektronenvervielfacher. Zwischen den Lichtleitern und den Fenstern sind noch drei Interferenzverlaufsfilter eingeschoben, die die Auswahl bestimmter Spektralbereiche gestatten. Die Photonimpulse der Elektronenvervielfacher werden verstärkt, diskriminiert, normiert und, wenn nötig, zeitlich gedehnt. Nach dieser Behandlung sind sie geeignet, dem Rot-, Grün- bzw. Blaukanal des Monitors zugeführt zu werden. Die einzelnen Impulse bewirken, wie im Abschnitt über die Elementverteilung mittels „elemental scan" schon ausgeführt, eine Helltastung eines sehr kleinen, „punktförmigen" Rot-, Grün- bzw. Blaubereichs. Es handelt sich also um eine Einzelphotontechnik, d. h., jedem von einem Photomultiplier registrierten Photon entspricht ein roter, grüner bzw. blauer „Einzelpunkt". Anwendungsbeispiele für diese Technik sind in den Farbabbildungen der Lit. 11, 14 und 22 wiedergegeben.

Diese Farbmethode hat gegenüber der ursprünglichen Schwarz-Weiß-Technik eine Reihe von Vorteilen aufzuweisen:

1. Durch Einstellen der drei Interferenzverlaufsfilter auf die Wellenlänge der Monitorfarben (im Rotkanal auf 600 .... 610 μm, im Grünkanal auf 540 .... 550 μm und im Blaukanal auf 450 .... 470 μm) sieht man auf dem Monitorschirm ein

Bild der Probe sozusagen in der „natürlichen“ Kathodolumineszenz.

2. Durch Einstellen der Filter auf bestimmte, interessante Spektralbereiche (Spektrallinien) des Emissionsspektrums kann direkt auf dem Leuchtschirm des Monitors die Verteilung der Emission in diesen Bereichen (Linien) über die Probenfläche hin beobachtet werden. Dadurch werden lokale Veränderungen im Emissionsspektrum in der Veränderung der Mischfarbe klar sichtbar. In einer Reihe von Anwendungsbeispielen in Lit. 11 und 14 ist dieser Vorteil der Farbtechnik gegenüber der herkömmlichen Schwarz-Weiß-Technik mit nur einem Kanal und einem Photomultiplier klar ersichtlich.

Rot-Grün-Stereotechnik

Nach einer sehr umfangreichen Pionierarbeit[23, 24] durch A. Boyde, der erst einen Schwarz-Weiß-Monitor mit Farbfiltern und später zwei Monitore mit einem entsprechenden Spiegelsystem zum Einsatz brachte, hat unseres Wissens M. Okada[25] als erster mit einem einzigen Farbmonitor gearbeitet und das für das linke und rechte Auge bestimmte Bild simultan durch das grüne und rote Einzelbild in überlagerter Weise wiedergegeben. Dieses dynamische Stereosystem arbeitet im Detail wie folgt: Durch ein geeignetes Ablenksystem wird der die Probe abtastende Elektronenstrahl um eine in der Probenebene liegende und durch die Probenmitte vertikal in Bezug auf das Monitorbild verlaufende Achse um die Winkel $\pm\alpha$ gekippt. Zuerst wird in der $+\alpha$-Stellung die gesamte Probe einmal abgerastert und das Sekundärelektronenbild als rotes Bild am Monitor wiedergegeben. Dann erfolgt eine Abrasterung in der $-\alpha$-Stellung mit einer Wiedergabe des Bildes in Grün. Anschließend wird wieder die $+\alpha$-Rasterung wiederholt usw., d. h., es werden abwechselnd rote und grüne Bilder, entsprechend den Kippwinkeln $+\alpha$ und $-\alpha$ am Farbmonitor durchlaufen. Mittels einer Brille, bei der das rechte Auge durch ein rotes, das linke Auge durch ein grünes Filter blickt, wird der Stereoeindruck erzeugt.

Der Vorteil gegenüber der Schwarz-Weiß-Technik besteht darin, daß

1. eine große Anzahl von Leuten gleichzeitig das Stereobild betrachten kann und
2. Dias einfach herzustellen sind und mit konventionellen Projektoren projiziert werden können.

Nachteil ist die Abhängigkeit von Rot-Grün-Brillen.

Differenzierung zwischen Elektronen verschiedener Energien

Vorschläge für die Differenzierung von Elektronen verschiedener Energien mittels Farben wurden schon vor längerer Zeit gemacht[4] und ein konkretes System vorgestellt[26]. Echte praktische Anwendungen sind dem Verfasser mit einer Ausnahme[27] aus der allerjüngsten Zeit nicht bekannt. Jedoch ist anzunehmen, daß mit der Weiterentwicklung der Methode der Elementanalyse mit Hilfe der Energieverluste der Elektronen im Röntgengebiet in der Elektronenmikroskopie diese Differenzierung mit Hilfe eines Farbmonitors erfolgen wird.

Künftige Entwicklungen

Da das menschliche Auge ohne Zweifel kleine Unterschiede in Grauwerten eines Schwarz-Weiß-Bildes viel weniger gut differenzieren kann als Farbunterschiede, liegt der große Vorteil von Darstellungsmethoden, die sich der Farbe bedienen, auf der Hand. Farben können in großer Vielfalt, unterschieden durch Wellenlänge, Sättigung usw. produziert werden (Farbpyramide); für Grauwerte gibt es nur eine eindimensionale Folge. Die zukünftigen Entwicklungen werden diese Tatsachen sicherlich in Rechnung stellen müssen. Viele Teilbereiche der Rastermikroskopie, bei denen man heute noch nicht an den Einsatz von Farbtechniken denkt, werden früher oder später durch Farbmethoden ergänzt werden. Ein Beispiel hierfür wäre die Darstellung der Elektronenenergieverluste in channelling patterns durch Farben.

Zusammenfassung

Eine Übersicht über die gegenwärtige bei Rasterelektronenmikroskop und Mikrosonde in Verwendung stehenden Farbtechniken wurde gegeben. Nach einigen Bemerkungen über die historische Entwicklung wurden die einzelnen Methoden im Detail besprochen und Vorteile gegenüber den älteren Schwarz-Weiß-Techniken herausgestellt.

Summary

Colour Techniques in Scanning Electron Microscopy and Microanalysis

A review of the colour techniques presently in use in the scanning electron microscopy and microprobe field is given. After some remarks on the historical development the individual methods are discussed in detail. The advantages over the earlier black-and-white techniques are pointed out.

Literatur

[1] H. Herbst, DR-Patent 764 812 vom 30. 3. 1940.

[2] H. Herbst, BRD-Patent 1 012 396 (angemeldet am 2. 7. 1943).

[3] E. E. Sheldon, US-Patent 2 894 160 vom 7. Juli 1959.

[4] K.-H. Müller, BRD-Patent 1 614 618 (angemeldet am 29. 9. 1967).

[5] James F. Ficca, Jr., Trans. 3rd Natl. Conf. in Microprobe Analysis, Paper 15, Chicago 1968.

[6] K. F. J. Heinrich, Advances in X-Ray Analysis 7, 382 (1963).

[7] H. Yakowitz, K. F. J. Heinrich und D. L. Vieth, Trans. 3rd Natl. Conf. in Microprobe Analysis, Paper 16, Chicago 1968.

[8] H. Yakowitz und K. F. J. Heinrich, J. Res. Natl. Bur. Standards **73 A,** 113 (1969).

[9] J. Ordonez, Metallography **4,** 575 (1971).

[10] G. DiGiacomo und J. Ordonez, IBM Technical Disclosure Bulletin **14,** Nr. 1, Juni 1971.

[11] E. M. Hörl und F. Buschbeck, BEDO **8** (Berlin-Tagung 1975).

[12] J. B. Pawley, T. L. Hayes und R. H. Falk, Proc. of the 9th Annual SEM-Symp. des IIT Res. Inst., Toronto 1976, S. 187.

[13] F. Buschbeck und E. M. Hörl, BEDO **9** (Mainz-Tagung 1976).

[14] E. M. Hörl und F. Buschbeck, Proc. of the 6th European Congr. on Electron Microscopy, Jerusalem **1976,** Bd. 1, S. 331.

[15] Prospekt der Fa. Elscint Ltd., P. O. B. 5258, Haifa 31-051, Israel: „Element Concentration Display and Processor", Juni 1976; B. Shpigler und D. Brandon, Proc. of the 6th European Congr. on Electron Microscopy, Jerusalem 1976, Bd. 1, S. 419.

[16] K. Rietzschel, Bericht des Kernforschungszentrums Karlsruhe 2251, Februar 1976.

[17] Prospekt der Fa. Dr. Ing. Seufert GmbH, 7500 Karlsruhe 41, An der Rossweid 5, BRD: „Graphisches Video-Farb-Display-System VFD".

[18] S. Okudera, Y. Ono, J. Suzumi, T. Watanabe und K. Harasawa, JEOL-News **13,** Nr. 2, S. 2 (1976).

[19] E. M. Hörl, P. Koss und H. Märkl, Österr. Patent Nr. 317 313 (angemeldet am 14. 11. 1972), Great Britain Patent Specification 1402700, BRD-Patent 23 56 425.

[20] G. V. Spivak, G. V. Saparin und M. K. Antoshin, Fortschritte der physikalischen Wissenschaften **113,** Ausgabe 4, August 1974.

[21] O. V. Kononov, G. V. Spivak, G. V. Saparin, M. K. Antoshin, I. V. Nesterov und Yu. S. Borodaev, Izv. Akademii Nauk SSSR, Ser. Fizicheskaya **38,** 2234 (1974).

[22] L. F. Komolova, V. M. Efremenkova und G. V. Saparin, Phys. stat. sol. (a) **35,** K5 (1976).

[23] A. Boyde, BEDO **4/2,** 443 (1971).

[24] A. Boyde, Proc. of the IITRI Meeting, Chicago 1974, S. 93.

[25] M. Okada, JEOL-News **13 e,** Nr. 2, S. 7 (1976).

[26] Lee R. Grubic, Jr., US-Patent 3 628 014.

[27] M. S. Isaacson, Proc. of the 6th European Congr. on Electron Microscopy, Jerusalem 1976, Bd. 1, S. 26.

Korrespondenz und Sonderdrucke: Prof. Dr. E. M. Hörl, SGAE, Lenaugasse 10, A-1082 Wien, Österreich.

Mikrochimica Acta [Wien], Suppl. 7, 209—230

MIKROCHIMICA ACTA

Institut für Metallphysik der Universität Göttingen

Bremsstrahlungsuntergrund massiver Proben bei der Elektronenstrahlmikroanalyse*

Von

J. Böcker und Th. Hehenkamp

Mit 13 Abbildungen

(Eingegangen am 21. Januar 1977)

Die Elektronenstrahlmikroanalyse ist seit ihrer Entwicklung[1] im Jahre 1949 zu einem Standardmeßverfahren metallkundlicher Analyse herangereift. Man schießt hierbei Elektronen fein fokussiert auf eine Meßprobe, die daraufhin Sekundärstrahlung verschiedener Art und Energie emittiert. Für die chemische Analyse ist die charakteristische Röntgenstrahlung die wichtigste Strahlungsart, da ihre Energie nach dem Moseleyschen Gesetz[2] eine Identifizierung der Atomsorten des Präparates gestattet.

Um zu einer quantitativen Aussage zu kommen, ermittelt man das Verhältnis k_A der charakteristischen Linienintensität $I^{\mathrm{P}}_{\mathrm{Ac}}$ eines Elementes A in einer Probe zu der entsprechenden Intensität $I^{\mathrm{S}}_{\mathrm{Ac}}$ im Reinelement-Standard A

$$k_A = I^{\mathrm{P}}_{\mathrm{Ac}} / I^{\mathrm{S}}_{\mathrm{Ac}} \tag{1}$$

Dies entspricht nach Castaing[3] in erster Näherung der Gewichtskonzentration c_A von A in der Probe.

Für eine genaue Konzentrationsbestimmung ist eine Korrekturrechnung notwendig, welche die unterschiedlichen Anregungs- und

* Vortrag anläßlich des 8. Kolloquiums über metallkundliche Analyse mit besonderer Berücksichtigung der Elektronen- und Ionenstrahl-Mikroanalyse, Wien, 27. bis 29. Oktober 1976.

Absorptionsbedingungen in Meßprobe und Vergleichsstandard berücksichtigt:

$$c_A = k_A \cdot F \tag{2}$$

Der Korrekturfaktor F ist heute bis auf etwa 2% Fehler berechenbar[4].

Abb. 1 zeigt einen Ausschnitt aus dem Röntgenspektrum einer Chrom-Probe, die Spuren von Eisen enthält. Man mißt nun, z. B.

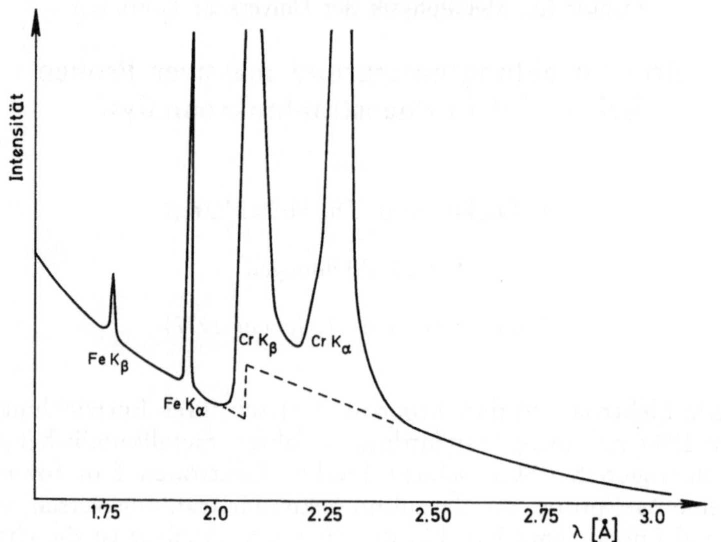

Abb. 1. Röntgenspektren einer Chrom-Probe, die Spuren von Eisen enthält

bei der Fe-K_α-Linie in Abb. 1, grundsätzlich die Summe I_M aus der charakteristischen Intensität I_c und einem Untergrund I_U.

Das gesuchte Verhältnis k ergibt sich demnach aus den vier Meßwerten der Gl. (3)

$$k = \frac{I_M^P - I_U^P}{I_M^S - I_U^S} \tag{3}$$

Hat man Gewichtskonzentrationen im Bereich einiger Zehntelprozent zu bestimmen, so sind Meßwert I_M^P und Untergrund I_U^P von gleicher Größenordnung. Untergrundfehler wirken sich in solchen Fällen voll auf die Genauigkeit von k und somit nach Gl. (2) auf die der Konzentrationsbestimmung aus.

Die Hauptquelle der Untergrundstrahlung bei Mikrosondenmessungen ist die Bremsstrahlung. Einflüsse der Höhenstrahlung sind als völlig unwesentlich vernachlässigbar. Sonstige Beiträge durch Streustrahlungen können durch geeignete Abschirmungen vom Zählrohr ferngehalten werden.

Eine unmittelbare Messung des Untergrundes gelingt nur in einigen speziellen Fällen, wie z. B. in Abb. 1 bei der Fe-K_α-Linie. Es gibt hierfür grundsätzlich zwei Möglichkeiten:

a) man mißt bei der eingestellten Wellenlänge λ auf der Reinst-Matrix;

b) man verstellt das Spektrometer und mißt auf der Probe beidseitig so dicht neben der charakteristischen Linie, daß beide Meßwerte praktisch mit dem Untergrund bei der Linie übereinstimmen.

Leider sind beide Methoden häufig nicht anwendbar: Befinden sich z. B. Eisenspuren in einer Legierung, so hat man i. a. diese spezielle Legierung ohne Eisen nicht zur Verfügung, um unmittelbar den Untergrund darauf messen zu können. Falls die zweite genannte Möglichkeit benutzt werden kann, wird aber bei sukzessiver Messung auf einer inhomogenen Legierung die wiederholte Spektrometerverstellung zumindest sehr zeitaufwendig sein; außerdem muß man die Messungen auf dem Standard (vgl. Gl. (3)) jeweils erneut vornehmen, damit Wiedereinstellfehler des verstellten Spektrometers keine Rolle spielen. Oft versagt jedoch auch die zweite Methode, weil Linienüberlappungen auftreten. Zur Veranschaulichung diene in Abb. 1 der Untergrund der Chrom-K_α-Linie, die mit der Chrom-K_β-Linie überlappt. Nach Untergrundmessungen bei den nächstmöglichen Wellenlängen 2,0 und 2,5 Å ist zur Ermittlung des gesuchten Untergrundes bei 2,3 Å ein Rechenverfahren notwendig, das genauere Kenntnisse über die Wellenlängenabhängigkeit des Untergrundes voraussetzt. Dieser hängt in vierfacher Hinsicht von der Wellenlänge λ ab:

1. über die in der Meßprobe erzeugte Bremsstrahlung;
2. über die Absorption der Bremsstrahlung in der Probe in Richtung Spektrometer;
3. über die Spektrometerempfindlichkeit;
4. über die Absorption der Bremsstrahlung im Zählrohrfenster.

In Abb. 1 ist ein resultierender Untergrund als Funktion von λ gestrichelt angedeutet. Für genauere Rechnungen sind die heutigen Kenntnisse über die drei zuerst genannten Wellenlängenabhängigkeiten noch zu unbefriedigend.

Der Bremsstrahlungsuntergrund hängt jedoch außer von λ auch von der Ordnungszahl Z des Targets ab. Es ist daher naheliegend zu überprüfen, ob der Untergrund statt über die Wellenlänge zweckmäßiger über die Ordnungszahl berechnet werden kann. Hierzu zeigt Abb. 2 Messungen[6] der Z-Abhängigkeit des Bremsstrahlungsuntergrundes bei der Wellenlänge der Nickel-K_α-Linie.

Ist etwa der Untergrund von reinem Nickel ($Z=28$) gesucht, so kann man denjenigen auf einem anderen Element messen, das bei 1,66 Å keine charakteristische Strahlung emittiert und dann über die Z-Abhängigkeit auf den Untergrund von Nickel umrechnen. Ent-

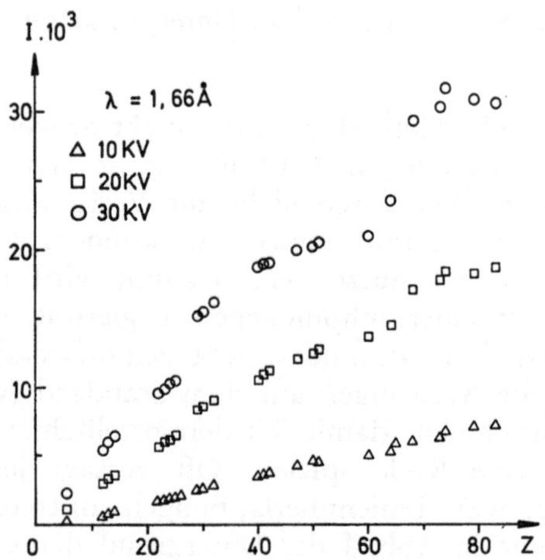

Abb. 2. Bremsstrahlungsintensitäten bei 1,66 Å in Abhängigkeit von der Ordnungszahl Z, gemessen unter einem Abnahmewinkel von 52,5°

sprechendes gilt für eine Legierung: Ihr Untergrund ist berechenbar, wenn man zusätzlich ihre mittlere effektive Ordnungszahl Z_{Leg} für die Erzeugung der Bremsstrahlung kennt. Man benötigt also für dieses Verfahren:

1. die Ordnungszahlabhängigkeit der in Reinelementen erzeugten Bremsstrahlung;
2. eine Absorptionskorrektur F_A zur Berechnung der in Richtung Spektrometer austretenden Bremsstrahlung;
3. die für die Bremsstrahlungserzeugung maßgebende effektive Ordnungszahl Z_{Leg}.

Der Vorteil dieser Z-Methode gegenüber der zuerst genannten λ-Methode besteht neben dem geringeren Zeitaufwand vor allem darin, daß die geräteabhängigen Rechnungen bezüglich der Absorption des Zählrohrfensters und der Spektrometerempfindlichkeit entfallen, da das Spektrometer nicht mehr verstellt werden muß. Man kann daher erwarten, daß sich für die Z-Abhängigkeit eine allgemein gültige, geräteunabhängige Funktion angeben läßt.

Allerdings gibt es bisher weder eine brauchbare analytische Darstellung der Z-Abhängigkeit des Bremsstrahlungsuntergrundes von Reinmetallen für die übliche Mikrosondenmeßbedingung des konstanten Strahlstroms, noch entsprechende Messungen für Legierungen.

Die neue Methode soll in fünf Schritten erarbeitet werden:

1. Messung des Bremsstrahlungsuntergrundes I von Reinmetallen als Funktion von Z bei konstantem Strahlstrom; Parameter sind λ und Beschleunigungsspannung V_0;
2. Glättung der unstetigen $I(Z)$-Meßkurven durch Multiplikation mit geeigneten Absorptionskorrekturen F_A;
3. analytische Darstellung der geglätteten Meßkurven $I^K(Z)$, woraus mit Division durch F_A auch der Untergrund analytisch beschrieben werden kann;
4. Definition von Z_{Leg} bezüglich der Bremsstrahlung;
5. Diskussion und Test der Ergebnisse.

Messungen

Als Meßgerät diente eine ARL-EMX-SM-Sonde. Wellenlänge und Impulshöhendiskriminierung waren über eine charakteristische Linie sehr genau einstellbar. Die Hochspannungskontrolle erfolgte mit einem hochspannungsfesten, hochohmigen Meßwiderstand und einem Digitalvoltmeter. Strahlstrom, Zähldauer und Diskriminierung wurden so gewählt, daß Fehler durch Zählverluste vernachlässigt werden konnten und die statistischen Fehler unter 1% lagen. Eventuell noch vorhandene geringe Schwankungen der Strahlstromstärke konnten dadurch kompensiert werden, daß bis zu einem festen Strom-Zeit-Produkt gezählt wurde.

Weiterhin war zu beachten, daß wegen der relativ geringen Bremsstrahlungsintensität jede Art von Streustrahlungsbeitrag deutliche Meßfehler verursachen kann. Die angewandte Impulshöhendiskriminierung unterdrückt solche Fehler wegen der relativ großen Breite des elektronischen Fensters nur teilweise. Daher schien es angebracht, zunächst einmal zu prüfen, ob meßbare Streustrahlungsbeiträge bei bestimmten Spektrometereinstellungen ins Zählrohr gelangen, um dann diese Einstellungen bei den eigentlichen Messungen meiden zu können.

Hierzu wurde ausgenutzt, daß unterhalb der kurzwelligen Grenze des Bremsspektrums keine Röntgenstrahlung existiert. Mißt man mit einem dort eingestellten Kristallspektrometer trotzdem Intensitäten, so sind diese sicher auf Streustrahlung zurückführbar.

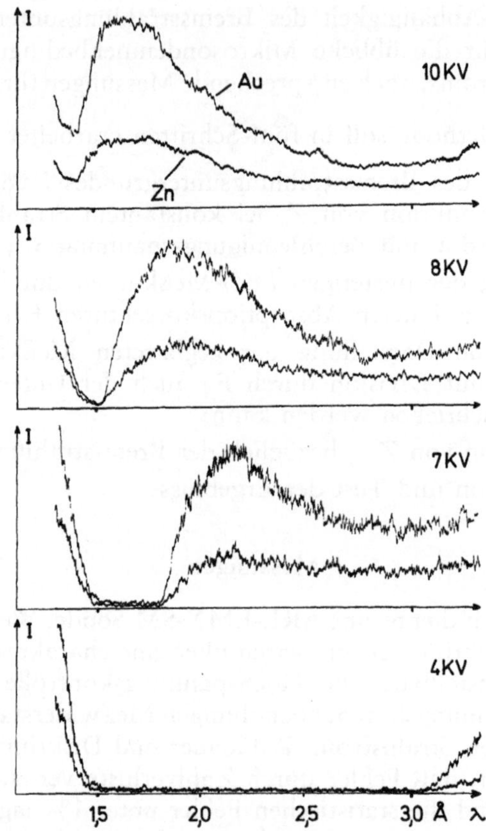

Abb. 3. Bremsspektren auf Au und Zn bei 10, 8, 7 und 4 kV (ARL-EMX-SM)

Abb. 3 zeigt Bremsspektren auf Gold und Zink bei Beschleunigungsspannungen von 10, 8, 7 und 4 kV. Mit der variierten Spannung V_0 verschiebt sich bekanntlich die kurzwellige Grenze $\lambda_{\min}$

$$\lambda_{\min}\,(\text{Å}) = \frac{12{,}4}{V_0\,(\text{kV})} \tag{4}$$

über den Wellenlängenbereich des LiF-Kristalls bis herauf zu 3,1 Å, so daß hier eindeutig Streustrahlung nachgewiesen werden kann. Sie tritt offensichtlich in erheblichem Maße unterhalb 1,5 Å auf.

Bei dem 10-kV-Spektrum deuten sich auch bei Spektrometereinstellungen oberhalb von 3 Å Streustrahlungsbeiträge an, da die Intensität hier offensichtlich nicht monoton abfällt, wie zu erwarten wäre. Mit einer empfindlicheren Messung in diesem Bereich kann man einen stärkeren Anstieg oberhalb 3,4 Å nachweisen[5].

Außerdem war zu berücksichtigen, daß ebenfalls geringste charakteristische Strahlungsanteile zu beträchtlichen Meßfehlern bei der relativ kleinen Bremsstrahlungsintensität führen können. Eine einwandfreie Kontrolle gelang dadurch, daß von sämtlichen in Frage kommenden Reinmetallproben Röntgenspektren aufgenommen wurden. Dies geschah bei der höchstmöglichen Beschleunigungsspannung von 50 kV, da hier wegen des hohen Rauschabstandes die charakteristischen Linien der Matrix oder von Verunreinigungen in erster oder höherer Ordnung am besten sichtbar werden. Trotz Impulshöhendiskriminierung passieren bei großen Intensitäten höhere Ordnungen noch teilweise das elektronische Fenster, so daß auch diese Fehler am sichersten durch geeignete Proben- und Wellenlängenauswahl vermeidbar sind.

Nach diesen Voruntersuchungen wurde der Bremsstrahlungsuntergrund auf den getesteten Reinstproben Aluminium, Silizium, Zink, Silber, Antimon und Gold bei den Wellenlängen

1,659 Å (Nickel K_α)
2,103 Å (Mangan K_α)
2,291 Å (Chrom K_α)
2,750 Å (Titan K_α)

gemessen. Einige weitere Metalle waren noch für die eine oder andere dieser Wellenlängen geeignet, so daß, je nach Spektrometereinstellung, 8 bis 14 überprüfte Elemente die geforderten Bedingungen erfüllten.

Die zu untersuchenden Legierungen sollten außerdem aus Komponenten sehr unterschiedlicher Ordnungszahl bestehen. Die zwei Aluminium-Gold-Legierungen AlAu und Al_2Au und die drei Kupfer-Gold-Legierungen mit 11,68 Gew.%, 25,35 Gew.% und 35,24 Gew.-% Cu erfüllten diese Anforderungen.

Die Messungen begannen grundsätzlich erst 5—6 Stunden nach Einstellung aller Parameter, wenn die Sonde einen möglichst stabilen Betriebszustand erreicht hatte. Bisher[6–8] übliche Meßreihen (siehe Abb. 2) benötigen für etwa 20 Elemente jeweils mehrere Stunden Meßzeit, wenn der statistische Fehler jeder Einzelmessung kleiner als 1% gehalten wird. Langfristige Wiederholungsmessungen auf demselben Element ergaben aber, daß sich in unkontrollierbarer

Weise den statistischen Fehlern von 1% solche von 3—4% durch Drifterscheinungen der Sonde überlagern können.

Eine Änderung der Meßmethode löste dieses Problem: Die Pulse wurden abwechselnd auf einer Meß- und der Vergleichsprobe Zink gezählt, beispielsweise mit einer Meßfolge: Zn, Au, Zn, Au, Zn, ... Meß- und Vergleichsmaterial konnten hierbei ohne Zeitverlust ausgetauscht werden, weil die verschiedenen Proben in derselben Halterung ringförmig um das Zink angeordnet waren. Die Ergebnisse bestanden also aus Intensitätsverhältnissen (I_{Au}/I_{Zn}, I_{Ag}/I_{Zn}, u. s. f.) bezogen auf Zink.

Die Auswahl des Normierungsmetalls Zink bedeutet keinerlei Einschränkung, da die Relativwerte ohne weiteres auf andere Vergleichselemente umgerechnet werden können, falls diese für Messungen bei einer speziellen Wellenlänge geeigneter sind. Außerdem ist Reinst-Zink leicht zugänglich und sendet zwischen 1,5 und 10 Å keine charakteristischen Linien aus.

Das neue Meßverfahren hat gegenüber den bisher üblichen Meßreihen zwei entscheidende Vorteile:

1. Relativwerte sind genauer meßbar, da Drift- und Schwankungserscheinungen der Sonde sich herauskürzen bzw. erfaßbar werden;
2. Relativwerte sind allgemeingültiger, da sie nur noch von prinzipiellen Variablen wie Z, λ und V_0 abhängen, nicht mehr dagegen von Apparatureigenschaften wie Zählrohrausbeute, Diskriminierung, Raumwinkel usw., die oft sogar wellenlängenabhängig sind.

Diese Unabhängigkeit der Ergebnisse vom Meßsystem kann nun für weitere Kontrollmethoden ausgenutzt werden.

Jede Messung erfolgt gleichzeitig mit zwei unabhängigen Spektrometern und Zählsystemen. Diese haben keine identischen Geometrien bzw. Einstellungen, so daß eventuell vorhandene Streustrahlungen unterschiedlich zum Untergrund beitragen sollten. Ungleiche Ergebnisse nach der Normierung lassen diesen Unterschied erkennen. Auf diese Weise ließen sich die Differenzen bei der zunächst mitanalysierten Wellenlänge von 3,6 Å erklären (siehe Abb. 3.)

Das Meßsystem wurde außerdem durch den Einbau einer Aluminiumfolie von 6 μm Stärke in den Strahlengang zum Spektrometerkristall verändert. Die nahe der Probe angebrachte Folie absorbiert einen großen Teil der Elektronen, die von der Probe in Richtung Spektrometerkristall gestreut werden und kann so die Entstehung von Streustrahlungen deutlich beeinflussen. Sehr gut geeignet für diese Testzwecke sind Goldproben, die etwa 50% der auftreffenden Elektronen wieder zurückstreuen.

Bei der Überprüfung von I_{Au}/I_{Zn} im Wellenlängenbereich von 1,66 Å bis 2,75 Å ergaben sich identische Meßergebnisse sowohl bei beiden Meßsystemen als auch mit und ohne Al-Folien, so daß hier von einem reinen Bremsstrahlungsuntergrund ausgegangen werden kann.

Glättung der Meßkurven

Eine analytische Darstellung der Ordnungszahlabhängigkeit des Bremsstrahlungsuntergrundes gelingt, wenn man die Meßergebnisse zuvor durch die Absorptionskorrektur F_A von Philibert[9] glättet:

$$F_A = (1 + \varkappa/\sigma) \cdot \left(1 + \frac{h}{1+h} \cdot \varkappa/\sigma\right) \qquad (5)$$

mit

$$\varkappa = (\mu/\varrho)/\sin\Theta$$

$$h = 1{,}2\ A/Z^2$$

$$\sigma = c/(E_0{}^m - E_c{}^m)$$

Hierbei bedeuten: μ/ϱ Massenabsorptionskoeffizient. Θ Abnahmewinkel der Sonde (hier 52,5°), A Atomgewicht, $E_0 = eV_0$, e Elementarladung, die Konstanten[10] $c = 4{,}5 \cdot 10^5$ und $m = 1{,}65$. Die kritische Anregungsenergie E_c im Lenardkoeffizienten σ soll berücksichtigen[11], daß das Anregungsvolumen für charakteristische Strahlung auch von E_c abhängt. Da Bremsstrahlung derselben Frequenz ν wie charakteristische Strahlung noch von Elektronen der rund 10% kleineren Energie $E_\nu = h\nu$ angeregt werden kann, entsteht sie auch grundsätzlich noch in größerer Probentiefe. Daher ist in Gl. (5) für die Absorptionskorrektur von Bremsstrahlung

$$\sigma = c/(E_0{}^m - E_\nu{}^m)$$

verwendet worden[12].

Für die Darstellung der Meßergebnisse benutzt man zweckmäßigerweise eine normierte Elektronenenergie, das Überspannungsverhältnis U

$$U = E_0/E_\nu = \nu_0/\nu.$$

Abb. 4 zeigt für den Fall $\lambda = 2{,}75$ Å und $U = 5{,}54$, wie die auf Zink normierten Meßergebnisse I/I_{Zn} durch die Korrektur mit Gl. (5)

$$\frac{I^K}{I^K_{Zn}} = \frac{I}{I_{Zn}} \, \frac{F_A(Z)}{F_A(Zn)} \qquad (6)$$

in einen glatten Kurvenverlauf übergehen.

In Abb. 5 sind für jeweils eine Wellenlänge die absorptionskorrigierten Meßwerte I^K/I^K_{Zn}, aufgetragen gegen das Überspannungsverhältnis U, dargestellt. Mit eingezeichnet sind die Ordnungszahlen der Elemente, auf denen gemessen wurde. Für die noch unbekannten mittleren Ordnungszahlen der Legierungen stehen die Bezeichnungen L1 bis L5, wobei folgende Zuordnung gilt:

L1 (Al_2Au), L2 (AlAu), L3 (35,24 Gew.% Cu in Au), L4 (25,35 Gew.% Cu in Au) und L5 (11,68 Gew.% Cu in Au).

Das wichtigste Ergebnis dieser Darstellung ist, daß die relativen Intensitäten für $U>4$ spannungsunabhängig sind. Die Bremsstrahlungsintensitäten zeigen mit Annäherung von U an 1 ein stärkeres

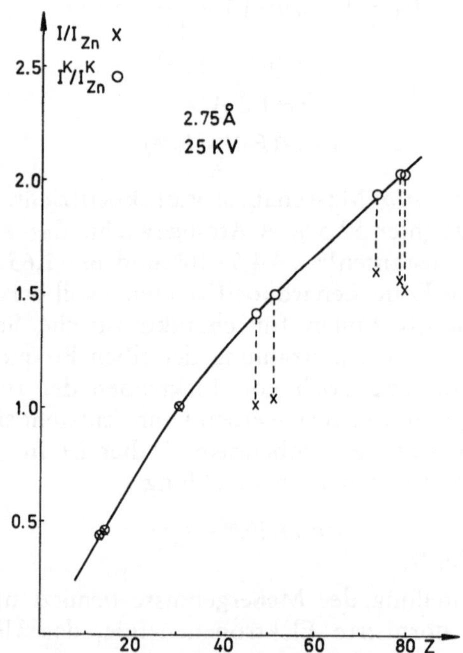

Abb. 4. Glättung der Meßkurve durch die Absorptionskorrektur

Anwachsen mit der Ordnungszahl. Das ist verständlich, da mit U gegen 1 das Anregungsvolumen im Target immer näher an die Probenoberfläche rückt, was schließlich dem Grenzfall dünner Folien entspricht. Für diese gilt aber nach Kramers[13] eine Z^2-Proportionalität im Gegensatz zur Z-Abhängigkeit massiver Proben, die für $U>4$ in Abb. 6 für jeweils eine Wellenlänge dargestellt ist. Nur der hier

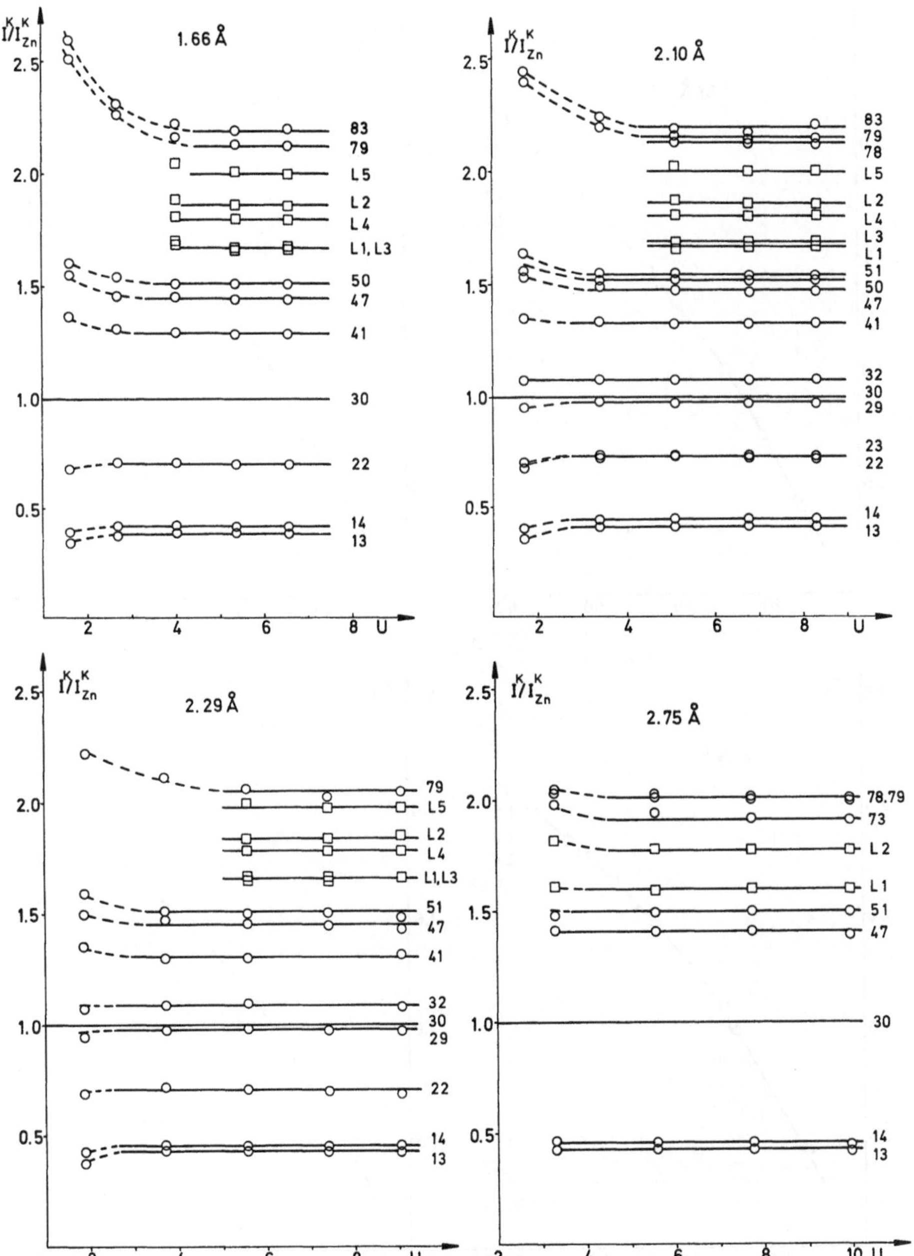

Abb. 5. Relative Bremsstrahlungsintensitäten I^K/I^K_{Zn} verschiedener Reinmetalle und Legierungen nach Absorptionskorrektur mit Gl. (6) in Abhängigkeit vom Überspannungsverhältnis

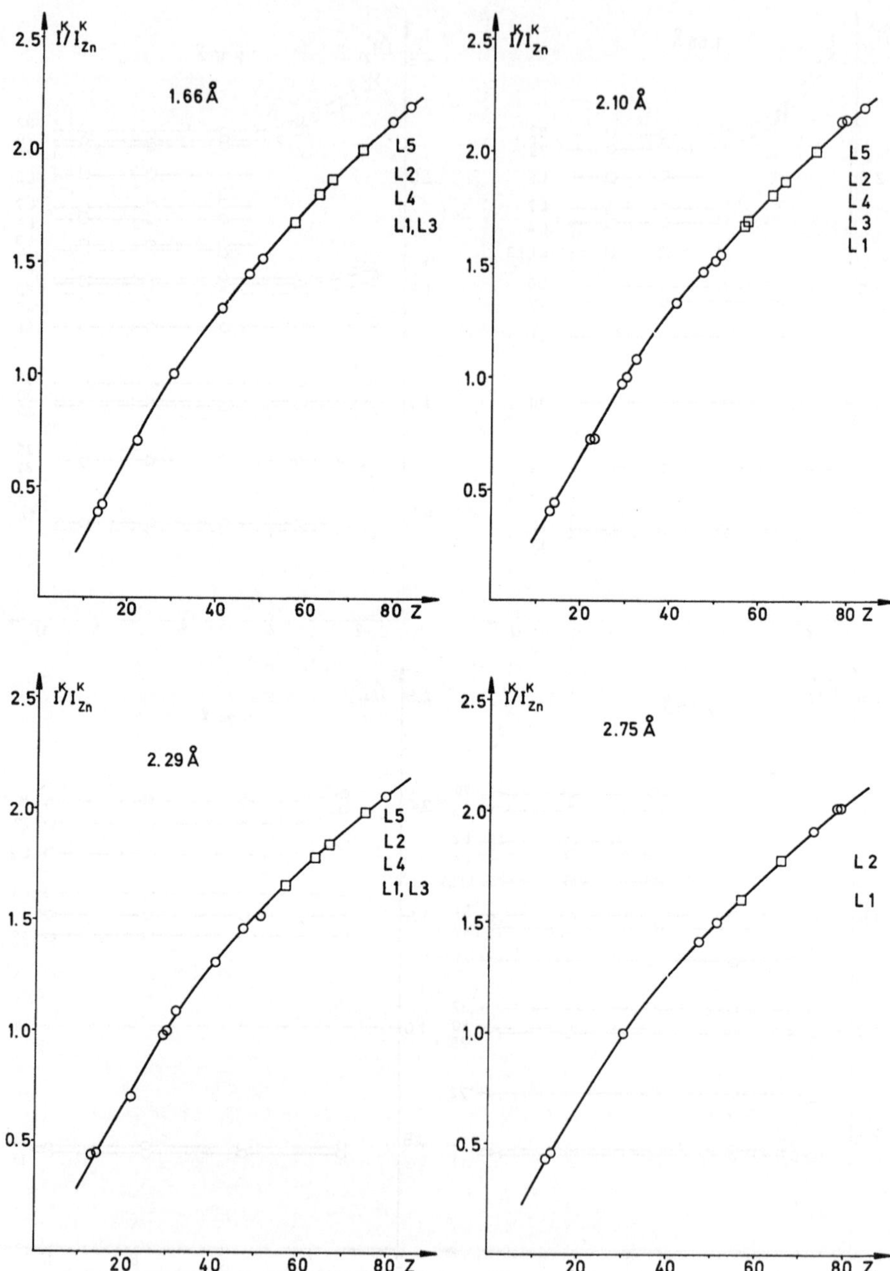

Abb. 6. Relative Bremsstrahlungsintensitäten I^K/I^K_{Zn} verschiedener Reinmetalle und Legierungen in Abhängigkeit von der Ordnungszahl Z

beschriebene Überspannungsbereich, in dem die Spannungsabhängigkeit für I^K/I^K_{Zn} herausfällt, ist i. a. für Mikroanalysen von Bedeutung.

In die Reinmetallkurven der Abb. 6 sind die relativen Intensitäten, die auf den Legierungen gemessen wurden, nachträglich miteingezeichnet worden. Durch dieses Verfahren ordnet man jeder Legierung eine mittlere Ordnungszahl Z_{Leg} bezüglich der Bremsstrahlung zu. Doch sollen zunächst die Reinelementkurven analytisch dargestellt werden.

Analytische Darstellung des Bremsstrahlungsuntergrundes

Betrachtet man zunächst die Z-Abhängigkeit als Hauptmerkmal allein, ohne den Einfluß von λ zu berücksichtigen, so ergibt eine

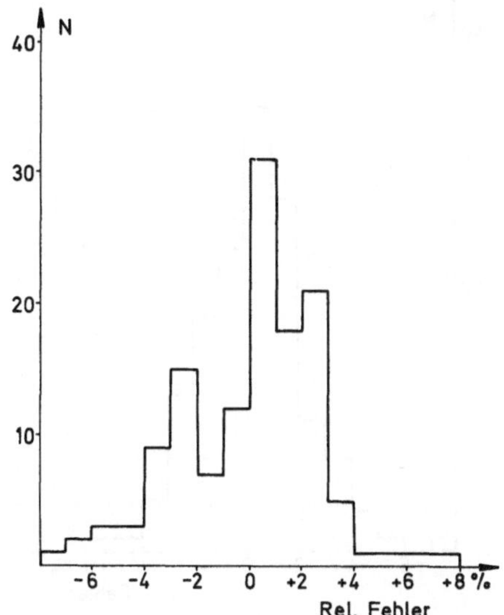

Abb. 7. Häufigkeitsverteilung der prozentualen Abweichungen der Einzelmessungen mit U > 3,5 von Gl. (7)

Ausgleichsrechnung über alle 133 Einzelmessungen des Wellenlängenbereichs 1,66 Å bis 2,75 Å, die $U > 3,5$ erfüllen:

$$I^K/I^K_{Zn} = -0,75 + 0,32 \cdot \sqrt{Z} \qquad (7)$$

Der mittlere quadratische Fehler für diese Darstellung beträgt 2,8 %. Abb. 7 zeigt die Häufigkeitsverteilung der Abweichungen der Meßergebnisse von Gl. (7).

Man erkennt eine deutliche Unsymmetrie der Fehlerhäufigkeit. Eine Verbesserung der statistischen Verteilung und der Standardabweichung wird erreicht, wenn man die relativ geringe Wellenlängenabhängigkeit der Meßergebnisse berücksichtigt:

$$I^K/I^K_{Zn} = A_0 + A_1(\lambda)\, Z^{n(\lambda)} \qquad (8)$$

mit $A_0 = -0{,}75$

$A_1 = 0{,}226 + 0{,}043 \cdot \lambda$ (Å)

$n = 0{,}5800 - 0{,}0364 \cdot \lambda$ (Å)

Die Standardabweichung beträgt für diese Darstellung nur noch 2%. Abb. 8 zeigt die Häufigkeitsverteilung der prozentualen Abweichungen der Meßergebnisse von Gl. (8).

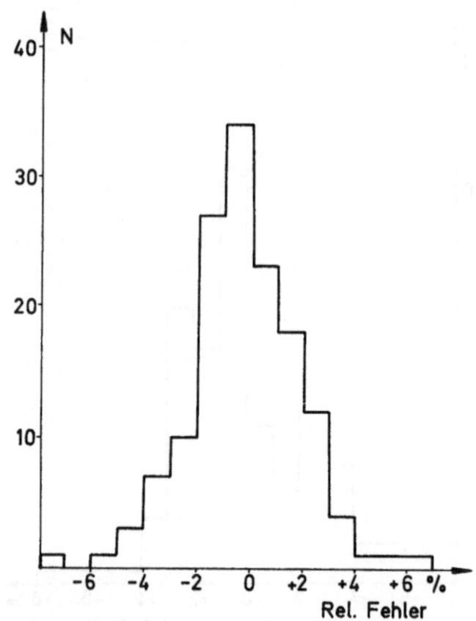

Abb. 8. Häufigkeitsverteilung der prozentualen Abweichungen der Einzelmessungen mit U > 3,5 von Gl. (8)

Die stark verbesserte Symmetrie gegenüber Abb. 7 nach Berücksichtigung der Wellenlängenabhängigkeit in Gl. (8) tritt deutlich in Erscheinung.

Auch die unkorrigierten Untergrundmeßwerte sind jetzt mit Gl. (8) durch Rücknahme der Absorptionskorrektur Gl. (5) analytisch darstellbar:

$$I(Z)/I_{Zn} = (A_0 + A_1 Z^n)/[F_A(Z)/F_A(Zn)] \qquad (9)$$

Man erhält also den Untergrund auf einem Element der Ordnungszahl Z, indem man denjenigen auf Zink mißt und den Meßwert mit der rechten Seite der Gl. (9) multipliziert. Sollte Zink als Bezugselement bei einer bestimmten Wellenlänge nicht geeignet sein, so ergibt eine einfache Umrechnung auf ein beliebiges anderes Element der Ordnungszahl Z^*:

$$I(Z) = I(Z^*)\,\frac{A_0 + A_1 Z^n}{A_0 + A_1 Z^{*n}} \cdot \frac{F_A(Z^*)}{F_A(Z)} \tag{10}$$

Für eine Legierung kann der Untergrund genauso berechnet werden, wenn man die Ordnungszahl des Reinelementes Z in Gl. (9) oder Gl. (10) durch die mittlere Ordnungszahl Z_{Leg} einer Legierung bzw. der Bremsstrahlung ersetzt.

Die mittlere Ordnungszahl einer Legierung bezüglich der Bremsstrahlung

Z_{Leg} wurde dadurch definiert, daß in die Kurven für die Reinelementintensitäten in Abhängigkeit von Z (siehe Abb. 6) nachträglich die Legierungsintensitäten eingetragen wurden. Man kann

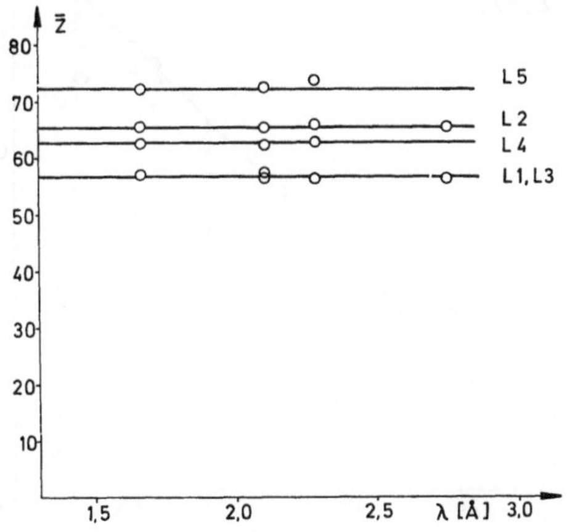

Abb. 9. Auftragung der mittleren effektiven Ordnungszahl von Legierungen bezüglich der Bremsstrahlungserzeugung gegen die Wellenlänge

sich leicht überlegen, daß die gewählte Normierung keinen Einfluß auf diese Definition von Z_{Leg} hat. Ebenso ist Z_{Leg} wie die Kurven selbst von Strom und Spannung unabhängig. Schließlich sind die so gewonnenen Z_{Leg}-Werte auch unabhängig von der Wellenlänge, wie Abb. 9 zeigt.

Das so definierte Z_{Leg} ist also sinnvollerweise eine reine Materialeigenschaft und soll daher jetzt als Funktion der Probenkonzentration dargestellt werden. Hierzu wird der Ansatz

$$Z_{Leg}^R = c_1 Z_1^R + c_2 Z_2^R \tag{11}$$

gewählt und dieser unter Berücksichtigung von $c_1 = 1 - c_2$ umgeformt zu

$$c_2 = \frac{Z_{Leg}^R - Z_1^R}{Z_2^R - Z_1^R} \tag{12}$$

Kennt man den Exponenten R, so kann im Prinzip aus Bremsstrahlungsmessungen die Gewichtskonzentration c_2 ermittelt werden. Mit einem ähnlichen Ansatz versuchten Philibert[14] und Büchner[15] über ein Z_{Leg} bezüglich des Probenstroms eine quantitative Analyse.

Um einen geeigneten Exponenten R zum Ansatz Gl. (11) zu finden, werden zu den experimentell gewonnenen Z_{Leg}-Werten für verschiedene R die Gewichtskonzentrationen der Komponente Gold

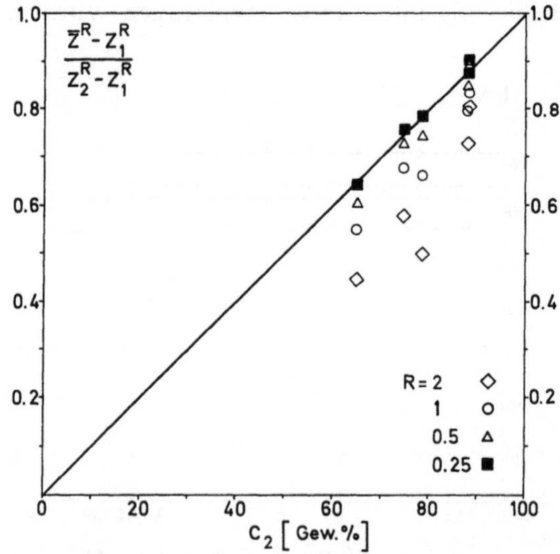

Abb. 10. Auftragung der nach Gl. (12) berechneten Goldkonzentrationen gegen die bekannten Werte

für die 5 binären Au-Al- und Au-Cu-Legierungen nach Gl. (12) berechnet und gegen die bekannten Goldkonzentrationen dieser Legierungen aufgetragen. Dies ist in Abb. 10 für die Parameter $R = 2$, 1, 0,5 und 0,25 geschehen.

Abb. 10 zeigt, daß Gl. (11) mit dem Exponenten $R = 0{,}25$ gut geeignet ist, die mittlere Ordnungszahl der Legierungen bzw. Bremsstrahlungserzeugung zu beschreiben.

Zur Untergrundberechnung auf binären Legierungen hat man also in Gl. (9) bzw. Gl. (10) die mittlere Ordnungszahl nach Gl. (13) zu verwenden:

$$Z_{\mathrm{Leg}} = (c_1 \cdot Z_1^{0,25} + c_2 \cdot Z_2^{0,25})^4 \qquad (13)$$

Diskussion und Test der Ergebnisse

Im allgemeinen wird selten über größere Ordnungszahldifferenzen zu mitteln sein als zwischen 13 (bzw. 29) und 79, für welche Gl. (13) abgeleitet wurde. Daher sollte die hier noch vorhandene

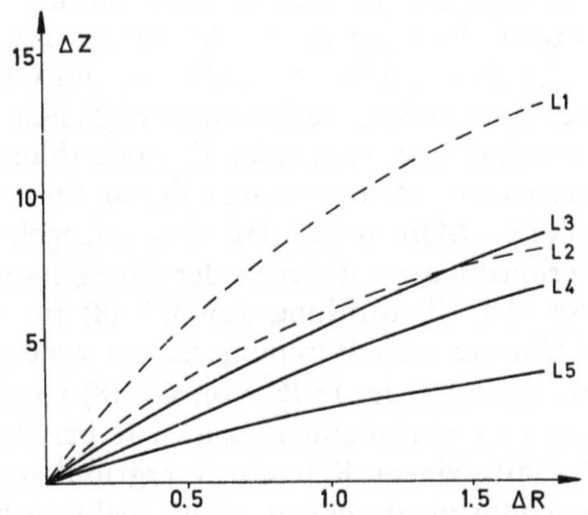

Abb. 11. Fehler in Z_{Leg} bei Abweichungen von $R = 0{,}25$ in Gl. (11)

Ungenauigkeit von etwa 1% bei anderen binären Legierungen kaum übertroffen werden.

Es ist allerdings davor zu warnen, andere Mittelwertbildungen zu benutzen, auch wenn diese in der Literatur häufig angeboten werden. Abb. 11 demonstriert anhand der 5 untersuchten Legierungen die hieraus entstehenden Fehler in Z_{Leg}, wenn man für den Ansatz Gl. (11) andere Exponenten verwendet als $R = 0{,}25$.

Die z. B. bei Springer[16] für die Bremsstrahlungsfluoreszenzkorrektur angegebene lineare Mittelung mit $R = 1$ (d. h. $\Delta R = 0{,}75$) ergibt für die fünf Legierungen relative Fehler in Z_{Leg} von 3 bis 14%.

Jedoch ist zu beachten, daß natürlich durchaus andere mittlere Ordnungszahlen für Legierungen zu erwarten sind, wenn man sich auf andere physikalische Prozesse als die hier betrachtete Bremsstrahlungserzeugung bezieht, also z. B. auf den Probenstrom einer Legierung[14, 15].

Der mittlere quadratische Fehler der analytischen Darstellung aller absorptionskorrigierten Meßergebnisse I^K/I^K_{Zn} mit $U > 3{,}5$ durch Gl. (8)

$$I^K/I^K_{Zn} = A_0 + A_1(\lambda)\, Z^{n(\lambda)}$$

betrug 2%. Für kleinere Ordnungszahlen $Z \leq 22$ ist die Beziehung nicht ganz so optimal. Hier empfiehlt sich eventuell eher, eine lineare Z-Abhängigkeit zu verwenden. Für den großen und wichtigen Bereich der Elemente zwischen Kupfer ($Z = 29$) und Wismut ($Z = 83$) ist dagegen eine lineare Berechnung des Bremsstrahlungsuntergrundes ungeeignet, da sie Fehler bis etwa 30% bewirkt. Sehr gut geeignet für Untergrundberechnungen aus anderen Meßwerten ist dagegen in diesem Bereich Gl. (8). Dies sei an Hand der Meßergebnisse bei $\lambda = 1{,}66$ Å gezeigt. Von jedem der Meßwerte als Referenz ausgehend, werden alle übrigen Fälle nach Gl. (10) mit Gl. (8) berechnet und mit den tatsächlichen Meßergebnissen verglichen. Läßt man die Trivialfälle hierbei fort und vermeidet Doppelzählungen, so ergibt sich für die auftretenden relativen Fehler die in Abb. 12 dargestellte Häufigkeitsverteilung. Man sieht, daß das angegebene Verfahren eine Untergrundermittlung im Rahmen der Meßgenauigkeit von 1% erlaubt. Diese Art der Überprüfung von Gl. (8) für die praktische Anwendung der Untergrundbestimmung ist notwendig.

Sind die Abweichungen der I^K/I^K_{Zn} von Gl. (8) nämlich nicht rein statistisch, so kann es vorkommen, daß sich bei der Berechnung des Untergrundes aus einem Referenzuntergrundwert diese systematischen Abweichungen zu einem nicht mehr vertretbaren Gesamtfehler addieren. Aus diesem Grund ist die vereinfachte Formel (7) ohne Berücksichtigung der Wellenlängenabhängigkeit für die Untergrundberechnung aus anderen Meßwerten nicht geeignet.

Die Absorptionskorrektur F_A nach Gl. (5) wurde von Philibert[9] für charakteristische Röntgenstrahlung unter der vereinfachenden Annahme hergeleitet, daß der Wirkungsquerschnitt für die Erzeugung der Strahlung energieunabhängig ist. Obwohl für die Absorptionskorrektur der Bremsstrahlung diese Vereinfachung bezüglich des Wirkungsquerschnittes nicht in gleich gutem Maße gerechtfertigt sein muß wie für charakteristische Strahlung, konnte hier F_A verwendet werden, ohne Fehler bei der Untergrundberechnung zu verursachen: F_A dient lediglich zur Glättung der Meßergebnisse (siehe Abb. 4) und wird nach der analytischen Darstellung der geglätteten Ergebnisse durch Gl. (8) in Gl. (9) bzw. Gl. (10) zur Untergrundberechnung wieder zurückgenommen.

Fehler können höchstens dann auftreten, wenn man von ARL-Sonden mit $\Theta = 52{,}5^0$ zu Geräten mit anderen Abnahmewinkeln übergeht. An anderen Sonden mit viel flacheren Abnahmewinkeln — wie JEOL mit $\Theta = 30^0$ oder CAMECA mit $\Theta = 18^0$ — gibt es erheblich stärkere Absorptionen, d. h. geringere Intensitäten. Nur

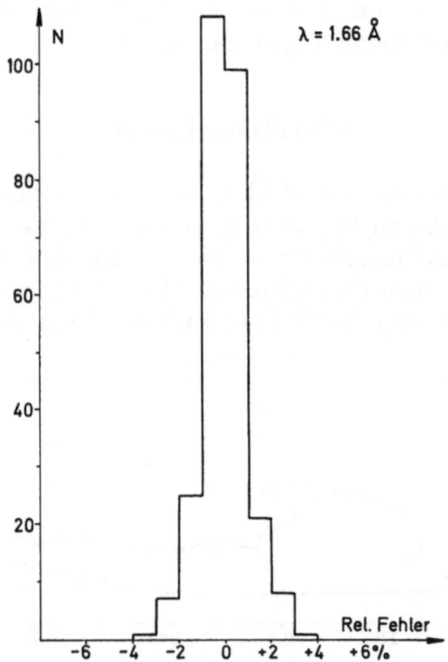

Abb. 12. Häufigkeitsverteilung der relativen Fehler bei Anwendung von Gl. (8) zur Berechnung sämtlicher Meßwerte mit $U > 3{,}5$, $\lambda = 1{,}66$ Å und $30 \leqq Z \leqq 83$

wenn F_A dort auf dieselben Werte I^K/I^K_{Zn} korrigiert wird wie bei der ARL-Sonde, kann auch dort der Untergrund über die analytische Darstellung Gl. (8) berechnet werden.

Die Überprüfung erfolgte an einer JEOL JSM-U3 und einer CAMECA MS46. Sie ergab bei 25 kV Beschleunigungsspannung und der Wellenlänge von 2,75 Å, die die höchstmögliche Absorption im hier untersuchten Bereich liefert:

	$52{,}5^0$	30^0	18^0
I_{Ag}/I_{Zn}	1,012	0,913	0,758
I^K_{Ag}/I^K_{Zn}	1,413	1,450	1,412
I_{Au}/I_{Zn}	1,518	1,383	1,160
I^K_{Au}/I^K_{Zn}	2,012	2,047	1,966

Die Ergebnisse bei $\Theta = 30^0$ und $\Theta = 18^0$ stimmen trotz der erheblichen Korrekturen bis auf 2—3% mit denen an der ARL-Sonde überein. Dies muß als Übereinstimmung betrachtet werden, da die Kontrollmessungen mit Fehlern von etwa 1% behaftet sind. Das hier entwickelte Verfahren der Untergrundberechnung über die Ordnungszahlabhängigkeit unter Verwendung der Gln. (5), (8) und (10) kann also auch für die anderen gebräuchlichen Mikrosonden bis mindestens $\Theta = 18^0$ herab angewandt werden.

Schlußbemerkungen

Es sei noch einmal darauf hingewiesen, daß diese „Z-Methode" — genauso wie das zu Beginn besprochene Alternativverfahren über die Wellenlängenabhängigkeit — voraussetzt, daß der Bremsstrahlungsuntergrund nicht durch Streustrahlungsbeiträge verfälscht wird. Während bei der ARL-EMX-SM-Sonde solche Streustrahlungen im

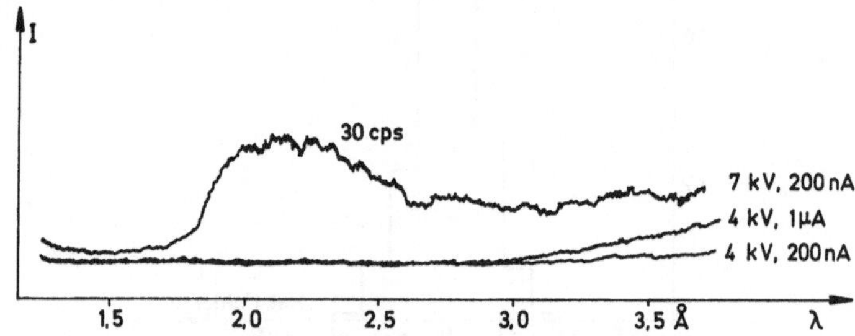

Abb. 13. Bremsspektren auf Messing bei 7 kV und 4 kV, aufgenommen mit einer ARL-SEMQ-Sonde

Randbereich der Kristallstellungen auftreten (siehe Abb. 3), ist dieser Nachteil bei der neuen ARL-SEMQ im kurzwelligen Bereich beseitigt. Abb. 13 zeigt hierzu die an diesem Gerät aufgenommenen Bremsspektren bei 7 kV und 4 kV, die allerdings noch am langwelligen Ende durch ein Ansteigen der Intensität diesen Fehler andeuten.

Im allgemeinen ist besondere Vorsicht bezüglich Streustrahlungen bei Benutzung von Durchflußzählrohren angebracht, wie bei den Kontrollmessungen an der JEOL- und CAMECA-Sonde auffiel. Die in dieser Arbeit erprobten Verfahren, Messungen unterhalb der kurzwelligen Grenze des Bremsspektrums vorzunehmen und Relativwerte mit und ohne Al- oder Be-Folie im Strahlengang zu messen, können solche Konstruktionsmängel und Streustrahlungseinflüsse aufdecken.

Es wäre zu wünschen, daß sich die Herstellerfirmen zum Zwecke der höheren Analysengenauigkeit und besseren Nachweisgrenze diesem Problem mehr widmen als bisher.

Danksagungen

Die Deutsche Forschungsgemeinschaft förderte diese Arbeit durch Personal- und Sachmittel. Die Messungen an der JEOL- bzw. CAMECA-Sonde konnten durch freundliches Entgegenkommen des Instituts für Werkstoffkunde (B) der TU Hannover und der Metallgesellschaft AG Metallaboratorium Frankfurt/M durchgeführt werden. Die Kontrolle an der ARL-SEMQ-Sonde wurde durch die ARL Sunland/Calif. ermöglicht. Allen Förderern sei herzlichst gedankt.

Zusammenfassung

Der Bremsstrahlungsuntergrund bei Mikroanalysen kann auch ohne Verstellung der Spektrometer über seine Ordnungszahlabhängigkeit ermittelt werden. Auf Grund von Relativmessungen auf Reinmetallen und Legierungen an einer ARL-Sonde (Abnahmewinkel $52{,}5^0$) bei den Wellenlängen 1,66 Å, 2,10 Å, 2,29 Å und 2,75 Å, bei Spannungen bis 50 kV und bei konstantem Strahlstrom wird mit Hilfe der Absorptionskorrektur von Philibert die *Z*-Abhängigkeit des Bremsstrahlungsuntergrundes für diesen Bereich bis auf etwa 1% genau analytisch angegeben. Die mittlere Ordnungszahl einer binären Legierung ist hierbei über die Gewichtskonzentrationen gemäß

$$Z_{\text{Leg}} = (c_1 Z_1{}^{0,25} + c_2 Z_2{}^{0,25})^4$$

zu berechnen. Testmessungen an einer JEOL- und einer CAMECA-Sonde zeigen die unmittelbare Anwendbarkeit der Ergebnisse bei Mikrosonden mit flacheren Abnahmewinkeln bis mindestens 18^0 herab.

Summary

Continuum-radiation in Quantitative Electron Microprobe Analysis

The background for characteristic lines in quantitative microprobe analysis can be determined without shifting the spectrometers employing a relationship between X-ray continuum intensity and atomic number Z. A formula for calculation of the background with an accuracy of 1% in the range of investigation was worked out on grounds of relative measurements on pure metals and alloys using an ARL-probe with an emergence angle of 52.5^0 and by means of the absorption correction of Philibert. The measurements were made at the wavelengths 1.66 Å, 2.10 Å, 2.29 Å and 2.75 Å, with acceleration voltages up to 50 kV and constant beam current. The average atomic number of a binary alloy is to be calculated from the weight concentrations according to

$$Z_{\mathrm{Leg}} = (c_1\, Z_1^{0.25} + c_2\, Z_2^{0.25})^4.$$

Controlling measurements with a JEOL- and a CAMECA-probe demonstrate the immediate applicability of the results to microprobes having different emergence angles down to at least 18^0.

Literatur

[1] R. Castaing und A. Guinier, Electron Microscope, Proc. Delft Conf., 60 (1949).

[2] H. G. J. Moseley, Phil. Mag. **26**, 1024 (1913).

[3] R. Castaing, Ph. D. Thesis, Université de Paris, 1951.

[4] S. J. B. Reed, Electron Microprobe Analysis, Cambridge: Cambridge Univ. Press. 1975.

[5] J. Böcker, Dissertation, Universität Göttingen, 1976.

[6] Th. Hehenkamp und J. Böcker, in: E. Preuss, ed., Quantitative Analysis with Electron Microprobes and Secondary Ion Mass Spectrometry, Jül-Conf-8 (1973) 57.

[7] H. Kulenkampff, Ann. Phys. (Leipzig) **69**, 548 (1922).

[8] T. S. Rao-Sahib und D. B. Wittry, J. Appl. Phys. (45) **11**, 5060 (1974).

[9] J. Philibert, in: H. H. Pattee, V. E. Cosslett und A. Engström, ed., X-ray Optics and X-ray Microanalysis, New York: Academic Press. 1963. S. 379.

[10] K. F. J. Heinrich, Paper presented at 2nd Nat. Conf. on Electron Microprobe Analysis, Boston, 1967.

[11] P. Duncumb und P. K. Shields, in: Mc Kinley, K. F. J. Heinrich und D. B. Wittry, ed., The Electron Microprobe, New York: Wiley. 1966. S. 284.

[12] Th. Hehenkamp und J. Böcker, Mikrochim. Acta [Wien], Suppl. V, **1974**, 29.

[13] H. A. Kramers, Phil. Mag. **46**, 836 (1923).

[14] J. Philibert und E. Weinryb, in: H. H. Pattee, V. E. Cosslett und A. Engström, ed., X-ray Optics and X-ray Microanalysis, New York: Academic Press. 1963. S. 451.

[15] A. R. Büchner, Arch. Eisenhüttenwes. **44**, 143 (1973).

[16] G. Springer, N. Jb. Miner. Abh. **106** (3), 241 (1967).

Korrespondenz und Sonderdrucke: Dr. J. Böcker und Prof. Dr. Th. Hehenkamp, Abteilung für Metallkunde, Institut für Metallphysik der Universität Göttingen, Hospitalstraße 12, D-3400 Göttingen, Bundesrepublik Deutschland.

Mikrochimica Acta [Wien], Suppl. 7, 231—242

MIKROCHIMICA
ACTA

Universität Bremen, Fachbereich Physik

Statistische Meßfehler und Auflösungsgrenzen in der energiedispersiven Röntgenanalyse

Von

P. L. Ryder

Mit 8 Abbildungen

(Eingegangen am 27. Oktober 1976)

Das Auflösungsvermögen eines Spektrometers ist in erster Linie durch die physikalischen Eigenschaften des Systems bedingt. Die Faltung des Spektrums durch die Spektrometerfunktion führt dazu, daß sich eng benachbarte Spektrallinien überlagern können. Solche Überlagerungen lassen sich jedoch im Prinzip mit Hilfe der bekannten Methoden der mathematischen Entfaltung auflösen, wodurch es möglich wird, die Intensitäten der Linien quantitativ zu bestimmen. Das effektive Auflösungsvermögen des Systems kann also unter Umständen besser als die „Halbwertsbreite“ der Spektrallinien sein.

Die Grenzen der Entfaltung sind dort zu suchen, wo die Unsicherheit der so gewonnenen Daten, die mit geringer werdendem Abstand der Spektrallinien immer größer wird, ein vertretbares Maß übersteigt. Die endgültige Grenze des Auflösungsvermögens wird also durch die Statistik des Meßverfahrens gesetzt und ist infolgedessen von verschiedenen Versuchsparametern, wie z. B. Linienintensität, Stärke des Untergrundes, Rauschen usw. abhängig.

In der vorliegenden Arbeit wird die Abhängigkeit der Meßgenauigkeit und der Auflösungsgrenzen von den relevanten Versuchsparametern theoretisch untersucht. Das verwendete Modell — ein digitales Spektrum mit Gaußscher Linienform — entspricht in guter Näherung der Wirklichkeit, z. B. bei der energiedispersiven Analyse von Röntgen- oder Gammastrahlen mit einem Halbleiterdetektor und einem Vielkanalanalysator. Die Ergebnisse lassen sich jedoch auch auf andere Systeme mit dieser Linienform anwenden und mit geringen Modifikationen ist die hier vorgestellte Theorie auch auf andere Linienformen anwendbar.

Modell und Fragestellung

Um konkret zu sein, betrachten wir als Beispiel die Energieverteilung von Röntgenphotonen. Das Spektrum bestehe aus zwei Linien auf einem konstanten Untergrund. Es müssen folgende Parameter berücksichtigt werden:

— Die Intensitäten (Gesamtimpulszahlen) bei beiden Linien (I_1, I_2).

— Die Lagen der beiden Linien E_1, E_2, insbesondere der Abstand $\varepsilon = E_2 - E_1$.

— Die Linienbreite des Spektrometersystems, ausgedrückt z. B. durch die Halbwertsbreite w oder den Parameter s der Gaußfunktion [siehe Gl. (2)]. Es gilt die Beziehung $w = 2{,}35\, s$.

— Die Untergrundintensität U = Photonen (Impusle)/Energieeinheit.

— Die Kanalbreite e des Vielkanalanalysators.

Das gemessene Spektrum wird dargestellt durch die Anzahl N_k der im Kanal k gespeicherten Impulse. Es gilt nun, folgende Fragen zu beantworten:

1. Wie bestimmt man die „besten“ Werte der Intensitäten I_1 und I_2 aus den Meßwerten N_k?
2. Wie errechnet man die „Fehler“, d. h. die Standardabweichungen σ_1, σ_2 von I_1 und I_2?
3. Welche Beziehung besteht zwischen den Standardabweichungen der Endergebnisse und den Versuchsparametern?
4. Welchen Einfluß haben die Versuchsparameter auf die eingangs besprochene Auflösungsgrenze?

Die nachfolgende mathematische Behandlung geht zunächst von einigen vereinfachenden Annahmen aus, die sicherlich nur eine begrenzte Gültigkeit haben. Auf diese Frage wird am Schluß der Arbeit näher eingegangen. Um das Verständnis der Ableitung zu erleichtern, seien jedoch die Annahmen hier zunächst geschlossen aufgeführt:

1. Wie schon angedeutet, wird davon ausgegangen, daß die Form der Spektrallinie in guter Näherung durch eine Gaußkurve dargestellt werden kann.

2. Die Linienbreite (s oder w) wird als bekannt vorausgesetzt. Ferner wird die spektrale Abhängigkeit dieses Parameters im Bereich der beiden betrachteten Linien vernachlässigt.
3. Die Lagen der beiden Linien (E_1, E_2) werden als bekannt vorausgesetzt.
4. Die Untergrundintensität U wird als konstant (energieunabhängig) und bekannt angenommen.
5. Es werden nur die durch die Impulszählstatistik verursachten Schwankungen in der Fehlerrechnung berücksichtigt.
6. Die Kanalbreite e soll klein im Vergleich mit der Linienbreite s sein.

Bestimmung der Linienintensitäten

Die Linienintensitäten I_1 und I_2 werden durch die Methoden der kleinsten quadratischen Abweichungen bestimmt. Die mittlere Impulszahl im Kanal k nach sehr vielen wiederholten Messungen wäre

$$M_k = \{U + I_1 f(ke - E_1) + I_2 f(ke - E_2)\} \cdot e \tag{1}$$

mit

$$f(x) = \frac{1}{\sqrt{2\pi}\, s} \cdot \exp\left(\frac{-x^2}{2 s^2}\right) \tag{2}$$

Die unbekannten Größen I_1 und I_2 müssen so gewählt werden, daß die Summe der quadratischen Abweichungen von den experimentellen Werten N_k ein Minimum hat, d. h.

$$F = \sum_k (M_k - N_k)^2 = \text{Minimum} \tag{3}$$

oder

$$\frac{\partial F}{\partial I_1} = \frac{\partial F}{\partial I_2} = 0 \tag{4}$$

Anwendung dieser Bedingung auf die Gl. (1) ergibt mit der Abkürzung $f_{jk} = f(ke - E_j)$ die Simultangleichungen

$$\begin{aligned} &\sum_k f_{1k} \{Ue + I_1 f_{1k} e + I_2 f_{2k} e - N_k\} = 0 \\ &\sum_k f_{2k} \{Ue + I_1 f_{1k} e + I_2 f_{2k} e - N_k\} = 0 \end{aligned} \tag{5}$$

Für $e \ll s$ können die Summen über die Gaußfunktionen und deren Produkte durch Integrale ersetzt werden:

$$\sum_k f_{jk} e \approx \int_{-\infty}^{\infty} f(E - E_j)\, dE = 1 \tag{6}$$

$$\sum_k f_{jk} \cdot f_{ik} e \approx \int_{-\infty}^{\infty} f(E - E_j) \cdot f(E - E_i)\, dE = \frac{\exp\{-(E_j - E_i)^2/4 s^2\}}{2 s \sqrt{\pi}} \tag{7}$$

Mit den Abkürzungen

$$b = \exp\{-(E_1 - E_2)^2/4s^2\} \tag{8}$$

und

$$S_j = \sum_k N_k f_{jk} \qquad (j = 1,2) \tag{9}$$

erhalten wir schließlich aus (5), (6) und (7) die Lösungen

$$\begin{aligned} I_1 &= \frac{2s\sqrt{\pi}}{1-b^2}\{S_1 - bS_2 - (1-b)\,U\} \\ I_2 &= \frac{2s\sqrt{\pi}}{1-b^2}\{S_2 - bS_1 - (1-b)\,U\} \end{aligned} \tag{10}$$

Diese Gleichungen stellen die analytische Lösung des Problems dar, wie man die Intensitäten I_1 und I_2 an die Meßwerte N_k anpaßt. Die als bekannt vorausgesetzten Spektralparameter sind in den Größen s (Linienbreite), b (Abstand der Linien) und U (Untergrund) enthalten, während die experimentellen Werte N_k in den gewichteten Summen S_1 und S_2 zu finden sind.

Um die nachfolgende Ableitung etwas übersichtlicher zu gestalten, werden alle Energien auf die Maßeinheit $s = 1$ bezogen. Ferner bezeichnen wir den Linienabstand $E_1 - E_2$ mit ε. In den Gln. (10) gilt also

$$s = 1$$

und

$$b = \exp(-\varepsilon^2/4) \tag{11}$$

U bedeutet dann die Anzahl der Untergrundimpulse in einem Bereich mit der Breite s.

Standardabweichung der Ergebnisse

Die Standardabweichungen der Größen I_1 und I_2 werden nun aus den Gln. (10) mit Hilfe des Fehlerfortpflanzungsgesetzes ermittelt. Wird eine physikalische Größe $G(x_1, x_2, \ldots)$ durch Messung der Einzelwerte x_1, x_2 usw. bestimmt, so ist die Standardabweichung des Endergebnisses durch

$$\sigma^2 = \sum_i \left(\frac{\partial G}{\partial x_i} \cdot \sigma_i\right)^2 \tag{12}$$

gegeben, wobei σ_i die Standardabweichung des Einzelwertes x_1 bedeutet. In unserem Fall sind die Einzelmeßwerte die Impulszahlen N_k. Unter der Annahme einer Poissonschen Impulsstatistik betragen die jeweiligen Standardabweichungen $\sqrt{M_k}$. Durch Anwendung der Gl. (12) auf die Gln. (10) erhalten wir

$$\begin{aligned}\sigma_1^2 &= \frac{(1-b^2)^2}{4\pi} \sum_k M_k (f_{1k} - b f_{2k})^2 \\ \sigma_2^2 &= \frac{4\pi}{(1-b^2)^2} \sum_k M_k (f_{2k} - b f_{1k})^2\end{aligned} \tag{13}$$

Diese Gleichungen lassen sich leicht — z. B. in einem Rechenprogramm — anwenden, um neben den Intensitätswerten I_1 und I_2 auch ihre Standardabweichungen angeben zu können. Die Kenntnis dieser Größen ist notwendig, um ein Urteil über die Zuverlässigkeit der gewonnenen Analysenergebnisse bilden zu können.

Um den Einfluß der Versuchsparameter U, I_1, I_2 und ε auf die Genauigkeit der Meßergebnisse untersuchen zu können, sollen nun analytische Ausdrücke für die Standardabweichungen in Abhängigkeit von diesen Größen gebildet werden. Dazu wird M_k in den Gln. (13) durch die rechte Seite der Gl. (1) ersetzt, und die Summen werden wieder durch Integrale approximiert. Das Ergebnis ist

$$\begin{aligned}\sigma_1^2 &= \frac{2\sqrt{\pi}\, U}{1-b^2} + A I_1 + B I_2 \\ \sigma_2^2 &= \frac{2\sqrt{\pi}\, U}{1-b^2} + A I_2 + B I_1\end{aligned} \tag{14}$$

mit

$$A = \frac{2\,(1 - 2\, b^{7/3} + b^{10/3})}{\sqrt{3}\,(1-b^2)^2}$$

und

$$B = \frac{2\,(b^{4/3} - 2\, b^{7/3} + b^2)}{\sqrt{3}\,(1-b^2)^2} \tag{15}$$

Im folgenden werden einige numerische Beispiele für die Fehler und ihren Einfluß auf die Auflösungsgrenze gegeben.

Numerische Beispiele — Auflösungsgrenze

In der Praxis interessiert nicht so sehr die absolute Standardabweichung, sondern eher der relative Fehler. In den Bildern werden also die Größen $\delta_1 = \sigma_1/I_1$ und $\delta_2 = \sigma_2/I_2$ in Abhängigkeit von den Parametern U, I_1, I_2 und ε dargestellt. Dabei beschränken wir uns auf zwei Intensitätsverhältnisse: $I_1 : I_2 = 1 : 1$ und $I_1 : I_2 = 1 : 10$.

Abb. 1 zeigt die Verhältnisse für $I_1 = I_2$ bei $\varepsilon = 0{,}5$, entsprechend einem Linienabstand von rund einem Fünftel der Halbwertsbreite. Wie in den nachfolgenden drei Bildern wurden die relativen Fehler

δ_1 und δ_2 (in diesem Fall gleich) gegen die Impulszahl I_2 (hier gleich I_1) aufgetragen, und zwar für verschiedene Werte des Untergrundes von 0 bis 10^4. Die Abbildung zeigt z. B., daß zwei Linien mit einer Impulszahl von je 1000 auf einem Untergrund von bis zu 100 Impulsen mit einer Genauigkeit (Standardabweichung) von rund 12 bis 13% bestimmt werden können.

Aus solchen Bildern kann also abgelesen werden, wie viele Impulse in einer gegebenen Situation gesammelt werden müssen, um eine bestimmte erwünschte Genauigkeit zu erzielen.

Die gestrichelte horizontale Linie zeigt die $33\,^1/_3$%-Grenze an. Bei diesem relativen Fehler ist die 3σ-Grenze genau 100% des Meßwertes. Gerade dieses Kriterium wird üblicherweise verwendet, um

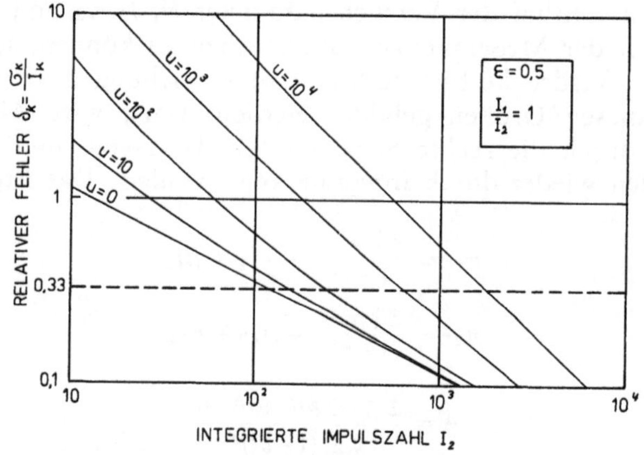

Abb. 1. Nach Gl. (14) berechnete, relative Fehler der Linienintensitäten I_1 und I_2 in Abhängigkeit von I_2 für $\varepsilon = 0{,}5$, $I_1 = I_2$ und $U = 0$, 10, 10^2, 10^3 und 10^4

die Nachweisgrenze[1, 2] einer einzelnen Spektrallinie zu definieren. Nach dieser Definition können Linien mit einem größeren relativen Fehler, die also im Bild durch Punkte dargestellt werden, die oberhalb der gestrichelten Linie liegen, im Beisein der zweiten Linie unter den gegebenen Versuchsbedingungen nicht „nachgewiesen" werden. Die Schnittpunkte der durchgezogenen Linien mit der gestrichelten Linie geben die Bedingungen an, bei denen die so definierte „Auflösungsgrenze" in diesem Fall 0,5 *s* beträgt.

Abb. 2 ist eine zu Abb. 1 völlig analoge Darstellung für den Linienabstand 2,5, d. h. $\approx w$. Entsprechend dem größeren Abstand sind die Kurven nach unten und nach links verschoben, d. h. die Genauigkeit ist bei gleicher Impulszahl besser, oder die gleiche Genauigkeit kann mit einer geringeren Impulszahl erreicht werden. Der Einfluß des Untergrundes ist wieder deutlich zu erkennen.

Abb. 3 und 4 sind ähnliche Darstellungen für die gleichen Linienabstände (0,5 bzw. 2,5), jedoch für ein Intensitätsverhältnis $I_1 : I_2 = 1 : 10$. Die relativen Fehler sind sowohl für die schwächere Linie

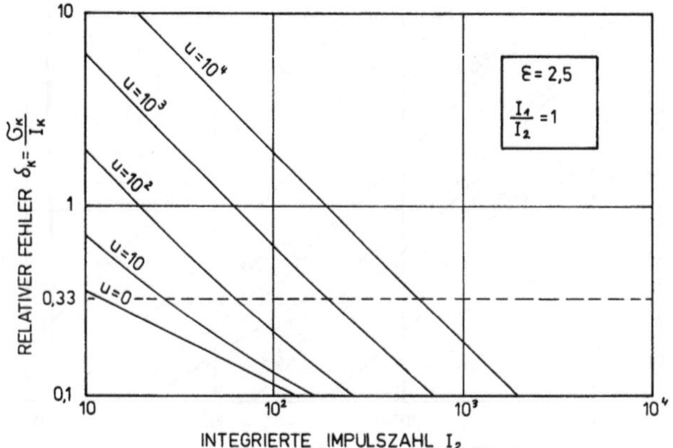

Abb. 2. Nach Gl. (14) berechnete, relative Fehler der Linienintensitäten I_1 und I_2 in Abhängigkeit von I_2 für $\varepsilon = 2{,}5$, $I_1 = I_2$ und $U = 0$, 10, 10^2, 10^3 und 10^4

(durchgezogene Kurven) als auch für die stärkere Linie (gestrichelte Kurven) in Abhängigkeit von der Intensität der stärkeren Linie (I_2)

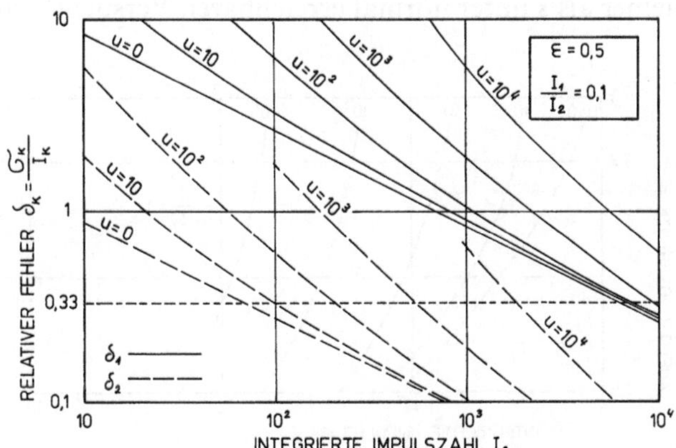

Abb. 3. Nach Gl. (14) berechnete, relative Fehler der Linienintensitäten I_1 (durchgezogene Kurven) und I_2 (gestrichelte Kurven) in Abhängigkeit von I_2 für $\varepsilon = 0{,}5$, $I_1 = I_2/10$ und $U = 0$, 10, 10^2, 10^3 und 10^4

eingetragen. Die Kurven zeigen insbesondere, wie schwierig es ist, eine schwache Linie in der Nähe einer starken Linie nachzuweisen.

Aus den Abb. 1 bis 4 sowie aus ähnlichen Diagrammen für andere Linienabstände läßt sich die oben definierte Auflösungsgrenze in Abhängigkeit von I_1, I_2 und U graphisch ermitteln. Die Ergeb-

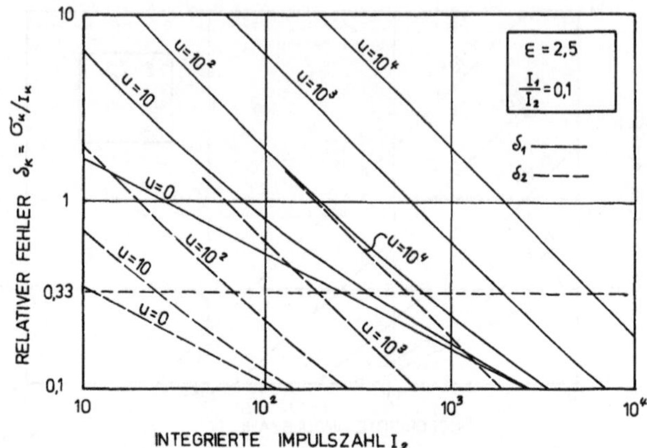

Abb. 4. Nach Gl. (14) berechnete, relative Fehler der Linienintensitäten I_1 (durchgezogene Kurven) und I_2 (gestrichelte Kurven) in Abhängigkeit von I_2 für $\varepsilon = 2{,}5$, $I_1 = I_2/10$ und $U = 0$, 10, 10^2, 10^3 und 10^4

nisse sind in den Abb. 5 (für $I_1 : I_2 = 1 : 1$) und 6 (für $I_1 : I_2 = 1 : 10$) wiedergegeben. Die Bilder zeigen, daß Linien mit einem Abstand deutlich kleiner als s unter normal erreichbaren Versuchsbedingungen

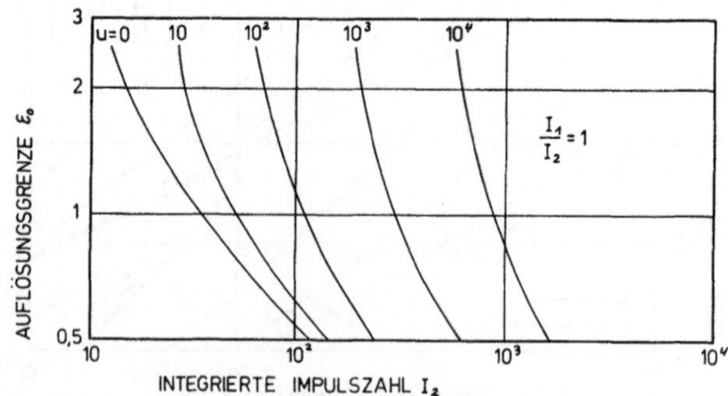

Abb. 5. Graphisch ermittelte Auflösungsgrenzen in Abhängigkeit von I_2 für $I_1 = I_2$ und $U = 0$, 10, 10^2, 10^3 und 10^4

aufgelöst werden können. Die Abb. 5 und 6 gelten für den Bereich der Auflösungsgrenze (ε_0) von 0,5 bis rund 2,5. Für Abstände unter 0,5 läßt sich ein analytischer Ausdruck für ε_0 über eine Näherungsformel angeben. In diesem Bereich gilt nämlich in guter Näherung

$$b \approx 1-\varepsilon^2/4 \tag{16}$$

und

$$b^n \approx 1-n\,\varepsilon^2/4.$$

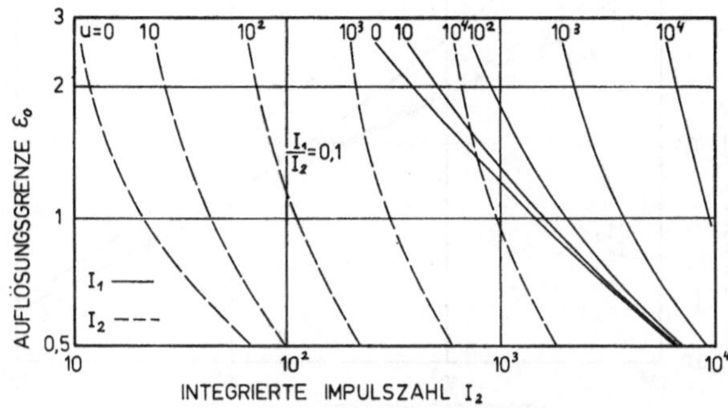

Abb. 6. Graphisch ermittelte Auflösungsgrenzen der Linien I_1 (durchgezogene Kurven) und I_2 (gestrichelte Kurven) für $I_1 = I_2/10$ und $U=0$, 10, 10^2, 10^3, und 10^4

Mit dieser Vereinfachung erhalten wir aus (14) und (15):

$$\sigma_1{}^2 = \sigma_2{}^2 = \frac{1}{\varepsilon^2}\,[CU + D\ (I_1+I_2)] \tag{17}$$

mit

$$C = 4\sqrt{\pi} = 7{,}0898$$

und

$$D = \frac{8}{3\sqrt{3}} = 1{,}5396.$$

Für die Auflösungsgrenze gilt $\sigma_j = I_j/3$ $(j=1,\ 2)$ und damit

$$\varepsilon_0 = \frac{3}{I_j}\cdot\{CU + D\ (I_1+I_2)\}^{1/2} \tag{18}$$

Für den speziellen Fall $I_1 = I_2 = I$ und $U \ll I$ nimmt diese Gleichung eine besonders einfache Form an:

$$\varepsilon_0 = 3{,}72/\sqrt{I} \tag{19}$$

Gl. (19) eignet sich sehr gut zur Abschätzung der extremen Auflösungsgrenze unter optimalen Bedingungen und gilt für $I \geqslant 100$ in sehr guter Näherung.

Die Aussagen der Gl. (18) für den Bereich $0{,}01 \leqslant \varepsilon_0 \leqslant 1$ sind in den Abb. 7 $(I_1 : I_2 = 1:1)$ und 8 $(I_1 : I_2 = 1:10)$ zusammengestellt. Es zeigt sich, daß eine Auflösungsgrenze unter 0,1 *s* durchaus unter vertretbaren Versuchsbedingungen zu erreichen ist. Bei einer Halbwertsbreite von 150 eV entspricht dies einer Auflösung von 6 eV oder besser*!

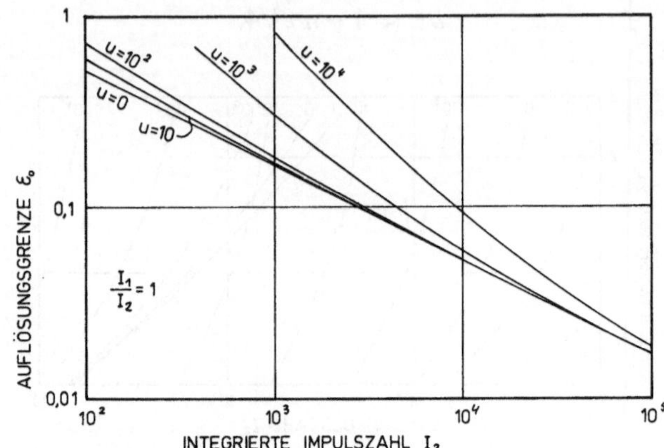

Abb. 7. Aus Gl. (18) berechnete Auflösungsgrenzen für $I_1 = I_2$ und $U = 0$, 10, 10^2, 10^3 und 10^4

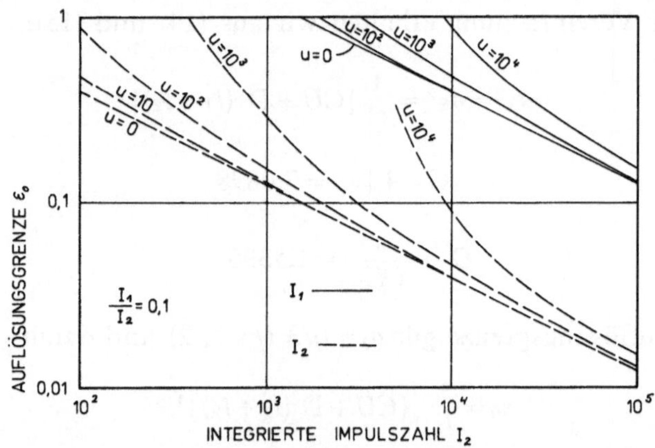

Abb. 8. Aus Gl. (18) berechnete Auflösungsgrenzen der Linien I_1 (durchgezogene Kurven) und I_2 (gestrichelte Kurven) für $I_1 = I_2/10$ und $U = 0$, 10, 10^2, 10^3 und 10^4

Diskussion

Die in dieser Arbeit beschriebene Analyse ermöglicht es, die statistisch bedingten Fehlergrenzen bei der Bestimmung der Intensitäten von sich teilweise überlagernden Röntgenlinien quantitativ

---

* Voraussetzung ist selbstverständlich eine entsprechend kleine Kanalbreite e.

anzugeben. Ferner kann mit Hilfe der Theorie abgeschätzt werden, ob ein bestimmtes Linienpaar unter gegebenen Versuchsbedingungen auflösbar ist oder nicht. Bei der Anwendung sollte man jedoch die Annahmen berücksichtigen, die der Ableitung zugrunde liegen:

Im Falle des energiedispersiven Röntgenspektrometers lassen sich die Linien meistens sehr gut durch eine Gaußkurve darstellen. Lediglich bei hohen Zählraten kann die Linie wegen unvollständiger Ladungserfassung im Detektor unsymmetrisch werden.

Die Linienbreite s muß experimentell bestimmt werden, und zwar in Abhängigkeit von der Energie der Linie. Die Änderung über zwei Linienbreiten ist so klein, daß die Behandlung dieser Größe als eine Konstante in der oben beschriebenen Ableitung gerechtfertigt ist.

Das Spektrometer muß einwandfrei kalibriert werden, da vorausgesetzt wurde, daß die Energien E_1 und E_2 bekannt sind. Ist dies nicht der Fall, müssen diese beiden Größen auch als Anpassungsparameter betrachtet werden. Die zusätzliche Unsicherheit bedeutet unter vergleichbaren Versuchsbedingungen erweiterte Fehlergrenzen im Endergebnis und entsprechend schlechtere Auflösungsgrenzen.

Die Annahme einer bekannten Untergrundintensität wird selten in der Praxis erfüllt. Meistens muß der Untergrund aus dem gleichen Spektrum wie die Linien bestimmt werden. Außerdem gibt es bekanntlich verschiedene Probleme in Zusammenhang mit der genauen Form der Intensitätsverteilung im Bremsspektrum[3]. Die experimentelle Genauigkeit wird aufgrund dieser Tatsachen in der Praxis etwas schlechter sein, als von der hier vorgestellten Theorie vorausgesagt wird. Es ist jedoch anzunehmen, daß die theoretischen Werte zumindest in der Größenordnung richtig sind, und der Einfluß der verschiedenen Versuchsparameter wird auf jeden Fall in der Tendenz richtig sein. Ferner sei darauf hingewiesen, daß realistischere Untergrundmodelle durch eine Erweiterung der Theorie berücksichtigt werden könnten, indem zusätzlich Parameter — z. B. als Polynomausdruck für U — in Gl. (1) eingeführt werden.

Die Annahme, daß die experimentellen Fehler in erster Linie durch die Zählstatistik bedingt sind, ist in der energiedispersiven Röntgenanalyse meistens zutreffend. Wo andere Fehlerquellen vermutet werden, sollte diese Annahme in der Praxis z. B. durch wiederholte Messungen überprüft werden.

Schließlich wurde angenommen, daß die Kanalbreite klein gegenüber der Linienbreite sei. Diese Bedingung kann immer durch eine geeignete Eichung des Systems erfüllt werden und ist eine Voraussetzung für hohe spektrale Auflösung.

Zusammenfassung

Das Problem der Entfaltung von eng benachbarten Spektrallinien in einem energiedispersiven Röntgenspektrum wird in Hinblick auf die erzielbare experimentelle Meßgenauigkeit theoretisch betrachtet. Unter der Annahme, daß die Linienform durch eine Gaußkurve beschrieben werden kann, und daß die übrigen Versuchsparameter, wie Untergrundintensität, Lage der Linien, Linienbreite, bekannt sind, wird eine Formel abgeleitet, die eine quantitative Abschätzung der Fehlergrenzen (Standardabweichungen) in den aus einem solchen Spektrum gewonnenen Linienintensitäten ermöglicht. Die statistisch bedingte „Auflösungsgrenze" wird als der kleinste Linienabstand definiert, bei dem die Linienintensität mit einem Fehler ($3\,\sigma$) von weniger als 100% bestimmt werden kann. Der Einfluß der Versuchsparameter auf die Meßfehler und die Auflösungsgrenzen wird an Hand numerischer Beispiele erläutert. Die Anwendungsmöglichkeiten der Theorie und die Gültigkeit der gemachten Annahmen werden diskutiert.

Summary

Statistical Errors and Resolution Limits in Energy-Dispersive X-Ray Analysis

The problem of the deconvolution of closely spaced spectral lines in an energy-dispersive X-ray spectrum is considered theoretically from the point of view of the attainable experimental accuracy. On the assumption that the line shape can be described by a Gauss curve, and that the other experimental parameters such as background intensity, line position and line width are known, a formula is derived which enables the experimental errors (standard deviations) of the line intensities obtained from such spectra to be estimated quantitatively. The statistical "limit of resolution" is defined as the smallest line separation for which the line intensity may be determined with an error (3σ) of less than 100%. The influence of the experimental parameters on the accuracy and the resolution limits is demonstrated with the aid of numerical examples. Possible applications of the theory and the validity of the assumptions made are discussed.

Literatur

1 H. Kaiser und H. Specker, Z. analyt. Chem. **149**, 46 (1956).

2 P. L. Ryder, Proc. An. SEM Symposium, S. 111 (1975).

3 P. L. Ryder und S. Baumgartl, Thyssenforschung **4**, 151 (1972).

Korrespondenz und Sonderdrucke: Prof. Dr. P. L. Ryder, Universität Bremen, Postfach, D-2800 Bremen, Bundesrepublik Deutschland.

Mikrochimica Acta [Wien], Suppl. 7, 243—260

MIKROCHIMICA
ACTA

Deutsche Forschungs- und Versuchsanstalt für Luft- und Raumfahrt e. V.
Institut für Werkstoff-Forschung, Köln

Methoden der energiedispersiven Elektronenstrahl-Mikroanalyse in der Metallkunde*

Von

H. J. Dudek und **G. Ziegler**

Mit 14 Abbildungen

(Eingegangen am 27. Oktober 1976)

Die von der Forschung und Technologie der Werkstoffe der Luft- und Raumfahrt an die Elektronenstrahl-Mikroanalyse herangetragenen Anforderungen lassen sich unter drei methodischen Gesichtspunkten zusammenfassen: 1. die Genauigkeit der quantitativen Analyse, 2. die Analyse an rauhen Objekten, insbesondere an Bruchflächen und 3. das örtliche Auflösungsvermögen. Zur Lösung dieser drei Aufgaben kann die energiedispersive Mikroanalyse durch Erweiterung der Untersuchungsmethode und durch verfahrenstechnische Optimierung einen wesentlichen Beitrag leisten. In dieser Arbeit wird vor allem das örtliche Auflösungsvermögen diskutiert. Wie die bisherigen Untersuchungen gezeigt haben, ist es das zentrale Problem der Elektronenstrahl-Mikroanalyse im Bereich der Zellen- und Turbinenwerkstoffe (Aluminium- und Titan-Legierungen, gerichtet erstarrte eutektische Legierungen, künstliche Faserverbundwerkstoffe, keramische Werkstoffe).

1. *Genauigkeit der quantitativen energiedispersiven Elektronenstrahl-Mikroanalyse*

Von zehn verschiedenen Aluminium-Legierungen bekannter chemischer Zusammensetzung (Tabelle 1) wurden 250 Analysen ange-

---

* Vorgetragen anläßlich des 8. Kolloquiums über metallkundliche Analyse mit besonderer Berücksichtigung der Elektronen- und Ionenstrahlmikroanalyse, Wien, 27.—29. 10. 1976.

fertigt. Einzelheiten des Analysenverfahrens wurden früher angegeben[1]. Die Häufigkeitsverteilung der relativen Fehler der Elemente

Tabelle 1. Energiedispersiv analysierte Aluminium-Legierungen

Analysenbedingungen:
Spannung 20 kV — Elektronenstrahleinfallwinkel 45°
Strahlstrom $1{,}3 \cdot 10^{-10}$ A — Röntgenabnahmewinkel 43,5°
maximale Strahlstromschwankungen ±1%

Legierung*	Makroanalyse [Gew. %]				
	Al	Mg	Cu	Zn	Si
AlCu4	96,024	—	3,95	—	—
AlMgSi2	97,09	0,71	—	—	0,95
AlMgZn1	97,995	1,06	—	0,93	—
AlMgZn4,8	94,136	1,10	—	4,75	—
AlCuMg2	92,74	1,35	4,44	—	—
X-AlZnMgCu1,5	90,36	2,47	1,49	5,68	—
AlZnMgCu1,5	89,77	2,6	1,59	5,4	—
AlMg3	96,66	2,79	—	—	—
AlMg7	92,77	7,2	—	—	—

* Verunreinigungen wurden mit analysiert, sind hier aber nicht aufgeführt.

Aluminium, Zink, Kupfer und Magnesium sind in den Abb. 1a bis 1d dargestellt. Das zu 90 bis 100% in den Legierungen enthaltene Aluminium wird im Mittel um 1% zu hoch und mit einer Genauigkeit von ca. ±1% relativ erhalten. Unsere Erfahrungen an anderen Systemen zeigen, daß man im allgemeinen bei Konzentrationen

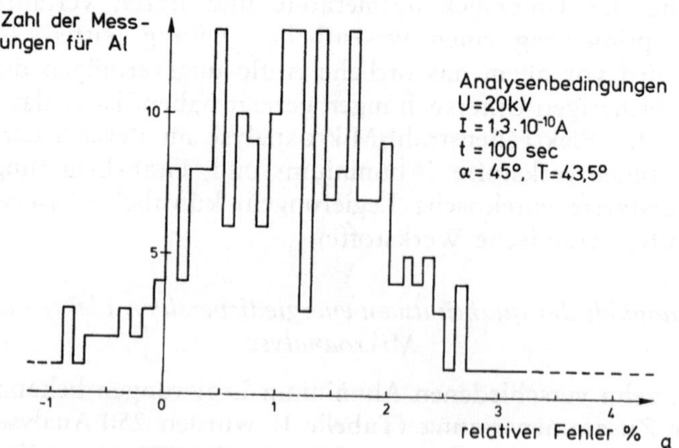

Abb. 1. Häufigkeitsverteilungen der Legierungskomponenten der in Tabelle 1 angegebenen Aluminium-Legierungen
a) Aluminium, b) Zink, c) Kupfer, d) Magnesium

Zahl der Messungen
für Zn
Analysenbedingungen
U=20kV
I = 1,3·10^-10A
t = 100 sec
α = 45°, T=43,5°
25
20
15
10
5
-100
-50
0
50
100
relativer Fehler %
b

Zahl der Messungen
für Cu
Analysenbedingungen
U=20kV
I = 1,3·10^-10A
t = 100 sec
α = 45°, T=43,5°
25
20
15
5
-100
-50
0
50
100
relativer Fehler %
c

Zahl der Messungen
für Mg
Analysenbedingungen
U=20kV
I = 1,3·10^-10A
t = 100 sec
α = 45°, T=43,5°
50
40
30
20
10
-100
-50
0
50
100
relativer Fehler %
d

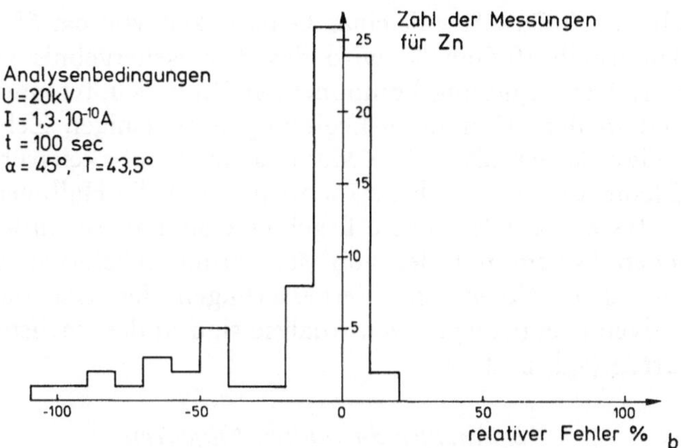

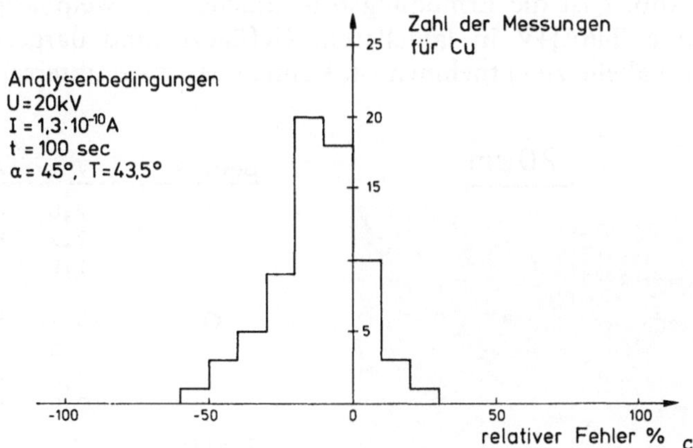

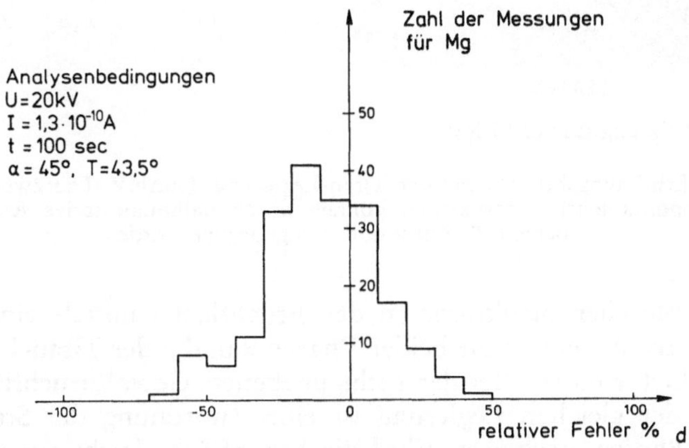

Abb. 1

oberhalb ca. 10 Gew.% mit einer Genauigkeit von ca. 5% rechnen kann. Unterhalb 10 Gew.% wird das Analysenergebnis wesentlich schlechter. Die Legierungskomponenten Zink, Kupfer und Magnesium sind in den Aluminium-Legierungen zu einigen Zehnteln bis einigen Gew.% enthalten. Die Maxima der Häufigkeitsverteilungen dieser Elemente liegen 10 bis 30% zu tief und die Halbwertsbreiten betragen bis zu ca. 40%. Diese Ergebnisse sind an einem im Handel erhältlichen System mit der von der Firma gelieferten Soft-ware erzielt worden. Wesentliche Verbesserungen der Genauigkeit der quantitativen energiedispersiven Analyse sind in den nächsten Jahren zu erwarten (vgl. z. B. [2]).

2. *Analyse an rauhen Objekten*

In Abb. 2 ist die Ermüdungsbruchfläche der zweiphasigen $\alpha+\beta$-Legierung Ti6Al4V in lamellarem Gefügezustand dargestellt. Wie aus der Tabelle zu entnehmen ist, können den zwei unterschiedlichen

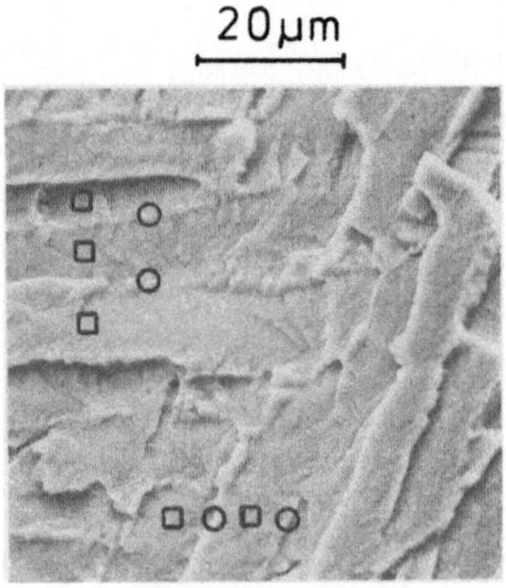

20µm

TiAl6V4

Ermüdungsbruchfläche

Gew. %	V	Al
□	2,0	8,8
	2,2	8,6
	1,9	7,8
○	10,7	5,1
	11,3	6,0
	12,6	4,8
	10,5	5,6
Schliff:		
β	12,3	5,0
α	1,8	9,3

Abb. 2. Ermüdungsbruchfläche der Titan-Legierung Ti6Al4V. Die zwei verschiedenen topographischen Strukturen können durch halbquantitative Analyse den beiden Phasen α und β zugeordnet werden

topographischen Strukturen in der Bruchfläche mittels einer halbquantitativen Analyse die beiden Phasen α und β der Titan-Legierung zugeordnet werden. Bei der recht unebenen Gewaltbruchfläche der Abb. 3 der gleichen Legierung ist eine Zuordnung der Strukturen zu den Phasen erschwert. Wird die Bruchfläche leicht angeätzt[3], so ist bei einer anschließenden Analyse der Bruchfläche an verschiedenen Stellen eine Zuordnung möglich (Abb. 4). Die Phasenidentifizierung in Bruchflächen trägt zum Verständnis der Rißbildung und Rißausbreitung bei diesen Legierungen bei.

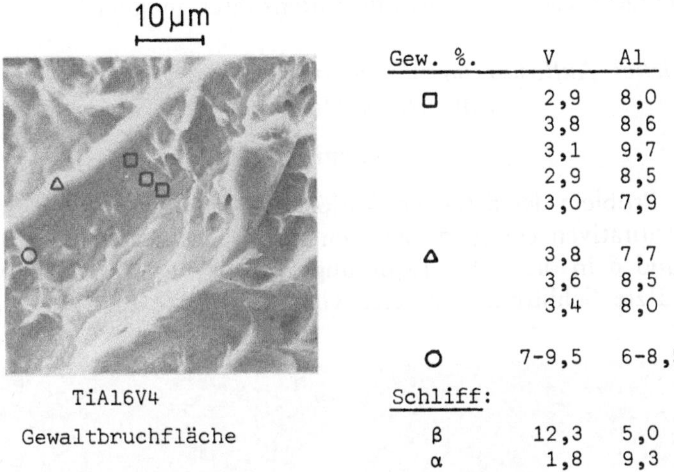

Gew. %.	V	Al
□	2,9	8,0
	3,8	8,6
	3,1	9,7
	2,9	8,5
	3,0	7,9
△	3,8	7,7
	3,6	8,5
	3,4	8,0
○	7-9,5	6-8,5
Schliff:		
β	12,3	5,0
α	1,8	9,3

Abb. 3. Gewaltbruchfläche der Titan-Legierung Ti6Al4V. Eine Zuordnung der Topographie zu den Phasen ist erschwert

15 µm

TiAl6V4
Gewaltbruchfläche geätzt

Gew. %	V	Al
○	12,7	4,2
	12,5	3,1
	12,5	4,4
	8,4	4,9
	12,9	2,5
□	2,1	8,6
	4,5	8,9
	2,8	9,9
	2,6	8,9
Schliff:		
β	12,3	5,0
α	1,8	9,3

Abb. 4. Gewaltbruchfläche der Titan-Legierung Ti6Al4V geätzt. Nach Ätzen ist eine Zuordnung zu den Phasen α und β möglich

Unter Umständen ist auch eine quantitative Analyse an rauhen Objekten möglich. Voraussetzung hierfür ist eine Fläche, die nicht zu große Rauhigkeit aufweist sowie die Bestimmung des Elektronenstrahleinfall- und des Röntgenabnahmewinkels. Die Winkelbestimmung ist durch systematische Kippung der zu analysierenden Präparatstelle um die beiden Freiheitsgrade der Rotation und die gleichzeitige Messung der Röntgenintensitäten möglich[4, 5].

3. *Örtliches Auflösungsvermögen bei der energiedispersiven Elektronenstrahl-Mikroanalyse*

3.1 Problemstellung

Das Problem des örtlichen Auflösungsvermögens sei am Beispiel der quantitativen energiedispersiven Mikroanalyse der beiden Phasen α und β in der Titan-Legierung Ti6Al4V erläutert. In Abb. 5 sind geätzte Schliffbilder zweier Gefügezustände dieser Legierung

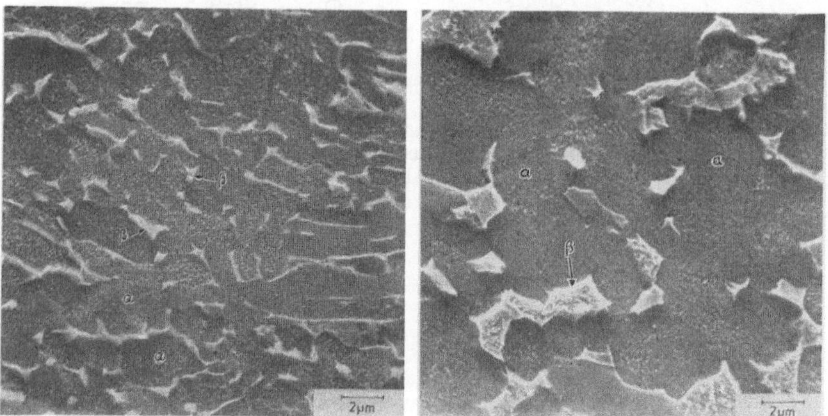

Abb. 5. Geätzter Schliff zweier Gefügezustände der Legierung Ti6Al4V

dargestellt. Im globularen Gefüge rechts im Bild haben die hell erscheinenden β-Teilchen einen Durchmesser von einigen Mikrometer. Im feinglobularen Gefüge links ist der Durchmesser der Teilchen (die kleinste Abmessung des Teilchens) durchwegs unterhalb eines Mikrometers. Wie man aus dem Zustandsdiagramm schließen kann[6], ändert sich die Konzentration der Legierungskomponenten in den beiden Phasen mit der Wärmebehandlung. Die Kenntnis der chemischen Zusammensetzung ist für das Verständnis der Aushärtungs- und Verformungsmechanismen in den beiden Phasen der Legierung wichtig. Die Frage ist nun, ob die Analyse dieser β-Teilchen zu korrekten Konzentrationen der Phase β führt bzw. unter welchen Bedingungen eine korrekte Analyse möglich ist.

3.2 Theoretische Abschätzungen

Die Problemstellung ist schematisch in Abb. 6 wiedergegeben. Gefragt ist nach den Mindestabmessungen eines zylindrisch gedachten Teilchens der Höhe T und des Durchmessers L, in welchem ein möglichst hoher Anteil q der gemessenen Röntgenintensität entsteht.

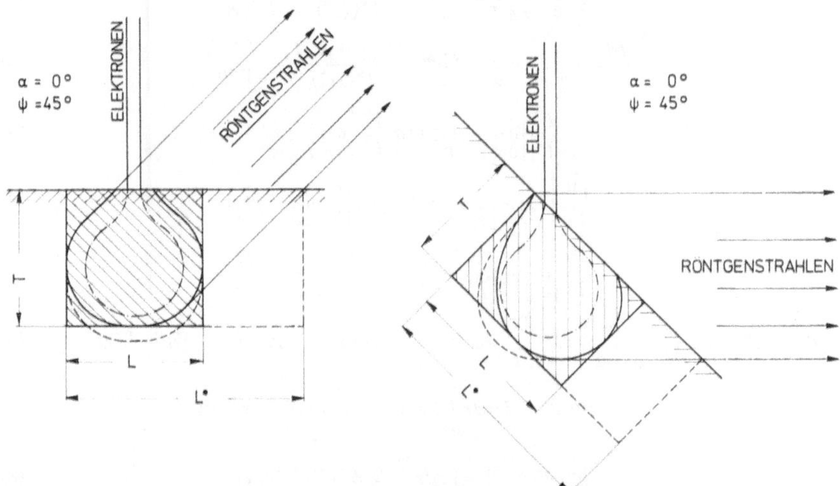

Abb. 6. Zur Definition des örtlichen Auflösungsvermögens (vgl. [8])

Die Aufteilung des örtlichen Auflösungsvermögens in das Tiefenauflösungsvermögen T und das laterale Auflösungsvermögen L erfolgt nach Reed[7]. Die mathematische Formulierung dieses Problems[8] ist in Tabelle 2 zusammengestellt. (1) und (2) geben die bekannten Formeln zur Bestimmung der Konzentrationen des Elementes i in dem Partikel P bzw. der Matrix M aus den gemessenen Intensitäten wieder (vgl. z. B. [9]). In den Korrekturfaktoren stehen nun jedoch die Teilchenabmessungen T und L. Bei der Tiefenproduktion $\varphi\ (r, z)$ der Röntgenstrahlen ist hier neben der Tiefenabhängigkeit z zusätzlich die radiale Abhängigkeit r zu berücksichtigen. Die Fluoreszenzkorrektur (8) schließt an Brown[10] an. (3) und (4) geben die Bedingung zur Ermittlung des örtlichen Auflösungsvermögens T und L an. Es sind die Forderungen, daß innerhalb des Teilchens das q-fache derjenigen Intensität entsteht, die in einer unendlich ausgedehnten

Tabelle 2. Räumliches Auflösungsvermögen bei der Elektronenstrahl-Mikroanalyse Aus einem durch die Zylinderkoordinaten r, z, α abgegrenzten Bereich $0 \leq r \leq L/2$, $z_0 \leq z \leq T$, $-\alpha_0 \leq \alpha \leq +\alpha_0$ wird die auf den Standard S normierte Röntgenintensität I^P/I^S des Partikels P und I^M/I^S der umgebenden Matrix M des Elemenets i erhalten (vgl. [8])

$$\frac{I^P}{I^S}\bigg|_{\substack{0 \leq r \leq L/2 \\ 0 \leq z \leq T}} = C_i{}^P \frac{f^P(\chi_i{}^P, L, T)}{f^S(\chi_i{}^S)} \frac{F^P(0)}{F^S(0)} \tag{1}$$

$$\frac{I^M}{I^S}\bigg|_{\substack{L/2 < r < \infty \\ T < z < \infty}} = C_i{}^M \frac{f^M(\chi_i{}^M, L, T)}{f^S(\chi_i{}^S)} \frac{F^M(0)}{F^S(0)} \tag{2}$$

$$\frac{I^P}{I^S}\bigg|_{\substack{0 \leq r \leq L/2 \\ 0 \leq z \leq T}} = q \frac{I^P}{I^S}\bigg|_{\substack{0 \leq r < \infty \\ 0 \leq z < \infty}} \tag{3}$$

$$\frac{I^M}{I^S}\bigg|_{\substack{L/2 < r < \infty \\ T < z < \infty}} = (1-q) \frac{I^P}{I^S}\bigg|_{\substack{0 \leq r \leq L/2 \\ 0 \leq z \leq T}} \tag{4}$$

$$\frac{I^P}{I^S}\bigg|_{\substack{0 \leq r \leq L/2 \\ 0 \leq z \leq T}} + \frac{I^M}{I^S}\bigg|_{\substack{L/2 < r < \infty \\ T < z \infty <}} = \frac{I^G}{I^S} \tag{5}$$

$$f^{P,M}(\chi_i{}^{P,M}, L, T) = \int_{0,\,L/2}^{L/2,\,\infty} r\,dr \int_{0,\,T}^{T,\,\infty} dz\, \varphi^{P,M}(r,z) \exp\{-\chi_i{}^{P,M} z\}\, \mathfrak{F}_i{}^{P,M}(z) \tag{6}$$

$$f^s(\chi_i{}^s) = \int_0^\infty r\,dr \int_0^\infty dz\, \varphi^S(r,z) \exp\{-\chi_i{}^S z\} \tag{7}$$

$$F^{P,M,S}(0) = \int_0^\infty r\,dr \int_0^\infty dz\, \phi^{P,M,S}(r,z) \tag{8}$$

$$\varphi^{P,M,S}(r,z) = \frac{\phi^{P,M,S}(r,z)}{2\pi \int_0^\infty r\,dr \int_0^\infty dz\, \phi^{P,M,S}(r,z)} \tag{9}$$

$$\mathfrak{F}_i{}^{P,M}(r,z) = 1 + \sum_{j \neq i}^{N} K_{ij}{}^{P,M} A_j{}^{P,M} \int_{0,\,T}^{T,\,\infty} ds \exp\{-(s-z)\,\chi_i{}^{P,M}\}\, S_i{}^{P,M}(r, s-z) \tag{10}$$

$$S^{P,M}(r, s-z) = \int_0^{2\pi} d\alpha \int_0^{2\pi} d\alpha \int_{x_1{}^{P,M}}^{x_2{}^{P,M}} \frac{e^{-x}}{x}\,dx \tag{11}$$

$$K_{ij}{}^{P,M} = \frac{1}{4\pi} \frac{r_i - 1}{r_i} \mu_{ij}{}^{P,M} n_j{}^{P,M} w_j \tag{12}$$

r_j = Absorptionskantensprung, n_j = Anzahl der j-Atome pro Volumeneinheit, w_j = Wahrscheinlichkeit für die Emission der Linie j, μ = Massenabsorptionskoeffizient, $\chi = \mu \csc \psi$, ψ = Röntgenabnahmewinkel, I^G am System Teilchen plus Matrix gemessene Intensität, A_j Proportionalitätsfaktor $\varphi_j(r,z) = A_j\,\varphi(r,z)$, $x = x\,(r, s-z, \bar{\alpha}-\alpha)$

Fluoreszenzkorrektur nach Brown, J.: Ph. D. Thesis, University Maryland, 1966

Probe der gleichen Zusammensetzung entstehen würde (Integrationsgrenzen gegen unendlich), oder daß die umgebende Matrix zur Röntgenintensität des Teilchens nicht mehr als $(1-q)$ beiträgt. Für q wählt man zweckmäßigerweise die geforderte Genauigkeit der quantitativen Analyse. Bei der wellenlängendispersiven Methode wird man $q = 0{,}99$ setzen und damit einen relativen Fehler von 1% zulassen. (3) besagt dann, daß 99% der gesamten Röntgenstrahlintensität innerhalb des Teilchens entsteht. D. h., 1% der gemessenen Röntgenintensität des Elementes i darf aus der Matrix kommen.

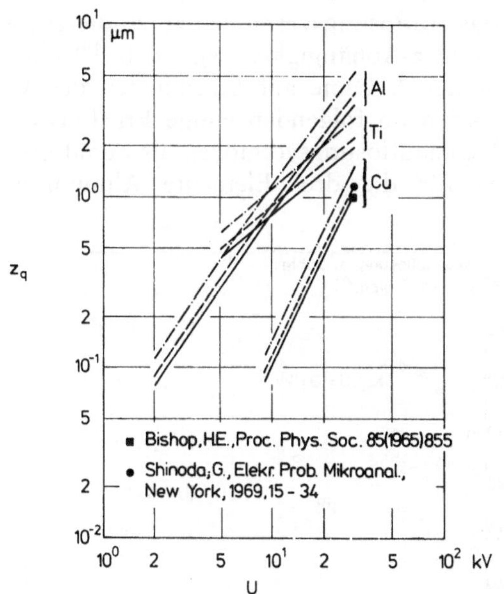

Abb. 7. Tiefenauflösungsvermögen ($z\varepsilon = T$) als Funktion der Beschleunigungsspannung für Aluminium, Titan und Kupfer: Durchgezogene Kurve für Elektronenstrahleinfallwinkel $\alpha = 45^0$, Röntgenabnahmewinkel $\pi = 45^0$ und $q = 0{,}95$; unterbrochene Kurve für $\alpha = 0^0$, $\pi = 45^0$, $q = 0{,}95$, strichpunktierte Kurve $\alpha = 0^0$, $\pi = 45^0$, $q = 0{,}99$

Bei der energiedispersiven Analyse genügt es z. Z., für $q = 0{,}95$ zu setzen, also eine Genauigkeit von 5% vorauszusetzen*.

Der rechnerischen Bestimmung von T und L gemäß (3) oder (4) steht die Schwierigkeit entgegen, eine einfache analytische, integrierbare und allgemein gültige Funktion $\varphi(r, z)$ zu finden. Für $\varphi(z)$ wurde bereits eine Vielzahl verschiedener Funktionen vorgeschlagen. Eine gute Anpassung dieser Funktion an die experimentell ermittel-

* Die in Tabelle 2 wiedergegebenen Formeln und die daraus gezogenen Folgerungen sind eine starke Vereinfachung des in [8] allgemein formulierten Problems. Genauere Angaben konnten hier aus Platzgründen nicht gemacht werden.

ten Kurven wird im allgemeinen mit einer erschwerten analytischen Handlichkeit und mit Schwierigkeiten bei der Integration erkauft. Die r-Abhängigkeit dieser Funktion ist weitgehend unbekannt.

3.3 Abschätzung des Tiefenauflösungsvermögens

Um gemäß (3) den Einfluß des Materials und der Analysenbedingungen auf das Auflösungsvermögen zu studieren, wurde für die r- (vgl. z. B. [11]) und z-Abhängigkeit (vgl. z. B. [12]) ein gaußförmiger Verlauf angenommen[13]. Ohne auf Einzelheiten des Verfahrens näher einzugehen, seien im folgenden einige Ergebnisse angeführt. In Abb. 7 ist das Tiefenauflösungsvermögen als Funktion der Beschleunigungsspannung für die drei Elemente Aluminium, Titan und

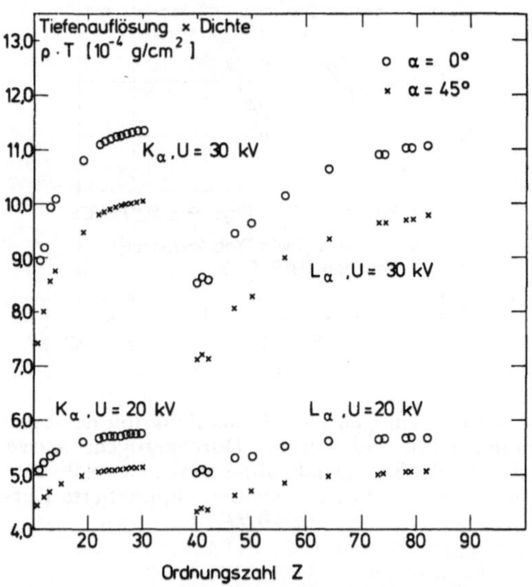

Abb. 8. Das mit der Dichte ϱ multiplizierte Tiefenauflösungsvermögen T als Funktion der Ordnungszahl Z

Kupfer berechnet. Die drei Kurven für das jeweilige Element unterscheiden sich durch den Elektronenstrahleinfall-, Röntgenabnahme-Winkel und durch q (vgl. Bildunterschrift). Eingezeichnet sind in der Abbildung Monte-Carlo-Rechnungen für Kupfer von Bishop[14] und Shimizu[15]. Trotz der gemachten Vereinfachungen stimmen die vorliegenden Abschätzungen mit den Monte-Carlo-Rechnungen gut überein. In Abb. 8 ist die Abhängigkeit des Tiefenauflösungsvermögens von der Ordnungszahl und in Abb. 9 die Abhängigkeit vom Röntgenabnahmewinkel dargestellt. Die Genauigkeit der Ordnungszahlabhängigkeit dürfte gering sein, weil bisher keine syste-

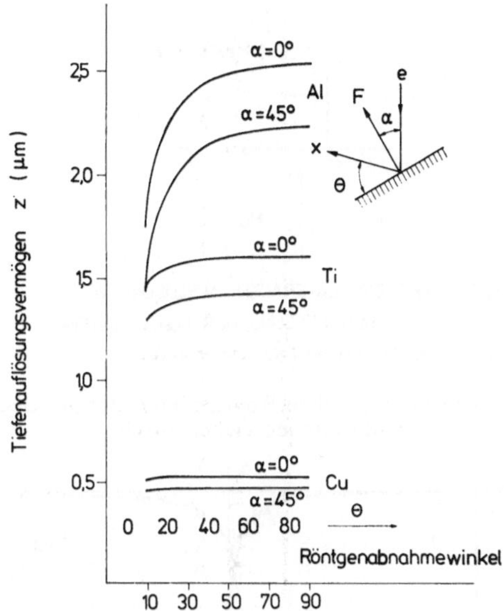

Abb. 9. Tiefenauflösungsvermögen ($z_q = T$) als Funktion des Röntgenabnahmewinkels Θ, $q = 0{,}95$; $U = 20$ kV

matische Abhängigkeit der Tiefenproduktionskurven für Röntgenstrahlen als Funktion der Ordnungszahl gemessen wurde (vgl. [13]).

3.4 Bestimmung des lateralen Auflösungsvermögens

Das laterale Auflösungsvermögen der energiedispersiven Elektronenstrahl-Mikroanalyse kann experimentell bestimmt werden. Dazu wird, vgl. Abb. 10, die charakteristische Röntgenintensität als Funktion des Abstandes vom Übergang zwischen zwei verschiedenen Materialien ermittelt. Das Ergebnis solcher Messungen an einem Mg/Al-Übergang ist in Abb. 11 wiedergegeben. Man kann zeigen[13], daß der Abstand L beider Kurven bei 5% der Maximalintensität ein Maß für den Mindestdurchmesser des Teilchens L ist, aus dem 95% der Intensität kommen ($q = 0{,}95$). Indem der Übergang zwischen den beiden Metallen über den röntgenemittierenden Bereich hinweg bewegt und dabei die Röntgenintensität gemessen wird, tastet man die radiale Abhängigkeit der gemessenen Röntgenproduktion ab. Die Übereinstimmung der Größe L am Übergang mit dem Mindestteilchendurchmesser wird weiter unten noch deutlich.

Um die in Abb. 5 wiedergegebenen β-Teilchen der Titan-Legierung korrekt analysieren zu können, ist es nötig, optimale Analysenbedingungen zu wählen. Die Optimierung muß durch systematische

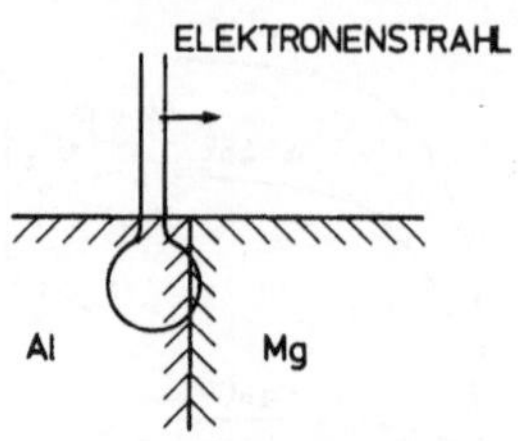

Abb. 10. Messung der charakteristischen Röntgenintensität am Übergang zwischen zwei Materialien (schematisch)

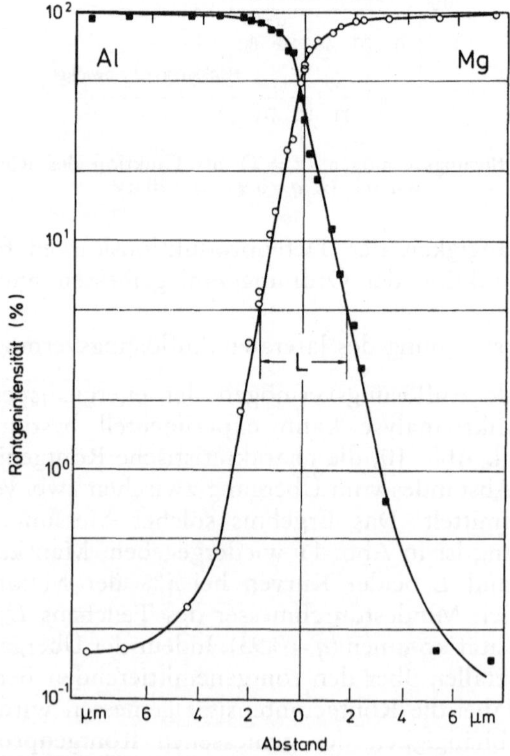

Abb. 11. Röntgenintensität von Aluminium und Magnesium als Funktion des Abstandes vom Übergang Al/Mg, $U = 20$ kV

Änderung der Beschleunigungsspannung erfolgen. Als Maß des lateralen Auflösungsvermögens wird der am Übergang gemessene Abstand L gewählt werden.

Abb. 12 zeigt den Verlauf des lateralen Auflösungsvermögens L, gemessen am Übergang, als Funktion der Beschleunigungsspannung

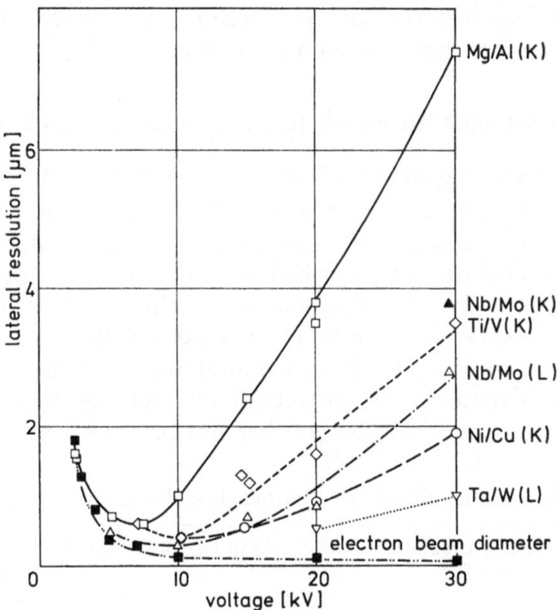

Abb. 12. Laterales Auflösungsvermögen L gemessen an Metall-Metall-Übergängen benachbarter Ordnungszahl als Funktion der Beschleunigungsspannung
Unterste Kurve: Elektronenstrahldurchmesser gemessen mit der Schneidemethode

für verschiedene Elemente benachbarter Ordnungszahl. Folgende Resultate können aus diesen Messungen entnommen werden:

1. Der Einfluß der Beschleunigungsspannung auf das laterale Auflösungsvermögen ist am größten für Elemente niedriger Ordnungszahl;
2. bei kleinen Beschleunigungsspannungen durchläuft das laterale Auflösungsvermögen einen optimalen Wert;
3. Das Minimum von L und der erneute Anstieg bei kleinen Spannungen wird durch den experimentell bedingten Anstieg des Elektronenstrahldurchmessers verursacht (die Messungen wurden unter der Bedingung konstanter statistischer Genauigkeit der quantitativen energiedispersiven Analyse durchgeführt: Die Abnahme der Röntgenintensität bei Annäherung

an die Anregungsenergie wurde durch Vergrößerung der Elektronenstrahlintensität kompensiert, womit eine Vergrößerung des Strahldurchmessers verknüpft ist[16,17]).

4. Das Minimum von L für das System Ti/V liegt bei 10 kV, bei ca. 0,4 μm, d. h. aufgrund der nach diesem Verfahren erhaltenen Daten müßte es möglich sein, bei dieser Spannung noch Teilchen von einem Durchmesser von 0,4 μm mit einer Genauigkeit von 5% zu analysieren.

3.5 Messungen an Partikeln verschiedenen Durchmessers

Zur Verifizierung des Punktes 4 wurden bei 10 kV die Röntgenintensitäten, bezogen auf einen Standard (K-Werte), als Funktion des β-Teilchendurchmessers der Legierung Ti6Al4V (Abb. 5) ermittelt. In Abb. 13a sind die Vanadin-K-Werte als Funktion des Teilchendurchmessers für das globulare Gefüge (rechts in Abb. 5) der Titan-Legierung Ti6Al4V dargestellt. Die Vanadin-K-Werte sind konstant bis herab zu ca. 0,4 μm Teilchendurchmesser. Unterhalb 0,4 μm nehmen die Vanadin-K-Werte allmählich auf die K-Werte der α-Matrix ab. Erst unterhalb 0,4 μm beginnt bei 10 kV der Einfluß der

Tabelle 3. Energiedispersive Mikroanalyse der Legierung Ti6Al4V

	EDA-Ergebnis (Gew.%)				Standard-Abweichung				Zahl der Analysen	Teilchen-Größe (μm)
	Ti	Al	V	Fe	Ti	Al	V	Fe		
α-Matrix (globular)	92,63	7,41	2,09	0,04	2,30	0,31	0,33	0,09	22	—
β-Teilchen (globular)	82,23	4,23	12,02	0,64	3,42	0,24	1,54	0,28	21	0,5—1,0
α-Matrix (feinglobular)	93,61	8,56	2,57	0,01	1,05	0,28	0,20	0,04	10	—
β-Teilchen (feinglobular)	77,42	4,93	14,79	1,25	4,03	0,56	2,04	0,42	34	0,5—1,0
Makroanalyse (globular)	89,3	6,3	4,3	0,11	—				—	—

Analysenbedingungen: Beschleunigungsspannung 10 kV, Strahlstrom $5 \cdot 10^{-10}$ A, Elektronenstrahldurchmesser 0,1 μm, Elektroneneinfallwinkel 45°, Röntgenabnahmewinkel 45°, Probe-Detektor-Abstand 20 mm, Korrekturverfahren FRAME

umgebenden α-Matrix; β-Teilchen größer als 0,4 μm können somit noch quantitativ analysiert werden. Das am Titan/Vanadin-Übergang ermittelte laterale Auflösungsvermögen L stimmt also mit dem

Mindestdurchmesser *L* der noch quantitativ analysierbaren Teilchen überein. Das gleiche Ergebnis liefert die Auftragung der Aluminium-

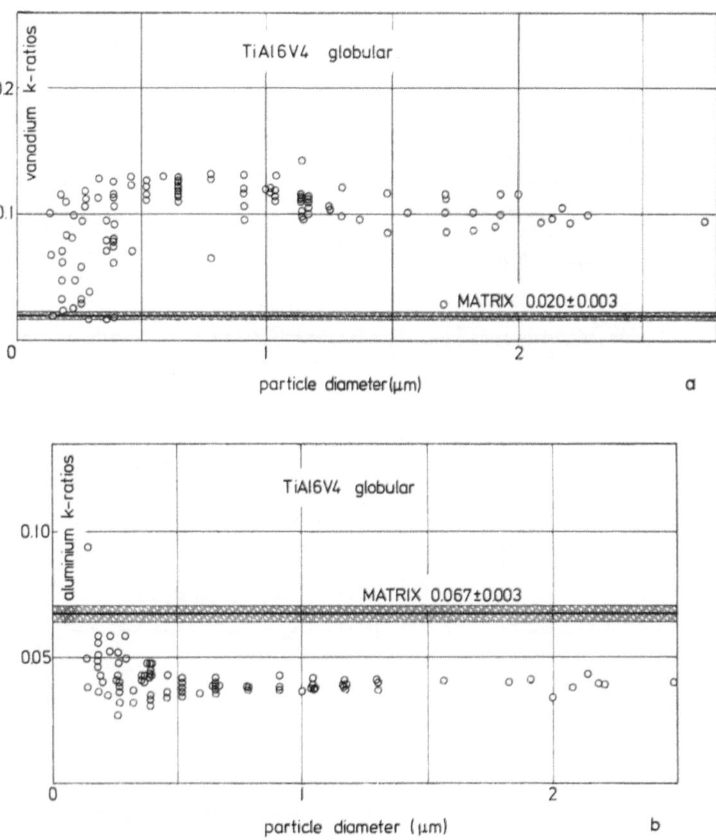

Abb. 13. Charakteristische *K*-Werte von Vanadin (a) und Aluminium (b) in der β-Phase des globularen Gefüges der Legierung Ti6Al4V (vgl. Abb. 5, rechts) als Funktion des β-Teilchendurchmessers

K-Werte in Abb. 13b. Erst unterhalb 0,4 μm steigen die K-Werte der β-Teilchen in Richtung auf den höheren Aluminiumgehalt der α-Matrix an.

Auch die β-Phase des feinglobularen Gefüges kann analysiert werden (Abb. 5 links). Die Abb. 14a und 14b zeigen die K-Werte für Vanadin und Aluminium. Sie führen zu dem gleichen lateralen Auflösungsvermögen wie bei dem globularen Gefüge. Aussagen über die Konzentrationen in den β-Teilchen oberhalb 0,4 μm sind damit möglich.

Eine ZAF-Korrektur aller K-Werte für Teilchen zwischen 0,5 und 1,0 μm führt zu dem in Tabelle 3 angegebenen Ergebnis. In der Tat ist die Konzentration der Legierungskomponenten in den beiden

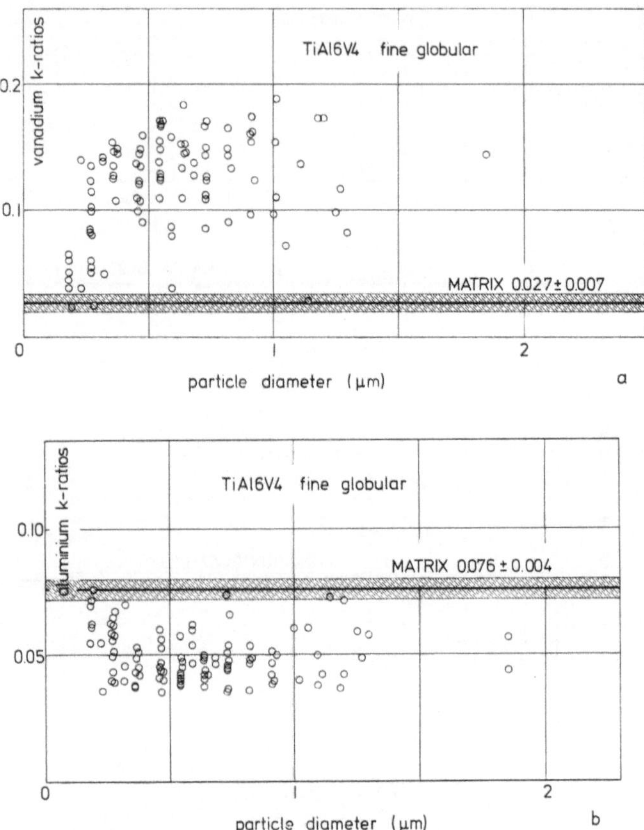

Abb. 14. Charakteristische K-Werte von Vanadin (a) und Aluminium (b) in der β-Phase des feinglobularen Gefüges der Legierung Ti6Al4V (vgl. Abb. 5, links) als Funktion des β-Teilchendurchmessers

Phasen α und β bei den zwei Gefügezuständen unterschiedlich. So enthält etwa die β-Phase des feinglobularen Gefüges 15 Gew.% Vanadin, die β-Phase des globularen Gefüges nur ca. 12 Gew.%.

Zusammenfassung

Drei methodische Gesichtspunkte sind für die Bearbeitung metallkundlicher Probleme mit der energiedispersiven Elektronenstrahl-

Mikroanalyse von besonderem Interesse: Die Genauigkeit der quantitativen Analyse, die Analysierbarkeit rauher Objekte und das örtliche Auflösungsvermögen. Die Genauigkeit der Analysenmethode wird am Beispiel der Häufigkeitsverteilungen der Elemente Al, Zn, Cu und Mg in zehn verschiedenen Aluminium-Legierungen bestimmt. An Bruchflächen von Titan-Legierungen wird der qualitative Phasennachweis demonstriert. Eingehender wird die Frage des örtlichen Auflösungsvermögens am Beispiel der quantitativen Analyse der β-Phase in der Titan-Legierung Ti6Al4V erörtert. Ergebnisse einer rechnerischen Bestimmung des Tiefenauflösungsvermögens werden angegeben. Das laterale Auflösungsvermögen wird durch Messungen an Metall-Metall-Übergängen benachbarter Ordnungszahl ermittelt und mit der Beschleunigungsspannung variiert. Der Anstieg des Elektronenstrahldurchmessers mit abnehmender Beschleunigungsspannung begrenzt die Möglichkeit, durch Spannungsverminderung das laterale Auflösungsvermögen zu erhöhen. Messungen der charakteristischen K-Werte im Optimum des lateralen Auflösungsvermögens ergeben in Übereinstimmung mit den Messungen am Übergang für den Mindestdurchmesser der gerade noch analysierbaren β-Teilchen in der Titan-Legierung Ti6Al4V den Wert 0,4 μm.

Summary

Metallographic Methods of Energy Dispersive Micro Probe Analysis

There are three important questions by the analysis of materials: Using the energy dispersive microanalysis the accuracy of the quantitative analysis, the possibility to analyse rough objects and the spatial resolution. The accuracy of this method is demonstrated showing the frequency as a function of the ratio of measured to true concentrations for the elements Al, Zn, Cu and Mg of ten different aluminium alloys. In fracture surfaces the qualitative analysis of the two phases of the Ti6Al4V alloy is demonstrated. The spatial resolution is discussed in detail at the example of a quantitative analysis of the beta particles in the alloy Ti6Al4V. Results of a computation of the deep resolution are presented. The lateral resolution L is experimentally achieved by measuring the x-ray intensity as a function of the distance from a boundary of an element couple of neighbouring atomic numbers. L is measured as a function of acceleration voltage. The increase of the electron beam diameter with the decrease of the voltage limits the possibility to improve the lateral resolution by a further decrease of the voltage. Measurements of the k-ratios at the optimum of the lateral resolution results in a smallest beta particle diameter for quantitative analysis of the alloy Ti6Al4V of 0.4 μm and are in good agreement with the measurements at the element couple.

Literatur

[1] H. J. Dudek, Mikrochim. Acta [Wien], Suppl. VI, **1975**, 195.

[2] H. Yakowitz, Proc. 6th Eur. Con. Electron Microscop. Jerusalem, Israel, 1976. S. 37.

[3] H. J. Dudek und G. Ziegler, Praktische Metallographie **13**, 521 (1976).

[4] H. J. Dudek, Werkstoff-Kolloquium Porz-Wahn 1975.

[5] H. J. Dudek und G. Ziegler, XVIII Colloquium Spectroscopicum Internationale, Grenoble, 1975.

[6] H. Kellerer, Härterei-Techn. Mitt. **25**, 242 (1970).

[7] S. J. B. Reed, X-Ray Optics and Microanalysis, Ed.: R. Castaing, Paris, 1966. S. 339—349.

[8] H. J. Dudek, Interner Bericht DFVLR, 5 Köln 90, Nr. IB 354-77/3.

[9] A. R. Büchner und W. Pitsch, Z. Metallk. **62**, 392 (1971).

[10] J. Brown, Thesis, Ph. D., University Maryland, 1966.

[11] R. Shimizu und G. Shinoda, Technol. Rept. Osaka Univ. **14**, 897 (1964).

[12] H. J. Dudek, Z. angew. Phys. **31**, 331 (1971).

[13] H. J. Dudek und G. Ziegler, 8. Koll. EDO, Berlin, 1975 (BEDO-Band 8, 1976).

[14] H. E. Bishop, Proc. Phys. Soc. **85**, 855 (1965).

[15] G. Shinoda, Electr. Probe Microanal., New York, 1969. S. 15—34.

[16] H. J. Dudek und G. Ziegler, 9. Koll. EDO, 1976, Mainz (BEDO-Band 9, 1977).

[17] H. J. Dudek und G. Ziegler, Proc. 6th Eur. Con. Electron Microscopy, Jerusalem, Israel, 1976. S. 408—410.

Korrespondenz und Sonderdrucke: Dr. H. J. Dudek, Deutsche Forschungs- und Versuchsanstalt für Luft- und Raumfahrt e. V., Institut für Werkstoff-Forschung, D-5000 Köln 90, Bundesrepublik Deutschland.

Mikrochimica Acta [Wien], Suppl. 7, 261—278

MIKROCHIMICA ACTA

Gemeinschaftslabor für Elektronenmikroskopie der RWTH Aachen

Energiedispersive Röntgenanalyse an Einschlüssen und Ausscheidungen unter besonderer Berücksichtigung der Matrixeinflüsse*

Von

M. Pohl und W.-G. Burchard

Mit 20 Abbildungen

(Eingegangen am 27. Oktober 1976)

Bei der Nutzung von Technologien mit immer höheren Sicherheitsrisken kommt in Verbindung mit einem sich steigernden Sicherheitsdenken den Werkstoffen besondere Bedeutung zu. Die Forderung nach Stählen immer höherer Festigkeit bei guter Zähigkeit hat der Werkstoffentwicklung neue Impulse verliehen. Bei langzeitbeanspruchten Bauteilen für erhöhte Betriebstemperaturen hat die Ausscheidung von Carbiden, Nitriden und intermetallischen Phasen die Aufgabe, die durch Annihilation von Versetzungen bedingte Verminderung der Werkstoffestigkeit auszugleichen. Dispersionsausscheidungen schaffen härtbare und hochfeste Werkstoffe. Einschlüsse in Stählen können den Ausgang für Gewaltbrüche darstellen, eine Anisotropie der Werkstoffwerte bewirken, sowie Bindefehler, z. B. in Form von Heißrissen, verursachen.

Problemstellung

Die Untersuchung von Einschlüssen und Ausscheidungen in Stählen gilt vornehmlich der Gewinnung von Kenntnissen über die Entstehungskinetik, das Wachstum und das Verhalten der Partikel

* Vortrag anläßlich des 8. Kolloquiums über metallkundliche Analyse mit besonderer Berücksichtigung der Elektronen- und Ionenstrahl-Mikroanalyse, Wien, 27. bis 29. Oktober 1976.

bei der Erstarrung, Verarbeitung und Verwendung der Werkstoffe. Hierzu sind Untersuchungen der Morphologie, der Zusammensetzung und der Beziehung zur Matrix notwendig. Die Untersuchung an metallografischen Schliffen liefert hierfür keine befriedigenden Ergebnisse.

Tiefätzverfahren

Im konventionellen metallografischen Schliff lassen sich Einschlüsse und Ausscheidungen nur zweidimensional als Flächenanteile darstellen (Abb. 1a). Tiefätzpräparationstechniken, wie sie zum Freilegen des Manganoxidpartikels in Abb. 1b angewandt wurden,

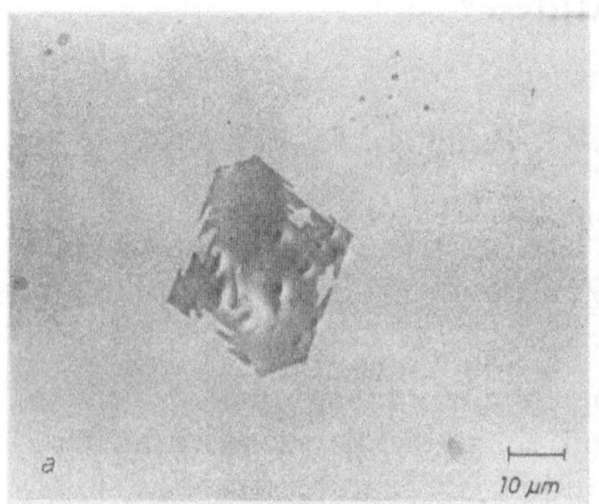

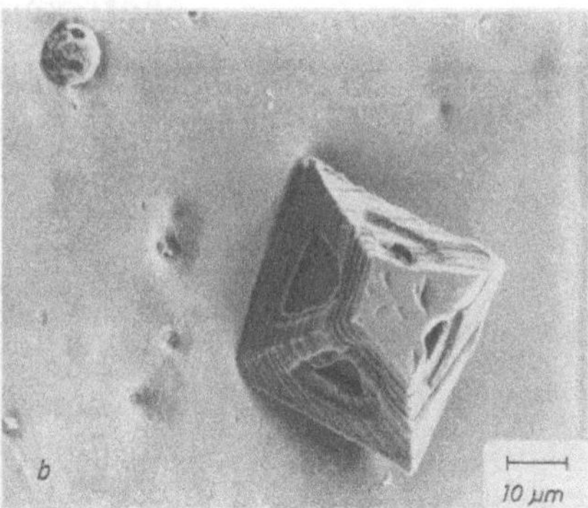

Abb. 1

ermöglichen in Verbindung mit der großen Schärfentiefe von Rasterelektronenmikroskopen direkte „in situ"-Untersuchungen. Unmittelbar zugängliche Ergebnisse sind z. B. in diesem Fall:

1. Das durch Tiefätzung freigelegte Oxid (Abb. 1b) hat den gleichen Aufbau wie das Oxid im Schliffbild. Die abgeplattete Stelle ist der im metallografischen Schliff erzeugte Anschliff, von dem aus die Zielpräparation durchgeführt wurde. Nach diesem Anschliff hätte man annehmen können, es handle sich um ein Oxid ohne Kavernen.
2. Die Kavernen entstehen durch voreilendes Kantenwachstum.
3. Das Flächenwachstum wird durch Siliziumeinbau gehemmt. Es wurde in den Winkeln der Kavernen Silizium mit der energiedispersiven Röntgenanalyse nachgewiesen. Ebenfalls in diesem Stahl aufgefundene, komplett oktaedrisch ausgebildete Einschlüsse wurden hingegen als reine Manganoxide erkannt.

Einige chemische und elektrochemische Tiefätzverfahren sind tabellarisch in Tabelle 1 und ihre Anwendungsbereiche in Tabelle 2

Tabelle 1. Chemische und elektrolytische Ätzmittel für das Tiefätzverfahren

Chemisch:

C 1: 33 ml Phosphorsäure (60%) + 67 ml Wasserstoffperoxid (30%)

C 2: 5 ml Brom + 95 ml Methanol

C 3: 1 Teil: 10 ml Brom + 90 ml Methanol und 2 Teile: 3 ml HCl + 3 ml HNO_3 + 94 ml Äthanol — vor Gebrauch mischen.

Elektrolytisch:

E 1: 5 ml Perchlorsäure (60%) + 95 ml Essigsäure

E 2: 5 ml Na-Zitrat + 1,2 ml Kaliumbromid + 0,6 ml Kaliumjodid + 93,2 ml Wasser

Tabelle 2. Anwendungsgebiete der Ätzmittel

Oxide		E 1
Nitride	C 1	E 1
Sulfide im Ferrit	C 2	
im Perlit	C 3	
im Martensit	C 3	
Sulfide + Oxide	C 3	E 2
Silikate		E 1
Selektiv: A. MnO nicht gelöst	C 1	
B. MnS + Silikate nicht gelöst	C 3	
C. MnS nicht gelöst	C 3	
Graphit	C 2	
Zementit	C 3	

aufgeführt[1]. Mit diesen Präparationsverfahren lassen sich die in Stählen und Gußwerkstoffen üblicherweise auftretenden Phasen freilegen.

Der spezifische Anwendungsbereich der Reagenzien ermöglicht selektive Ätzverfahren, bei denen mehrphasige Partikel schrittweise von jeweils einer Phase befreit werden. Abb. 2 zeigt diesen Vorgang für 4 analoge, heterogen aufgebaute Einschlüsse in einem Stahlguß. Manganoxide liegen eingebettet in Silikat und Sulfid vor (Abb. 2a). Sie lassen sich mit dem Elektrolyten E 1 der zuvor gezeigten Tabelle freilegen. Die selektive Ätzung auf Manganoxid (Abb. 2b) erfolgte mit dem Reagens C 1. Die Silikat- und Sulfidhülle wurde durch kurzzeitige Einwirkung von C 3 vom Manganoxid befreit (Abb. 2c). Nach längerer Einwirkung im Minutenbereich geht ebenfalls das Silikat in Lösung und man erhält ein Skelett aus Mangansulfid (Abb. 2d). Somit lassen sich Umhüllungen und Vergesellschaftungen verschiedener Einschlußphasen unabhängig voneinander untersuchen und ohne gegenseitige Beeinflussung analysieren.

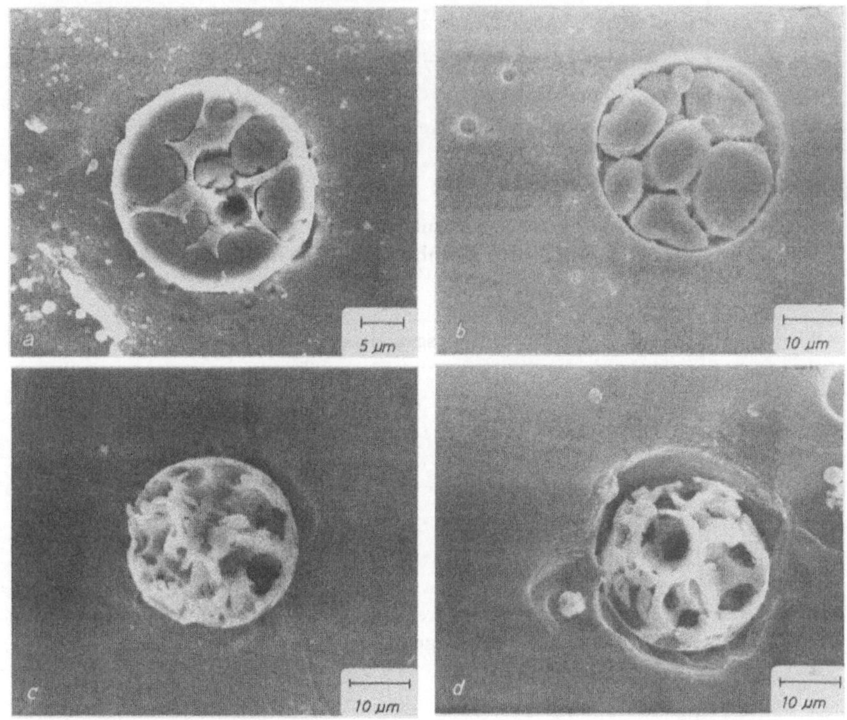

Abb. 2

Bei Auswahl des geeigneten Präparationsmittels lassen sich Ätzungen bis zu großen Tiefen durchführen[2]. Abb. 3 zeigt die Tiefätzung auf Oxide eines niedriglegierten Stahls. Die Matrix wurde bis zu einer Tiefe von 50 µm elektrolytisch gelöst.

Am Bildrand ist eine kompakte, heterogen aufgebaute Aluminatkugel zu sehen. Daneben befindet sich ein Al_2O_3-Dendrit. Hieran wird deutlich, daß selbst bei derart extremen Tiefätzungen keine Schädigung des freigelegten Partikels eintritt.

Direkte Untersuchung durch Tiefätzung

Abb. 4 zeigt die verwirrende Struktur eines Tonerdenestes, das sich jedoch in allen Teilen als aus Al_2O_3-Dendriten des vorher gezeigten Typs aufgebaut nachweisen läßt. Konventionelle Schliffbilder ließen bisher keine eindeutige Aussage zu, um welche Wachstumsformen es sich bei den in Stählen häufig auftretenden Tonerdenestern handelte.

Die gleiche filigrane Dendritenstruktur zeigt der Al_2O_3-Dendrit in Abb. 5. Betrachtet man die noch in der Matrix steckenden

Abb. 3

Dendritenäste, so wird deutlich, daß sich ein solcher Dendrit im metallografischen Schliff in der Regel als punktierte Linie darstellt. Dies hat in der Vergangenheit — insbesondere bei Sulfiden Typ II — zu Fehldeutungen geführt. Diese Ausbildungsform der Sulfide

Abb. 4

(Abb. 6) wurde aus dem Schliff heraus als Kette kleiner Kügelchen interpretiert und es wurden Einschluß-„Zahlen" und -„Durchmesser" definiert[3]. Die Befunde von REM-Untersuchungen an Tiefätzpräparaten unter Miteinbeziehung der 3. Dimension lassen derartige Ergebnisse unter einem anderen Blickwinkel erscheinen.

Im Jahr 1969 führte der Wunsch, räumliche Informationen von Einschlüssen zu erhalten, zu einer Veröffentlichung[4], in der mit einer Vielzahl von Schliffen in Stufen von 0,5 bis 1,5 μm von einzelnen Einschlüssen räumliche Bilder konstruiert wurden.

Abb. 5

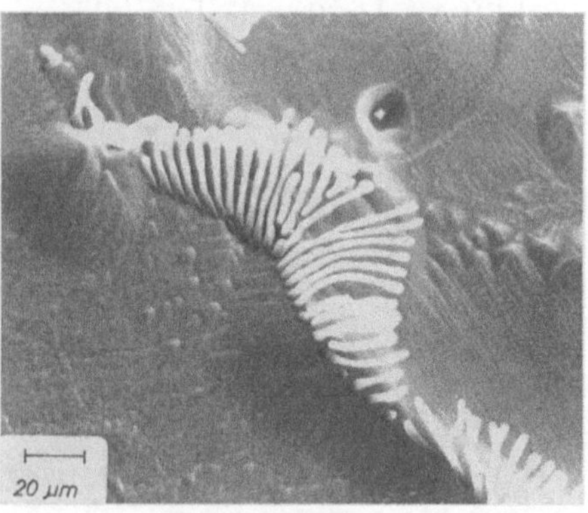

Abb. 6

Eine weitere Erscheinungsform, die bei der Silizium- und Mangandesoxydation auftritt, konnte durch Tiefätzung geklärt werden. Oxide des Typs wie in Abb. 7a wurden als durch Koagulation entstanden erklärt[5]. Dabei ging man davon aus, daß die großen Oxide durch Vereinigung kleinerer, sogen. „Oxidsatelliten" gebildet werden. Durch Tiefätzung der gleichen Probe (Abb. 7b) erweist sich, daß kleine Einzeloxide hier nicht auftreten. Sie sind stets durch eingekehlte Brücken mit der großen Oxidkugel verwachsen. Somit handelt es sich nicht um einen Koagulations-, sondern um einen Wachstumsmechanismus[6].

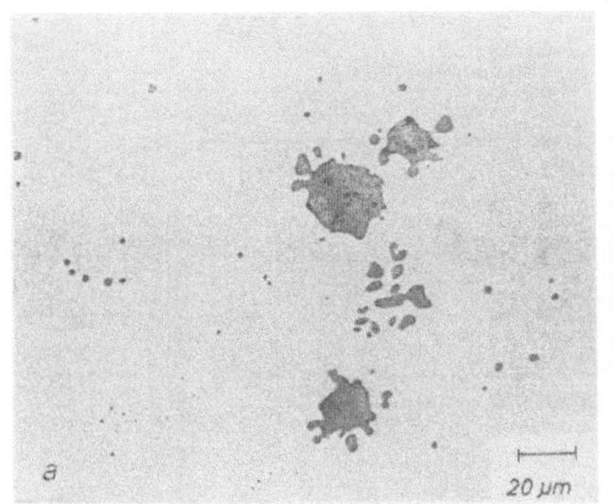

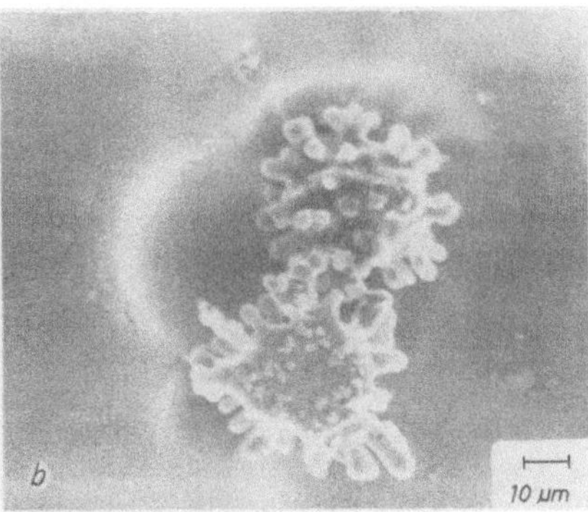

Abb. 7

Weiterhin können Tiefätzpräparationen zur Klärung von Bruchgeschehnissen herangezogen werden. An Kerbschlagproben traten Rißstrukturen auf, wie sie Abb. 8a zeigt. Durch Tiefätzung konnte

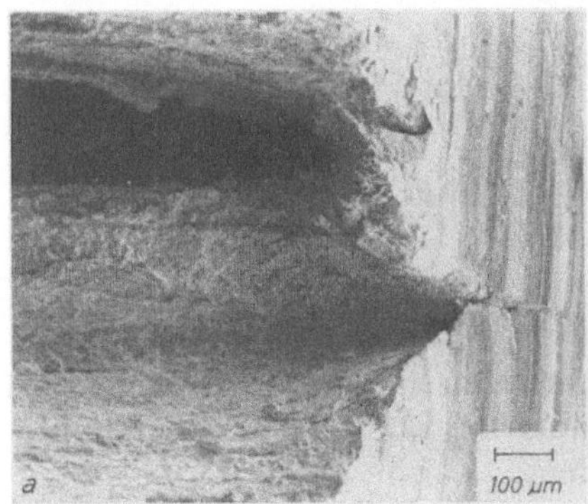

Abb. 8

eine Verbindung zu der bei der Erschmelzung des Stahls durchgeführten Cer-Behandlung nachgewiesen werden. Die Tiefätzung (Abb. 8b) ergab in Verbindung mit der Röntgenanalyse eine eindeutige Zuordnung der Bruchstruktur zu den Cer-Oxysulfidzeilen.

Der Vollständigkeit halber sei darauf hingewiesen, daß die Anwendung der Tiefätzung statistische Teilchenauswertungen verbessert. Abb. 9 zeigt in einer Skizze wie die wahre Teilchengröße — es wurden 2 Kugelgrößen eingezeichnet — durch eine scheinbare Teilchengrößenverteilung überlagert wird, die durch die willkürlichen Partikelanschnitte des Schliffs erzeugt wird. Abb. 10 zeigt als Bei-

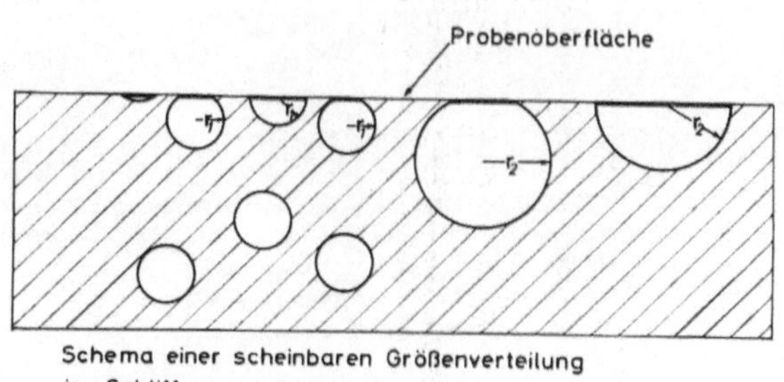

Abb. 9

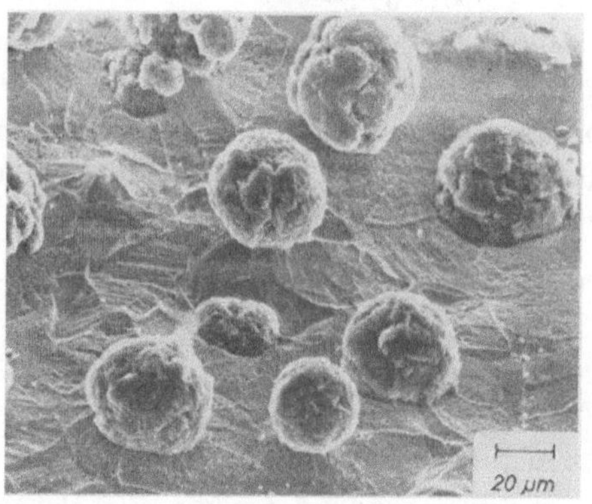

Abb. 10

spiel ein tiefgeätztes Präparat von Gußeisen mit Kugelgraphit, in dem die Sphärolithe durch Tiefätzung über die Schicht von angeschnittenen Kugeln hinaus freigelegt wurden.

Tiefätzung und energiedispersive Röntgenanalyse

Ebenfalls am Beispiel kugeliger Einschlüsse soll der wechselseitige Einfluß dargestellt werden, den die Teilchenlage und -form auf die Röntgenanalyse haben[7]. Kugelige Oxide des Typs wie in Abb. 11 werden bei der konventionellen Mikrosondentechnik im Schliff als Anschnitt analysiert. Hierbei ist keine Aussage möglich, ob die angeschnittene Kreisfläche den maximalen Durchmesser darstellt oder darüber und darunter eine kleinere Schnittfläche zeigt. In Abb. 12 links ist der Bereich angegeben, aus dem der in die Probenoberfläche eindringende Elektronenstrahl die signifikante

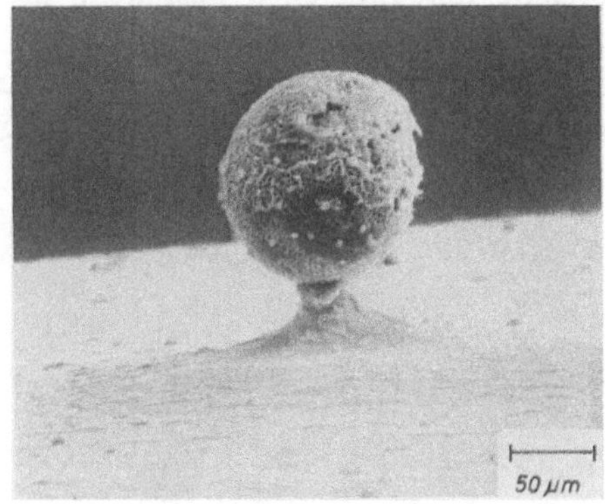

Abb. 11

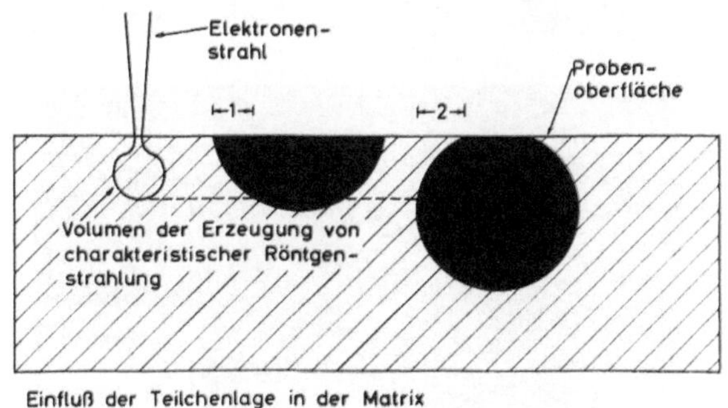

Abb. 12

Röntgenstrahlung emittiert. Unter der vereinfachenden Annahme gleicher Eindringtiefen in Matrix und Einschluß, würde sich beim Abfahren der Probe von links nach rechts beim ersten Überschneiden der Emissionsbirne mit dem Einschluß (Bereich 1 links) ein zunehmender Analyseneinfluß der Elemente des Einschlußpartikels einstellen. Bis zum Erreichen der Sättigung (Bereich 1 rechts) würde ein scheinbarer Anstieg der Einschlußelemente festgestellt werden.

Eine derartige Messung könnte zur Fehldeutung führen, es existiere eine Randverarmung an den für diesen Einschluß typischen Elementen.

Der Bereich 2 kann zu folgender Fehldeutung Anlaß geben: Schon vor der Phasengrenze Matrix-Einschluß weist die Röntgenanalyse die Elemente des Partikels nach. Daraus könnte gefolgert werden, daß um den Einschluß z. B. in Form von Diffusionszonen Anreicherungsbereiche der Elemente bestehen, die den Einschluß gebildet haben.

Aus dem metallografischen Schliff sind keine Aussagen möglich, wie tief die untersuchte Phase in die Matrix eingebettet ist, und

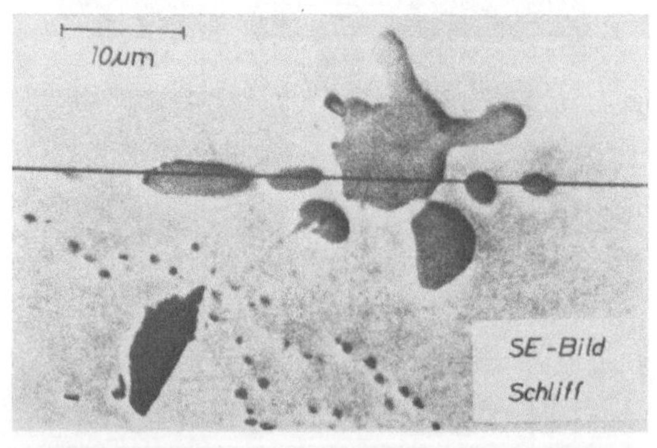

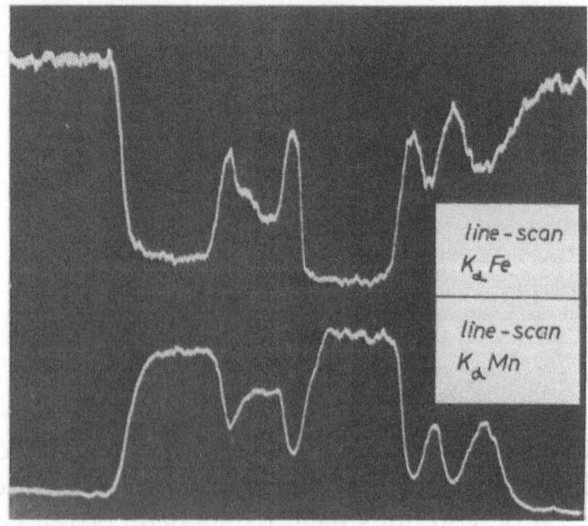

Abb. 13

wie stark die Verfälschung der Analyse durch die Elemente der Matrix ist.

Abb. 13 zeigt zu dem Schliffbild eines dentritischen Oxids die Linienanalyse der Elemente Mn und Fe. Das untere Niveau der Mn-Analyse entspricht dem Mn-Gehalt der Stahlmatrix. Das obere

Niveau der Fe-Analyse entspricht ihrem Eisengehalt. Die dem jeweiligen Ort des Oxids zuzuordnende Konzentration an Mn entspricht der gegenläufigen Konzentration an Fe. Daraus könnte ge-

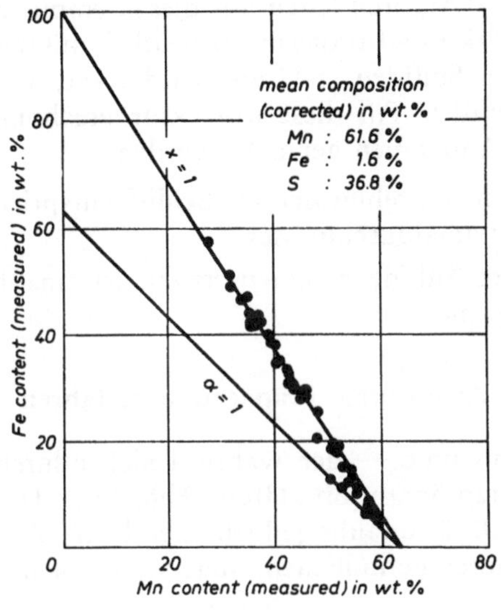

Abb. 14

folgert werden, daß der Fe-Anteil im Oxid mit steigender Größe des Partikels abnimmt.

Diese bei allen Mikrosondenuntersuchungen auftretende Meßproblematik soll am Beispiel von Sulfiduntersuchungen verdeutlicht werden.

Das Vorhandensein von Sulfiden in Stählen bewirkt in ihrer Ausbildungsform als Typ I eine ausgeprägte Anisotropie der Werkstoffwerte und als Typ II erhebliche Korngrenzenschwächungen bei tiefen wie bei hohen Temperaturen. Bei stark erhöhten Temperaturen besteht im Zusammenhang mit einem Fe-FeS-Eutektikum bei 985^0 C die Gefahr der Rotbrüchigkeit in der Walz- und Schmiedehitze. Für Schweißungen besteht die Forderung, die Bildung des FeS-MnS-Eutektikums bei 1170^0 C unbedingt zu verhindern.

Bei den Untersuchungen der auftretenden Sulfidphasen ist der wesentliche Punkt, deren Fe-Gehalt exakt zu bestimmen. Derartige Untersuchungen mit der Elektronenstrahl-Mikroanalyse weisen jedoch folgende Problematik auf (unter Bezugnahme auf Untersuchungen von Ryder und Jackel[8]): Werden in einer Stahlmatrix Sulfide beliebiger Größe auf ihren Mn- und Fe-Gehalt analysiert, so ergeben sich Meßpunktfolgen, die auf der in Abb. 14 gezeigten

Geraden $X=1$ liegen. Daß hier ein Matrixeffekt vorliegt, ergibt sich aus der Tatsache, daß die Extrapolation der Geraden für den sulfidischen Einschluß — ausgehend auf der Mn-Seite von der Verbindung MnS — auf der Eisen-Seite einen Wert von 100% Fe ergeben würde. Die Autoren leiten aus diesen empirischen Messungen einen Korrekturfaktor α für das unvermeidlich mitanalysierte Matrixvolumen ab. Bei Sulfiden $>12\,\mu$m wird $\alpha=1$, was bedeutet, der Matrixeinfluß wird 0. Für diese Korrekturberechnung mußten zwei problematische Annahmen gemacht werden:

1. Der Teilchendurchmesser im Schliff entspricht dem tatsächlichen Maximaldurchmesser.
2. Die wahre Sulfidzusammensetzung ist unabhängig von der Teilchengröße.

Zweistufige Präparationsverfahren

Die erste Annahme — der wahre Teilchendurchmesser — läßt sich durch Tiefätzpräparation klären (Abb. 15a). Die geringe Größe der gezeigten Sulfide erlaubt jedoch hier keine Analyse ohne Anregung der darunter befindlichen Matrix. In solchen Fällen führen

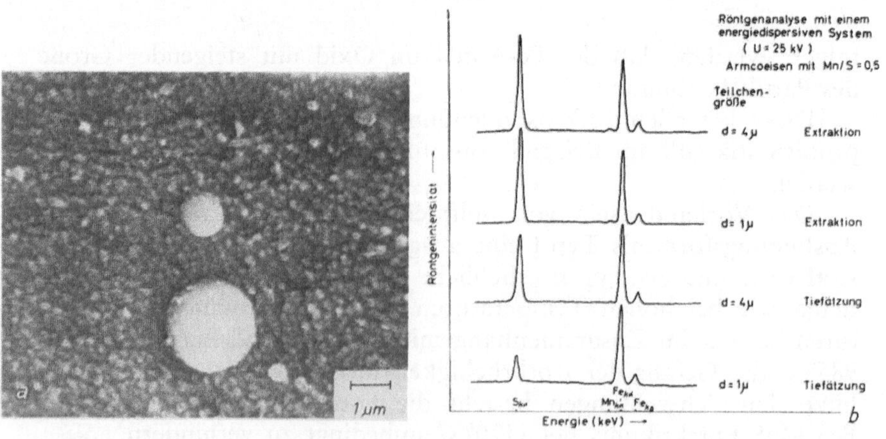

Abb. 15

wir Extraktionen mit Techniken durch, wie sie von der TEM her bekannt sind. Das Ergebnis für Eisensulfid zeigen die Analysenkurven in Abb. 15b. Das in der kompakten Probe mit der Größe der Sulfide schwankende S-zu-Fe-Verhältnis ist nach der Extraktion konstant und liegt höher.

Für die Extraktion haben sich die handelsüblichen Kunststofffolien, die in der Transmissionselektronenmikroskopie Anwendung finden, hinreichend bewährt. Einige weisen neben den Kohlenwasserstoffen Gehalte an Cl auf. Dies ist bei der Auswahl zu beachten.

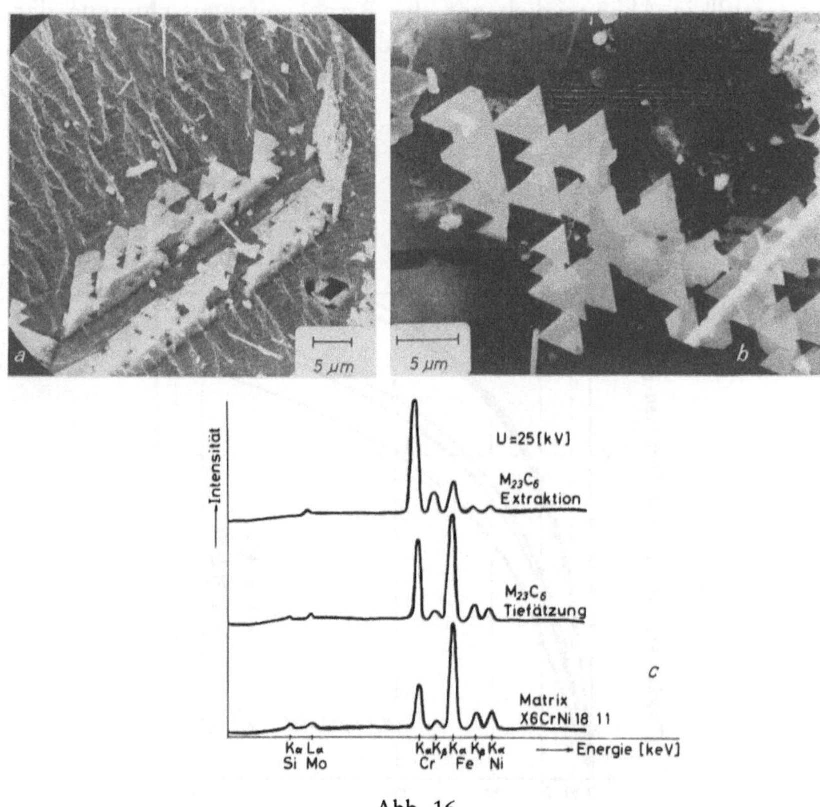

Abb. 16

Die Autoren Pickwick und Packwood[9] legen zum thermischen Verhalten von Einbettmedien Untersuchungen vor, wobei neben Folien auch pulverförmige Massen und Metallschichten untersucht werden.

Carbide weisen analysentechnisch die bei den Sulfiden aufgezeigte Problematik in verschärftem Maße auf, da es sich in der Regel um noch wesentlich kleinere Einheiten handelt.

Abb. 16a zeigt die beiden $M_{23}C_6$-Carbidtypen eines X6 Cr Ni 1811, die sich auf den kohärenten und inkohärenten Zwillingsgrenzen ausbilden[7]. Bei einer Größe von ca. 3 μm weisen sie jedoch nur eine Dicke im 1000 Å-Bereich auf, so daß bei einer Analyse der Matrixeinfluß überwiegt. Abb. 16b zeigt die Extraktion. Erst sie läßt Analysen zu, die den Ni-, Fe- und Mo-Anteil des Cr-Carbids $M_{23}C_6$ ohne Verfälschung durch Mitanregung von Matrixvolumina bestimmbar machen. Abb. 16c zeigt einen solchen Analysenvergleich.

Die Abhängigkeit der Eindringtiefe des Elektronenstrahls in Präparate verschiedener Elemente ist in Abb. 17 nach Wittry und Castaing[10] in Abhängigkeit von der Beschleunigungsspannung dargestellt. Eine Analysenverfälschung durch die Elemente der Matrix

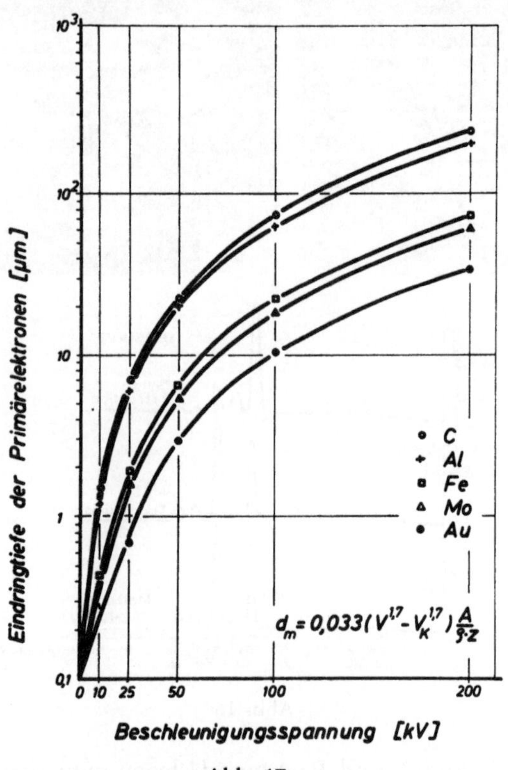

Abb. 17

ist also auch bei größeren Teilchen zu erwarten, da es sich in der Regel um Verbindungen mit den leichten Elementen C, N, O und S handelt.

Auch für die Analyse intermetallischer Phasen bietet die zweistufige Präparation mit Tiefätzung und anschließender Extraktion Vorteile.

Intermetallische Phasen gelten als besonders schwer identifizierbar, da bei der Feinbereichsbeugung nur geringe Unterschiede der *d*-Werte z. B. zwischen der kubisch-raumzentrierten Chi-, der tetragonalen Sigma- und der hexagonalen Eta-Phase bestehen. Die Autoren Weiss, Hughes und Stickler[11] schlagen vor, den Nachweis mittels Röntgenmikroanalyse vorzunehmen. Der Matrixeinfluß wird

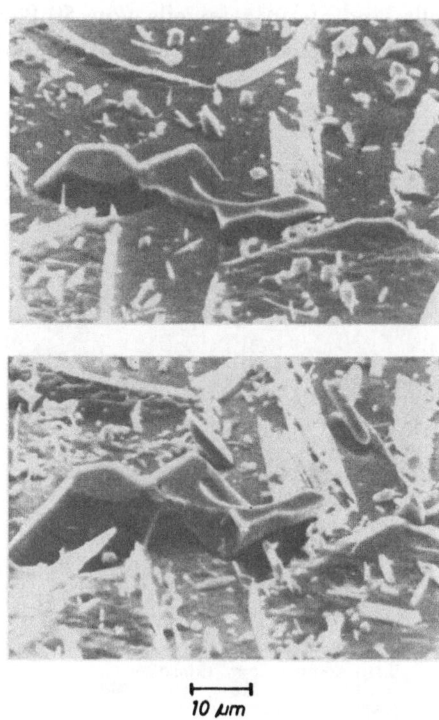

Abb. 18

durch die Verwendung des Mo/Cr-Verhältnisses zur Identifizierung möglichst gering gehalten, da das Mo in den Phasen gegenüber der Matrix am stärksten angereichert ist. Hieraus ergeben sich die engsten errechneten Existenzbereiche für die Zusammensetzung dieser intermetallischen Phasen.

Eigene Untersuchungen führten auch bei der Analyse intermetallischer Phasen mit der Tiefätzung (Abb. 18) zu verbesserten Ergebnissen. An der Flanke läßt sich die Tiefe des freigelegten Partikels im REM direkt abmessen und eine Abschätzung durchführen, ob eine Beeinflussung der Röntgenanalyse durch Mitanregung der Matrix befürchtet werden muß.

Selbst bei Partikeln dieser Größenordnung führen wir eine Überprüfung der Analysen mittels Extraktion durch (Abb. 19). Die hier gezeigte Sigma-Phase, die teilweise extrahiert wurde, hat mit ihren teils konkav gewölbten Oberflächen derart unregelmäßige Ausbildungsformen, daß das Durchdringen des zu analysierenden Bereichs nicht völlig ausgeschlossen werden kann.

Für die Gegenüberstellung der Analysenergebnisse, wie sie in Abb. 20 dargestellt sind, wurde jeweils von 50 Partikeln der Größen 5 bis 50 μm mit energiedispersiver Röntgenanalyse die Zusam-

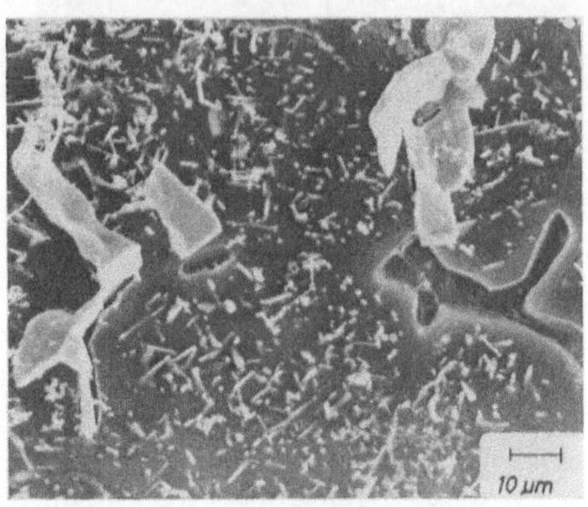

Abb. 19

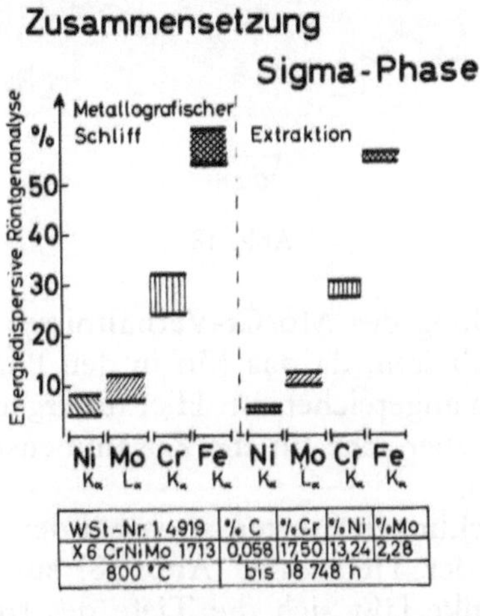

WSt-Nr. 1.4919	% C	% Cr	% Ni	% Mo
X 6 CrNiMo 1713	0,058	17,50	13,24	2,28
800 °C	bis 18 748 h			

Abb. 20

mensetzung quantitativ in Gew.% bestimmt. Für die linke Diagrammhälfte wurden die Punktanalysen an einem schwach angeätzten Schliff durchgeführt. Für die Analysen der rechten Hälfte wurden die Sigma-Phasen extrahiert.

Das Ergebnis für die Extraktion ist ein schmälerer Existenzbereich für die einzelnen Komponenten der Sigma-Phase, wobei die Abweichungen im linken Teil des Diagramms für die Elemente Ni und Fe zu höheren, für Mo zu niedrigeren Werten durch mitangeregtes Matrixvolumen bedingt sind. Für Cr gilt dies auch für die Abweichung zu erniedrigten Werten. Die bei Cr ebenfalls festzustellende Abweichung zu erhöhten Gehalten basiert auf der Mitanregung von Cr-reichen Carbiden des Typs $M_{23}C_6$. Hierdurch ist auch der relativ breite Existenzbereich für Cr in der Extraktion zu erklären, da sich die Sigma-Phase auf Tripelpunkten und Korngrenzen bevorzugt ausscheidet und hier Carbide mit eingebaut wurden.

Schlußbetrachtung

Tiefätzpräparationstechniken ermöglichen:

1. Das Freilegen von Partikeln „in situ", wodurch ihre Ausbildungsform in Zuordnung zur Matrix untersucht werden kann.
2. Eine selektive Präparationstechnik. Einzelne Phasen heterogen aufgebauter Einschlüsse lassen sich getrennt voneinander im REM untersuchen und analysieren.
3. Die Abschätzung am tiefgeätzten Präparat, ob die Eindringtiefe des Elektronenstrahls die Teilchengröße überschreitet und somit eine Analysenverfälschung befürchtet werden muß.
4. Bei Bestehen der Gefahr einer Analysenverfälschung die Extraktion der zu analysierenden Partikel.

Tiefätzpräparate lassen sich mit etwas Routine mit geringerem Aufwand herstellen, als ein sorgfältig vorbereiteter metallografischer Schliff und bewirken somit neben der Verbesserung der Ergebnisse eine Beschleunigung der Untersuchungsverfahren.

Die Tiefätzung ermöglicht die Verbindung der konventionellen metallografischen Ätzpräparation zu den Methoden der Rückstandisolierung. Dementsprechend sind neben den hier vorgeschlagenen alle dort bewährten Reagenzien und Verfahren für die Tiefätzung anwendbar. Sie lassen sich nur in Verbindung mit dem REM auswerten, wobei durch die Kontrolle der einzelnen Präparationsschritte „Artefacte" ausgeschlossen werden können.

Zusammenfassung

Bei Anwendung der konventionellen Mikrosondentechnik für die Röntgenmikroanalyse von Einschlüssen und Ausscheidungen in Stählen lassen sich Analysenverfälschungen durch die Elemente der

Matrix nicht ausschließen. Tiefätzungspräparationstechniken wurden vorgestellt, die eine Abschätzung dieses Matrixeinflusses auf die Analyse feiner Teilchen in Stählen gestatten. Weiterhin wurde über zweistufige Präparationstechniken berichtet, mit denen ein Matrixeinfluß ausgeschlossen werden kann. Über Ergebnisse aus Untersuchungen an Oxiden, Sulfiden, Carbiden und intermetallischen Phasen wurde ebenfalls berichtet.

Summary

Energydispersive X-Ray Microanalysis of Inclusions and Precipitations under the Special Aspect of the Influence of the Matrix

By using conventional methods of X-ray microanalysis for the identification of inclusions and precipitations in steels errors may occur caused by elements of the matrix. Deep-etching preparation techniques are reported which allow to calculate this influence of the matrix on the analysis of particles in steels. Furthermore a two-step preparation technique is presented, which allows to prevent the influence of the matrix on the X-ray microanalysis. Examination results on oxides, sulfides, carbides and intermetallic phases are presented.

Literatur

[1] W.-G. Burchard, F.-S. Chen und M. Pohl, BEDO **7**, 113 (1974).

[2] M. Pohl, F.-S. Chen und W.-G. Burchard, BEDO **8** (1975).

[3] K. Schwerdtfeger, Arch. Eisenhüttenwes. **43**, 201 (1972).

[4] K. Torssel und M. Olette, Rev. mét. **66**, 813 (1969).

[5] W. A. Fischer und M. Wahlster, Arch. Eisenhüttenwes. **29**, 1 (1958).

[6] E. Steinmetz und H.-U. Lindenberg, Arch. Eisenhüttenwes. **47**, 71 (1976).

[7] M. Pohl, F.-S. Chen und W.-G. Burchard, BEDO **9** (1976).

[8] P. L. Ryder und G. Jackel, Z. Metallk. **63**, 187 (1972).

[9] K. M. Pickwick und R. H. Packwood, Metallography **9**, 245 (1976).

[10] H. Malissa, Handbuch der mikrochemischen Methoden, Band IV, Elektronenstrahl-Mikroanalyse, Wien: Springer-Verlag. 1966. S. 19 f.

[11] B. Weiss, C. Wesley Huges und R. Stickler, Prakt. Metallographie **7**, 477 (1971).

Korrespondenz und Sonderdrucke: Dipl.-Ing. M. Pohl, Gemeinschaftslabor für Elektronenmikroskopie der RWTH Aachen, Intzestraße 5, D-5100 Aachen, Bundesrepublik Deutschland.

Mikrochimica Acta [Wien], Suppl. 7, 279—288

MIKROCHIMICA
ACTA

Sektion Physik der Martin-Luther-Universität Halle – Wittenberg, DDR

Zum Einsatz des Mikroanalysators für die Untersuchung der Elektronenstruktur der Festkörper*

Von

Otto Brümmer, Günter Dräger und **Frank Werfel**

Mit 6 Abbildungen

(Eingegangen am 30. November 1976)

Eine der wichtigsten und direktesten Methoden zur Untersuchung der Elektronenstruktur der Festkörper ist die hochauflösende Röntgenspektroskopie in Emission und Absorption.

Die Röntgenemissionslinien zeigen charakteristische Verschiebungen der Maxima, die mit Oxydationszahl, Bindungstyp und Koordination der emittierenden Atome im Festkörper korrelieren. Diese „chemischen Verschiebungen" resultieren aus Energieänderungen von Core-Niveaus infolge der chemischen Bindung der Atome und der damit verbundenen Änderung ihrer Valenzelektronenkonfiguration. Die Präzisionsmessung solcher Linienverschiebungen gibt daher Auskunft über das Verhalten der Valenzelektronen durch Nutzung der oben erwähnten Korrelationen. Derartige Messungen können mit modernen Röntgenmikroanalysatoren durchgeführt werden[1, 2].

Direktere Informationen über den Valenzzustand der Atome und die Elektronenstruktur des Festkörpers erhält man durch Spektroskopie der Valenz- und Leitungsbänder. Wegen

$$I(E), \mu(E) \sim P(E) \cdot N(E)$$

spiegeln die röntgenspektroskopisch meßbaren Intensitäten $I(E)$ der Valenzbandspektren bzw. die aus den Absorptionsspektren abge-

---

* Vortrag anläßlich des 8. Kolloquiums über metallkundliche Analyse mit besonderer Berücksichtigung der Elektronen- und Ionenstrahl-Mikroanalyse, Wien, 27. bis 29. Oktober 1976.

leiteten Absorptionskoeffizienten μ (E) die Zustandsdichte N (E) der Valenz- und Leitungsbänder wider, modifiziert durch die Übergangswahrscheinlichkeit P (E). P (E) wirkt hierbei im wesentlichen durch die Dipolauswahlregeln und bringt partielle Zustandsdichten zur Abbildung [N_p (E) in den K-Spektren, $N_{s,d}$ (E) in den L-Spektren]. Aus ihnen können die wichtigsten Parameter der Gesamtzustandsdichte N (E) (Bandbreiten und -kanten, Lage von Maxima und Minima, charakteristische Strukturen) rekonstruiert werden. Anhand der N (E)-Verläufe lassen sich Festkörpereigenschaften erklären oder ableiten bzw. theoretische Berechnungen der Valenzzustände (Bandberechnungen, MO- und Cluster-Rechnungen) überprüfen.

Auch für die Messung von Valenz- und Leitungsbandspektren sind Mikroanalysatoren vorteilhaft einsetzbar[1,2], da sie eine Reihe günstiger Voraussetzungen und experimenteller Möglichkeiten auch für die hochauflösende Röntgenspektroskopie bieten. Zu nennen sind hierbei vor allem:

1. der große untersuchbare Spektralbereich bis weit in den Vakuumwellenlängenbereich;
2. das bequeme Arbeiten ohne vorherige langwierige Justierung;
3. die geringe thermische Probenbelastung, die viele Materialien zu untersuchen gestattet, die bei konventioneller Primäranregung zerfallen würden;
4. die kleinen Mengen benötigten Probenmaterials bzw. die Mikrobereiche der Probe, in denen Spektren gemessen werden können;
5. die gute Manipulierbarkeit der Proben, die für die Aufnahme von Einkristallspektren besonders wichtig ist[1,2];
6. die zunehmende Qualität der Spektrometer und der Einsatz neuer Spektrometerkristalle, die ein gutes Auflösungsvermögen garantieren;
7. die große Stabilität und Zuverlässigkeit der Elektronik, die eine gute Reproduzierbarkeit der Spektren gewährleisten.

Schon früher[2] wurden an speziellen Beispielen Einsatzmöglichkeiten der Mikrosonde für die Untersuchung der Elektronenstruktur des Festkörpers gezeigt. Hier soll über einen apparativen Beitrag zur Verbesserung des Auflösungsvermögens im Wellenlängenbereich von 30—80 Å berichtet werden sowie über eine Untersuchung der Elektronenstruktur von Vanadinoxiden.

Die Ausdehnung der Valenzbandspektroskopie auf Elemente niedriger Ordnungszahl macht eine Erweiterung des mit hoher Auflösung meßbaren Wellenlängenbereiches nach längeren Wellenlängen notwendig. An der ARL-Sonde EMX-SM z. B. kann mit dem KAP- oder RAP-Kristall bis etwa 25 Å gemessen werden, d. h. bis zur Kα-Valenzbande des Sauerstoffs. Für den Wellenlängenbereich bis ungefähr 90 Å ist Bleistearat (PbSt, $2d = 100{,}3$ Å) vorgesehen. Dieser Pseudokristall besitzt jedoch wegen seiner synthetischen Molekülschichtstruktur und der relativ geringen Zahl effektiv reflektierender Schichten infolge starker Absorption der Strahlung ein schlechtes Auflösungsvermögen.

Hier können organische Kristalle mit großer Gitterkonstante erfolgreich eingesetzt werden, wie am Beispiel von Octadecylhydrogenmaleat (OHM, $2d = 63{,}4$ Å) und Dioctadecyladipat (OAO, $2d = 90{,}55$ Å gezeigt wird*). Fokussierende Spektrometerkristalle nach dem Johann-Verfahren wurden für ein Spektrometer der ARL-Sonde durch Aufkleben dünner Kristallplättchen mit Epoxid-Harz auf zylindrisch konkave Al-Träger hergestellt[3]. Die mosaikartige Zusammensetzung sowie eine partielle Fehlorientierung der reflektierenden Kristallschicht beeinträchtigten das Auflösungsvermögen nicht. Durch Aufkleben dickerer Kristallplättchen zu den Rändern der Zylinderflächen hin wurde eine Annäherung an das exakt fokussierende Johansson-Verfahren erreicht.

Abb. 1 zeigt die CKα-Bande von Graphit, die an einer plättchenförmigen Einkristallprobe mit einem PbSt-, OAO- bzw. OHM-Kristall aufgenommen wurde. Bei etwa gleicher Dispersion für PbSt und OAO besitzt der OAO-Kristall das bessere Auflösungsvermögen, wie aus dem Vergleich von Strukturierung und Halbwertsbreiten der Emissionsbanden hervorgeht. Wegen des größeren Bragg-Winkels Θ ist das Auflösungsvermögen von OHM für CKα noch höher. Dieser Kristall reflektiert wegen $\Theta \approx 45^0$ die CKα-Bande linear polarisiert, ebenso wie OAO die langwelligere Kα-Bande von Bor.

Auf Grund der speziellen Aufnahmegeometrie (hexagonale $\vec{c}$-Achse der einkristallinen Graphitprobe parallel zum anregenden Elektronenstrahl und damit in der Reflexionsebene des Spektrometerkristalls) reflektiert der OHM-Kristall nur die senkrecht zur $\vec{c}$-Achse polarisierte σ-Komponente der Valenzbande[1,2,4]. Dieses σ-Spektrum stimmt ausgezeichnet mit entsprechenden Spektren überein, die mit hochauflösenden Gitterspektrometern gemessen wurden[4,5]. In den mit dem PbSt- bzw. OAO-Kristall aufgenommenen Emissionsbanden in Abb. 1 ist wegen $\Theta < 45^0$ auch eine partielle π-Kompo-

---

* Plättchenförmige Einkristalle dieser Substanzen wurden uns dankenswerterweise von Herrn Prof. Dr. K. Ulmer, Physikalisches Institut der Universität Karlsruhe (TH), zur Verfügung gestellt.

nente der Graphit-Bande enthalten, wodurch der etwas andere Intensitätsverlauf gegenüber der reinen σ-Bande zustande kommt.

Nahezu reine π-Komponenten wurden mit dem OHM-Kristall an einer parallel zur $\vec{c}$-Achse geschnittenen einkristallinen Graphitprobe aufgenommen, wenn die $\vec{c}$-Achse senkrecht zur Reflexionsebene des Spektrometers steht. In diesem Fall liegt der Polarisations-

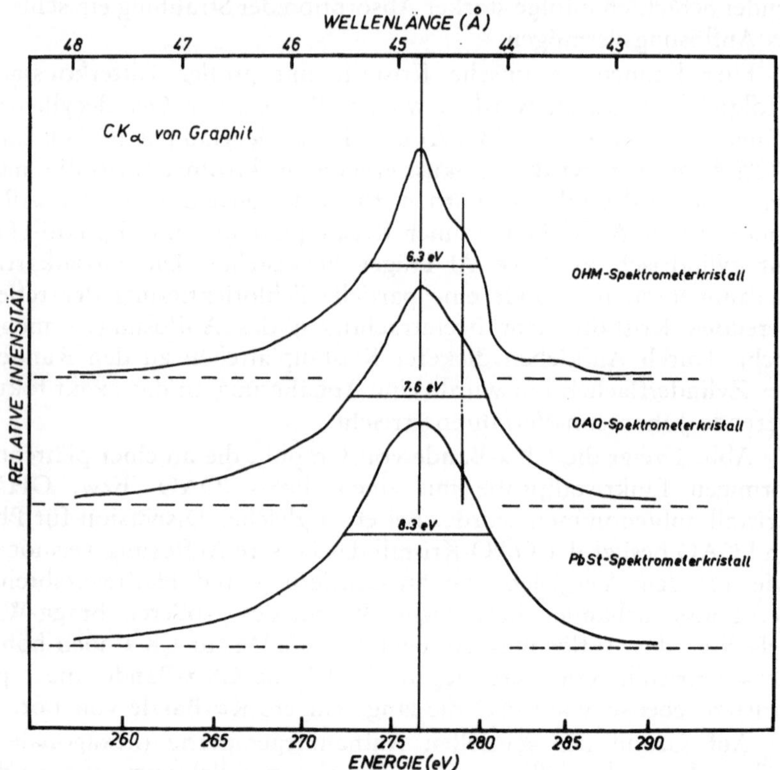

Abb. 1. Mit verschiedenen Spektrometerkristallen gemessene CKα-Bande einer einkristallinen Graphitprobe

vektor $\vec{P}$ der reflektierten Strahlung parallel zur $\vec{c}$-Achse. Für $\vec{P} \perp \vec{c}$ an der um 90^0 gedrehten Probe wird theoretisch die reine σ-Bande gemessen (Abb. 2). Die Abweichungen der für gleiche Probenlage registrierten Intensitätsverläufe untereinander und von der Form der reinen π- und σ-Banden resultieren aus Fehlorientierungen des Kristallgitters an der Schnittfläche der Emissionsprobe und sind Ausdruck der starken Orientierungsabhängigkeit der Kα-Emissionsbande von Graphit.

Auch die B- und CKα-Banden von Verbindungen (z. B. BN, SiC, $CaCO_3$) wurden mit den OAO- und OHM-Kristallen in guter Übereinstimmung mit entsprechenden Gitterspektren gemessen. Für

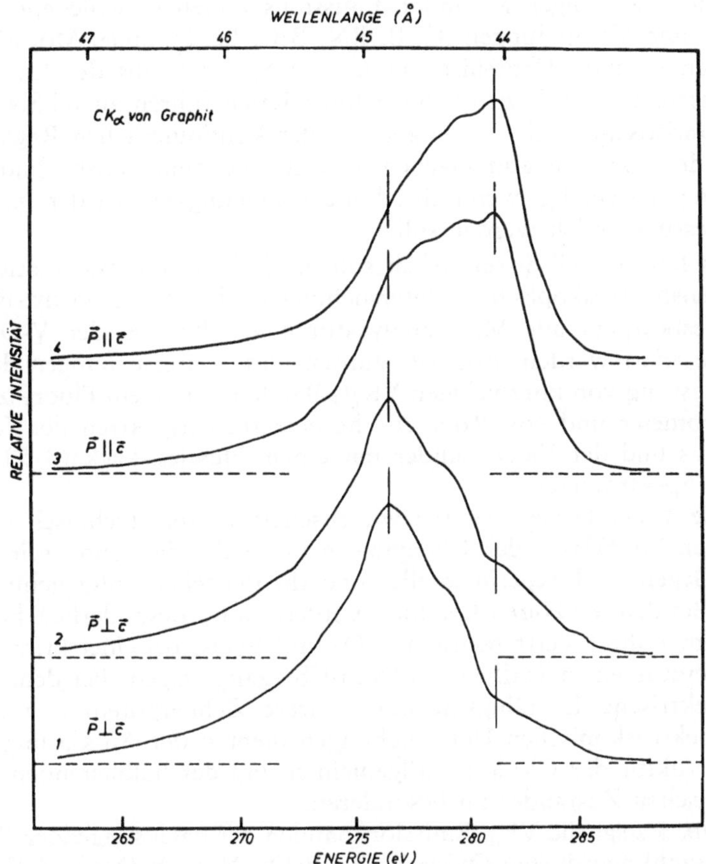

Abb. 2. CKα-Banden von Graphit, parallel und senkrecht zur $\vec{c}$-Achse einer einkristallinen Emissionsprobe linear polarisiert aufgenommen

OAO und OHM ergab sich für CKα bei wesentlich besserem Auflösungsvermögen ein um den Faktor 3 bzw. 9 kleineres Reflexionsvermögen gegenüber dem PbSt-Pseudokristall, so daß dessen Einsatz für Analysenzwecke vorzuziehen ist[3].

Erfolgversprechend verliefen auch erste Versuche, fokussierende Reflexionsgitter für die hochauflösende Röntgenspektroskopie mit Mikroanalysatoren einzusetzen. Hierzu wurde ein kleines Gitterspektrometer gebaut, das mit dem Vakuumgehäuse an einen Mikroanalysator anflanschbar ist[6]. Indem Probenfokus, Blazegitter (600 Striche/mm) und Registrierspalt stets auf einem Rowlandkreis von 500 mm Radius liegen, wird die Fokussierungsbedingung erfüllt. Als Detektor dient ein Durchfluß-Proportionalzählrohr.

Die langwelligen K- und L-Emissionsbanden verschiedener Elemente und Verbindungen (C, B, BN, B_4C, Be, Si, SiO_2, Mo, MoS_2) wurden in guter Übereinstimmung mit Spektren aus der Literatur gemessen. Die noch zu geringen Intensitäten führen zu relativ großen statistischen Schwankungen bei der kontinuierlichen Registrierung der Spektren und machen vorerst eine punktweise Quantenzählung notwendig, wenn eine höhere Genauigkeit bei der Intensitätsmessung erzielt werden soll.

Im letzten Teil dieser Arbeit soll die Möglichkeit systematischer röntgenspektroskopischer Untersuchungen der Elektronenstruktur des Festkörpers mit Mikroanalysatoren am Beispiel der V-Oxide demonstriert werden. Ergänzt wurden diese Untersuchungen durch die Messung von kurzwelligen $VK\beta_5$-Banden mit einem Fluoreszenzspektrometer und von Röntgen-Photoelektronenspektren der Core-Niveaus und der Valenzbänder mit einem Hewlett-Packard 5950 A ESCA-Spektrometer.

Die V-Oxide gehören zur wissenschaftlich und technisch interessanten Stoffklasse der Übergangsmetalloxide, die schon seit langem Gegenstand experimenteller und theoretischer Untersuchungen sind. Bei den V-Oxiden kommt als interessante Besonderheit hinzu, daß einige ihrer Vertreter (u. a. VO_2 und V_2O_3) bei einer kritischen Temperatur einen Halbleiter-Metall-Übergang zeigen, bei dem sich die elektrische Leitfähigkeit um mehrere Zehnerpotenzen ändert. Die spektroskopischen Untersuchungen dienten der Aufklärung der Bandstruktur der Oxide im allgemeinen und des halbleitenden und metallischen Zustandes im besonderen.

Abb. 3 zeigt die VL_{III}-Emissionsbanden der nach steigender Oxydationszahl geordneten Oxide V_2O_3, V_3O_5, VO_2, V_6O_{13} und V_2O_5. Sie wurden mit dem RAP-Spektrometer der ARL-Sonde EMX-SM mit 2,5 kV Anregungsspannung gemessen. Typisch für diese Spektren ist die Doppelpeakstruktur mit charakteristischen Verhältnissen der beiden Intensitätsmaxima. Die Spektren bestätigen experimentell die theoretischen Vorstellungen über die Valenzbandstruktur, die aus MO-Rechnungen für V-Atome mit oktaedrischer Sauerstoffkoordination abgeleitet wurden. Danach resultieren die Teilbanden A und B aus den Übergängen $2\,e_g \rightarrow 2\,p_{3/2}$ bzw. $2\,t_{2g} \rightarrow 2\,p_{3/2}$ zwischen MO-Niveaus und inneren $2p$-Niveaus. Mit steigender Oxydationszahl der V-Atome nimmt die Zahl ihrer Valenzelektronen ab und damit auch die Auffüllung des obersten besetzten $2\,t_{2g}$-

Molekülorbitals, was sich in der Intensitätsabnahme von Teilbande B gegenüber A widerspiegelt. Die Verschiebung der Banden A und B nach höheren Energien weist auf den zunehmenden Ladungsübergang vom Metall zum Sauerstoff bei steigender Oxydationszahl hin.

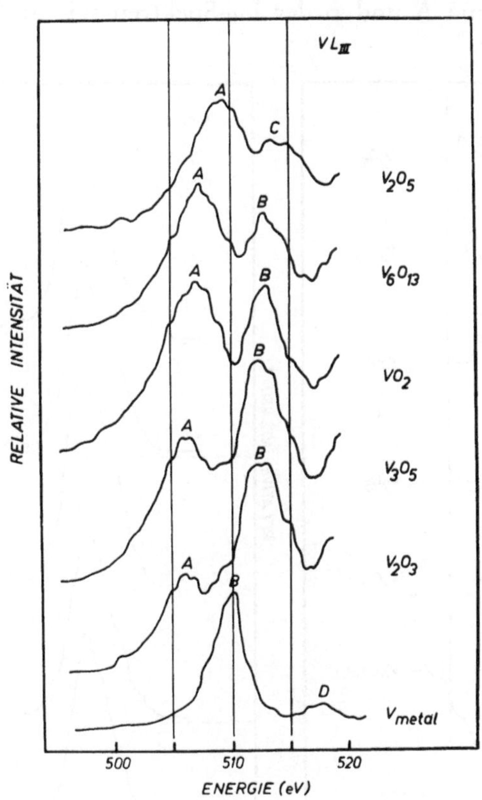

Abb. 3. VL_{III}-Emissionsspektren einiger V-Oxide und des Metalls

Ähnliche Verschiebungen werden auch bei den L_{III}-Absorptionsspektren in Abb. 4 beobachtet. Sie sind als Selbstabsorptionsspektren aus L_{III}-Emissionsbanden konstruiert, die bei unterschiedlichen Anregungsspannungen aufgenommen wurden[1, 2, 7]. Die ebenfalls mit dem RAP-Kristall gemessenen OKα-Spektren resultieren vorwiegend aus Übergängen t_{2u}, $3\,t_{1u} \rightarrow$ O 1 s und zeigen keine systematischen Abhängigkeiten vom Oxydationszustand des Vanadins (Abb. 5).

Mit Hilfe zusätzlich gemessener Core-Linien und Core-Niveaus, letztere mit dem ESCA-Spektrometer aufgenommen, können die verschiedenen Teilspektren einer Substanz einschließlich ihres Photoelektronen-Valenzbandspektrums in einer einheitlichen Energieskala dargestellt und verglichen werden. Damit erhält man eine komplette Übersicht über die Valenzelektronenstruktur und kann den Vergleich mit entsprechenden Rechnungen durchführen.

So wird für V_2O_3 der Abstand der Molekülorbitale 2 e_g und 2 t_{2g} aus den Maxima A und B der L_{III}-Spektren wie auch aus entspre-

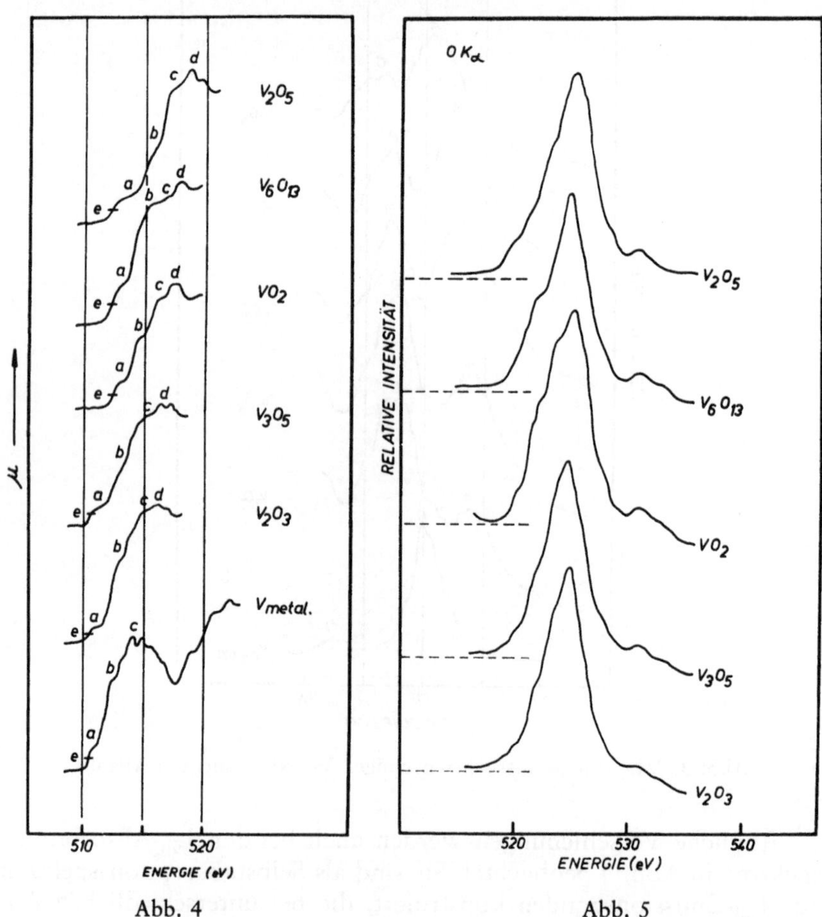

Abb. 4. VL_{III}-Selbstabsorptionsspektren einiger V-Oxide und des Metalls
Abb. 5. OKα-Emissionsspektren einiger V-Oxide

chenden Strukturen der Photoelektronen-Valenzbandspektren zu 6—7 eV bestimmt. Neuere Rechnungen von Gubanov u. a.[8] liefern jedoch nur den halben Abstand, was auf Näherungen und Vernachlässigungen, z. B. bezüglich der Gitterplatzsymmetrie der V-Atome und ihrer Atomladung und Wechselwirkung untereinander, zurückzuführen ist und den starken Einfluß dieser Größen auf die Valenzbandstruktur zeigt.

VO_2 geht bei 340 K vom halbleitenden in den metallischen Zustand über, was sich in einer Änderung der elektrischen Leitfähig-

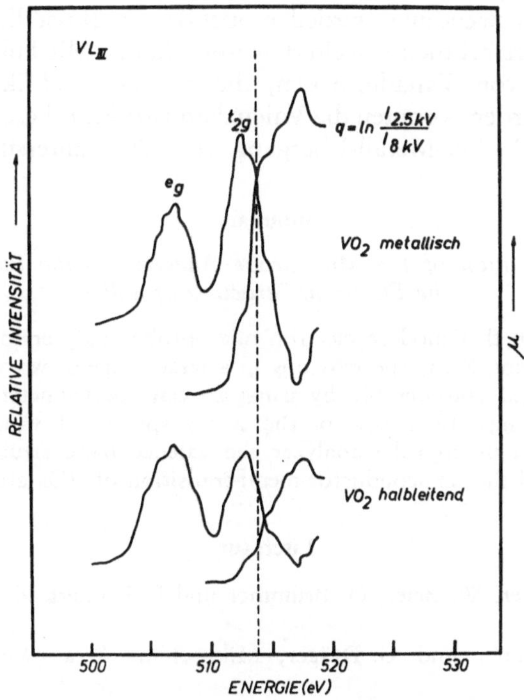

Abb. 6. VL_{III}-Emissions- und -Selbstabsorptionsspektren von VO_2 in der metallischen und halbleitenden Phase

keit um 6 Zehnerpotenzen zeigt und mit einer Umwandlung der Gitterstruktur von monoklin (verzerrte Rutilstruktur) in tetragonal (Rutilstruktur) verbunden ist. Die mit der Mikrosonde aufgenommenen VL_{III}-Emissionsbanden zeigen keine energetische Verschiebung, wohl aber eine relative Intensitätszunahme der $2\,t_{2g}$-Bande gegenüber der $2\,e_g$-Bande beim Übergang zur metallischen Phase (Abb. 6). Die langwellige Kante des Selbstabsorptionsspektrums verschiebt sich hierbei in Richtung der kurzwelligen Kante der Emission und schließt den Energiegap zwischen Valenz- und Leitungsband, der die halbleitende Phase charakterisiert. Aus diesem Ergebnis folgt, daß die Leitfähigkeitsänderung bei der Phasenumwandlung mit Veränderungen der Elektronenstruktur, insbesondere der elektronischen Zustandsdichte, verbunden ist.

Zusammenfassung

Moderne Mikroanalysatoren sind für die hochauflösende Röntgenspektroskopie in einem großen Wellenlängenbereich einsetzbar, der durch Verwendung spezieller Spektrometerkristalle und Reflexionsgitter beträchtlich erweitert werden kann. Mit Hilfe der Röntgenspektren von Vanadinoxiden, die mit einem Mikroanalysator gemessen wurden, konnten die Valenzbandstruktur dieser Substanzen und der Halbleiter-Metall-Übergang von VO_2 untersucht werden.

Summary

On the Application of the Microprobe Analyzer to the Investigation of the Electronic Structure of Solids

It is shown that modern electron microprobe analyzers can be applied for high resolving X-ray spectroscopy in a wide range of wavelength which can be enlarged considerably by using special spectrometer crystals and reflection gratings. By means of the X-ray spectra of vanadium oxides measured by a microprobe analyzer the valence band structure of these substances and the semiconductor-metal-transition of VO_2 are investigated.

Literatur

[1] G. Dräger, W. Beier, O. Brümmer und P. Krönert, Z. Krist. Techn. 9, 1291 (1974).

[2] O. Brümmer und G. Dräger, Mikrochim. Acta [Wien], Suppl. 6, 1975, 321.

[3] B. Pille, Diplomarbeit Halle, 1975.

[4] O. Brümmer, G. Dräger, W. A. Fomichew und A. S. Schulakow, „Röntgenspektren und elektronische Struktur der Materie", Bd. I, München: 1973. S. 78.

[5] C. Beyreuter und G. Wiech, Physica Fennica 9, Suppl. S 1, 176 (1974).

[6] K. H. Schmidt, Dissertation Halle, 1975.

[7] R. J. Liefeld, Soft X-Ray Band Spectra, Ed. D. J. Fabian, London – New York: Academic Press. 1968. S. 133.

[8] W. A. Gubanow, N. I. Lasukowa und E. S. Kurmajew, Iswest. Sibir. Otd. Akad. Nauk SSSR, Serie Chemie 9, 18 (1975).

Korrespondenz und Sonderdrucke: Prof. Dr. O. Brümmer, Sektion Physik der Martin-Luther-Universität, Friedemann-Bach-Platz 6, DDR-402 Halle/S., Deutsche Demokratische Republik.

Mikrochimica Acta [Wien], Suppl. 7, 289—302

MIKROCHIMICA ACTA

Aus dem Institut für analytische Chemie und Mikrochemie der Technischen Universität Wien

Auswertung von Röntgenvalenzbandspektren mittels mathematischer Methoden*

Überlegungen und Untersuchungen zur Entrauschung, Differentiation und Entfaltung von Spektren

Von

Helmut Drack und **Manfred Grasserbauer**

Mit 6 Abbildungen

(Eingegangen am 3. Januar 1977)

Valenzbandspektren kommen durch elektronische Übergänge von Valenzniveaus, die bei Festkörpern aufgrund ihrer quasikontinuierlichen Energieverteilung Valenzbänder genannt werden, in energetisch niedriger gelegene Elektronenlochzustände, die durch Elektronenbombardement, harte Röntgenstrahlung etc. erzeugt werden, zustande. Ihre Energie liegt im Bereich der weichen Röntgenstrahlung.

Die Bedeutung der Valenzbandspektren für die analytische Chemie ist darin begründet, daß sie ein Abbild der energetischen Verteilung der an der Verbindungsbildung beteiligten Elektronen und damit eine Einsicht in die Natur der jeweils vorliegenden chemischen Bindung liefern. Dies äußert sich in dem bemerkenswerten Umstand, daß die ungefähre energetische Lage der zu beobachtenden Banden zwar durch eine einzige Atomsorte bestimmt wird, die genaue Lage sowie die Gestalt der Banden jedoch durch alle Verbindungspartner beeinflußt wird. Eine umfangreiche Diskussion von Gesichtspunkten, die sich daraus für die verbindungsspezifische

* Vortrag anläßlich des 8. Kolloquiums über metallkundliche Analyse mit besonderer Berücksichtigung der Elektronen- und Ionenstrahl-Mikroanalyse, Wien, 27. bis 29. Oktober 1976.

analytische Verwertung der Valenzbandspektren ergeben, findet sich bei Grasserbauer[1–5].

Da die Spektren ähnlicher Verbindungen mitunter nur geringfügige Unterschiede zeigen, und außerdem das valenzbandspektroskopische Signal auf seinem Weg von der Entstehung in der Probe bis zu seiner Registrierung eine Reihe von Veränderungen erfährt, die die ursprüngliche Information verzerren, hat eine erfolgversprechende, verbindungsspezifische Analyse mithilfe von Valenzbandspektren eine außerordentlich sorgfältige Auswertung zur Voraussetzung. Vom Standpunkt des analytischen Chemikers sind dabei alle Auswerteverfahren von prinzipiellem Interesse, die die gesamte in den Spektren enthaltene, also auch die nur implizit vorhandene, aber nicht direkt sichtbare Information verdeutlichen.

Im folgenden werden drei Verfahren geschildert, die die qualitative, verbindungsspezifische Analyse mit Hilfe von Valenzbandspektren erleichtern. Der hohe numerische Aufwand, der diesen Verfahren eigen ist, erfordert den Einsatz digitaler elektronischer Datenverarbeitungsanlagen, der seinerseits eine digitale Erfassung der Spektren voraussetzt, die bei dem von uns verwendeten Meßgerät durch einen schrittweisen Verschub der Spektrometer und Zählen der Röntgenquanten über ein bestimmtes Zeitintervall realisiert wird. Diese Meßmethode besitzt gegenüber herkömmlichen kontinuierlichen Aufnahmeverfahren den Vorteil höherer erreichbarer Impulsraten und wird der Messung von Röntgenstrahlung auch insofern eher gerecht, als es sich dabei um die Erfassung einer zwar hohen, aber doch diskreten Anzahl von Energiepaketen handelt.

Angaben zur Messung und Meßwertverarbeitung

Die für unsere Untersuchungen aufgrund ihrer geringen Unterschiede ausgewählten Cu-L-Spektren von Kupfer, Kupfer(I)oxid und Kupfer(II)oxid sowie die entsprechenden O-K-Spektren wurden mit einer Mikrosonde des Typs ARL-SEMQ vermessen*. Als Monochromator diente ein RAP-Kristall. Die Steuerung sowie die Erfassung der Meßdaten erfolgt bei dem verwendeten Gerät durch einen PDP-11-05 Minicomputer. Die auf Lochstreifen gespeicherten Spektren wurden im Time-Sharing-Betrieb an einer Großrechenanlage des Typs CDC-CYBER 74 mit Hilfe eines interaktiven FORTRAN-Programmes weiterverarbeitet. Die Darstellung der Spektren, deren einzelne Intensitätswerte einen Abstand von 0,00065 Å aufweisen, erfolgte mit Hilfe eines Inkrementalplotters.

---

* Für die Aufnahme der Spektren sowie die wertvolle Unterstützung bei meßtechnischen Fragen sei Herrn Dr. Hans Malissa jun. besonders gedankt.

Entrauschung

Jede Messung eines durch einen bestimmten physikalischen Vorgang determinierten Signals ist mit einer Überlagerung des Signals durch ein für den Meßvorgang und das Meßgerät charakteristisches Rauschen verknüpft. Bei der Messung von Röntgenstrahlung kann zwischen apparatebedingten Anteilen, verursacht durch Instabilitäten des Anregungssystems sowie durch Schwankungen der Meßelektronik und dem sogenannten quantischen Rauschen unterschieden werden. Dem niederfrequenten apparatebedingten Rauschen, der sogenannten Drift, wurde bei unseren Messungen durch Beziehen der Meßwerte auf einen Mittelwert des Probenstromes, der synchron mit der Aufnahme der Spektren aufgezeichnet wurde, Rechnung getragen. Eine Unterscheidung zwischen höherfrequentem, durch die Meßelektronik bedingtem Rauschen und quantischem Rauschen, das darin seine Erklärung findet, daß es sich bei der Messung von Röntgenstrahlen um einen Quantenzählprozeß handelt, der durch eine Poisson-Statistik charakterisiert wird, ist nicht möglich, für die Entrauschung eines Spektrums aber auch ohne Bedeutung.

Das Rauschen hat zur Folge, daß jeder gemessene Intensitätswert mit einer statistischen Unschärfe behaftet ist. Die Konsequenz des Rauschens für die Auswertung eines Spektrums besteht daher darin, daß die Größe eines Parameters, der zur Charakterisierung eines Spektrums herangezogen wird — wie z. B. die Peakhöhe oder die Fläche unter einem Peak — nicht genau angegeben werden kann, sondern durch eine Wahrscheinlichkeitsverteilung bestimmt wird.

Die Verfahren zur Entrauschung* von Spektren machen von der Auffassung Gebrauch, daß sich ein determiniertes Signal und das ihm überlagerte Rauschen durch ihren zeitlichen bzw. meßparameterabhängigen Verlauf signifikant voneinander unterscheiden: Das Rauschen äußert sich durch im Idealfall völlig regellose Fluktuationen, ein determiniertes Signal liegt dagegen vor, wenn zwischen den Meßwerten ein reproduzierbarer Zusammenhang besteht**. Da eine exakte Diskriminierung zwischen Rauschen und deterministischem

* In der Literatur wird häufig — wie auch in der vorliegenden Arbeit — der zum Begriff Entrauschung synonyme Ausdruck Glättung verwendet.

** Ein Röntgenspektrum kann im Rahmen dieser Begriffsbestimmung nicht als streng deterministisches Signal bezeichnet werden, da das quantische Rauschen intrinische Natur besitzt. Der Entrauschung von Röntgenspektren liegt jedoch der Gedanke zugrunde, daß das Signal-Rausch-Verhältnis durch Verlängerung der Meßzeit beliebig groß gemacht werden kann.

Signal nur bei mathematisch faßbarer apriorischer Kenntnis dieses Zusammenhanges möglich ist, wird die Entrauschung eines Spektrums vielfach nur als „kosmetische Operation“[6] gewertet. Nichtsdestoweniger sei aber hier darauf hingewiesen, daß Entrauschungsverfahren ein wertvolles Hilfsmittel für das visuelle Studium spektraler Details sowie für vergleichende Betrachtungen sowohl von Spektren ähnlicher Verbindungen als auch von Spektren, die bei Parallelmessungen mit demselben Instrument oder Messungen mit

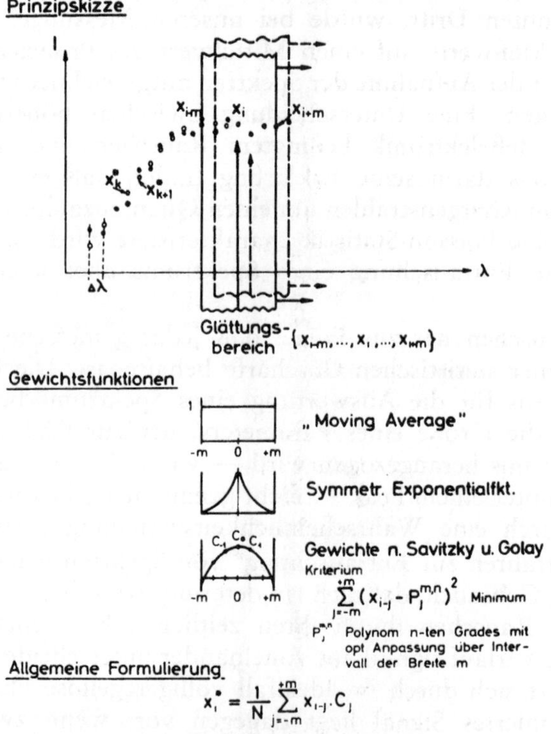

Abb. 1. Schematische Erläuterung des Glättungsalgorithmus nach Savitzky und Golay

verschiedenartigen Geräten erhalten wurden, darstellen und außerdem die Voraussetzung für Auswerteverfahren liefern, die zu einer Verstärkung des Rauschens führen, wie die Differentiation und Entfaltung von Spektren.

Bei dem von uns verwendeten Verfahren nach Savitzky und Golay[7,8] (siehe Abb. 1) wird ein Spektrum abschnittsweise durch Polynome angenähert, deren Entwicklungskoeffizienten nach dem

Prinzip der kleinsten Abweichung im quadratischen Mittel bestimmt werden. Die Gesamtheit der Intensitätswerte, die sich aus den Näherungspolynomen für die Zentren aufeinander folgender Abschnitte berechnen lassen, ergibt das geglättete Spektrum. Diese Vorgangsweise entspricht — wie von Savitzky und Golay gezeigt wurde — einer gewichteten Durchschnittsbildung der Gestalt:

$$\{\ldots X_i^* \ldots\} = \{\ldots \sum_{j=-m}^{+m} X_{i-j}\, C_j^p \ldots\}$$

$\{\ldots X_i \ldots\}$ Originalspektrum

$\{\ldots X_i^* \ldots\}$ geglättetes Spektrum

$\{c_{-m}^p, \ldots, c_0^p, \ldots, c_m^p\}$ Satz von Gewichten

2 m Breite der Abschnitte

p Grad der Polynome

Die einfache Realisierbarkeit dieser Rechenvorschrift, die in der Terminologie der digitalen Signalverarbeitung unter den Begriff der linearen Filterung einzuordnen ist[9], mit Hilfe von Digitalrechnern erklärt den breiten Anwenderkreis, den das Glättungsverfahren nach Savitzky und Golay gefunden hat.

Die Parameter, die es bei dieser Art der Glättung in Abhängigkeit von der Art des Rauschens und der Gestalt des Spektrums zu optimieren gilt, sind der Grad der Näherungspolynome, die Breite der Abschnitte sowie die Zahl der Wiederholungsschritte. Eine Vielzahl von Hinweisen für dieses Optimierungsproblem findet sich in der Literatur [6,7,10–12].

Abb. 2 zeigt ein O-K-Spektrum mit einem hohen Rauschpegel und zur Demonstration der Verbesserung des Signal-Rausch-Verhältnisses, die durch Anwendung des Savitzky-Golay-Algoritmus erzielt werden kann, eine 25-Punktglättung desselben Spektrums.

Die Methode der Diskriminierung zwischen Rauschen und determiniertem Signal durch digitale Tiefpaßfilterung in der Fourierdomäne (siehe Anhang) wird im Zusammenhang mit der Entfaltung von Spektren erläutert.

Differentiation

Die Differentiation von Meßergebnissen wird bei den verschiedensten analytischen Meßverfahren mit Erfolg zur Auflösungsverbesserung angewandt. Verständlich wird die Erhöhung der Aussagekraft von Spektren durch Herleitung ihrer Ableitungen bei der Betrachtung des mathematischen Formalismus der Taylorreihenentwicklung: die Güte der Annäherung eines Kurvenverlaufes an einer bestimmten Stelle durch ein Polynom wird durch die Anzahl der berücksichtigten höheren Ableitungen bestimmt. Eine weitere Erklärung liefert die Theorie der Fouriertransformation, deren Ableitungstheorem (siehe Anhang) besagt, daß die Differentiation eines

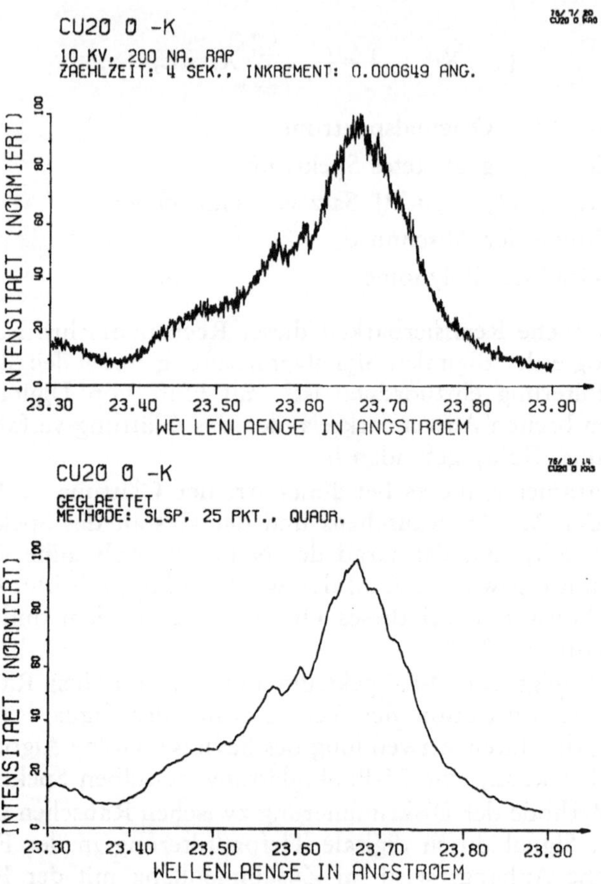

Abb. 2. Vergleich eines originalen und des daraus abgeleiteten geglätteten O-K_α-Spektrums von Cu_2O

Spektrums zu einer Verstärkung höherfrequenter Anteile seiner Fouriertransformierten relativ zu niedrigerfrequenten Anteilen und damit zu einer Betonung seiner Feinstrukturkomponenten führt.

Zur Herleitung der Ableitungen digitalisierter Spektren eignet sich wiederum das oben angegebene Verfahren nach Savitzky und Golay, wobei für jeden Ableitungsgrad ein eigener Satz von Gewichten einzusetzen ist. Dieses Verfahren ist insbesondere auch deswegen sehr nützlich, weil es die Differentiation mit einer Glättung verknüpft.

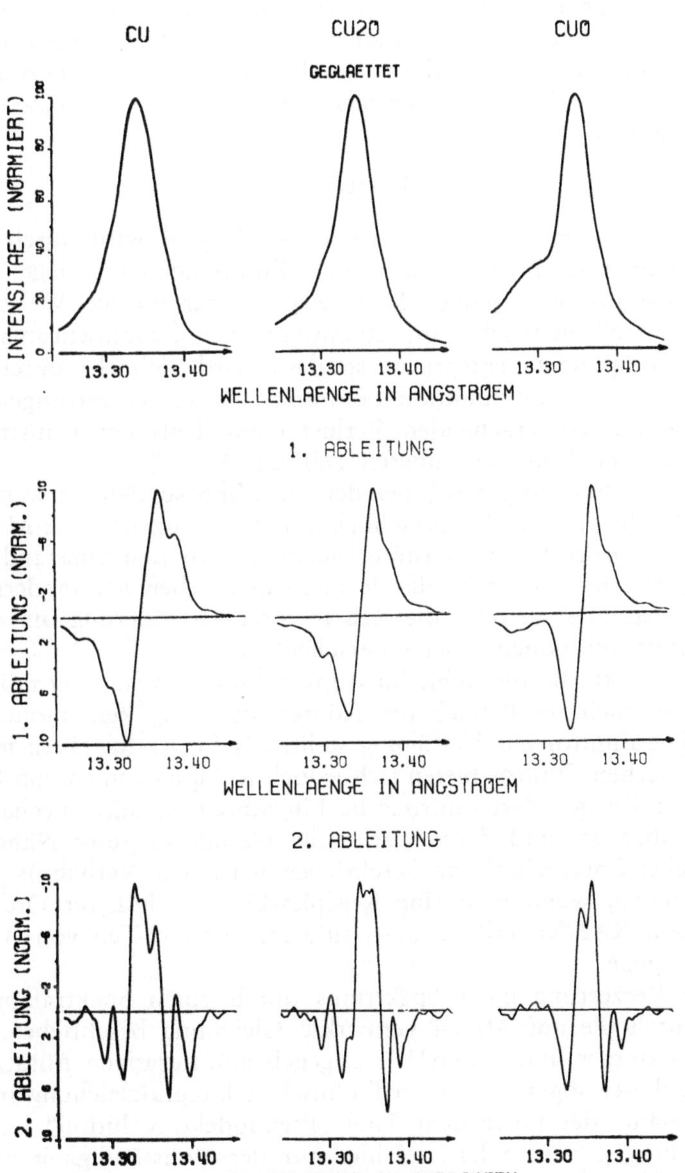

Abb. 3. Geglättete Cu-L_α-Spektren von Cu, Cu_2O und CuO sowie deren 1. und 2. Ableitungen

Abb. 3 zeigt die ersten beiden mit Hilfe des Savitzky-Golay-Algorithmus hergeleiteten Ableitungen der Cu-L-Spektren. Die Verstärkung spektraler Details, die in den geglätteten Originalspektren kaum in Erscheinung treten, ist in den Ableitungen deutlich erkennbar, insbesondere jedoch erstaunt die in der 2. Ableitung ersichtliche Aufspaltung des Cu-L-Peaks in ein Dublett, die zwar reproduzierbar ist, deren Erklärung durch quantenchemische Argumente jedoch noch aussteht.

Entzerrung

Das von der Probe emittierte Röntgensignal wird durch einen Spektralapparat in seine spektralen Komponenten zerlegt. Diese Zerlegung geschieht jedoch keineswegs in der idealen Weise, daß jeder monochromatischen Inputkomponente eine monochromatische Outputkomponente entspricht, sondern wird vielmehr durch eine sogenannte Apparatefunktion bestimmt, die zu Verzerrungen und einem damit einhergehenden Verlust eines Teils der Feinstruktur des Spektrums führt (vgl. oberen Teil von Abb. 4).

Diese Verzerrung wird bei den in Mikrosonden verwendeten Kristallspektrometern hauptsächlich durch den sogenannten Mosaikfehler hervorgerufen[13]. Darunter versteht man den Umstand, daß die Oberfläche eines Kristalls de facto nicht eben ist, sondern aus Mikrokristalliten besteht, die sich in ihrer Orientierung um einige Winkelminuten voneinander unterscheiden.

Eine exakte Bestimmung der Apparatefunktion ist nicht möglich, da bekanntlich im Bereich der Röntgenstrahlung kein monochromatischer Emittor zur Verfügung steht. Als Ersatz für einen monochromatischen Emittor bieten sich jedoch K-Alpha-Linien von Übergangsmetallen an, deren intrinische Linienbreite quantenmechanisch berechenbar ist, und deren intrinische Gestalt in guter Näherung durch eine Lorentzfunktion beschrieben wird. Die Verhältnisse, die sich ergeben, wenn man eine K-Alpha-Linie in höherer Ordnung mit einem RAP-Kristall vermißt, sind im unteren Teil von Abb. 4 wiedergegeben.

Die Verzerrung eines Spektrums durch einen Spektralapparat wird durch die auf Abb. 4 vermerkte Gleichung beschrieben. Auf den von Burger und Cittert[14,15] angegebenen iterativen Ansatz zur Lösung dieser sogenannten Fredholmschen Integralgleichung in der Meßdomäne, der unter dem Titel „Pseudodekonvolution" häufige Anwendung gefunden hat, sei hier nur der Vollständigkeit halber hingewiesen. Der von uns untersuchte Lösungsweg in der Fourierdomäne, macht von den im Anhang näher erläuterten Theoremen der Fouriertransformation Gebrauch.

Er besteht darin, das gemessene Spektrum sowie eine physikalisch sinnvoll angenommene Apparatefunktion einer Fouriertransformation zu unterwerfen, komponentenweise den Quotienten aus Fouriertransformierter der gemessenen Spektralverteilung und Fouriertransformierter der Apparatefunktion zu bilden und das Ergebnis

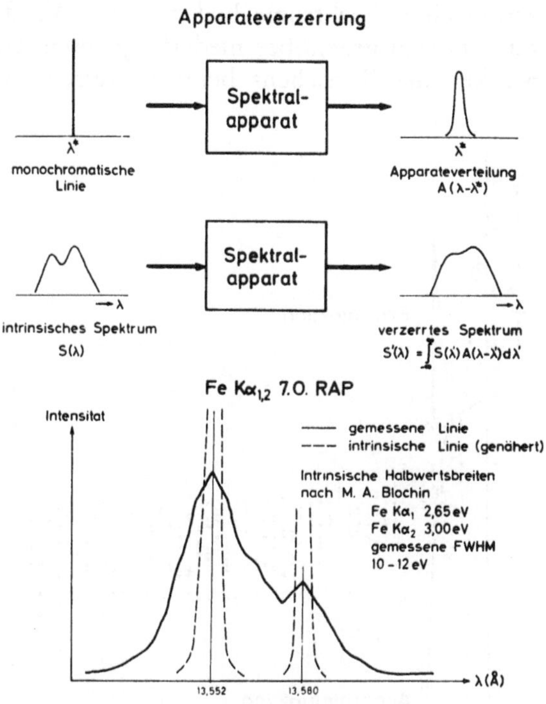

Abb. 4. Schematische Erläuterungen zur Apparateverzerrung

rückzutransformieren. Oder in etwas anderen Worten: die Lösung der Integralgleichung ist in der Fourierdomäne durch komponentenweise Multiplikation von fouriertransformiertem Spektrum und Reziprokwert der Fouriertransformation der Apparatefunktion gegeben. Das Inversionstheorem liefert die entsprechende Lösung in der Meßdomäne.

Dieser einfache Lösungsweg ist jedoch aufgrund des dem Spektrum überlagerten Rauschens nicht möglich, was anhand von Abb. 5 erläutert werden soll, die eine logarithmische Darstellung des Absolutbetrages der Fouriertransformierten eines Cu-L-Spektrums sowie einer Apparatefunktion zeigt. Eine Analyse der Fouriertransformierten eines Spektrums — wie die in Abb. 5 dargestellte — liefert die

Einsicht, daß der größte Teil des Informationsgehaltes des Spektrums und das dem Spektrum überlagerte Rauschen in einigermaßen voneinander abgrenzbaren Bereichen angesiedelt sind: die Information des Spektrums im niederfrequenten, das Rauschen, charakterisiert durch regellos schwankende Amplituden, im höherfrequenten Teil des sogenannten Amplitudenspektrums.

Das Entzerren eines Spektrums bedeutet eine Verstärkung von hochfrequenten Anteilen gegenüber niederfrequenten. Um ein übermäßiges Verstärken des Rauschens beim Entzerren zu vermeiden,

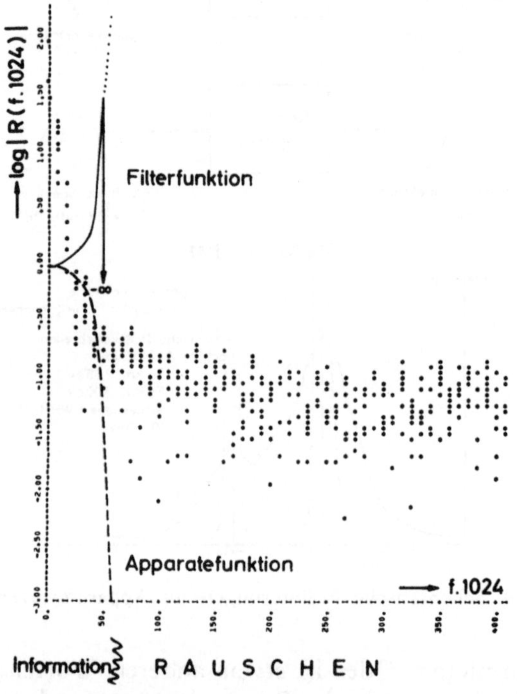

Abb. 5. Logarithmische Darstellung des Absolutbetrages der Fouriertransformierten eines Cu-L-Spektrums und einer Apparatefunktion

ist es daher erforderlich, durch eine Fensterfunktion gegenüber dem Rauschen zu diskriminieren; diese Vorgangsweise entspricht der Dämpfung des Rauschens durch analoge Einrichtungen — wie z. B. RC-Filter — und kann daher als digitale Tiefpaßfilterung bezeichnet werden.

Eine rechtwinkelige Filterfunktion, wie die in Abb. 5 angegebene, führt jedoch, wenn das Amplitudenspektrum nicht bandlimitiert ist, d. h. wenn keine Grenzfrequenz existiert, ab der alle höheren verschwinden, zu Gibbschen Oszillationen, die Peaks vortäuschen können. Die Beseitigung dieser Oszillationen — Abb. 6 möge als Demonstration dieses Phänomens dienen — dürfte einerseits durch Abzug des Hintergrundes vor Fouriertransformation des Spektrums,

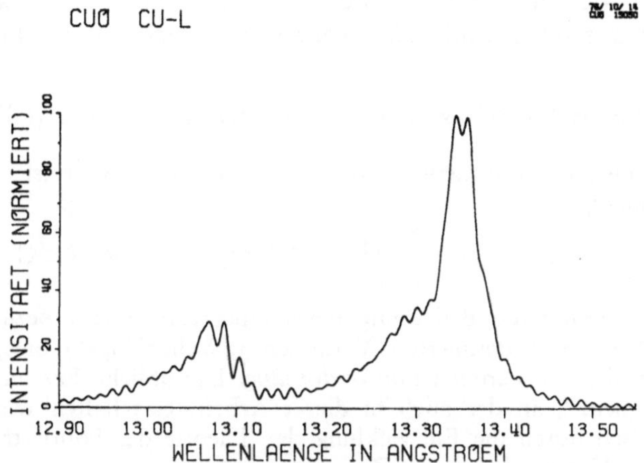

Abb. 6. Demonstration des Phänomens der Gibbschen Oscillationen

anderseits durch Verwendung weniger abrupter Tiefpaßfilter, als der in Abb. 5 angegebene, zu beheben sein. Außerdem scheint es notwendig zu sein, die Apparatefunktion, für die von uns Gaußgestalt angenommen wurde, nicht in analytischer Weise gemäß der Definition der kontinuierlichen Fouriertransformation zu transformieren, sondern vielmehr bereits im Meßbereich auf ein endliches Intervall zu begrenzen und anschließend einer diskreten Fouriertransformation zu unterwerfen.

Schlußbemerkung

Wie insbesondere den letzten Ausführungen des Abschnittes Entzerrung zu entnehmen war, handelt es sich bei den angegebenen mathematischen Auswertungsmethoden keineswegs um triviale Operationen, deren leichtfertige Anwendung zwangsweise zu vernünftigen Ergebnissen führt. Eine erfolgversprechende Auswertung von Spektren mit Hilfe mathematischer Methoden setzt vielmehr eingehendste Überlegungen über die Art der Information voraus, die einem Meßergebnis entnommen werden soll, sowie eine genaue Analyse der den mathematischen Algorithmen eigenen Schwierigkeiten. Nichtsdestoweniger sind die Autoren jedoch der Meinung, daß sowohl die hier geschilderten als auch weitere in der Literatur beschriebene mathematische Auswertungsverfahren[16] insbesondere aufgrund der in zusehends größerem Ausmaß zu Verfügung stehenden Mittel zur Beherrschung des mit der Anwendung derartiger Methoden verbundenen numerischen Aufwandes ein wertvolles Hilfsmittel für den mit instrumenteller Analyse befaßten analytischen Chemiker darstellen und daher verstärkte Beachtung verdienen.

Anhang: Grundlagen der Fouriertransformation (FT)[17]

Die Fouriertransformiente $T(f)$ eines Spektrums $S(\lambda)$ ist durch den Zusammenhang

$$FS(\lambda) = T(f) = \int_{-\infty}^{\infty} S(\lambda)\, e^{-2\pi f \lambda}\, d\lambda; \qquad S \in \mathbf{R},\ T \in \mathbf{C}$$

definiert. F besitzt die Bedeutung eines Operators, und f bezeichnet die der im *Meßbereich* definierten Variablen („Wellenlänge") entsprechende Variable in der sogenannten *Fourierdomäne*. Die übliche Bezeichnung von f als „Frequenz", an der auch in dieser Arbeit festgehalten wird, erklärt sich historisch durch die Entwicklung der Theorie der Fouriertransformation aus der Untersuchung von Zeitreihen.

Die Bedeutung der Fouriertransformation für die Auswertung von Spektren ist einerseits in den überaus nützlichen Einsichten begründet, die eine Diskussion spektroskopischer Begriffe und Verfahren vom Blickwinkel der Fourierdomäne vermittelt, findet anderseits ihre Erklärung in der Vereinfachung der Lösung von Integralgleichungen des Typs

$$A^*(x) = \int_{-\infty}^{\infty} A(x-u)\, B(u)\, du$$

durch die folgenden beiden Theoreme

Konvolutionstheorem:

$$F\left[\int_{-\infty}^{\infty} A(x-u)\, B(u)\, du\right] = FA \cdot FB$$

Inversionstheorem:

$$S(\lambda) = F^{-1}\, T(f) = \int_{-\infty}^{\infty} T(f)\, e^{2\pi\lambda f}\, df.$$

Das Ableitungstheorem $F(A') = i\, 2\pi f\, F(A)$ mit $A' = \frac{dA}{dx}$ ermöglicht ein über Betrachtungen in der Meßdomäne hinausgehendes Verständnis des Informationsgewinnes, der mit der Differentiation von Spektren verbunden ist.

Die Anwendung der genannten Theoreme auf die Auswertung digitalisierter Spektren erfordert, daß die Theorie der kontinuierlichen Fouriertransformation durch das Konzept der diskreten Fouriertransformation

(DFT)[18,19] ersetzt wird, das von der folgenden Grunddefinition seinen Ausgang nimmt:

Die diskrete Fouriertransformation F_D eines endlichen diskreten Spektrums $\{S(k\Delta\lambda); k=0, \ldots, n-1\}$, das aus n Intensitätswerten besteht, deren Abstand $\Delta\lambda$ beträgt, ist gegeben durch

$$F_D\{S(k\Delta\lambda); k=0, \ldots, n-1\} = \{T(L\Delta f); l=0, \ldots, n-1\} =$$

$$= \left\{ \frac{1}{n} \sum_{k=0}^{n-1} S(k\Delta\lambda)\, e^{\frac{-i2\pi kl}{n}}; l=0, \ldots, n-1. \right\}$$

Die für die kontinuierliche Fouriertransformation angegebenen Theoreme lassen sich auch auf die DFT übertragen; es muß jedoch beachtet werden, daß das diskrete Spektrum $\{S(k\Delta\lambda)\}$ im Rahmen der DFT als periodische Funktion mit der Periode $n\Delta\lambda$ aufgefaßt wird. Konsequenzen, die sich aus diesem Unterschied zwischen kontinuierlicher und diskreter FT ergeben, sind ausführlich bei G. D. Bergland[19] beschrieben. Abschließend sei noch bemerkt, daß erst die Entwicklung eines leistungsfähigen Algorithmus zur Berechnung der DFT durch Cooley und Tukey[20,21], der unter dem Namen „Fast Fourier Transform" (FFT) bekanntgeworden ist, eine breite Anwendung des Konzeptes der FT in verschiedensten Bereichen der digitalen Signalverarbeitung ermöglichte.

Zusammenfassung

Über Möglichkeiten der Auswertung von Röntgenvalenzbandspektren zu qualitativen Zwecken mit Hilfe mathematischer Methoden wurde berichtet. Im Mittelpunkt der Überlegungen und Untersuchungen stehen Verfahren zu Entrauschung, Differentiation und Entzerrung von Spektren. Insbesondere werden die Entrauschung sowie Differentiation von Spektren nach der Methode von Savitzky und Golay und eine fouriertransformatorische Methode zur Lösung der die Apparateverzerrung charakterisierenden Integralgleichung behandelt. Als Modell für die Untersuchung dieser Methoden dienen aufgrund ihrer geringen Unterschiede die Cu-L-Spektren von Cu, CuO und Cu_2O.

Summary

Mathematical Processing of X-Ray Valence Band Spectra

The paper presents ways for a mathematical treatment of X-ray valence band spectra to enhance the fine structure in order to improve the possibilities of the direct identification of compounds by use of the spectral features. The mathematical procedures include smoothing, differentiation and unfolding of valence band spectra. For smoothing and differentiation the procedures developed by Savitzky and Golay and for unfolding the

Fourier transformation are used. The effect of these mathematical steps on the spectral fine features is shown for the Cu-L-spectra of Cu, Cu_2O and CuO which originally have only a slightly different structure.

Literatur

[1] M. Grasserbauer, Mikrochim. Acta [Wien], **1975 I,** 145.

[2] M. Grasserbauer, Mikrochim. Acta [Wien], **1975 I,** 563.

[3] M. Grasserbauer, Mikrochim. Acta [Wien], **1975 I,** 597.

[4] M. Grasserbauer, Mikrochim. Acta [Wien], **1975 II,** 55.

[5] M. Grasserbauer, Mikrochim. Acta [Wien], **1975 II,** 69.

[6] C. G. Enke und T. A. Nieman, Analyt. Chemistry **48,** 705 A (1976).

[7] A. Savitzky und M. J. E. Golay, Analyt. Chemistry **36,** 1627 (1964).

[8] J. Steinier, Y. Termonia und J. Deltour, Analyt. Chemistry **44,** 1909 (1972).

[9] B. Gold und C. M. Rader, Digital Processing of Signals, London: Mc Graw-Hill. 1969.

[10] T. H. Edwards und P. G. Wilson, Appl. Spectr. **28,** 541 (1974).

[11] J.-J. Pireaux, Appl. Spectr. **30,** 219 (1976).

[12] H. P. Yule, Analyt. Chemistry **44,** 1245 (1972).

[13] H. A. Liebhafsky, H. G. Pfeiffer, E. H. Winslow und P. D. Zemany, X-Rays, Electrons and Analytical Chemistry, New York: Wiley. 1972. S. 207.

[14] H. C. Burger und P. H. van Cittert, Z. Physik **79,** 722 (1932).

[15] H. C. Burger und P. H. van Cittert, Z. Physik **81,** 428 (1933).

[16] P. S. Shoenfeld und J. R. De Voe, Analyt. Chemistry **48,** 403 R (1976).

[17] R. Bracewell, The Fourier Transform and its Applications, London: Mc Graw-Hill. 1965.

[18] J. W. Cooley, P. A. W. Lewis und P. D. Welch, IEEE Trans. Education **12,** 27 (1969).

[19] G. D. Bergland, IEEE Spectrum, **1969,** 41.

[20] J. W. Cooley und J. W. Tukey, Math. Comp. **1965,** 19, 90, 297.,

[21] R. C. Singleton, Comm. Ass. Comput. Mach. **10,** 647 (1967).

Korrespondenz und Sonderdrucke: Univ.-Doz. Dipl.-Ing. Dr. Manfred Grasserbauer, Institut für analytische Chemie und Mikrochemie, Getreidemarkt 9, A-1060 Wien, Österreich.

Mikrochimica Acta [Wien], Suppl. 7, 303—322

MIKROCHIMICA
ACTA

Stiftung Institut für Härterei-Technik Bremen – Lesum

Die Bindung leichter Elemente in oberflächennahen Schichten metallischer Bauteile*

Von

O. Schaaber und H. Vetters

Mit 16 Abbildungen

(Eingegangen am 27. Oktober 1976)

Mit den Methoden hochauflösender Elektronenstrahlmikroanalyse besteht die Möglichkeit einige Aussagen über den Bindungszustand leichter Elemente in oberflächennahen Bereichen zu erhalten. Aus dem mit der Mikrosonde ermittelten Konzentrationsverhältnis analysierter Elemente ist nicht immer eine signifikante Erkennung vorliegender Verbindungen nach stöchiometrisch angebbaren Konzentrations-Grenzverhältnissen möglich. In vielen Fällen sind zusätzliche Informationen über Struktur und Bindungszustand der analysierten Verbindung notwendig, die durch Beugungsuntersuchungen mit Elektronen- oder Röntgenstrahlung, wie auch durch Bestimmung der Valenzelektronendichte über entsprechende Informationssignale erhalten werden. Derartige Mikroanalysensysteme sind heute zum Teil in Verwendung, können aber nur unter bestimmten Voraussetzungen, wie z. B. Präparation der Probe unter Hochvakuum, verwendet werden.

Bei Einsatz hochauflösender Elektronenstrahlröntgenanalysatoren (Durchmesser des Sondenstrahles < 10 nm) besteht die Möglichkeit, Proben in submikroskopischen Bereichen nach ihrer Elementzusammensetzung zu bestimmen. Aus der örtlichen, in Röntgenrastermikrographien bestimmten Verteilung der Elemente können manchmal Rückschlüsse auf erfolgte Gefügeveränderungen gezogen werden,

---

* Vortrag anläßlich des 8. Kolloquiums über metallkundliche Analyse mit besonderer Berücksichtigung der Elektronen- und Ionenstrahl-Mikroanalyse, Wien, 27. bis 29. Oktober 1976.

wenn derartigen Prozessen definierte, metallkundlich erfaßte, quantitativ bewertbare Vorgänge zugrunde liegen, die eindeutige chemische Reaktionen bedingen. In diesen Fällen kann aus der analysierten Elementverteilung die Existenz vorliegender chemischer Verbindungen gefolgert werden.

So ist bei der Untersuchung der Randschichten wärmebehandelter Proben die Bestimmung thermisch aktivierter Transportvorgänge einzelner Reaktionspartner von Bedeutung. Aus der Diffusionstiefe kann bei Kenntnis der Elementverteilung und der herrschenden Reaktionstemperatur die Existenz vorliegender chemischer Bindungen ziemlich genau erfaßt werden.

Ebenso kann die Bestimmung der „weichen" Röntgenemissionsspektren für Informationen der chemischen Bindung des Elementes in dem untersuchten Gefügebestandteil herangezogen werden[1–6].

Einschränkend ist dazu zu bemerken, daß diese letztgenannten Methoden auch bei der hochauflösenden Elektronenstrahl-Röntgen-Mikroanalyse nur in gewissem Umfange einsetzbar sind. Neben den — die Messung beeinträchtigenden — Störeffekten des hohen Zähluntergrundes, der Kristallgeometrie usw. ist auch in Abhängigkeit von der Geometrie des Gerätes[7, 8] nur eine bestimmte Flächenauflösung möglich. Setzt man die Auflösung des Röntgenverteilungsbildes aus dem erfaßten Volumen und der Geometrie des Gerätes

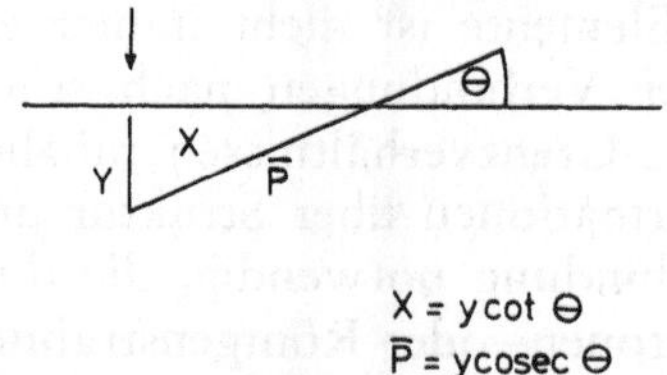

Abb. 1. Minimal registrierter Bereich (Durchmesser: X) in Abhängigkeit von Eindringtiefe (Y) und Abnahmewinkel (θ)

für die Messung der von einer Fläche des Durchmessers X ausgesandten in die in Abb. 1 dargestellte Abhängigkeit, so erhält man für den minimal erfaßbaren Analysenbereich die Beziehung[9]:

$$X = Y \cot \theta,$$

wobei Y die effektive wirksame Elektroneneindiffusionstiefe für die Erzeugung der Röntgenstrahlung und θ der Abnahmewinkel ist. Soll ein Element in einem Mikrobereich gemessen werden, so darf dessen Durchmesser den Wert X nicht unterschreiten. Nun besitzen aber einige submikroskopische Gefügebestandteile, wie z. B. Bereiche der Korngrenze, geringere Abmessungen als der Strahldurchmesser. Gleitet nun der Analysatorstrahl in angegebener Weise, Abb. 2, über ein solches Gebiet, so verringert sich die Maximalintensität der registrierten Strahlung. Bei Überstreichen eines Gebietes der gleichen Breite wie der des Analysatorstrahldurchmessers

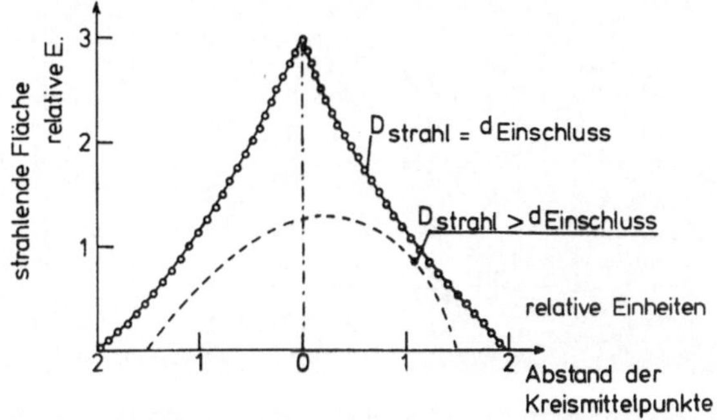

Abb. 2. Intensitätsverteilung der registrierten Röntgenstrahlung in Abhängigkeit von Strahldurchmesser und Breite des minimal erfaßten Bereichs

ist bei einer Position (in Abb. 2 mit dem Wert Null bezeichnet) das — dem homogenen Bereich entsprechende — Intensitätsmaximum der registrierten Röntgenstrahlung meßbar. Ist die Breite des überstrichenen Bereiches kleiner, so verschlechtert sich das Peak-Untergrundverhältnis, wie in der darunterliegenden Kurve angedeutet ist. In diesen Fällen kann eine quantitative Messung der Röntgenspektralcharakteristik nicht mehr erfolgen.

Da bei heute eingesetzten Analysensystemen eine verbesserte Strahlgeometrie höhere Richtstrahlwerte bedingt, die ein besseres Peak-zu-Untergrundverhältnis und damit eine erhöhte Nachweisempfindlichkeit liefern[11], können auch noch bei höheren Vergrößerungen örtlich aufgelöste Elementverteilungsbilder erhalten werden.

Ein Beispiel dafür zeigt Abb. 3. Mit einem Gerät* wurde bei der Vergrößerung 8000 : 1 auf einem Rheniumträger die Verteilung einer Lanthanverbindung aufgenommen. In den Näpfchen kann aus der Elektronenrückstreuaufnahme, Abb. 3a, wie aus der Probenstromaufnahme, Abb. 3b, die unterschiedliche Materialzusammensetzung in der Oberfläche erkannt werden. Die Verteilungen des Rheniums, Abb. 3c, und des Lanthans, Abb. 3d, konnten mit der gleichen Trennschärfe, wie die Linienanalysen Abb. 3e und 3f zeigen, aufgenommen werden. Trotzdem ist, wie oben angegeben, eine korrigierte quantitative Auswertung nicht zu erhalten.

---

* CAMEBAX, Cameca, F; Abnahmewinkel: 40^0, Rowlandradius 160 mm.

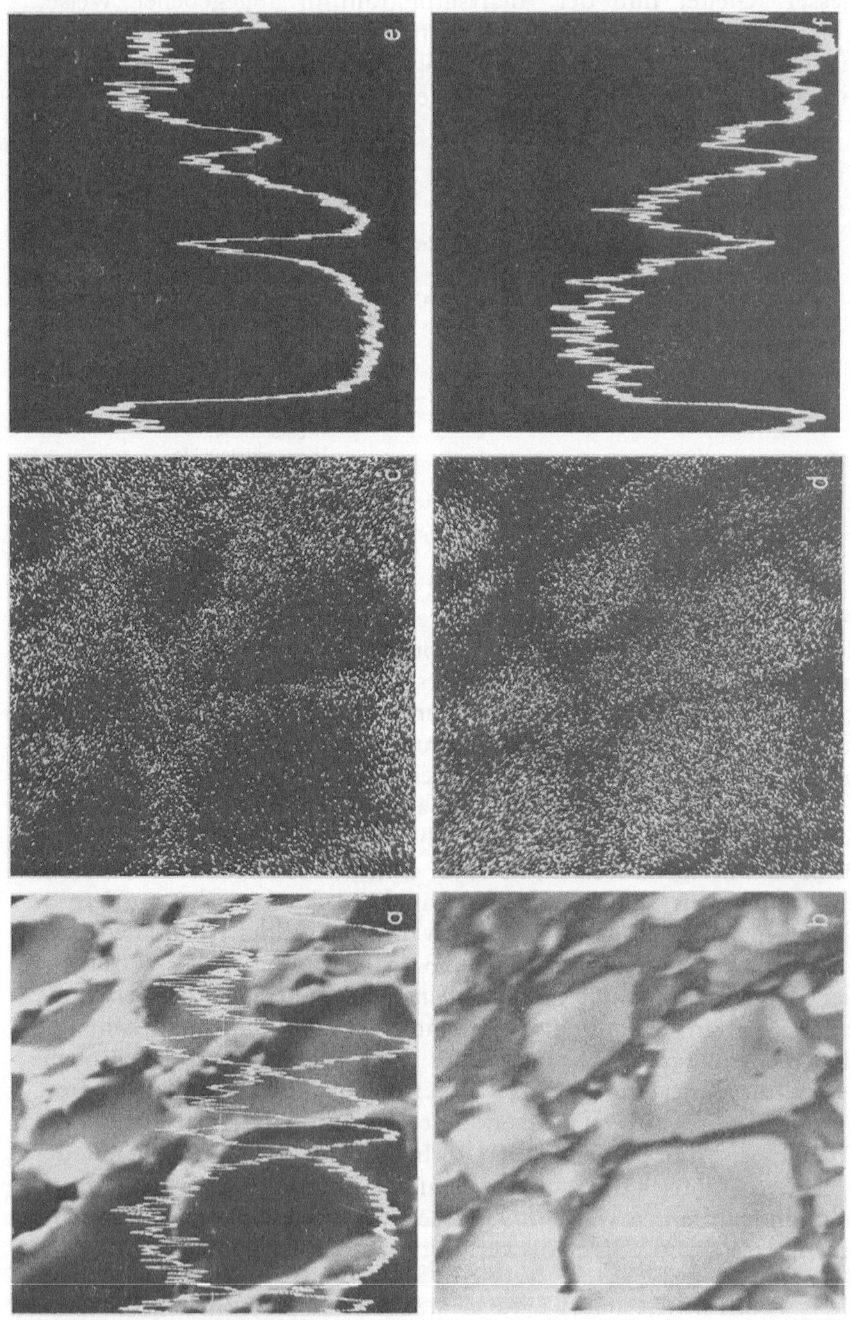

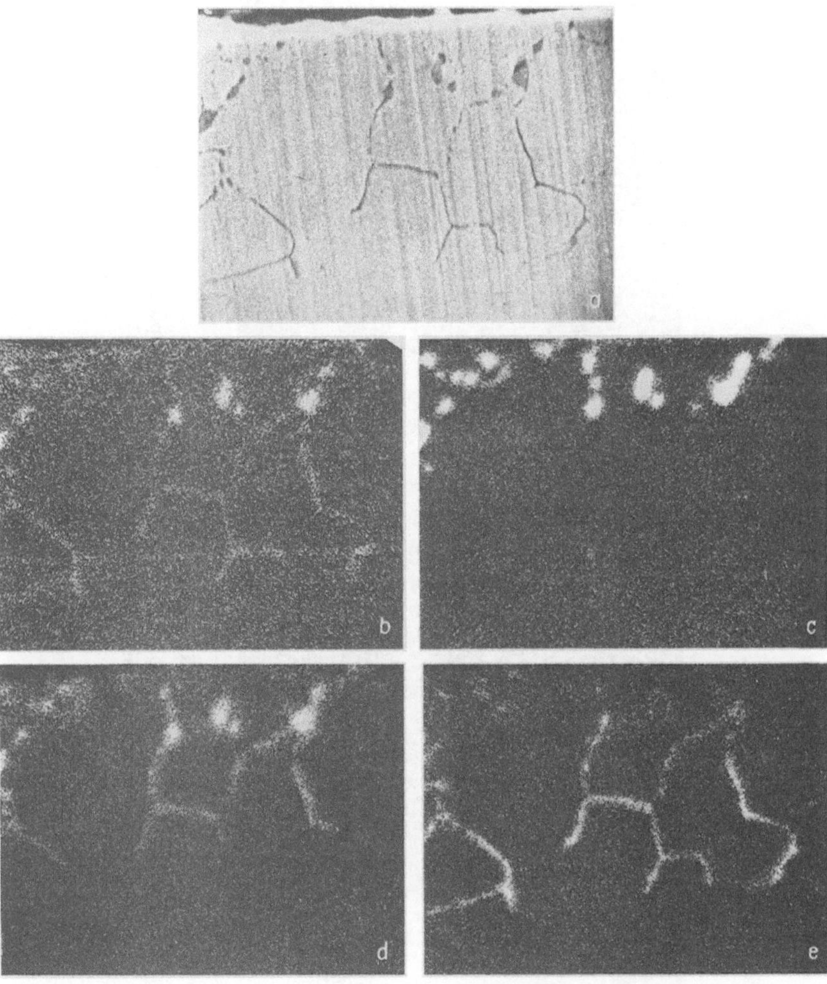

Abb. 4. 16 MnCr 5, einsatzgehärtet

a SE-Bild; *b* Sauerstoff-K_α; *c* Chrom-K_α; *d* Mangan-K_α; *e* Silizium-K_α
$U_A = 15$ kV, $i_{abs} = 100$ nA; Schirmbildvergrößerung: 2000 : 1

Abb. 3. Lanthanverbindung auf Rheniumträger

a Elektronen-Rückstreuaufnahme; *b* Probenstrombild; *c* Rhenium-L α_1-Verteilungsmikrographie; *d* Lanthan-L α_1-Verteilungsmikrographie; *e* Rhenium-Intensitätsprofil; *f* Lanthan-Intensitätsprofil
$U_A = 30$ kV, $i_{abs} = 20$ nA; Schirmbildvergrößerung: 8000 : 1

Abb. 5. Bauteil, Kobaltlegierung
a SE-Bild; *b* N-K-Verteilungsmikrographie; *c* O-K-Verteilungsmikrographie
$U_A = 15$ kV, $i_{abs} = 100$ nA; Schirmbildvergrößerung: 400 : 1

Mit elektronischen Hilfsmitteln kann dann noch eine bessere Diskriminierung einzelner Zählbereiche — besonders unter Verwendung des Probenstromsignals — erreicht werden[12–15].

Eine bei der Wärmebehandlung oft auftretende Erscheinung ist die Randoxydation behandelter Bauteile. Wie die Untersuchungen[16, 17] zeigten, läuft der Vorgang der inneren Oxydation über drei Teilvorgänge ab:

1. Sauerstoffaufnahme aus dem Aufkohlungsmedium,
2. Sauerstofftransport durch Diffusion über das Metallgitter,
3. Umsetzung des Sauerstoffs mit dem gelösten Legierungselement zu Oxid.

Es oxydieren diejenigen Legierungselemente, deren Oxide thermodynamisch stabiler sind als das Eisenoxid. Wenn ein Stahl mehrere oxydationsfähige Elemente enthält, wird stets dasjenige bevorzugt oxydiert, das das stabilere Oxid bildet. In einem Stahl, der mit Silizium, Mangan und Chrom legiert ist, wird zuerst das Silizium oxydiert, dann das Mangan und zuletzt das Chrom, da dieses das am wenigsten stabile Oxid bildet. Bewiesen wurde diese Tatsache mit Hilfe der in Abb. 4 angegebenen Verteilungsaufnahmen. Aufgrund des Röntgenverteilungsbildes von Sauerstoff konnte in Abb. 4b die im Elektronenverteilungsbild (Abb. 4a) dargestellte Oxydationszone in den Korngrenzen eindeutig nachgewiesen werden. Die unterschiedlichen Oxydationstiefen von Chrom, Mangan und Silizium zeigen die Elementverteilungsbilder in Abb. 4c, 4d und 4e.

Thermisch aktivierte Prozesse laufen oft an einem Werkstück nach unterschiedlichen Mechanismen ab. Eine Kobaltbasislegierung war über längere Zeit einem heißen Stickstoff-Sauerstoff-Gasgemisch ausgesetzt worden. Abb. 5a zeigt eine Korngrenzenverbreiterung in Zonen, die vom Probenrand etwa 100 μm entfernt im Querschliff erkennbar sind. Die in Abb. 5b aufgenommene Stickstoffverteilung läßt erkennen, daß die Korngrenzenverbreiterung durch Stickstoffeindiffusion in die angegebenen Bereiche hervorgerufen wurde. Die Sauerstoffverteilung ist im Gegensatz dazu nur in der unmittelbaren Randzone feststellbar.

Man kann daraus schließen, daß Stickstoff mit erheblich höherer Diffusionsgeschwindigkeit in den Werkstoff eindringt und erst in größeren Tiefen reagiert. Tatsächlich ist bekannt, daß bei der Reaktion von heißen Stickstoffgasen an der Werkstoffoberfläche Stickstoffmoleküle in ihre Atome zerfallen, so daß Stickstoff atomar eindiffundiert. Bei Sauerstoff war bei dem Versuch keine analoge Reaktion feststellbar.

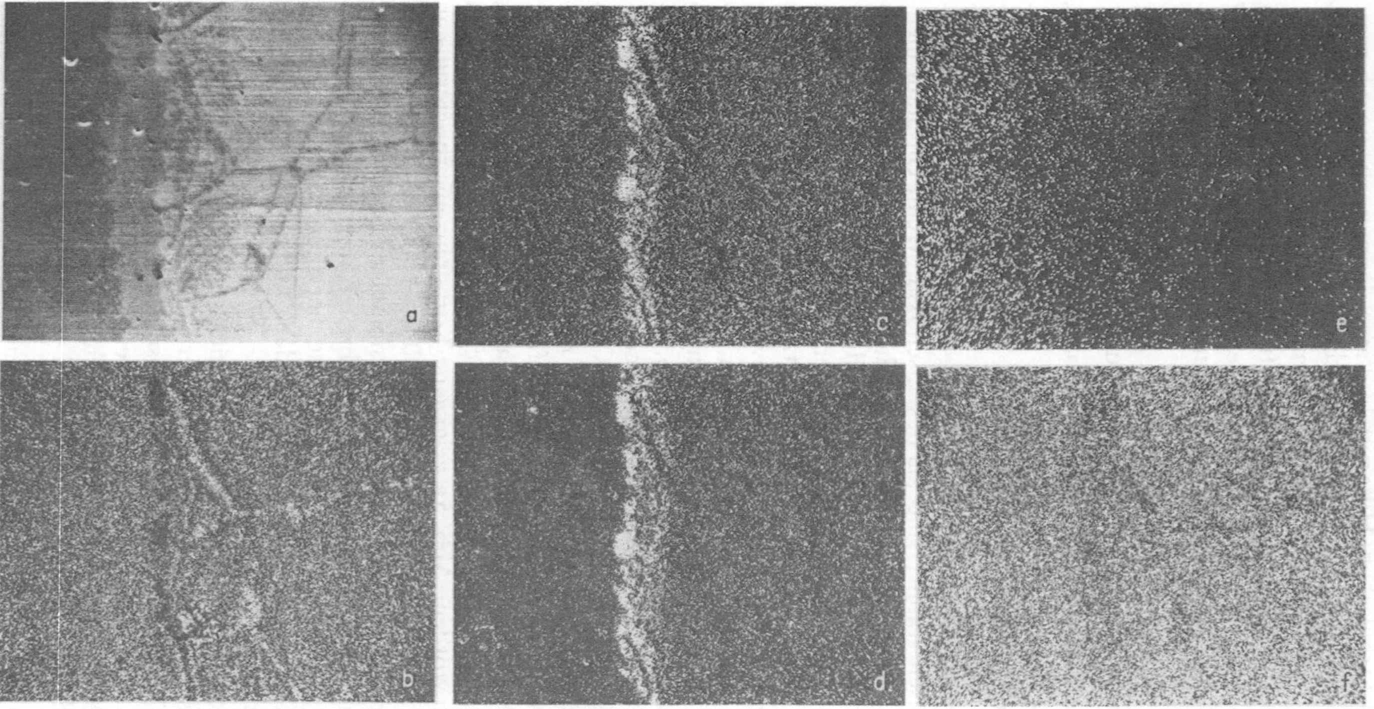

Abb. 6. X 5 CrNi 18 9 boriert

a Elektronen-Rückstreuaufnahme; *b* Chrom-K_α; *c* Nickel-K_α; *d* Silizium-K_α; *e* Bor-K; *f* Eisen-K_α

$U_A = 15$ kV, $i_{abs} = 100$ nA; Schirmbildvergrößerung: 1000 : 1

Mit Hilfe von Röntgenrastermikrographien konnte erstmals an einem borierten X 5 CrNi 18 9 die Flächenverteilung einzelner Elemente in einer mehrfach zusammengesetzten Oberflächenschicht dargestellt werden. Boridschichten dienen zur Erhöhung der Härte und der Verschleißbeständigkeit von Bauteilen und werden in verschiedenen technischen Verfahren erzeugt[18,19,20]. Es stellte sich heraus, daß in Abhängigkeit von der chemischen Zusammensetzung des Grundwerkstoffes und den aus Spendermaterial eindiffundierenden Elementen unterschiedliche Ausbildungen der Oberflächenschicht borierter Bauteile auftreten[21–26]. Aus Härtemessungen konnte bereits in mehreren Versuchen festgestellt werden, daß in der Randschicht des borierten X 5 Cr Ni 18 9 eine Härte von 1800 HV 0,5 existiert. Eine schmale — unmittelbar folgende — Zone, Abb. 6a, liefert Härtewerte von 320 HV 0,5. Der Kernwerkstoff besitzt eine Härte von 190 HV 0,5. Die einzelnen Diffusionsmechanismen, die zur Bildung dieser Mehrfachschicht führten, konnten erst mit Hilfe der hochauflösenden Rastermikrographien bestimmt werden. Abb. 6a läßt aus der unterschiedlichen Grautönung bei tausendfacher Bildschirmvergrößerung den unterschiedlichen Schichtaufbau erkennen, wobei die Aufweitung der Korngrenzen im anschließenden Grundmaterial auffällig ist. Man erkennt, daß Nickel und Silizium eine Zwischenschicht in ihren Hauptbestandteilen bilden. Bor und Chrom sind in den Korngrenzen angereichert. Eisen ist an diesen Stellen in geringerer Konzentration vorhanden. Die Ergebnisse der Punktanalyse zeigt Abb. 7: In der nickelreichen Zone wurden bis zu 70% Nickel und 8% Silizium, wie auch 8% Chrom festgestellt. In den Korngrenzen ist 30% Chrom, 9% Nickel und über 1% Bor nachgewiesen. Die Werte sind bei der Vergrößerung von 2000 : 1 über dem angezeigten Elektronenbild aufgenommen worden. Die Kalibrierung der Konzentrationsangaben erfolgte nach der naßchemisch analysierten Zusammensetzung des Kernwerkstoffes.

Man kann aus diesen Verteilungsaufnahmen schließen, daß in der nickelhaltigen Boridschicht Verbindungen des Typs $(Fe, Cr)_2B$ mit erheblich weniger eingebauten Nickel- als Chromatomen existieren.

Die Struktur der heute technisch eingesetzten Fe_2B-Verbindungsschicht ist dem $CuAl_2$-Typ zuzuordnen[27] und entspricht dem in Abb. 8 angegebenen Gitteraufbau. Die „verschrägten Quadrate" der in die Borzelle eingebauten Eisenatome ergeben — ausgebaut auf benachbarte Zellen — eine „pseudohexagonale" Gitterstruktur, deren Achsenverhältnis c/a röntgengeographisch mit 0,83 gemessen wurde. Analoge Strukturen liefern die Chrom-, Mangan- und Nickelboride. Für Eisen, Chrom und Mangan ist das Achsverhältnis nahezu gleich, für Nickel sehr viel stärker abweichend. Man kann aus dieser Tatsache folgern, daß Nickel in erheblich geringerem Maße in die Eisenstruktur substituiert wird. Ebenso ist erklärlich, warum röntgenographisch kein Nachweis der Metallsubstitution in den untersuchten Verbindungen erfolgen konnte.

Aus der Messung der Elementverteilung in den einzelnen Schichten können auch Schlußfolgerungen auf die Schichtbildung gezogen werden.

Da Nickel erheblich langsamer als Chrom und Eisen diffundiert und nur zum Teil in der Verbindungsschicht eingebaut wird, tritt mit der Zeit ein Überangebot an Nickel zwischen Schicht und

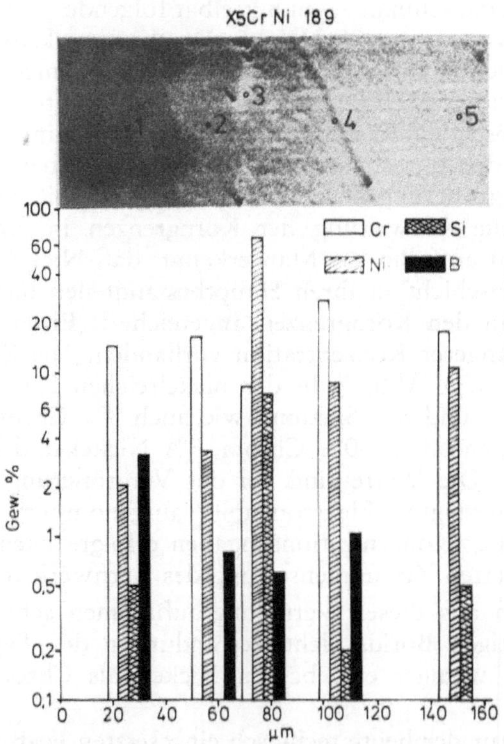

Abb. 7. Quantitative Bestimmung der Elementkonzentrationen in der Randzone des borierten X 5 CrNi 18 9

Kernwerkstoff auf. Ebenso wird Silizium nicht in die Schicht eingebaut und ist hinter der Boridschicht angereichert. Diese Erscheinung ist bei den meisten borierten siliziumhaltigen Werkstoffen festzustellen[30, 31]. Durch das steigende Angebot von Nickel und

Silizium wird in dem Übergang Schicht-Kernwerkstoff, die *kfz* (γ)-Struktur des Eisenwerkstoffes stabil gehalten. Durch die nunmehr in dieser Zone herabgedrückte Diffusionsgeschwindigkeit der Ele-

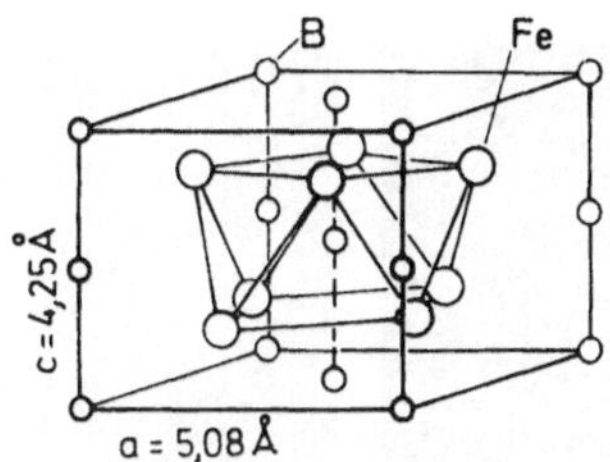

Abb. 8. Kristallgitter Fe_2B (nach Kiessling)

mente Chrom und Bor kommt es zu einer erhöhten Korngrenzendiffusion, die aus den Elementanreicherungen deutlich erkannt werden kann.

Bei einer aufgekohlten chromhaltigen Probe wurde nach Borierung der überhöhte Kohlenstoffgehalt hinter der $(Fe, Cr)_2$-Boridschicht festgestellt. Abb. 9 zeigt die Zusammenstellung der Elementverteilungen. Man sieht, daß Kohlenstoff zwischen den Bor„zähnen" der Verbindungsschicht (Elektronenbild) angereichert ist. Bor ist aber auch nicht homogen in der Struktur eingebaut, wie die Boranreicherung in dem Übergangsgebiet Schicht — Kernwerkstoff erkennen läßt. Besonders deutlich kann diese inhomogene Verteilung von Kohlenstoff und Bor mit der Methode der Röntgenschattenmikroskopie nachgewiesen werden. Abb. 10 zeigt eine Röntgendurchstrahlungsaufnahme, die mit einem Röntgenschattenmikroskop* [32, 33] hergestellt wurde. Die Bereiche maximaler Schwärzung zwischen Schicht und Kernwerkstoff (im Bild hell erscheinend) geben die mit Bor und Kohlenstoff angereicherten Gebiete an, die „weißes" Röntgenlicht am geringsten absorbieren. Bei der hier gezeigten Methode besteht der Vorteil dreidimensionaler Gefügeanalyse, die seit vielen Jahren mehrfach bei Untersuchungen ausprobiert wurde[34–38]. Allerdings mußten bei der vorliegenden Untersuchung 8 μm dicke Folien des Werkstoffes hergestellt werden, die mit einem Röntgenschattenmikroskop einer Auflösung von 1,5 μm [39] vergrößert aufgenommen werden konnten.

Die Bestimmung der chemischen Bindung von Zweistoffverbindungen des Typs MX (M = Metall, X = B, C, N, O) aus der

---

* MIR-2, Mitterfellner GmbH, BRD.

Analyse der heißangeregten Röntgenemissionsspektralcharakteristik wurde mehrfach untersucht[40–42]. Die dazugehörige Berechnung der Elektronendichteverteilungen in den Valenzorbitalen ist jedoch erst in jüngster Zeit entsprechend vervollständigt, so daß eine bes-

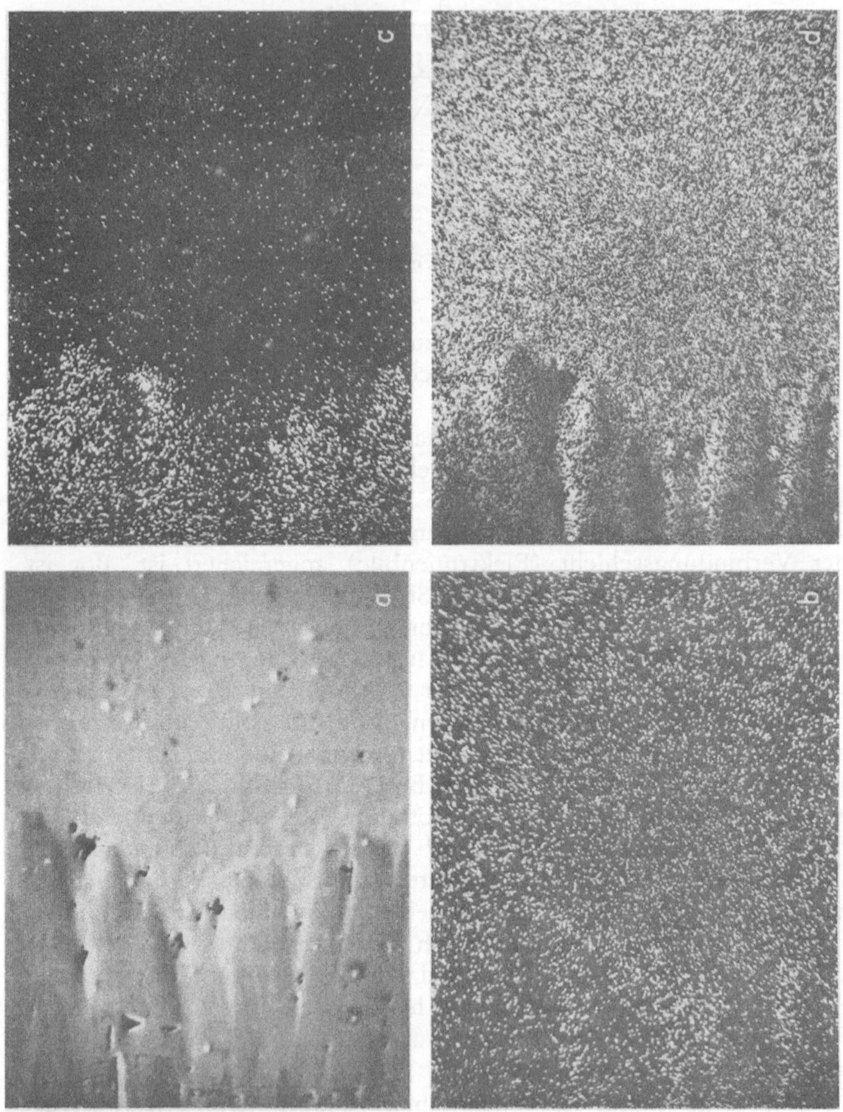

sere Deutung einzelner Spektren möglich ist. So wurde bei Titanverbindungen die 3d-Zustandsdichteverteilung[43] berechnet, die in dem Diagramm (Abb. 11*) wiedergegeben ist. Abb. 12 zeigt die von dem Gerät** erstellte Schreiberaufnahme der Titan $L_{II, III}$-Röntgen-

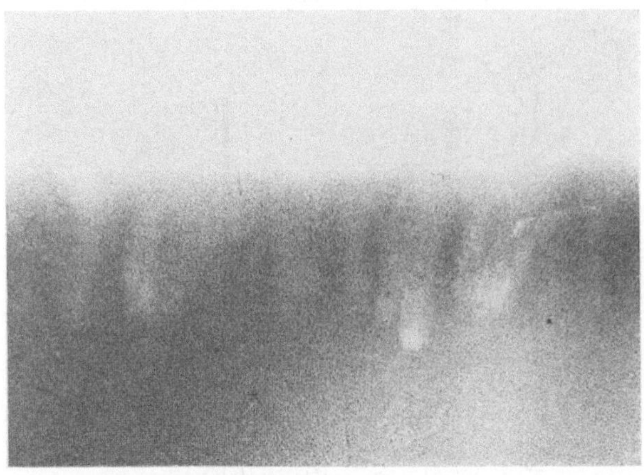

Abb. 10. Röntgenschattenmikrographie der in Abb. 9 dargestellten Modell-Legierung; Originalvergrößerung: 100 : 1; nachvergrößert auf 800 : 1

emissionslinie, die in Abhängigkeit von den Energiewerten in dem Diagramm (Abb. 13) aufgezeichnet wurde.

Gemessen wurde die Intensitätsverteilung in der Einsatzschicht einer aufgekohlten Titanprobe. Auffällig ist im Vergleich zu der in Abb. 11 angegebenen berechneten 3d-Charakteristik der TiC-Verbindung die gute Übereinstimmung der Peakfolge innerhalb der gleichen Energieintervalle. Die Meßkurven sind reproduzierbar wiederzugeben, wie Abb. 12 auch bei verringerten Intensitätswerten zeigt.

Vergleicht man die in Abb. 13 als Standardkurve (gestrichelt) eingezeichnete Charakteristik, so ist eine Ähnlichkeit mit der in Abb. 11 angegebenen 3d-Zustandsdichteverteilung des TiO festzustellen. Aus dieser Übereinstimmung kann gefolgert werden, daß

* Die Energieeinheiten sind — entsprechend der Originalarbeit[44] — in Rydberg (1 Ryd ≙ 13,6 eV) angegeben.

** Mikrosonde Mk V, Cambridge Instr. GB. ($D_{Rowland} = 500$ mm, Abnahmewinkel 75°; Anregungsspannung: 10 kV; maximale Rate: 300 Impulse/sec.

Abb. 9. Modell-Legierung: Fe + 4,73% Cr, aufgekohlt und boriert
a SE-Bild; *b* C-K-Verteilung; *c* B-K-Verteilung; *d* Cr-K_α-Verteilung
$U_A = 15$ kV, $i_{abs} = 100$ nA; Schirmbildvergrößerung: 800 : 1

der in der Mikrosonde verwendete Eichstandard nicht Reintitan, sondern ein oxydiertes Material darstellt. Diese Vermutung würde der Praxis, daß Reintitan in der Atmosphäre der Sondenkammer bei Elektronenbombardement oxydiert wird, entsprechen.

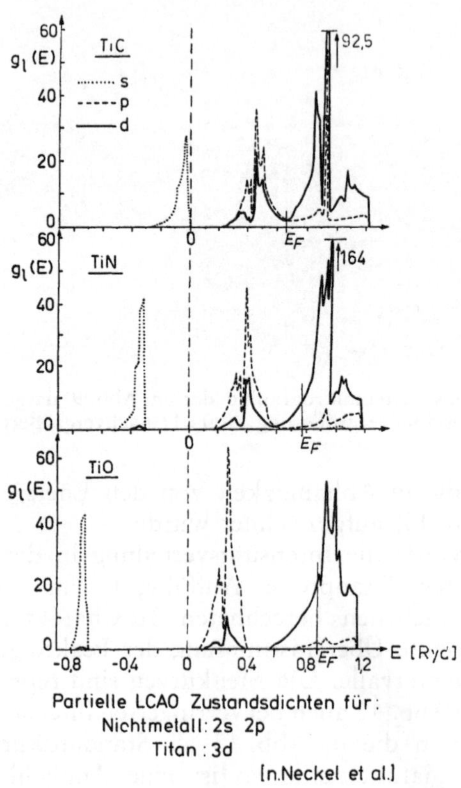

Abb. 11

Die Sauerstoffcharakteristik von oxydiertem Titan zeigt, wie in Abb. 14 dargestellt, zwei Peaks. Im Vergleich mit den Intensitätsmaxima von Al_2O_3 und Siliziumoxid können gleiche Peaklagen festgestellt werden, die eine Zuordnung der Intensitätsmaxima der Titanverbindungen ermöglichen.

Die Stickstoffcharakteristik von Titannitrid, aufgenommen an einem Stahleinschluß bei 500facher Vergrößerung (Abb. 15), liefert eine gut meßbare Verschiebung der N-K_α-Röntgenemissionslinie, die den angegebenen Energiewerten[44] entspricht (Abb. 16).

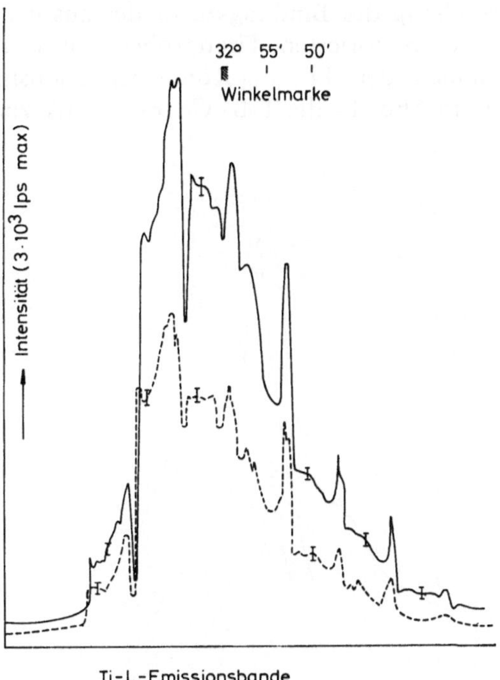

Abb. 12. Titan L$_{II, III}$-Emissionsspektralcharakteristik $U_A = 10$ kV, $i_{abs} = 300$ nA einer aufgekohlten Titanprobe

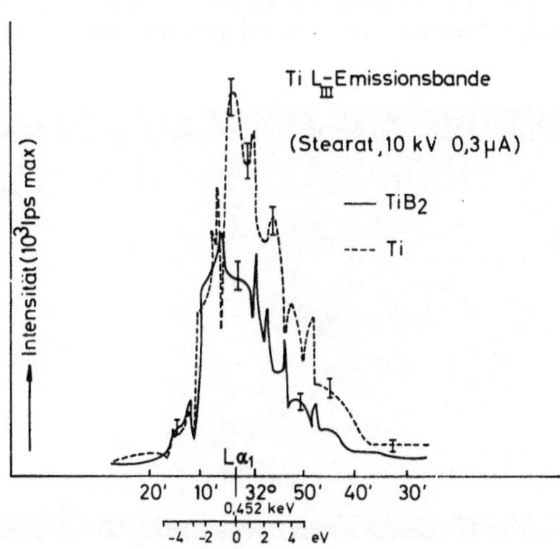

Abb. 13. Energiewerte der Titan L$_{II, III}$-Emissionsspektralcharakteristik in einer oxydierten und einer borierten Titanprobe

Die Untersuchung des Bindungszustandes aus der Röntgenspektralcharakteristik an borierten Titanproben wurde durch entsprechende Aufnahmen der Ti-$L_{II, III}$-Röntgenemissionslinien an TiB_2 verbessert. Wie in Abb. 13 die TiB_2-Charakteristik zeigt, entspräche

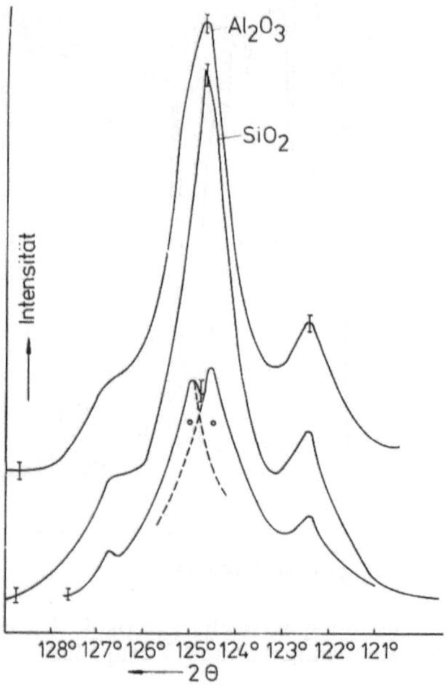

Abb. 14. Aufspaltung der Sauerstoff-K-Spektralcharakteristik einer oxydierten Titanprobe; Vergleich der Linienlagen mit Al_2O_3 und SiO_2

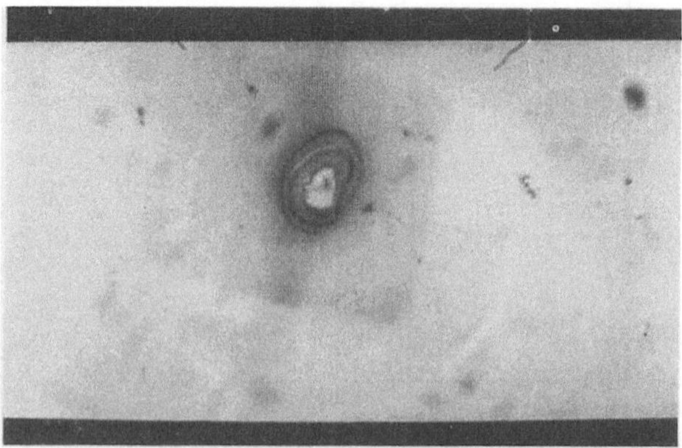

Abb. 15. Titannitrid-Einschluß in Stahl; Lichtmikroskopische Aufnahme an der Mikrosonde; Originalvergrößerung: 460 : 1

die Linienverschiebung zu niedrigeren Energiewerten den theoretisch errechneten Verhältnissen in den angegebenen Wertebereichen.

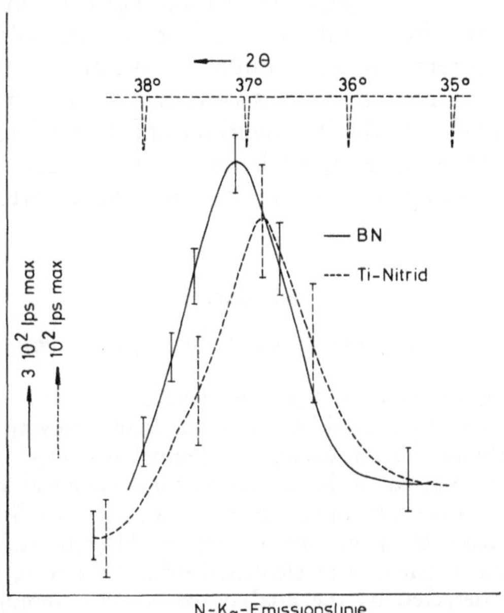

Abb. 16. N-K-Spektralcharakteristik; Vergleich der Linienlage des gemessenen Titannitrideinschlusses mit BN

Entsprechende Messungen der Röntgenspektrallinien von $K_{\beta 5}$-Übergängen, deren Ausgangsterm dem der L_{III}-Charakteristika entspricht[44], brachten vergleichbare Ergebnisse, die ebenfalls den Berechnungen[43] entsprechen.

Zusammenfassung

Die Bindung leichter Elemente in oberflächennahen Bereichen metallischer, wärmebehandelter Proben wurde mit den Methoden der hochauflösenden Elektronenstrahl-Röntgenmikroanalyse bestimmt. Unter Kenntnis thermisch bedingter Reaktionsvorgänge konnten aus den Verteilungsaufnahmen bestehende Verbindungen erkannt werden. So war bei der Untersuchung des Vorganges der Randoxydation die unterschiedliche Aktivität der oxidbildenden Elemente und die Bildung von Verbindungen unterschiedlicher Stabilität in den einzelnen Oxydationstiefen nachgewiesen worden. Bei Gasreaktionen mit Metallen ist aus der Elementverteilung der Diffusionsmechanismus ebenfalls zu erklären. Am Beispiel eines borierten austenitischen Stahles wird gezeigt, daß die Verteilungsanalysen Aufschlüsse über die Bildung von Mehrfachschichten in Abhängigkeit von einzelnen Reaktionsvorgängen während des Wärmebehandlungsvorganges liefern, die quantitativ geklärt werden können. Ergänzt werden diese Untersuchungen durch die Analyse valenzabhängiger Röntgenemissionslinien, deren Auswertung allerdings nur in bestimmten Fällen möglich ist. Bei Titanverbindungen mit leichten Elementen (B, C, N, O) wurde gute Übereinstimmung der Meßwerte mit den bereits bekannten berechneten Zustandsdichteverteilungen nachgewiesen.

Summary

Chemical Bonding of Light Elements in Surface Coatings of Metals

The chemical bonding of light elements in the case of heat treated metallic materials was detected by use of the high resolving electron probe microanalysis. Under the knowledge of thermal activated reactions sometimes it was possible to evaluate the existing chemical compounds. In this way several reactions forming inner oxidation due to different chemical activity of oxidizing elements and oxides of different stability could be detected. Different mechanics of elemental diffusion during gas-metal reactions were also detected by the analysis of X-ray scanning micrographs. It is shown by use of borided austenitic steel, that the reasons for the building of multiple surface layers due to various heat treatment processes could be analyzed quantitatively. In addition it is shown, that the analysis of valence-dependent X-ray emission-spectral-scans gives informations of the bonding states of the analyzed element. The evaluated valence characteristics of titanium-bondings with light elements (B, C, N, O) are discussed in comparison with the known evaluated LCAO electron state density functions.

Literatur

[1] W. Fischer und W. L. Baun, J. Appl. Phys. **35**, 534 (1965).

[2] C. A. Andersen, First National Conf. on Electron Probe Microanalysis, May 1966.

[3] W. L. Baun, T. J. Wild und J. S. Solomon, J. Electrochemical Soc. **12**, 72 (1976).

[4] H. Malissa und M. Grasserbauer, Mh. Chem. **102**, 1545 (1971).

[5] W. Weisweiler, Quantitative Elektronenstrahl-Mikroanalyse leichter Elemente, Habilitationsschrift Univ. Karlsruhe, 1972.

[6] O. Schaaber und H. Vetters, Härtereitechn. Mitt. **30**, 359 (1975).

[7] L. Reimer und G. Pfefferkorn, Raster-Elektronenmikroskopie, Berlin—Heidelberg—New York: Springer-Verlag. 1973.

[8] R. Klockenkämper, Spectrochim. Acta **9,** 547 (1971).

[9] H. Yakowitz und K. F. J. Heinrich, Metallography **1,** 55 (1968).

[10] H. Christian und O. Schaaber, Härtereitechn. Mitt. **21,** 210 (1966).

[11] L. Albert, Considerations Concerning Optimum Accelerating Voltage for Measuring Low Concentrations in Electron-Probe-Microanalysis, BEDO **6** (1974).

[12] G. Dörfler, E. Plöckinger und K. Swoboda, Berg- u. Hüttenmänn. Mh. **111,** 438 (1966).

[13] G. Dörfler, Natl. Bur. St., Spec. Publ. 298, Ed. K. F. J. Heinrich. 1968. S. 215.

[14] H. I. Giese, Härtereitechn. Mitt. **28,** 316 (1973).

[15] O. Schaaber und H. Vetters, Mikrochim. Acta [Wien], Suppl. VI, **1975,** 105.

[16] R. Chatterjee-Fischer, Traitement thermique **92,** 35 (1975).

[17] R. Chatterjee-Fischer, Z. wirtsch. Fert. **71,** 367 (1976).

[18] A. v. Matuschka, Borieren, Monographie ISBN 2-8256-0803, Vevey: Delta-Verlag.

[19] G. V. Samsonov, Zashchitnye Pokrytiya na Metallakh, Akad. Sc. SSR, Naukova Domka Kiev, 1971: Prot. Coat. on Metals, Consult. Bur. New York—London.

[20] H. Kunst, Z. wirtsch. Fert. **71,** 361 (1976).

[21] H. Kunst und O. Schaaber, Härtereitechn. Mitt. **22,** 284 (1967).

[22] K. Hutterer und E. Krainer, Metall **27,** 10 (1973).

[23] M. Deger, M. Riehle und W. Schatt, Neue Hütte **17,** 463 (1972).

[24] L. S. Lyakovich und L. G. Voroshnin, Prot. Coat. on Metals, Consult. Bur. New York – London: 1969. S. 108.

[25] I. S. Durakevich und M. A. Balter, Prot. Coat. on Metals, Consult. Bur. New York – London: 1969. S. 30.

[26] H. C. Fiedler und W. J. Hayes, Met. Trans. **1,** 1071 (1970).

[27] K. Schubert, Kristallstrukturen zweikomponentiger Phasen, Berlin – Göttingen – Heidelberg: Springer-Verlag. 1964. S. 251.

[28] G. R. Speich, Met. Hb. ASM, 8. Ed., Vol. 8, 1973, S. 425.

[29] R. Shewmon, Diffusion in Solids, London: MacGraw Hill. 1963.

[30] R. Chatterjee-Fischer, O. Schaaber und H. Vetters, DVM, 7. Sitz. Rastermikroskopie, Ber., Ed. DVM 1 Berlin 45, Unter den Eichen 87. 1975. S. 79.

[31] V. G. Permyakov et al., Prot. Coat. on Metals **5,** 163 (1973).

[32] B. M. Rovinsky, V. G. Lutsau und A. I. Avdeyenko, X-Ray Microscopy and Microradiography, 1957. S. 269.

[33] V. G. Lutsau, A. I. Tananov und L. M. Stein, Mikrochim. Acta [Wien], **1977 I,** 271.

[34] R. Glocker und O. Schaaber, Z. techn. Physik **20,** 10 (1939).

[35] G. L. Clark und W. M. Shafer, Trans. ASM **1941**, 732.

[36] E. A. W. Müller, Handbuch der zerstörungsfreien Materialprüfung, München: Oldenbourg. 1950.

[37] H. Neff, Z. Metallkde. **46**, 614 (1955).

[38] R. Mitsche und H. J. Dichtl, Härtereitechn. Mitt. **18**, 224 (1963).

[39] L. Meinersen, S. Boseck und H. Vetters, Materialprüfung, in Vorbereitung.

[40] H. Malissa, J. Kaltenbrunner und M. Grasserbauer, Mikrochim. Acta [Wien], Suppl. V, **1974**, 453.

[41] O. Schaaber und H. Vetters, Mikrochim. Acta [Wien], Suppl. V, **1974**, 47.

[42] H. Vetters, Härtereitechn. Mitt. **28**, 312 (1973).

[43] A. Neckel, K. Schwarz, R. Eibler, P. Rastl und P. Weinberger, Mikrochim. Acta [Wien], Suppl. VI, **1975**, 257.

[44] S. A. Nemnonov und K. M. Kolobova, Phys. Metals and Metallography **22**, 36 (1967).

Korrespondenz und Sonderdrucke: Prof. Dr.-Ing. habil. O. Schaaber, Stiftung Institut für Härtetechnik, Lesumer Heerstraße 32, D-2820 Bremen 77, Bundesrepublik Deutschland.

Mikrochimica Acta [Wien], Suppl. 7, 323—344

MIKROCHIMICA
ACTA

Sektion Physik der Universität München

Ein Zwei-Platten-Multiplier für das Gebiet der ultraweichen Röntgenstrahlung*

Von

W. Schnell und G. Wiech

Mit 8 Abbildungen

(Eingegangen am 27. Oktober 1976)

I. Einleitung

Der Bereich der ultraweichen Röntgenstrahlen ($\lambda > 20$ Å) wird in zunehmendem Maß auch für den Analytiker interessant. In diesem Bereich liegen nämlich zahlreiche Spektren, insbesondere von leichten Elementen, die sich nicht nur für einen qualitativen oder quantitativen Nachweis von Elementen eignen, sondern zusätzlich Aussagen über den Bindungszustand gestatten.

Als Detektoren für die ultraweiche Röntgenstrahlung werden Zählrohre und offene Multiplier verwendet. Während im Laborbetrieb beide Arten von Detektoren eingesetzt werden, sind die kommerziellen Geräte praktisch ausschließlich mit Zählrohren ausgerüstet. Der Aufwand für einen Durchflußzähler, wie er in diesem Wellenlängenbereich eingesetzt wird, ist grundsätzlich relativ hoch. So muß durch geeignete Vorrichtungen die Gasdichte konstant gehalten werden. Wegen der starken Absorption müssen ferner die Zählrohrfenster extrem dünn sein, wodurch sie entsprechend störanfällig werden und sich Schwierigkeiten beim Belüften ergeben. Beim offenen Multiplier ist — abgesehen von der Tatsache, daß er im Hochvakuum (10^{-5} Torr) betrieben werden muß — der techni-

* Vortrag anläßlich des 8. Kolloquiums über metallkundliche Analyse mit besonderer Berücksichtigung der Elektronen- und Ionenstrahl-Mikroanalyse, Wien, 27. bis 29. Oktober 1976.

sche Aufwand minimal (im wesentlichen drei elektrische Zuführungen); auch sind die Multiplier im allgemeinen wesentlich kleiner. Zur optimalen Anpassung sollten sie jedoch so montiert sein, daß sie von außen justierbar sind.

In dieser Arbeit berichten wir über einen Zwei-Platten-Multiplier, der speziell für spektroskopische Untersuchungen im Bereich der ultraweichen Röntgenstrahlung entwickelt wurde, und der sich inzwischen sehr gut bewährt hat.

Im folgenden sollen zunächst der Aufbau und die grundsätzliche Funktionsweise verschiedener Multiplier-Typen kurz beschrieben werden. Sodann wird über die Herstellung und über spezielle Eigenschaften des von uns entwickelten Zwei-Platten-Multipliers berichtet.

II. Kontinuierliche Multiplier und ihre Funktionsweise

Die grundsätzliche Wirkungsweise jedes Multipliers besteht darin, daß durch ein Photon, das auf die Photokathode des Multipliers trifft und dort absorbiert wird, ein Elektron herausgeschlagen werden kann. Dieses Photoelektron wird in einem elektrischen Feld beschleunigt und löst aus der nachfolgenden Dynode n Sekundärelektronen aus, wobei im Fall der Verstärkung $n > 1$ sein muß. Durch mehrfache Wiederholung dieses Verstärkungsprozesses erhält man schließlich eine große Zahl von Elektronen, die am Ausgang des Multipliers registriert werden können. Je nachdem, ob die einzelnen Dynoden voneinander getrennt oder miteinander verbunden sind und damit gleichsam eine einzige große Dynode darstellen, spricht man von diskontinuierlichen oder kontinuierlichen Multipliern. Die kontinuierlichen Multiplier lassen sich drei verschiedenen Gruppen zuordnen.

*1. Der magnetische Multiplier**

Abb. 1 zeigt einen magnetischen Multiplier. Zwei ebene, mit einem halbleitenden Belag bedampfte Glasplatten stehen sich im Abstand einiger Millimeter gegenüber. Durch Anlegen einer Spannung an die Plattenenden erzeugt man ein elektrisches Feld E in x-Richtung. Ein zusätzliches, hierzu senkrechtes und zu den Platten paralleles Magnetfeld B bewirkt, daß sich ein aus der Photokathode bzw. der Dynodenplatte ausgelöstes Elektron auf einer

* Der magnetische Multiplier wird industriell gefertigt (z. B. Modell M 306 der Firma Bendix).

Zykloidenbahn in x-Richtung weiterbewegt. Mit erhöhter kinetischer Energie trifft es dann wieder auf die Dynodenplatte auf und erzeugt dort bei geeigneter Wahl der Parameter im Mittel mehr als ein Sekundärelektron. Da sich die Sekundärelektronen in derselben Weise am Vervielfachungsprozeß beteiligen, entsteht für *ein* aus der Photo-

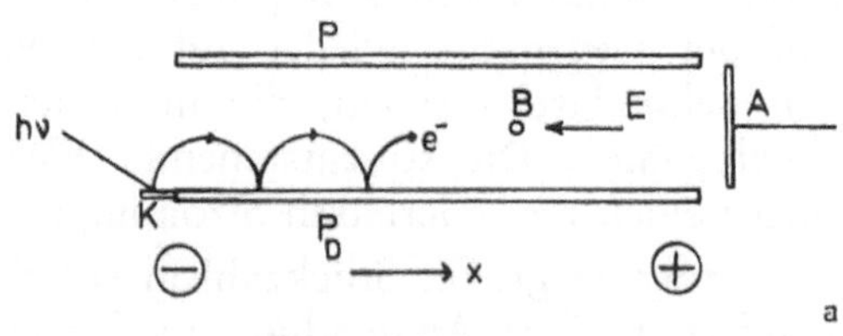

Abb. 1. Der magnetische Multiplier
a) Schema; *P* Feldplatte, P_D Dynodenplatte, *K* Photokathode, *A* Auffänger, *B* Magnetfeld, *E* elektrisches Feld
b) Modell M306 der Firma Bendix

kathode ausgelöstes Primärelektron eine schnell wachsende, in x-Richtung über die Dynodenplatte hüpfende Elektronenlawine, die am Ende des Multipliers auf einem Auffänger aufgefangen und dann registriert wird.

2. *Der Kanalvervielfacher (Channeltron)*

Des geringen Gewichts und ihrer einfachen Konstruktion wegen werden heute bevorzugt magnetfeldlose Multiplier verwendet. Abb. 2 zeigt den wichtigsten Vertreter dieser Gruppe, das Channeltron.

Es besteht aus einem Glasröhrchen mit einem Innendurchmesser *d* bis zu einigen Millimetern. Die Innenseite des Röhrchens ist mit einem halbleitenden Belag beschichtet. Beim Anlegen einer Spannung an die Enden des Multipliers entsteht ein homogenes axiales Feld im Innern des Rohres. Aus dem Wandmaterial ausgelöste Elektronen werden durch das Feld in *x*-Richtung beschleunigt. Sie schlagen wegen der zur Wand senkrechten Komponente ihrer Austrittsgeschwindigkeit auf der Gegenseite wieder auf die Wand auf und erzeugen dadurch Sekundärelektronen, die ihrerseits am Vervielfachungsprozeß teilnehmen. Die so entstehende Elektronenlawine ergibt am Auffänger einen registrierbaren Stromimpuls.

Channeltrons werden in großer Stückzahl in verschiedenen Formen industriell gefertigt. Ihre Anwendung ist besonders einfach;

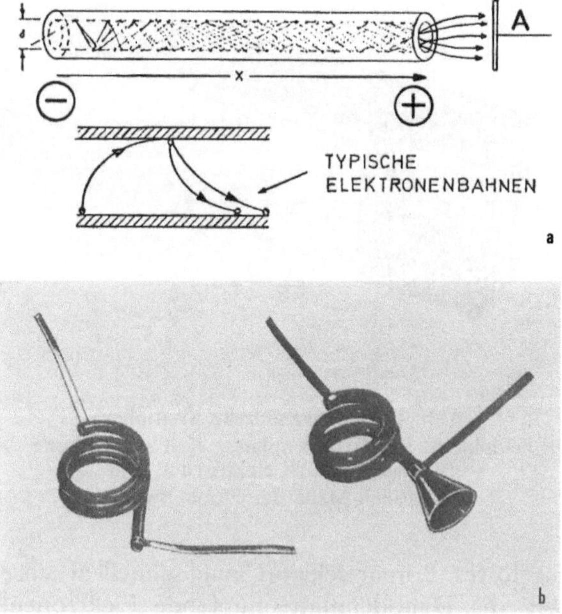

Abb. 2. Das Channeltron

a) Schema; *A* Auffänger; b) Modell CEM-4020 und CEM-4028 der Firma Bendix (nach Firmenprospekt)

es werden keine besonderen Anforderungen an die Elektronik gestellt. Immer mehr verwendet werden heute sog. Channel Plates. Sie bestehen aus einer großen Zahl dicht aneinandergereihter Channeltrons mit kleinem Durchmesser. Dadurch kann man eine mehrere Quadratzentimeter große sensitive Fläche erreichen.

3. *Der Zwei-Platten-Multiplier*

Ebenfalls ohne Magnetfeld arbeitet der in Abb. 3 dargestellte Zwei-Platten-Multiplier. Zwei mit halbleitendem Material beschichtete rechteckige Glasplatten — im folgenden kurz als Dynodenplat-

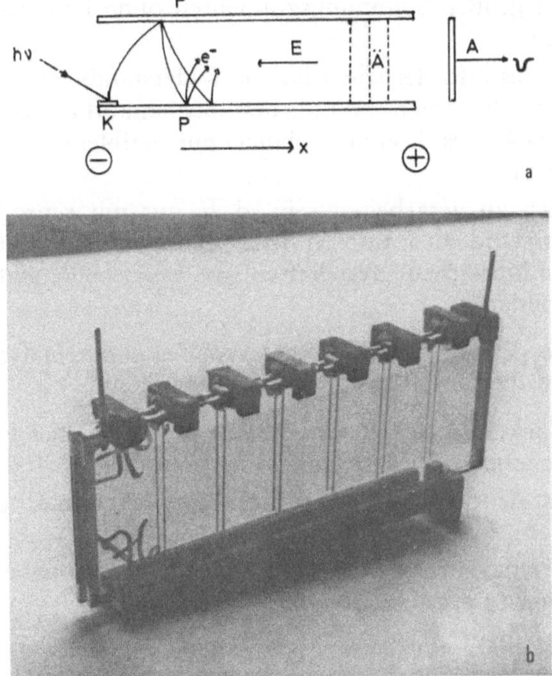

Abb. 3. Der Zwei-Platten-Multiplier

a) Schema; *P* Dynodenplatten, *K* Photokathode, *A* Auffänger, *E* elektrisches Feld, *Ä* Äquipotentiallinien; b) im Institut gefertigter Multiplier

ten bezeichnet — stehen sich im Abstand von etwa 1 mm gegenüber. Der Vervielfachungsprozeß ist ähnlich wie beim Channeltron; er wird später noch eingehend diskutiert.

Dieser Multiplier wird unseres Wissens nicht industriell gefertigt. An seiner Weiterentwicklung wird an mehreren Instituten gearbeitet. An unserem Institut wurden Untersuchungen von Feser[1] und Wellmann[2] durchgeführt.

III. Die Herstellung der Dynodenplatten für den Zwei-Platten-Multiplier

1. *Überlegungen zur Auswahl geeigneter Dynodenmaterialien*

Die Dynodenschicht hat grundsätzlich zwei Aufgaben zu erfüllen: sie muß erstens das elektrische Feld im Multiplier erzeugen, und sie muß zweitens eine genügend große Sekundärelektronenausbeute haben. Daraus ergeben sich folgende Forderungen für das Dynodenmaterial. Um das elektrische Feld zu erzeugen, muß es

α) einem großen Spannungsgradienten ohne Durchbruch widerstehen;

β) trotz des erforderlichen hohen Widerstands eine Schichtdicke haben, die einen homogenen Schichtaufbau erwarten läßt (>100 Å); es kommen daher nur halbleitende Materialien in Frage;

γ) einfach zu verarbeiten sein, d. h. gut mit reproduzierbarem Widerstand zu dampfen sein; dabei muß es auf der Glasplatte hinreichend fest haften und eine ebene, glatte Oberfläche bilden.

Um eine genügend große Zahl von Sekundärelektronen zu erzeugen, muß die Oberfläche der Dynodenschicht

δ) eine Sekundärelektronenausbeute >1 auch bei kleinen Aufprallenergien der Elektronen im Multiplier (≤ 100 eV) haben;

ε) unter dem Einfluß des Elektronenbeschusses unverändert bleiben;

η) auch eine längere Lagerung in Luft ohne bleibende Veränderungen überstehen.

Es ist möglich, alle diese Bedingungen mit einer einzigen Aufdampfschicht zu erfüllen. Spindt und Shoulders[3] stellen Dynodenschichten durch gleichzeitiges Dampfen von Aluminium und Molybdän her, wobei durch das Aluminium eine höhere Sekundärelektronenausbeute erreicht werden soll. Feser[1] stellte Multiplier her, bei denen die Dynodenschichten nur aus Kohlenstoff bestanden; jedoch wurden in diesem Fall durch eine besondere Aufdampftechnik große Mengen an Fremdatomen eingelagert. Eigene Versuche zeigten ebenfalls, daß Kohlenstoffschichten, die extrem viele Fremdatome eingelagert haben, mit sehr geringer Ausbeute funktionsfähige Multiplier ergeben, wobei jedoch die Verstärkung klein ist.

Sehr viel bessere Ergebnisse und eine größere Auswahl an geeigneten Substanzen erhält man, wenn man durch Aufdampfen von zwei Schichten die Bedingungen α, β und γ von den Bedingungen δ und ε entkoppelt: die erste, halbleitende Schicht erzeugt das elektrische Feld; eine dünne, nichtleitende zweite Schicht bringt die erforderliche Sekundärelektronenausbeute. Verschiedene Autoren[4–6] bevorzugen jeweils ein spezielles Aufdampfmaterial; bei unseren Versuchen zeigte sich, daß verschiedene Materialien in gleicher Weise als Widerstandsschicht geeignet sind. Als Sekundärelektronen emittierende Schicht wurde Aluminiumoxid verwendet.

2. *Die Herstellung der Dynodenplatten*

Die Herstellung eines Dynodenplattenpaares für einen Zwei-Platten-Multiplier erfolgt in mehreren Schritten. Dazu werden die gereinigten und entfetteten Glasplatten (76×26 mm^2) in einer besonderen Halterung gelagert, mit der die Platten während der einzelnen Aufdampfprozesse automatisch über dem Dampfstrahl hin- und herbewegt werden. Damit wird eine gleichmäßige und auf beiden Platten übereinstimmende Schichtqualität erzielt.

a) *Die Kontaktbahnen.* In einem ersten Aufdampfgang wird mit einer Maske eine Reihe leitender Bahnen parallel zur Schmalseite der Platten aufgedampft. Wegen der guten Haftung auf Glas eignet sich hierzu Chrom. Die beiden Streifen an den Plattenenden, je etwa 2 mm breit, werden als Kontakte für die Widerstandsmessung benützt; später wird über sie der Dynodenschicht die Spannung zugeführt. Die 6 in Abständen von je etwa 10 mm dazwischen liegenden, 0,15 mm breiten Bahnen ermöglichen es, den Spannungsverlauf entlang der Schicht zu messen bzw. zu beeinflussen.

b) *Die Dynodenschicht.* Das Dampfen der Dynodenschicht vollzieht sich, entsprechend dem zweischichtigen Aufbau, in zwei Schritten. Werden als Widerstandsschicht Kohlenstoff oder Silizium verwendet, so werden diese Materialien aus einer kleinen, speziell entwickelten Elektronenstrahlverdampfungsquelle (maximal 5 kV) aufgedampft, während Germanium aus Wolframschiffchen verdampft wird. Zur Beurteilung des Schichtaufbaus werden während des Dampfens die Aufdampfleistung der Quelle, die Transmission der Schicht, der Schichtwiderstand (10^8 bis 10^{10} Ohm) und die Schichtdicke gemessen bzw. aufgezeichnet.

Bei der Verwendung der Elektronenstrahlverdampfungsquelle tritt ein nur schwer zu beherrschender Störeffekt auf: der Dampfstrahl besteht nämlich zum größten Teil aus Ionen und wird deshalb sehr leicht durch elektrische Felder beeinflußt. Da jedoch beim Aufdampfen jeweils ein Leitwertdiagramm mit aufgezeichnet wird, können solche und andere Störfaktoren, die zu Unregelmäßigkeiten in der Schichtqualität führen, sofort erkannt werden.

Im Anschluß an die Widerstandsschicht wird sofort die Sekundärelektronen emittierende Schicht (30 bis 50 Å) aufgedampft. Damit wird vermieden, daß zwischen diesen beiden Schichten eine Kontaminationsschicht eingelagert wird. Das als Sekundärelektronen emittierende Schicht verwendete Aluminiumoxid kann entweder gleich als Oxid verdampft werden, oder man verdampft reines Aluminium und läßt die Schicht anschließend durchoxydieren.

c) *Die Photokathode.* Zum Abschluß wird auf die Enden der Dynodenplatten die Photokathode aufgedampft. Im allgemeinen verwenden wir eine Goldphotokathode (2 mm breit, 500 Å dick). Abb. 4 zeigt ein fertiges Dynodenplattenpaar.

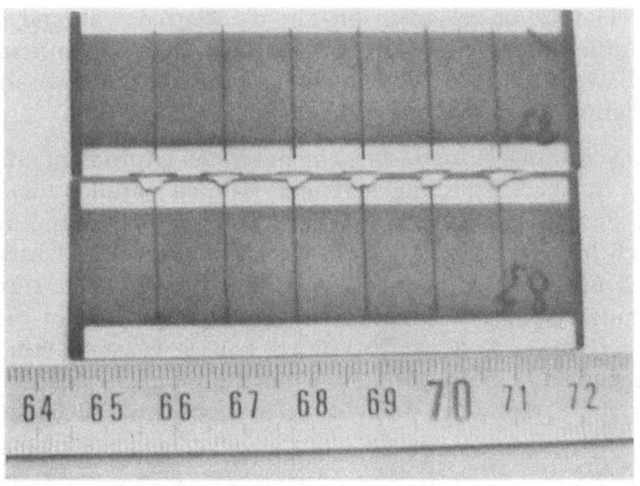

Abb. 4. Fertiges Dynodenplattenpaar

Nach unserer Erfahrung arbeiten Multiplier, deren Dynodenschichten aus den verschiedenen oben genannten Materialien hergestellt wurden, ohne Unterschied gut. Aufgrund des benützten Meß- und Steuersystems ist die Herstellung der Multiplier unproblematisch und kann praktisch routinemäßig erfolgen. Den geringsten arbeitstechnischen Aufwand hat man bei Verwendung von Germaniumschichten.

Über die Haltbarkeit der Dynodenschichten können noch keine endgültigen Angaben gemacht werden. Jedenfalls zeigte keine der Platten nach einjähriger Lagerung in Laboratmosphäre irgendwelche Veränderungen im Aussehen und in ihrer Qualität.

IV. Zur Arbeitsweise eines Zwei-Platten-Multipliers

Die fertigen Dynodenplatten werden paarweise zusammengestellt und arbeiten bei geeignet gewählten Parametern als Multiplier. In diesem Kapitel soll die Arbeitsweise eines Zwei-Platten-Multipliers näher untersucht werden. Es befaßt sich mit dem Einfluß der Schichtqualität auf die Homogenität des elektrischen Feldes in einem Multiplier, mit dem Störfaktor „Ionen" und mit der Arbeitsweise eines Multipliers in Abhängigkeit von der Stellung der Platten zueinander.

1. *Die Homogenität des elektrischen Feldes*

Bei den in der Literatur beschriebenen Multipliern werden die Dynodenplatten nach ihrer Fertigstellung mit entsprechenden Distanzstücken zusammengeklebt oder -geschraubt. Die Stellung der Platten zueinander ist jedoch sehr kritisch; wahrscheinlich ist dieses starre Zusammenkleben auch der Grund dafür, daß verschiedene Autoren eine vergleichsweise geringe Ausbeute an funktionsfähigen Exemplaren angeben. Außerdem haben Berg und Andersson[7] berichtet, daß beim Verschieben der Platten in Längsrichtung besondere Effekte auftreten.

Um die Schwierigkeiten einer starren Montage zu umgehen, und um die Funktion der Multiplier bei verschiedenen Stellungen der Platten zueinander untersuchen zu können, wurde eine spezielle Plattenhalterung entwickelt. Sie ermöglicht es, die Dynodenplatten in Längsrichtung gegeneinander zu verschieben und außerdem den Abstand kontinuierlich zu variieren, während der Multiplier in Betrieb ist. Die Bewegung der Platten erfolgt mithilfe von im Vakuum laufenden Mikromotoren. Die Platten selbst können in einer Dreipunktlagerung reproduzierbar eingebaut werden; sie werden dabei automatisch kontaktiert.

Die bereits erwähnten Kontaktstreifen machen es möglich, den Spannungsverlauf entlang der Schicht zu messen und zu beeinflussen. Eine direkte Messung an beliebigen Stellen der Schicht ist wegen des schlechten Kontakts nicht ohne Beschädigung der Schicht möglich.

Zunächst wurde untersucht, ob die Spannung entlang der Platten gleichmäßig abfällt. Hierzu wird die Spannung zwischen äquivalenten Punkten der beiden Dynodenplatten gemessen. Da der Multiplier wegen des großen Plattenwiderstands eine sehr hochohmige Spannungsquelle darstellt, wurde die Spannung nach einer Nullmethode bestimmt. Abb. 5 zeigt das Meßverfahren und im unteren Teil den typischen Verlauf von $\Delta U/U$. $\Delta U_{max}/U - \Delta U_{min}/U$ war bei allen untersuchten Plattenpaaren kleiner als 1%, bei der Mehrzahl der Plattenpaare sogar kleiner als 0,4%. Dies bedeutet, daß die Spannung entlang der Schicht so gleichmäßig auf beiden Platten abfällt, daß Punkte gleicher Spannung bis auf $\pm 0{,}8$ mm, meist sogar bis auf $\pm 0{,}35$ mm (bei 76 mm Plattenlänge) einander gegenüberstehen.

Ein Multiplier arbeitet optimal, wenn der Abstand der Dynodenplatten etwa 1 mm beträgt. Dieser kleine Abstand führt jedoch dazu, daß trotz der guten Homogenität der Schichten die Äquipotentiallinien im Multiplier nicht mehr parallel laufen. Aus den oben genannten Werten errechnet sich ein Winkel $\alpha_1 + \alpha_2$ (Abb. 5) von

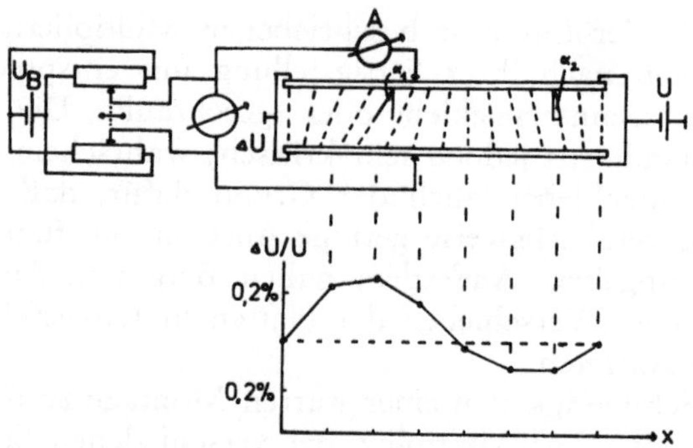

Abb. 5. Messung der Spannungsdifferenz an äquivalenten Punkten der Dynodenschicht und Längsschnitt durch einen Multiplier mit Äquipotentiallinien; darunter: typischer Verlauf der Spannungsdifferenz

etwa 50^0 bzw. 21^0 für die maximale Neigung von zwei Äquipotentiallinien gegeneinander. Durch leichtes Verschieben der Multiplierplatten in Längsrichtung kann $\alpha_1 = \alpha_2$ gemacht werden. Das führt im ungünstigsten Fall zu einer Neigung der Äquipotentiallinien von $\pm 27^0$ gegen die Plattennormale.

Es ist erstaunlich, daß solche Multiplier eine durchaus brauchbare Verstärkung liefern. Bisher hatte man meist angenommen, daß ein Multiplier nur dann einwandfrei arbeitet, wenn die Äquipotentiallinien senkrecht zu den Platten verlaufen. Da dies offenbar keine notwendige Bedingung ist, schien es wünschenswert, dieses Verhalten genauer zu untersuchen. Um die Arbeitsweise eines Multipliers in Abhängigkeit von der Neigung der Äquipotentiallinien untersuchen zu können, ist es nötig, daß alle Äquipotentiallinien gut zueinander parallel sind und sich die Neigung gegen die Platten variieren läßt. Man erreicht dies sehr gut, indem man die jeweils einander gegenüber liegenden Kontaktstreifen miteinander elektrisch leitend verbindet. Damit stehen die Äquipotentialflächen an 8 Stellen im Multiplier parallel; dazwischen dürften sie nur wenige Grad gegeneinander verkippt sein (bei stetigem Widerstandsverlauf).

2. *Die Funktion des Multipliers in Abhängigkeit von der Stellung der Platten zueinander*

In diesem Abschnitt wird die Abhängigkeit der Funktion eines Multipliers vom Plattenabstand und von der Längsverschiebung behandelt. Dieser Punkt scheint bisher noch nie genauer untersucht worden zu sein. Für detaillierte Untersuchungen dieser Art ist es wichtig, daß die Parameter Plattenabstand und Längsverschiebung kontinuierlich und in weiten Grenzen verändert werden können, während der Multiplier in Betrieb ist. Noch wichtiger ist allerdings, daß die Neigung der Äquipotentiallinien im Multiplier über die ganze Plattenlänge etwa gleich ist; denn sonst treten die bei verschiedenen Neigungen eventuell verschiedenen Vervielfachungsmechanismen gekoppelt auf und machen genaue Aussagen unmöglich. Oben wurde bereits darauf hingewiesen, daß die Qualität aufgedampfter Schichten trotz der verbesserten Aufdampftechnik diesen Anforderungen nicht genügt. Erst die zusätzlichen Kontaktstreifen ermöglichen es, die Funktion eines Multipliers bei verschiedenen Winkeln der Äquipotentialflächen gegen die Plattennormale mit genügender „Auflösung“ zu beobachten.

a) *Experimentelle Ergebnisse.* Zur Untersuchung der Funktion von Multipliern bei verschiedenen Plattenstellungen wurde die Zählrate in Abhängigkeit von der Längsverschiebung bei verschiedenen Plattenabständen gemessen. Diese Kurven können direkt mit dem Einlinienschreiber aufgenommen werden, indem während des Betriebs die Dynodenplatten in Längsrichtung gegeneinander verschoben werden und dabei die Zählrate registriert wird. Bei der Aufzeichnung wird die Ansprechschwelle der Zählapparatur so hoch gewählt, daß sich die Zählrate bei einer Änderung der Verstärkung stark ändert. Die Schreiberkurve gibt dann die Veränderung der Verstärkung wieder; das Maximum der Zählrate entspricht dem Maximum der Verstärkung.

Abb. 6 zeigt eine Schreiberkurve, wie man sie erhält, wenn die Dynodenplatten bei einem festen Abstand (hier 0,9 mm) in Längsrichtung von einer Extremstellung in die andere verschoben werden. Man sieht drei deutlich voneinander getrennte Maxima. An dieser Stelle sei bereits darauf hingewiesen, daß die scheinbar große Verstärkung in dem zentralen Maximum auf den störenden Einfluß der Ionenrückkopplung, die in Abschnitt 3 näher behandelt wird, zurückzuführen ist. Tatsächlich ist die Verstärkung eines Einzelimpulses in den beiden Nebenmaxima etwas größer als im zentralen Maximum.

Die in Abb. 6 dargestellte Kurve zeigt, daß sich bereits eine Verschiebung um wenige Hundertstel Millimeter deutlich auf die Zählrate auswirkt. Dies bedeutet, daß die „Auflösung" der Meßanordnung unter 5/100 mm liegt.

Zur genaueren Untersuchung des in den verschiedenen Bereichen vorliegenden Verstärkungsprozesses wurden der Abb. 6 entsprechende Kurven bei verschiedenen Plattenabständen aufgenommen.

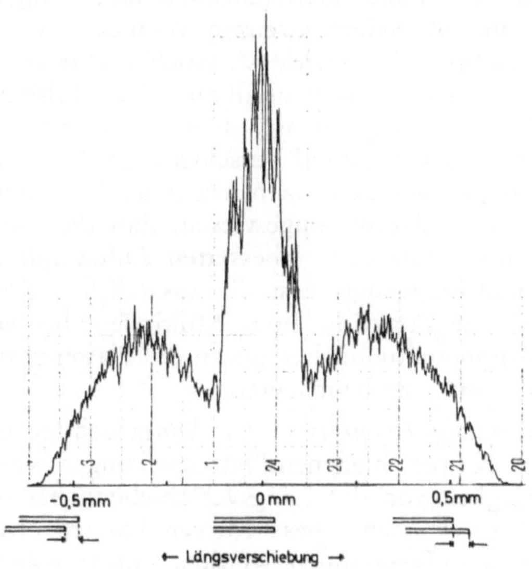

Abb. 6. Abhängigkeit der Zählrate von der Längsverschiebung bei festem Plattenabstand (0,9 mm)

Die so erhaltene Kurvenschar stimmt bei verschiedenen Multipliern gut überein; gelegentlich sind die beiden Nebenmaxima nicht gleich hoch. Abb. 7 zeigt die Abhängigkeit der Zählrate als Funktion der Längsverschiebung für fünf verschiedene Abstände der Dynodenplatten. Man sieht, daß sich sowohl das zentrale Maximum (Längsverschiebung Null) als auch die beiden Nebenmaxima (Platten gegeneinander verschoben) bei einer Veränderung des Plattenabstands in systematischer Weise verändern. Das zentrale Maximum fehlt bei großen Plattenabständen völlig; mit abnehmendem Abstand steigt es sehr rasch an, erreicht bei etwa 0,6 mm seine größte Höhe und fällt dann ähnlich rasch wieder ab. Die Nebenmaxima dagegen sind bei allen Plattenabständen noch deutlich zu sehen. Im Vergleich zum zentralen Maximum ändert sich die Höhe der Nebenmaxima verhältnismäßig wenig. Auch bei einem Plattenabstand von 5 mm sind sie noch vorhanden; mit abnehmendem Plattenabstand nimmt

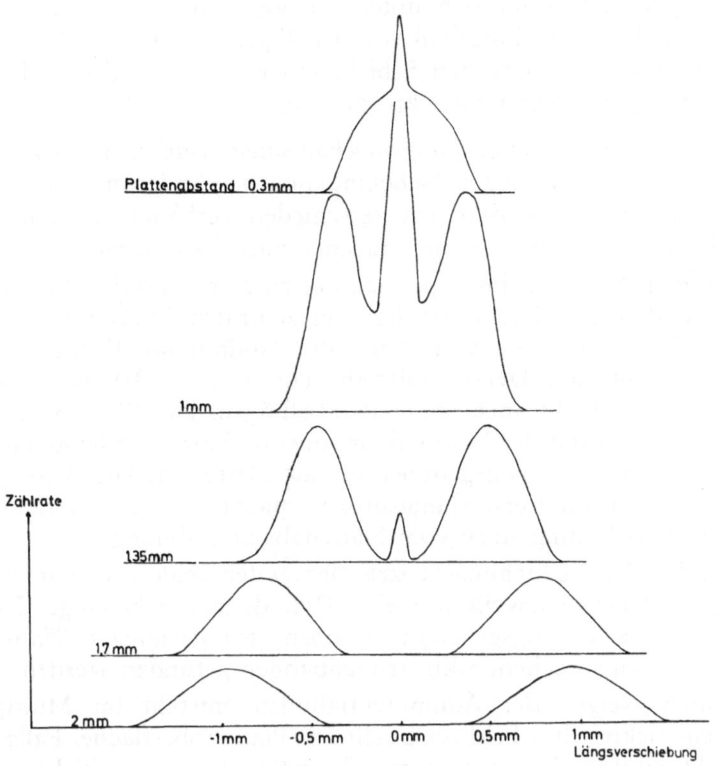

Abb. 7. Abhängigkeit der Zählrate von der Längsverschiebung für verschiedene Plattenabstände

ihre Höhe bis etwa 0,7 mm (optimaler Plattenabstand) stetig zu, dann wieder langsam ab. Besonders auffällig ist dabei, daß diese Maxima bei verschiedenen Abständen nicht bei derselben Längsverschiebung auftreten. Sie wandern vielmehr mit abnehmendem Plattenabstand zu kleineren Werten der Längsverschiebung. In der obersten Kurve haben sich die Nebenmaxima einander so weit genähert, daß wegen der Überlappung mit dem Hauptmaximum die Einsattelungen zwischen Haupt- und Nebenmaximum verschwinden.

Trägt man die bei vorgegebenem Plattenabstand zur Erreichung der maximalen Zählrate im Nebenmaximum erforderliche Längsverschiebung gegen den jeweiligen Plattenabstand auf, so erhält man eine durch den Nullpunkt gehende Gerade. Dies bedeutet, daß die Nebenmaxima bei einem bestimmten Verhältnis von Längsverschiebung zu Plattenabstand auftreten, d. h. bei einer bestimmten Neigung der Äquipotentialflächen gegen die Plattennormale. Der Neigungswinkel ergibt sich unter den gegebenen Voraussetzungen zu 26°. Er hängt im Einzelfall von den Eigenschaften der die Sekundärelektronen emittierenden Schicht sowie der Energie- und Winkelverteilung der Sekundärelektronen ab.

b) *Die beiden Verstärkungsmechanismen.* Daß sich das zentrale Maximum und die beiden Nebenmaxima bei Änderungen der Plattenparameter so grundsätzlich verschieden verhalten, ist auf zwei verschiedene Verstärkungsmechanismen zurückzuführen.

An dem Vervielfachungsprozeß, der zu dem zentralen Maximum führt, sind beide Platten beteiligt. Im zentralen Maximum hat die Längsverschiebung den Wert Null; die Äquipotentialflächen stehen senkrecht auf den Dynodenplatten. Die Lösung der Bewegungsgleichung der Elektronen ergibt Parabelbögen. Die Elektronen treffen dabei aufgrund der Normalkomponente ihrer Austrittsgeschwindigkeit auf die jeweils gegenüberliegende Platte auf. Die Beteiligung beider Platten am Verstärkungsprozeß macht es auch verständlich, daß die Verstärkung stark vom Plattenabstand abhängig ist.

An dem Vervielfachungsprozeß, der zu den beiden Nebenmaxima führt, ist dagegen jeweils nur eine Dynodenplatte beteiligt. Durch Lösen der Bewegungsgleichung können (bei geeigneter Wahl der Parameter) entsprechende Elektronenbahnen gefunden werden.

Durch Neigen der Äquipotentiallinien entsteht im Multiplier auch ein elektrisches Feld senkrecht zur Plattenoberfläche. Falls dieses Feld infolge einer entsprechend großen Längsverschiebung genügend groß ist, werden die Elektronen daran gehindert, die gegenüberliegende Platte zu erreichen. Sie treffen dann, durch das Feld in Längsrichtung beschleunigt, auf dieselbe Platte mit größerer kinetischer Energie auf und lösen dort Sekundärelektronen aus. Die Bahnen sind also hier ähnlich wie beim magnetischen Multiplier.

Dieser Vervielfachungsprozeß ist naturgemäß unabhängig vom Plattenabstand und tritt immer bei einer bestimmten Neigung der Äquipotentiallinien auf. Ebenso erklärt er, daß die diesem Verstärkungsprozeß entsprechenden Maxima der Zählrate (vgl. Abb. 7) etwa proportional mit dem Plattenabstand breiter werden; denn die für eine bestimmte Änderung der Verstärkung notwendige Änderung der Neigung der Äquipotentiallinien erfordert bei größerem Plattenabstand eine proportional größere Längsverschiebung. Die Abnahme der Verstärkung bei großem Plattenabstand ist wahrscheinlich auf die Störung des Feldes an den Plattenenden zurückzuführen.

Das experimentell ermittelte Verhalten der Multiplier stimmt im Prinzip mit rein theoretischen Überlegungen von Oba und Maeda[8] überein. Diese Autoren berechneten die Verstärkung von Multipliern bei verschiedenen Feldformen. In den Rechenansatz gehen dabei vor allem ein die Abhängigkeit der Sekundärelektronenausbeute von der Energie sowie die Energie- und Winkelverteilung der Sekundärelektronen. Die berechneten Kurven stimmen in ihrem Verlauf mit den gemessenen befriedigend überein: der Neigungswinkel der Äquipotentialflächen liegt bei 27^0, und die Verstärkung im Nebenmaximum ist größer als im Hauptmaximum. Der absolute Wert der Verstärkung liegt jedoch im Experiment um mehr als eine Größenordnung über dem errechneten theoretischen Wert.

3. Die Ionen im Multiplier

a) *Die Ionenrückkopplung.* Die durch die Multiplierspannung beschleunigten Elektronen erzeugen durch Stoßionisation der Restgasmoleküle Ionen im Multiplier. Da die Zahl der Elektronen zum Multiplierende hin lawinenartig anwächst, ist die Wahrscheinlichkeit für eine Ionisation dort am größten und die im übrigen Teil des Multipliers entstehenden Ionen können vernachlässigt werden. Mit dem Wirkungsquerschnitt für die Stoßionisation der Luft[9] kann die Zahl der erzeugten Ionen abgeschätzt werden[10]. Unter typischen Betriebsbedingungen, d. h. bei Elektronenenergien bis 100 eV, einer Verstärkung von 10^7 und einem Druck von etwa $5 \cdot 10^{-6}$ Torr werden am Ausgang rund 20 Ionen auf einem Millimeter Plattenlänge erzeugt. Während der ersten Stunden, vor allem in der Einlaufphase, werden noch zusätzlich an der Plattenoberfläche adsorbierte Moleküle ionisiert.

Diese an sich sehr geringe Ionendichte kann dennoch den Multiplikationsprozeß beeinflussen. Die positiven Ionen werden durch das im Multiplier herrschende Feld in Richtung auf den Eingang des Multipliers beschleunigt. Dieser Vorgang hat dann einen großen störenden Einfluß, wenn das Feld — wie oben beschrieben — sehr gut homogen und parallel zu den Platten verläuft; dann können die Ionen große Strecken im Multiplier zurücklegen, bis sie auf die Dynodenschicht auftreffen. Man kann abschätzen, daß hierbei die Eigenbewegung der Ionen infolge ihrer thermischen Energie zu vernachlässigen ist; die Ionen laufen praktisch parallel zum Feld. Sie treffen nach der „Ionenrücklaufstrecke“ auf die Dynodenplatten auf und lösen dabei Sekundärelektronen aus, die ihrerseits wieder eine Elektronenlawine erzeugen. Ein solcher Prozeß kann sich mehrmals wiederholen; diese „Ionenrückkopplung“ führt dazu, daß dem durch ein einfallendes Photon erzeugten Primärimpuls mehrere durch die Ionen erzeugte Nachimpulse folgen. Die Größe der Nachimpulse wächst dabei exponentiell mit der Ionenrücklaufstrecke, die Zeitdifferenz liegt zwischen 0,2 und 2 μsec.

Die verschiedenen Elektronenlawinen werden von der Zählapparatur, abhängig von der Integrationszeit und der Zeitauflösung teilweise als getrennte Impulse gezählt. Da ein Photon dann mehrmals gezählt wird, erhöht sich die Zählrate u. U. beträchtlich. In diesem Fall sind keine Rückschlüsse von der Zählrate auf den statistischen Fehler einer Messung mehr möglich. Bei Ionenrückkopplung ist außerdem der Nulleffekt etwa um einen Faktor 5 erhöht. Am meisten stört jedoch, daß die Zahl der Ionen stark vom Druck abhängt; auch bei konstantem Druck nimmt die Zahl der Ionen während der ersten Stunden durch Desorption der an der Plattenoberfläche adsorbierten Moleküle ständig ab.

b) *Verhinderung der Ionenrückkopplung.* Es liegt nahe, die Zahl der erzeugten Ionen und damit das Ausmaß der Störungen durch eine Verbesserung des Vakuums zu verringern. Da der Druck im Spektrographen (üblicherweise etwa 10^{-6} Torr) vorgegeben ist, ist diese Methode für den praktischen Einsatz nicht brauchbar. Deshalb muß versucht werden, lediglich die durch die Ionen hervorgerufenen Störungen zu beseitigen. Das geschieht am einfachsten dadurch, daß man die Größe der Nachimpulse durch Verkürzen der Ionenrücklaufstrecke unter die Ansprechschwelle der Zählapparatur bringt.

Die Ionenrücklaufstrecke könnte, ähnlich wie bei den funktionsverwandten Channeltrons, durch eine Krümmung der Dynodenplatten verringert werden. Die Herstellung und Bedampfung gekrümmter Platten ist jedoch mit großen Schwierigkeiten verbunden. Wesentlich einfacher ist es, durch Verschieben der Platten in Längsrichtung eine Komponente des elektrischen Feldes senkrecht zur Dynodenschicht zu erzeugen. Die Abb. 8 a und b zeigen Oszillographenbilder von Impulsen bei zwei verschiedenen Plattenstellungen. Die Plattenstellung ist dabei jeweils so, daß man das Hauptmaximum (Abb. 8 a) bzw. ein Nebenmaximum (Abb. 8 b) der Kurve in Abb. 6 erhält.

Im Hauptmaximum, d. h. bei der Längsverschiebung Null, verläuft das elektrische Feld im Multiplier parallel zu den Platten. Die Ionenrückkopplung ist wegen der langen Ionenrücklaufstrecke sehr groß; es treten viele Nachimpulse auf. Abb. 8a zeigt die durch zwei

Photonen ausgelösten beiden Impulsketten. Der Primärimpuls löst dabei den Trigger des Oszillographen aus. Wie oben beschrieben, treten infolge der Ionenrückkopplung zahlreiche Nachimpulse auf, wobei zu einem Nachimpuls durchaus mehrere Ionen beitragen

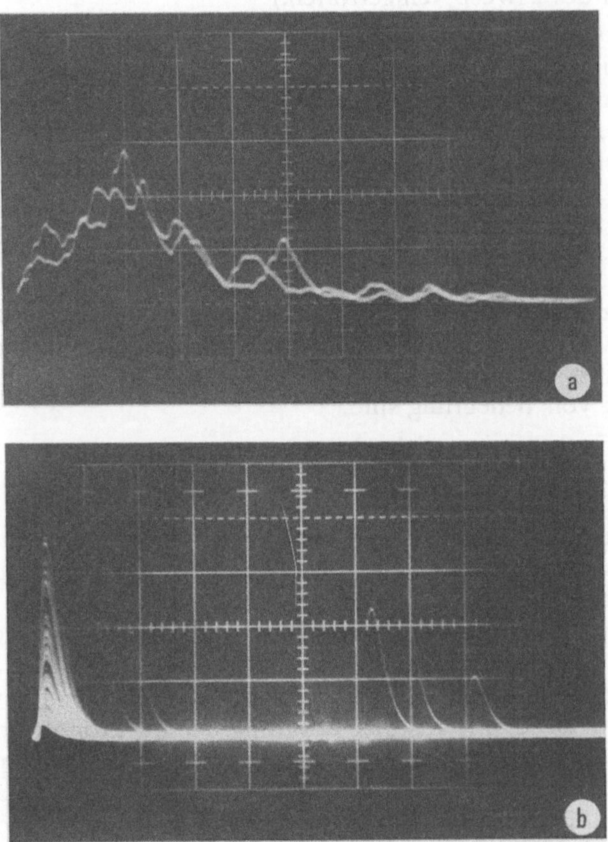

Abb. 8. a) Zwei bei der Längsverschiebung Null aufgenommene Impulsketten (0,1 μsec Integrationszeit, 1 μsec/cm Zeitablenkung)

b) Oszillographenbild von ca. 1000 Impulsen bei der einem Nebenmaximum entsprechenden Längsverschiebung; sonst gleiche Einstellung der Apparatur wie bei a)

können. Da diese Ionen geringfügig verschiedene Rücklaufstrecken zurücklegen (und damit verschiedene Rücklaufzeiten benötigen), zeigt der Nachimpuls eine treppenförmige Anstiegsflanke. Die zahlreichen Nachimpulse führen zu der großen Zählrate im Hauptmaximum. Ganz anders sind die Verhältnisse im Nebenmaximum. Die

Äquipotentiallinien sind infolge der Längsverschiebung geneigt und die Ionenrückkopplung ist völlig unterdrückt. In Abb. 8b sind bei derselben Einstellung wie in Abb. 8a etwa 1000 Impulse photographiert. Dennoch sind nur die Primärimpulse und keinerlei Nachimpulse zu sehen. (Ein paar Impulse sind aufgrund der Statistik während des „sweep" eingetroffen.)

Die besondere Bedeutung für den praktischen Einsatz liegt darin, daß in einem Nebenmaximum die Verstärkung besser als im Hauptmaximum und gleichzeitig die Ionenrückkopplung völlig beseitigt ist. Die einem Nebenmaximum entsprechende Plattenstellung ist für den Betrieb eines Multipliers optimal.

V. Spezielle Eigenschaften des Zwei-Platten-Multipliers

Während bisher mehr die prinzipielle Arbeitsweise des Zwei-Platten-Multipliers untersucht wurde, sollen im folgenden noch einige Eigenschaften besprochen werden, die für die praktische Anwendung von Bedeutung sind.

1. *Die Impulshöhenverteilung*

Untersucht man die Ausgangsimpulse eines Zwei-Platten-Multipliers, so ergibt sich eine relative Häufigkeit der Impulsgrößen, die exponentiell mit der Impulsgröße abfällt (vgl. Abb. 8b). Dabei ist die Form dieser Impulshöhenverteilung nur in ganz geringem Maß von der Energie der auf die Photokathode einfallenden Strahlung abhängig. Der Multiplier unterscheidet sich damit in zweifacher Hinsicht vom Zählrohr. Das Zählrohr hat im Proportionalbereich eine Impulshöhenverteilung mit einem schmalen Peak. Zum anderen ist beim Zählrohr die Impulsgröße der Energie proportional, so daß mit dem Zählrohr eine grobe Energiediskriminierung möglich ist. Im Bereich der ultraweichen Röntgenstrahlung ist in der Regel jedoch auch hier ein energiedispersives System nötig.

Auch beim Zwei-Platten-Multiplier ist es möglich, wie bei den funktionsverwandten Channeltrons, unter Ausnutzung spezieller Sättigungseffekte eine Impulshöhenverteilung mit einem Peak zu erhalten, dessen Lage aber nicht von der Energie abhängt. Da die Registrierung exponentiell abfallender Impulshöhenverteilungen keine Schwierigkeiten bereitet und andererseits der Betrieb im Bereich der Sättigung gewisse Nachteile mit sich bringt (höherer Nulleffekt wegen höherer Betriebsspannung), ist es zweckmäßig, die Multiplier außerhalb der Sättigung zu betreiben.

2. *Die Verstärkung*

Die Verstärkung eines Multipliers ist als die Zahl der Elektronen, die pro Photon auf den Auffänger treffen, definiert. Experimentell findet man, daß die Verstärkung zunächst exponentiell mit der Betriebsspannung anwächst und bei großen Spannungen einem Sättigungswert zustrebt. Aus verschiedenen Gründen erweist sich eine Spannung von 2,1 kV als optimal. Die Verstärkung liegt dann in der Größenordnung von 10^7. Dabei ist die Verstärkung bis zu einer Zählrate von 10^6 Imp/sec unabhängig von der Zählrate. Die vom Multiplier vorgegebene minimale Impulsdauer, das ist praktisch die Elektronensammelzeit, liegt bei 30 psec; eine darüber hinausgehende Totzeit konnte nicht gefunden werden.

3. *Der Nulleffekt*

Bei der Betriebsspannung von 2,1 kV liegt der Nulleffekt bei in Längsrichtung gegeneinander verschobenen Dynodenplatten bei 10^{-2} Imp/sec. Sind die Platten nicht gegeneinander verschoben, so ist der Nulleffekt um ein Vielfaches höher und steigt mit zunehmender Spannung sehr rasch an.

In diesem Zusammenhang wurde ein Experiment von Seko[11] wiederholt. Danach sollte eine Abschirmkappe mit geringer negativer Vorspannung vagabundierende Ionen am Eindringen in den Multiplier hindern und so eine Verringerung des Nulleffektes um zwei Zehnerpotenzen bringen. Es zeigte sich jedoch, daß eine solche Kappe den Nulleffekt eher erhöht. Offensichtlich ist in unserem Fall der Einfluß vagabundierender Ionen vernachlässigbar, und der Nulleffekt wird vor allem durch Ereignisse innerhalb des Multipliers hervorgerufen.

4. *Die Abhängigkeit der Zählrate vom Einfallswinkel der Strahlung*

Von besonderer Bedeutung für den praktischen Einsatz ist die Abhängigkeit der Zählrate vom Einfallswinkel der Strahlung auf die Photokathode. Man findet experimentell, daß sich bei Variation des Auftreffwinkels der Strahlung unter sonst gleichen Bedingungen die Zählrate in charakteristischer Weise ändert. Ausgehend von kleinen Einfallswinkeln steigt die Zählrate zunächst allmählich an und erreicht mit größer werdenden Winkeln ein Maximum. Die Intensität im Maximum ist dabei drei- bis viermal so groß wie bei senkrechtem Einfall. Bei streifendem Einfall auf die Photokathode geht die Intensität rasch gegen Null (Totalreflexion).

Mit zunehmender Wellenlänge verschiebt sich das Maximum nach größeren Winkeln. Dies hängt mit der Winkelabhängigkeit der Photoelektronenausbeute zusammen. Die maximale Photoelektronenausbeute ist etwa beim Grenzwinkel der Totalreflexion zu erwarten[12].

Für die praktische Anwendung ist es daher zweckmäßig, den Multiplier drehbar vor dem Austrittsspalt zu befestigen. Entsprechend dem verwendeten Wellenlängenbereich kann dann der Winkel für die maximale Photoelektronenausbeute aufgesucht und so die Empfindlichkeit des Multipliers gesteigert werden.

Die Existenz eines ausgeprägten Maximums bietet auch die Möglichkeit eine eventuell störende Untergrundstrahlung teilweise zu unterdrücken und damit die Statistik wesentlich zu verbessern.

5. *Vergleich der selbstgebauten Zwei-Platten-Multiplier mit kommerziellen Multipliern*

Im Rahmen der Untersuchungen wurden auch Vergleichsmessungen mit kommerziellen Multipliern durchgeführt, einem Channeltron vom Typ Bendix CEM 4028 mit einem 8 mm großen Trichter und einem magnetischen Multiplier vom Typ Bendix M 306. Diese Multiplier wurden entsprechend der Betriebsanweisung angeschlossen und in eine optimale Stellung einjustiert. Ohne daß auf Details eingegangen wird, sei festgestellt, daß die selbstgebauten Zwei-Platten-Multiplier bei Verwendung in einem Gitterspektrometer besser zur Registrierung der ultraweichen Röntgenstrahlung geeignet waren als die kommerziellen Multiplier.

Zusammenfassung

Zur Registrierung ultraweicher Röntgenstrahlen ($\lambda > 20$ Å) wurde ein Zwei-Platten-Multiplier mit kontinuierlichen Dynoden entwickelt.

Für die das elektrische Feld erzeugende Widerstandsschicht der Dynodenplatten können Kohlenstoff, Silicium und Germanium in gleicher Weise verwendet werden. Die Sekundärelektronen emittierende Schicht besteht aus Aluminiumoxid, die Photokathode aus Gold.

Mit Hilfe zusätzlich aufgedampfter Metallbahnen, die quer zur Feldrichtung verlaufen, konnte eine sehr gute Parallelität der Äquipotentialflächen im Multiplier erreicht werden. Dadurch war eine detaillierte Untersuchung von zwei verschiedenen Verstärkungsprozessen möglich, die auftreten, wenn beide Dynodenplatten einander genau gegenüberstehen bzw. in Längsrichtung gegeneinander verschoben sind. Im letzteren Fall läßt sich eine Stellung angeben, bei der man eine gute Verstärkung hat und gleichzeitig die störenden Einflüsse der Ionen im Multiplier völlig unterdrückt.

Durch Verwendung spezieller Meßverfahren während des Herstellungsprozesses konnten die wesentlichen Parameter getrennt optimiert werden; dadurch wurde eine hohe Ausbeute an funktionsfähigen Exemplaren erhalten.

Summary

A Parallel-Plate Multiplier for the Wavelength Region of Ultra-Soft X-Rays

A parallel-plate multiplier has been developed as a detector for ultra-soft X-rays ($\lambda > 20$ Å). The electric field in the multiplier is generated by a high resistance evaporated film for which carbon, silicon or germanium can be used. The resistance layer is covered with a thin film of aluminium oxide which yields the secondary electrons. An evaporated film of gold serves as the photocathode.

The homogeneity of the equipotential surfaces was greatly improved if a series of narrow transverse strips of metal was evaporated first onto the glass support. In this case it was possible to study in detail the two mechanisms of amplification which occur when the dynode plates are either exactly opposite each other, or shifted in a longitudinal direction. In the latter case a position can be found which both yields high gain and also completely suppresses the disturbing influence of ions.

It was possible to optimise the parameters of the multiplier independently and get a high yield of efficient devices by both monitoring the film during evaporation and also adjusting each device during initial operation.

Literatur

[1] K. Feser, Rev. Sci. Instr. **42,** 888 (1971).

[2] H. P. Wellmann, Dipl. Arbeit Univ. München, 1972.

[3] C. A. Spindt und K. R. Shoulders, Rev. Sci. Instr. **36,** 775 (1965).

[4] M. Kanayama, T. Konno und S. Kiyono, Rev. Sci. Instr. **40,** 129 (1969).

[5] Ö. Nilson, L. Hasselgren, K. Siegbahn, S. Berg, L. P. Andersson und P. A. Tove, Nucl. Instr. Meth. **84,** 301 (1970).

[6] V. I. Gorgoraki und A. V. Gerasimova, Opt. Spectr. **23,** 873 (1971).

[7] S. Berg und L. P. Andersson, Nucl. Instr. Meth. **114,** 245 (1974).

[8] K. Oba und H. Maeda, Adv. in Electr. Physics **33 A,** 183 (1972)

[9] A. Meek und P. Craggs, Electrical Breakdown of Gases, Oxford: Clarendon. 1953. S. 13.

[10] J. Adams und B. W. Manley, IEEE Transactions on Nuclear Science 13, 88 (1966).

[11] A. Seko, Jap. J. Appl. Phys. **12,** 647 (1973).

[12] B. L. Henke, Phys. Rev. *A* **6,** 94 (1972).

Korrespondenz und Sonderdrucke: Dr. Gerhard Wiech, wissenschaftl. Rat und Professor, Sektion Physik der Universität München, Geschwister-Scholl-Platz 1, D-8000 München 40, Bundesrepublik Deutschland.

Mikrochimica Acta [Wien], Suppl. 7, 345—355

MIKROCHIMICA
ACTA

Institut für analytische Chemie der Universität Wien

Untersuchungen über die Verwendung von Beryllium-Aufdampfschichten in der ESMA*

Von

Hans Malissa, jun.

Mit 6 Abbildungen

(Eingegangen am 27. Oktober 1976)

1. Einleitung

Bei der Elektronenstrahl-Mikroanalyse elektrisch nichtleitender Proben ist die Aufbringung eines dünnen, elektrisch leitfähigen Films erforderlich, um die elektrische Aufladung zu vermeiden. Üblicherweise wird dazu eine Kohlenstoff- oder Metallschicht (Al, Cu, Au, Au-Pd) im Vakuum aufgedampft oder durch Kathodenzerstäubung aufgebracht. Eine solche Oberflächenschicht führt zu einer Verringerung der gemessenen Intensität einer charakteristischen Röntgenlinie des Trägers gegenüber der des nicht bedampften Trägers: einerseits wird auf die Primärelektronen eine Abbremskraft ausgeübt, d. h. die effektive Anregungsenergie ist geringer als die des Elektronenstrahls. Andererseits wird die austretende Röntgenstrahlung in der Oberflächenschicht absorbiert. Dadurch ergibt sich bei der quantitativen ESMA eine mögliche Fehlerquelle durch unterschiedlich dicke Bedampfungsschichten auf Probe und Standard. Bei speziellen Problemen, z. B. Messung niederenergetischer Röntgenlinien (Analyse leichter Elemente, quantitative Auswertung von Valenzbandspektren[1]), oder bei der Arbeit mit niedrigen Anregungsenergien zur Verringerung der Absorptionskorrektur, kann dieser Einfluß der Schichtdicke bedeutend werden.

---

* Vortrag anläßlich des 8. Kolloquiums über metallkundliche Analyse mit besonderer Berücksichtigung der Elektronen- und Ionenstrahl-Mikroanalyse, Wien, 27. bis 29. Oktober 1976.

Desborough und Mitarb.[2,3] haben zur Analyse der Elemente Mg, Al, Si und S in Mineralien ein niedriges Anregungspotential von 6 kV vorgeschlagen. Reed[4] hat berechnet, daß in diesem Falle unter der Voraussetzung eines üblicherweise 20 nm dicken Kohlenstoffilms die Schichtdicke nur um $\pm 1{,}4$ nm variieren darf, um eine Genauigkeit der Intensitätsmessung von $\pm 0{,}5\%$ zu erhalten. Dies ist in der Praxis fast nicht zu erreichen.

Bei Verwendung von Tantal als Verdampfungsquelle läßt sich Beryllium in einem Vakuum von 10^{-4} bis 10^{-5} Torr auf polierte Oberflächen fester Stoffe aufdampfen. Dies wurde bereits wiederholt zur Probenvorbereitung angewandt. Dabei wurde zwar über gute Erfolge berichtet, die Technik aber noch nicht systematisch untersucht. In der vorliegenden Arbeit wird über die Verwendbarkeit von Be-Aufdampfschichten zur quantitativen ESMA elektrisch nichtleitender Proben und einen Vergleich mit der meist verwendeten Kohlenstoffbedampfung berichtet.

2. Die Abhängigkeit der relativen Intensitätsabnahme von der Schichtdicke

In der Tabelle 1 sind einige für die Verwendung als Aufdampfmaterial wichtige physikalische Eigenschaften von Beryllium und Kohlenstoff einander gegenübergestellt. Die elektrische Leitfähigkeit von Beryllium ist extrem gut und liegt in derselben Größenordnung

Tabelle 1. Zur Verwendung als Aufdampfmaterial wichtige Eigenschaften des Be und C

	Be	C
Spez. Widerstand [$\Omega \cdot$cm]	$6{,}6 \cdot 10^{-6}$	$8 \cdot 10^{2}$
Dichte [g/cm^3]		
kompakt	1,85	2,25
aufgedampft	1,6	1,3
Wärmeleitzahl [cal/cm·s·grad]	0,38	0,42

wie die von Kupfer. Die Dichte eines aufgedampften C-Films (1,3 g/cm^3) ist weit geringer als die des kompakten Materials und auch geringer als die des aufgedampften Be-Films. Für den spezifischen Widerstand, die Dichte und die Wärmeleitfähigkeit sind in Tabelle 1 die Werte des kompakten, synthetischen Graphits eingesetzt. Sie variieren mit den verschiedenen Formen des Graphits (natürlich, synthetisch, Pyrokohlenstoff, Aktivkohle) beträchtlich.

Die Wärmeleitzahl ist außerdem stark von der Temperatur und der Orientierung des Gitters abhängig.

Tabelle 2 gibt einen Vergleich der Massenabsorptionskoeffizienten von Beryllium und Kohlenstoff für verschiedene Emitter (Daten nach Birks[5]). Dabei sind die Werte im Bereich langwelliger Strahlung und leichter Elemente als Absorber nur als Richtwerte verwendbar. Für die O-Kα-Strahlung in C weichen die Daten einzelner Autoren teilweise um 10% ab. Da die B-Kα- und die C-Kα-Linie zwischen den K-Absorptionskanten von Be und C liegen, sind deren Massenabsorptionskoeffizienten in Kohlenstoff wesentlich geringer. Von der N-Kα-Linie an zu höheren Energien sind jedoch die in Beryllium geringer.

Tabelle 2. Massenabsorptionskoeffizienten (nach Birks[5])

Emitter	λ [Å]	Be	C
B	67,6	70 000	6 760
C	44,7	23 500	2 370
N	31,5	8 820	23 400
O	23,6	3 970	11 800
F	18,3	1 910	6 230
Si	7,12	118	456
Fe	1,93	2,5	8,8

Die Abnahme an Röntgenintensität eines Substrats durch einen Oberflächenfilm der Flächendichte ϱz aufgrund des Verlustes an Anregungsenergie der Primärelektronen kann nach einer Gleichung von Reed[6] berechnet werden. Sweatman und Long[7] haben diese Gleichung erweitert, um den Einfluß der Absorption der Röntgenstrahlung beim Durchtritt durch die Oberflächenschicht zu berücksichtigen. Beide Effekte zusammen ergeben die relative Intensitätsabnahme gegenüber dem nicht bedampften oder mit einer unendlich dünnen Schicht bedampften Träger. Die genaue Form der Gleichung zur Berechnung der relativen Intensitätsabnahme ΔI [%] wurde von Kerrick und Mitarb.[8] abgeleitet:

$$\Delta I = \frac{8{,}3 \cdot 10^4 \cdot \varrho \cdot z}{V_0^2 - V_c^2}\, e^{-(\mu/\varrho)\cdot \varrho \cdot z \cdot 10^{-3} \cdot \csc \Theta} + 100 - 100 \cdot e^{-(\mu/\varrho)\cdot \varrho \cdot z \cdot 10^{-3} \cdot \csc \Theta} \quad (1)$$

Dabei sind:

$\Delta I = \frac{I_0 - I}{I_0} 100$ relative Intensitätsabnahme [%],

I gemessene Intensität mit der Oberflächenschicht,

I_0 gemessene Intensität ohne (mit unendlich dünner) Oberflächenschicht,

$\varrho \cdot z$ Flächendichte [mg/cm^2],

V_c kritisches Anregungspotential der gemessenen Linie [kV],

V_0 Beschleunigungspotential [kV],

$\left(\frac{\mu}{\varrho}\right)$ Massenabsorptionskoeffizient des Aufdampfmaterials für die gemessene Röntgenstrahlung [cm^2/g].

Θ Abnahmewinkel (52,5^0).

Diese Autoren[8] haben den relativen Intensitätsverlust der Kα-Linien von F, Na, Si und Fe sowie der Lα-Linie von Sr durch eine Kohlenstoff-Aufdampfschicht berechnet und dabei gute Übereinstimmung mit den durch Messung ermittelten Daten gefunden.

3. Versuchsdurchführung

Für jeden Aufdampfvorgang wurde ein Probenhalter mit den Substratmaterialien präpariert und jeweils mit drei polierten Mikroskopobjektträgern gemeinsam bedampft. Um möglichst gleichmäßige Schichtdicken zu erhalten, wurden die Präparate während des Bedampfungsvorganges gedreht. Die Bestimmung der Flächendichte erfolgte durch Wägung der drei Objektträger auf einer 10^{-6} g noch auflösenden Mikroanalysenwaage.

Die Dichte des aufgedampften Berylliumfilms wurde nach der Schwebemethode in einem Gemisch aus Clerici-Lösung und Wasser ermittelt. Dabei ergab sich ein Wert von 1,6 g/cm^3, also etwas geringer als die Dichte des kompakten Berylliums. Der Vertrauensbereich der Schichtdickenbestimmung nach der Wägemethode kann mit ± 10 nm geschätzt werden.

Die Durchführung der Messungen erfolgte mit einer ARL-SEMQ Mikrosonde. Die relativen Intensitätsabnahmen für die C-Kα- und die O-Kα-Strahlung wurden bei Anregungspotentialen von 15, 10 und 5 kV gemessen, die der übrigen Röntgenlinien bei 15 und 10 kV. Als Trägermaterialien dienten für C-Kα Spektralkohle (Fa. Lorraine), für O-Kα und Si-Kα Quarzglas und für Cu-Kα und Cu-Lα Kupfermetall.

4. Resultate und Diskussion

In den in den Abb. 1 bis 5 wiedergegebenen Diagrammen ist jeweils der nach Gl. 1 berechnete Verlauf der relativen Intensitätsabnahme ΔI mit zunehmender Schichtdicke z angegeben. Die Schichtdicken liegen im Bereich von 0 bis 200 nm. Die Berechnungen sind jeweils für Kohlenstoff und Beryllium als Oberflächenfilm durchgeführt. Kohlenstoff wurde deshalb als Vergleich gewählt, weil er in der ESMA das gebräuchlichste Bedampfungsmaterial ist, in der Ordnungszahl am nächsten liegt und außerdem in der Literatur (Kerrick und Mitarb.[8]) für eine Reihe von Elementen die gute Übereinstimmung von berechneten und gemessenen Werten bereits verifiziert wurde.

In dem speziellen Fall der Kohlenstoff-Kα-Emission (Abb. 1) ist der Vergleich zwischen Be- und C-Aufdampfschichten allerdings nur theoretisch zulässig. Abb. 1 zeigt, daß sich bei der Berechnung

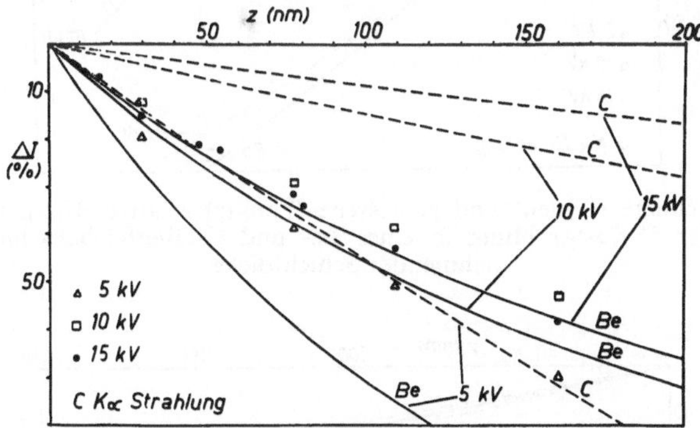

Abb. 1. Berechnete (Linien) und gemessene (Punkte) relative Röntgenintensitätsabnahmen der C-Kα-Strahlung in einer Be- und C-Oberflächenschicht mit zunehmender Schichtdicke

nach Gl. (1) für eine Beryllium-Aufdampfschicht unter gleichen Bedingungen wesentlich größere Intensitätsverluste ergeben als für Kohlenstoff. Dies ist auf den größeren Massenabsorptionskoeffizienten der C-Kα-Strahlung in Beryllium sowie auf die größere Dichte des Berylliumfilms zurückzuführen. Die hohe Röntgenabsorption kommt auch in der stärkeren Krümmung der Kurven zum Ausdruck. Die experimentell gefundenen ΔI-Werte zeigen bei 15 kV gute Übereinstimmung mit der Kurve, sind aber bei 10 und 5 kV signifikant geringer als die entsprechenden berechneten Kurven.

Für die Sauerstoff-Kα-Linie (Abb. 2) ist der Massenabsorptionskoeffizient in Beryllium etwa um den Faktor 3 geringer als in Kohlenstoff. Dieser Effekt wird zumindest bei 15 und 10 kV auch durch die höhere Dichte nicht ausgeglichen. Auch hier ergeben sich nach den Messungen geringere Intensitätsabnahmen als nach den Berechnungen, und zwar werden die Abweichungen mit abnehmender Beschleunigungsspannung größer.

Bei der Sauerstoffmessung ist zu beachten, daß das Beryllium während des Aufdampfvorganges teilweise oxydiert wird. Die erhaltenen Intenstiätswerte müssen um diesen Betrag korrigiert werden. Die 160 nm Berylliumschicht auf Kohlenstoffträger ergab bei 5 kV

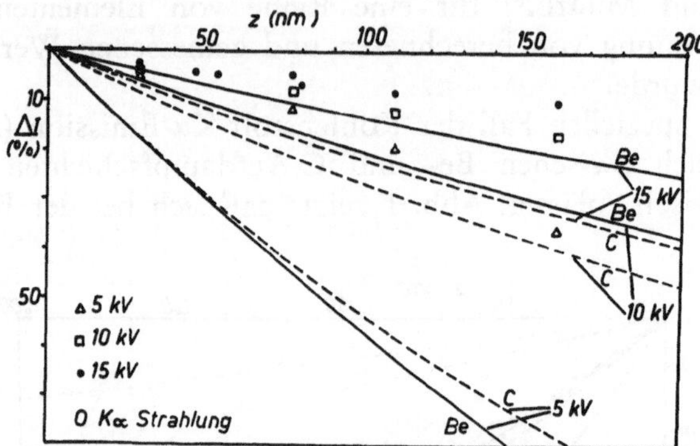

Abb. 2. Berechnete (Linien) und gemessene (Punkte) relative Röntgenintensitätsabnahmen der O-Kα-Strahlung in einer Be- und C-Oberflächenschicht mit zunehmender Schichtdicke

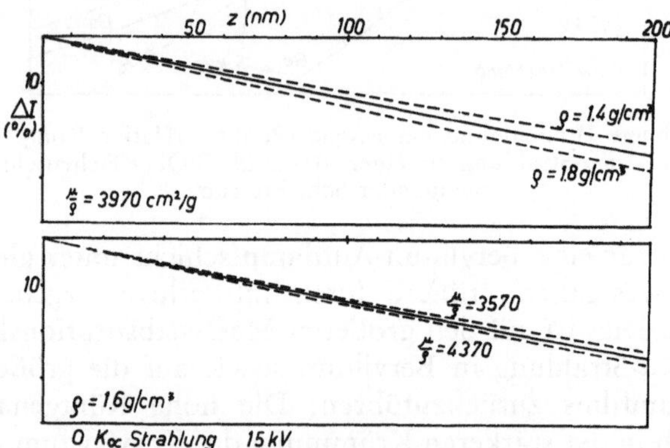

Abb. 3. Einfluß eines Fehlers der Dichtebestimmung des aufgedampften Berylliumfilms und des $\left(\frac{\mu}{\varrho}\right)^{\mathrm{Be}}_{\mathrm{O}}$ auf die nach Gl. (1) berechneten relativen Röntgenintensitätsabnahmen der O-Kα-Strahlung

eine Sauerstoffintensität, die 29% der auf Quarzglas mit der gleichen Schicht erhaltenen betrug. Der dadurch verursachte Fehler wird aber mit abnehmendem z und zunehmendem V_0 rasch geringer. Bei 29 nm und 10 kV beträgt die in der Aufdampfschicht zusätzlich erzeugte Intensität bereits weniger als 1% der Gesamtintensität.

Man kann den Einfluß der Unsicherheit in den Massenabsorptionskoeffizienten, der bei der Absorption einer langwelligen Strahlung in einem Element niedriger Ordnungszahl besonders groß ist, sowie der Unsicherheit in der Dichtebestimmung berechnen. Für die O-Kα-Emission bei 15 kV wird der in Abb. 3 gezeigte Verlauf erhalten. Dabei sind die Abweichungen für ϱ etwa 20%, für $\left(\frac{\mu}{\varrho}\right)_{\mathrm{O}}^{\mathrm{Be}}$ etwa 10%. Diese beiden Parameter sind offensichtlich für die Abweichungen der gemessenen Werte von den berechneten nicht verantwortlich. Hinzu kommt noch, daß die Abweichung umso größer

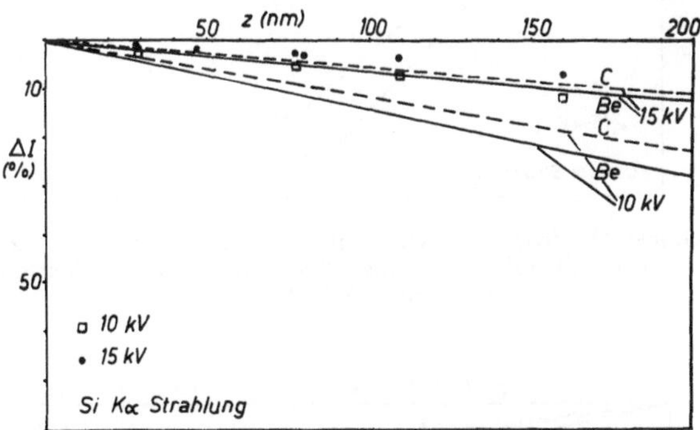

Abb. 4. Berechnete (Linien) und gemessene (Punkte) relative Röntgenintensitätsabnahmen der Si-Kα-Strahlung in einer Be- und C-Oberflächenschicht mit zunehmender Schichtdicke

wird, je größer der Einfluß der Elektronenabbremsung gegenüber der Absorption der Röntgenstrahlung wird. Dies deutet darauf hin, daß das von Reed[6] erstellte Modell für die Elektronenabbremsung bei den Extremfällen geringer Überspannung oder einer niedrigen mittleren Ordnungszahl der Oberflächenschicht nicht mehr gilt.

Für die Si-Kα-Strahlung (Abb. 4) zeigt sich ein ähnliches Bild: die Berechnung ergibt für eine Beryllium-Beschichtung etwas größere Intensitätsverluste als für eine Kohlenstoff-Oberflächenschicht. Die Meßdaten zeigen auch hier das umgekehrte Verhalten.

Bei der Cu-Kα-Strahlung (Abb. 5) wird die relative Intensitätsabnahme praktisch ausschließlich durch die Absorption von Elektronenenergie in der Berylliumschicht bewirkt. Der Unterschied der berechneten Kurven von Be und C beruht nur auf der unterschiedlichen Dichte. Bei 10 kV ist das kritische Anregungspotential von 8,98 kV schon so nahe an der angelegten Beschleunigungsspannung, daß der Einfluß der Elektronenabsorption in der Aufdampfschicht sehr stark in Erscheinung tritt. Auch hier zeigt sich die starke Abweichung nach geringeren Werten.

Die Cu-Lα-Strahlung (Abb. 6) hat aufgrund des beträchtlich höheren Massenabsorptionskoeffizienten in Kohlenstoff schon einen

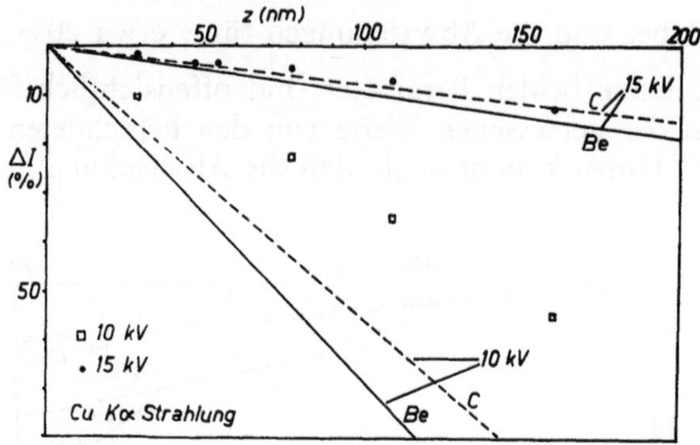

Abb. 5. Berechnete (Linien) und gemessene (Punkte) relative Röntgenintensitätsabnahmen der Cu-Kα-Strahlung in einer Be- und C-Oberflächenschicht mit zunehmender Schichtdicke

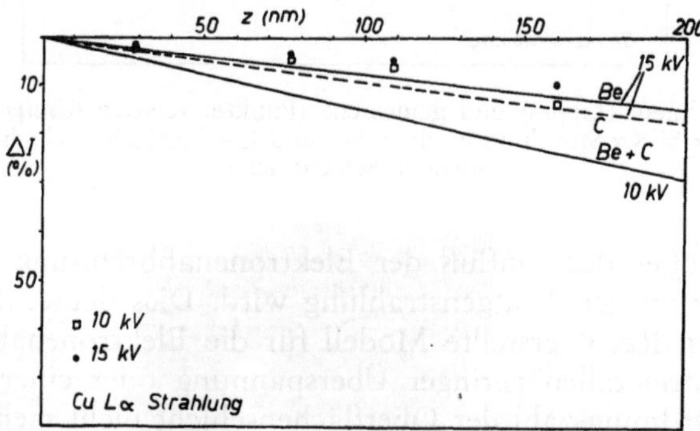

Abb. 6. Berechnete (Linien) und gemessene (Punkte) relative Röntgenintensitätsabnahmen der Cu-Lα-Strahlung in einer Be- und C-Oberflächenschicht mit zunehmender Schichtdicke

geringeren berechneten relativen Intensitätsverlust in der Berylliumbeschichtung. Die gemessenen Werte sind auch hier geringer als die berechneten.

Eine Gegenüberstellung der relativen Intensitätsabnahmen ΔI pro 10 nm Schichtdickenunterschied in dem Bereich, in dem sich die Dicken von Aufdampfschichten normalerweise befinden, also von 10 bis maximal 50 nm Schichtdicke, zeigt Tabelle 3. Die für

Beryllium gemessenen Werte sind denen von Kohlenstoff gegenübergestellt: im Wellenlängenbereich von Si-Kα, Cu-Kα und Cu-Lα ergeben sich für 15 kV kaum Unterschiede. Eine Messung von Cu-Lα bei 10 kV wird in der Praxis nicht durchgeführt, da die Überspannung viel zu gering ist. Die Messung von Si-Kα und Cu-Lα sowie benachbarter Elemente wird jedoch durchgeführt, besonders wenn es darum geht, die Absorptionskorrektur möglichst gering zu halten.

Tabelle 3. ΔI für 10 nm Schichtdickenunterschied im Bereich von 10 bis 50 nm

	15 kV		10 kV		5 kV	
	Be	C	Be	C	Be	C
C–Kα	4,5	1,0	3,8	1,4	5,3	4,7
O–Kα	1,0	2,2	1,1	2,8	1,7	6,0
Si–Kα	0,4	0,5	0,7	1,1		
Cu–Kα	0,8	0,8	3,4	5,4		
Cu–Lα	0,5	0,9	0,7	1,5		

Im Bereich der Elemente Stickstoff bis Fluor, repräsentiert durch die Messungen der Sauerstofflinie, zeigen sich besonders für die dabei oft verwendeten 10 oder 5 kV Anregungspotential Vorteile für die Beryllium-Aufdampfschicht. Für die Kohlenstoff- und Bormessung ist die Berylliumbedampfung von Nachteil. Aber in den Fällen, in denen die Kohlenstoffmessung in einer elektrisch nichtleitenden Probe notwendig ist (besonders in geologischen Proben) bietet sich die Berylliumbedampfung immer noch als bester möglicher Ausweg an.

Zu diesen Ergebnissen aufgrund der Absorption von Elektronenenergie und von Röntgenstrahlung kommt noch hinzu, daß man bei einem Kohlenstoffilm von weniger als 20 nm bereits mit Leitfähigkeitsproblemen zu rechnen hat, während für Metallschichten schon 5 bis 10 nm Schichtdicke genügend sind[9].

5. Toxische Wirkung

Beryllium ist als Element und in seinen einfachen Verbindungen, als Staub und in Aerosolform giftig. Eine Zusammenfassung der biochemischen und toxischen Wirkung des Berylliums sowie auch der erlaubten Höchstmengen in der Fabriks- oder Laborluft wird von Schubert[10] gegeben. Die Gefährdung hält sich aber in Grenzen, da bei jedem Verdampfungsvorgang nur Milligrammengen eingesetzt werden, wobei sich fast alles im Rezipienten niederschlägt. Als Vorsichtsmaßnahme sollte die Bedampfungsapparatur in einen gutziehenden Abzug gestellt werden. Vorsicht ist geboten bei der Öffnung des Rezipienten und bei der Reinigung.

Dem österreichischen Fonds zur Förderung der wissenschaftlichen Forschung wird für die Bereitstellung der Mikrosonde (Projekt 1939) gedankt.

Zusammenfassung

Die Möglichkeit, Beryllium als Bedampfungsmaterial in der quantitativen Elektronenstrahl-Mikroanalyse von elektrisch nichtleitenden Proben zu verwenden, wurde untersucht. Die durch die Absorption von Elektronenenergie und Röntgenstrahlung in der Aufdampfschicht bedingte relative Intensitätsabnahme der C-Kα-, O-Kα-, Si-Kα-, Cu-Kα- und Cu-Lα-Strahlung mit zunehmender Schichtdicke wurde gemessen und die Resultate mit den nach der Gleichung von Kerrick und Mitarb. berechneten Werten für Beryllium und Kohlenstoff verglichen. Für alle Emitter ergibt sich eine geringere relative Intensitätsabnahme als berechnet, besonders in den Fällen, in denen die Elektronenabsorption gegenüber der Röntgenabsorption dominiert. Die Berylliumbedampfung ist gegenüber der Kohlenstoffbedampfung von Vorteil bei der Messung niederenergetischer Röntgenstrahlung mit geringem Anregungspotential mit Ausnahme der Elemente Bor und Kohlenstoff.

Summary

Investigations on the Application of Be-Evaporation Films in ESMA

The application of Be-metal as a coating material in quantitative electron-beam-microanalysis of electrically non conducting samples is investigated. Relative intensity losses of C-Kα-, O-Kα-, Si-Kα-, Cu-Kα- and Cu-Lα-radiation resulting from the absorption of electron energy and characteristic X-rays is determined as a function of film-thickness. Measured values are compared with those calculated with an equation developed by Kerrick et al. Experimental intensity losses are less than calculated ones especially in cases when electron absorption is predominant over X-ray absorption. Beryllium coating has advantages compared to carbon coating if low-energy X-radiation is measured using low acceleration potential. Exceptions are B-Kα- and C-Kα-line measurements because of their high mass-attenuation coefficients in Beryllium.

Literatur

[1] M. Grasserbauer, Mikrochim. Acta [Wien] **1975 II**, 69.

[2] G. A. Desborough und R. H. Heidel, Amer. Mineral. **56**, 2129 (1971).

[3] G. A. Desborough, R. H. Heidel und G. K. Czamanske, Amer. Mineral **56**, 2136 (1971).

[4] S. J. B. Reed, Amer. Mineral. **57**, 1550 (1972).
[5] L. S. Birks, Electron Probe Microanalysis, New York: Wiley. 1971.
[6] S. J. B. Reed, Dissertation, Univ. of Cambridge, 1964.
[7] T. R. Sweatman und J. V. P. Long, J. Petrol. **10**, 332 (1969).
[8] D. M. Kerrick, L. B. Eminhizer und J. F. Villaume, Amer. Mineral. **58**, 920 (1973).
[9] S. J. B. Reed, in: Microprobe Analysis (Herausgeber: C. A. Andersen), New York: Wiley. 1973. S. 53 ff.
[10] J. Schubert, Chimia **13**, 321 (1959).

Korrespondenz und Sonderdrucke: Dr. Hans Malissa jun., Institut für analytische Chemie der Universität Wien, Währinger Straße 38, A-1090 Wien, Österreich.

Mikrochimica Acta [Wien], Suppl. 7, 357—371

MIKROCHIMICA ACTA

Lehrstuhl Werkstoffwissenschaft (Metalle), Universität Erlangen – Nürnberg

Ermittlung von Diffusionssperrschichten bei der Bildung von Nb_3Sn-Schichten in Supraleitern mit Hilfe der Elektronenstrahlmikroanalyse*

Von

U. Zwicker, G. Müller, D. Pack, K. Nigge und H. Rollig

Mit 14 Abbildungen

(Eingegangen am 27. Oktober 1976)

Für die Herstellung hoher Magnetfelder von über 10 Tesla mit supraleitenden Magnetspulen werden zur Zeit meist Supraleiter verwendet, deren supraleitende Schicht durch einen Diffusionsprozeß hergestellt wird. In den meisten Fällen handelt es sich bei diesen Schichten um die intermetallische Verbindung Nb_3Sn. Da diese Verbindung ein geringes Formänderungsvermögen hat und deshalb nicht zu Drähten oder Bändern verformt werden kann, müssen die Nb_3Sn-Schichten in allen Fällen durch Diffusionsprozesse erzeugt werden. Je dünner die Schicht ist, umso kleiner kann der Biegeradius des Drahtes oder Bandes werden. Die mögliche elastische Verformung ist weiterhin außer von der Zusammensetzung auch vom Aufbau der Schichten abhängig. Dichte Schichten neigen weniger zu Anrissen als poröse Schichten.

Die Bildung der Nb_3Sn-Schicht kann durch direkte Diffusion zwischen Zinn und Niob[1] erfolgen oder durch eine Diffusionsreaktion von Zinn-Atomen aus einem kupferhaltigen Mischkristall mit Niob[2]. In einem weiteren Verfahren werden auch Diffusionsprozesse beschrieben, bei denen das Zinn durch eine Kupferschicht an das Niob diffundiert[3, 4]. Das letztere Verfahren hat den Vorteil, daß höhere

* Vortrag anläßlich des 8. Kolloquiums über metallkundliche Analyse mit besonderer Berücksichtigung der Elektronen- und Ionenstrahl-Mikroanalyse, Wien, 27. bis 29. Oktober 1976.

Umformgrade beim Verbundwerkstoff Niob-Kupfer möglich sind, als bei einem Verbundwerkstoff aus einem an Zinn angereicherten Kupfermischkristall und Niob.

Das System Niob-Zinn

Maßgebend für das Diffusionsverhalten ist das binäre System Niob-Zinn (Abb. 1). In diesem System bestehen noch einige Unsicherheiten, insbesondere über die wichtigen Homogenitätsbereiche des Niobs und der intermetallischen Phase Nb_3Sn. Bei den meisten Untersuchungen wurde eine Löslichkeit des Zinns im Niob im Bereich zwischen 700 und 1000° C von etwa 10 Gew.% (8 At.%) Zinn

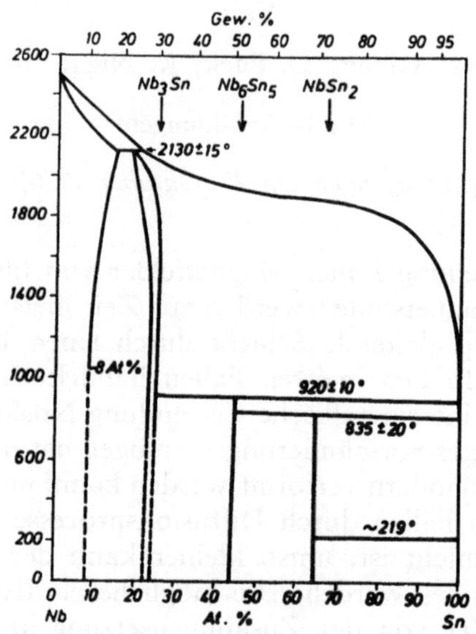

Abb. 1. Binäres Zustandsdiagramm Niob-Zinn

gefunden[5–9], während bei einer anderen Untersuchung[10] ein wesentlich niedrigerer Gehalt von etwa 3,0 Gew.% (ca. 2,4 At.%) Zinn ermittelt wurde. Der Löslichkeitsbereich der Phase Nb_3Sn mit A15-Struktur wurde in zahlreichen Untersuchungen abgeschätzt. Bei 1200° C ergaben sich Bereiche zwischen 17 und 25 At.% [11], bei 1400° C wurden 21,5 bis 27,2 At.% Zinn[6] auf Grund von Messungen der Gitterkonstante und durch Elektronenstrahlmikroanalyse gefunden. Bei der Stöchiometrie Nb_3Sn beträgt die Gitterkonstante $a = 5{,}289$ A [12]. Bei Proben mit Niobüberschuß wurde bei höheren

Temperaturen, z. B. 1500° C eine Gitterkonstante $a = 5{,}287$ A bzw. bei 1800° C eine solche von $a = 5{,}282$ A und damit niedrigere Werte als bei einer stöchiometrischen Zusammensetzung gefunden. Die Hochglühung verursachte weiterhin eine starke Verminderung der Übergangstemperatur bis zu 5,6 K gegenüber bei 1200° C geglühten Proben mit 18,5 K und einer Gitterkonstante von 5,290 A[13]. Die Phase Nb_3Sn ist nach neueren Untersuchungen[9,14] auch bei Temperaturen unterhalb 800° C beständig. Ebenfalls konnten die intermetallischen Verbindungen Nb_6Sn_5, früher Nb_3Sn_2[7,15], *krz* orthorhombisch, Raumgruppe I mm, $a = 5{,}65$ A, $b = 9{,}20$ A, $c = 16{,}82$ A[16], und $NbSn_2$[7,10] (früher Nb_2Sn_3[7]), *kfz* orthorhomb., Mg_2Cu-Typ, $a = 9{,}85$ A, $b = 5{,}64$ A, $c = 19{,}12$ A[17], mit Sicherheit nachgewiesen werden[9]. Eine weitere Phase Nb_2Sn_3, die bei früheren Untersuchungen[14] mit einem tetragonalen Gitter, $a = 6{,}901$ A, $c = 9{,}533$ A gefunden wurde, konnte in anderen Untersuchungen[5,7,9,10] nicht mehr festgestellt werden. Die Wiedergabe des Zustandsdiagrammes Niob-Zinn in Abb. 1 dürfte dem derzeitigen Stand der Untersuchungen an diesem System entsprechen.

Einfluß von Kupfer und Silber auf die Bildung der Zwischenschichten bei Reaktionen von Niob mit flüssigem Zinn bei 785° C

Bereits frühere Untersuchungen zeigten, daß durch einen Zusatz von Kupferpulver zu Zinn- und Niobpulver bereits nach einer Zeit von 1 h bei 650° C an einzelnen Stellen Nb_3Sn gebildet werden kann. Auch Zusätze von Silber und Gold ergaben denselben Effekt, wenn auch in nicht so starkem Maße[18]. Bei anderen Versuchen[19] war bei einem Vergleich von Diffusionsglühungen bei 1000 und 1100° C zwischen silberhaltigen und silberfreien Zinnüberzügen, die mit Niob reagierten, festgestellt worden, daß durch Silber die Geschwindigkeit des Nb_3Sn-Schichtenwachstums bei der Reaktionsdiffusion zwischen Zinn und Niob vermindert wird. Bei ausreichendem Zinnangebot ist zumindest bei Temperaturen unter 800° C die Bildung der Phase $NbSn_2$ zu erwarten. In Abb. 2a ist eine Diffusionszone wiedergegeben, die durch Diffusion zwischen Niob und Zinn nach 24 h bei 785° C entstanden ist. Das flüssige Zinn reagiert mit dem Niob unter Bildung einer sehr porösen Schicht einer intermetallischen Verbindung, die wie die Elektronenstrahlmikroanalyse*

* Ein Teil der Analysen erfolgte im Institut de physique expérimentale der Universität Lausanne mit Hilfe eines mit drei Spektrometern bestückten Meßgerätes, die meisten Analysen mit Hilfe eines zwei Spektrometer enthaltenden Gerätes des Lehrstuhls Werkstoffwissenschaft (Metalle) der Universität Erlangen – Nürnberg.

zeigte, aus $NbSn_2$ besteht und sich teilweise im Zinn löst, so daß die Bestimmung der Schichtdicke schwierig ist. Sie liegt im Bereich zwischen 20 und 35 μm nach dieser Diffusionszeit. Wie bereits zahlreiche Untersuchungen gezeigt haben, werden bei höherer Temperatur oder sehr langen Diffusionszeiten, bei denen das Zinn vollkommen reagiert hat, die Phasen Nb_6Sn_5 und Nb_3Sn gebildet[20,21].

Zusätze von jeweils 1 und 10 Gew.% Kupfer bzw. Silber zu dem mit Niob reagierenden flüssigen Zinn sollten den Einfluß dieser beiden Elemente auf die Schichtenbildung klären. Ein Zusatz von 1 Gew.% Kupfer zu der Zinnschmelze verminderte zwar das Auflösen der $NbSn_2$-Schicht in der Schmelze, die Schichtdicke lag aber ebenfalls wie bei dem kupferfreien Zinn zwischen 20 und 35 μm (Abb. 2b). Die Abb. 2c gibt eine Diffusionszone wieder, die sich zwischen der Legierung SnCu10 und Niob nach 24 h bei 785° C gebildet hat. Gegenüber der kupferarmen Schmelze mit 1% Kupfer ist eine wesentlich dünnere und gleichmäßigere Diffusionsschicht von 10 bis 15 μm entstanden, die nur geringe poröse Anteile zeigt. Auch findet keine oder nur eine geringe Ablösung der Schicht in die flüssigen Bereiche statt. Mit Hilfe der Elektronenstrahlmikroanalyse wurde eine Zusammensetzung dieser Schicht entsprechend der intermetallischen Verbindung Nb_6Sn_5 gefunden. Kupfer konnte in allen Schichten nicht nachgewiesen werden. Steigert man den Kupfergehalt auf 85%, wodurch die Diffusion der beiden Reaktionspartner im festen Zustand stattfindet, so bildet sich die in Abb. 2d wiedergegebene Diffusionsschicht nach ebenfalls 24 h bei 785° C. Um einen guten Kontakt zwischen dem Kupfermischkristall und Niob zu erhalten, wurden in bei 750° C kalibergewalzten Proben von 3 mm ⌀ Sacklöcher von 1 mm ⌀ gebohrt, in die Niobkerndrähte gesteckt wurden. Nach einem Kalthämmern des Verbundes auf 2,8 mm ⌀ wurden die Drähte auf 0,4 mm ⌀ kalt gezogen. Zwischenglühungen erfolgten im Vakuum bei 600° C. Durch den hohen Kupfergehalt wird die Zudiffusion des Zinns so stark vermindert, daß sich nur die Phase Nb_3Sn bilden kann. Die Schichtdicke beträgt etwa 13 μm, und entspricht damit der Schichtdicke der Phase Nb_6Sn_5, die bei der Diffusion zwischen der teilweise flüssigen Legierung SnCu10 und Niob gemäß Abb. 2c nach derselben Zeit und Temperatur entstanden ist. Der Kupferzusatz vermindert somit die Diffusionsschichtdicke, fördert die Bildung einer dichteren Diffusionsschicht und einer niobreicheren Verbindung[9].

Wie die Abb. 2e und 2f zeigen, bildet sich nach der Reaktionsdiffusion unter den gleichen Bedingungen mit den silberhaltigen Schmelzen nur eine sehr dünne poröse Zwischenschicht, deren Zusammensetzung mit $NbSn_2$ ermittelt wurde. Durch den Silbergehalt wird somit im Vergleich mit gleichem Kupfergehalt das Schichtenwachstum sehr viel stärker verzögert. Bei der Diffusion im festen Zustand vermindert ein geringer Silberzusatz von nur 0,74 Gew.% zu CuSn14 ebenfalls die Wachstumsgeschwindigkeit der

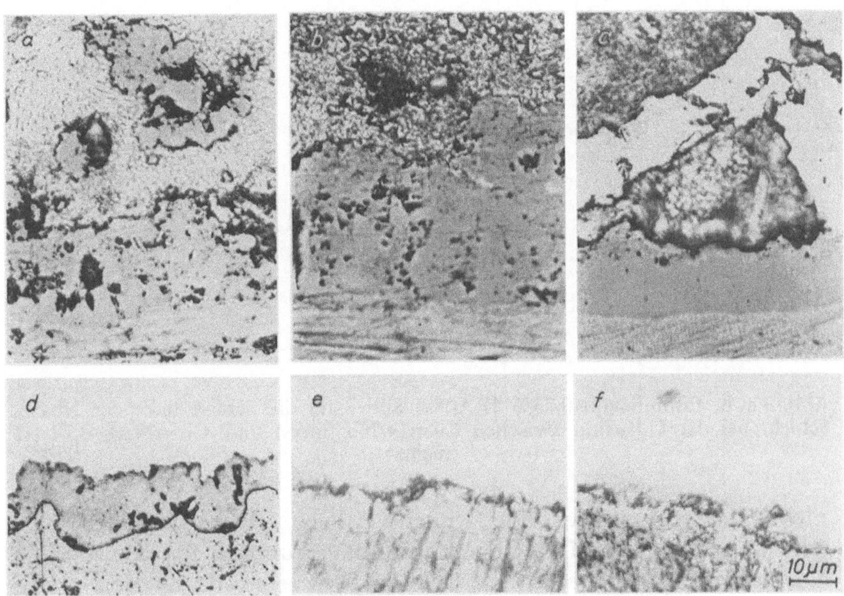

Abb. 2 a—f. Einfluß von Kupfer und Silber auf die Diffusion zwischen Zinn und Niob bei 785° C (24 h)
a Sn; *b* SnCu1; *c* SnCu10; *d* SnCu85; *e* SnAg1; *f* SnAg10

Nb_3Sn-Schicht. Die Abb. 3a und 3b zeigen diese Verminderung der Schichtdicke unter den gleichen Bedingungen (24 h 785° C) nach der Diffusionsreaktion zwischen CuSn14 bzw. CuSn14Ag0,74 und Niob. Da im Silbermischkristall nahezu ebensoviel Zinn löslich ist wie im Kupfermischkristall, wurde noch die Diffusionsreaktion von Silber-Zinn-Legierungen (AgSn8 und AgSn10) mit Niob untersucht. Eine Reaktionsdiffusion im festen Zustand zwischen AgSn10 und Niob ist nur bei Temperaturen unterhalb 724° C zweckmäßig, da sonst die Gefahr besteht, daß CuSn10 wegen einer peritektischen Reaktion aufschmilzt. Eine Reaktionsdiffusion über 1000 h bei 700° C ergab, daß die Reaktionsgeschwindigkeit zwischen Niob und den beiden Legierungen (zu einem Draht von 0,5 mm ⌀ gezogen) sehr gering war. Deshalb wurde zusätzlich eine Legierung mit einem Kupfergehalt (AgSn8Cu2) in der oben beschriebenen Weise mit einem Niob-Kern versehen und auf 0,5 mm ∅ verformt. Auch in diesem Falle gelang es jedoch nicht, selbst nach der Glühung von 1000 h bei 700° C eine im Lichtmikroskop sichtbare oder mit der

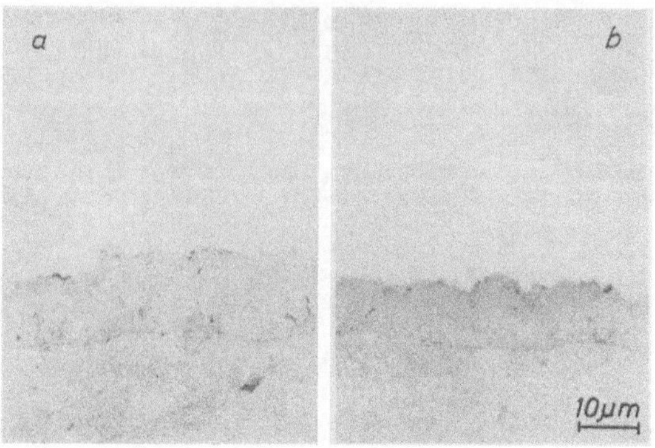

Abb. 3 a, b. Einfluß von 0,75% (1 At.%) Silber auf die Schichtdicke der Nb_3Sn-Schicht bei der Diffusion zwischen CuSn14/Nb (links) und CuSn14Ag 0,74/Nb (rechts)

Elektronenstrahlmikrosonde nachweisbare Reaktionsdiffusionsschicht herzustellen. Die Übergangstemperatur von Supraleitung zu Normalleitung wurde jedoch, wie Abb. 4 zeigt, durch den Glüh-

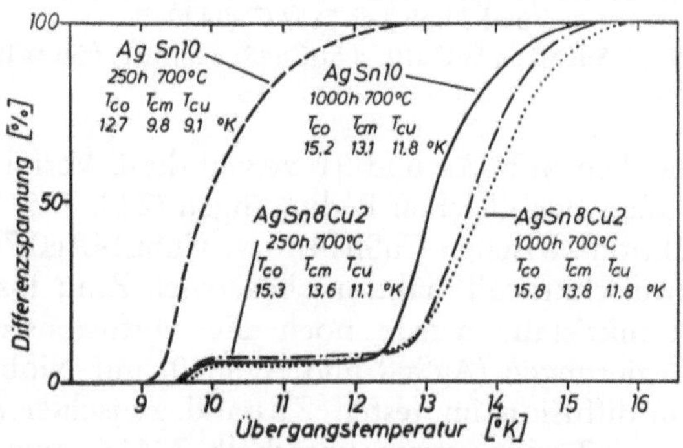

Abb. 4. Übergangstemperaturen von Diffusionsschichten zwischen Silber-Zinn- und Silber-Zinn-Kupfer-Mischkristall und Niob nach verschiedenen Zeiten bei 700° C

vorgang im evakuierten Quarzrohr deutlich erhöht. Alle Proben tragen sogar einen gut nachweisbaren Strom und in Abb. 5 ist die

Abhängigkeit dieser kritischen Stromstärke in einem äußeren Feld bis zu 10 Tesla wiedergegeben. Der bei einigen Meßkurven auftretende starke Anstieg bei niedrigem, äußerem Feld ist auf den Niobkern zurückzuführen. Die kupferhaltige Diffusionsprobe zeigt sowohl die höchste kritische Stromstärke wie auch die höchste Übergangstemperatur von der Supraleitung zur Normalleitung. Die Strom-

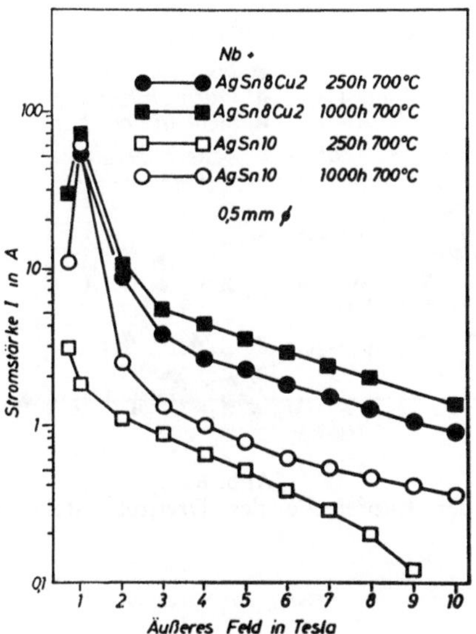

Abb. 5. I_c(H)-Kurven von 0,5 mm ∅ Drähten mit Diffusionsschichten zwischen Silber-Zinn- und Silber-Zinn-Kupfer-Mischkristall und Niob nach verschiedenen Zeiten bei 700° C

tragfähigkeit und höhere Übergangstemperatur wird entweder durch eine sehr dünne Nb_3Sn-Schicht und/oder durch Sauerstoffaufnahme des Niobkerns verursacht.

Einfluß von Silizium bei der Reaktionsdiffusion von Kupferzinnmischkristall und Niob im festen Zustand

In einer früheren Untersuchung wurde gezeigt, daß durch Zusätze von Germanium zum Kupfermischkristall die Schichtdicke bei der Diffusion mit Niob vermindert wird, da sich eine germaniumreiche Sperrschicht aus der an den Kupfermischkristall angrenzenden Seite der Nb_3Sn-Schicht bildet[22]. Weitere Untersuchungen sollten nun zeigen, inwieweit die Schicht durch Zusätze von Silizium zum Kupfer-Zinn-Mischkristall variiert werden kann.

Da der Verbundwerkstoff Kupfermischkristall/Niob verformt werden muß, wurden zunächst Legierungen der Kupferecke des ternären Systems Kupfer-Silizium-Zinn auf ihr Verhalten bei der Kalt- oder Warmumformung und ihre Phasengleichgewichte untersucht. Die Art der Herstellung der Legierungen und die Untersuchungsmethoden wurden bereits früher beschrieben[22]. In Abb. 6 sind die

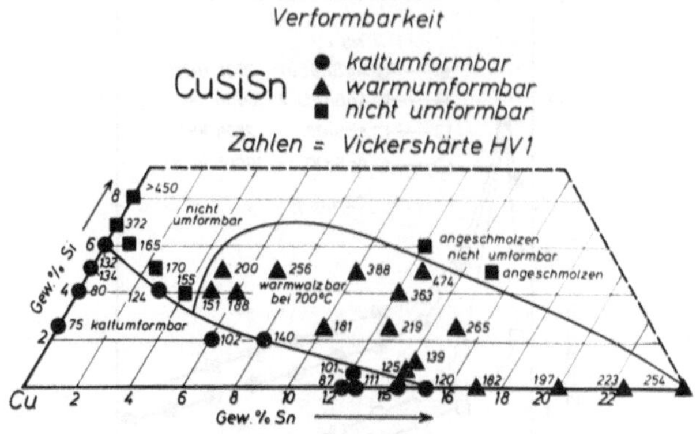

Abb. 6
Verformbarkeit in der Kupferecke des Dreistoffsystems Kupfer-Silizium-Zinn

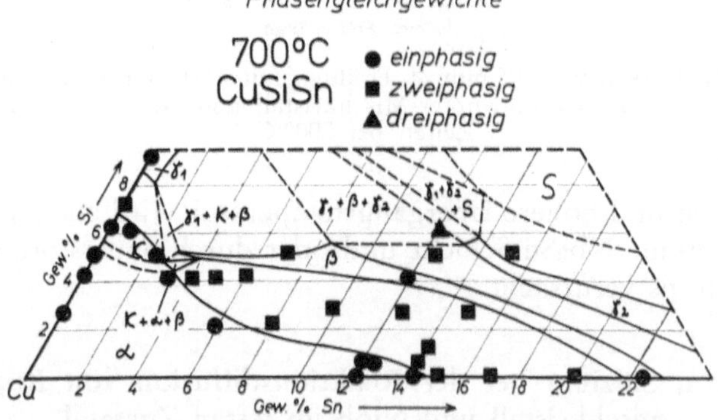

Abb. 7. Phasengleichgewichte in der Kupferecke des Dreistoffsystems Kupfer-Silizium-Zinn bei 700° C

Bereiche der Umformbarkeit und in Abb. 7 der isotherme Schnitt bei 700° C wiedergegeben. Deutlich wird der Zusammenhang zwischen Phasengleichgewicht und Umformbarkeit sichtbar. Der Kupfer-α-Mischkristall läßt sich kalt- und der β-Mischkristall warm umformen. Die β-Phase erstreckt sich weit in das ternäre Gebiet.

Die Verbundwerkstoffe mußten auf Grund der Untersuchungen in der kupferreichen Ecke des Systems CuSnSi zum Teil durch Warmumformen hergestellt werden. Die Abb. 8 zeigt einen derartigen

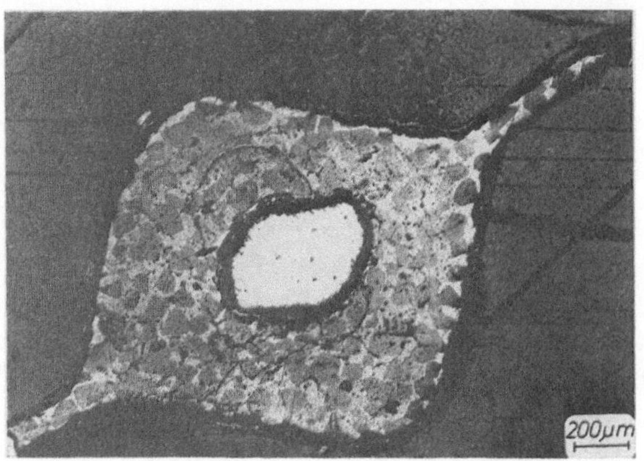

Abb. 8. 1 mm ⌀ Verbundwalzdraht zwischen Niobkern und CuSn12,5Si2,5-Mantel nach einer Glühung von 100 h 700⁰ C

Verbundwerkstoff aus CuSn12,5Si2,5 mit Niob. Die im $(\alpha+\beta)$-Gebiet liegende Bronze konnte bei 700⁰ C warmverformt werden, läßt sich jedoch nicht kaltverformen. Ein anderer Teil der Verbund-

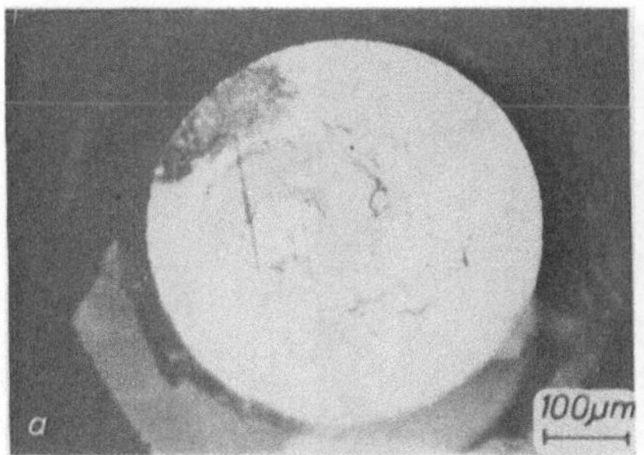

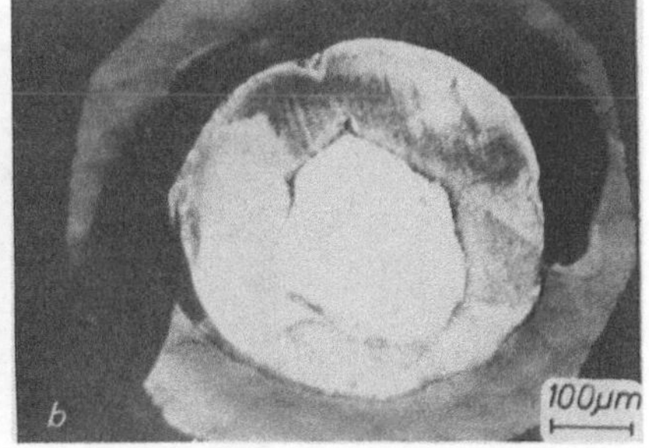

Abb. 9. Verbundwerkstoff CuSn8Si2/Nb durch Rundhämmern (oben) und durch Ziehen (unten) hergestellt. Deformation des Niobkerns beim Verbundwerkstoff CuSn8Si2 rundgehämmert (oben) und gezogen (unten)

werkstoffe wurde durch Kaltverformen und Rekristallisation hergestellt. Dabei zeigte sich, daß beim Rundhämmern (Abb. 9 oben) eine sehr ungleichmäßige und teilweise zu starke Deformation des Niobkerns auftreten kann, wodurch teilweise das Niob in dünnen

Adern in die Bronze eingepreßt wird. Beim Ziehen ist die ungleichmäßige Deformation des Niobkerndrahtes (wie Abb. 9 unten zeigt) weniger stark ausgeprägt. Einige Versuche an Vielkernverbundlei-

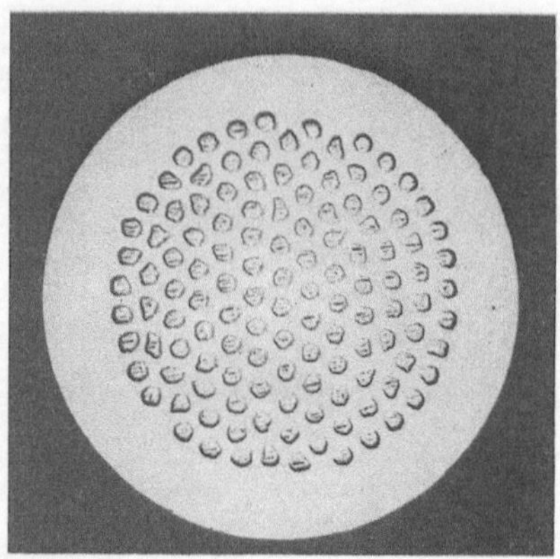

Abb. 10. Mehrkernverbundwerkstoff CuSn14Ge0,5/Nb durch hydrostatisches Pressen hergestellt

tern zeigten, daß durch Kaliberwalzen derartiger Verbundwerkstoffe, wie Abb. 10 zeigt, eine starke Verformung der Niobkerndrähte insbesondere in den Randzonen auftritt. Diese Verformung kann da-

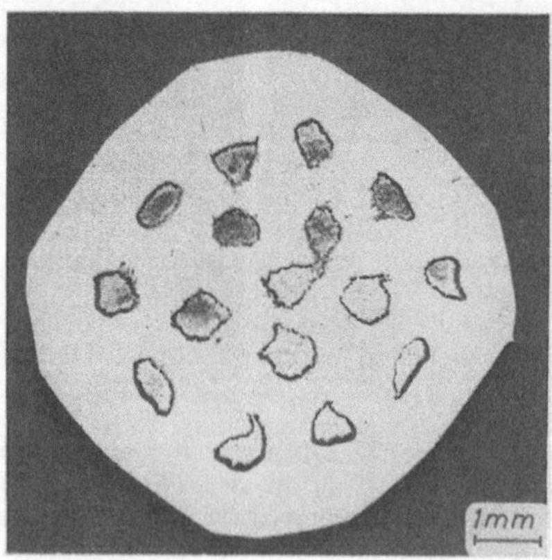

Abb. 11. Mehrkernverbundwerkstoff CuSn14Ge0,5/Nb durch Walzen hergestellt

durch umgangen werden, daß der Verbund hydrostatisch stranggepreßt wird. Abb. 11 zeigt einen derartigen Verbundwerkstoff. In diesem Fall erfolgte die Verformung der Einkerndrähte durch Ziehen, wodurch die Rundheit der Kerndrähte verändert wurde. Die Form der Kerndrähte hat sich jedoch durch das hydrostatische Strangpressen nicht mehr verändert. Insbesondere auch die in den Randzonen liegenden Kerne zeigen keine stärkere Deformation als die in der Kernzone des Verbundes liegenden Kerne.

Die Diffusionsversuche erfolgten an Einkernleitern. Die Abb. 12a und 12b zeigen die Verminderung der Diffusionsschichtdicke und die Veränderung der Diffusionsschicht bei den Verbundwerkstoffen CuSn15/Nb und CuSn15Si2,5/Nb nach einer Diffusionsglü-

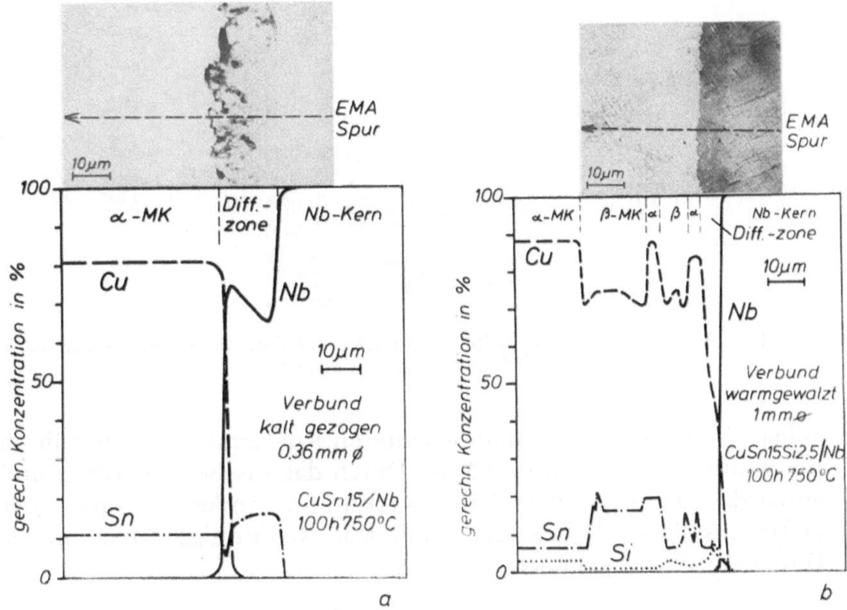

Abb. 12 a, b. Elektronenstrahlmikroanalyse über Diffusionsschichten der Verbundwerkstoffe CuSn15/Nb (Abb. 12 a) und CuSn15Si2,5/Nb (Abb. 12 b) nach einer Diffusionsglühung von 100 h bei 750° C

hung von 100 h bei 750° C. Infolge der starken Reaktion zwischen Silizium und Niob hat sich bei der siliziumhaltigen Legierung eine allerdings sehr dünne Silizidschicht gebildet, in der kein Zinn gefunden werden konnte, während sich bei der siliziumfreien Probe die übliche Nb_3Sn-Schicht gebildet hat. Die weiteren Versuche bestätigten den Befund, daß durch Siliziumzusatz in noch wesentlich stärkerem Maße als durch Germaniumzusatz die Bildung der Nb_3Sn-

Schicht vermindert bzw. verhindert wird. Bei einer Legierung mit relativ hohem Siliziumgehalt und geringerem Zinngehalt (CuSi4Sn3) wird, wie Abb. 13 zeigt, nach der gleichen Reaktionszeit von 100 h bei 850° C eine sehr dicke, jedoch kupferhaltige Silizidschicht gebildet, deren Gehalt mit etwa 15% Silizium, 50% Niob und 35% Kupfer einer ternären intermetallischen Verbindung NbCuSi und nicht der Verbindung Nb_3Si entsprechen würde. Der geringe Zinngehalt und

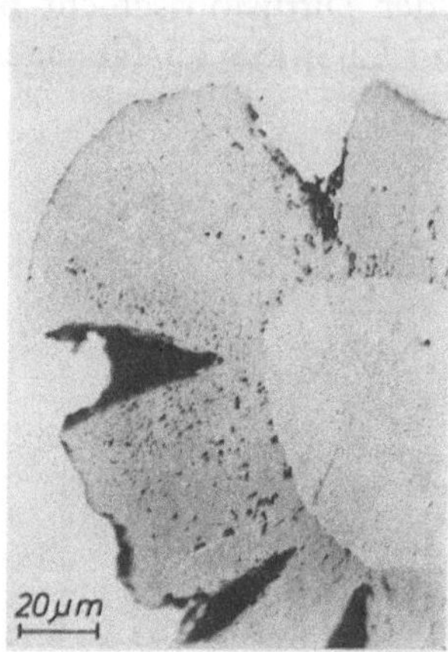

Abb. 13. Verbundwerkstoff CuSi4Sn3/Nb nach einer Diffusionsglühung von 100 h bei 850° C, NbCuSi-Schicht

höhere Anteil an Kupfer und Silizium im Kupfermischkristall führen zur Bildung einer ternären Phase. Durch das rasche Wachstum und durch das gegenüber dem Grundwerkstoff veränderte Volumen der Diffusionsschicht haben sich zahlreiche keilförmige Risse in der Diffusionsschicht gebildet.

Reaktionen über die Gasphase

Bei gleichzeitigem Glühen germanium- und siliziumhaltiger Proben in evakuierten Quarzrohren, z. B. bei den Proben CuSn5Ge5/Nb und CuSn8Si2/Nb, durch 100 h bei 850° C oder auch schon durch 100 h bei 700° C wird eine Eindiffusion von Silizium über die Gasphase in die am Niobkern und am Kupfermischkristall liegenden Bereiche der Diffusionsschicht der siliziumfreien Probe (Abb. 14) beobachtet. Die Schicht enthält kein Zinn und besteht aus Niob-Germanid. Deshalb ist anzunehmen, daß aus siliziumhaltigen Substanzen bei den Diffusionsglühungen insbesondere bei niedrigem

Druck Silizium über die Gasphase und durch den Kupfermischkristall an Diffusionsschichten herandiffundieren und diese verändern kann.

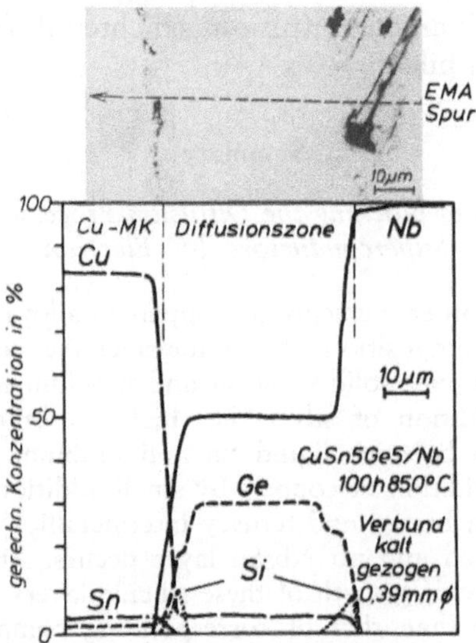

Abb. 14. Elektronenstrahlmikroanalyse über die Diffusionszone eines Verbundwerkstoffes CuSn5Ge5/Nb im evakuierten Quarzrohr mit siliziumabgebenden Legierungen 100 h bei 850° C geglüht

Die Untersuchungen wurden teilweise durch den Schweizerischen Nationalfonds, durch die Deutsche Forschungsgemeinschaft und durch die Arbeitsgemeinschaft Industrieller Forschungsvereinigungen unterstützt, wofür an dieser Stelle herzlich gedankt sei.

Zusammenfassung

Durch Zusätze anderer Elemente zu Kupfer-Zinn-Legierungen kann der Aufbau, die Schichtdicke und die Zusammensetzung der intermetallischen Verbindung, die sich durch Diffusion zwischen dem Kupfermischkristall und Niob bildet, sehr stark verändert werden. Bei der Bildung von Nb_3Sn-Schichten aus flüssigem Zinn und Niob wird bei Kupferzusatz eine wesentlich breitere Diffusionsschicht beobachtet, als bei Silberzusatz. Ein Zusatz von Silizium zu zinnhaltigen Bronzen verursacht bereits bei geringen Gehalten die Bildung binärer oder ternärer siliziumhaltiger intermetallischer Verbindungen, wodurch die Bildung einer Nb_3Sn-Schicht unterbunden wird. Bei höheren Gehalten an Silizium wird eine hohe Wachstumsgeschwindigkeit dieser silizium- und auch kupferhaltigen Schichten beobachtet, die wesentlich größer ist, als die der entsprechenden Stannid- oder Germanidschichten. Bei Vorhandensein siliziumhaltiger Verbindungen in der Glühatmosphäre kann Silizium über den Kupfermischkristall an die Diffusionsschichten diffundieren und dort Zwischenschichten bilden.

Summary

Investigation of Layers Blocking the Diffusion Processes During Formation of Nb_3Sn-Layers in Superconductors by Electron Probe Microanalysis

By addition of other elements to copper-tin-alloys the formation, the thickness and the composition of the intermetallic compound found by diffusion between copper solid solution and niobium may be altered to a high degree. By addition of silver the thickness of the diffusion layer, formed by diffusion between liquid tin and niobium, is much more decreased than with addition of copper. By small additions of silicon to copper-tin solid solution binary and ternary intermetallic compounds containing silicon are formed and no Nb_3Sn layer occurs. At an higher content of silicon the velocity of growth of these silicide layers which contain copper, is much higher than that of corresponding compounds with tin or germanium. If there is silicon available in the annealing atmosphere silicon may diffuse via copper solid solution into the diffusion layers formed between the silicon free copper solid solution and niobium.

Literatur

[1] J. E. Kunzler, E. Bühler, F. S. L. Hsu und J. H. Wernik, Phys. Rev. Lett. **6,** 89 (1961).

[2] J. W. Crow und M. Suenaga, Appl. Supercond. Conf., Annapolis, Maryland, 1972, 472.

[3] M. Suenaga und W. B. Sampson, Appl. Phys. Lett., **20,** 443 (1972).

[4] M. Wilhelm, S. Frohmader und G. Ziegler, Mat. Res. Bull. **11,** 491 (1976).

[5] M. I. Agafonova, V. V. Baron und E. M. Savitskii, Izv. Akad. Nauk SSSR, Otd. Tekhn. Nauk, Met. i Toplivo **5,** 138 (1959).

[6] L. L. Wyman, J. R. Cuthill, G. A. Moore, J. J. Park und H. Yakowitz, J. Res. Natl. Bur. Std., **A66,** 351 (1962).

[7] R. Enstrom, T. Ceurtney, G. Pearsall und J. Wulff, in AIME Metallurgical Society Conf. 19 „Metallurgy of Advanced Electronic Materials", New York: Interscience. 1963. S. 121 ff.

[8] L. J. Vieland, RCA Rev. **25,** 366 (1964).

[9] U. Zwicker und L. Rinderer, Z. Metallkde. **66,** 738 (1975).

[10] T. G. Ellis und H. A. Wilhelm, J. Less-Common Metals **7,** 67 (1964).

[11] J. J. Hanak, K. Strater und G. W. Cullen, RCA Rev. **25**, 342 (1964).

[12] S. Geller, B. T. Matthias und R. Goldstein, J. Amer. Chem. Soc. **77**, 1502 (1955).

[13] T. B. Reed, H. C. Gatos, W. J. La Fleur und J. T. Toddy, in AIME Metallurgical Society Conf. 19 „Metallurgy of Advanced Electronic Materials", New York: Interscience. 1963. S. 71 ff.

[14] V. S. Kogan, A. I. Kirko, B. G. Lazarev, L. S. Lazareva, A. A. Matsuko und O. N. Orcharenko, Fiz. Metal. i Metalloved **15**, 143 (1963).

[15] T. B. Reed, H. C. Gatos, W. J. La Fleur und J. T. Roddy in AIME Metallurgical Society Conf. „Superconductors", New York: Interscience. 1962. S. 143 ff.

[16] J. H. N. van Vucht, H. A. C. M. Bruning und H. C. Donkersloot, Phys. Lett. **3**, 297 (1963).

[17] D. J. von Ooijen, J. H. N. van Vucht und W. H. Druyvestein, Phys. Lett. **3**, 128 (1962).

[18] I. Dietrich, G. Lefranc und A. Müller, J. Less-Common Metals **29**, 121 (1972).

[19] H. K. Müller-Buschbaum, Z. physik. Chem. Neue Folge, Bd. **35**, 378 (1962).

[20] J. E. Kunzler, E. Bühler, F. S. L. Hsu und J. H. Wernik, Phys. Lett. **6**, 89 (1961).

[21] L. Rinderer, E. Saur und J. Wurm, Z. Physik **174**, 405 (1963).

[22] U. Zwicker, G. Müller, W. Böhm und U. Hofmann, J. Less-Common Metals **43**, 33 (1975).

[23] M. Hansen und K. Anderko, Constitution of Binary Alloys, London: McGraw-Hill. 1958.

Korrespondenz und Sonderdrucke: Prof. Dr. U. Zwicker, Lehrstuhl Werkstoffwissenschaft (Metalle), Martensstraße 5, D-8520 Erlangen, Bundesrepublik Deutschland.

[13] J. J. Hanak, K. Strater und G. W. Cullen, RCA Rev. 25, 342 (1964).

[14] S. Geller, B. T. Matthias und R. Goldstein, J. Amer. Chem. Soc. 77, 1502 (1955).

[15] T. B. Reed, H. C. Gatos, W. J. La Fleur und J. T. Roddy, in AIME Metallurgical Society Conf. 19 „Metallurgy of Advanced Electronic Materials", New York: Interscience 1963, S. 71 ff.

[16] V. S. Kogan, A. I. Kirko, B. G. Lazarev, L. S. Lazareva, A. A. Matsakova und O. N. Ovcharenko, Fiz. Metal. i Metalloved. 15, 143 (1963).

[17] T. B. Reed, H. C. Gatos, W. J. La Fleur, J. T. Roddy, in AIME Metallurgical Society Conf. „Superconductors", New York: Interscience 1962, S. 143 ff.

[18] R. H. van Vucht, H. A. C. M. Bruning und H. C. Donkersloot, Phys. Lett. 7, 297 (1963).

[19] D. Dew-Hughes, J. H. N. van Vucht und W. H. Brouwers, Phys. Lett. 3, 128 (1962).

[20] E. Dieckow, O. Loremo und A. Müller, J. Less-Common Metals 29, 121 (1972).

[21] R. K. Müller, Diss. Bonn, Z. physik. Chem., Neue Folge, Bd. 35, 378 (1962).

[22] J. E. Kunzler, E. Buehler, F. S. L. Hsu und J. H. Wernick, Phys. Rev. Lett. 6, 89 (1961).

[23] L. Rinderer, E. Saur und J. Wurm, Z. Physik 174, 405 (1963).

[24] U. Zwicker, O. Müller, M. Bohne und G. Hofmann, J. Less-Common Metals 14, 33 (1968).

[25] M. Hansen und K. Anderko, Constitution of Binary Alloys, London: McGraw-Hill 1958.

Korrespondenz und Sonderdrucke: Prof. Dr. U. Zwicker, Universität Werkstoffwissenschaften (Metalle), Martensstraße 5, D-8520 Erlangen, Bundesrepublik Deutschland.

Mikrochimica Acta [Wien], Suppl. 7, 373—388

MIKROCHIMICA
ACTA

Max-Planck-Institut für Metallforschung,
Institut für Werkstoffwissenschaften, Stuttgart

Chemische Diffusion im ternären System Zr-Al-O*

Von

Armin Gukelberger und Siegfried Steeb

Mit 11 Abbildungen

(Eingegangen am 27. Oktober 1976)

In vorliegender Arbeit wird über Untersuchungen der chemischen Diffusion im ternären System Al-Zr-O mittels einer Mikrosonde berichtet[1]. Eine ausführliche Darstellung davon wird in [2] gegeben werden.

Untersuchungsprogramm

In Abb. 1 ist das Konzentrationsdreieck Zr-Al-O dargestellt. Die eingetragenen Linien zeigen an, welche Kombinationen untersucht wurden. Die Untersuchungen erstreckten sich auch auf den Teil des binären Randsystems Zr-Al, der durch Zr und Zr_2Al_3 begrenzt ist. Diese Begrenzung war erforderlich, weil bei den Glühtemperaturen von 1000^0 C und 1300^0 C Al bereits in geschmolzenem Zustand vorliegt. Die speziell im binären System Zr-Al durchgeführten Untersuchungen dienten unter anderem dazu, in der Literatur [3] vorliegende Diffusionsdaten, die sich auf Temperaturen unterhalb des α-β-Phasenumwandlungspunktes des Zirkoniums, d. h. auf Temperaturen unterhalb 862^0 C beschränken, auf höhere Temperaturen auszudehnen.

---

* Vortrag anläßlich des 8. Kolloquiums über metallkundliche Analyse mit besonderer Berücksichtigung der Elektronen- und Ionenstrahl-Mikroanalyse, Wien, 27. bis 29. Oktober 1976.

Die Untersuchung der ternären Diffusion im System Zr-Al-O läßt sich in drei Gruppen einteilen:

a) In die Kombination Zr-Al_2O_3 und in die in Abb. 1 eingezeichneten (Zr-Al)-Legierungen jeweils in Kombination mit Al_2O_3,

b) in dieselben (Zr-Al)-Legierungen in Kombination mit ZrO_2 und

c) in die Keramik-Keramik-Kombination ZrO_2-Al_2O_3.

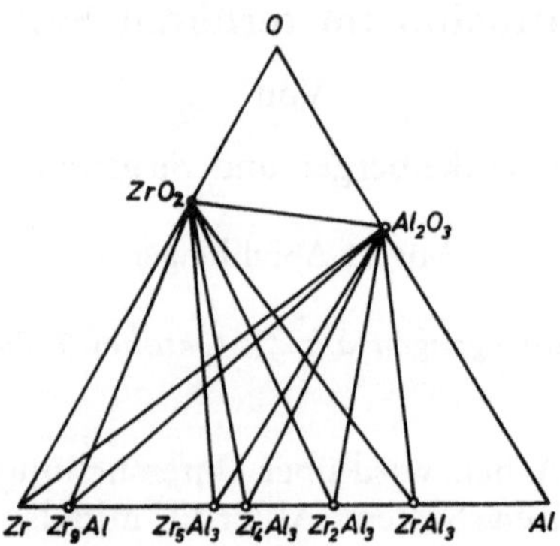

Abb. 1. System Zr-Al-O: Untersuchte Kombinationen

Folgende Fragestellungen wurden im Verlauf der vorliegenden Untersuchungen behandelt:

a) Mit Hilfe der Mikrosondenanalyse konnte der Aufbau der Diffusionszonen bestimmt werden. Dabei spielte besonders die quantitative Analyse des Sauerstoffs mittels Mikrosonde eine große Rolle.

b) Aus der Untersuchung des zeitabhängigen Wachstums der einzelnen Schichten in der Diffusionszone ergaben sich die Wachstumsgesetze für die einzelnen Schichten. Im allgemeinen wurde ein parabolisches Wachstumsgesetz gemäß der Beziehung

$$d = k \cdot \sqrt{t} \tag{1}$$

gefunden, wobei d die Schichtdicke, t die Glühzeit und k die Wachstumskonstante bedeuten.

c) Ausgehend von den mit der Mikrosonde gemessenen Intensitätsprofilen längs einer Diffusionszone wurden unter Anwendung von Absorptionskorrektur, Atomnummerkorrektur und Fluoreszenzkorrektur Konzentrationsprofile bestimmt. Aus diesen Konzentrationsprofilen wurde der konzentrationsabhängige chemische Diffusionskoeffizient $\tilde{D}$ nach der Boltzmann-Matano-Methode ermittelt. Dabei ist zu erwähnen, daß der chemische Diffusionskoeffizient zwar eine Aussage über den gesamten Materiefluß in der Diffusionszone, jedoch keinen Aufschluß über das Verhalten der einzelnen Diffusionspartner liefert. Hierzu wären die partiellen Diffusionskoeffizienten erforderlich, deren Bestimmung im vorliegenden Fall jedoch daran scheitert, daß bisher kein geeignetes Markierungsmaterial für die Schweißebene existiert.

d) Die Temperaturabhängigkeit der chemischen Diffusionskoeffizienten $\tilde{D}$ läßt sich in der vorliegenden Arbeit meistens nach einem Arrheniusgesetz der Form

$$\tilde{D} = D_0 \, e^{-Q/RT} \tag{2}$$

beschreiben. Somit konnten jeweils die Frequenzfaktoren D_0 und die Aktivierungsenergien Q für die chemische Diffusion ermittelt werden. Aus der Größe der Aktivierungsenergie Q kann z. B. auf die Art des ablaufenden Diffusionsmechanismus geschlossen werden.

Probenherstellung

Abb. 2 zeigt in schematischer Darstellung einen widerstandsbeheizten Wolfram-Rohrofen mit einer Anordnung, die dazu dient, im Hochvakuum sogenannte „Sandwich“-Proben herzustellen. Diese Proben waren während der Diffusionsglühung einem geringen Druck ausgesetzt, um einen besseren Kontakt an den Grenzflächen zu erhalten. Nach der Diffusionsglühung wurden die Proben in Längsrichtung zersägt. Eine der so entstandenen Oberflächen wurde für die anschließende Untersuchung in der Mikrosonde geschliffen und poliert.

Quantitative Sauerstoffbestimmung

In Abb. 3 sind für das System Al-O die Eichkurven dargestellt, wobei als Ordinate das Verhältnis aus Intensität der charakteristischen Strahlung der Elemente Al bzw. O, die aus der zu untersuchenden Probe austritt, und Intensität der charakteristischen Strahlung der Elemente Al bzw. O, die aus dem reinen Element Al bzw. O austritt, aufgetragen ist.

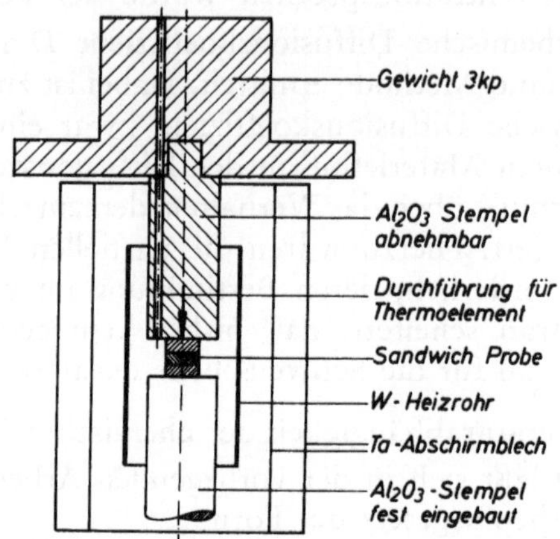

Abb. 2
Schematische Darstellung der Anordnung zur Herstellung der „sandwich"-Proben

Die für den Sauerstoff nach der FAZ- und nach der ZO-Methode berechneten Eichkurven fallen zusammen und sind in Abb. 3 mit einer durchgezogenen Linie dargestellt. Es ist darauf hinzuweisen, daß die nach der FRAME-Methode berechnete Kurve davon beträchtlich abweicht, und zwar deswegen, weil der in diesem Pro-

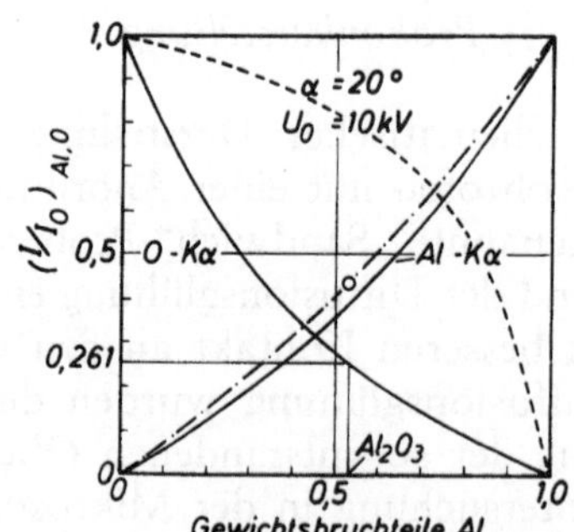

Abb. 3. System Al-O: Theoretische und experimentelle Eichkurven
—— FAZ-Methode, – – – FRAME-Methode[4], – · – · – ZO-Methode[5],
○ Meßwerte

gramm verwendete Massenabsorptionskoeffizient von 25 221,8 cm^2/g dem oberen Wert der K-Absorptionskante entspricht. Tatsächlich muß der Wert 1280 cm^2/g, der etwa dem tiefsten Wert der Absorptionskonstante entspricht, verwendet werden[1].

Die als FAZ-Kurve in Abb. 3 bezeichnete Kurve wurde nach folgender Beziehung berechnet, wobei $C_g^{Sauerstoff}$ die Sauerstoffkonzentration in Gewichtsprozent bedeutet:

$$\frac{I_{Probe}^{Sauerstoff\ K\alpha}}{I_{Element\ Sauerstoff}^{Sauerstoff\ K\alpha}} = F_A \cdot F_Z \cdot F_F \cdot C_g^{Sauerstoff} \quad (3)$$

Dabei bedeuten: F_A = Absorptionskorrektur[6,7],

F_Z = Ordnungszahlkorrektur[6,8] und

F_F = Fluoreszenzkorrektur.

Letztere konnte im vorliegenden Fall vernachlässigt werden, da sie unter 0,5% lag.

Für die Konzentration des Al_2O_3 folgt aus der FAZ-Kurve:

$$I_{Element\ Sauerstoff}^{Sauerstoff\ K\alpha} = I_{Al_2O_3}^{Sauerstoff\ K\alpha}/0{,}261 \quad (4)$$

Zur Ermittlung der Sauerstoffkonzentration in einer unbekannten Probe werden $I_{Probe}^{Sauerstoff\ K\alpha}$ und $I_{Al_2O_3}^{Sauerstoff\ K\alpha}$ gemessen. Mit Gl. (4) folgt dann leicht das gesuchte Verhältnis $I_{Probe}^{Sauerstoff\ K\alpha} / I_{Element\ Sauerstoff}^{Sauerstoff\ K\alpha}$. Ganz ähnlich wird auch für das System Zr-O vorgegangen, wobei ZrO_2 als Standard verwendet wird.

Die im weiteren Verlauf ermittelten Sauerstoffkonzentrationen wurden außer mit der Mikrosonde auch nach der Methode der Mikrohärtemessung, durch Gitterkonstantenbestimmungen mittels Debye-Scherrer-Aufnahmen und nach einem Heißextraktionsverfahren und anschließender Gasanalyse bestimmt. Die verschiedenen Bestimmungsmethoden ergaben eine sehr gute Übereinstimmung der Resultate.

Untersuchung der Kombination Zr-Al_2O_3 und Zr-Zr_2Al_3

In Abb. 4 wird der Aufbau der Diffusionszone gezeigt, wie er sich bei der Diffusion der Kombination Zr-Al_2O_3 nach einer 2½-stündigen Glühdauer bei einer Temperatur von 1300° C ausbildet. Die Diffusionszone besteht danach aus sechs Schichten. Die Schichten mit geringer Dicke sind im rechten Teilbild vergrößert wiedergegeben. Drei Punkte seien herausgestellt:

a) Schicht (1) ist eine zweiphasige Schicht, in der $ZrAl_2$ und ZrO_2 im thermodynamischen Gleichgewicht nebeneinander vorliegen. Solche zweiphasige Schichten können im Falle der ternären Diffusion auftreten, um die es sich im vorliegenden Falle auch handelt, jedoch nicht im Falle der binären Diffusion.

b) Die sich an (1) anschließenden Schichten (2, 3, 4 und 6) sind (Zr-Al)-Phasen, die praktisch keinen Sauerstoff gelöst haben, wenn von der geringen Sauerstofflöslichkeit der β-Phase (6) abgesehen wird.

c) Die mit (7) bezeichnete Schicht ist stark an Sauerstoff angereichert. Sie enthält etwa 20 At.% Sauerstoff, was etwa 4 Gew.% Sauerstoff entspricht, dafür aber kein Aluminium.

Damit kann gesagt werden, daß sich in der Diffusionszone nur solche Phasen befinden, die nicht Al und Sauerstoff gemeinsam enthalten, wenn von dem geringen Anteil an gelöstem Sauerstoff in

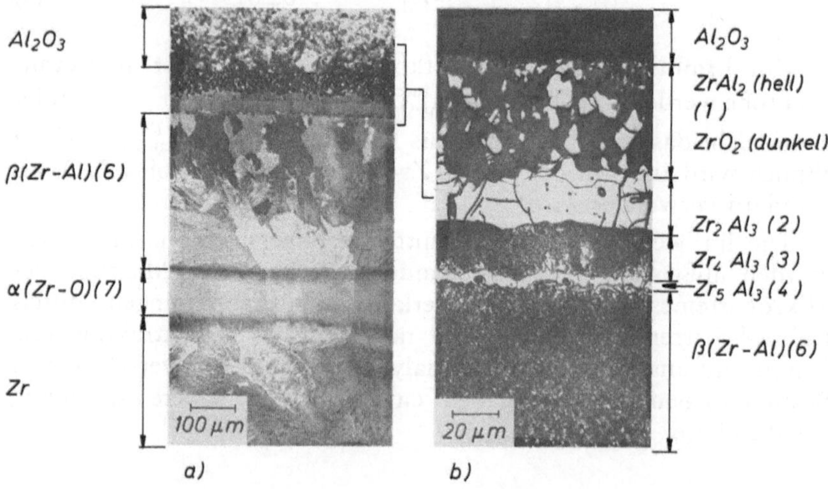

Abb. 4. Kombination $Zr\text{-}Al_2O_3$ (gesintert): Diffusionszone (1300° C, 2,5 h)

Phase (6) abgesehen wird. Daraus kann auch gefolgert werden, daß Al und O getrennt diffundieren, wobei Sauerstoff die schneller diffundierende Komponente ist.

Der Befund, nach dem in der Diffusionszone hauptsächlich binäre Phasen auftreten, erlaubt eine übersichtliche Darstellung der Phasenfolge an Hand der beiden binären Zustandsdiagramme Zr-Al und Zr-O, die in Abb. 5 wiedergegeben sind. Die in Klammern

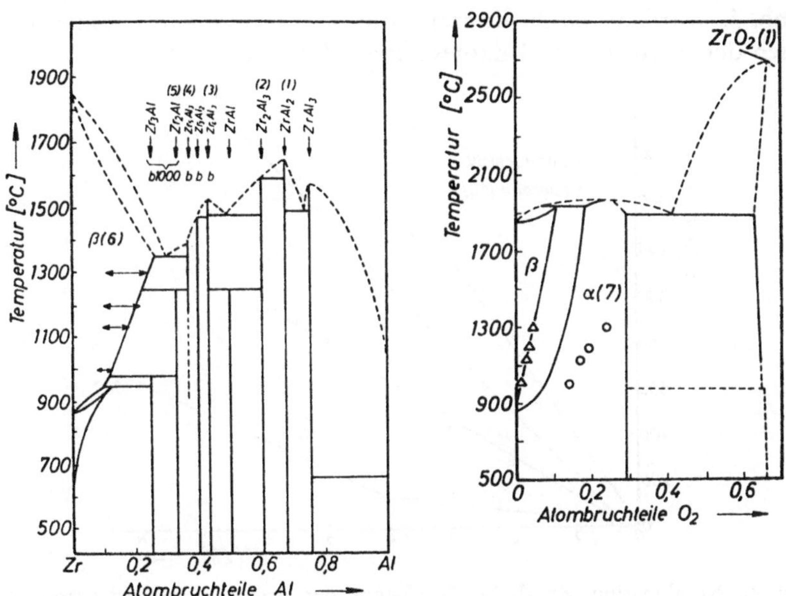

Abb. 5. Linkes Teilbild: Zustandsdiagramm des Systems Zr-Al nach [9]
Rechtes Teilbild: Zustandsdiagramm des Systems Zr-O nach [9]

gesetzten Zahlen von (1) bis (7) sind mit jenen des vorherigen Bildes identisch und geben die Schichtfolge in der Diffusionszone an, wie sie bei der Kombination Zr-Al_2O_3 erhalten wurde. In diesem Bild wurden außerdem durch ein kleines *b* an den Enden der Pfeilspitzen, welche die Lage der intermetallischen Verbindungen angeben, diejenigen Phasen gekennzeichnet, die in der Diffusionszone der *b*inären Kombination Zr-Zr_2Al_3 auftreten.

Somit sind in diesem Bild alle Angaben zusammengefaßt, die zum Vergleich des Aufbaus der Diffusionszonen einmal für den Fall der binären Kombination Zr-Zr_2Al_3 und zum anderen für den Fall der ternären Kombination Zr-Al_2O_3 notwendig sind.

Der Aufbau der beiden Diffusionszonen unterscheidet sich hauptsächlich in zwei Punkten:

a) Die Zr_3Al_2-Phase bildet sich bei allen Versuchstemperaturen innerhalb der ternären Kombination Zr-Al_2O_3 nicht aus.

b) Die β-Phase erstreckt sich im Falle der binären Kombination $Zr\text{-}Zr_2Al_3$ über den gesamten Bereich, im Falle der ternären Kombination $Zr\text{-}Al_2O_3$ dagegen nur über den mit Doppelpfeilen angedeuteten Bereich.

Die Punkte und Dreiecke innerhalb des rechten Teilbildes von Abb. 5 wurden durch Konzentrationsbestimmung des Sauerstoffs nach der in Abschnitt 4 dargestellten Methode ermittelt.

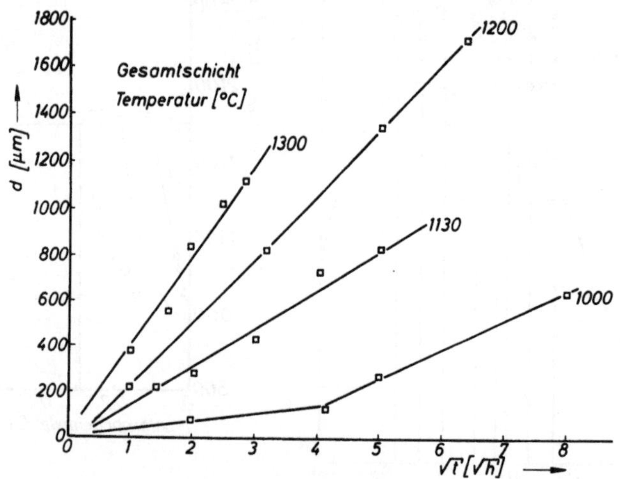

Abb. 6. Kombination $Zr\text{-}Al_2O_3$: Wachstum der gesamten Diffusionszone bei verschiedenen Temperaturen

In Abb. 6 wird gezeigt, wie in der Kombination $Zr\text{-}Al_2O_3$ die Gesamtschicht in Abhängigkeit von der Glühzeit wächst. Hier ist die Dicke d der Gesamtschicht aufgetragen gegen $\sqrt{t}$. Ein solches parabolisches Wachstumsgesetz wurde auch für die Einzelschichten gefunden, ja sogar für die bei dieser Kombination auftretende zweiphasige Schicht. Dies ist gleichbedeutend mit der Tatsache, daß offenbar die in einer solchen zweiphasigen Schicht stets vorhandene Seitendiffusion vernachlässigt werden kann. Das Wachstum wird nach Gl. (1) beschrieben.

Wird das Quadrat der Wachstumskonstante k über der reziproken absoluten Temperatur aufgetragen, so befolgen die erhaltenen Kurven eine Beziehung der Form:

$$k^2 = k_0^2 \exp\left(-\frac{\overline{Q}}{RT}\right) \tag{5}$$

Aus dieser Gleichung lassen sich die Frequenzfaktoren k_0^2 und die Aktivierungsenergien $\overline{Q}$ für das Schichtdickenwachstum bestimmen.

Untersuchung der Kombinationen (Zr-Al)-Legierungen mit Al_2O_3 und ZrO_2 sowie der Kombination Al_2O_3-ZrO_2

Bei Verwendung von (Zr-Al)-Legierungen in Kombination mit Al_2O_3 anstelle von Zr-Al_2O_3 tritt die im linken Teilbild von Abb. 4 mit (7) bezeichnete sauerstoffreiche Schicht bereits bei Verwendung der Kombination Zr_9Al-Al_2O_3 nicht mehr auf. Dies führt zu der Erkenntnis, daß durch Zulegieren von Al zu Zr die Sauerstoffaffinität der Legierung im Vergleich zu derjenigen des reinen Zr stark abnimmt. Außerdem treten entsprechend der Zusammensetzung der (Zr-Al)-Ausgangslegierungen in der Diffusionszone weniger Schichten auf.

Zu erwähnen ist noch, daß sich sowohl bei den Kombinationen (Zr-Al)-Legierung-ZrO_2 als auch bei der Kombination Al_2O_3-ZrO_2 keine Diffusionszone entlang der Kontaktfläche ausbildet. Daraus folgt, daß diese Kombinationen bereits im thermodynamischen Gleichgewicht vorliegen.

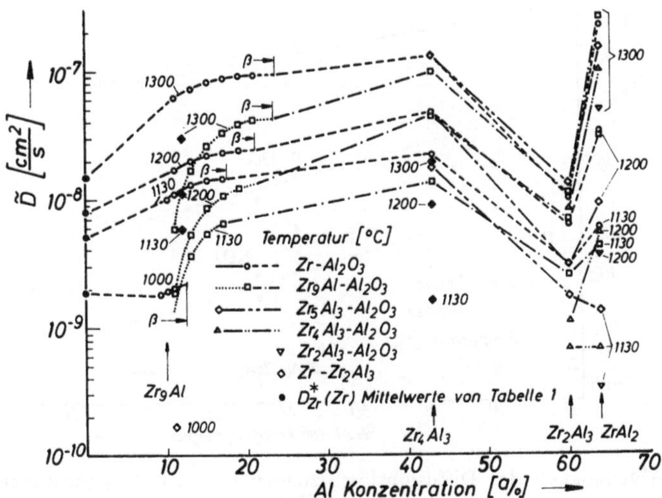

Abb. 7. Konzentrationsabhängigkeit des chemischen Diffusionskoeffizienten für die Phasen (1) bis (6) bei verschiedenen Temperaturen und unterschiedlichen Kombinationen

Chemische Diffusionskoeffizienten

In Abb. 7 werden alle während dieser Arbeit ermittelten chemischen Diffusionskoeffizienten gezeigt, wie sie sich in Abhängigkeit von der Al-Konzentration bei den verschiedenen Kombinationen ergeben, wobei der Parameter die Temperatur ist. Auf der linken Seite sind die Bereiche der β-Phase und am unteren Bildrand die einzelnen in den Diffusionszonen auftretenden Phasen angedeutet.

Die Vielzahl der Meßpunkte rührt her von der Verwendung der unterschiedlichen (Zr-Al)-Ausgangslegierungen in Kombination mit Al_2O_3. Am linken Rand sind die der Literatur entnommenen Selbstdiffusionskoeffizienten[1] eingezeichnet und es ist festzustellen, daß sich diese Werte gut an den Verlauf der $\tilde{D}$-Werte innerhalb der β-Phase anpassen. Außerdem wird deutlich, daß unabhängig von der verwendeten (Zr-Al)-Ausgangslegierung derselbe charakteristische Verlauf des chemischen Diffusionskoeffizienten in Abhängigkeit von der Al-Konzentration erhalten wird.

Diese $\tilde{D}$-Werte wurden nun in Abhängigkeit von der Temperatur und für die $\tilde{D}$-Werte der Phasen Zr_2Al_3 und $ZrAl_2$ auch in Abhängigkeit von der Konzentration der Ausgangslegierung aufgetragen. Die zuletzt genannte Abhängigkeit wird in Abb. 8 wiederge-

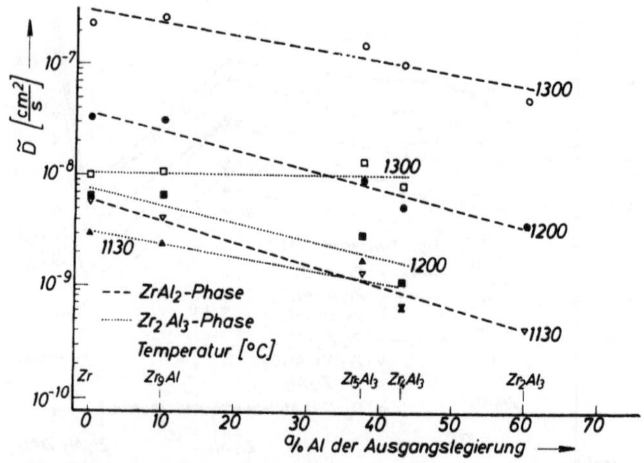

Abb. 8. Abhängigkeit des Diffusionskoeffizienten von der Ausgangslegierung für die Zr_2Al_3- und $ZrAl_2$-Phase

geben. Daraus folgt, daß die $\tilde{D}$-Werte mit zunehmender Al-Konzentration der Ausgangslegierung kleiner werden. Die Abhängigkeit ist zunächst erstaunlich, zumal nach den Gesetzen der Diffusion die $\tilde{D}$-Werte für eine bestimmte Konzentration unabhängig von der Ausgangskombination sein müßten. Wird allerdings bedacht, daß diese Gesetze streng nur für Systeme mit durchgehender Mischbarkeit gültig sind und es sich im vorliegenden Fall ja um Vielphasendiffusion handelt, so kann angenommen werden, daß die unterschiedliche Zahl von Phasengrenzen in der Diffusionszone je nach Wahl der Ausgangskombination einen Einfluß auf den Diffusionskoeffizienten hat.

Die Temperaturabhängigkeit von $\tilde{D}$ befolgt die durch Gl. (2) gegebene Arrhenius-Beziehung. Aus dieser lassen sich die D_0- und Q-Werte der chemischen Diffusion ableiten. Das Ergebnis ist in

Tabelle 1. Vergleichende Darstellung der D_0- und Q-Werte

Phase (Schicht)	Kombination		$D_0 \left[\frac{cm^2}{s}\right]$	$Q \left[\frac{kcal}{Mol}\right]$
$(ZrO_2 + ZrAl_2)$-Phase (1)	Zr-	Al_2O_3	$3 \cdot 10^6$	94
	Zr_9Al-	Al_2O_3	$5 \cdot 10^7$	103
	Zr_5Al_3-	Al_2O_3	$2 \cdot 10^{10}$	123
	Zr_4Al_3-	Al_2O_3	$9 \cdot 10^{10}$	129
	Zr_2Al_3-	Al_2O_3	$4 \cdot 10^{10}$	129
Zr_2Al_3-Phase (2)	Zr-	Al_2O_3	$2 \cdot 10^{-4}$	31
	Zr_9Al-	Al_2O_3	$1 \cdot 10^{-3}$	36
	Zr_5Al_3-	Al_2O_3	$3 \cdot 10^{-1}$	53
	Zr_4Al_3-	Al_2O_3	9	65
Zr_4Al_3-Phase (3)	Zr-	Al_2O_3	$3 \cdot 10^{-1}$	46
	Zr_9Al-	Al_2O_3	$6 \cdot 10^{-1}$	49
	Zr_5Al_3-	Al_2O_3	2	51
	$Zr-Zr_2Al_3$		$2 \cdot 10^5$	91
β-Phase (6) bei 14 At.% Al	Zr-	Al_2O_3	$2 \cdot 10^{-1}$	46
	Zr_9Al-	Al_2O_3	$5 \cdot 10^{-3}$	39
	$Zr-Zr_2Al_3$		$8 \cdot 10^{-2}$	46
α-Phase (7)	$Zr-Al_2O_3$		$5 \cdot 10^{-5}$	19

Tabelle 1 wiedergegeben. Aus der Größe der Aktivierungsenergien Q folgt der Hinweis, daß die Diffusion im Bereich der α-Phase interstitiell und in den übrigen Bereichen substitutionell erfolgt.

Al_2O_3-Sinterkörper und Al_2O_3-Einkristalle

Da gute Gründe für die Annahme sprechen, daß in Al_2O_3-Sintermaterial die Volumen-, Korngrenzen- und Oberflächendiffusion unübersichtlich nebeneinander ablaufen werden, wurden Vergleichsuntersuchungen mit einkristallinem Al_2O_3 (Saphir) durchgeführt, wo Oberflächen- und Korngrenzendiffusion auszuschließen ist. Der Aufbau beider Zonen kann in Abb. 9 verglichen werden. Im linken Teilbild wird die Kombination Saphir-Zr und im rechten Teilbild die Kombination gesintertes Al_2O_3-Zr dargestellt, und es ist dieser

Abbildung zu entnehmen, daß sich bezüglich Ausdehnung und Aufbau identische Diffusionszonen ergeben, also Korngrenzen- bzw. Oberflächendiffusion im gesinterten Al_2O_3 zu vernachlässigen ist.

Auf eine Besonderheit sei hier noch hingewiesen. Während das Saphirscheibchen auch nach der Diffusionsglühung fest am Zr anhaftete, bildete sich am Übergang von gesintertem Al_2O_3 zur Zr-

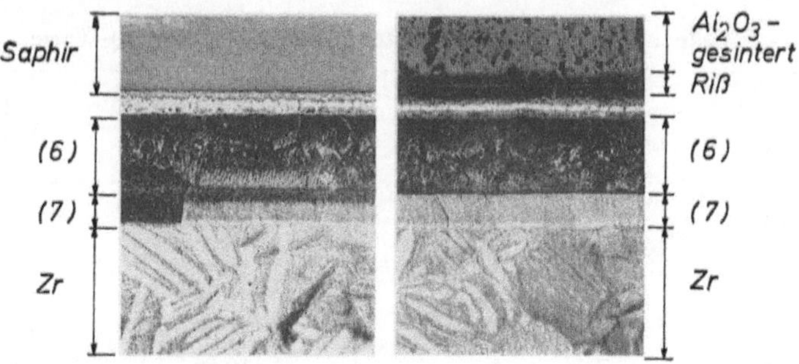

Abb. 9. Kombination Saphir-Zr-Al_2O_3 (gesintert): Vergleich der Diffusionszone (1300° C; 2,5 h; Vergrößerung 50fach)

Schicht (1) ein breiter Riß aus. Diese Rißbildung wurde bei Verwendung von gesintertem Al_2O_3 oft beobachtet. Aus Abb. 9 geht jedoch hervor, daß diese Rißbildung keinen Einfluß auf das Wachstum der einzelnen Schichten hat, woraus gefolgert werden kann, daß sich derartige Risse erst nach der Diffusionsglühung beim Abkühlvorgang ausbilden.

Isotherme Schnitte durch das System Zr-Al-O

Aus der Gesamtheit der beschriebenen Diffusionsuntersuchungen konnte außer den zahlreichen Diffusionsdaten als weiteres Ergebnis der Aufbau von isothermen Schnitten im ternären Zustandsdiagramm Zr-Al-O abgeleitet werden. Die Voraussetzung für den Zusammenhang zwischen Zustandsschaubild und Aufbau der Diffusionszone ist die Existenz eines lokalen thermodynamischen Gleichgewichtes in der Diffusionszone.

In Abb. 10 sind die erhaltenen Ergebnisse eingetragen. Die mit durchgezogenen Linien eingezeichneten Zweiphasengleichgewichte können als gesichert angesehen werden. Die gestrichelt eingezeichneten Zweiphasengleichgewichte konnten zwar nicht direkt nachgewiesen werden, ihrer Lage kommt jedoch ein hoher Grad an Wahrscheinlichkeit zu, zumal, wie bereits vorher erwähnt, zwischen den (Zr-Al)-Legierungen in Kombination mit ZrO_2 keine Diffusion stattgefunden hat, woraus gefolgert wurde, daß diese Kombinationen bereits im Gleichgewicht vorliegen.

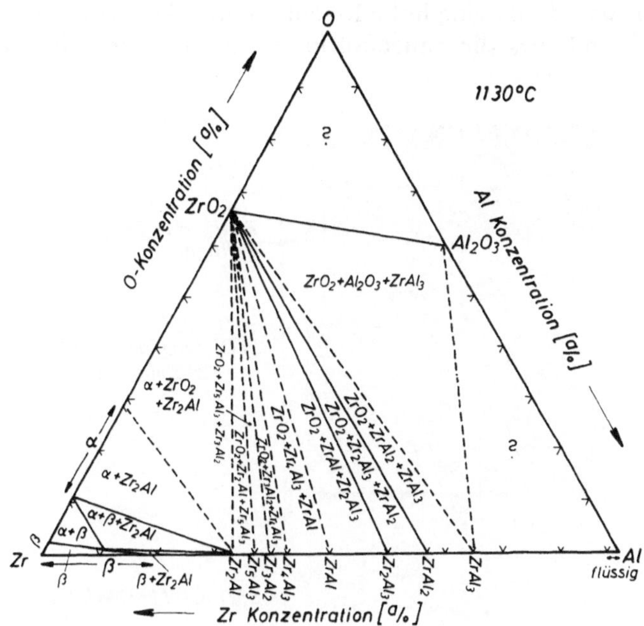

Abb. 10. System ZrAl-O: Isothermer Schnitt bei 1130° C

Als einzige Phase mit einem ternären Homogenitätsbereich wurde die β-Phase ermittelt.

ZrO_2 als Feststoffelektrolyt

Zwischen der Kombination Al_2O_3 und ZrO_2 läuft kein Diffusionsvorgang ab. Wird jedoch, wie in Abb. 11 dargestellt, ein Probenpaket aus Al_2O_3-ZrO_2-Zr aufgebaut, so tritt am Übergang Al_2O_3-ZrO_2 eine metallische Diffusionsschicht auf. Dieser Effekt wird, wenn auch in schwächerem Maße, dann beobachtet, wenn anstelle von Zr die Legierung Zr_9Al verwendet wird. Er tritt jedoch nicht auf, wenn anstelle von Zr eine der Phasen Zr_5Al_3, Zr_4Al_3, Zr_2Al_3 oder $ZrAl_3$ eingesetzt wird.

Das sind offenbar solche Legierungen, die im Gegensatz zu Zr und Zr_9Al nicht in der Lage sind, Sauerstoff zu lösen, was mittels Gasanalyse nachgewiesen werden konnte. Demnach muß der Sauerstoff in starkem Maße am ablaufenden Diffusionsmechanismus beteiligt sein.

Bekanntlich findet hochtemperaturstabilisiertes ZrO_2 in der Technik als Feststoffelektrolyt Verwendung. Solche Feststoffelektrolyte zeichnen sich durch eine hohe Ionenbeweglichkeit aus. Im vorliegenden Fall sind dies die Sauerstoffionen, da aufgrund der Stabilisierungszusätze im ZrO_2 eine erhöhte Anzahl von Sauerstoffionenleerstellen vorliegt. Damit kann der ablaufende Diffusionsmechanismus folgendermaßen erklärt werden.

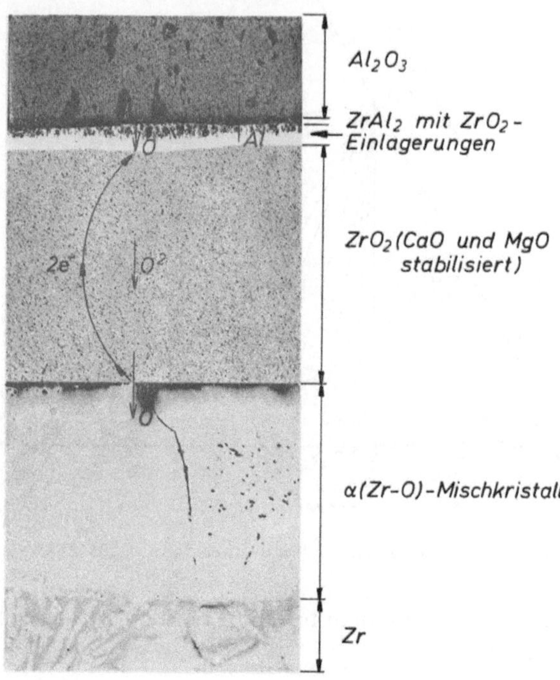

Abb. 11. Kombination Al_2O_3-ZrO_2-Zr: Erläuterung des Transportmechanismus

Zr löst aufgrund der großen Sauerstoffaffinität atomaren Sauerstoff, der durch das ZrO_2 vom Al_2O_3 her in ionisierter Form nachgeliefert wird. Bei den geringen Sauerstoffpartialdrücken der an das ZrO_2 angrenzenden Materialien Al_2O_3 und Zr tritt im ZrO_2 neben dem Transport von Sauerstoffionen auch ein Transport von Elektronen auf, der für den Ablauf der Reaktion notwendig ist, weil sich sonst ein elektrisches Feld aufbauen würde, das den Reaktionsablauf rasch zum Erliegen brächte. Eine denkbare Anwendung dieses

Effektes könnte das Anbringen einer fest haftenden Metallschicht auf einer ZrO_2-Oberfläche sein. Außerdem könnte durch eine solche Anordnung der Ionenfluß gesteuert werden.

Dank

Der Deutschen Forschungsgemeinschaft sei für die finanzielle Unterstützung dieser Arbeit gedankt, den Herren Dr. F. Aldinger und Dr. R. Kirchheim für wertvolle Hinweise.

Zusammenfassung

Mittels quantitativer Mikrosondenanalytik wurde das Diffusionsverhalten im ternären System Zr-Al-O, begrenzt durch die Phasen Zr, $ZrAl_3$, Al_2O_3 und ZrO_2 bei Temperaturen zwischen 1000° C und 1300° C untersucht. Der Aufbau der Diffusionszonen, die Zeit- und Temperaturabhängigkeit des Wachstums der sich bildenden Diffusionsschichten sowie die Konzentrations- und Temperaturabhängigkeit der chemischen Diffusionskoeffizienten wurden beschrieben. An Hand der Aktivierungsenergien können Rückschlüsse auf die Art des ablaufenden Diffusionsmechanismus gezogen werden.

Durch Vergleichsmessungen mit einkristallinem Al_2O_3 (Saphir) anstelle des sonst verwendeten, dicht gesinterten polykristallinen Al_2O_3 wird gezeigt, daß Korngrenzen- bzw. Oberflächendiffusion im gesinterten Al_2O_3 zu vernachlässigen ist.

Aus der Gesamtheit der Diffusionsuntersuchungen wurde der Aufbau eines isothermen Schnittes des ternären Zustandsschaubildes Zr-Al-O abgeleitet. Außerdem wurde ein besonders gearteter Diffusionsmechanismus beschrieben, der bei der Untersuchung der Kombination Al_2O_3-ZrO_2-Zr zu beobachten ist.

Summary

Chemical Diffusion in the Zr-Al-O Ternary System

By means of quantitative electron microprobe analysis the chemical diffusion within the Zr-Al-O ternary system was studied at temperatures between 1000° C and 1300° C. The composition of the diffusion zones is described as well as the time and temperature dependency of the growth of the different diffusion layers.

The concentration- and temperature dependency of the chemical diffusion coefficients is discussed. By means of the activation energy of chemical diffusion hints on the kind of diffusion mechanism are obtained. The replacement of sintered Al_2O_3 by single crystal sapphire showed, that grain boundary and surface diffusion within the sintered Al_2O_3 can be neglected.

From the data obtained during this work an isothermal section of the Zr-Al-O ternary diagram is obtained. A special diffusion mechanism observed during the study of the combination Al_2O_3-ZrO_2-Zr is described.

Literatur

[1] A. Gukelberger, Dissertation, Universität Stuttgart, 1975.

[2] A. Gukelberger und S. Steeb, Z. Metallkde. (1977).

[3] G. V. Kidson und G. D. Miller, J. Nucl. Mat. **12,** 61 (1964).

[4] Herrn K. F. J. Heinrich (NBS, Washington, D. C.) sei für die Überlassung des FRAME-Programmes gedankt.

[5] T. O. Ziebold und R. E. Ogilvie, Analyt. Chemistry **36,** 322 (1964).

[6] P. Duncumb und P. K. Shields, Brit. J. Appl. Phys. **14,** 617 (1963).

[7] J. Philibert, Métaux, Corrosion, Industries **40,** 157, 216, 325 (1964).

[8] A. T. Nelms, Nat. Bur. St. Circular **577** (1956) und Supplement 1958.

[9] M. Hansen, Constitution of Binary Alloys, New York: McGraw Hill. 1958.

Korrespondenz und Sonderdrucke: Privat-Dozent Dr. rer. nat. Siegfried Steeb, Max-Planck-Institut für Metallforschung, Institut für Werkstoffwissenschaften, Seestraße 92, D-7000 Stuttgart 1, Bundesrepublik Deutschland.

Mikrochimica Acta [Wien], Suppl. 7, 389—403

MIKROCHIMICA ACTA

Mitteilung aus dem Bereich Technik Werkstoffe der Kraftwerk Union AG, Mülheim/Ruhr

Mikroanalytische Untersuchungen hochwarmfester Legierungen für Gasturbinenschaufeln*

Von

Volker Thien, Udo Schieferstein und **Wolfgang Voss**

Mit 9 Abbildungen

(Eingegangen am 27. Oktober 1976)

An Werkstoffe für Gasturbinenschaufeln werden von ihren Einsatzbedingungen her besondere Anforderungen gestellt. Sie müssen zum einen bei den hohen Betriebstemperaturen ausreichende Festigkeit aufweisen, zum anderen dem durch die chemische Zusammensetzung der verwendeten Brenngase verursachten Korrosionsangriff standhalten. Die Festigkeitsanforderungen bei hohen Temperaturen sind nur durch komplex zusammengesetzte hochwarmfeste Legierungen zu erfüllen; die daraus gefertigten Schaufeln müssen zur Verbesserung der Beständigkeit gegen Hochtemperaturkorrosion für manche Einsatzfälle mit Oberflächen-Schutzschichten versehen werden.

Die mechanischen Werkstoffeigenschaften sind abhängig von der Art des Gefüges; dieses ist beeinflußt durch chemische Zusammensetzung, Wärmebehandlung, Korngröße sowie von Größe, Verteilung und Wechselwirkung einzelner Bestandteile. Der Bestimmung einzelner intermetallischer Verbindungen und Phasen kommt bei der Gefügebeurteilung besondere Bedeutung zu. Bei Schutzschichten interessiert sowohl ihre chemische Zusammensetzung wie ihr Verhalten bei den Wärmebehandlungen, die zur Einstellung der mecha-

---

* Vortrag anläßlich des 8. Kolloquiums über metallkundliche Analyse mit besonderer Berücksichtigung der Elektronen- und Ionenstrahl-Mikroanalyse, Wien, 27. bis 29. Oktober 1976.

nischen Eigenschaften des Grundwerkstoffes nötig sind und die überwiegend erst nach Aufbringen der Schutzschicht durchgeführt werden können.

Zur Bestimmung von Gefügebestandteilen ist die Mikroanalyse mit dem energiedispersiven Analysensystem am Rasterelektronenmikroskop wegen ihrer guten Auflösung und ihres geringen Präparationsaufwandes sehr gut geeignet; ihre Anwendung ist in der vorliegenden Arbeit an zwei Beispielen geschildert. Für unsere Untersuchungen standen das Hochleistungs-REM Cambridge Stereoscan S 180 mit dem Analysensystem EDAX V, versehen mit dem Vielkanalanalysator 707 B und der Auswerteeinheit MICRO-EDIT zur Verfügung.

Identifizierung einer unbekannten Phase in der Nickelbasis-Gußlegierung IN-738 LC (G-NiCr16 Co8 AlTiWMo)

Die hochwarmfeste Nickelbasis-Gußlegierung IN-738 LC wird als Schaufelwerkstoff stationärer Gasturbinen großer Leistung eingesetzt. Ausschlaggebende Eigenschaften von Gußlegierungen dieses

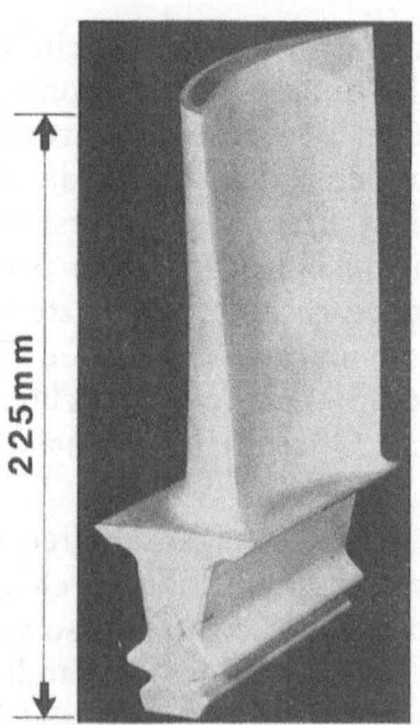

Abb. 1. Gasturbinen-Laufschaufel aus der hochwarmfesten Nickelbasis-Gußlegierung IN-738 LC

Typs sind das sehr gute Zeitstandverhalten und die Beständigkeit gegen Hochtemperaturkorrosion. Die Betriebstemperaturen der Schaufeln liegen zwischen 780⁰ C und 890⁰ C.

In Abb. 1 ist eine aus IN-738 LC gefertigte Laufschaufel gezeigt, wie sie in der ersten Laufreihe einer stationären Gasturbine Verwendung findet. Tabelle 1 gibt zunächst die Richtwerte für die chemische Zusammensetzung der Gußlegierung an. Mit Rücksicht

Tabelle 1
Zusammensetzung und Eigenschaften der hochwarmfesten Gußlegierung IN-738 LC (G-NiCr16 Co8 AlTiWMo)

Chemische Zusammensetzung (%)	C = 0,10		
(Richtwerte)	Cr = 16,0		Ni = Rest
	Co = 8,5		
	Mo = 1,7		
	W = 2,6		
	Al = 3,4		
	Ti = 3,4		
	Ta = 1,7		
	Nb = 0,8		
	B = 0,01		
(Stückanalyse aus	Zr = 0,03	... 0,08	
$n = 15$ Schmelzen)	S = 0,002	... 0,006	

Wärmebehandlung: 1120° C 2 h/Luft + 845° C 24 h/Luft

Zeitstandfestigkeit bei 800° C (100 000 h):

$\sigma_{B_{10^5}} = 145$ N/mm² (Mittelwert)

auf das Ergebnis der nachfolgend beschriebenen Untersuchungen sind außerdem die Spannen für die Zr- und S-Gehalte genannt, wie sie in Stückanalysen von Schaufeln aus $n = 15$ Schmelzen gemessen wurden. Darüber hinaus ist die für Gußstücke aus diesem Werkstoff übliche Wärmebehandlung sowie als kennzeichnende mechanische Eigenschaft die Zeitstandfestigkeit für 10^5 h bei 800° C aufgeführt.

Nach dem während des Fertigungsganges erfolgten Schleifen der Schaufelfußoberfläche zeigte die Rißprüfung nach dem Farbeindringverfahren eine Anzahl von Schleifrissen an, deren Ursache durch eine eingehende metallographische Untersuchung geklärt werden sollte.

Bei der Prüfung der entnommenen Schliffe wurden weitere Risse entdeckt, die in deutlichem Abstand von der Oberfläche entfernt lagen und keine Verbindung mit den primären Schleifrissen hatten. Diese Risse verliefen in einer zunächst unbekannten Phase, die jedoch, wie vergleichende Untersuchungen an Schmelzen verschiedener Hersteller zeigten, sporadisch auftrat und nur bei Vorliegen eines mehrachsigen Spannungszustandes — wie er beim Schleifen entstehen kann — in sich getrennt waren. An gebrochenen Kerbschlag- und Zugproben war ebenfalls zu sehen, daß diese Phase in unmittelbarer Nähe der Bruchfläche, also in verhältnismäßig stark plastisch verformten Bereichen, ebenfalls gerissen war.

Abb. 2 zeigt in zwei Schliffaufnahmen das Gefüge von IN-738 LC. Auf beiden Aufnahmen ist in feiner Verteilung die γ'-Phase zu erkennen — diese Phase ist bekanntlich verantwortlich für die gute Zeitstandfestigkeit des Werkstoffes — das γ/γ'-Eutektikum in den hellen Bereichen sowie MC-Carbide, die hier deutlich grau gefärbt erscheinen. Zwischen den MC-Carbiden ist, kräftig braun gefärbt, die erwähnte Phase zu erkennen. Das linke Teilbild stammt von einer Probenstelle in Oberflächennähe, also unter Einfluß des durch das Schleifen hervorgerufenen mehrachsigen Spannungszustandes, der auf einer Thermoschockbeanspruchung (lokale Erwärmung und spontane Abkühlung durch das Kühlmedium) beruht; hier ist die Phase eindeutig getrennt. In Probenmitte, etwa 10 mm von der Oberfläche entfernt, weist dagegen die Phase keine Anrisse auf.

Um genauere Kenntnis von Zusammensetzung und Herkunft dieser Phase zu erhalten, wurde die Probe mikroanalytisch mit dem energiedispersiven Analysenzusatz am REM untersucht. Die Anwendung dieses Analysenverfahrens in situ ist in einer umfassenden Arbeit von Brezina, Erdös und Mitarbeitern[1] auch am Werkstoff IN-738 LC erprobt und als sehr aussichtsreich beurteilt worden; die mitgeteilten Erfahrungen konnten in der vorliegenden Arbeit berücksichtigt werden.

In Abb. 3 sind im oberen Teilbild zunächst bei gleicher Vergrößerung lichtoptische und elektronenoptische (REM) Aufnahmen einer Probenstelle, die diese Phase neben Carbidausscheidungen zeigt, einander gegenübergestellt. Im REM-Bild erkennbar, sind die Carbidausscheidungen erhaben; die zu identifizierende Phase ist offensichtlich viel weicher, was an dem stärkeren Schleifabtrag bei der Schliffherstellung erkennbar ist. Die zuerst bei den für REM-Beobachtungen üblichen Beschleunigungsspannungen ($U_B = 20$ bzw. 30 kV) vorgenommenen energiedispersiven Analysen ergaben einen breiten Peak bei $\sim$2,1 keV; hier überlagern sich bekanntlich die L-Linien von Zr, Mo, Nb und die S-K_α-Linie, so daß die im linken unteren Bildteil gezeigte Verteilung diesen Elementen zusammen zuzuordnen ist. Die MC-Carbide zeigen die aus der Literatur bekannte Zusammensetzung (Ta, Nb, Ti) C; als Beispiel ist rechts die Ti-Verteilung angegeben.

Die Schwierigkeit der Trennung von Zr, Nb und Mo wegen der Koinzidenz der zugehörigen L-Linien — die im allgemeinen die Hinzuziehung weiterer Analysenmethoden notwendig machte[1] —

läßt sich jedoch beheben, wenn man die erheblich schärferen K-Linien dieser Elemente zur Identifizierung benützen kann. Im vorliegenden Fall gelang es, durch Erhöhung der Strahlspannung auf

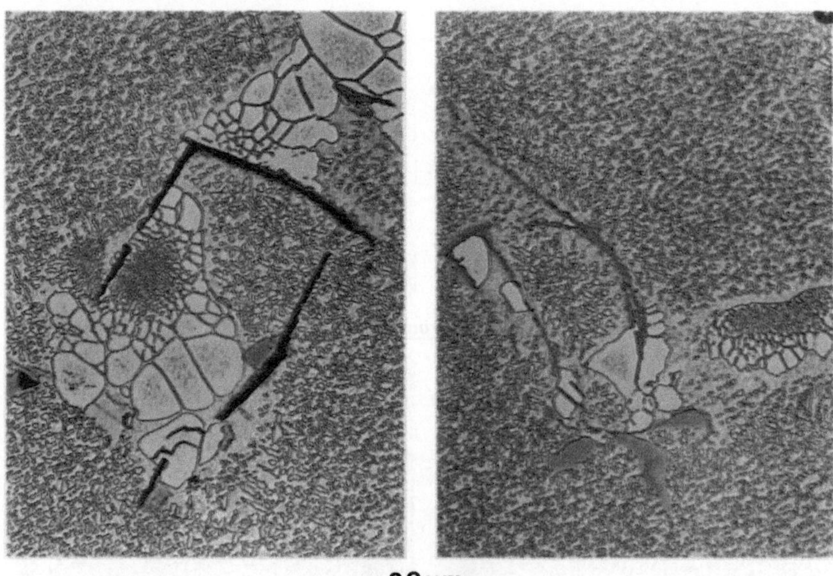

Abb. 2. Schleifrissigkeit in einer zu identifizierenden Phase (braun gefärbt). Links: Probenstellen in Randnähe, Phase getrennt; rechts: Stelle in Probenmitte. Präparation: 30 Vol.% Adlerlösung, 70 Vol.% Alkohol, Tauchätzung bei Raumtemperatur

$U_B \geq 40$ kV die K-Spektren der genannten Elemente anzuregen und die gewünschte Unterscheidung zu treffen.

Dies wird in Abb. 4 deutlich. Das Gesamtspektrum der energiedispersiven Analyse ist zunächst bei üblicher Beschleunigungsspannung aufgenommen; der Bremsstrahlungsuntergrund ist abgezogen. Der Peak bei 2,1 keV ist sowohl Zr-L_α, Nb-L_α, Mo-L_α wie S-K_α zuzuordnen. Erst bei $U_B = 40$ kV Strahlspannung sind Zr-K_α und Nb-K_α sauber zu trennen; die eingeblendete Markierung der Peaklage für Mo-L_α beweist, daß dieses Element in der Phase nicht enthalten ist. Damit ist die weitere Untersuchung des zunächst nicht zu deutenden 2,1 keV-Peaks möglich; die unteren Teilbilder zeigen den entsprechenden Ausschnitt aus dem Gesamtspektrum vor und nach elektronischem Abzug von Zr- und Nb-L_α. Der resultierende symmetrische Restpeak erlaubt den direkten Nachweis von S.

Bei der untersuchten Phase handelt es sich also um ein Sulfid wechselnder Zusammensetzung mit der hauptsächlichen Metallkomponente Zr neben Nb. Eine solche Phase der ungefähren Zu-

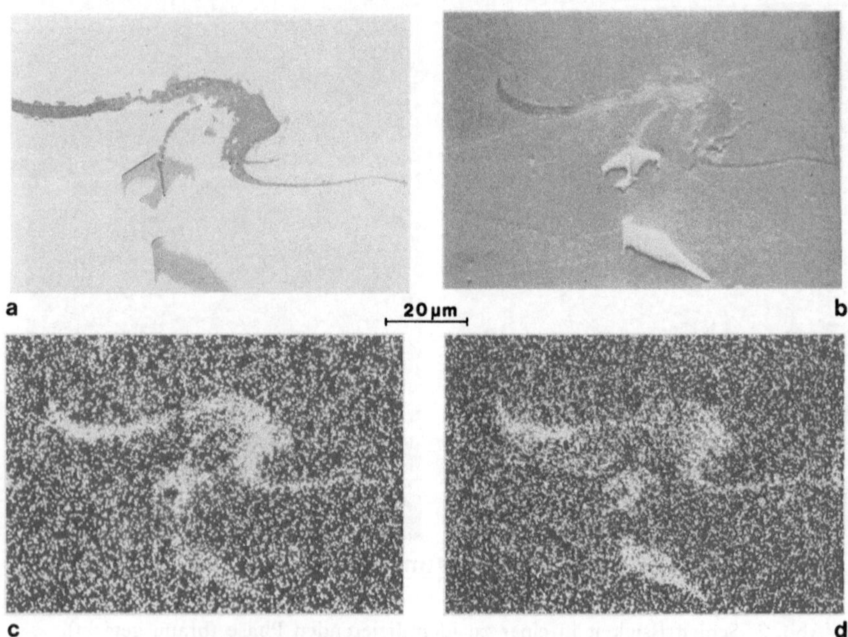

Abb. 3. Energiedispersive Mikroanalyse der Phasen
a) Lichtoptische Aufnahme; b) REM-Bild; c) Verteilung Zr-L_α/Nb-L_α-Mo-L_α/S-K_α; d) Verteilung Ti-K_α

sammensetzung ZrS_x ($x \leq 2$) erwähnen sowohl Brezina et al.[1] als auch Stickler[2] in einem Übersichtsreferat. Nach den genannten Autoren soll diese Phase bevorzugt zusammen mit Carbidausscheidungen auftreten, wobei der Typus MC weit überwiegt. Die Untersuchung einer weiteren Probenstelle erlaubte die Untermauerung dieser Aussage. Abb. 5 zeigt zunächst die REM-Aufnahme von Carbidausscheidungen in unmittelbarer Nachbarschaft der genannten Phase.

Abb. 5. ZrS_x-Phase neben MC-Carbiden in IN-738 LC (Energiedispersive Analyse)
a) REM-Bild; b) Ta-Verteilung; c) Gesamtspektrum MC-Carbid; d) Zr-Verteilung; e) S-Verteilung; f) Gesamtspektrum ZrS_x-Phase

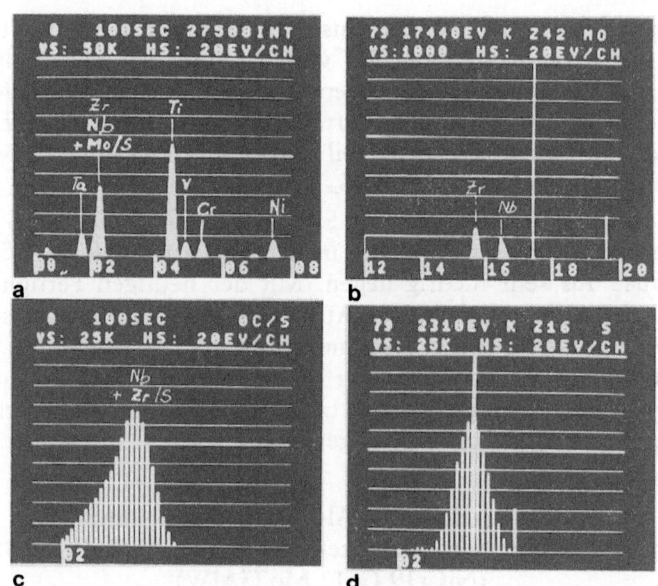

Abb. 4. Identifizierung der Phasenelemente in IN-738 LC
a) Energiedispersives Gesamtspektrum; b) Trennung Zr-K_α/Nb-K_α bei $U_B = 40$ kV, Mo negativ; c) Überlagerung Zr-L_α/Nb-L_α/S-K_α; d) S-K_α Peak nach elektronischer Subtraktion von Zr und Nb

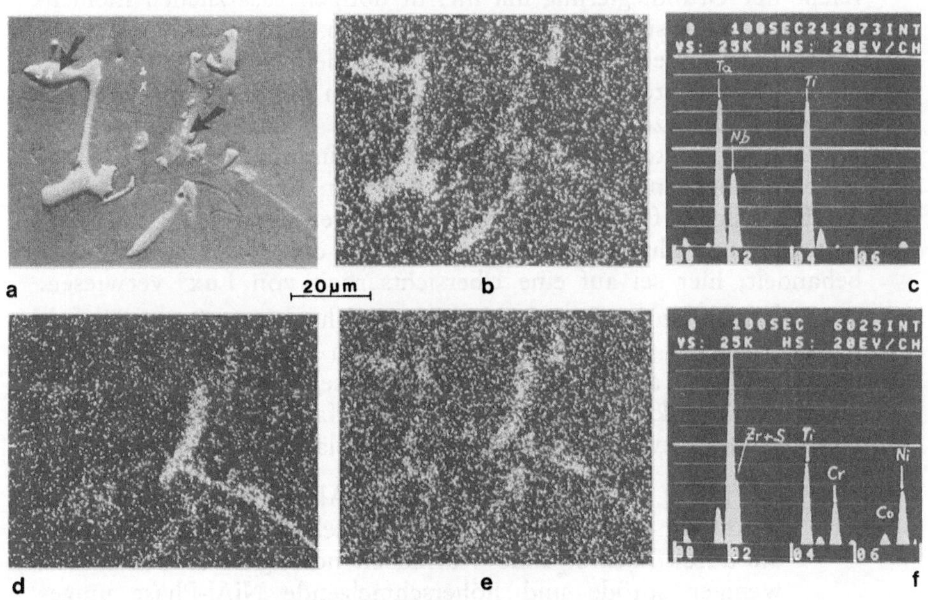

Abb. 5

Das Carbid hat die bekannte Zusammensetzung — (Ta, Nb, Ti) C — wie aus dem Verteilungsbild von Ta und der ED-Analyse der durch einen Pfeil markierten Probenstelle hervorgeht. Durch die Röntgenrasterbilder der Zr- und S-Verteilung sowie durch das ED-Spektrum der mit einem weiteren Pfeil markierten Probenstelle wird die Zusammensetzung der Phase ZrS_x erneut bestätigt.

Die in Tabelle 1 angegebenen Stückanalysen für Zr und S zeigen, daß die Gehalte dieser Elemente in der Legierung IN-738 LC schon von Hause aus sehr niedrig liegen. Mit der heutigen Fertigungsmethode ist es nicht möglich, das Auftreten der Phase ZrS_x durch gezielte Maßnahmen bei der Erschmelzung sicher zu vermeiden. Daher mußten bei der Schaufelfertigung die Schleifparameter systematisch solange verändert werden, bis es trotz der Anwesenheit dieser Phase nicht mehr zu Werkstofftrennungen kam.

Untersuchung einer Cr, Al-Oberflächenschutzschicht auf der geschmiedeten Nickelbasis-Legierung Udimet 520 (NiCr19 Co12 MoTiAlW)

Schutzschichten auf hochwarmfesten Legierungen für Gasturbinenschaufeln haben die Aufgabe, den Angriff von Hochtemperaturkorrosion zu verhindern. Ein oft beschrittener Weg ist, die Oberfläche der Grundlegierung mit hierfür nötigen zusätzlichen Elementen durch Diffusionsverfahren anzureichern. Die in die Oberfläche eindiffundierenden Elemente können mit den Legierungselementen des Grundwerkstoffes neue Phasen bilden, in denen ein oder mehrere Elemente gleichzeitig enthalten sind. Von Vorteil ist dabei, daß Diffusionsschichten meist eine innige Verbindung mit dem Grundmaterial eingehen und nur zu einer geringen Veränderung der Bauteilabmessungen führen. Herstellungsverfahren derartiger Diffusionsschichten und ihre Eigenschaften sind in der Literatur ausgiebig behandelt; hier sei auf eine Übersichtsarbeit von Lux[3] verwiesen.

Zur Ausbildung einer Oxidschicht auf hochwarmfesten Nickelbasislegierungen wird vor allem Aluminium (Bildung von Al_2O_3 an der Oberfläche) als wesentliches Diffusionselement verwendet, wobei in Abhängigkeit von der durch das Verfahren bedingten Aluminium-Aktivität zwei verschiedene Prozeßabläufe möglich sind:

a) bei hoher Al-Aktivität diffundiert Al rasch nach innen, es wird eine aus der Ni_2Al_3-Phase bestehende Schicht gebildet, die durch nachfolgende Wärmebehandlung in die wesentlich weniger spröde und höherschmelzende NiAl-Phase umgewandelt wird („Einwärts-Diffusion des Al“).

b) bei Verwendung von Cr-, Cu- oder Ni-legiertem Aluminium wird die Al-Aktivität bei der Diffusion gesenkt, so daß Al langsam nach innen, Ni nach außen diffundiert und die NiAl-Phase direkt als Schicht gebildet wird („Auswärtsdiffusion des Ni").

Bei der praktischen Anwendung wird meist nicht nur Al in die Oberfläche eingebracht. Man verwendet in mehreren Stufen verschiedene Elemente nacheinander oder läßt gleichzeitig mehrere Elemente eindiffundieren, so z. B. Cr, das als Schutz gegen Alkalisulfatkorrosion dient.

Tabelle 2. Zusammensetzung und Eigenschaften der hochwarmfesten geschmiedeten Legierung Udimet 520 (NiCr19 Co12 MoTiAlW)

Chemische Zusammensetzung (%)	C	=	0,04	
(Richtwerte)	Cr	=	19,0	Ni = Rest
	Co	=	12,5	
	Mo	=	6,5	
	Ti	=	3,0	
	Al	=	2,1	
	W	=	1,0	
	Fe	≤	2,0	
	Si	≤	0,15	
	Mn	≤	0,15	
	B	≤	0,01	
	S	≤	0,015	

Wärmebehandlung: 1120° C 4 h/Luft + 840° C 24 h/Luft + 760° C 16 h/Luft

Zeitstandfestigkeit bei 800° C (100 000 h):

$\sigma_{B_{10^5}} = 75{,}5\ \mathrm{N/mm^2}$ (Mittelwert)

Eine weitere Forderung an eine solche Schutzschicht ist, daß sie sich nach dem Aufbringen während der zur Einstellung der Festigkeitseigenschaften des jeweiligen Schaufelwerkstoffes nötigen Wärmebehandlung nicht verändert und vor allem die gute Verbindung zum Grundwerkstoff erhalten bleibt. Dies war durch mikroanalytische Untersuchung einer Chromierungs-Alitierungsschicht zu überprüfen, die nach dem Pulverpack-Verfahren in zwei Schichten — erst Cr, dann Al — auf eine geschmiedete Gasturbinenschaufel aus Udimet 520 (NiCr 19 Co 12 MoTiAlW) aufgebracht worden war. Untersucht wurden Proben einmal nach dem Beschichten (Ausgangszustand), zum anderen nach der üblichen dreimaligen „Wärmebehandlung auf Festigkeitseigenschaften", die aus Tabelle 2 ersichtlich ist.

Zur besseren metallographischen Präparation wurden die Proben stromlos vernickelt, was bei der Beurteilung der nachfolgenden Bilder zu berücksichtigen ist.

In Abb. 6 ist unten im REM-Bild der Schliff einer Probe nach der Beschichtung, jedoch vor der Wärmebehandlung auf Festigkeits-

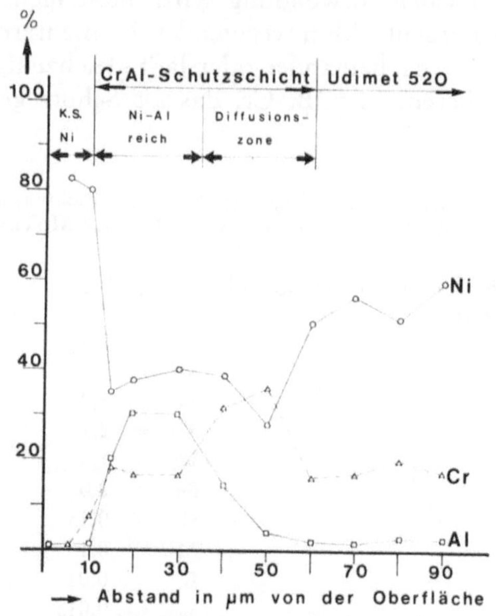

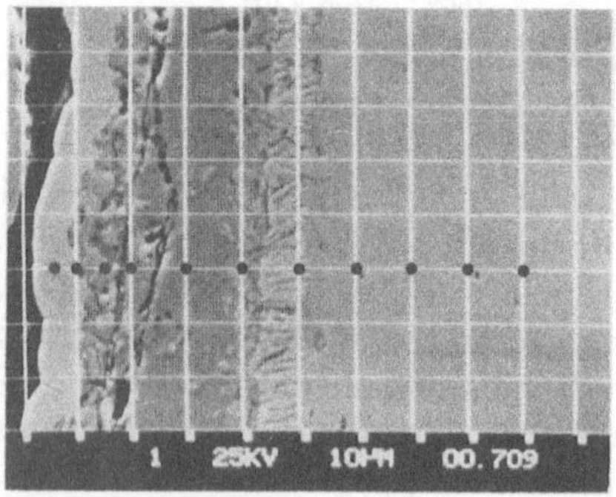

Abb. 6. Cr-Al-Oberflächenschutzschicht auf der hochwarmfesten Schmiedelegierung Udimet 520, Ausgangszustand. Unten: REM-Aufnahmen mit Markierung der Meßpunkte; oben: Konzentrationsprofile von Ni, Cr und Al

eigenschaften, gezeigt. Im Bild dunkel gefärbt ist die Schutzschicht zu erkennen, die aus zwei verschieden hellen Phasen besteht; diese wird links von der Ni-Präparationsschicht begrenzt. Rechts schließt sich an die Schutzschicht eine ebenfalls zweiphasige Diffusionsschicht an, die in den Grundwerkstoff übergeht.

Um einen Überblick über den Verlauf der Gehalte an Ni, Cr und Al zu gewinnen, wurden entlang der im Bild eingeblendeten Linie mit dem ED-Analysesystem Punktmessungen in Abständen

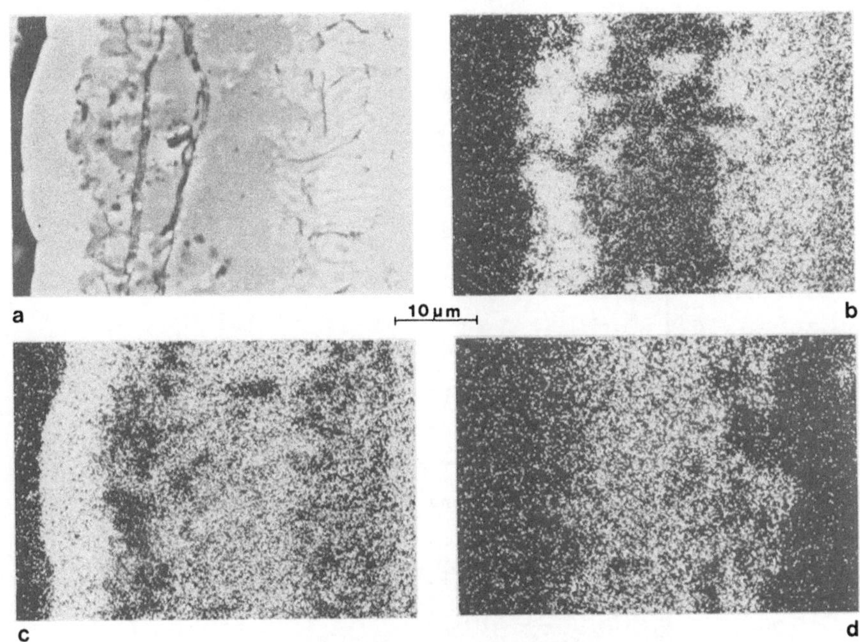

Abb. 7. Elementverteilung in der Schutzschicht im Ausgangszustand
a) REM-Aufnahme; b) Cr-Verteilung, c) Ni-Verteilung; d) Verteilung Al (Energiedispersive Analyse)

von 10 μm in der Schutzschicht und im Grundwerkstoff durchgeführt und auf den Grundwerkstoff als Standard bezogen. Die auf diese Weise erhaltenen halbquantitativen Analysenwerte sind in der graphischen Darstellung im oberen Bildteil als Konzentrationsprofile wiedergegeben; hierbei ist zu berücksichtigen, daß die örtlichen Meßwerte vom Anteil der verschiedenen Phasen am Meßpunkt naturgemäß beeinflußt sein können.

Deutlich ist zu erkennen, daß Cr und Al nacheinander aufgebracht wurden; die Maxima beider Kurven sind klar voneinander getrennt. Der Al-Gehalt erreicht in der Außenschicht bis zu 30%, während in der darunterliegenden Schicht Cr bis auf 35% angereichert ist. Der Ni-Gehalt liegt bei 37% und geht in der Diffusionszone etwas zurück infolge Cr-Anreicherung; Ni ist in der Hauptsache an Al gebunden in Form der NiAl-Phase.

Dieser Sachverhalt wird durch Abb. 7 verdeutlicht. Bei noch höherer Vergrößerung sind Schutzschicht und Diffusionszone im

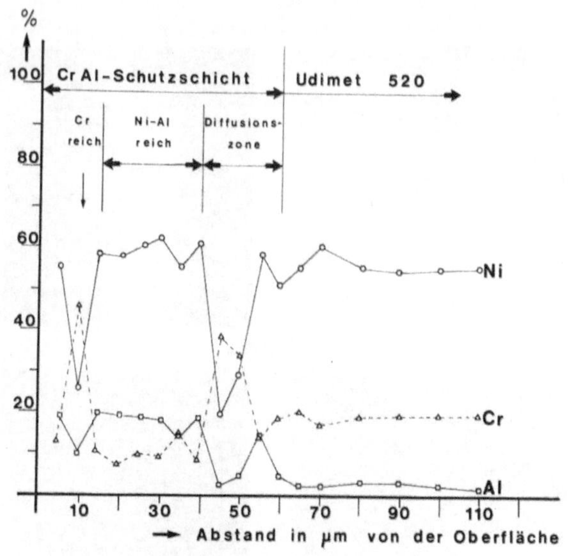

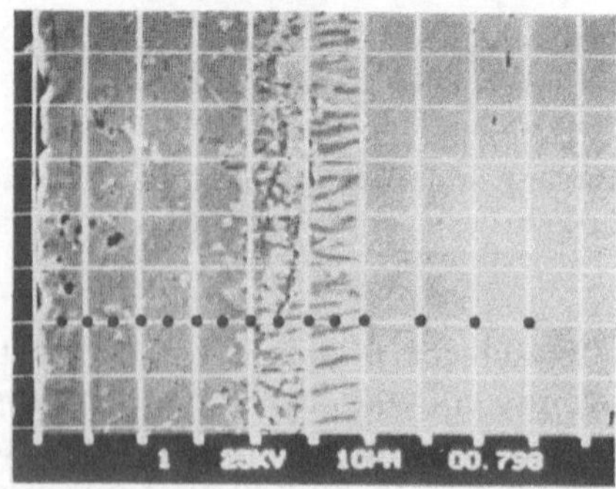

Abb. 8. Cr-Al-Oberflächenschutzschicht auf Udimet 520 nach „Wärmebehandlung auf Festigkeit". Oben: Konzentrationsprofile Ni, Cr und Al; darunter: zugehörige Meßpunkte in REM-Aufnahme

REM-Bild gezeigt und den Röntgenverteilungsbildern der genannten Elemente Cr, Al und Ni gegenübergestellt. Die hellere Phase im REM-Bild ist die Cr-reichere, sowohl in der Schutzschicht wie in der

Diffusionszone; die dunklere Phase ist Ni- und Al-reich, wie aus der geometrischen Zuordnung der Elementverteilung zum REM-Bild zu ersehen ist.

Nach der Wärmebehandlung auf Festigkeitseigenschaften war die zur Präparation aufgebrachte Ni-Schicht teilweise abgeplatzt; sie ist daher in der elektronenoptischen Aufnahme von Abb. 8 nicht mehr zu sehen. Die Schutzschicht bietet ein etwas gleichmäßigeres Aussehen; die Diffusionszone ist verbreitert und noch deutlicher strukturiert. Aus den in der gleichen Weise wie vorher erhaltenen

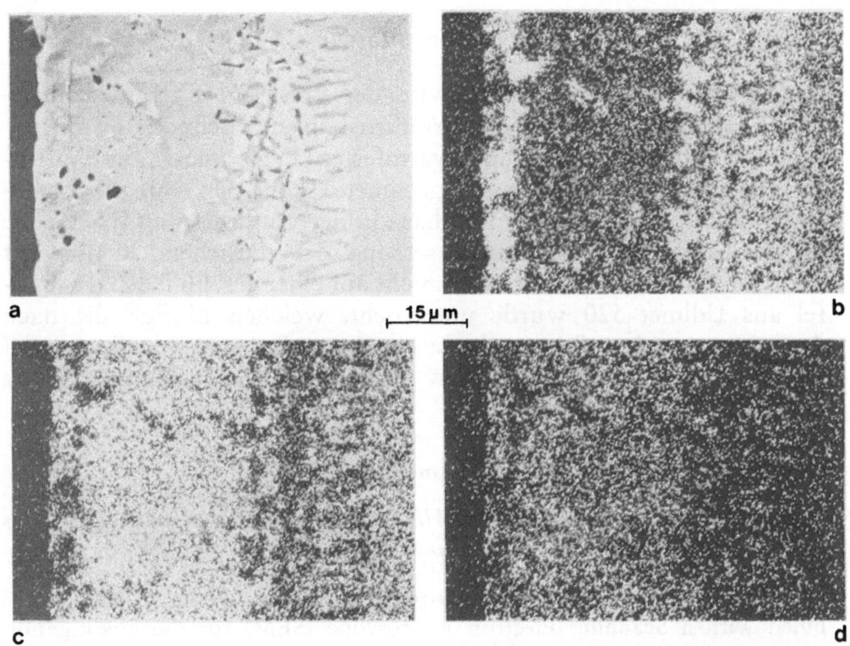

Abb. 9. Elementverteilung in der Schutzschicht nach Wärmebehandlung
a) REM-Aufnahme; b) Cr-Verteilung; c) Ni-Verteilung; d) Verteilung Al (Energiedispersive Analyse)

Konzentrationsprofilen von Ni, Cr und Al ist zu entnehmen, daß das Al deutlich nach innen diffundiert ist; der Kurvenverlauf zeigt nahezu ein Plateau bis zur Diffusionszone, was eine gleichmäßige Verteilung der NiAl-Phase bedeutet. Cr hat sich in der Oberfläche sowie in der Diffusionszone angereichert; relativ stark ist Ni nach außen gewandert, was in einer Ni-Verarmung der Diffusionszone resultiert.

Am grundsätzlichen Aufbau der Schicht hat sich jedoch, wie die Elementverteilungsbilder der Abb. 9 zeigen, auch nach der Wärmebehandlung auf Festigkeitseigenschaften nichts geändert. Im wesentlichen bleibt der zweiphasige Aufbau aus einer im REM-Bild helleren Cr-reichen Phase und einer dunkler erscheinenden NiAl-reichen Phase erhalten. Die Verteilung der wesentlichen Elemente hat sich in der Schutzschicht etwas ausgeglichen; der hauptsächliche Einfluß der Wärmebehandlung ist in der Verbreiterung der Diffusionszone zu sehen, die eine noch bessere Haftung der Schutzschicht am Grundwerkstoff bewirkt, was als positives Ergebnis zu werten ist.

Zusammenfassung

An Hand zweier Beispiele wird der Einsatz des energiedispersiven Analysensystems am Rastermikroskop zur Behandlung metallkundlicher Probleme an hochwarmfesten Legierungen für Gasturbinenschaufeln gezeigt. Durch geeignete Wahl der Anregungsspannung konnte eine unbekannte Phase in der Gußlegierung IN-738 LC als aus Sulfiden der Zusammensetzung ZrS_x bestehend identifiziert werden. Bei einer Cr-Al-Schutzschicht auf einer geschmiedeten Schaufel aus Udimet 520 wurde untersucht, welchen Einfluß die nach Aufbringung der Schutzschicht nötige „Wärmebehandlung auf Festigkeitseigenschaften" auf den Aufbau und die Zusammensetzung der Schutzschicht ausübt.

Summary

Microanalytical Investigations of High-Temperature Superalloys for Gas Turbine Blades

The application of an Energydispersive Analysis System (EDAX) combined with a Scanning Electron Microscope (SEM) for the investigation of metallurgical problems of high-temperature superalloys for gas turbine blades is described on the basis of two example investigations. Example 1: By adapting the excitation voltage, an unknown phase in the precision cast alloy IN-738 LC could be identified as a sulphide of the composition ZrS_x. Example 2: A Cr-Al-protective layer on a forged blade of Udimet 520 was examined; the influence of heat-treatment-for-properties, which is necessary after the deposition of any protective coating, on composition and structure of the protective layer was investigated.

Literatur

[1] P. Brezina, E. Erdös, Th. Geiger, L. Habel, M. Lorenz und W. Wintsch, Prakt. Metallographie **10**, 343, 377 (1973).

[2] R. Stickler, Phase Stability in Superalloys, in: P. R. Sahm und M. O. Speidel (Herausgeber), High Temperature Materials in Gas Turbines, Amsterdam – London – New York: Elsevier. 1974. S. 115.

[3] B. Lux, Z. Werkstofftechnik **4**, 345, 427 (1973).

Korrespondenz und Sonderdrucke: Dr. Volker Thien, Kraftwerk Union AG, Abt. Technik Werkstoffe/Metallurgie, Postfach 011420, D-4330 Mülheim/Ruhr, Bundesrepublik Deutschland.

Mikrochimica Acta [Wien], Suppl. 7, 405—414

MIKROCHIMICA
ACTA

Aus den Dolomitwerken Wülfrath, den Thyssen Edelstahlwerken Witten und dem Institut für analytische Chemie und Mikrochemie der Technischen Universität Wien

Mikroanalytischer Aufbau von Bad- und Spritzschlacken eines Chromnickelstahles im Elektroofenprozeß*

Von

K. H. Obst, W. Münchberg, M. Grasserbauer, M. Walter und W. D. Schubert

Mit 7 Abbildungen

(Eingegangen am 26. Oktober 1976)

Über die Schlackenbildung im Elektrolichtbogenofen bei der Herstellung hochlegierter Stähle, insbesondere während der einzelnen metallurgischen Abschnitte, liegt nur wenig Literatur vor. 1974 berichteten Obst et al.[1] im Rahmen von Mikrosondenuntersuchungen an verschlackten Dolomit- und Magnesiasteinen auch kurz über die Einschmelz-, Blas- und Legierungsschlacken eines Chromnickelstahles. Dabei wurden neben Ca-Silikaten und Ca-Aluminaten besonders Chromitspinell und Ca-Chromit sowie manganoxid- und niobhaltige Phasen in geringeren Mengen bestimmt. Bei den damaligen Untersuchungen ging man von der Voraussetzung aus, daß die entnommene Badschlacke wirklich die Schlacke ist, die das Steinfutter angreift, eine Annahme, die durch die vorliegende Untersuchung überprüft werden soll.

Wie Untersuchungen von Kegel[2] und Bowman[3] zeigen, werden durch den Lichtbogen Schlackenteile mit großer Geschwindigkeit auf die Ofenwand oberhalb des Schlackenspiegels geschleudert. Da in diesen Bereichen, den sogenannten „Hot Spots", die Hauptver-

* Vortrag anläßlich des 8. Kolloquiums über metallkundliche Analyse mit besonderer Berücksichtigung der Elektronen- und Ionenstrahl-Mikroanalyse, Wien, 27. bis 29. Oktober 1976.

schleißstellen des feuerfesten Mauerwerks in Elektrolichtbogenöfen liegen, sind gerade diese Schlacken, kurz „Spritzschlacken“, von großer Bedeutung und sollen im folgenden genau erfaßt, analysiert und mit den zeitlich dazugehörigen Badschlacken verglichen werden.

Versuchsdurchführung

Für die vorliegende Untersuchung wurde folgende Versuchsanordnung zur Probennahme gewählt: Vier basische, feuerfeste Steinplatten (70 × 20 × 250 mm) werden zu einem Hohlkörper zusammen-

Abb. 1. Probekörper vor dem Einsatz

geklebt (Abb. 1), der anschließend in das Wandfenster eines 20-t-Elektrolichtbogenofens über eine metallurgische Periode eingebaut wird. So ist erreicht, daß

1. die vier Feuerfestmaterialien nebeneinander, d. h. unter gleichen Bedingungen, dem Schlackenangriff ausgesetzt sind;
2. die anspritzenden Schlacken auf der unteren Platte des Hohlkörpers aufgefangen werden können, ohne daß sie mit dem Feuerfeststoff reagieren, da die Temperaturen nach hinten rasch abfallen. Abb. 2 zeigt die abgelagerten Schlackenkörner im Hohlkörper.

Nach Abkühlung wurden diese mechanisch abgelöst und auflichtmikroskopisch untersucht. Die Versuchsschmelze trug die Bezeichnung X 10 Cr Ni Mo Ti 18.10 (ein titan-stabilisierter austenitischer Cr-Ni-Stahl). Der relativ hohe Nb_2O_5-Gehalt in der Badschlacke ist durch den Einsatz von niobhaltigem V4A-Schrott und etwas Ferroniob bedingt.

Da es sich hier um Schlacken einer Schmelze mit zahlreichen Legierungselementen handelt, war eine Aussage nur aufgrund der Lichtmikroskopie nicht möglich. Deshalb haben wir die Schlacken-

Abb. 2. Probekörper nach dem Einsatz

untersuchungen mit der Mikrosonde durchgeführt. Nur so konnte über die genaue Phasenzusammensetzung und den Einbau der Legierungselemente eine konkrete Aussage gemacht werden, die für die Beurteilung des Verschlackungsmechanismus und der feuerfesten Stoffe im Elektrolichtbogenofen notwendig ist.

Ergebnisse

A) Badschlacken

I. Einschmelzen (Abb. 3)

Das Einschmelzen geschah unter oxydierenden Bedingungen, daher erfolgte eine Verschlackung von Si, Ti, Cr, Nb, Mn und Fe entsprechend ihrer Affinität zu Sauerstoff.

Folgende Phasen wurden festgestellt:

1. Picrochromitspinell (Mg, Mn, Fe)O(Cr, Al)$_2$O$_3$: Die Spinelle sind zonar gebaut, wobei sich der Kern durch einen hohen Cr_2O_3-Gehalt und einen niedrigen Al_2O_3-Gehalt auszeichnet. In einer nur 2 μm dicken Außenschicht kehren sich die Verhältnisse um.

2. Metallphase: Die Zusammensetzung ist zwar stark schwankend, im Mittelwert entspricht sie in etwa der Schmelzbadanalyse.

3. Dendritische Kristalle: Es handelt sich um Mischkristall aus Perowskit und Ca-Niobat [(Ca(Ti, Nb)O_3]. Die Matrix zwischen diesen Phasen besteht aus Mervinit (C_3MS_2) und einem komplexen Ca, Mn-Alumosilikat.

II. Sauerstoff-Frischen (Abb. 3b)

Nach Schlackenwechsel wird unter stark oxydierenden Bedingungen mit Sauerstoff gefrischt. Nach Beendigung des Frischvorgan-

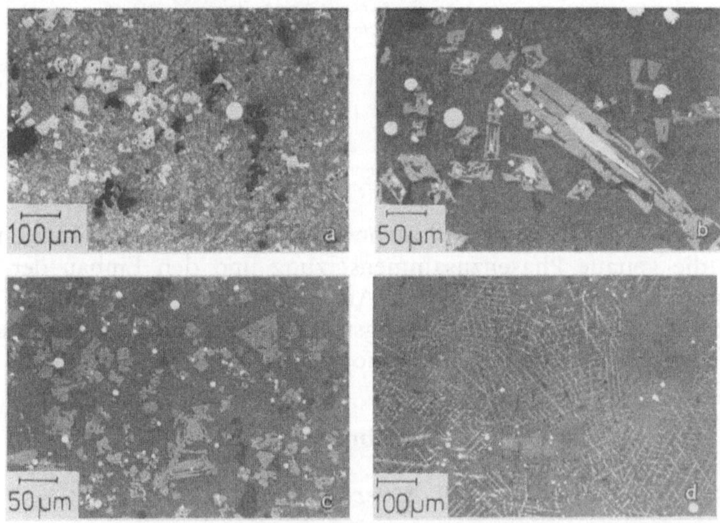

Abb. 3. Badschlacke
a) Einschmelzen, b) O_2-Blasen, c) Legieren, d) Ti-Legieren

ges erfolgt die Zugabe von Kühl- und Reduktionsmitteln (Al-Granalien, FeSi-Staub). Auftretende Phasen:

1. Picrochromitspinell (Mg, Mn, Fe)O(Cr, Al)$_2O_3$: Diese Spinelle weisen Skelettcharakter auf und schließen Metallinseln ein. Außerdem sind schmale Randzonen im Gegensatz zum übrigen Kristall mit MnO und Al_2O_3 auf Kosten des Cr_2O_3 angereichert.

2. Metallphase: Es handelt sich um eine Fe-Mn-Cr-Ni-Legierung, die keinen Vergleich mit der Schmelzbadanalyse zuläßt.
3. Wie schon beim Einschmelzen, handelt es sich um Mischkristalle von Perowskit und Ca-Niobat [Ca(Ti, Nb)O_3].

Die Matrix zwischen den Phasen erwies sich ebenfalls als Mervinit und komplexes Ca-Mn-Alumosilikat.

III. Legieren (Abb. 3c)

Nach Schlackenwechsel wird das Schmelzbad durch Einblasen von Al-Granalien mit Argon desoxydiert. Hierauf erfolgt die Reduktion der Schlacke mit Al-Granalien und FeSi-Staub. In einer Matrix aus Mervinit (C_3MS_2) und Melilith ($C_8A_3MS_5$) liegen zonar

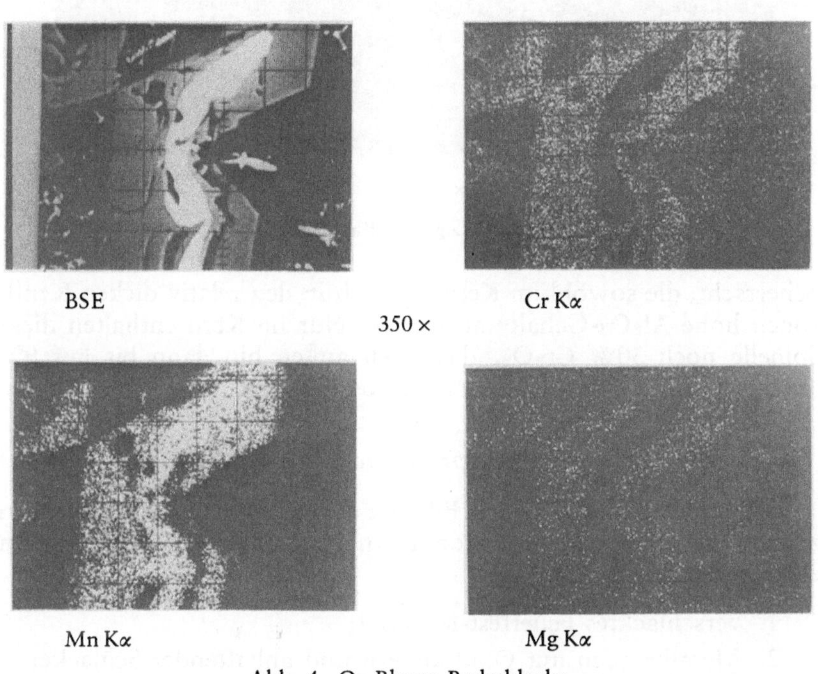

Abb. 4. O_2-Blasen-Badschlacke

gebaute Mischspinelle der Zusammensetzung (Mg, Mn, Fe)O · (Cr, Al)$_2O_3$ vor (Abb. 4), deren Rand bis zu 52% Al_2O_3 enthalten kann. So verlaufen Cr und Al, Mn und Mg, Fe und Ti gegenläufig, wobei Al, Mn und Ti im Rand angereichert sind. Die Dendriten sind von nur geringer Größe, so daß sie bei schwacher Vergrößerung nicht zu sehen sind.

IV. Legieren mit Titan (Abb. 3d)

Zum Legieren mit Ti wird die vorherige Feinungsschlacke abgeschlackt, es folgt eine Reduktion mit Al-Granalien. Dies bedingt einen Al_2O_3-Anstieg in der Schlacke. Durch den Sauerstoffgehalt des Schmelzbades und die noch in der Schlacke vorhandenen Schwermetalloxide wird bei der Ferrotitan-Zugabe Ti verschlackt, so daß der TiO_2-Gehalt in der Schlacke ansteigt. Das Mikrobild dieser Schlacke wird durch relativ große Dendrite aus Perowskit ($CaTiO_3$) (Abb. 5) und deutlich sichtbar mehrschichtig aufgebaute Spinelle

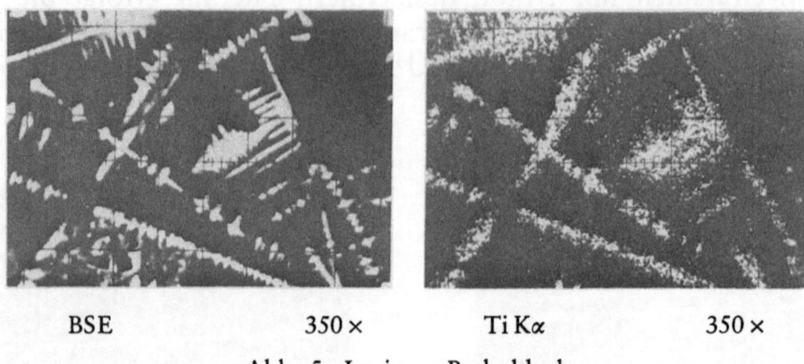

BSE 350× Ti Kα 350×

Abb. 5. Legieren-Badschlacke

beherrscht, die sowohl im Kern als auch in den relativ dicken Randzonen hohe Al_2O_3-Gehalte aufweisen. Nur im Kern enthalten diese Spinelle noch 30% Cr_2O_3, das nach außen hin dann bis auf 9% abnimmt. Die Grundmasse besteht aus Melilith.

B) Spritzschlacken

Schon das mikroskopische Bild der aufgefangenen Spritzschlacken zeigt starke Inhomogenität von Korn zu Korn. So lassen sich im einzelnen unterscheiden:

1. verschlacktes Feuerfest-Material;
2. Metalltropfen mit Oxidrändern und anhaftender Schlacke;
3. eigentliche Schlackenspritzer in Form von Voll- oder auch Halbkugeln.

I. Einschmelzen

Als Spritzschlacke wurden hier nur verschlackte Dolomit- und Magnesiakörner gefunden. Beim Dolomit war die CaO-Komponente örtlich in Dicalciumferrit umgewandelt.

II. Sauerstoff-Frischen (Abb. 6a,b)

Zwei Arten von Spritzschlacken wurden gefunden:

Typ 1 Metalltropfen mit Oxid- und Schlackenrand

1. Metallphase: entspricht weitgehend der Stahlbadanalyse. Vereinzelt wurde noch nicht aufgelöstes Ferroniob gefunden.

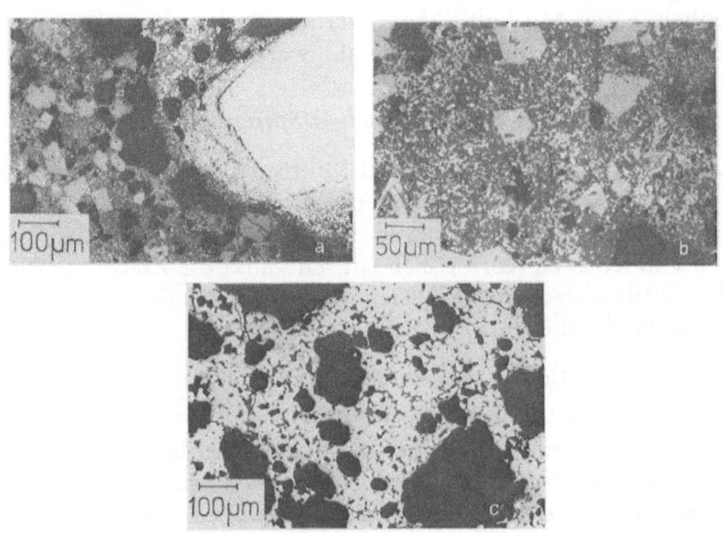

Abb. 6. Spritzschlacke
a) O_2-Blasen Typ 1, b) O_2-Blasen Typ 2, c) Legieren

2. Schlackenrand: in einer Matrix aus Dicalciumsilikat schwimmen gut ausgebildete Spinelle der Zusammensetzung (Mg, Mn)O · (Cr, Al)$_2$O$_3$.

Außerdem finden sich hier rundlich ausgebildete Mischoxide geringen Durchmessers von sehr komplexer Zusammensetzung. Vermutlich handelt es sich um oxydierte (zerstörte) Spinelle. Ferner beobachtet man — ähnlich wie bei der Badschlacke — Ca(Ti, Nb)O$_3$-Dendriten.

Typ 2 reine Schlackenspritzer

In einer Matrix aus Ca, Fe-Silikat treten zwei unterschiedlich zusammengesetzte Spinelle auf:

Spinell 1: Cr_2O_3-reich mit einer Fe_2O_3-Anreicherung in der Randzone;

Spinell 2: (Fe, Mg)·O·(Fe, Cr)$_2$O$_3$ von einheitlicher Zusammensetzung.

III. Legieren (Abb. 6c)

Die Schlackenspritzer bestehen aus Spinellen, Dicalciumsilikat und einem Ca-Al-Fe-Silikat. Bei den Spinellen unterscheidet man drei Typen: Al_2O_3-, Cr_2O_3- und Fe_2O_3-reiche Kristalle, wobei die Al_2O_3-Spinelle zonar aufgebaut sind (Abb. 7). Ferner wird die Anwesenheit einer Mo-Sulfidphase vermutet, die aber wegen zu geringer Größe nicht quantitativ erfaßt werden konnte.

Vergleich Badschlacken/Spritzschlacken

Vergleicht man die Phasen und Mikrotexturen der beiden Schlakkentypen miteinander, so ergeben sich Parallelen, aber auch gravierende Unterschiede. Während bei der Badschlacke der Phasenaufbau von Korn zu Korn gleich ist, schwankt die Zusammensetzung bei den Spritzschlacken stark. Generell lassen sich die Spritzschlacken in Gruppen einteilen:

1. Schlacke, die der Badschlacke entspricht;
2. Metall-Legierung mit oxydiertem Rand;
3. Gemenge von Metallegierung und Badschlacke;
   Zusätzlich wurden Körner von verschlacktem Feuerfest-Material von der Ofenzustellung bzw. von Reparaturmassen gefunden.

Dieses bedeutet z. B., daß das Verschleißverhalten feuerfester Materialien in Elektrolichtbogenöfen nicht — wie bisher üblich — anhand der Badschlacken allein untersucht werden kann. Dies ist lediglich im Bereich der eigentlichen Schlackenlinie der Fall. Bei den anderen Wandpartien treffen ständig die oben beschriebenen Spritzer aus dem Einflußbereich des Lichtbogens auf die Feuerseite des Ofenfutters auf. Berechnungen aus anderen Versuchen ergaben Massenströme zwischen 27 und 38 kg/hm^2 Wand. Dabei findet während des Fluges aufgrund der unterschiedlichen Dichte von Metall- und Schlackenphase und wegen des im Lichtbogenofen vorhandenen magnetischen Feldes teilweise eine Differentiation in Metall- und Schlackenphase statt. Die anhaftenden Schlacken reagieren sofort mit den Feuerfestoxiden unter Bildung von Spinellen, Silikaten und Calciumferriten.

Die metallische Komponente wird auf dem Weg zur Wand oxydiert und ist deswegen feuerseitig mikroskopisch nicht mehr feststellbar.

Diese Untersuchungen sollen die Zusammenhänge zwischen der Schlackenbildung und dem Verschleiß des feuerfesten Steines in einem Elektrolichtbogenofen bei Betriebsbedingungen demonstrieren.

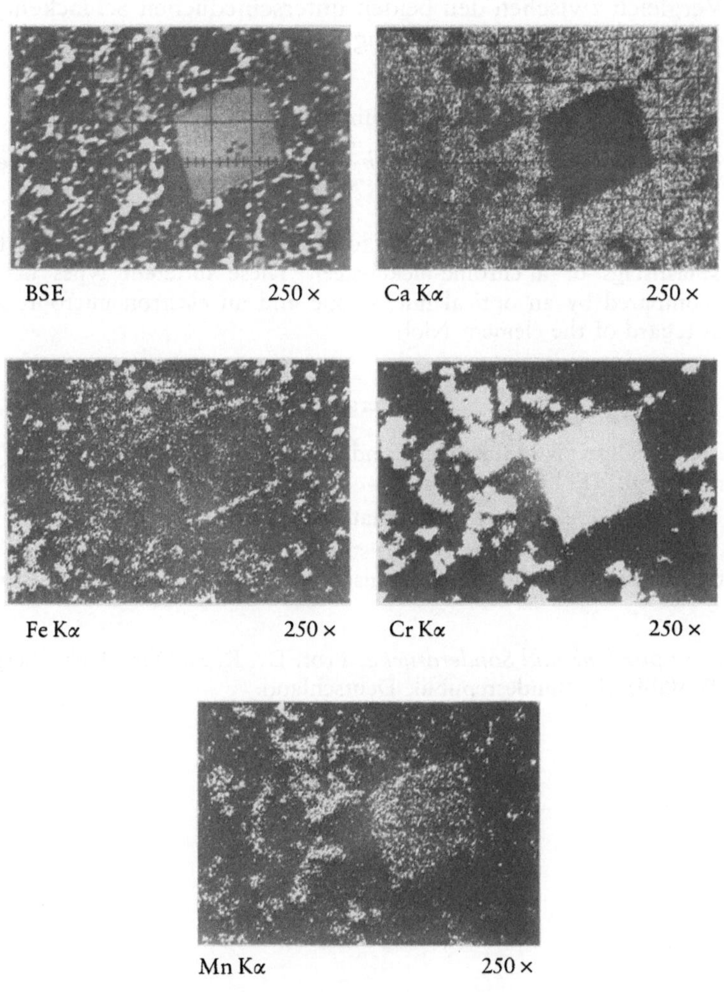

Abb. 7. O_2-Blasen-Spritzschlacke

Sie zeigen — besonders hinsichtlich der bisherigen Auffassungen über den Schlackenangriff — völlig neue Aspekte bezüglich der auftretenden Spritzschlacke, die in Zukunft berücksichtigt werden müssen, um zu besseren Haltbarkeiten zu gelangen.

Zusammenfassung

Über die Bildung und Phasenzusammensetzung von Bad- und Spritzschlacken eines Chromnickelstahles wurde berichtet. Mit Hilfe der Lichtmikroskopie und der Elektronenstrahlmikroanalyse gelang der Vergleich zwischen den beiden unterschiedlichen Schlackentypen unter besonderer Berücksichtigung des Elementes Niob.

Summary

Microanalytical Composition of Bath- and Splashslags of Stainless Steel in an Electric Arc Furnace

Information is given regarding to the building and phases of bath- and splashslags of a chrome-nickel-steel. These different types of slags were compared by an optical microscope and an electron microprobe, at special regard of the element Niob.

Literatur

[1] K. H. Obst, W. Münchberg und M. Grasserbauer, Mikrochim. Acta [Wien], Suppl. VI, **1975**, 81.

[2] K. Kegel, Elektrowärme International **22**, 10, 357 (1964).

[3] B. Bowman, Moderne Hochleistungs-Lichtbogenöfen — Betrieb und wichtige Konstruktionsmerkmale, Hausmitteilung der Union Carbide Europa.

Korrespondenz und Sonderdrucke: Prof. Dr. K. H. Obst, Flehenberg 58, D-5603 Wülfrath, Bundesrepublik Deutschland.

Mikrochimica Acta [Wien], Suppl. 7, 415—427

MIKROCHIMICA
ACTA

W. C. Heraeus GmbH, Hanau, Bundesrepublik Deutschland

Analyse von Edelmetall-Keramik-Verbindungen für dentale Anwendungen*

Von

F. Sperner und N. Harmsen

Mit 7 Abbildungen

(Eingegangen am 27. Oktober 1976)

Edelmetallegierungen auf Gold-Basis finden in großem Umfang Verwendung in der Zahnmedizin. Von dem im Jahre 1974 vom statistischen Bundesamt in Wiesbaden für die Bundesrepublik Deutschland angegebenen Goldverbrauch von etwa 98 t wurden ca. 13 t für Dentalzwecke eingesetzt. Diese Werkstoffe haben somit große Bedeutung sowohl für die Volksgesundheit als auch für die Volkswirtschaft. Die Forderungen, die an die zum Einsatz kommenden Werkstoffe gestellt werden, sind recht vielfältig. Da die Bedingungen nach dem ästhetischen Aussehen und der Erfüllung der Kaufunktionen gleichberechtigt nebeneinander stehen, ist die Verblendung metallischer Dentalteile mit speziellen Keramikmassen von großer Bedeutung geworden. Die Entwicklung dieser Arbeitsmethode, der sogenannten Edelmetall-Keramik-Aufbrenntechnik, hat erst in den letzten Jahrzehnten entscheidende Fortschritte erzielt. Dazu war es notwendig, geeignete Gold-Gußlegierungen und Keramikmassen mit den für die Dentaltechnik notwendigen Eigenschaften zu entwickeln und aufeinander abzustimmen. Von großer Bedeutung war dabei das richtige Verständnis für die Problematik der Haftvermittlung zwischen Legierung und Keramik. Dabei konnten einige Erfahrungen, die auf dem Gebiet der Emaillierverfahren ge-

* Vortrag anläßlich des 8. Kolloquiums über metallkundliche Analyse mit besonderer Berücksichtigung der Elektronen- und Ionenstrahl-Mikroanalyse, Wien, 27. bis 29. Oktober 1976.

sammelt worden waren, verwendet werden[1]. Heute weiß man, daß für Verblendarbeiten eine ganze Reihe von physikalischen, mechanischen und chemischen Bedingungen an die Gußlegierung und Dentalkeramik zu stellen sind.

Da die Teile als Präzisionsfeinguß nach dem Wachsausschmelzverfahren hergestellt werden, ist von der Legierung gute Gießbarkeit, gepaart mit einem guten Formfüllvermögen, unbedingt erforderlich. Im gegossenen Zustand soll sie darüber hinaus einen homogenen feinkörnigen Gefügeaufbau haben und bestimmte mechanische Festigkeitswerte auch nach Lötarbeiten gewährleisten. Sie muß Korrosionsfestigkeit im Sinne von Beständigkeit gegenüber den chemischen Bedingungen der Mundhöhle aufweisen. Für die ausreichende Haftfestigkeit gegenüber der Keramik sind außerdem ein gut abgestimmter thermischer Ausdehnungskoeffizient und die Bildung von Haftoxiden notwendig. Auch die Keramik muß mundbeständig und farbtreu sein und neben der bereits erwähnten Abstimmung der thermischen Ausdehnungskoeffizienten soll die Temperaturwechselbeständigkeit hoch und die Brennschwindung niedrig sein. Ihre Aufbrenntemperatur und die Solidustemperatur der Legierung müssen aufeinander abgestimmt sein. Im übrigen muß die Keramik sich gut modellieren, schleifen und polieren lassen.

Aufgabenstellung

Der bisherige Kenntnisstand über den Haftmechanismus zwischen Goldlegierungen und der Aufbrennkeramik ist noch recht unzureichend. Neben der rein mechanischen Verzahnung und den Van-der-Waals-Kräften sind Oxidbrücken bei der Diskussion zu berücksichtigen[2–5]. Aus Untersuchungen mit Gold und Goldlegierungen ist hervorgegangen, daß die Haftfestigkeit bei Legierungen mit leicht oxydierbaren Bestandteilen höher ist als bei Legierungen ohne diese Zusätze[6,7]. Mit der Elektronenstrahlmikrosonde wurde analytisch nachgewiesen, daß die leicht oxydierbaren Bestandteile sich in einer oberflächennahen Zone anreichern[8–10]. Die Haftvermittlung zur Keramik könnte daher über diese Legierungsbestandteile so erfolgen bzw. verstärkt werden, daß Diffusionsvorgänge zwischen den oxidbildenden Legierungsbestandteilen und Keramikkomponenten zu Ionenaustauschreaktionen im Sinne von Oxidbrücken und damit zu gegenseitiger Verankerung führen[11]. Die eigenen Untersuchungen an Gold-Basislegierungen sollen einen Beitrag zur Klärung dieser Problematik darstellen. Zu diesem Zweck wurden an entsprechend vorbereiteten Legierungsproben im oxidgeglühten und mit Keramik verblendeten Zustand licht- und rasterelektronenmikroskopische Untersuchungen sowie analytische Messungen mittels der Elektronenstrahlmikrosonde und Auger-Elektronen-Spektroskopie (AES) durchgeführt.

Experimentelles

Für die Untersuchungen stehen im Prinzip drei verschiedene Gold-Basislegierungen zur Verfügung. Diese unterscheiden sich besonders deutlich im Au-Gehalt und in den Festigkeitseigenschaften. Für die Präsentation der ersten Ergebnisse wurde eine Gold-Legierung gewählt, deren Au-Gehalt nahe bei 80% liegt und die neben

Tabelle 1. Daten von Gold-Legierungen für die Aufbrennkeramik

	Goldlegierungen für Aufbrennkeramik		
	Herador G	Herador H	Herabond
Dichte in g · cm^{-3}	19,4	17,6	14,3
Schmelzintervall in °C	1130—1200	1150—1200	1190—1230
Gehalt an Gold und Metallen der Pt-Gruppe in %	99	96,5	78,2
Farbe	gelblich	blaßgelb	weiß
Härte HV 5			
nach Keramikbrand	140	220	220
ausgehärtet	190	270	260
Zugfestigkeit in *da*N/mm²			
nach Keramikbrand	46	68	67
ausgehärtet	55	74	75
Bruchdehnung in %			
nach Keramikbrand	11	8	12
ausgehärtet	9	5	8
Haftoxidbildner	In	In	Sn, In
Therm. Ausdehnungskoeffizient in 10^{-6}/K	14,1	14,0	14,5

Platin und Palladium sowie kornfeinenden Zusätzen etwa 3% Indium als Haftoxidbildner enthält. Diese Legierung ist auf dem Dentalsektor unter der Bezeichnung Herador H bekannt. Einige physikalische und mechanische Daten dieser Legierung sind in der Tabelle 1 zusammengestellt. Zum Vergleich sind auch die entsprechenden Werte zweier weiterer, von der Firma Heraeus auf den Markt gebrachter Gold-Legierungen Herador G und Herabond angeführt.

Für die Untersuchungen wurden Gußplättchen der Größe 30 × 15 × 2 mm hergestellt und entsprechend der Arbeitsweise eines Dentallabors auf einer Seite abgeschliffen und abgestrahlt. Ein Teil der Plättchen wurde an Luft verschieden langen Oxydationsglühungen bei 950° C unterworfen. Diese Temperatur entspricht der Aufbrenntemperatur der Keramik. Ein anderer Teil wurde wie in einem Dentallabor verarbeitet, d. h. nach einer Oxydationsglühung von 5 Minuten wurden die verschiedenen keramischen Massen (Grund-, Dentin- und Schneidemasse) nacheinander aufgebracht, so daß insgesamt eine Wärmebehandlung bei 950° C von etwa 15 Minuten resultiert.

Von den nur oxydierten Proben wurden Oberflächenaufnahmen mit dem Rasterelektronenmikroskop sowie analytische Untersuchungen mit der Elektronenstrahlmikrosonde und der Auger-Elektronen-Spektroskopie durchgeführt. Metallographisch präparierte Schliffe dieser Proben sowie der mit den keramischen Massen verblendeten Proben wurden außerdem lichtmikroskopisch und röntgenmikroanalytisch mit der Mikrosonde untersucht.

Zur Betrachtung der Proben im Rasterelektronenmikroskop wurde eine Beschleunigungsspannung von 20 kV gewählt. Die Abbildung erfolgte über Sekundärelektronen (SE). Da das Gerät über einen energiedispersiven Röntgenmikroanalyse-Zusatz verfügt, konnten neben topographischen auch analytische Untersuchungen durchgeführt werden. Mit der Mikrosonde wurden Scanning-Bilder der absorbierten und rückgestreuten Elektronen sowie der interessierenden Röntgenstrahlintensitäten aufgenommen. Konzentrations-Weg-Kurven wurden über Schreiber mittels line-scan registriert. Bei einer Beschleunigungsspannung von 24 kV wurden die Elemente Au, Pt, Pd und In mit den L_{α_1}-Röntgenlinien sowie Si und Al mit den K_{α_1}-Röntgenlinien bei einer Stromstärke von ca. 3,5 mA und einem Strahldurchmesser von etwa 0,4 μm analysiert. Die Sauerstoff-Bestimmung erfolgte über die K_{α_1}-Linie bei 12 kV, 25 mA und einem Strahldurchmesser von etwa 1 μm.

Während der Auger-Untersuchungen, die in einer kombinierten AES/SIMS-Apparatur (SIMS: Sekundär-Ionen-Massen-Spektroskopie) durchgeführt wurden, konnte die Oberfläche abgesputtert werden, so daß auch Ätzprofile aufgenommen werden konnten. Für die AES-Messung wurde eine Elektronenstrahlenergie von 5 keV und eine Stromstärke von 20 μA gewählt. Der Strahldurchmesser lag bei etwa 50 μm.

Ergebnisse

Das Gefüge der Gold-Legierung im Querschliff wird im oberen Teil der Abb. 1 gezeigt. Das gegossene Plättchen wurde nicht abgeschliffen, sondern lediglich metallographisch präpariert. Deutlich ist das sehr feinkörnige und homogene Gefüge der Legierung zu erkennen. Im unteren Teil ist die oxydierte Oberflächenzone der

Legierung im Querschliff nach 15 Minuten langer Glühung an Luft bei 950° C abgebildet. Zur deutlichen Sichtbarmachung dieser Zone war nur eine schwache chemische Ätzung notwendig, die das Gefüge

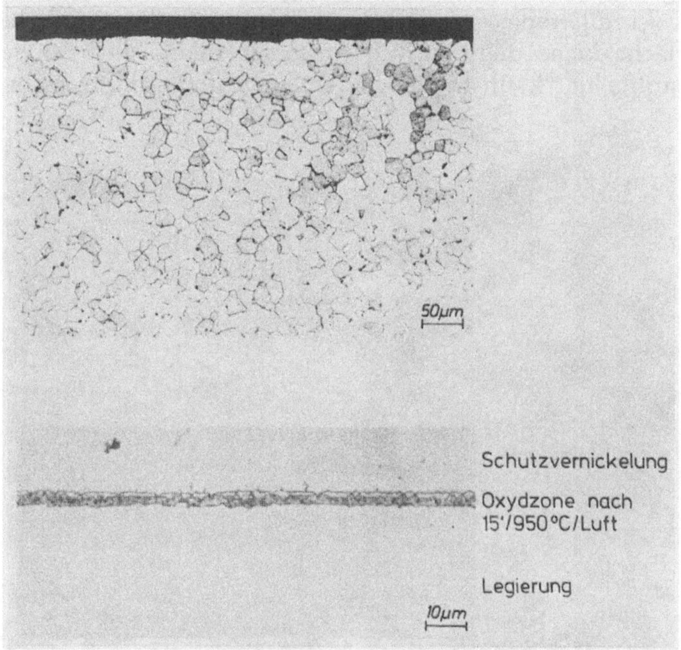

Abb. 1. Gefüge und Oxidzone der Gold-Aufbrennlegierung Herador H

der Legierung nicht entwickelte. Die Oberfläche der oxydierten Legierungsplättchen zeigt Abb. 2 anhand von 4 rasterelektronenmikroskopischen Bildern. In der relativ homogenen Oberfläche sind die Korngrenzen des Gefüges gut sichtbar. Auffallend ist weiter die ausgeprägte Mikroporosität der anoxydierten Schicht, die sicher einen nennenswerten Einfluß auf den Haftmechanismus zwischen Edelmetall und Keramik ausübt, weil sie einer mechanischen Verzahnung der Partner entgegenkommt. Wie die energiedispersive Röntgenmikroanalyse zeigte, tritt, wie nicht anders zu erwarten, in den Korngrenzen und insbesondere den Tripelpunkten Indium in angereicherter Form auf, denn der Aushärtungsmechanismus dieser Legierung beruht im wesentlichen auf der Abnahme der In-Löslichkeit bei niederer Temperatur und demzufolge auf der Ausscheidung einer In-reichen Phase. Eine solche In-Anreicherung ist auf der rechten unteren Aufnahme in starker Vergrößerung zu erkennen.

Mit der Elektronenstrahlmikrosonde wurden auf der Oberfläche der polierten und anschließend bei 950⁰ C oxydationsgeglühten Plättchen analytische Untersuchungen mit dem Ziel durchgeführt, genauere Aussagen über die Zusammensetzung der Oberfläche zu erhalten. Dabei ist allerdings zu berücksichtigen, daß die Rauhigkeit der Oberfläche keine quantitativen Aussagen zuläßt. Insbesondere der Sauerstoffgehalt kann bei dieser Art der Untersuchung nicht erfaßt

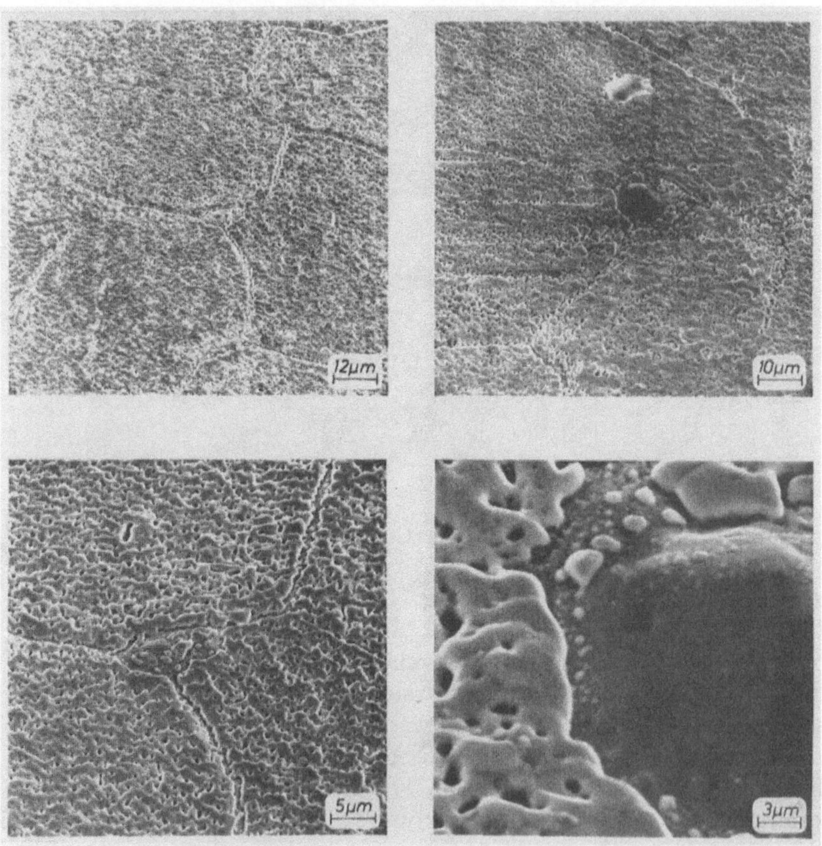

Abb. 2
REM-Aufnahmen der Oberfläche von Herador H (oxidgeglüht 15'/950⁰ C/Luft)

werden, da zu große Schwankungen in der Anzeige auftreten. Die Ergebnisse der Messungen sind daher auch in Bildform anhand von Probenstrom- und Elementverteilungsbildern dargestellt (Abb. 3). Deutlich ist in den Korngrenzen eine Zunahme der In-Konzentration und ein Abfall der Au- und Pt-Konzentration, weniger deutlich von Pd, festzustellen.

Abb. 4 führt die mit der Mikrosonde an den oxydierten Legierungsproben im Querschliff ermittelten Konzentrations-Weg-Kurven

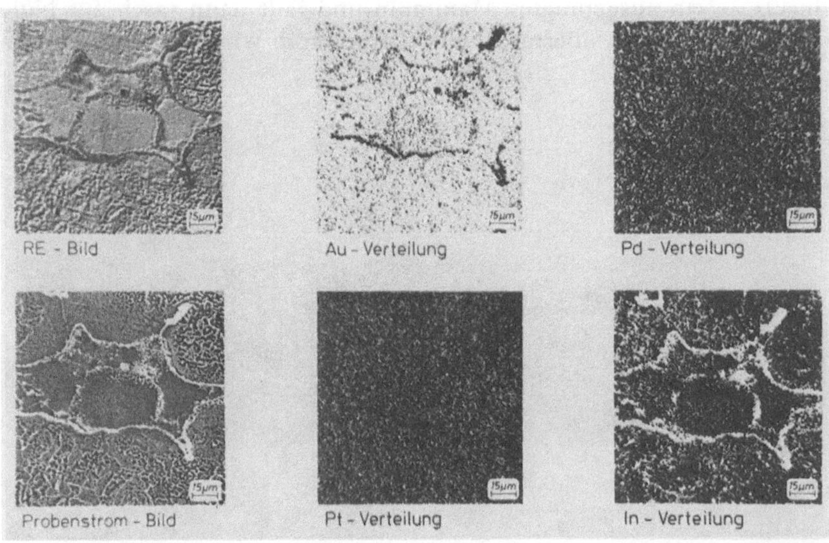

Abb. 3. Mikrosonde-Aufnahmen der Oberfläche von Herador H (oxidgeglüht 15′/950^0 C/Luft)

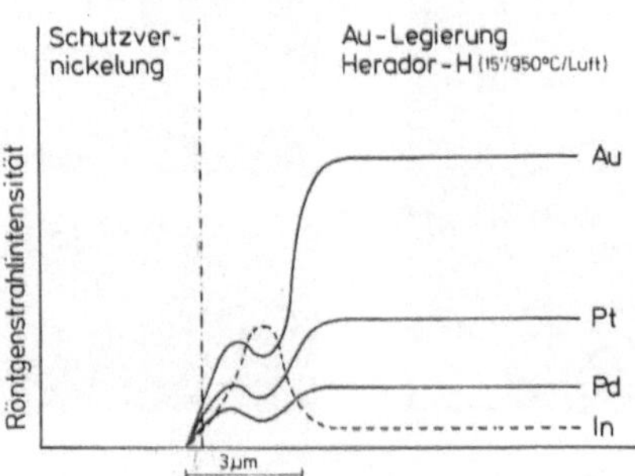

Abb. 4. Schematisierte Konzentrationsprofile vom Querschliff des Überganges Herador H (oxidgeglüht 15′/950^0 C/Luft) — Schutzvernickelung

in schematisierter Darstellung auf. Um diese Kurven für die Legierungsbestandteile Au, Pt, Pd und In zu erhalten, wurden die Konzentrationsprofile dieser Elemente vom Probeninneren über die 2—3 μm dicke Oxidschicht bis hin zur Schutzvernickelung aufgenommen. Die Konzentrationen von Au, Pt und Pd zeigen dabei qualitativ den gleichen Verlauf. Ihr Gehalt fällt in der oxydierten Zone ab; bevor er zur Oberfläche hin gegen Null geht, steigt er jedoch nochmals schwach an. Die In-Konzentration erreicht dagegen an der Stelle der Edelmetallminima — hier vermutlich in Form von In_2O_3 — ein ausgeprägtes Maximum und fällt dann rasch auf Null ab. Dieser etwas überraschende Tatbestand wird auch in Abb. 5

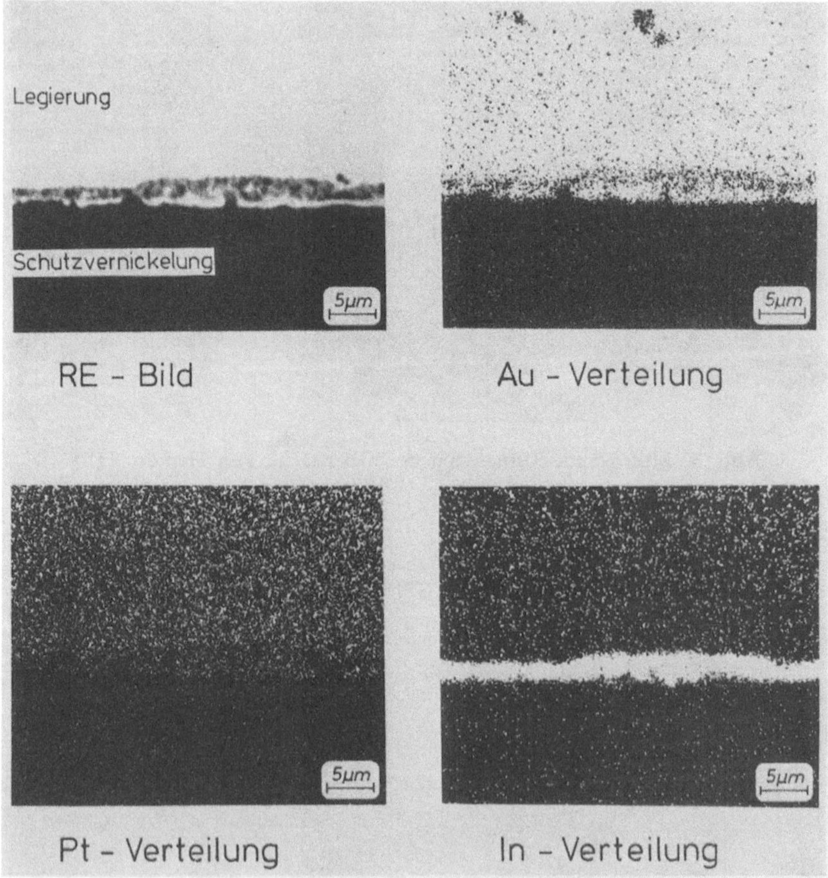

Abb. 5. Mikrosonde-Aufnahmen vom Querschliff des Überganges Herador H (oxidgeglüht 15′/950° C/Luft) — Schutzvernickelung

durch die aufgenommenen Bilder der Rückstreuelektronen sowie der Au-, Pt- und In-Verteilung veranschaulicht. Die elementspezifisch leichtere, oxydierte Zone wird zur Probenoberfläche hin noch durch eine schwerere Schicht begrenzt. In dieser Schicht ist eine relative Anreicherung der Edelmetall-Komponenten festzustellen.

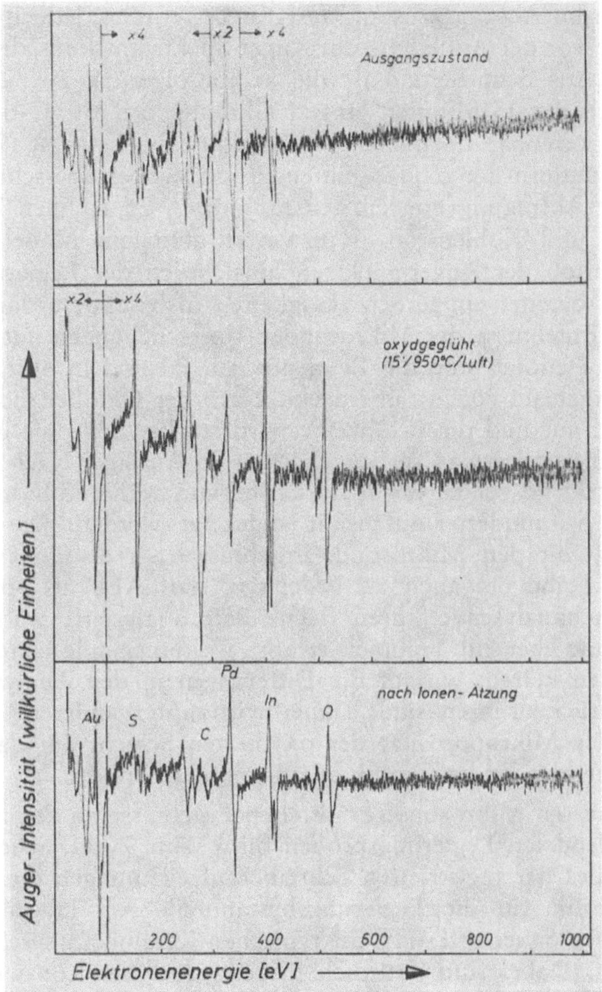

Abb. 6. Auger-Spektren der Oberfläche von Herador H

Erste Ergebnisse der Auger-Untersuchungen sind auf Abb. 6 dargestellt. Die Auger-Signale kommen aus den obersten Atomlagen (5—50 Å) der Probenoberfläche, ihre Höhe wird von einer Reihe von Parametern beeinflußt. Es sind drei Auger-Spektren der Gold-Legierung abgebildet und zwar vom Ausgangszustand, nach der

Oxydationsglühung (15 min/90^{0}C/Luft) und nach dem Absputtern mit der SIMS-Ionenkanone. Die Verunreinigungen von Schwefel und Kohlenstoff im oxidgeglühten Zustand sind auf Präparationseinflüsse zurückzuführen. Eine vergleichbare Belegung der Probenoberfläche war auch im Ausgangszustand festgestellt worden, jedoch war dort die Probe vor der Aufnahme des Auger-Spektrums kurz abgesputtert worden. Aus dem Befund ist die Schlußfolgerung zu ziehen, daß auch nach der 15 Minuten langen Glühung bei 950^0 C die Kontamination offenbar noch nicht vollständig abgebaut ist. Erst nach dem Absputtern der oxidgeglühten Probe, wobei überschlagsmäßig mit einer Abtragung von einigen tausend Å zu rechnen ist, treten Schwefel und Kohlenstoff in erwartet geringem Maße auf. Die Interpretation der Auger-Spektren hinsichtlich der Legierungskomponenten bereitet einige Schwierigkeiten insbesondere dann, wenn man die Ergebnisse der Mikrosonden-Untersuchungen mit einbeziehen will. Deutlich sind die Elemente Au, Pd und In erkennbar, Pt wird weitgehend von Au überdeckt. Nach der Oxidbehandlung tritt Sauerstoff auf und die In-Anzeige wird stärker bei etwa gleichbleibender Au- und etwas zurückgehender Pd-Anzeige. Nach dem Absputtern tritt Pd wieder etwas stärker hervor, während In und Sauerstoff mit verminderter Intensität angezeigt werden. Die Übereinstimmung mit den Mikrosonde-Ergebnissen ist also nur teilweise möglich. Dabei ist auch zu bedenken, daß AES als spezifisches Oberflächenanalysenverfahren flächenhaft analysiert, während die Mikrosonde eher ein Volumen erfaßt. Weitergehende Untersuchungen müssen klären, worauf die Differenzen in den Analysenergebnissen zurückzuführen sind. Dabei wird unter anderem auch der Einfluß der Mikroporosität der oxydierten Schicht auf das Analysenergebnis der beiden Verfahren zu untersuchen sein.

Die mit der Mikrosonde ermittelten Ergebnisse an den mit Keramik verblendeten Legierungsproben führt Abb. 7 auf. Schematisiert sind anhand der registrierten Schreiberaufzeichnungen die Konzentrationsprofile für die Legierungsbestandteile Au, Pt, Pd und In sowie neben Sauerstoff auch die typischen Keramikanteile Si und Al abgebildet. Dabei sind natürlich insbesondere die Konzentrationsverläufe von Si und Al in der Keramik erheblich geglättet wiedergegeben. Für Au, Pt und Pd sowie In wurde in der Legierung etwa der gleiche Konzentrationsverlauf wie in den anoxydierten Plättchen ermittelt. Die höchste In-Konzentration, etwa der 6fache Wert der nominellen Legierungszusammensetzung, wurde wieder in einer etwa 1 μm vom Übergang zur Keramik entfernten Zone ermittelt, wo gleichzeitig geringere Edelmetallgehalte angezeigt wurden. Legierungs- und Keramik-Komponenten wurden jeweils jenseits des Überganges bis zu einer Eindringtiefe von etwa 2 μm angezeigt, d. h. am Haftmechanismus für die Edelmetall-Keramik-Verbindung sind

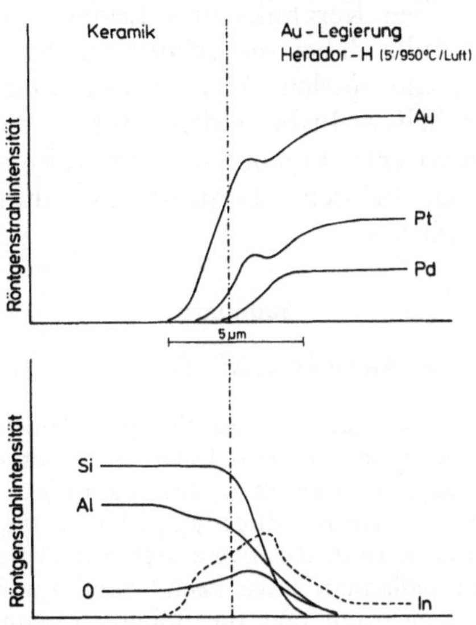

Abb. 7. Schematische Konzentrationsprofile vom Querschliff des Überganges Herador H — Keramik

Diffusionsvorgänge und insbesondere solche Reaktionen offensichtlich wesentlich beteiligt, die über Sauerstoff ablaufen.

Für die Durchführung der einzelnen Untersuchungen sei einer Reihe von Mitarbeitern gedankt und zwar Frl. Albrecht für die Mikrosonde-Untersuchungen, Frl. Schmidt und Herrn Dr. Bischoff für die Rasterelektronenmikroskopie-Aufnahmen und Herrn Dr. Schiff für die Auger-Elektronen-Spektroskopie.

Zusammenfassung

Die bisher durchgeführten Untersuchungen an der Gold-Aufbrennlegierung Herador H haben gezeigt, daß das Indium in gewünschter Weise als Haftoxidbildner in der Gold-Legierung auftritt. Wie die Mikrosonden-Untersuchungen ergaben, tritt die höchste In-Konzentration jedoch nicht direkt zur Oberfläche hin auf, sondern in einer ca. 1 μm davon entfernten Zone. An der Oberfläche wurden relativ Anreicherungen der Edelmetalle Au, Pt und Pd festgestellt. Diese Ergebnisse legen den Schluß nahe, daß die bisherige

Meinung über die Haftoxide und deren Einfluß auf den Haftmechanismus zwischen Edelmetall und Keramik einer kritischen Betrachtung bedürfen. Als gesichert ist das Auftreten haftvermittelnder Oxidbrücken zwischen Keramik- und Legierungsbestandteilen anzusehen. Welche Rolle dabei die relativ an der Oberfläche angereicherten Edelmetalle spielen, können nur weitergehende Untersuchungen klären helfen. Insbesondere müssen einige Unterschiede zwischen den analytischen Ergebnissen von Mikrosonde und Auger-Spektroskopie noch kritisch überprüft und durch AES-Untersuchungen ergänzt werden.

Summary

Analysis of Precious Metal-Porcelain-Bonds for Dental Applications

The examinations carried out on the porcelain-fused to-gold alloy Herador H have shown that indium forms adherent oxides in the gold alloy in a desired way. As a result of the microprobe examinations, the highest In concentration will not directly appear on the surface, but in an area of about 1 μm close to it. Relative enrichments of the precious metals gold, platinum and palladium have been found on the surface. These results lead to the conclusion that the opinion existing of the adherent oxids and their influence on the adherent mechanism between precious metal and porcelain will need a critical consideration. The appearance of oxid bridges promoting the adherence between porcelain and alloying components must however be regarded as existing. Further examinations will help to clarify the part that the enriched precious metals are playing.

Literatur

[1] B. W. King, H. P. Tripp und W. H. Duckworth, J. Amer. Ceram. Soc. **42,** 504 (1959).

[2] R. C. Vickery und L. A. Radinelli, J. Dent. Res. **47,** 683 (1968).

[3] W. O'Brien und G. Ryge, J. Amer. Ceram. Soc. **47,** 5 (1964).

[4] J. W. McLean und I. R. Sced, Trans. Brit. Ceram. Soc. **72,** 229 (1973).

[5] J. S. Shell und J. P. Nielsen, J. Dent. Res. **41,** 1424 (1962).

[6] M. S. v. Radnoth und E. P. Lautenschlager, J. Dent. Res. **48,** 321 (1969).

[7] M. S. v. Radnoth und E. P. Lautenschlager, Dtsch. Zahnärztl. Z. **24,** 1029 (1969).

[8] J. N. Nally, D. Monnier und J. M. Meyer, Schweiz. Mschr. Zahnheilk. **78,** 868 (1968).

[9] E. P. Lautenschlager, E. H. Greener und W. E. Elkington, J. Dent. Res. **48,** 1206 (1969).

[10] K. Eichner, M. S. v. Radnoth, H. Riedel und J. Vahl, Dtsch. Zahnärztl. Z. **25**, 274 (1970).

[11] F. Sperner, Z. Metallkde. **67**, 289 (1976).

Korrespondenz und Sonderdrucke: Dr. N. Harmsen, W. C. Heraeus GmbH, Heraeusstraße 12—14, D-6450 Hanau, Bundesrepublik Deutschland.

Mikrochimica Acta [Wien], Suppl. 7, 429—439

MIKROCHIMICA ACTA

Institut für physikalische Chemie III — Materialwissenschaften, Universität Wien

Untersuchung des Mikrogefüges Hf-hältiger Ni-Basis-Superlegierungen*

Von

W. Hoffelner, E. Kny und R. Stickler

Mit 2 Abbildungen

(Eingegangen am 27. Oktober 1976)

Seit den Untersuchungen von Cochardt[1] an Co-Basis-Legierungen ist bekannt, daß geringe Zusätze von Hf die Kriech- und Kerbschlageigenschaften dieser Legierungen günstig beeinflussen. Auch in Ni-Basis-Superlegierungen konnte durch Zugabe geringer Mengen von Hf (bis ca. 2%) eine Verbesserung mechanischer Eigenschaften bewirkt werden.

Bisher wurden Hf-modifizierte Ni-Basis-Superlegierungen des Typs INCO 713 LC[2,3,4], Mar-M 246[5,4], B 1900[3,5], Udimet 700[3], IN-792[3] und TRW-NASA-VI A[7] untersucht, deren chemische Zusammensetzung in Tabelle 1 angegeben ist.

Insbesondere konnte eine Verbesserung der Zugfestigkeit, der Duktilität, des Zeitstandsverhaltens und der Zeitfestigkeit durch geringe Hf-Zusätze erzielt werden[8,9].

Hf-Zusätze zu Ni-Basis-Superlegierungen verursachen eine Veränderung des Mikrogefüges. Mehr oder minder übereinstimmend berichten alle Autoren von Morphologieänderungen an der γ'- und der Carbidphase; eutektische $\gamma|\gamma'$-Bereiche treten bevorzugt auf und die Anordnung der Carbide wandelt sich von der „chinese-script"-Form zu mehr regellos gestreuten MC-Partikeln. Über die Verteilung des Hf wird Divergierendes berichtet: Nach Mihalisin[10] soll das Hf

---

* Vortrag anläßlich des 8. Kolloquiums über metallkundliche Analyse mit besonderer Berücksichtigung der Elektronen- und Ionenstrahl-Mikroanalyse, Wien, 27. bis 29. Oktober 1976.

Tabelle 1. Chemische Zusammensetzung Hf-modifizierter Ni-Basis-Superlegierungen (Gew.%)

	B-1900-Hf[a]	713LC Hf[a]	Mar-M246-Hf[a]	U-700-Hf[a]	IN-792-Hf[b]	TRW-NASA-VI A[c]	S 13[d]	S 14[d]	3538[d]	7221[d]
C	0,08	0,06	0,15	0,15	0,11	0,13	0,16	0,13	0,12	0,12
Cr	7,94	12,6	9,0	15,0	12,25	5,92	8,86	7,68	7,62	7,62
Co	9,85	< 0,1	10,0	18,5	9,10	7,46	10,04	9,95	9,95	9,89
Mo	5,96	4,42	2,5	5,2	1,80	2,05	—	—	—	—
W	< 0,1	—	10,0	—	3,75	5,92	9,61	12,65	13,95	12,45
Nb	< 0,1	1,79[e]	—	—	—	0,47	—	—	—	—
Ta	4,25	—	1,5	—	3,76	8,97	2,72	5,50	5,12	5,45
Ti	1,03	0,49	1,5	3,5	4,14	1,01	1,42	—	—	—
Al	6,15	5,81	5,5	4,25	3,53	5,27	5,45	5,66	5,37	5,61
B	0,016	0,01	0,15	0,05	0,013	0,02	0,015	0,014	0,013	0,012
Zr	0,06	0,14	0,05	1,0	0,08	0,1	0,059	0,034	0,032	0,033
Fe	0,08	0,1	—	—	0,16	—	0,23	0,13	0,13	0,05
Mn	< 0,1	< 0,1	—	—	< 0,1	—	0,05	0,05	0,05	0,03
Si	0,10	< 0,1	—	—	< 0,1	—	0,08	0,16	0,1	0,19
S	0,004	0,005	—	—	0,002	—	—	—	—	—
Hf	1,55	1,42	2,0	1,3	0,55	0,38	1,64	1,40	0,84	—
Re	—	—	—	—	—	0,32	—	—	—	—
Ni	Bal.	Bal.	Bal.	Bal.	Bal.	Bal.	Bal.	Bal.	Bal.	Bal.

[a] Dahl et al.[3]; [b] Hoffelner et al.[6]; [c] Collins[7]; [d] TEW (Thyssen Edelstahlwerke); [e] Nb und Ta gemeinsam.

in IN-792+Hf in großen Mengen im γ' an Korngrenzen sowie im eutektischen γ' vorkommen.

Bei Mikrosondenuntersuchungen Hf-hältiger Legierungen, wie B 1900, IN-713 LC, Udimet 700 und Mar-M 246, fanden Dahl et al.[3] das Hf hauptsächlich in MC-Carbiden gebunden, vor allem in Hf-reichen Säumen um die MC-Carbide. Die Verbesserung der mechanischen Eigenschaften wird daher unter anderem der Tatsache zugeschrieben, daß Hf infolge seiner starken Affinität zu C eine im Erstarrungsprozeß frühe Bildung der MC-Carbide fördert und aufgrund des daraus resultierenden geringen C-Gehaltes der Restschmelze die Bildung von Korngrenzencarbiden verhindert oder diese zumindest kontrolliert. In eigenen Arbeiten[6] an der Legierung IN-792+Hf konnten 2 Klassen von Carbiden unterschieden werden. Carbide mit Hf-reichen Säumen, die nur in Verbindung mit eutektischen $\gamma|\gamma'$-Bereichen auftreten, und intragranulare Carbide, die nur geringe Hf-Gehalte aufweisen. Diese Beobachtungen deuten darauf hin, daß das Hf nur einen geringen Einfluß auf die Bildung der Primär-MC-Carbide hat und sich nach Anreicherung in der Restschmelze um vorhandene MC-Carbidkeime ausscheidet. Um die Rolle des Hf als Superlegierungszusatz besser zu verstehen, wurden daher weitere Untersuchungen an Hf-modifizierten Ni-Basis-Superlegierungen unternommen.

Probenmaterial und Untersuchungsverfahren

Als Probenmaterial standen gegossene Zeitstandsproben aus Versuchslegierungen der TEW, nämlich S 13, S 14 und 3538 sowie als Hf-freie Vergleichsprobe die Legierung 7221 zur Verfügung. Die chemische Zusammensetzung der Legierungen ist in Tabelle 1 zu finden. Die Proben lagen im getesteten Zustand vor. Für unsere Untersuchung wurden die mechanisch nicht beanspruchten Schulter-

Tabelle 2. Thermische Alterungsbedingungen der TEW-Legierungen

Legierung	Alterungstemperatur °C	Alterungsdauer h
S 13	900	959,2
S 14	900	602,4
3538	1040	86,8
7221	1040	77,2

Volle Wärmebehandlung: 1200° C, 2 h/L + 845° C, 24 h/L

teile verwendet, so daß angenommen werden kann, daß das Probenmaterial lediglich einer thermischen Vorbehandlung unterworfen war, deren Einzelheiten der Tabelle 2 zu entnehmen sind.

Die metallographischen Untersuchungen wurden an den Querschnitten radial herausgeschnittener Scheibchen von etwa 5 mm Dicke ausgeführt.

Eine Übersicht über Gefüge und Phasenverteilung konnte mit dem Lichtmikroskop (LM) gewonnen werden. Rasterelektronenmikroskopische (REM)-Untersuchungen gaben Aufschluß über das Mikrogefüge und die Morphologie der einzelnen Phasen. Energiedispersive Röntgenmikroanalyse (ERM) ermöglichte es, die Zusammensetzung der einzelnen Gefügebestandteile qualitativ und semiquantitativ zu bestimmen (Tabelle 3). Die bei feinen Gefügebestandteilen auftretende Verfälschung des Ergebnisses durch Matrixanregung wurde in erster Näherung durch Subtraktion der Matrixanteile korrigiert.

Tabelle 3. Charakteristische Röntgenstrahlung, die zum Nachweis von W, Ta und Hf mittels ERM-Analyse verwendet wurde (Auflösung 150—200 keV)

Element	Charakteristische Röntgenstrahlung in keV			
	$M\alpha_1$*	$L\alpha$**	$L\beta_1$	$L\beta_2$
W	1,8	8,4	9,7	10,0
Ta	1,7	8,15	9,35	9,7
Hf	1,65	7,9	9,0	9,35

* nicht unterscheidbar
** bei Anwesenheit von Ni Koinzidenz mit Ni K_β (8,3 keV)

Tabelle 4. Angewandte Untersuchungsverfahren und Probenpräparation

Verfahren	Vorbehandlung
LM (Reichert, MeF)	Polieren: mechanisch (SiC, Diamant, Al_2O_3) Ätzen: HCl : HNO_3 : Glycerin = 1 : 1 : 1
REM + ERM (Cambridge Stereoscan S-4 + EDAX-507)	Polieren: a) mechanisch wie LM b) elektrochemisch 10% $HClO_4$ + 90% CH_3OH, ca. 20—25 V Ätzen: wie für LM
Röntgenbeugung (Cu-Kα-Strahlung, 1 Rad. D. S.-Kamera)	γ'-Isolierung: 10% H_3PO_4 + 90% H_2O, 20 mA/cm^2 Carbidisolierung: 10% HCl + 90% CH_3OH, 60 mA/cm^2
EMA (ARL – SEMQ)	Polieren: mechanisch (SiC, Diamant, Al_2O_3) Ätzen: wie für LM

Um die durch REM-ERM-Analysen erhaltenen Daten zu überprüfen und zu quantifizieren, wurden Punktanalysen mittels Mikrosonde durchgeführt. Die Normalzusammensetzung der Legierungen wurde den Korrekturrechnungen in erster Näherung zugrunde gelegt.

Tabelle 4 zeigt die verwendeten Geräte und Methoden.

Ergebnisse

Gefüge der Proben

Die Übersichtsaufnahmen der Abb. 1 zeigen das charakteristische Gefüge der 4 untersuchten Proben. Aus Abb. 2 ist das Gefüge bei stärkerer Vergrößerung zu ersehen. Man erkennt eine typische Gußstruktur und neben der γ'-Phase als gleichmäßig verteilten Untergrund noch zahlreiche weitere Phasen, die im folgenden beschrieben werden.

Gefügebestandteile

Die γ'-Phase war in allen Proben in zwei verschiedenen Formen anzutreffen, als gleichmäßig über die ganze Probe verteilte feine Ausscheidung und in Form eutektischer $\gamma|\gamma'$-Bereiche. Deren Ausbildung scheint durch die Anwesenheit des Hf im Vergleich zu der Hf-freien Legierung begünstigt zu sein (Abb. 1). Weder im intragranularen $\gamma|\gamma'$ noch im eutektischen $\gamma|\gamma'$ konnte innerhalb der ERM-Empfindlichkeit Hf nachgewiesen werden. Für den Nachweis des Hf wurde die L_{β_1}-Linie mit 9,0 keV verwendet.

Die in den Rückstandsisolaten röntgenographisch nachgewiesenen Phasen sind in Tabelle 5a zusammengefaßt. Tabelle 5b bringt eine Aufstellung der Gitterkonstanten.

Tabelle 5 a. Identifizierte Phasen

Phase	Morphologie und Verteilung	Kristallstruktur
γ	Matrix	kfz, Fm 3m
γ'	Als fein verteilte Teilchen und in Form eutektischer γ/γ'-Bereiche	kubisch-primitiv Pm 3m
MC	Große blockige Teilchen, inter- und intragranular	kfz, Fm 3m
$M_{23}C_6$	Feine Ausscheidungen, vorwiegend intergranular	kfz, Fm 3m
M_6C	Inter- und intragranular, vielfach als Nadeln	kfz, Fd 3m

Auffallend ist der hohe Gewichtsanteil ($\approx 75\%$) der M_6C-Carbide im Carbidisolat der Probe 7221. Der hohe W-Gehalt der nadelförmigen Ausscheidungen in dieser Probe läßt den Schluß zu, daß es sich bei diesen Teilchen um M_6C-Carbide handelt.

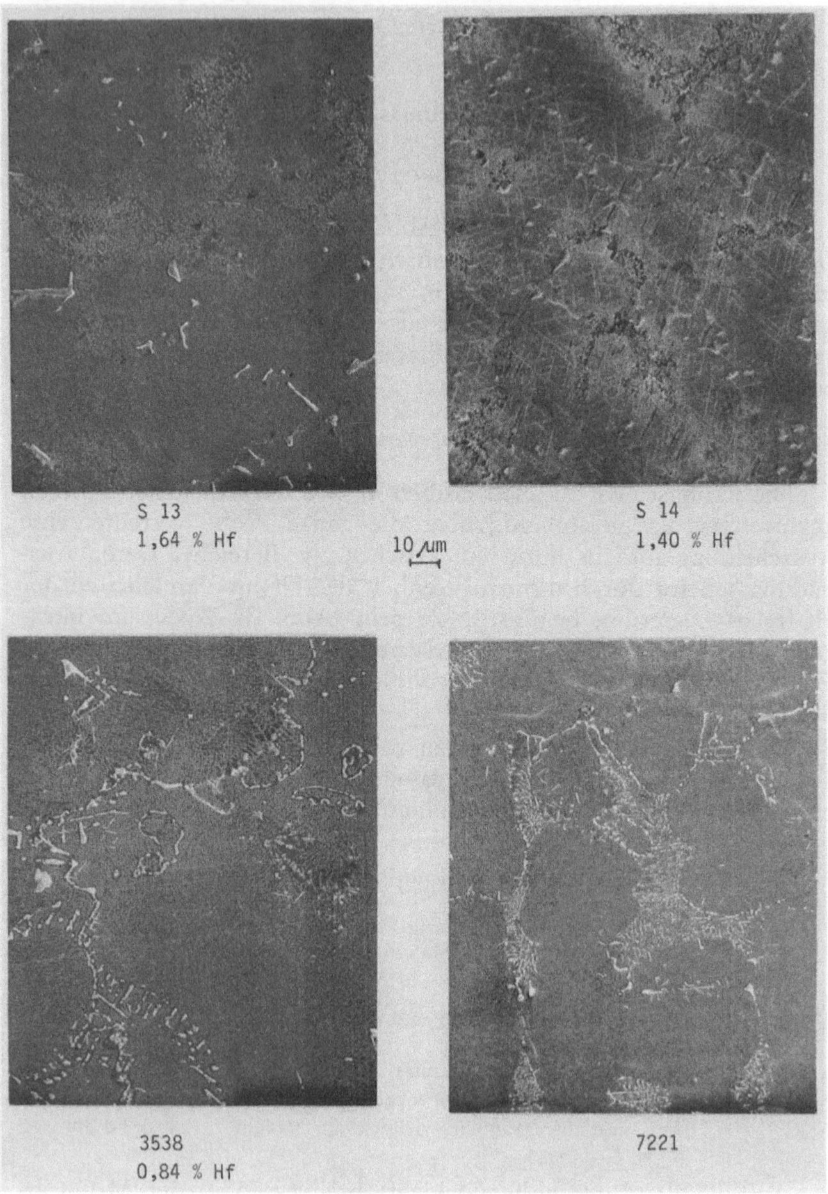

Abb. 1. Charakteristische Gefüge der verschiedenen TEW-Proben. REM-Abbildungen polierter und geätzter Querschliffe

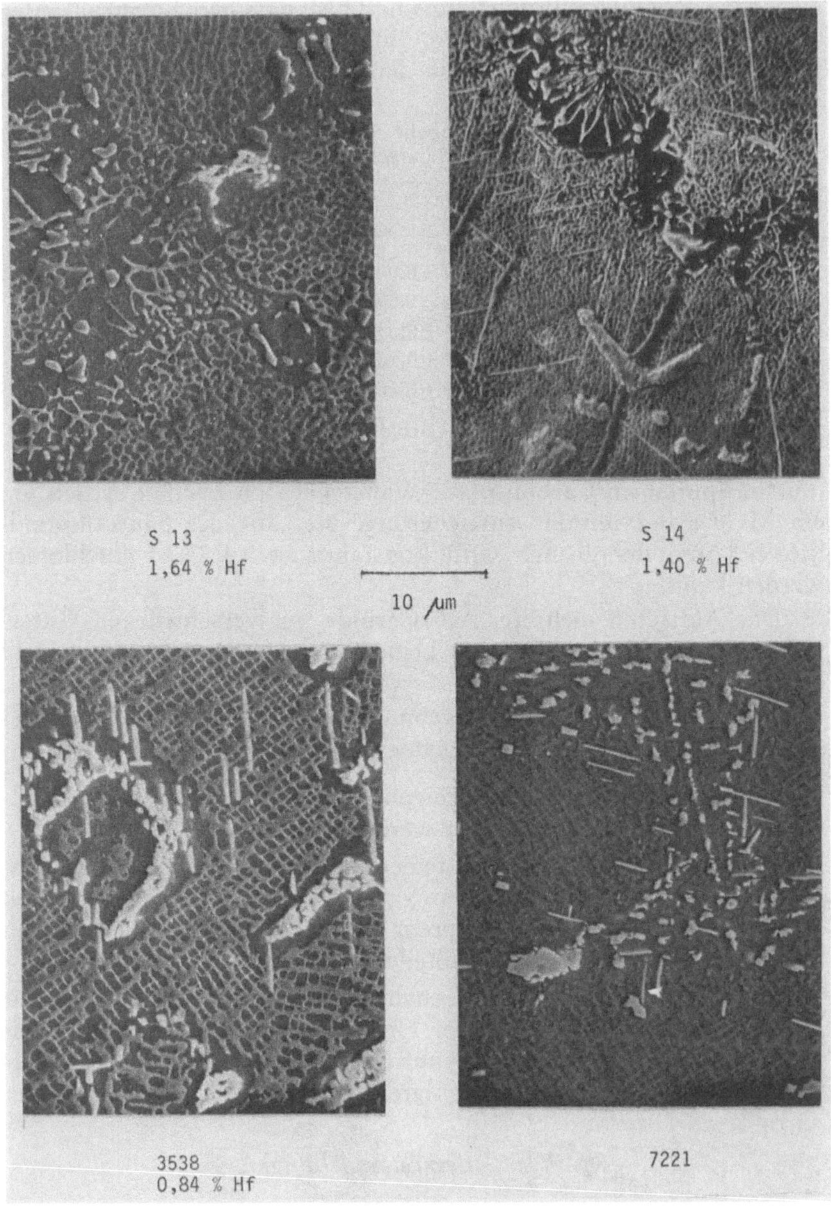

Abb. 2. Charakteristische Gefüge der verschiedenen TEW-Proben. REM-Abbildungen polierter und geätzter Querschliffe

Auch in den Proben 3538 und S 14 macht das M_6C-Carbid einen Hauptbestandteil des Carbidisolates aus und konnte durch energiedispersive Röntgenmikroanalyse im REM den nadelförmigen Ausscheidungen zugeordnet werden. Ein gegen HCl nicht beständiges MC-Carbid konnte im γ'-Isolat der Probe S 14 gefunden werden

Tabelle 5 b
Gitterparameterwerte aller durch Röntgenbeugung gefundener Phasen in Å

Phase	S 13	S 14	3538	7221
γ'	3,588 ± 0,006	3,587 ± 0,004	3,569 ± 0,009	3,574 ± 0,005
MC	4,466 ± 0,012	4,381 ± 0,008	4,40	4,40
MC′	—	4,53 ± 0,03*	—	—
$M_{23}C_6$	11,19 ± 0,55	10,62 ± 0,13	—	10,76
M_6C	—	10,77 ± 0,15	10,98 ± 0,04	11,088 ± 0,005

* Im γ'-Isolat, nur in Spuren im Carbid-Isolat

(nur in Spuren im Carbidisolat). Wahrscheinlich handelt es sich um ein MC-Carbid mit Hf-Anreicherung, was aus der Säureempfindlichkeit[6] und der großen Gitterkonstante ($a_0 = 4{,}53$ Å) geschlossen werden kann.

Das Auftreten mehrerer MC-Carbide mit verschiedenen Gitterkonstanten in Hf-modifizierten Legierungen wurde schon von Dahl et al.[9] beschrieben.

Die energiedispersive Röntgenmikroanalyse einzelner Gefügebestandteile im REM brachte folgende Ergebnisse:

— Hf konnte in den nadelförmigen Ausscheidungen mittels ERM-Analyse nicht nachgewiesen werden.
— Der hohe Cr-Gehalt in den feinen Ausscheidungen an den Korngrenzen und in eutektischen $\gamma|\gamma'$-Bereichen läßt das Vorliegen von $M_{23}C_6$-Carbiden vermuten. Geringe Mengen an Hf fanden sich in diesen Gefügebestandteilen.
— MC-Carbide weisen hohe Gehalte an Ta und W auf und, soweit vorhanden, auch an Ti. Der Hf-Gehalt der in Verbindung mit eutektischen $\gamma|\gamma'$-Bereichen auftretenden MC-Carbide lag deutlich über dem der intragranularen MC-Carbide.

Mikrosondenuntersuchungen

Um die Ergebnisse bezüglich der Verteilung des Hf zu quantifizieren, wurden an der Probe mit höchstem Hf-Gehalt (S 13) zusätzliche Untersuchungen mit der Mikrosonde vorgenommen. Deutliche Hf-Anreicherungen sind in den mit eutektischen Gebieten auftretenden MC-Carbiden zu erkennen. Die Punktanalyse bezüglich

Tabelle 6. Durch Mikrosondenuntersuchungen ermittelte Hafnium-Gehalte verschiedener Gefügebestandteile der Probe S 13 (Gew.%)

γ/γ'	γ/γ' eutektisch	Feine Ausscheidungen im eutektischen γ/γ'	MC-Carbide im eutekt. γ/γ'	MC-Carbide intragranular
	1,3	2,2	19,3	
	0,8	3,1	22,2	
0,7	0,8	1,2	11,8	5,2
	0,7	3,2	40,7	
		4,4	14,8	

des Hf-Gehaltes einzelner Gefügebestandteile erbrachte die in Tabelle 6 zusammengefaßten Ergebnisse. Diese stehen in guter Übereinstimmung mit den durch ERM-Analyse erhaltenen Daten.

Zusammenfassung der wesentlichsten Ergebnisse

1. Die Anwesenheit des Hf bevorzugt die Bildung eutektischer $\gamma|\gamma'$-Bereiche.
2. Hf tritt als wesentlicher Bestandteil in den MC-Carbiden innerhalb eutektischer $\gamma|\gamma'$-Bereiche auf (bis zu 40%).
3. Intragranulare MC-Carbide enthalten nur wenig Hf (etwa 5%).
4. Geringe Hf-Anteile (ca. 3%) finden sich in den feinen Cr-reichen Ausscheidungen innerhalb der eutektischen $\gamma|\gamma'$-Bereiche.
5. Der Hf-Gehalt ist sowohl im intragranularen $\gamma|\gamma'$ als auch im eutektischen $\gamma|\gamma'$ gering (max. 1,3%).
6. Die Anordnung der MC-Carbide wandelt sich durch Hf-Zusatz von der „chinese-script"-Form zu einer mehr regellosen Verteilung.

Schlußfolgerungen

Entsprechend seiner hohen Affinität zu C scheint sich Hafnium in Ni-Basis-Superlegierungen hauptsächlich als Carbidbildner zu verhalten. Übereinstimmende Beobachtungen am Mikrogefüge verschiedener Ni-Basis-Superlegierungen (vgl. Tabelle 1), wie Änderungen der MC-Morphologie, vermehrtes Auftreten eutektischer $\gamma|\gamma'$-Bereiche, Bildung von Hf-Säumen um Hf-freie MC-Carbidkerne[3, 6] und Auftreten konkreter, durch ihre Gitterkonstante unterschiedener

MC-Carbide[3] legen den Schluß nahe, daß ein gemeinsamer Mechanismus für die beobachtete Verbesserung der mechanischen Eigenschaften generell für Ni-Basis-Superlegierungen bestehen könnte.

Hf scheint bei der Bildung der Primärcarbide nur in geringem Maße in die eutektischen (Ti, Ta)-Mischkristall-Carbide eingebaut zu werden und segregiert bei der Erstarrung der γ-Matrix in die Restschmelze. Schließlich kristallisiert Hf-C unter Abbindung des Restkohlenstoffes um vorhandene (Ti, Ta)C-Kerne. Die Änderung der Zusammensetzung der Restschmelze bewirkt eine bevorzugte Bildung eutektischer $\gamma|\gamma'$-Bereiche.

Die beobachteten Verbesserungen der mechanischen Eigenschaften scheinen durch Vermeidung der „chinese-script"-Morphologie, die bekanntlich der Rißkeimbildung und dem Rißwachstum förderlich ist[4,5], weiters durch die Ausbildung eutektischer Bereiche, die eine „Verzahnung" der Korngrenzen bewirken[4,9] und schließlich durch eine Erhöhung des Gehaltes der Matrix an verfestigenden Elementen (Ti, V, W, etc.), entsprechend einer durch den Hf-Zusatz bewirkten Verdrängung als Carbidbildner[3], bewirkt zu werden.

Die Autoren danken Herrn Dr. F. Schubert von TEW für die Überlassung von Proben im Rahmen einer europäischen Gemeinschaftsarbeit und den Herren Dr. Malissa und Dr. Pernicka, Universität Wien, für die Hilfe bei Mikrosondenuntersuchungen. Die Untersuchungen wurden zum Teil mit Unterstützung des Fonds zur Förderung der wissenschaftlichen Forschung durchgeführt.

Zusammenfassung

Vier Ni-Basis-Superlegierungen von TEW (3 davon mit Hf-Zusätzen) wurden auf Veränderungen in der Mikrostruktur mittels REM, RB und Mikrosonde untersucht, um näheren Aufschluß über die Verteilung des Hf in den Gefügebestandteilen und über die Art seiner Beteiligung an der beobachteten Verbesserung der mechanischen Eigenschaften zu erhalten. Hf konnte hauptsächlich nur in Carbiden, die in Verbindung mit eutektischen $\gamma|\gamma'$-Bereichen auftreten, nachgewiesen werden. Weiters wurde durch Hf-Zusatz eine Verminderung der „chinese-script"-Morphologie der MC-Carbide und vermehrtes Auftreten von eutektischen $\gamma|\gamma'$-Bereichen beobachtet. Um die Wirkungen des Hf zu deuten, wird eine Hypothese vorgeschlagen, die als zentrales Faktum die Segregation des Hf in die Restschmelze beim Erstarrungsprozeß und das Abbinden des Restkohlenstoffes durch das Hf annimmt.

Summary

Investigation of the Microstructure of Hf-Modified Cast Ni-Base Superalloys

Four Ni-base superalloys (3 with Hf-additions) prepared by TEW were investigated by SEM, X-ray diffraction, and microprobe. The aim of the investigation was to obtain detailed knowledge about the role of Hf as a beneficial alloying element based upon observed microstructural changes and about the partitioning of Hf to various phases. The Hf was found predominantly in the MC-carbides which were connected with $\gamma|\gamma'$ eutectic areas. A diminished tendency to the formation of the "chinese script" morphology of the MC-particles and an increase in the areas of eutectic $\gamma|\gamma'$ could also be observed in Hf-modified alloys. A hypothesis to account for the observed improvements in mechanical behavior achieved with Hf-additions is proposed.

Literatur

1 A. W. Cochardt, US-Patent Nr. 3005705 (Oct. 24, 1961).

2 J. Petrusha, "Properties of Hf-modified INCO 713 LC", paper presented at the Materials Engineering Congress, Detroit 1971.

3 J. M. Dahl, W. F. Danesi und R. G. Dunn, Met. Trans. **4,** 1087 (1973).

4 P. S. Kotval, J. D. Venables und R. W. Calder, Met. Trans. **3,** 453. (1972).

5 R. G. Dunn, D. L. Sponseller und J. M. Dahl, Proc. Symposium on improved ductility and toughness, Kyoto, 1971, S. 319.

6 W. Hoffelner, H. Burghardt, S. Neckel und R. Stickler in Praktische Metallographie, Sonderband 4, S. 300. Stuttgart: Riederer. 1975.

7 H. E. Collins, Met. Trans. **6 A,** 515 (1975).

8 J. Hockin und W. Taylor, 2nd World Conf. of Investment Castings, Düsseldorf. 1969.

9 D. N. Duhl und C. P. Sullivan, J. Metals **23,** 7, 38 (1971).

10 J. Mihalisin, Rev. of High Temperature Materials, 1974.

Korrespondenz und Sonderdrucke: Dr. Erich Kny, Institut für physikalische Chemie III — Materialwissenschaften, Universität Wien, Währinger Straße 42, A-1090 Wien, Österreich.

Summary

Investigation of the Microstructure of Hf-Modified Cast Ni-Base Superalloys

Four Ni-base superalloys (with Hf additions) prepared by VEW were investigated by SEM, X-ray diffraction and metallography. The aim of the investigation was to obtain detailed knowledge about the role of Hf as a beneficial alloying element, based upon observed microstructural changes and upon the partitioning of Hf to various phases. The Hf was found predominantly in the MC carbides which were connected with γ/γ' eutectic areas. A [illegible] tendency to the formation of the "Chinese script" morphology of the MC-particles and an increase in the areas of eutectic γ' could also be observed in Hf modified alloys. A hypothesis to account for the observed improvements in mechanical behavior achieved with Hf additions is proposed.

Literatur

[1] A. W. Cochardt, U.S. Patent Nr. 3007765 (Oct. 24, 1961).

[2] J. Petersen, "Properties of [illegible] INCO 713 LC", Paper presented at the Materials Engineering Congress, Detroit 1974.

[3] J. M. Dahl, W. F. Danesi, and R. G. Dunn, Met. Trans. 4, 1087 (1973).

[4] P. S. Kotval, J. D. Venables, and R. W. Calder, Met. Trans. 3, 453 (1972).

[5] R. G. Dunn, D. L. Sponseller, and J. M. Dahl, Proc. Symposium on Improved Ductility and Toughness, Kyoto, 1971, S. [illegible].

[6] W. Hoffelner, H. Burkhardt, S. Nickel und R. Stickler in Praktische Metallographie, Sonderband 6, S. 300. Stuttgart: Riederer. 1975.

[7] R. F. Collins, Met. Trans. 6 A, 745 (1975).

[8] J. Hotzen and W. Taylor, [illegible] in Investment Castings, Düsseldorf 1968.

[9] D. N. Duhl und C. P. Sullivan, J. Metals 23, 7, 38 (1971).

[10] J. Mihalisin, Rev. of High Temperature Materials 1974.

Korrespondenz und Sonderdrucke: Dr. Erich Kny, Institut für physikalische Chemie und Materialwissenschaften, Universität Wien, Währinger Straße 42, A-1090 Wien, Österreich.

Mikrochimica Acta [Wien], Suppl. 7, 441—452

MIKROCHIMICA ACTA

Österreichische Studiengesellschaft für Atomenergie Ges. m. b. H., Institut für Metallurgie, Forschungszentrum Seibersdorf und Institut für anorganische Chemie der Universität Wien

Korrosion von austenitischen Stählen in flüssigem Natrium*

Von

H. Konvicka, K. Komarek und I. Schreinlechner

Mit 6 Abbildungen

(Eingegangen am 27. Oktober 1976)

1. Einleitung

Die Anwendung von flüssigem Natrium als Wärmeübertragungsmedium in Schnellen-Brüter-Reaktoren bringt das Problem der Korrosion der Konstruktionsmaterialien bei hohen Temperaturen mit sich. Um einige Parameter der Stahlkorrosion untersuchen und Aussagen über das Langzeitverhalten der verwendeten Stähle treffen zu können, wurden in einem Gemeinschaftsprojekt der Österreichischen Studiengesellschaft für Atomenergie Ges. m. b. H. und der Vereinigten Edelstahlwerke AG Korrosionsexperimente mit stabilisierten austenitischen Stählen in Natrium-Hochtemperaturkreisläufen durchgeführt. In der Literatur wurde mehrfach über die Konzeption der Anlagen und Ergebnisse der Versuche berichtet[1–4].

2. Experimentelle Parameter

Die in der Literatur veröffentlichten Ergebnisse an verschiedenen Versuchsanlagen sind oft nur sehr schwer untereinander zu vergleichen. Die Komplexität des Korrosionsvorganges soll anhand einer kurzen Diskussion der Parameter veranschaulicht werden.

* Vortrag anläßlich des 8. Kolloquiums über metallkundliche Analyse mit besonderer Berücksichtigung der Elektronen- und Ionenstrahl-Mikroanalyse, Wien, 27. bis 29. Oktober 1976.

2.1 *Temperatur*

In den meisten Versuchsanlagen wurden Teststrecken-Temperaturen von etwa 600° C—750° C eingehalten, da die zu erwartende „hot-spot"-Temperatur im Core eines Schnellen Brüters bei diesen Temperaturen liegt. In fast allen Seibersdorfer Experimenten betrug die Versuchstemperatur konstant 730° C. Es erscheint wichtig, darauf hinzuweisen, daß eine Abweichung von 1° C eine Änderung der Korrosionsraten um etwa 1% verursacht[3, 5].

2.2 *Zeit*

In der Anfangsphase der Korrosion ist ein parabolisch bis exponentieller Anstieg der Korrosionsraten zu erwarten. Erst nach einigen tausend Versuchsstunden nehmen die Gewichtsverluste der Proben linear mit der Zeit zu.

2.3 *Natrium*

2.3.1 Strömungsgeschwindigkeit

Bei einer Grenzgeschwindigkeit von etwa 10 m/sec ist keine weitere Zunahme der Korrosionsraten mit steigender Strömungsgeschwindigkeit festzustellen. Die Ausbildung einer laminaren Randschicht, bzw. ihre Dicke, dürfte wesentlich an der Geschwindigkeitsabhängigkeit der Korrosion beteiligt sein[5, 6].

2.3.2 Verunreinigungen

Im allgemeinen ist die Löslichkeit von Spurenelementen im Natrium sehr gering (ppm-Bereich). Trotzdem haben besonders die C- und O-Verunreinigungen großen Einfluß auf die Korrosionsraten infolge Auf- oder Entkohlung bzw. Doppeloxid- oder Solvat-Bildung[5, 7–9].

2.4 *Stahl*

Neben der Art des verwendeten Stahls (Austenit, Ferrit) spielen die vorangegangene Wärmebehandlung, die Ausbildung des Gefüges und die mechanische Bearbeitung eine Rolle. Daraus resultieren Unterschiede der Korrosionsraten um 10% und mehr.

2.5 *Geometrie („Downstream-Effekt")*

Proben, die am Beginn eines Probenstapels liegen, weisen wesentlich höhere Korrosionsraten auf als solche, die „downstream" liegen[10]. Eine eindeutige Klärung dieses Phänomens war bis jetzt nicht möglich, die Ursachen können in Sättigungsphänomenen (Sättigung des Natriums an Nickel, Chrom, Eisen) oder Strömungseffekten (Ausbildung der laminaren Randschicht) liegen.

Für die in dieser Arbeit untersuchten Proben sind die Versuchsparameter und Gewichtsverluste in den Tabellen 1 und 2 zusammengestellt. Als Werkstoff wurde Böhler Turbotherm+ 1616M (WNr. 1.4981, DIN-Norm X8 Cr Ni Mo Nb 1616) verwendet (Gesamtniob 0,94%, Gesamtkohlenstoff 0,062% laut Chargenanalyse).

Tabelle 1. Parameter des Korrosionsversuches

Korrosionstemperatur	730° C
Gesamtkorrosionszeit	2637 h
Natriumgeschwindigkeit	4 m/sec
Sauerstoffkonzentration entsprechend dem Kaltfallengleichgewicht	7 ppm
Downstreamparameter L/D	310 bzw. 320

Tabelle 2. Gewichtsverlustdaten

	Gewichtsverlust, |mg|/Probe, nach |h| L/D	126	342	738	1577	2637
Probe 1	310	2,1	3,9	7,3	12,6	18,3
Probe 2	320	2,0	3,4	6,4	10,4	13,7

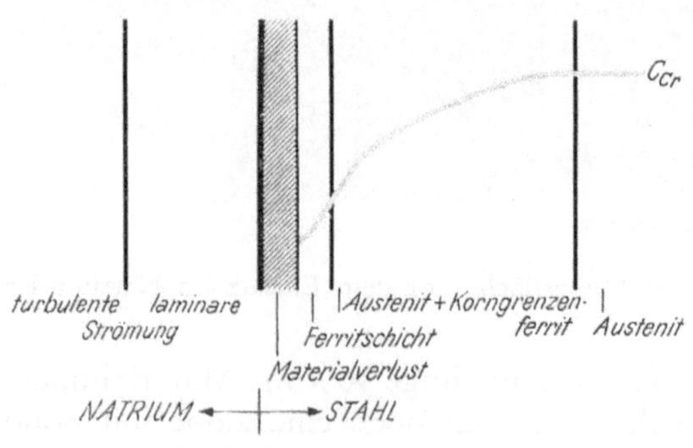

Abb. 1. Korrosionszonen

3. Experimentelle Ergebnisse und Diskussion

An der Phasengrenzfläche austenitischer Stahl-Natrium tritt eine Reihe bestimmter Veränderungen auf (Abb. 1). Auf der Natriumseite kommt es zur Ausbildung einer laminaren Randschicht, deren Dicke von der Strömungsgeschwindigkeit des Natriums abhängig ist. Die Stahloberfläche verarmt infolge von Chrom- und Nickelabreicherung an Austenitbildnern und geht in eine ferritische Struktur über. Die Dicke dieser Ferritschicht ist eine Funktion einiger Parameter, z. B. des Sauerstoffpotentials im Natrium und der Strömungsgeschwindigkeit. Daran schließt sich eine Zone, die nur an den Korngrenzen

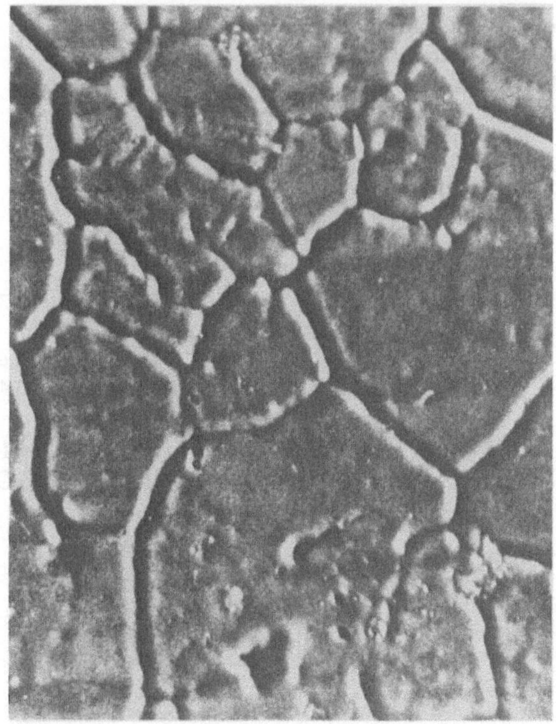

Abb. 2. Stahloberfläche vor dem Einsatz im Natrium-Kreislauf

Ferritanteile aufweist und einige 10 μ ins Materialinnere reicht. Hier wird von manchen Autoren noch eine Zone mit Sondercarbidausscheidungen beschrieben[11]. Darunter befindet sich die ungestörte Austenitmatrix.

3.1 *Oberflächenveränderungen*

Abb. 2 zeigt die infolge der Wärmebehandlung thermisch geätzten Korngrenzen einer Probenoberfläche vor dem Einsatz im Korrosionsversuch. Nach 2637 h Auslagerungszeit sind die Korngrenzen noch stärker aufgeweitet, die Oberfläche ist stark zerklüftet und Kornwachstum wird beobachtet. An den Schnittpunkten dreier Korngrenzen tritt Hohlraumbildung auf (Abb. 3). Deutlich sind auch

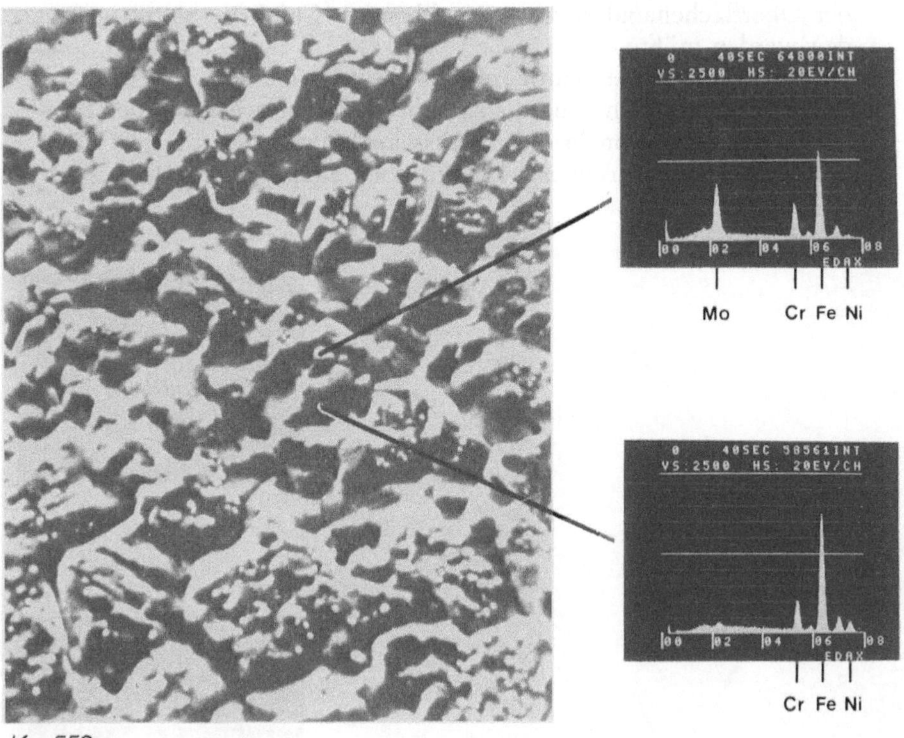

Abb. 3. EDAX-Spektren der Oberfläche und der Ausscheidungen

sehr kleine Ausscheidungen festzustellen. Mit Hilfe der energiedispersiven Röntgenanalyse (EDAX) läßt sich feststellen, daß diese Teilchen gegenüber der Oberfläche sehr stark Mo-angereichert sind, aber fast kein Ni enthalten.

In der Literatur wurden solche Ausscheidungen schon von Thorley[12] als η-Carbide des Typs M_6C beschrieben. Yannopoulos[13] fügte noch die Möglichkeiten der Laves-Phase Fe_2Mo und der intermetallischen Verbindung Fe_3Mo_2 hinzu.

Eine quantitative Analyse der EDAX-Daten liefert folgende Werte:

Mo:	23%	Fe:	54%
Cr:	12%	Ni:	2%

Da die Summe nur 91% beträgt, lag die Vermutung nahe, daß es sich — auch in Anbetracht der Unsicherheiten in der Quantifizierung der EDAX-Daten — um ein M_6C-Carbid handeln könnte. Ein Matrixeffekt ist kaum anzunehmen, da, wie der Vergleich mit der Oberflächenanalyse zeigt, ein kleineres Cr/Ni-Verhältnis gefunden werden müßte.

Die Mikrosonde wurde zum Nachweis und zur Messung des Kohlenstoffgehalts herangezogen. Ein eindeutiger Anstieg der Kohlenstoffkonzentration in diesen Ausscheidungen, der für ein Carbid unbedingt zu erwarten ist, konnte aber nicht festgestellt werden.

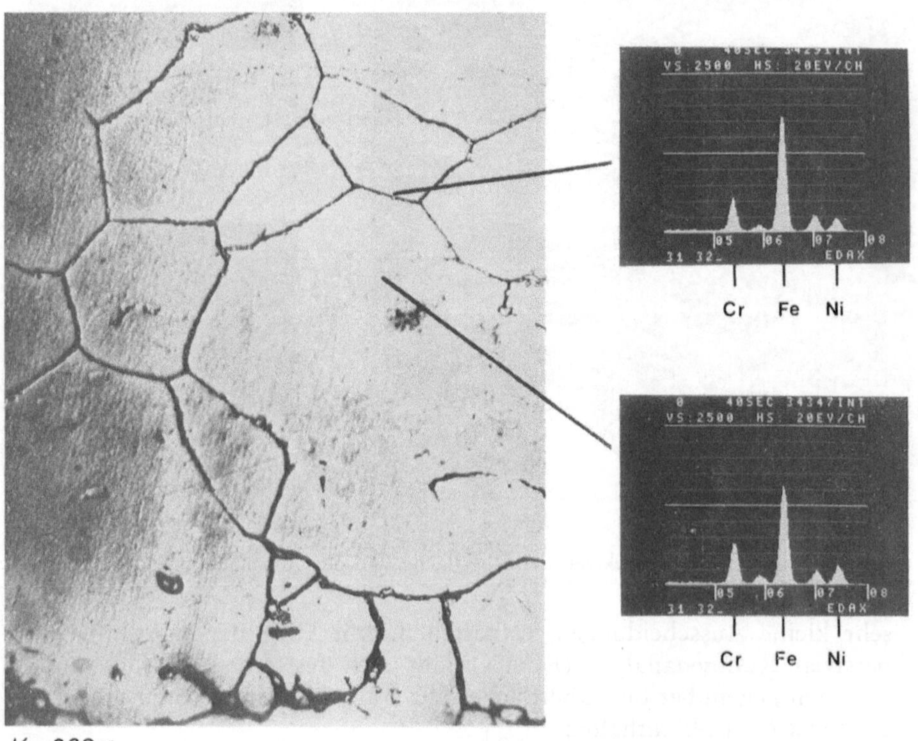

Abb. 4. EDAX-Spektren der Körner und Korngrenzen

Dies bedeutet aber noch keine endgültige Aussage über die Art der Ausscheidung, da die zu analysierenden Partikel klein waren ($<2\,\mu$) und die Kohlenstoffmessung somit unsicher ist.

Die Analyse der Stahloberfläche liefert Werte von 10,5% Cr und 10% Ni. Somit liegt der Stahl im Phasendiagramm Fe-Cr-Ni bei 730° C knapp im $\alpha+\gamma$ Gebiet. Das ferritische Gefüge ließ sich auch röntgenographisch nachweisen. Bemerkenswert erscheint die Tatsache, daß Mo an der Oberfläche angereichert wird (2,5% Mo gegenüber 2% Mo in der Matrix), was möglicherweise zur Ausscheidung der oben erwähnten Partikel führen könnte.

3.2 *Korrosionserscheinungen im Materialinnern*

Um über die Eindringtiefen selektiver Cr-Ni-Abreicherungen sichere Aussagen machen zu können, muß eine Schrägschlifftechnik angewendet werden. Leider sind infolge der Probengeometrie kaum bessere Schrägschliffe als 1 : 10 erreichbar. Dies verhindert den metallografischen Nachweis der sehr dünnen Ferritschicht an der Probenoberfläche. Sehr deutlich treten aber die ferritisierten Korngrenzen bis in Tiefen von etwa 30 μ auf. Abb. 4 zeigt die EDAX-Spektren von Korninnerem und Korngrenze. Die Zusammensetzung in den Korngrenzen entspricht der der Oberfläche.

3.2.1 Konzentrationsprofile

Die Veränderungen der Chrom- und Nickel-Konzentrationen in Abhängigkeit von der Eindringtiefe sind in Abb. 5a wiedergegeben. Der Verlauf des Profils ist aus der Annahme der Analogie zur freien

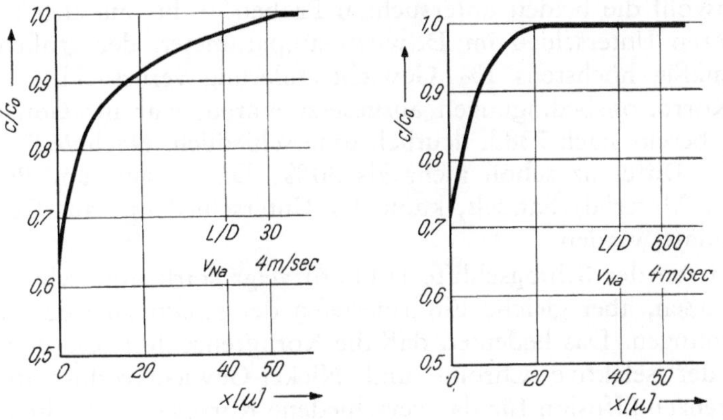

Abb. 5 a. Diffusionsprofile von Chrom-Hochgeschwindigkeitsstapel

Verdampfung im Vakuum zu erwarten. Im Bereich von etwa 10 bis 25 μ verläuft die Kurve flacher als einer Errorfunktion entspricht. Dies ist eine Folge des Einflusses der ausgeprägten Korngrenzendiffusion.

Auch die Elektronenstrahlmikroanalyse (ESMA) kann die sehr dünne Oberflächenferritschicht im Schrägschliff nicht nachweisen, deren Ende durch einen Wendepunkt im Konzentrationsprofil gekennzeichnet sein müßte. Ist diese Schicht etwas dicker, wie z. B. bei Proben aus dem Niedergeschwindigkeitsstapel, ist sie auch nachweisbar (Abb. 5b).

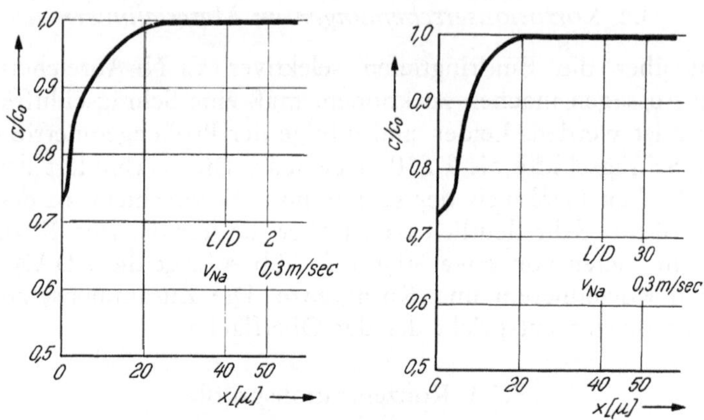

Abb. 5 b. Diffusionsprofile von Chrom-Niedergeschwindigkeitsstapel

3.2.2 Einfluß der Korngröße

Obwohl die beiden untersuchten Proben — bis auf den unvermeidbaren Unterschied im Downstreamparameter, der größenordnungsmäßig höchstens 1% Gewichtsänderung verursacht — gleichen Korrosionsbedingungen ausgesetzt waren, war ihr Gewichtsverlust bereits nach 738 h deutlich unterschiedlich. Nach 2637 h betrug die Differenz schon mehr als 30%. Da es sich um Proben gleichen Materials handelt, kann der Unterschied nur am Gefügebild erklärt werden.

Anätzen der Schrägschliffe (Abb. 6) zeigt stark unterschiedliche Korngrößen, aber gleiche Eindringtiefen der selektiven Korrosionserscheinungen. Das bedeutet, daß die Korngrenzenferritisierung und somit der selektive Chrom- und Nickel-Gewichtsverlust infolge Korngrenzendiffusion für das verschiedene Korrosionsverhalten verantwortlich gemacht werden muß.

3.3 *Aufkohlung*

Der Kohlenstofftransport in einem Natriumkreislauf ist insbesondere für die mechanischen Eigenschaften des Stahls ein sehr wichtiges und vielbehandeltes Problem. Es stellt sich die Frage, welchen Einfluß das Stabilisierungselement Niob auf die mit Carbid-

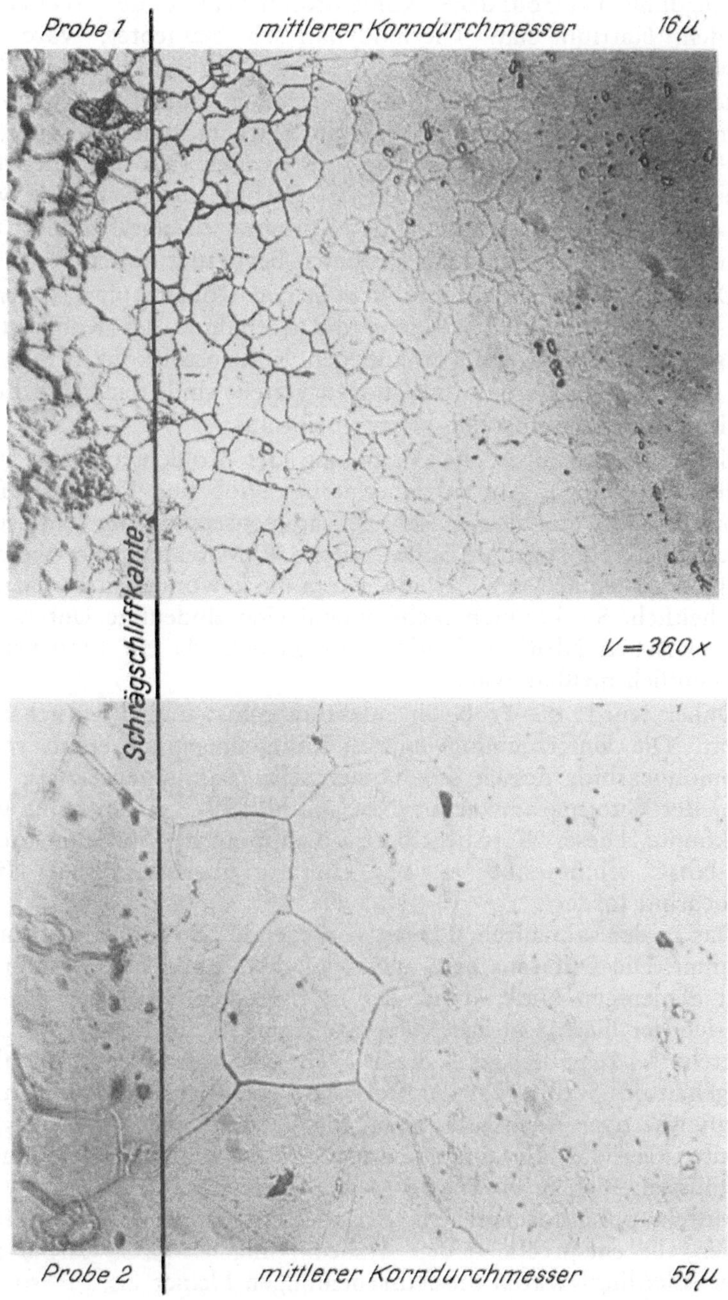

Abb. 6. Korngrößeneinfluß

ausscheidungen verbundene Kohlenstoffaufnahme des Werkstoffs aus dem Natrium hat. Thermodynamisch betrachtet, wäre eine Niobcarbidausscheidung wesentlich bevorzugt gegenüber einer Ausscheidung von chromreichen $M_{23}C_6$-Carbiden. Andere Carbidtypen kommen im Materialinneren nicht in Betracht, wie die Literatur zeigt[14]. Aus kinetischen Gründen — es handelt sich um einen Diffusionsprozeß — sollten aber $M_{23}C_6$-Carbide ausgeschieden werden, da der Kohlenstoff entlang der Korngrenzen eindiffundiert und somit die Carbidausscheidung an diesen bevorzugt auftritt.

Die beste Möglichkeit, Einblick in den Kohlenstoffmassetransport im Stahl zu erhalten, bietet die Aufnahme der Kohlenstoffdiffusionsprofile. Da die vorhandenen Kohlenstoffkonzentrationen sehr gering und außerdem inhomogen verteilt sind, reicht die Empfindlichkeit der Mikrosonde hierfür nicht aus.

Um Aussagen über die Verteilung des Kohlenstoffs in Stahl machen zu können, war es daher nötig, Niob und Kohlenstoff zu bilanzieren. Die stöchiometrische Zusammensetzung der feindispers vorhandenen Niobcarbide sollte mittels ESMA analysiert werden. Infolge der Kleinheit der Carbide waren die gewonnenen Daten sehr uneinheitlich. Sie konnten nicht einmal eine eindeutige Unterscheidung zwischen Nb_2C und NbC ermöglichen, da ein Matrixeffekt stets deutlich meßbar war.

Daher wurde die Probe in Salzsäure gelöst und der Rückstand isoliert. Die Untersuchung mittels Röntgenbeugung ergab reines Niobmonocarbid, dessen stöchiometrische Zusammensetzung aufgrund der Gitterparameter als $NbC_{0,70}$ bis $NbC_{0,75}$ bestimmt werden konnte. Dieser Wert liegt bereits knapp an der Stabilitätsgrenze zum Nb_2C, stimmt aber mit der Literatur überein, die ein Niobmonocarbid fordert.

Das in der salzsauren Lösung vorliegende Niob wurde ebenfalls bestimmt. Die Differenz zum ursprünglich vorhandenen Niob ergab somit denjenigen Niob-Anteil, der in Carbidform vorliegt. Daraus läßt sich der hierfür nötige Kohlenstoff gemäß der Formel $NbC_{0,70}$ ermitteln. Es zeigt sich, daß dieser Wert genau dem Gesamtkohlenstoffgehalt des Stahles vor der Korrosion entspricht. Da die Kohlenstoffanalyse nach der Auslagerung im Natrium nur 0,074% ergibt, bedeutet dies, daß die aufgenommenen 0,012% anders abgebunden sein müssen, eben in Form von $M_{23}C_6$-Carbiden.

Mittels potentiostatischem Ätzen konnte eine Phase angeätzt werden, die entsprechend den Ätzbedingungen $M_{23}C_6$-Carbid sein sollte. Allerdings waren die Ausscheidungen kleiner als 1 μ, so daß weder ein qualitativer noch ein quantitativer Nachweis mittels der Mikrosonde oder EDAX gelang.

Die Autoren danken dem Österreichischen Fonds zur Förderung der wissenschaftlichen Forschung, der die Arbeiten an der Mikrosonde unter der Projekt-Nummer 1939 unterstützt hat, sowie Herrn Dr. H. Malissa jun. vom Institut für Analytische Chemie der Universität Wien für seine Hilfe bei der Durchführung der Elektronenstrahlmikroanalysen.

Zusammenfassung

Der Einsatz der Elektronenstrahlmikroanalyse erweist sich bei der Untersuchung von Korrosionsphänomenen von Stählen in flüssigem Natrium als sehr nützliches Hilfsmittel. Sie ermöglicht die Aufnahme von Diffusionsprofilen der Legierungsbestandteile und eine Analyse einzelner Phasen. Leider versagt die ESMA bei sehr kleinen Carbid-Ausscheidungen. Die fehlenden Daten müssen in diesem Fall durch andere Methoden, wie z. B. Rückstandsanalyse, ermittelt werden.

Summary

Corrosion of Stainless Steel in Liquid Sodium

Electron microprobe analysis is a very useful tool for the investigation of corrosion phenomena on stainless steel exposed to liquid sodium. By means of this method diffusion profiles of alloying elements were determined and phase analysis performed. In the case of very small precipitates, the method failed and had to be substituted by other analytical techniques, e. g. residue analysis.

Literatur

[1] E. Matyas, G. Rajakovics und N. Schwarz, Proceedings of the IAEA-Symposium on Alkali Metal Coolants, Vienna 1967, 367.

[2] N. Schwarz und G. Rajakovics, Proceedings of the International Conference on Liquid Alkali Metals, British Nuclear Energy Society. Nottingham 1973, 233.

[3] N. Schwarz und G. Rajakovics, ÖZE **29**, 135 (1976).

[4] N. Schwarz und G. Rajakovics, Proceedings of the International Conference on Liquid Metal Technology in Energy Production, Seven Springs (USA) 1976, in Vorbereitung.

[5] J. R. Weeks und H. S. Isaacs, Advances in Corrosion Science and Technology, Vol. 3, New York: Plenum. 1973. S. 1.

[6] R. S. Fidler und M. J. Collins, Atomic Energy Rev. **13**, 3 (1975).

[7] K. Natesan und T. F. Kassner, J. Nucl. Mat. **37**, 223 (1970).

[8] H. R. Konvicka, K. L. Komarek und I. E. Schreinlechner, Proceedings of the International Conference on Liquid Metal Technology in Energy Production, Seven Springs (USA) 1976, in Vorbereitung.

[9] H. Schneider, H. U. Borgstedt und G. Frees, J. Nucl. Mat. **56,** 336 (1975).

[10] H. S. Isaacs, A. J. Romano, C. J. Klamut und J. R. Weeks, Brookhaven National Laboratories, Report No.: 16528.

[11] H. U. Borgstedt und G. Frees, Proceedings of the International Conference on Liquid Metal Technology in Energy Production, Seven Springs (USA), 1976, in Vorbereitung.

[12] A. W. Thorley and J. A. Bardsley, J. Royal Micr. Soc. **4,** 431 (1968).

[13] L. N. Yannopoulos, J. Less Common Met. **46,** 117 (1976).

[14] C. S. Campbell und G. Tyzack, Proceedings of the IAEA-Symposium on Alkali Metal Coolants, Vienna 1967, 159.

Korrespondenz und Sonderdrucke: Heinz Konvicka, Österreichische Studiengesellschaft für Atomenergie Ges. m. b. H., Institut für Metallurgie, Forschungszentrum Seibersdorf, A-1082 Wien, Lenaugasse 10, Österreich.

Mikrochimica Acta [Wien], Suppl. 7, 453—463

MIKROCHIMICA
ACTA

Forschungsanstalt der Vereinigten Edelstahlwerke AG (VEW) Kapfenberg

Elektronenstrahlmikroanalyse im Dienste der Archäologie*

Von

Rupert Blöch

Mit 10 Abbildungen

(Eingegangen am 25. Oktober 1976)

Die analytische Untersuchung archäologischer Objekte hat im allgemeinen sehr schonend und möglichst zerstörungsfrei zu erfolgen. Diese Forderungen können von mikroanalytischen Verfahren, insbesondere von der Elektronenstrahlmikroanalyse weitgehend erfüllt werden, zumal ja nur mikroskopisch kleine Bereiche für die Analyse erforderlich sind. Zumeist genügt ein Anschleifen und Polieren einer winzigen Stelle des Untersuchungsobjektes, ja in besonders günstigen Fällen wird man sogar auf diese kleinen Eingriffe verzichten können, falls nämlich die Oberfläche durch die langzeitigen Umwelteinflüsse nicht entscheidend verändert wurde und für die Untersuchung hinreichend ebene Bereiche zur Verfügung stehen.

Für die Elektronenstrahlmikroanalyse kommen überwiegend metallische Objekte in Frage, bei denen vor allem die durchschnittliche Zusammensetzung, der Gefügeaufbau, Einschlüsse und allfällige Oberflächenschichten (z. B. Vergoldung) interessieren, um daraus dann Schlüsse über Herkunft und Erzeugungstechnologie ziehen zu können. Während sich die Analyse einphasiger Legierungen sowie der verschiedenen Einzelphasen mehrphasiger Legierungen, soweit sie einen Durchmesser von 2—3 μm nicht unterschreiten,

* Vortrag anläßlich des 8. Kolloquiums über metallkundliche Analyse mit besonderer Berücksichtigung der Elektronen- und Ionenstrahl-Mikroanalyse, Wien, 27. bis 29. Oktober 1976.

relativ einfach gestaltet, treten bei der Bestimmung der Durchschnittsanalyse mehrphasiger Legierungen mit der Mikrosonde beträchtliche Probleme auf. Um vernünftige Durchschnittsanalysen zu erhalten, muß die Probenoberfläche während der Messung zwecks Mittelung abgerastert werden, wobei die Strahlablenkung so zu wählen ist, daß noch keine größeren Intensitätsabfälle am Rande des Rasterfeldes infolge Verletzung der Rowlandkreisbedingung auftritt. Zweckmäßigerweise wird die zu untersuchende Fläche mit mehreren Rasterfeldern überdeckt, um den Einfluß lokaler Entmischungen auf das Analysenergebnis zu verringern. Problematisch ist die Korrektur der Meßwerte mehrphasiger Legierungen, besonders wenn sich die Einzelphasen sehr stark in ihrer Zusammensetzung unterscheiden[1]. Darüber hinaus weisen die Untersuchungsobjekte oft sehr tiefreichende Korrosionserscheinungen auf, die ebenfalls die Meßergebnisse ungünstig beeinflussen. Im allgemeinen wird man sich daher mit grob quantitativen Ergebnissen begnügen müssen und nur in einigen besonders günstig gelagerten Fällen werden genauere Analysen möglich sein. Glücklicherweise können die meisten analytischen Probleme in der Archäologie trotz der eben angeführten Einschränkungen zufriedenstellend geklärt werden. Im folgenden soll an Hand einiger ausgewählter Beispiele aus verschiedenen Teilbereichen der Archäologie gezeigt werden, wie in einem metallkundlichen Industrielabor wertvolle Beiträge zum besseren Verständnis unserer Vergangenheit geleistet werden können.

1. Münzen

1.1 Keltische Münzen[2]

Abb. 1 zeigt eine Münze vom Typ Gurina sowie eine Gefügeaufnahme eines Anschliffes an einer Seitenkante. Die zweiphasige Legierung weist folgende Durchschnittszusammensetzung auf: 53% Ag, 42% Cu, 2,4% Sn und 2% Pb. Bei der hellen Phase handelt es sich um einen Silbermischkristall, während die dunkle Phase ein Kupfermischkristall ist. Erwartungsgemäß ist praktisch das gesamte Blei im Silbermischkristall gelöst, da ja Kupfer fast kein Blei zu lösen vermag[3], hingegen ist Zinn etwa gleich auf beide Phasen verteilt.

Völlig anders präsentiert sich der Lanzenreiter vom Typ Adnamat in Abb. 2. Die zweiphasige Münzlegierung besteht aus Bronze mit rund 75% Cu und 25% Sn. Neben hellen groben primär erstarrten α-Mischkristallen mit 16% Sn entsprechend maximaler Löslichkeit bei ca. 520^0 C erkennt man eine dunkle, körnig erscheinende

Matrix mit 28% Sn. Hierbei handelt es sich um das Zerfallsprodukt der eutektoiden Umsetzung $\gamma \rightarrow \alpha + \delta$[4]. Wegen des relativ starken

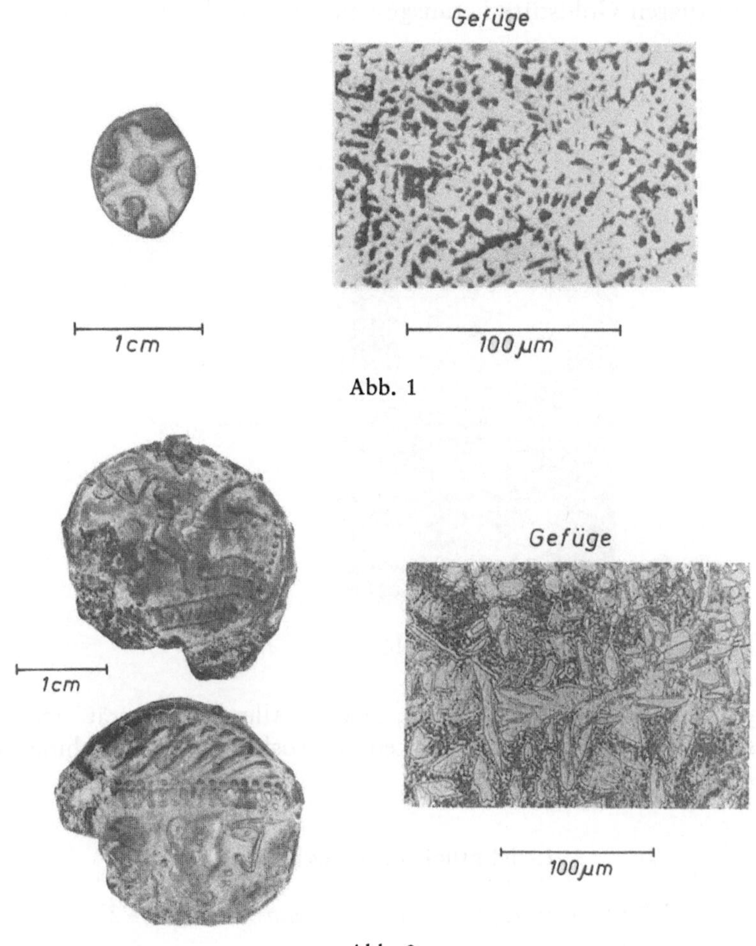

Abb. 1

Abb. 2

Korrosionsangriffes mußte der Anschliff in diesem Falle etwas tiefer vorgenommen werden, um zu sinnvollen Analysenwerten zu gelangen.

1.2 *Altindische Münzen*

Abb. 3 zeigt drei dünne altindische Silbermünzen, die im Halsbereich resp. im Bereich der Krone goldfarbene Stifte eingesetzt hatten. Es sollte die Zusammensetzung der Stifte in allen drei Münzen überprüft werden, wobei in diesem Falle nur ein leichtes manuelles Polieren der Metallstifte möglich war. Während die oberste Münze einen Stift aus einer Goldlegierung 80% Au, 12% Ag, 8% Cu aufweist, wurden bei den beiden unteren Münzen offenbar die kostbaren Goldstifte herausgeschlagen und durch wertlose Mes-

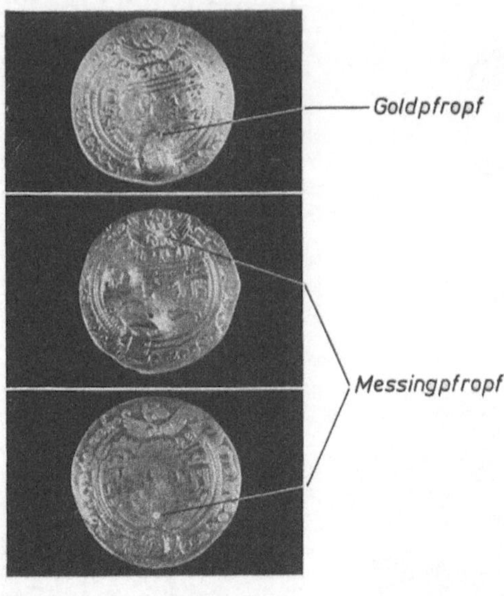

Abb. 3

singstifte, 80% Cu und 20% Zn, ersetzt. Allerdings verrät sich das Messing nun durch einen starken Korrosionsangriff, wohingegen die Goldlegierung blank ist.

2. Schmuck und Bekleidung

2.1 Ohrringfragment aus Teurnia Grab XI/72[5]

Abb. 4 zeigt das Ohrringfragment sowie ein Elektronenrückstreubild vom zentralen Bereich des Anschliffes. Man erkennt deutlich den starken Korrosionsangriff entlang der Korngrenzen selbst im zentralen Probengebiet. Die Untersuchung lieferte folgende Durchschnittszusammensetzung: 76,6% Cu, 19,9% Zn, 2,58% Sn, 0,16% P, 0,30% Pb, 0,06% Sb und 0,18% Fe. Es handelt sich hier somit nicht um herkömmliche Bronze, sondern um eine Legierung, die im heutigen Sprachgebrauch als Sondermessing bezeichnet wird. Auf Grund der Zusammensetzung, insbesondere des niedrigen Zinngehaltes, kann geschlossen werden, daß es sich bei dem Ohrring um ein einheimisches Erzeugnis handelt, wohingegen die westeuropäischen Importartikel zumeist aus zinnreicher Bronze bestanden.

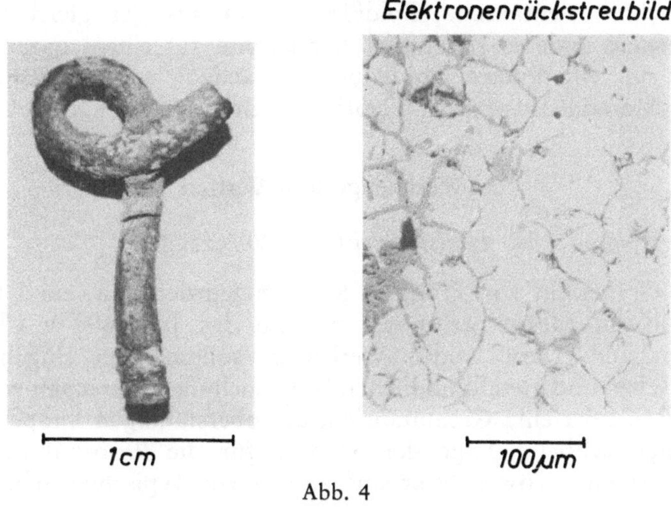

Abb. 4

2.2 *Hochmittelalterliche Goldhauben*[6]

Im Zuge von Ausgrabungsarbeiten in Judendorf bei Villach wurden u. a. Reste von Kopfbedeckungen aus dem 13. Jahrhundert

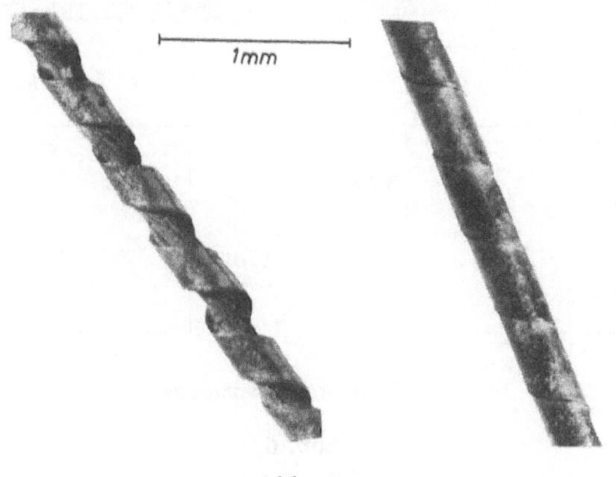

Abb. 5

gefunden, die zum Teil reichlich mit Goldstickereien verziert waren. Es sollte der Aufbau der Goldfäden untersucht werden.

Abb. 5 zeigt Mikrophotos zweier verschiedener Goldfäden, wobei besonders auf die gleichmäßige Steigung des die Seidenseele umspinnenden Metallahns hingewiesen sei. In allen untersuchten Fäden aus Judendorf bestand der Metallahn aus goldplattiertem Silber, wobei die Plattierungsdicke meist unter 1 μm lag. Vergleichsweise untersuchte orientalische Goldfäden etwa aus der gleichen Zeit lieferten ein anderes Ergebnis. Hier konnte auf einem organischen Träger nur ein dünnes Goldhäutchen nachgewiesen werden. Derartiges Material ist u. a. als Cyprisches Gold bekannt.

3. Werkzeuge und Waffen

3.1 Hallstattzeitliche Werkzeuge[7]

Im Gräberfeld von Frögg in Kärnten wurden u. a. ein Lappenbeil und ein Messer gefunden, die um das Jahr 600 v. Chr. zu datieren sind. Diese beiden Werkzeuge sollten einer eingehenden analytischen und metallkundlichen Untersuchung unterzogen werden.

Abb. 6 zeigt eine Gesamtansicht des oberständigen Lappenbeiles mit eingezeichneter Lage der Schnitte für die Probenahme, eine Schliffaufnahme sowie Mikroaufnahmen von typischen Schlacken-

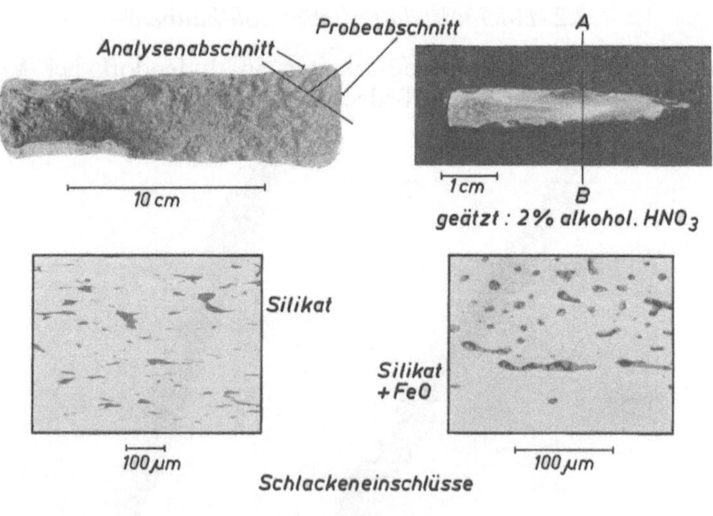

Abb. 6

einschlüssen. Sowohl die Zusammensetzung der Schlackeneinschlüsse als auch die Verteilung des Kohlenstoffs entlang der Linie A—B sollte ermittelt werden. Während die hellgrauen Schlacken praktisch aus reinem Eisenoxid bestehen, handelt es sich bei den dunklen Schlacken um ein komplexes Silikat etwa folgender Zusammensetzung: 3% MgO, 5% Al_2O_3, 45—57% SiO_2, 5—8% K_2O(+Na_2O), 21—24% CaO, 5% FeO und Spuren MnO. Schlacken ähnlicher Zusammensetzung waren auch schon in keltischen Luppen am Magdalensberg gefunden worden[8]. Der Konzentrationsverlauf des Kohlenstoffs entlang der Linie A—B ist zusammen mit der zugehörigen Gefügeübersicht in Abb. 7 dargestellt. Die kohlenstoffreich-

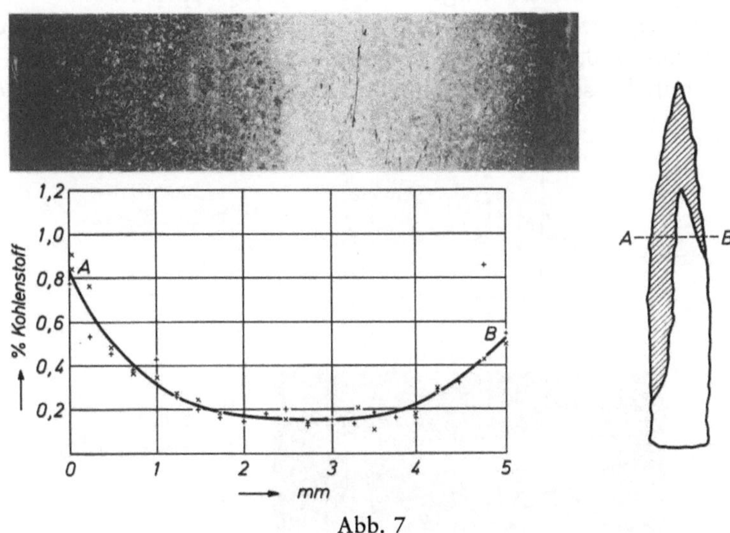

Abb. 7

sten Randzonen bestehen aus Martensit mit Härten um 720 HV, an die sich gegen das Innere zu eine Zwischenstufe mit rund 420 HV anschließt, während die kohlenstoffärmsten Bereiche im Zentrum ein ferritisch-perlitisches Gefüge mit nur 160 HV aufweisen. Somit ergibt sich, daß nur im Bereich der Arbeitsschneide kohlenstoffreiches Eisen also härtbarer Stahl vorliegt. Die Frage, ob die festgestellte Kohlenstoffverteilung durch Zementation oder durch Feuerschweißen unterschiedlicher Luppen erzielt wurde, bedarf noch einer Klärung.

Die Gesamtansicht der Messerklinge mit Griffangelansatz sowie eine Gefügeübersicht der Schliffläche zeigt Abb. 8. Die im Messer auftretenden Schlackeneinschlüsse entsprechen etwa denen des Beiles. Einerseits treten die dunklen Schlacken aus reinem Eisenoxydul auf, während andererseits die dunklen Silikatschlacken folgende Zusammensetzung aufweisen: 8—14% MgO, 13—24% Al_2O_3, 55—60% SiO_2, 4—7% K_2O, 11% CaO, 2% TiO_2, 1—2% MnO, 1—2% FeO. Bemerkenswert ist das Auftreten von rund 2% TiO_2.

Im Mittelbereich des Messers wurden Kohlenstoffgehalte von 1,4% am Rand bis 1,1% im Zentrum festgestellt, wohingegen der Messerrücken mit 0,4% C deutlich niedriger liegt. Die im Bereich des hochgekohlten Teiles der Klinge gemessene Härte von rund 240 HV liegt weit unter der erforderlichen Arbeitshärte für ein schneidendes Werkzeug. Das Messer war offenbar als Grabbeigabe bei einer Brandbestattung „weichgeglüht" worden, wofür auch das in allen Bereichen des Messers festgestellte Glühgefüge spricht.

Im Gegensatz zum Beil, worin Nickel nur in Spuren gefunden wurde (naßchemisch 0,009%), weist das Messer einen Nickelgehalt von 0,30% auf. Dieser unterschiedliche Nickelgehalt zusammen mit dem

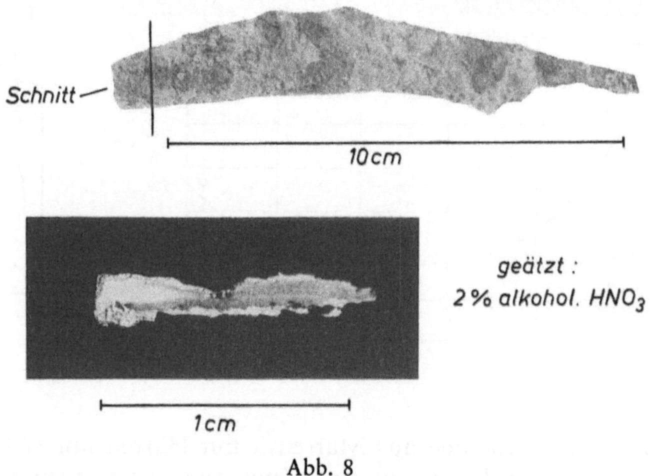

Abb. 8

Auftreten von TiO_2 nur in den Schlacken des Messers beweist eindeutig, daß Beil und Messer aus Werkstoffen unterschiedlicher Herkunft erzeugt wurden.

3.2 *Landwehrsäbelklinge*[9]

Ein Beispiel aus der neueren Geschichte stellt die Landwehrsäbelklinge Modell 1808/09 aus dem Landesmuseum Joanneum in Graz dar, die in der Mosdorfer Klingenschmiede in Weiz hergestellt wurde und die Abb. 9 zeigt. Ziel dieser Untersuchung war vor allem, Hinweise auf die damals übliche Arbeitstechnologie der Klingenfertigung zu erhalten.

Am griffseitigen Ende der Säbelklinge wurde ein Querschliff angefertigt und sowohl das Primärgefüge mittels Oberhoffer-Ätzung als auch das Sekundärgefüge mittels 2% alkoholischer Salpetersäure entwickelt. In einem ausgewählten Bereich des Querschliffes wurden quer zur Klinge Konzentrationsprofile von Phosphor und Koh-

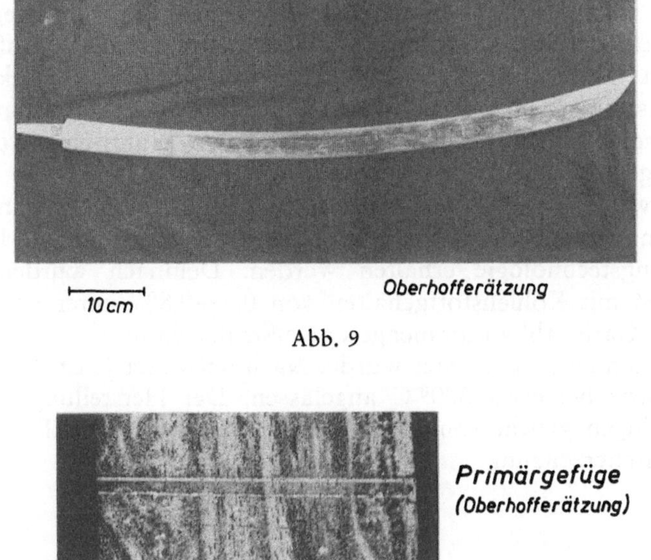

Abb. 9

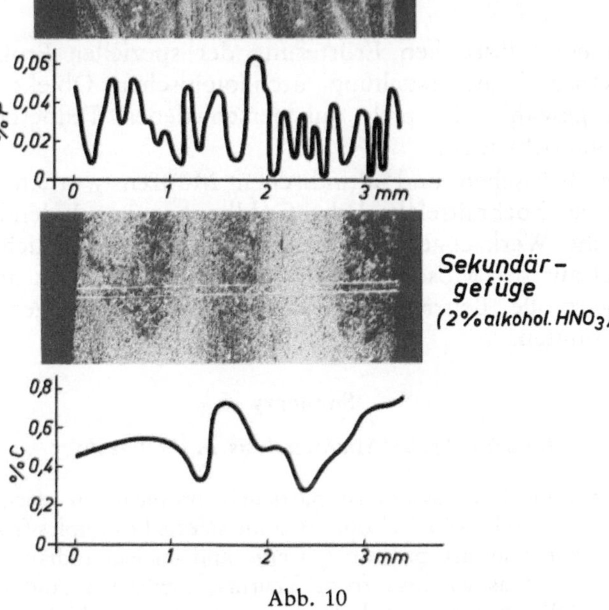

Abb. 10

lenstoff aufgenommen, wobei die Durchschnittsgehalte laut naßchemischer Analyse 0,61% C und 0,026% P betrugen. Abb. 10 zeigt nun sowohl die Konzentrationsverläufe von Kohlenstoff und Phosphor sowie das Primär- und Sekundärgefüge. Das Primärgefüge korrespondiert mit dem Konzentrationsverlauf des Phosphors, wobei das Konzentrationsprofil bemerkenswerterweise eine höhere Auflösung aufweist als das metallographische Bild. Demgegenüber entspricht das Sekundärgefüge der Kohlenstoffverteilung. Auf Grund der um Größenordnungen höheren Diffusionsgeschwindigkeit von Kohlenstoff kommt es zu einem teilweisen Konzentrationsausgleich während der Erzeugung, während Phosphor praktisch unverändert die Lage der verschiedenen ehemaligen Luppen markiert. Ergänzt durch weitere metallkundliche Untersuchungen des Umwandlungs- und Anlaßverhaltens konnte ein weitgehend vollständiges Bild der Fertigungstechnologie erhalten werden. Demnach wurden Stahlschienen mit Kohlenstoffgehalten von 0,3—0,8% unter dem Hammer zu Garbstahl zusammengeschweißt, der dann in weiterer Folge zu Klingen ausgeschmiedet wurde. Nach teilweiser Härtung in Wasser wurde bei etwa 300° C angelassen. Der Herstellungsgang der Säbelklingen gleicht somit weitgehend der bekannten Technologie der Sensenerzeugung.

Zusammenfassung

Nach einer kritischen Erörterung der speziellen Probleme bei der Mikrosondenuntersuchung archäologischer Objekte werden einige ausgewählte Beispiele aus verschiedenen Teilbereichen der Archäologie behandelt.

Neben keltischen und altindischen Münzen wurden Ohrringe aus Teurnia, hochmittelalterliche Goldhauben aus Judendorf, hallstattzeitliche Werkzeuge aus Frögg sowie ein neuzeitlicher Landwehrsäbel aus der Mosdorfer Klingenschmiede in Weiz untersucht, wobei wertvolle Beiträge zur Klärung offener Fragen geleistet werden konnten.

Summary

Electron Probe Microanalysis in Archaeology

After a critical discussion of particular problems in electron probe microanalysis of archaeological objects some selected examples from various fields of archaeology are presented. Celtic and ancient Indian coins were analysed as well as earrings from Teurnia, mediaeval gold caps from Judendorf, Hallstatt period tools from Frögg (all Carinthia) and finally a modern times militia sabre from the Mosdorf blade forgery near Weiz. Valuable contributions towards the elucidation of open questions could be given.

Literatur

[1] R. Blöch, Bestimmung der Durchschnittszusammensetzung von Schlacken mit Hilfe der Elektronenstrahl-Mikroanalyse, Radex Rdsch. **1967**, 3/4, S. 785.

[2] R. Göbl, Typologie und Chronologie der keltischen Münzprägung in Noricum, Denkschriften der Österr. Akademie d. Wissenschaften, Philosophisch. histor. Klasse Bd. 113 (1973), S. 55.

[3] M. Hansen und K. Anderko, Constitution of Binary Alloys, New York: McGraw-Hill. 1958.

[4] A. Schimmel, Metallographie der technischen Kupferlegierungen, Berlin: Springer-Verlag. 1930.

[5] E. Plöckinger, Untersuchung eines Bronze-Ohrringfragmentes aus dem Gräberfeld Teurnia, in G. Piccotini, Das spätantike Gräberfeld von Teurnia St. Peter im Holz, Archiv für vaterländische Geschichte und Topographie, Bd. 66 (1976), Verlag des Geschichtsvereines für Kärnten, Klagenfurt.

[6] J. Petraschek-Heim, Die Goldhauben und Textilien der hochmittelalterlichen Gräber von Villach-Judendorf, Neues aus Alt-Villach, 7. Jahrbuch des Stadtmuseums, S. 57/190; Villach 1970.

[7] E. Plöckinger, Untersuchungen an hallstattzeitlichen Eisenwerkzeugen, 10 Archaeologica Austriaca, Beiheft 14 (1976), S. 142.

[8] H. Straube, B. Tarmann und E. Plöckinger, Erzreduktionsversuche in Rennöfen norischer Bauart, Kärntner Museumschr. **25** (1964).

[9] E. Plöckinger, Untersuchung einer Landwehrsäbelklinge Modell 1808/1809, in F. Knill, Die Geschichte des Werkes Mosdorfer, Selbstverlag 1976.

Korrespondenz und Sonderdrucke: Dr. R. Blöch, Vereinigte Edelstahlwerke AG (VEW), A-8605 Kapfenberg, Österreich.

Mikrochimica Acta [Wien], Suppl. 7, 465—475

MIKROCHIMICA ACTA

Max-Planck-Institut für Eisenforschung, Düsseldorf

Verhalten nichtmetallischer Gefügebestandteile der Stähle beim Erhitzen in Wasserstoff*

Von

Karl-Heinz Sauer und Helmut Keller

Mit 8 Abbildungen

(Eingegangen am 27. Oktober 1976)

Die technologischen Eigenschaften der Stähle werden durch ausgeschiedene Carbide, Oxide, Nitride und Sulfide beeinflußt. Daher ist besonders für die metallurgische Forschung die Kenntnis der in den Stählen vorliegenden nichtmetallischen Phasen von Bedeutung. Für die Analyse elektrolytisch oder chemisch freigelegter Gefügebestandteile sind zahlreiche Bestimmungs- und Trennverfahren entwickelt worden, die sich zum Teil bewährt haben und im Betrieb Anwendung finden. Diese Verfahren werden durch metallographische und röntgenographische Untersuchungen ergänzt. In den letzten Jahren wurde verschiedentlich über günstige Ergebnisse berichtet, die man bei der Untersuchung der Stickstoffabbindung in aluminiumberuhigten Stählen durch Heißextraktion mit Wasserstoff erhalten hat. Damit stellte sich die Frage, ob dieses Heißextraktionsverfahren auch zur Bestimmung anderer Phasen geeignet ist.

Verhalten ausgeschiedener Nitride beim Erhitzen in Wasserstoff

Zur Stickstoffbestimmung nach dem Extraktionsverfahren werden feine Stahlspäne im Wasserstoffstrom auf geeignete Temperaturen erhitzt. Abb. 1 zeigt ein Schema der benutzten Versuchsan-

* Vortrag anläßlich des 8. Kolloquiums über metallkundliche Analyse mit besonderer Berücksichtigung der Elektronen- und Ionenstrahl-Mikroanalyse, Wien, 27. bis 29. Oktober 1976.

ordnung. Die Probe wird in den Reaktionsofen gebracht. Eine Gasdosierpumpe drückt Wasserstoff durch das Glührohr. Eisen- und Mangannitrid lösen sich auf. Der gelöste Stickstoff diffundiert zur Oberfläche der Späne und reagiert dort mit dem Wasserstoff zu Ammoniak, das mit dem überschüssigen Wasserstoff in eine Bariumperchloratlösung von pH 4 geleitet wird. Dadurch ändert sich die Wasserstoffionenkonzentration, die durch elektrolytisch erzeugte Säure auf den Ausgangswert zurückgeführt wird. Aus dem verbrauchten Strom kann der Stickstoffgehalt direkt ermittelt werden. In den

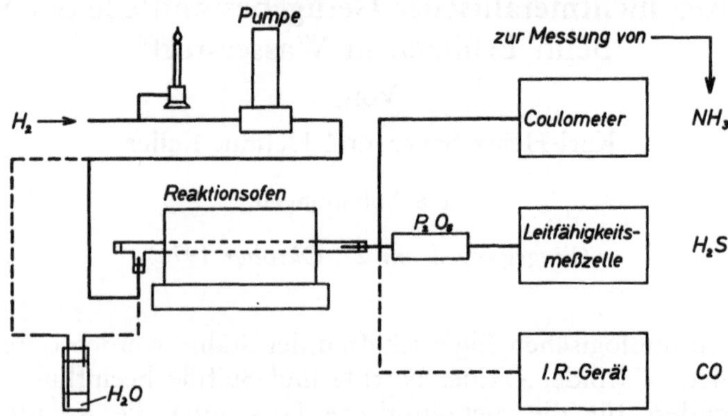

Abb. 1. Schema der Meßanordnung

Spänen verbleibt der als Aluminiumnitrid ausgeschiedene, schwerlösliche Stickstoffanteil. Zum Teil widersprechend sind Angaben zur Beständigkeit der anderen in Stählen vorkommenden Nitride beim Glühen von Spänen in Wasserstoff.

Um die Kenntnisse über das Verhalten der Stickstoffverbindungen während der Heißextraktion zu erweitern, wurden binäre Eisenlegierungen durch Schmelzen von Reineisen und jeweils einem Legierungselement unter einer Argon-Stickstoff-Atmosphäre hergestellt. Aus der Gasatmosphäre wurden dabei von der Schmelze bis zu 200 ppm Stickstoff aufgenommen. Die Gehalte an Legierungsmetallen betrugen etwa 0,5%. Aus den Proben wurden feine Späne bereitet und diese 30 min bei Temperaturen zwischen 400 und 1100° C im Wasserstoffstrom erhitzt. Der als Ammoniak abgegebene und der in den Spänen zurückgebliebene Stickstoff wurden gemessen. In Abb. 2 sind die bei den verschiedenen Temperaturen in 30 min extrahierten Stickstoffanteile dargestellt.

Man erkennt, daß die Entstickung der aluminium- und titanhaltigen Legierungen oberhalb 1000° C und die Denitrierung der

Proben mit Bor-, Niob- und Zirkonnitrid ab 900° C begann. Das vanadinnitridhaltige Eisen wurde bei 900° C zu etwa 40% entstickt. Bei 800° C wurden 10% des als Cr_2N gebundenen Stickstoffs extrahiert. Zur Ausscheidung dieses Nitrids führte das Aufsticken

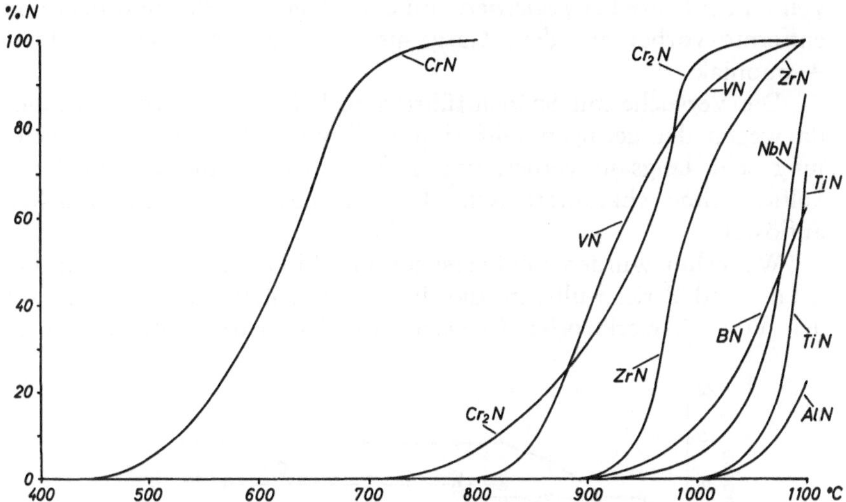

Abb. 2. Entstickung stickstoffhaltiger Legierungen durch Wasserstoff bei verschiedenen Temperaturen

einer Eisenlegierung mit 30% Chrom. Als weniger stabil erwies sich das Chromnitrid CrN. Schon bei 500° C konnten 5% des Stickstoffs als Ammoniak gemessen werden. Das Verhalten der Nitride in den untersuchten Legierungen ist nicht ohne Vorbehalt dem Verhalten solcher Nitride in technischen Stählen gleichzusetzen. Nach den Untersuchungsergebnissen ist jedoch zu erwarten, daß durch Heißextraktion bei 400° C Nitride der hier untersuchten Art sich auch in Stählen nicht auflösen und somit von Eisen- und Mangannitriden zu trennen sind.

Reduktion von Sulfiden bei verschiedenen Temperaturen

Die Untersuchung der in Stählen ausgeschiedenen Sulfide bereitet noch Schwierigkeiten, wenn zu geringe Teilchendurchmesser den Einsatz der Mikrosonde nicht erlauben. Daher wurde geprüft, ob die Heißextraktion mit Wasserstoff auch zu Aussagen über die Bindung des Schwefels in Sulfiden führt. Feine Späne aus Proben, die nur eine Sulfidphase enthielten, wurden bei verschiedenen Temperaturen im Wasserstoffstrom geglüht. Der entstehende Schwefelwasserstoff wurde — wie in Abb. 1 schematisch dargestellt ist — durch eine mit 0,01-m Kupfersulfatlösung gefüllte Meßzelle geleitet, wo der Umsatz zu Kupfersulfid erfolgte. Die dadurch bedingte Leitfähigkeitsänderung wurde mit einer Meßbrücke gemessen und von einem Schreiber registriert. Eine Vorlage mit Phosphorpentoxid entfernte vorher aus dem Gasgemisch das aus Nitriden gebildete Ammoniak.

Die Versuche mit Spänen führten zu keinem positiven Ergebnis, da wegen der geringen Diffusionsgeschwindigkeit die Entschwefelung sehr langsam verlief, und sich schließlich die verschiedenen Sulfide ohne charakteristische Unterschiede der Geschwindigkeit auflösten.

Weiterhin wurden Glühversuche mit Eisen-, Mangan-, Chrom-, Titan- und Zirkonsulfiden, die durch elektrolytische Isolierung aus den Versuchswerkstoffen freigelegt worden waren, vorgenommen.

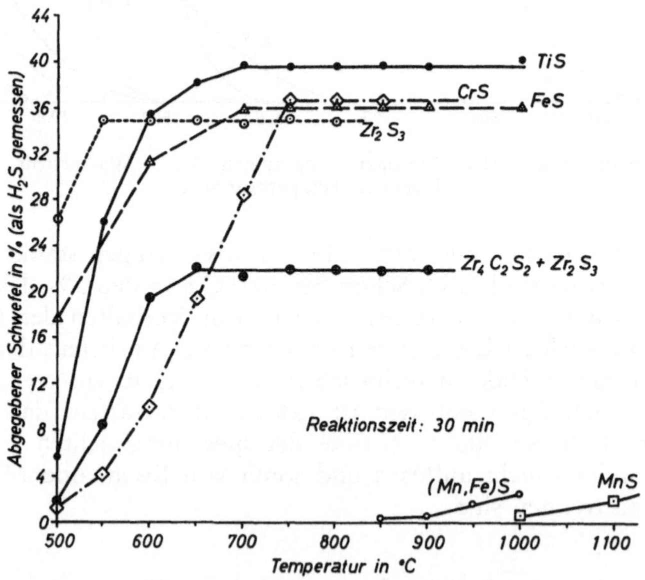

Abb. 3. Reduktion von Sulfiden durch Wasserstoff bei verschiedenen Temperaturen

Die Schwefelgehalte, die diese Verbindungen bei verschiedenen Temperaturen in 30 min als Schwefelwasserstoff abgaben, sind in Abb. 3 aufgeführt. Während reines Mangansulfid ab 1000° C und ein Mangansulfid mit 30% Eisen oberhalb 850° C meßbar reduziert wurden, reagierten die übrigen Schwefelverbindungen schon deutlich bei

500° C. In 30 min wurden das Chromsulfid mit 36,6% S bei 750° C, das Eisen- und Titansulfid mit 36,0 bzw. 39,6% S bei 700° C und das Zirkonsulfid, das 34,9% S enthielt, bei 550° C vollständig zu Schwefelwasserstoff umgesetzt.

Im Gefüge titan- und zirkonhaltiger Stähle können häufig auch Carbosulfide der Zusammensetzung $Me_4C_2S_2$ auftreten. Untersuchungen an einem Gemisch aus Zirkoncarbosulfid und Zirkonsulfid mit 21,8% S, das durch elektrochemisches Auflösen einer Eisen-Zirkon-Legierung isoliert wurde, ließen keinen nennenswerten Unterschied in der Beständigkeit der beiden Phasen gegen Wasserstoff erkennen. Titancarbosulfid sollte sich ähnlich wie das Zirkoncarbosulfid verhalten. Aus den in Abb. 3 gezeigten Ergebnissen folgt, daß durch Glühen der Gefügebestandteile in Wasserstoff nur das Mangansulfid von den übrigen Phasen getrennt werden kann. Das Heißextraktionsverfahren eignet sich daher besonders zur Untersuchung solcher Isolate, in denen neben Mangansulfid nur eine weitere Sulfidphase vorliegt, was häufig der Fall ist.

Tabelle 1. Ergebnisse von Sulfidanalysen

1	2	3	4	5	6	7
% Me	% $S_{ges.}$	Heißextraktion mit H_2 (%) S_{H_2S}	S_{MnS}	Metallographisch (%) S_{MeS}	S_{MnS}	Sulfidphasen
0,12% Mn	0,066	0,057	0,009	0,058	0,008	FeS, (Mn, Fe)S
0,28% Mn	0,064	0,032	0,032	0,031	0,033	FeS, (Mn, Fe)S
1,67% Cr; 0,40% Mn	0,048	0,041	0,007			(Cr, Fe)S, (Mn, Fe)S
1,60% Cr; 0,18% Mn	0,047	0,036	0,011			(Cr, Fe)S, (Mn, Fe)S
0,16% Ti; 0,70% Mn	0,049	0,031	0,018			TiS, (Mn, Fe)S
0,21% Ti; 1,15% Mn	0,050	0,042	0,008			TiS, (Mn, Fe)S
0,06% Zr; 0,64% Mn	0,035	0,020	0,015			Zr_2S_3, (Mn, Fe)S
0,27% Zr; 0,64% Mn	0,038	0,032	0,006			Zr_2S_3, $Zr_4C_2S_2$, (Mn, Fe)S

Unter Argon wurden einige kohlenstoff- und schwefelhaltige Legierungen erschmolzen und nach der Abkühlung im Ofen analytisch untersucht. Die Analysenergebnisse sind in Tabelle 1 zusammengestellt. Aus den Proben — die Gehalte an Legierungsmetallen sind in Spalte 1 und die Schwefelgehalte in Spalte 2 angeführt — wurden die Sulfide gemeinsam mit Carbiden, Nitriden und Oxiden freigelegt und in den Isolaten der gesamte und der bei 750° C hydrierbare Schwefel bestimmt. Die Ergebnisse wurden zu den in Spalte 3 und 4 genannten Werten umgerechnet. Unter S_{H_2S} ist der an Eisen, Chrom, Titan und Zirkon gebundene und unter S_{MnS} der an Mangan gebundene Schwefel zu verstehen. Angegeben sind Mittelwerte aus mehreren Einzelmessungen, deren Abweichungen etwa 5% betrugen. Zum Vergleich wurden an Schliffen der nur mit Mangan legierten Proben Eisen- und Mangansulfid durch Linearanalyse gemessen. Die nach beiden Verfahren ermittelten Ergebnisse zeigen gute Übereinstimmung.

Zersetzung von Carbiden durch feuchten Wasserstoff

Da die Vermutung nahe lag, daß auch die in Stählen vorkommenden Carbide gegen entkohlende Gase verschieden stabil sind und diese Eigenschaften für analytische Bestimmungen von Interesse sein können, wurde das Verhalten einiger Carbide gegen feuchten Wasserstoff untersucht. Aus kohlenstoffhaltigen Eisenlegierungen mit

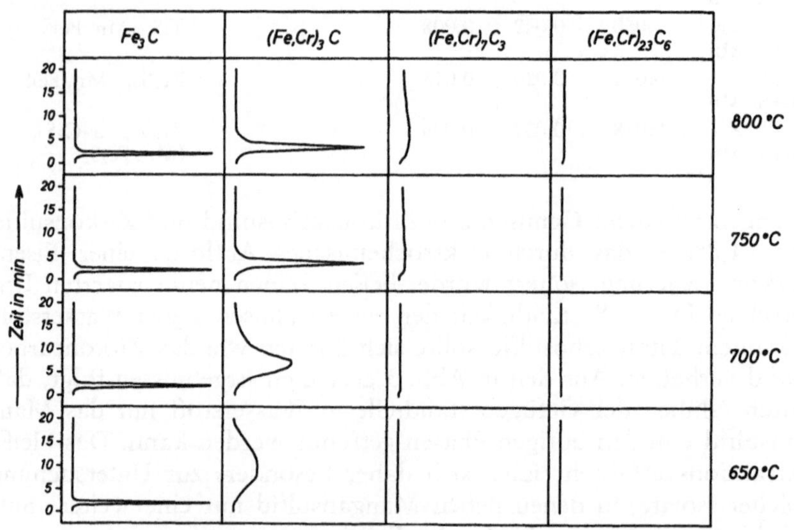

Abb. 4. Zersetzung von Zementit und Chromcarbiden

jeweils einem Legierungselement wurden einzelne Carbidphasen elektrochemisch freigelegt und die Isolate bei verschiedenen Temperaturen in feuchtem Wasserstoff geglüht. Das entstehende Kohlenmonoxid wurde, wie in Abb. 1 schematisch angedeutet, durch einen

Infrarot-Gasanalysator geleitet. Ein Schreiber registrierte die Absorptionsänderungen, die Peakflächen wurden von einem Integrator gemessen.

Wie aus dem Verlauf der Kurven in Abb. 4 hervorgeht, reagierte der Kohlenstoff des reinen Eisencarbids zwischen 650 und 800° C innerhalb von 2 min mit dem feuchten Wasserstoff zu Kohlenmonoxid. Manganhaltiges Eisencarbid zeigte ein völlig identisches

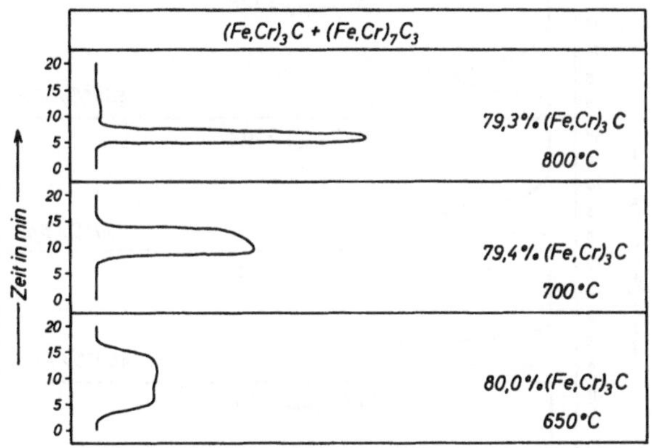

Abb. 5. Bestimmung von (Fe, Cr)$_3$C und Cr$_7$C$_3$ im Isolat eines Chromstahls

Verhalten. Durch Einbau von Chrom in den Zementit wurde die Reaktionsgeschwindigkeit deutlich verzögert. Das Bild zeigt Entkohlungskurven eines Carbids mit 13% Cr. Während die Umsetzung des Kohlenstoffs zu Kohlenmonoxid bei 800° C in 5 min ablief, wurden bei 650° C 20 min benötigt. Isoliertes Chromcarbid der Zusammensetzung (Fe, Cr)$_7$C$_3$ mit 49% Chrom verhielt sich gegen feuchten Wasserstoff bis zu 700° C stabil, bei 750° C setzte langsam die Zersetzung ein. Das noch chromreichere Carbid (Fe, Cr)$_{23}$C$_6$ zeigte bei 800° C noch keine meßbare Reaktion. Nach dem hier dargestellten Verhalten der Carbide sollte im Isolat chromlegierter Stähle eine Trennung des Zementits von den beiden anderen Sondercarbiden möglich sein.

Für diese Annahme sprechen auch die in Abb. 5 angeführten Ergebnisse. Aus einer Stahlprobe mit 0,45% C und 2,77% Cr wurden die Carbide elektrochemisch freigelegt und einige Milligramm des Isolats, das 31% Chrom enthielt, bei 650° C, 700° C und 800° C geglüht. Aus den Flächenwerten der unterschiedlich verlaufenden Kurven — die Reaktionszeiten betrugen zwischen 5 und 20 min — folgten jeweils gleiche Gehalte für den als Zementit vorliegenden

Kohlenstoff. Dieser Anteil betrug etwa 80%. Die bei 800° C beobachtete geringe Zersetzung des $(Fe, Cr)_7C_3$ — etwa 20% des Kohlenstoffs sind an diese Phase gebunden — blieb ohne Einfluß auf das Untersuchungsergebnis.

Wie schon angedeutet, ist die Geschwindigkeit der Kohlenmonoxidbildung nicht nur von der Temperatur, sondern auch vom Chromgehalt des Zementits abhängig. Um Carbide mit steigendem Chrom-

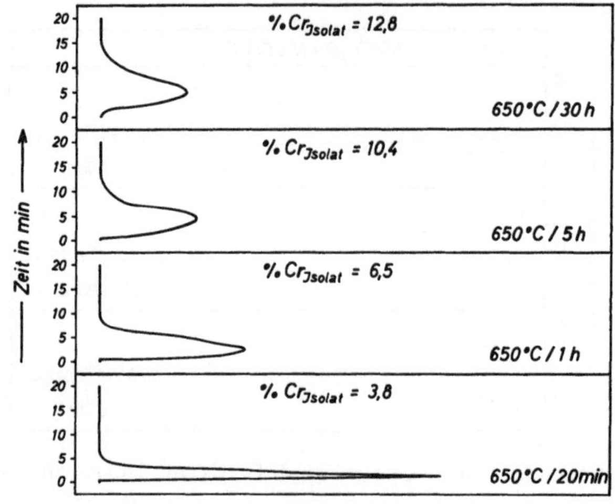

Abb. 6
Abhängigkeit der Zersetzungsgeschwindigkeit des Zementits vom Chromgehalt

anteil zu erhalten, wurden Proben einer Legierung mit 0,40% C und 0,87% Cr lösungsgeglüht und nach dem Abschrecken 20 min, 1 h, 5 h und 30 h angelassen. Durch die Wärmebehandlungen wurden im Zementit 3,8—12,8% des Eisens durch Chrom ausgetauscht; bei 750° C verlängerte sich durch die Chromanreicherung im Carbid die Entkohlungsdauer von 5 auf 15 min (Abb. 6).

Die aus weiteren Legierungen freigelegten Sondercarbide TiC, ZrC, Fe_3Mo_3C, WC und NbC reagierten bei Temperaturen bis zu 700° C nicht mit feuchtem Wasserstoff (Abb. 7). Bei 800° C wurde, abgesehen vom NbC, das erst bei 1000° C merklich Kohlenmonoxid abgab, eine langsam ablaufende Entkohlung gemessen. Die bei 1000° C aufgenommenen Kurven zeigen, daß sich der Kohlenstoff des Titancarbids in 20 min und der Kohlenstoff des Molybdäncarbids Fe_3Mo_3C in 10 min zum Oxid umsetzte. Zirkon-, Wolfram- und Niobcarbid waren nach 30 min noch nicht restlos entkohlt. Das wesentlich unbeständigere Vanadincarbid gab seinen Kohlenstoff bereits bei 700° C in 20 min weitgehend ab.

Abb. 8 zeigt Kurven, die beim Glühen von Carbidgemischen in feuchtem Wasserstoff erhalten wurden. Das bei 1000° C untersuchte

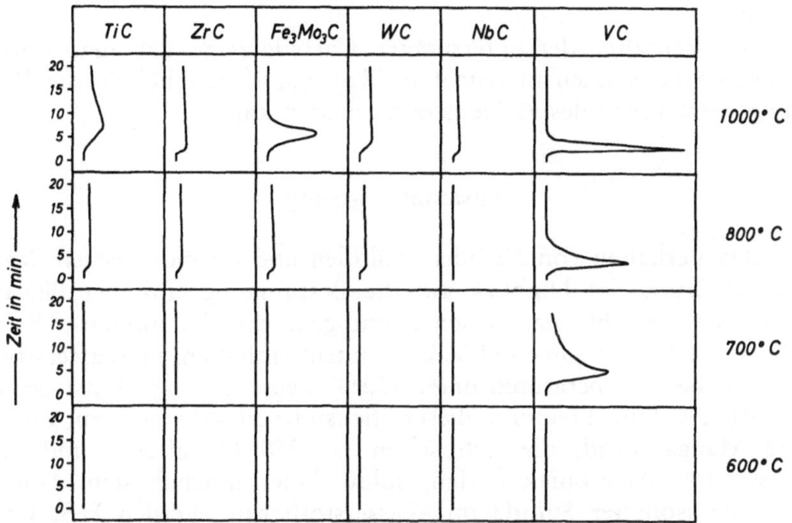

Abb. 7. Zersetzung von Sondercarbiden bei verschiedenen Temperaturen

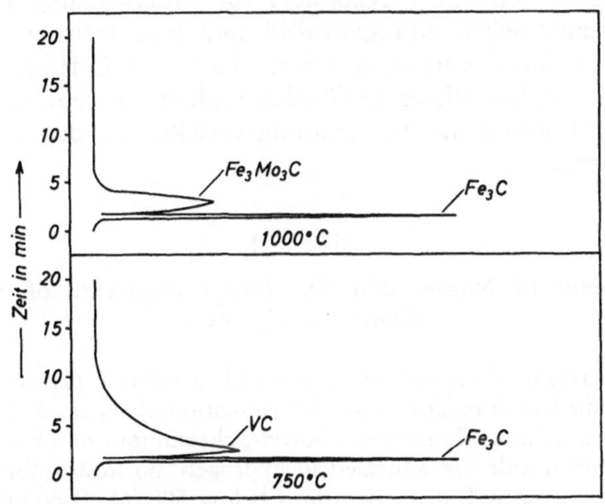

Abb. 8. Zersetzungskurven von Carbidgemischen

Gemisch bestand zu 10% aus Zementit und zu 90% aus Molybdäncarbid. Man erkennt, daß der Kohlenstoff beider Phasen getrennt ermittelt werden kann. Mehrere Einzelmessungen ergaben einen relativen Fehler von 5%. Die Zersetzung eines Gemisches aus Eisen- und Vanadincarbid bei 750° C ist aus dem unteren Teilbild zu ersehen. Auch hier konnte der Kohlenstoff beider Phasen bestimmt werden.

Das Verhalten der untersuchten Carbide zeigt, daß man durch Glühen von Isolaten in feuchtem Wasserstoff Einblick in die Bindungsverhältnisse des Kohlenstoffs erhalten kann.

Zusammenfassung

Das Verhalten von Nitriden, Sulfiden und Carbiden gegen Wasserstoff wurde im Hinblick auf die Bestimmung einzelner Phasen untersucht. Glüht man Eisenlegierungen, die Aluminium-, Bor-, Chrom-, Niob-, Titan- und Vanadinnitrid enthalten, in Wasserstoff, so wird bei Temperaturen unter 500° C keine meßbare Entstickung beobachtet. Eine Trennung dieser Stickstoffverbindungen von Eisen- und Mangannitrid, die sich schon bei 350° C auflösen und mit Wasserstoff Ammoniak bilden, sollte daher möglich sein. Durch Erhitzen isolierter Sulfide im Wasserstoffstrom werden FeS, CrS, TiS, Zr_2S_3 und $Zr_4C_2S_2$ ab 500° C und (Fe, Mn)S ab 850° C unter Schwefelwasserstoffentwicklung reduziert. Die Reaktion mit Wasserstoff eignet sich daher besonders zur Untersuchung solcher Isolate, in denen neben Mangansulfid nur eine weitere Sulfidphase vorliegt. Aus dem Verhalten einiger isolierter Carbide folgt, daß man durch Glühen dieser Gefügebestandteile in feuchtem Wasserstoff auch Einblick in die Bindungsverhältnisse des Kohlenstoffs erhalten kann.

Summary

The Behaviour of Non-metallic Structure Constituents of Steel Under Heating in Hydrogen

The behaviour of nitrides, sulphides and carbides in presence of hydrogen was studied with regard to the determination of separate phases. When iron alloys containing aluminium-, boron-, chromium-, niobium-, titanium- and vanadium nitride are annealed in hydrogen, no measurable denitrogenation can be observed at temperatures below 500° C. Therefore it should be possible to separate these nitrogen compounds from iron- and manganese nitride which are already dissolved at 350° C and react to ammonia with hydrogen. By means of annealing sulphides extracted from steel in streaming hydrogen, FeS, CrS, TiS, Zr_2S_3 and $Zr_4C_2S_2$ are reduced above 500° C and (Fe, Mn) S above 850° C under formation of hydrogen sulphide. Hence the reaction with hydrogen is particularly suited for those residues in which besides manganese-sulphide there is only one sulphide phase. From the behaviour of several carbides results that by annealing of these structure constituents in moist hydrogen, some insight into the relations of carbon binding can be obtained.

Korrespondenz und Sonderdrucke: Dr. Karl-Heinz Sauer, Max-Planck-Institut für Eisenforschung, Max-Planck-Straße 1, D-4000 Düsseldorf, Bundesrepublik Deutschland.

Mikrochimica Acta [Wien], Suppl. 7, 477—486

MIKROCHIMICA
ACTA

Staatliches Forschungsinstitut für Werkstoffe, Prag

Analysengenauigkeit bei der Bestimmung thermodynamischer Werte im System Ni-C bzw. Ni-CrC*

Von

H. Tůma, M. Ryšavá und V. Landa

Mit 2 Abbildungen

(Eingegangen am 27. Oktober 1976)

Für die Eigenschaftsbewertung metallischer Werkstoffe und für die Bestimmung des wahrscheinlichen Verhaltens unter Betriebsbedingungen werden in steigendem Maß thermodynamische Größen verwendet. Die Genauigkeit dieser Werte ist an die Genauigkeit analytisch ermittelter Daten gebunden; die erzielte Genauigkeit, Reproduzierbarkeit und die Auswirkung der Streuung von Analysenergebnissen auf die gesuchten thermodynamischen Werte wird in der Literatur weniger oft angeführt, da die Zahl der Ergebnisse deren statistische Auswertung nicht ermöglicht.

In unserem Institut wurde das System Ni-C und das von diesem abgeleitete System Ni-Cr-C mit einem Chromgehalt bis zu 26% eingehend untersucht. Proben mit verschiedenem Kohlenstoffgehalt wurden durch Aufkohlen in Wasserstoff-Methanatmosphäre in verschmolzenen Quarzglasampullen gewonnen. Bei dem erstgenannten System entsteht nur eine feste Lösung von Kohlenstoff im Metall, bei dem zweiten bilden sich auch Chromcarbide, und deshalb sind die thermodynamischen Werte wie vom theoretischen, so auch vom praktischen Standpunkt aus von Interesse.

Um die Aufkohlungsmethodik in Quarzampullen zu überprüfen, wurden die erhaltenen Kohlenstoffgehalte sowie die chemische Zu-

* Vortrag anläßlich des 8. Kolloquiums über metallkundliche Analyse mit besonderer Berücksichtigung der Elektronen- und Ionenstrahl-Mikroanalyse, Wien, 27. bis 29. Oktober 1976.

sammensetzung der ausgeschiedenen Carbide nach elektrolytischer Isolierung und durch Analyse mittels der Elektronenstrahl-Röntgenmikrosonde untersucht. Wir haben die Analysenfehler zu bestimmen und deren Übertragung auf die Berechnung thermodynamischer Daten zu schätzen versucht.

Arbeitsverfahren

Bei dem Aufkohlungsverfahren verschmolzener Quarzglasampullen wird so vorgegangen, daß in die durch Eindrücke in drei Abteilungen geteilte Ampulle nacheinander die berechnete Menge der Aufkohlungsprobe, der Eisen-Standardprobe und der Untersuchungsprobe eingeführt werden. Die Ampulle wird dann mit reinem Wasserstoff auf 200 bis 300 torr gefüllt, abgeschmolzen und in einem Muffelofen bei 800 bis 1200° C bis zum Erreichen des Gleichgewichts 2 bis 20 Tage geglüht. Die Ampulle wird dann rasch abgekühlt (am besten in Wasser) und im Standard und in der Probe der Kohlenstoffgehalt bestimmt. Es handelt sich also um eine Referenzmethode, die die Kenntnis der Wärme- und Konzentrationsabhängigkeit von Kohlenstoff in reinem Eisen voraussetzt. Die Modellbeziehungen untersuchten sehr ausführlich Shiro Ban-ya und Mitarbeiter[1] und die Berechnungen wurden nach deren Angaben vorgenommen.

Die in der Matrize des Ni-Cr-C-Systems ausgeschiedenen Chromcarbide wurden an denselben Proben zuerst mit der Elektronenstrahl-Röntgenmikrosonde untersucht und dann elektrolytisch isoliert und analysiert. Für die Untersuchungen wurde die Mirkosonde JEOL JXA-5 benutzt. Die Bedingungen waren: Beschleunigungsspannung 20 kV, Durchmesser des Elektronenbündels 0,8 μ, Zeit der Impulsaddierung 40 s. Die gemessenen Intensitätswerte der K_α-Linien der charakteristischen Röntgenstrahlung wurden auf die dead-time der Apparatur korrigiert und die ersten Näherungen der Konzentrationen einzelner Elemente berechnet, ferner Korrekturen auf Absorption, Fluoreszenz und Atomzahl nach Salter[2] durchgeführt. Komplizierter war die Wahl der Standardproben, von denen zuletzt die Bestimmungsgenauigkeit abhängt. Da synthetische Carbide oder solche mit genau definierter Zusammensetzung nicht zur Verfügung waren, wurden als Standardproben Graphit, ledeburitischer Weißguß, Chromcarbide Cr_7C_3 ohne Nickelgehalt und schließlich die nichtaufgekohlte Ausgangslegierung benutzt.

Die Carbidisolierung wurde elektrolytisch in einer 1,5-n Lösung von HCl in Äthylalkohol unter Kühlung auf 0 bis 3° C und den gewöhnlichen Bedingungen vorgenommen: Stromdichte unterhalb

0,1 A/cm^2 Probenoberfläche, Isolierungszeit bis 2 h, Zentrifugieren des Isolats und nach Waschen Trocknen bei 50^0 C im Vakuum. Die Analyse des Isolats wurde mit Semimikroverfahren durchgeführt.

Als Untersuchungswerkstoff diente reines Nickel (Mond-Nickel) und die Legierung Ni-Cr mit 20% Cr, aus den reinen Komponenten hergestellt. Die chemische Zusammensetzung aller Werkstoffe ist in Tabelle 1 zusammengestellt.

Tabelle 1. Chemische Zusammensetzung der Proben in %

Probe	C	Mn	Si	P	S	Cu	Ni	Cr	Co	Fe	N
Ni	0,009	0,007	0,004			0,006	Rest	0	0,06	0	
Fe	0,011	0,008	0,033	0,003	0,004	0,010	0,01	0,005		Rest	0,010
Ni20Cr	1,01	0,007	0,004	0,004	0,006	0,006	Rest	20,60		0	0,012

Für die Bewertung der Analysenergebnisse muß eine Reihe von Faktoren erwogen werden, die in ihrer Eigenschaft die Ergebnisse und somit die abgeleiteten thermodynamischen Gleichungen beeinflussen, die für Extrapolationen auf niedrigere, den Betriebsbedingungen näher liegende Temperaturen benutzt werden sollen. Für den beschriebenen Untersuchungszweck sind es folgende Faktoren:

1. Die chemische Analyse. Die Analysengenauigkeit schwankt je nach dem benutzten Verfahren. Die Analyse des Grundwerkstoffs nach üblichen Makroverfahren erreicht bei der Chrombestimmung bessere Werte als 1 rel.%. Die mit dem coulometrischen Titrierapparat Schoeps CTA 5C durchgeführte Kohlenstoffbestimmung ist bei höheren Konzentrationen (oberhalb 0,05% C) besser als 1 rel.%, doch sinkt die Genauigkeit mit fallendem Kohlenstoffgehalt ab (bei 0,01% C bereits bis 5 rel.%).

2. Genauigkeit und Richtigkeit der Temperaturmessung. Diese Faktoren beeinflussen in hohem Maß die Gleichgewichtseinstellung und somit den Kohlenstoffgehalt in Standard und Probe. Für das Glühen wurde ein kleiner Kanthal-Muffelofen benutzt, bei dem die höchsten Temperaturschwankungen durch Regulation und Lage des Thermoelementes $\pm 4^0$ C betrugen.

3. Homogenität des Probenmaterials. Bei polykristallinem und technischem Material muß stets mit einer gewissen Inhomogenität gerechnet werden. Die Gleichmäßigkeit der ausgeschiedenen Carbide zeigt die Strukturabbildung (Abb. 1); das langzeitige Gleichgewichtsglühen wurde zugleich als Homogenitätsglühen betrachtet.

Die analytisch ermittelten Ergebnisse wurden nach den Kriterien von Dean-Dixon (vgl. [3]) bearbeitet.

Bestimmung des Aktivitätskoeffizienten von Kohlenstoff im System Ni-C

Verglichen wurden die Ergebnisse nach Gleichgewichtsglühen bei 800, 1000 und 1200° C; die Kohlenstoffaktivität wurde nach Ban-ya[1] berechnet.

Abb. 2 zeigt die graphische Streuung der Analysenergebnisse bei verschiedenen Temperaturen und Kohlenstoffgehalten nach Umrechnung auf den Aktivitätskoeffizienten (numerische Angaben siehe [4]). Aus der Zusammenstellung von 12 bis 15 Messungen (Tabelle 2)

Tabelle 2. Ergebnisse der Genauigkeitsbestimmung des Aktivitätskoeffizienten von Kohlenstoff in reinem Nickel

γ_C^{Ni}	800° C	1000° C	1200° C
Zahl der Bestimmungen	15	14	12
Zahl der benutzten Ergebnisse	15	11	12
Arithmetisches Mittel $\bar{X}$	179,37	81,67	43,86
Variationsspannung $\bar{R}$	36,00	14,93	10,10
Standardabweichung $\bar{s}$	10,11	4,28	3,07
Variationskoeffizient %	5,66	5,24	7,00
Berechnung nach Gl. (1)	178,47	78,09	42,79

für jede Temperatur ergab sich, daß auf Grund des Q-Tests[3] bei der Temperatur von 1000° C die zwei höchsten Analysenwerte ausgeschlossen werden mußten. Aber es ist möglich, daß die Übertragung des Siliziums aus dem Material der Quarzampulle diese hohen Werte verursachte und somit die Aktivitätswerte in Standard und Probe nicht übereinstimmen. Den Effekt der Siliziumübertragung bei hohen Kohlenstoffgehalten ermittelten bereits Schenck und Mitarbeiter[5]. Er wurde auch an anderer Stelle[3] angegeben. Die durch das Verfahren der kleinsten Quadrate bearbeiteten Resultate ergaben die Gleichung

$$\log a_C^{Ni} = \log y_C + 2450/T - 0{,}032 \qquad (1)$$

in der $y_C = n_C/n_{Ni}$, also das Molverhältnis des Kohlenstoffs, $2450/T - 0{,}032 = \log \gamma_C$, den temperaturabhängigen Aktivitätskoeffizienten bedeuten, und die die Abhängigkeit der Kohlenstoffaktivität von der Temperatur und Konzentration beschreibt.

Der ermittelte Variationskoeffizient zeigt einen Relativfehler zwischen 5 und 7%, ist also mehr als fünfmal größer als die Einzelbestimmung des Kohlenstoffs (vgl. Tabelle 2).

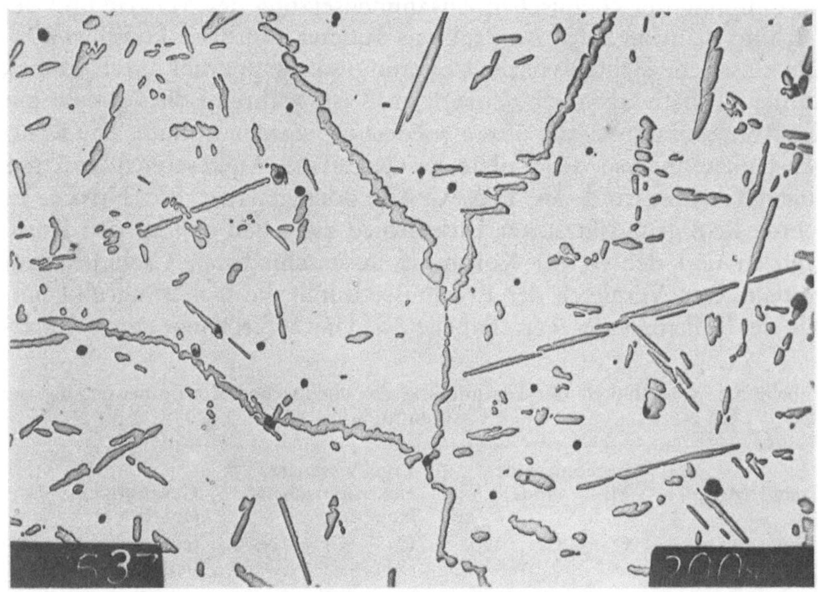

Abb. 1. Struktur der aufgekohlten Probe Ni-20Cr-1C, 1000° C, für die Analysen mittels der Elektronenstrahl-Röntgenmikrosonde und für die elektrolytische Carbidisolierung (200fach)

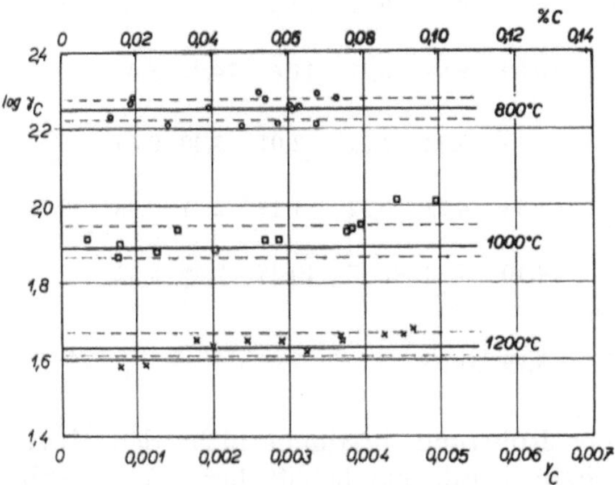

Abb. 2. Experimentell ermittelte Werte des Aktivitätskoeffizienten von Kohlenstoff in reinem Nickel, log γ_C^{Ni}. Gestrichelt das Streufeld ($\bar{s}$) nach [3], Berechnung nach der abgeleiteten Gl. (1)

Analyse der Matrize mit ausgeschiedenen Chromcarbiden und der Chromcarbide

Die Untersuchung der Genauigkeit und Reproduzierbarkeit der Bestimmung der chemischen Zusammensetzung der Matrize und der Carbide ist infolge des Anwachsens äußerer Einflüsse komplizierter. Die klassische elektrolytische Isolierung wurde dreimal durchgeführt, da der Probenverbrauch ziemlich groß ist, während die Analyse mit der Röntgenmikrosonde öfters wiederholt werden konnte. Die Röntgenstrukturanalyse des Isolats bestätigte die Anwesenheit von nur einem Chromcarbid des Typs Cr_7C_3, oder genauer $(Cr, Ni)_7C_3$. Es wurde kein grundsätzlicher Unterschied zwischen den an den Korngrenzen und den in der Kornmitte ausgeschiedenen Carbiden festgestellt. Den Vergleich der Ergebnisse durch die Isolierung und mittels der Mikrosonde zeigt Tabelle 3a. Die Mikrosonde, zum Unterschied von der Isolierung, bestimmt nicht den Gesamtgehalt der Carbide. Deshalb wurde ein Schliff hergestellt (Abb. 1) und die Menge des Präzipitats mit Hilfe der metallographischen quantitativen Verfahren bestimmt; das Ergebnis ist ebenfalls in Tabelle 3a angeführt.

Tabelle 3 a. Genauigkeit der Bestimmung der chemischen Zusammensetzung der Carbide in %

Carbid M_7C_3	Ergebnisse der Mikrosonde			Ergebnisse der elektrolytischen Isolierung			Gesamtmenge des Isolats	
	C	Cr	Ni	C	Cr	Ni	Isolierung	Metallographie
Zahl der Bestimmungen	5	8	8	3	3	3	3	15
Zahl der benutzten Bestimmungen	3	6	6	3	3	3	3	15
Arithmetisches Mittel $\bar{X}$	10,89	79,96	6,27	11,6	74,7	5,4	7,0	8,2
Variationsspannung $\bar{R}$	3,16	9,82	1,21	2,01	3,40	0,89	0,6	
Standardabweichung $\bar{s}$	1,54	4,22	0,52	1,19	2,01	0,46	0,36	
Variationskoeffizient %	14,10	5,28	42,97	10,25	2,69	8,52	5,15	
Zusammensetzung des reinen Carbids Cr_7C_3	8,99	91,00	—					

Der Vergleich der Ergebnisse zeigt, daß die Kohlenstoffbestimmung wie bei der Isolierung, so auch mit der Mikrosonde mit dem größten Fehler belastet ist — über 10 rel.%. Der Chromgehalt ist bei der Isolierung besser reproduzierbar als bei Bestimmung mit der Mikrosonde. Auch die Nickelbestimmung im Präzipitat mit der Mikrosonde ist mit einem bedeutenden Relativfehler belastet; es kann angenommen werden, daß bei manchen Messungen nicht nur

Tabelle 3 b. Genauigkeit der chemischen Zusammensetzung der Matrix in %

Matrix	Ergebnisse der Mikrosonde			Ergebnisse der Elektrolytanalyse	
	C	Cr	Ni	Cr	Ni
Zahl der Bestimmungen	5	8	8	3	3
Zahl der benutzten Bestimmungen	5	8	8	3	3
Arithmetisches Mittel $\bar{X}$	0,278	14,69	85,39	15,12	85,35
Variationsspannung $\bar{R}$	0,12	1,53	2,42	0,51	2,05
Standardabweichung $\bar{s}$	0,05	0,54	0,85	0,30	1,21
Variationskoeffizient %	17,98	3,69	1,00	1,98	1,42

Tabelle 3 c. Vergleich der Genauigkeit von Bestimmungen mit der Mikrosonde und mit der elektrolytischen Isolierung (rel. %)

Phase	Arbeits-verfahren	Genauigkeit in rel. % Menge	C	Cr	Ni
Matrix	Mikrosonde		17,98	3,69	1,00
	Isolierung			1,98	1,42
Carbide	Mikrosonde		14,10	5,28	42,97
	Isolierung	5,15	10,25	2,69	8,52

das ausgewählte Teilchen, sondern auch die Matrix getroffen wurde, besonders bei Durchstrahlung bei geringer Teilchendicke.

Die durch die Rastermikroskopie ermittelte Menge der Carbide ist größer als der durch Isolierung gefundene Anteil. Ursache kann hier das Ätzen, unvollkommene Entwicklung der Struktur bei der Metallographie einerseits, das Anfallen sehr kleiner Teilchen bei der Isolierung andererseits sein.

Die chemische Zusammensetzung der Matrix an Hand der Sondenergebnisse und nach Umrechnung aus der Isolierung faßt Tabelle 3b zusammen. Die Sondenergebnisse zeigen eine verhältnismäßig geringe Streuung, die den Möglichkeiten der Sonde entspricht. Die Berechnung aus dem Isolat zeigt größere Streuungen. Bei der

Bestimmung der Zusammensetzung der Matrix zeigt sich also die Sonde vorteilhafter als die Isolierung.

In Tabelle 3c sind alle Ergebnisse zusammengestellt und es ist leicht zu sehen, welches Verfahren für den jeweiligen Zweck vorteilhafter ist.

Diskussion

Als fast klassisch kann die Genauigkeitsteilung der freien Enthalpie nach Richardson[6] angesehen werden, der die Ergebnisse in vier Gruppen einteilt: a) mit der Genauigkeit bis zu ±4,18 kJ (±1 kcal) oder besser, b) bis zu ±12,5 kJ (±3 kcal), c) bis zu ±41,8 kJ (±10 kcal) und d) über ±41,8 kJ (±10 kcal). Bei Enthalpiewerten des Großteils der carbidischen Phasen in den Grenzen von −125 kJ bis +125 kJ (−30 bis +30 kcal) kann die Genauigkeit ab ca. 5 rel.% (Gruppe a) geschätzt werden. Eine gleiche Genauigkeit kann bei den besten Modellen für die Berechnung der Kohlenstoffaktivität von Shiro Ban-ya[1] vorausgesetzt werden.

Mit sich verbessernder Experimentaltechnik fallen die einzelnen Bestimmungsfehler ab. So z. B. ist die Genauigkeit der Temperaturmessung in kleinen Volumen, wie sie für Messungen mit Hilfe von festen Elektrolyten benötigt werden, besser als ±1° C. Gleichfalls vermindern sich auch andere Meßfehler; z. B. führen Ramanarayanan und Worrell[7] an, daß die Streuung von Potentialmessungen bei der Aktivitätsbestimmung von metallischen Komponenten in festen Lösungen in der Größenordnung von 1 mV liegt, was nach der Nernstschen Gleichung eine Differenz von nicht ganz 200 J (46 cal) ergibt. Doch bei Zusammenfassung der Streuung bei mehreren Messungen ergibt sich ein zehnfach größerer Fehler, ca. 2 kJ (500 cal). Das ist zwar eine sehr gute Genauigkeit im Vergleich mit anderen Verfahren; da aber die Enthalpien von Substitutionskomponenten um eine Potenz niedriger liegen als bei den Carbiden (also größtenfalls um 44 kJ), ergibt sich wieder die beste Genauigkeit von 5 rel.%, eher aber um 10 rel.%.

Die Einzelbestimmung ist also größtenteils sehr gut und liegt um 1 rel.%. Bei Zusammenstellungen und Berechnungen aus vielen Einzelanalysen zwecks Verallgemeinerung geht ein großer Teil der Genauigkeit verloren und der Fehler kann zwischen 5 und 10 rel.% geschätzt werden. In diesen Grenzen liegen die Fehler, die bei der Arbeit mit den Ampullen erreicht werden.

Bei der Bestimmung der chemischen Zusammensetzung der Carbide und der Matrix mittels der Mikrosonde und der Isolierung sind bereits beide Verfahren mit einem bedeutenden Relativfehler belastet (um >5 rel.%). Bei Zusammenfassung mehrerer Analysen-Ergebnisse muß wie im vorangehenden Fall mit einem Anstieg des Fehlers gerechnet werden. Danach geben beide Verfahren Beziehungen, bei denen mit einem Relativfehler um 10% (oder mehr) gerechnet werden muß.

Es scheint, daß die Verbesserung der Untersuchungsbedingungen zu einer Verbesserung der Resultate nach Punkt b) bis d) nach Richardson führen kann, während eine Verbesserung nach a) schwer zu erreichen sein wird. Eine der Ursachen kann in dem Charakter des technischen Werkstoffs liegen (Polykristallinität, unterschiedliche Korngröße, Kristallfehler, Ausscheidungsbedingungen usw.), für eine genaue Reproduzierbarkeit müßte der Werkstoff und seine Struktur ausführlich klassifiziert werden. Eine Einhaltung aller Faktoren wäre technisch kaum durchführbar. Vielleicht kann erst der Vergleich und die statistische Bearbeitung vieler Untersuchungsergebnisse mehrerer Autoren nach verschiedenen Untersuchungsverfahren hier eine bessere Genauigkeit bringen.

Es bleibt noch die Frage der Absolutwerte bei der Bestimmung der chemischen Zusammensetzung des Präzipitats. Beide benutzten Verfahren sind mit Fehlern belastet. In einem Fall ist es die Beschaffenheit der Standards, die Korrekturen und das kleine Analysenvolumen, im anderen eine mögliche Attacke durch den Elektrolyten bei der Isolierung, doch eine Homogenisierung der Ergebnisse durch Erfassung eines bedeutenden Analysenvolumens. Da sich die Streubereiche an Hand der Standardabweichungen bei beiden Verfahren überdecken, kann geschlossen werden, daß die tatsächlichen Gehalte der Elemente im Streubereich liegen und der Absolutgehalt von dem festgestellten Mittel nicht zu weit entfernt liegt.

Zusammenfassung

Die Genauigkeit der analytischen Bestimmung der Kohlenstoffaktivität in reinem Nickel bei Anwendung einer Standardprobe und Aufkohlung in verschmolzenen Quarzampullen wurde untersucht. Die Bestimmung der chemischen Zusammensetzung des carbidischen Präzipitats und der Matrix in Proben des Ni-Cr-C-Systems mit 20% Cr und 1% C bei Anwendung der Elektronenstrahl-Röntgenmikrosonde und der elektrolytischen Isolierung wurde verglichen.

Bei zusammenfassender Bearbeitung vieler einzelner, genauer Analysenergebnisse (von ca. 1 rel.%) geht ein Teil der Genauigkeit verloren und die Gleichung für die Berechnung der Kohlenstoffaktivität in Nickel liegt in den Grenzen von 5—7 rel.%.

Die Einzelresultate der Mikrosonde und der Isolierung besitzen einen Fehler um >5 rel.%; es kann angenommen werden, daß bei mathematischer Verallgemeinerung für die Bestimmung thermodynamischer Größen bei Bearbeitung mehrerer Einzelergebnisse die Genauigkeit auf 10 oder mehr rel.% absinkt.

Summary

The Accuracy of Analysis in the Determination of Thermodynamic Values in the Systems Ni-C and Ni-Cr-C

The precision of the analytical determination of the carbon activity in pure nickel using a standard sample and carbonification in molten quartz ampoules was investigated. Determination of the chemical composition of the carbide precipitate and the matrix in samples of the Ni-Cr-C system with 20% Cr and 1% C was compared using the electron beam X-ray microsonde and electrolytic isolation. In summary treatment of many single precise analytical results (of about 1 rel.%), part of the accuracy is lost: the equation for the calculation of the carbon activity in nickel lies within the limits 5—7 rel.%.

The single results of the microsonde and the isolation have an error of more than 10 rel.%. It may be assumed that the accuracy falls to 10 or more rel.% in mathematical generalization for the determination of thermodynamic quantities in treating several single results.

Literatur

[1] Shiro Ban-ya, J. F. Elliott und J. Chipman, Trans. Met. Soc. AIME **245,** 1199 (1969).

[2] W. J. M. Salter, A Manual of Quantitative Electron Probe Microanalysis. London: 1970.

[3] Vgl. K. Eckschlager, Chybý chemickych rozborů (Fehler analytischer Bestimmungen). Prag: SNTL. 1961.

[4] H. Tůma, M. Matasová und M. Šittner, Kovové materiály **11,** 34 (1973).

[5] H. Schenck und H. Kaiser, Arch. Eisenhüttenwes. **31,** 227 (1960).

[6] F. D. Richardson, J. Iron Steel Inst. **1953,** 33.

[7] T. A. Ramanarayanan und W. L. Worrell, Canad. Met. Quart. **13,** 325 (1974).

Korrespondenz und Sonderdrucke: Dipl.-Ing. Hanuš Tůma, C. Sc., Staatliches Forschungsinstitut für Werkstoffe, Opletalova 25, 113 12 Praha 1, ČSSR.

Mikrochimica Acta [Wien], Suppl. 7, 487—500

MIKROCHIMICA ACTA

Akademie der Wissenschaften der DDR
Zentralinstitut für Festkörperphysik und Werkstofforschung, Dresden

Quantitative Untersuchungen des Ausscheidungsverhaltens der Carbidphasen in X5Cr25 nach elektrochemischer Phasenisolierung*

Von

Werner Schuffenhauer

Mit 6 Abbildungen

(Eingegangen am 27. Oktober 1976)

Wegen ihrer Beständigkeit gegen die verschiedenen Arten der Korrosion, insbesondere in halogenidhaltigen Medien, wurden in den letzten Jahren ferritische Chromstähle intensiv erforscht. Nach Entwicklung geeigneter metallurgischer Verfahren lassen sich die Gehalte an interstitiellen Elementen so weit absenken, daß die für die Eigenschaften schädlichen Carbid- und Nitridausscheidungen des Chroms weitestgehend verhindert werden können und nunmehr Stähle mit optimalen Eigenschaften zur Verfügung stehen (siehe z. B. [1,2]).

Grundlage dieser Entwicklungen ist das System Eisen-Chrom-Kohlenstoff, das z. B. von Bungard[3] und Jellinghaus[4] ausführlich untersucht wurde. Nach den Ergebnissen solcher „Gleichgewichtsuntersuchungen", für die z. T. auch die elektrochemische Phasenisolierung eingesetzt wurde, und nach der Untersuchung von Stählen unterschiedlicher Chrom- und Kohlenstoffgehalte ist in diesem System mit dem Auftreten von 3 Carbidphasen zu rechnen.

Bei niedrigen Cr- und höheren C-Gehalten tritt das orthorhombische Carbid $(Fe, Cr)_3C$ auf, welches nach Angaben der Literatur[3–7] 16—20 Masse% Cr lösen kann und 6,7% C enthält.

---

* Vortrag anläßlich des 8. Kolloquiums über metallkundliche Analyse mit besonderer Berücksichtigung der Elektronen- und Ionenstrahl-Mikroanalyse, Wien, 27. bis 29. Oktober 1976.

Bei mittleren Cr- und C-Gehalten bildet sich das hexagonale $(Fe, Cr)_7C_3$ aus, das je nach Ausgangsbedingungen 30—60% Cr lösen kann und 9,0% C enthält[3–8]. Bei höheren Cr- und niedrigen C-Gehalten ist[9–13] das kubische Carbid $(Fe, Cr)_{23}C_6$ existent, das ca. 60% Cr enthält, und dessen C-Gehalt theoretisch bei 5,6% liegt.

Abb. 1 gibt diesen Sachverhalt für den Gleichgewichtszustand in einem isothermen Schnitt durch das ternäre System Fe-Cr-C nach [4] wieder.

Sofern die Carbidbildung aus dem übersättigten Mischkristall erfolgt, kann sie in der Reihenfolge

$$M_2C — M_3C — M_7C_3 — M_{23}C_6$$

ablaufen[14]. Der Nachweis wurde mittels H_c-Messung und TEM für den qualitativen Ablauf dieser Reaktion an Stählen mit 18—25% Cr und 0,003—0,04% C erbracht. In ferritischen Chromstählen

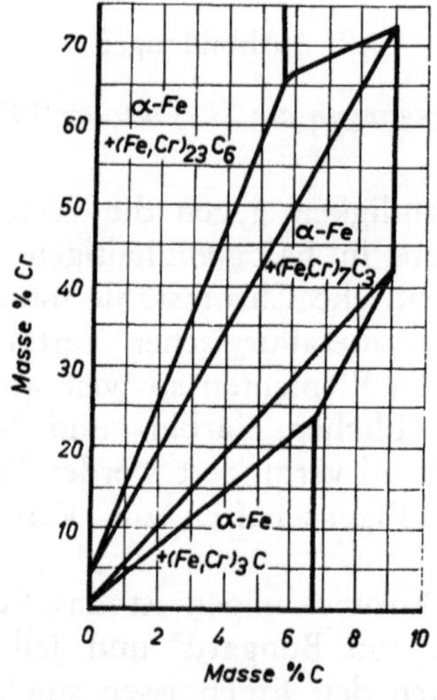

Abb. 1. Isothermer Schnitt durch das System Fe-Cr-C bei 700° C nach Jellinghaus und Keller[4]

ist außerdem — je nach Wärmebehandlung — mit dem Auftreten der Nitride Cr_2N und CrN zu rechnen[10, 14–16].

Im Zusammenhang mit Grundlagenuntersuchungen zum Ausscheidungsverhalten, die der Ermittlung maximal zulässiger C- und N-Gehalte und zur Ermittlung optimaler Wärmebehandlungsbedingungen dienten, war es zunächst erforderlich, die in ferritischen Chromstählen auftretenden Carbid- und Nitridphasen näher zu untersuchen. Aus praktischen Gründen wurde mit dem Stahl X5Cr25 ein Werkstoff mit relativ hohem C-Gehalt gewählt.

Ziel der vorliegenden Arbeit war die Bereitstellung einer Untersuchungstechnik zur direkten quantitativen Verfolgung der Ausscheidungs- und Umwandlungsvorgänge von technisch auftretenden Nichtgleichgewichtszuständen der Carbid- bzw. Nitridphasen in diesem Stahl. Dafür sollte die elektrochemische Phasenisolierung mit anschließender mikrochemischer, röntgenographischer und elektronenmikroskopischer Charakterisierung der Isolate eingesetzt werden, da mit dieser Arbeitstechnik bei den geringen Ausscheidungsmengen noch quantitative Resultate zu erwarten waren.

Von mehreren Autoren[3,4,17,18] wurden für die Isolierung von Carbiden und Nitriden aus ferritischen und austenitischen Stählen mit niedrigen und mittleren Chromgehalten die nach Koch[5] bekannten wäßrigen Citrat-Bromid-Elektrolyten verwendet, während für höhere Cr-Gehalte alkoholische, stark salzsaure Elektrolyte eingesetzt werden müssen[3,4,13]. Für den zu untersuchenden Stahl lagen keine Literaturangaben vor.

Experimentelles

Versuchsmaterial

Zur Ermittlung der elektrochemischen Bedingungen für die potentiostatische Phasenisolierung wurden die in Tabelle 1 aufgeführten Proben verwendet.

Tabelle 1. Modellproben für die elektrochemische Phasenisolierung

Phase	Analyse Fe in Masse %	Cr	C	N	Herstellung
α – Mk	Rest	24,1	0,004	n. n. b.	Vakuuminduktionsschmelze
σ	Rest	44,7	0,003	n. n. b.	Vakuuminduktionsschmelze +700° C/50 h, Ofenabkühlung
$(Fe,Cr)_{23}C_6$	30,2	60,9	5,6	—	Phasenisolierung aus X40Cr13 nach 800° C, 5 h, H_2
$(Fe,Cr)_7C_3$	48,6	40,9	8,8	—	Phasenisolierung aus 210Cr46 nach 800° C, 5 h, H_2
Cr_2N	—	Rest	—	11,2	synthetisiert aus Cr-Pulver
CrN	—	Rest	—	19,8	synthetisiert aus Cr-Pulver

n. n. b. → nicht nachweisbar; — → nicht bestimmt

Der α-Mischkristall und die σ-Phase lagen als kompakte Meßproben vor, während von den Carbid- und Nitrid-Phasen Pulverpreßlinge, 5 mm ⌀ ×

2 mm, mit einem spezifischen Preßdruck von 4 Mp/cm^2 hergestellt und in speziellen Graphitelektroden gemessen wurden.

Für die Untersuchung der Ausscheidungszustände kamen zylindrische Proben, 13 mm ⌀ ×100 mm, einer Vakuuminduktionsschmelze mit folgender Analyse zum Einsatz:

C	≈	0,05 %
Si	<	0,05 %
Mn		0,59 %
Cr		25,85 %
N		0,032 %
O		0,057 %

Wegen auftretender Randentkohlung bei der Wärmebehandlung wurde von der während der Phasenisolierung aufgelösten Schicht jeweils der Kohlenstoffgehalt separat bestimmt und den weiter unten durchgeführten Rechnungen zugrunde gelegt.

Nach einer Homogenisierung bei 1250° C/1 h in Ar-Schutzgas mit anschließendem Abschrecken in Wasser wurden die Proben jeweils

600° C;	5 h
700° C;	5 h
850° C;	5 h
850° C;	1 h
1000° C;	0,5 h

in Ar-Atmosphäre angelassen und erneut in Wasser abgeschreckt.

Versuchsdurchführung

Potentiostatische Phasenisolierung

Zur Ermittlung der Isolationsbedingungen wurden an den in Tabelle 1 angeführten Substanzen die Stromdichte-Potential-Kurven in ca. 20 verschiedenen Elektrolytvarianten gemessen. Dabei erwies sich der von Bäumel u. a.[13] vorgeschlagene Elektrolyt Äthylenglykol/Salzsäure in einem Mischungsverhältnis von 9 : 1 bezüglich des gleichmäßigen Abtrages ohne Angriff des Isolates als am günstigsten.

Die entsprechenden Stromdichte-Potential-Kurven sind in Abb. 2 wiedergegeben. Dem Kurvenverlauf ist zu entnehmen, daß mit diesem Elektrolyt die Isolation der σ-Phase nicht gelingt. Für die vorgesehenen Untersuchungen stellt dies jedoch keine Einschränkung dar, da von Brandis[1], Bungard[3] und Kiesheyer[19] nachgewiesen wurde, daß sich die σ-Phase bei Stählen mit 25% Cr nur nach sehr langen Haltezeiten im Gebiet von 600—700° C ausbildet, so daß mit dieser Phase bei den vorliegenden Untersuchungen nicht zu rechnen ist.

Die Phasenisolierung erfolgte potentiostatisch bei −100 mV (gemessen gegen gesättigtes Hg_2Cl_2) in einem Isoliergefäß aus Glas, das an anderer Stelle[20] beschrieben wurde.

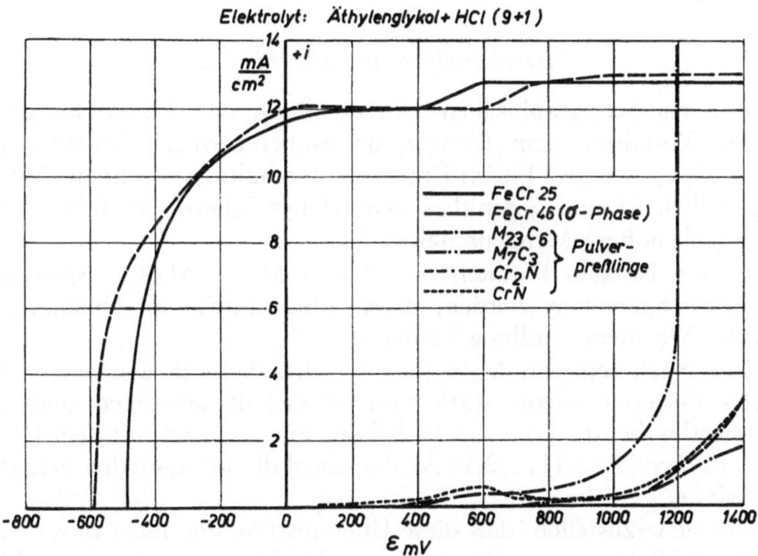

Abb. 2. Stromdichte-Potential-Kurven zur Carbid- und Nitridisolierung von ferritischen Chromstählen mit 25% Cr

Mikrochemische Isolatanalysen

Die Richtigkeit der mikrochemisch ermittelten C-Gehalte des Isolates ist für quantitative Aussagen von entscheidender Bedeutung. Im verwendeten Glykol-Elektrolyt kommt es durch adsorptiv gebundene Elektrolytreste sehr leicht zu Überbefunden, weshalb dieser Problematik besondere Aufmerksamkeit gewidmet werden mußte. Außerdem besteht die Notwendigkeit der Simultanbestimmung möglichst aller interessierenden Elemente, da die pro Isolation anfallenden Isolatmengen bei C-Gehalten unter 500 Masse-ppm sehr klein werden.

Richtige und gut reproduzierbare Werte für den Carbidkohlenstoff ergeben sich, wie spezielle Untersuchungen zeigen konnten, wenn das gewaschene und im Vakuum getrocknete Carbid-Isolat mit geglühtem analysenreinem Borax vermischt und bei 300—350° C im Ar-Strom unmittelbar vor der Kohlenstoffbestimmung erhitzt wird. Bei der anschließenden C-Bestimmung (1200° C im O_2-Strom) erfolgt gleichzeitig der Isolataufschluß im Pt-Tiegel).

Die Elemente Fe, Cr und Mn können dann nebeneinander im Aufschluß aus der gleichen Einwaage von 25 mg bestimmt werden. Die Elemente N und O wurden mittels „LECO"-Analysator aus 1 mg Isolat ermittelt.

Phasenanalyse am Mischisolat

Zur röntgenographischen Untersuchung der Isolate kam das Guinier-Verfahren zum Einsatz, da es bei geringen Isolatmengen wegen des günstigen Linien-Untergrundverhältnisses sehr nachweisempfindlich ist und gegenüber dem Debye-Scherrer-Verfahren eine ca. 10fach höhere Meßgenauigkeit hat.

In den Isolaten konnten die Phasen M_7C_3, $M_{23}C_6$, M_2N und M_3O_4 nachgewiesen werden, deren Masseanteile in Abhängigkeit von der Wärmebehandlung variierten.

Der Nachweis von M_2N (Cr_2N) wird dadurch erschwert, daß dessen Gitterparameter stark vom N-Gehalt abhängen und der Hauptreflex bei $d = 2{,}10\ldots2{,}12$ Å koinzidieren kann mit dem intensiven Reflex ($d = 2{,}11\ldots2{,}12$ Å) der ebenfalls hexagonalen Struktur von M_7C_3.

Um sicherzustellen, daß diese Übereinstimmung nicht durch eine Carbonitridbildung hervorgerufen werden kann, wurden die beiden Carbide $(Fe, Cr)_7C_3$ und $(Fe, Cr)_{23}C_6$ 2 h bei 950° C einem N_2-Strom ausgesetzt, bei dem in einer Parallelprobe Cr-Pulver zu CrN bzw. Cr_2N reagierte.

Dabei zeigte sich, daß das M_7C_3 unverändert blieb (keine N-Aufnahme nachweisbar), während das $M_{23}C_6$ vollständig in $M_7C_3 + M_2N + MN$ umgesetzt wurde und der N-Gehalt auf 5,7 Masse% anstieg.

Dieses Ergebnis bestätigt die Angabe von Masumoto[21], wonach im System Fe-Cr-C-N bei Temperaturen über 770° C $Cr_{23}C_6$ mit Cr_7C_3 und Cr_2N im Gleichgewicht steht und offenbar kein Carbonitrid gebildet wird.

Wie parallel dazu durchgeführte Untersuchungen nach dem Guinier-Verfahren mit Eichmischungen zeigten, beträgt die Nachweisgrenze für M_2N in Gegenwart von M_7C_3 ca. 10 Masse%. Die zu erwartenden Phasenanteile des M_2N lagen etwa in diesem Bereich, so daß die Bestimmung des Phasenanteils für M_2N nach einem Vorschlag von Takai[10] aus dem N-Gehalt des Isolates rechnerisch erfolgte, wobei mit 10 Masse% N im Cr_2N gerechnet wurde.

Unter der Voraussetzung, daß der gesamte O-Gehalt des Stahles in dem röntgenographisch nachgewiesenen Chromit ($FeO \cdot Cr_2O_3$) M_3O_4 enthalten ist, läßt sich dieser Phasenanteil ebenfalls berechnen.

Um die Massenanteile der beiden röntgenographisch nachgewiesenen Carbidphasen M_7C_3 und $M_{23}C_6$ zu ermitteln, wurden 2 verschiedene Wege beschritten.

— Aus Eichmischungen der beiden in Tabelle 1 angeführten isolierten Carbide wurden die Verhältnisse der integralen Intensitäten der Reflexe von $d_{M_{23}C_6} = 2{,}38$ bzw. 2,17 mit den Indizierungen (420) bzw. (422) zu $d_{M_7C_3} = 2{,}29$ (420) aus den Guinier-Aufnahmen graphisch ermittelt und gegen die Massenverhältnisse aufgetragen. Diese Eichung läßt die Kontrolle einer texturfreien Präparation zu und ermöglicht die Bestimmung von M_7C_3 in $M_{23}C_6$ im Bereich von 5—75% bei einem relativen Fehler von ca. 10%.

Die Carbidphasenanteile am Gesamtisolat sind dann auf

$$\%\ M_7C_3 + \%\ M_{23}C_6 = 100 - \%\ M_2N - \%\ M_3O_4$$

umzurechnen.

— Der zweite Weg geht davon aus, daß die Kohlenstoffgehalte der beiden Carbide mit 5,6% für $(Fe, Cr)_{23}C_6$ und 9% für $(Fe, Cr)_7C_3$ bekannt sind, ebenso der Gesamtkohlenstoffgehalt des Isolates.

Daraus läßt sich ein binäres Gleichungssystem

$$M_{23}C_6 \cdot 5{,}6 + M_7C_3 \cdot 9{,}0 = C_J$$
$$M_{23}C_6 + M_7C_3 = 1 - S$$

mit den beiden unbekannten Phasenanteilen M_7C_3 und $M_{23}C_6$ aufstellen.

Hierin bedeuten: C_J = Kohlenstoffkonzentration im Isolat in %; S = Summe weiterer Phasenanteile im Isolat (z. B. $M_2N + M_3O_4$)/100.

Dessen Lösung ergibt für

$$M_7C_3 = \frac{C_J - 5{,}6\,(1 - S)}{3{,}4} \cdot 100$$

und $M_{23}C_6 = 100\,(1 - S) - M_7C_3$, die beiden Phasenanteile in %. Damit ist eine gute Kontrollmöglichkeit der Carbidphasenanalyse gegeben.

Tabelle 2

Ergebnisse der metallkundlichen Analyse an X5Cr25

Wärmebehandlg. Ar-Schutzgas + Wasserabschr.	Aus-beute in %	Isolatanalyse in %		Ausscheidungsgrad in %		Phasenzusammensetzung aus Analysen berechnet		in % röntgenogr.		aus C berechnet	
		C	N	C	N	M_3O_4	M_2N	M_7C_3	$M_{23}C_6$	M_7C_3	$M_{23}C_6$
1250° C/1 h/ „homogenis."	0,90	5,6	1,25	90	35	22	12	56	10	56	10
+ 600° C/5 h	0,94	5,7	1,30	88	40	21	13	56	10	59	7
+ 700° C/5 h	0,84	5,1	0,58	86	15	24	6	32	38	23	47
+ 850° C/5 h	1,18	4,4	(0,99)	95	(37)	17	10	4	70	9	64
+ 850° C/1 h	0,97	4,8	0,38	83	12	21	4	19	56	18	57
+ 1000° C/0,5 h	1,10	4,7	0,28	86	10	19	3	5	73	10	68

Ergebnisse und Diskussion

Die Ergebnisse der Phasenisolierung und Untersuchung der Isolate der angelassenen Proben sind in Tabelle 2 zusammengefaßt. In der 2. Spalte sind die Mittelwerte der prozentualen Ausbeute von jeweils 15 Phasenisolierungen eingetragen. In allen Fällen ergab sich eine relative Standardabweichung der Ausbeute von ±10%. In Spalte 3 sind die Ergebnisse der mikrochemischen Analyse für Kohlenstoff und Stickstoff eingetragen, da diese Werte für die quantitative Phasenanalyse von Bedeutung sind. Wie bereits erwähnt, wurde von den jeweils abgelösten Schichten der tatsächliche C-Gehalt ermittelt (Randentkohlung!) und der Bilanz aus Analysenwerten und Ausbeute gegenübergestellt. Daraus ergibt sich der Ausscheidungsgrad, der in Spalte 4 eingetragen ist. Unter Berücksichtigung der zufälligen Isolier- und Analysenfehler ist diesen Werten in Verbindung mit

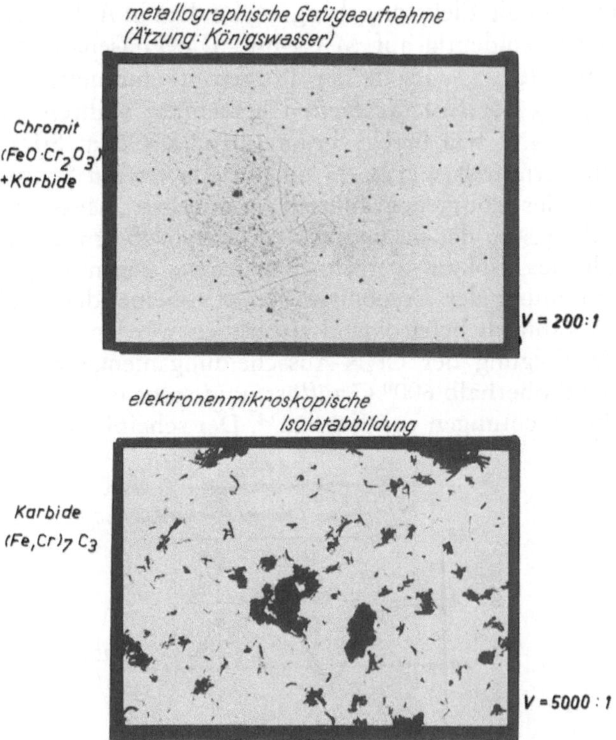

Abb. 3. Gefügebestandteile von X5Cr25 nach „Homogenisierung" 1250° C/1 h/Ar, wasserabgeschreckt

den Ausbeutewerten zu entnehmen, daß der Kohlenstoff nach der Homogenisierung beim Abschrecken in H_2O nicht in Lösung bleibt, sondern vollständig ausgeschieden wird.

In Abb. 3 veranschaulicht sowohl die metallographische Aufnahme als auch die elektronenmikroskopische Isolatabbildung, daß im Gefüge bereits viele kleine Ausscheidungen vorhanden sind. Dieses Ergebnis steht in Übereinstimmung mit den Befunden von Bungard[3] und Kassem[14]. Von den Verfassern konnte jedoch keine Angabe über die Struktur dieser Teilchen gemacht werden. Der Röntgenbefund und die Elektronenbeugung an dem in Abb. 3 dargestellten Isolat weisen eindeutig auf M_7C_3 hin. Die Phasenanteile an M_3O_4 wurden aus dem O-Gehalt der Proben stöchiometrisch unter Berücksichtigung der Isolatausbeuten berechnet, während der Masseanteil von M_2N, wie bereits besprochen, aus dem Stickstoffgehalt des Isolates ermittelt wurde. In den beiden letzten Spalten sind die Ergebnisse der röntgenographisch ermittelten Massenanteile von M_7C_3 und $M_{23}C_6$, denen die aus den analytisch ermittelten Kohlenstoffgehalt des Isolates berechnet wurden, gegenübergestellt. Die Übereinstimmung der Ergebnisse dieser voneinander unabhängigen Verfahren kann als befriedigend angesehen werden.

Die Verfolgung der Cr_2N-Ausscheidungsmenge zeigt, daß sich dieses Nitrid oberhalb 600° C auflöst, und steht in Übereinstimmung mit den Beobachtungen von Kassem[14]. Der scheinbare Wiederanstieg

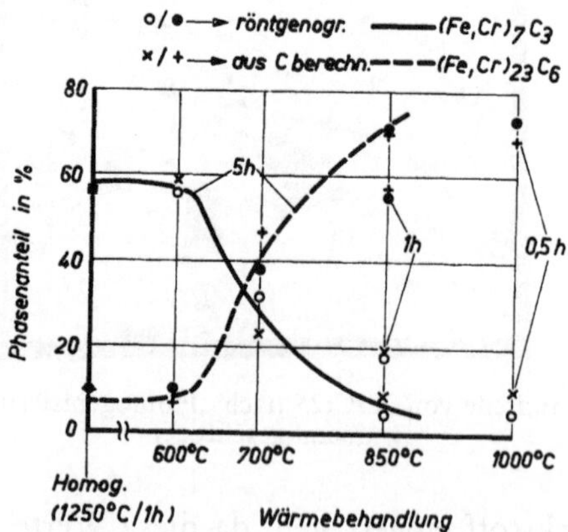

Abb. 4. Umwandlungsverhalten von Fe, Cr-Carbiden in X5Cr25 beim Anlassen

bei 850° C konnte, wie die Glühung bei 850° C/1 h zeigt, nicht reproduziert und muß als Probenfehler angesehen werden.

In Abb. 4 sind die Ergebnisse der Carbidphasenanalysen graphisch dargestellt. Vergleicht man die 5stündigen Anlaßbehandlungen, so ist eine gegenläufige Tendenz beider Carbide festzustellen, die bei sonst gleichem Ausscheidungszustand nur durch die Umwandlung des M_7C_3 in das $M_{23}C_6$ erklärt werden kann. Der Vergleich der Ergebnisse bei 850⁰ C nach 1 bzw. 5 h Haltezeit bestätigt

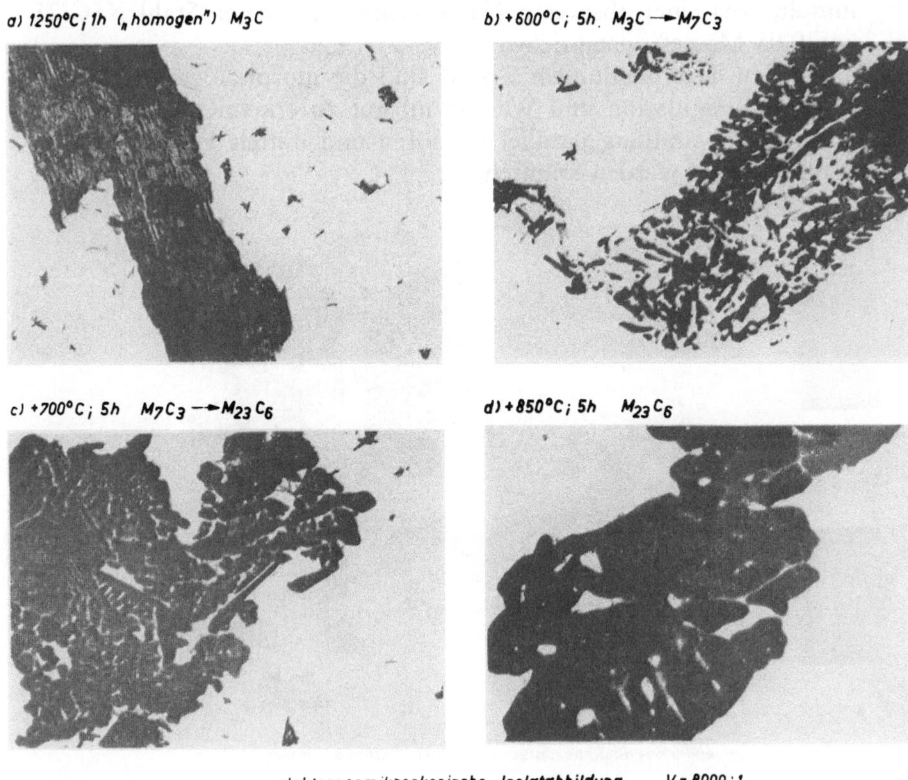

Abb. 5
Morphologische Umwandlung der Fe, Cr-Carbide in X5Cr25 beim Anlassen

diese Tatsache ebenfalls. Mit der Umbildung in das $M_{23}C_6$ ist außerdem eine geringe Erhöhung der Ausbeute der Phasenisolierung verbunden.

Wie die Resultate zeigen, wird damit eine quantitative Verfolgung der Umwandlungskinetik beider Carbide möglich. Die elektronenmikroskopische Isolatabbildung gestattet dabei die Verfolgung der gleichzeitig ablaufenden morphologischen Veränderungen der Carbide.

In Abb. 5a ist zunächst neben den M_7C_3-Teilchen eine Lamelle von M_3C zu sehen, wie sie mittels hier nicht wiedergegebener Extraktionsabdrücke aus Korngrenzen isoliert werden kann. Röntgenographisch lassen sich diese Carbide wegen des geringen Masseanteils noch nicht erfassen.

(In getrennten Untersuchungen wurde die Nachweisgrenze für Fe_3C in einem Gemisch von M_7C_3 und $M_{23}C_6$ mit 5 Masse% ermittelt, was einer absoluten Nachweisgrenze für den Stahl X5Cr25 von 0,05 Masse% entspricht!)

In den Teilabbildungen 5 b—d sind die morphologischen Änderungen (Koagulation und Wachstum) gut zu erkennen, die mit der Strukturumwandlung parallel verlaufen und mittels Elektronenbeugung bestätigt werden konnten.

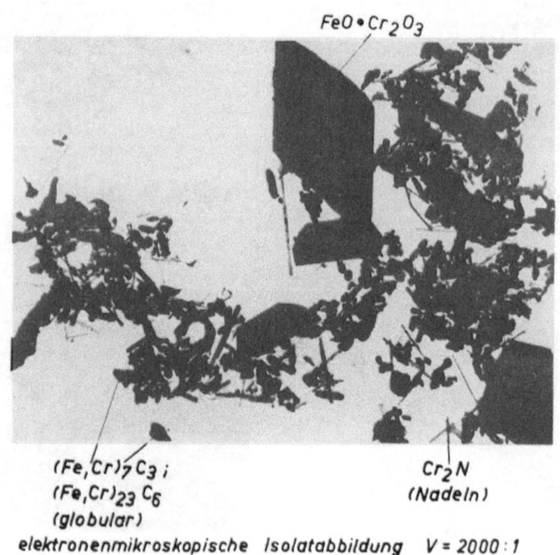

Abb. 6. Mischisolat aus X5Cr25 nach Anlaßbehandlung 850^0 C/1 h

Abb. 6 gibt einen Überblick über den Habitus aller nachgewiesenen Phasen am Beispiel des Isolatgemisches, das von Proben der Anlaßbehandlung 850^0 C/1 h erhalten wurde.

Zusammenfassung

Zur Untersuchung der Ausscheidungsvorgänge in einem ferritischen Chromstahl X5Cr25 wurde die elektrochemische Phasenisolierung eingesetzt. Durch mikrochemische Isolatanalysen und die Bestimmung der Massenanteile von $(Fe, Cr)_7C_3$ und $(Fe, Cr)_{23}C_6$ mittels Röntgenverfahren nach vorheriger Eichung sowie rechnerisch aus dem Gesamtkohlenstoffgehalt konnte die Phasenzusammensetzung in Abhängigkeit von der Anlaßbehandlung ermittelt werden. Dabei zeigte sich, daß die bereits nach der Homogenisierungsglühung beim Abschrecken gebildeten Carbide vom Typ M_7C_3 im Verlaufe der Anlaßbehandlung kontinuierlich in das Carbid $M_{23}C_6$ umgewandelt werden, wobei gleichzeitig eine Koagulation und ein Wachstum der Carbide stattfindet. Die angewandte Untersuchungstechnik gestattete die quantitative Verfolgung der Umwandlungskinetik der Carbidphasen in X5Cr25.

Summary

Quantitative Investigations of the Precipitation Behavior of the Carbidphases in X5Cr25 After Electrochemical Isolation

In order to investigate the precipitations in a ferritic chrome steel X5Cr25 the electrochemical phase isolation was used.

By means of microchemical analyses and the determination of the mass portions of $(Fe, Cr)_7C_3$ and $(Fe, Cr)_{23}C_6$ by X-ray methods (after previous calibration) as well as by the calculation of the total C-content the phase composition could be found in dependence on the tempering treatment. Here it was stated that the carbides of the type M_7C_3 already formed after the homogenization annealing on quenching are continuously transformed into the carbide of the type $M_{23}C_6$ during the tempering treatment, where simultaneously a coagulation and a growth of the carbides occur. The method used here allowed the quantitative tracking of the kinetics of transformation of the carbide phases in X5Cr25.

Literatur

1 H. Brandis, H. Kiesheyer und G. Lennartz, Arch. Eisenhüttenwes. **46,** 799 (1975).

2 H. Brandis, H. Kiesheyer und G. Lennartz, TEW-Techn. Berichte **2,** 3 (1976).

3 K. Bungard, E. Kunze und E. Horn, Arch. Eisenhüttenwes. **29,** 193 (1958).

4 W. Jellinghaus und H. Keller, Arch. Eisenhüttenwes. **43,** 319 (1972).

5 W. Koch, Metallkundliche Analyse, Düsseldorf: Stahleisen. 1965.

6 E. R. Staska, W. Bloch und A. Kulmburg, Mikrochim. Acta [Wien], Suppl. IV, **1970,** 62.

7 K. Okamoto, S. Shiko und T. Ota, Trans. I. S. I. Jap. **7,** 197 (1967).

8 H. Thuma, K. Löse und J. Jezek, Neue Hütte **2,** 362 (1957).

9 J. Bruch, Mikrochim. Acta [Wien], Suppl. IV, **1970,** 196.

10 T. Takai und H. Shimada, Nippon Konzoku Gakkai-Shi **30,** 258 (1966).

[11] T. Masumoto, Tetsu-to-Hagane **55,** 1347 (1969).
[12] J. F. Brown und D. Clark, Nature **167,** 728 (1951).
[13] A. Bäumel und W. Ghomisch, Arch. Eisenhüttenwes. **33,** 91 (1962).
[14] M. E. Kassem, Arch. Eisenhüttenwes. **46,** 111 (1975).
[15] W. Koch und K. H. Sauer, Arch. Eisenhüttenwes. **36,** 591 (1965).
[16] E. T. Turkdogan, J. Iron Steel Inst. **188,** 242 (1958).
[17] K. Segawa, Trans. I. S. I. Jap. **7,** 163 (1967).
[18] S. Wakamatsu, Nippon Kinzoku Gakkai-Shi **33,** 1359 (1969).
[19] H. Kiesheyer und M. Brandis, Z. Metallkunde **67,** 258 (1976).
[20] W. Schuffenhauer, Neue Hütte **20,** 417 (1975).
[21] T. Masumoto, Y. Imai und M. Naka, J. Japan Inst. Met. **33,** 705 (1969).

Korrespondenz und Sonderdrucke: Dr. W. Schuffenhauer, Zentralinstitut für Festkörperphysik und Werkstofforschung, Helmholtzstraße 20, DDR-8027 Dresden, Deutsche Demokratische Republik.

Mikrochimica Acta [Wien], Suppl. 7, 501—521

MIKROCHIMICA ACTA

Aus dem Institut für analytische Chemie und Mikrochemie der Technischen Universität Wien

Automatische, chemisch-spezifische Gefügeanalyse — Hardware, Software, Anwendung*

Von

H. Malissa, M. Grasserbauer, W. M. Terényi, E. Hoke und K. Reisenhofer

Mit 6 Abbildungen

(Eingegangen am 26. Oktober 1976)

1. Chemisch-spezifische Gefügeanalyse

Die Eigenschaften von Werkstoffen hängen im wesentlichen von der chemischen Zusammensetzung der verschiedenen Phasen, der Struktur und dem Gefüge des Materials ab. Zur Ermittlung dieser eigenschaftprägenden Größen dient die stereometrische Analyse, die nach Malissa[12] die Kombination von Struktur- Phasen- und Gefügeanalyse darstellt. Die Einbeziehung der Phasenanalyse in die Gefügeanalyse liefert chemische, geometrische und statistische Gefügegrößen, also chemisch-spezifische Gefügeparameter, die, wie auch aus dem Übersichtsartikel von Fischmeister[5] hervorgeht, in enger Verbindung mit den technischen Eigenschaften von Werkstoffen stehen.

Bis zu einem gewissen Grad liefern die am häufigsten für die Gefügeanalyse eingesetzten lichtoptischen Methoden diese Informationen, da die geometrischen und statistischen Gefügeparameter jeweils für bestimmte Phasen gemessen und berechnet werden. Voraussetzung ist allerdings, daß die chemische Zusammensetzung der verschiedenen Phasen durch eine vorhergehende Analyse — etwa

* Vortrag anläßlich des 8. Kolloquiums über metallkundliche Analyse mit besonderer Berücksichtigung der Elektronen- und Ionenstrahl-Mikroanalyse, Wien, 27. bis 29. Oktober 1976.

Lokalanalyse mit der Mikrosonde — ermittelt wird. Dies stellt für die praktische Durchführung von chemisch-spezifischen Gefügeanalysen in vielen Fällen zweifellos einen Nachteil dar. Eine weitere Voraussetzung besteht darin, daß die Unterschiede in der optischen Reflektivität der einzelnen Phasen so groß sind, daß eine eindeutige Unterscheidung der verschiedenen Phasen und eine eindeutige Zuordnung zu einer bestimmten chemischen Zusammensetzung möglich ist. Gerade dieser Punkt ist allerdings trotz der Anwendung kontrasterhöhender Ätz- oder Bedampfungstechniken oft nicht erfüllt. Insbesondere ist es gewöhnlich nicht möglich, geringfügige — aber trotzdem oft für die Eigenschaften wichtige — Änderungen in der chemischen Zusammensetzung einzelner Phasen (beispielsweise innerhalb einer Werkstoffreihe) festzustellen.

Zur Verbesserung der chemischen Spezifität der lichtoptischen Verfahren besteht die Möglichkeit der Einbeziehung von chemisch spezifischen Trennungsschritten — beispielsweise der Isolierung einer bestimmten Phase durch Auflösen der Matrix. Die chemische Information über die untersuchte Phase wird dann durch die Ausführung einer chemischen Analyse eines Teils des Isolates gewonnen. Die geometrischen und statistischen Gefügeparameter werden durch eine lichtmikroskopische Untersuchung der Isolatkörner ermittelt. Neben einem hohen Zeitaufwand weist diese sehr verbreitete Methode den Nachteil auf, daß die Gefügeinformationen über die anderen aufgelösten Phasen (z. B. die Matrix) verloren gehen. Weitere Probleme liegen in der oft ungenügenden chemischen Selektivität des Auflösungsvorganges, so daß zum Teil die zu isolierende Phase aufgelöst oder Fremdsubstanzen nicht aufgelöst werden und damit in beiden Fällen eine Verfälschung des Analysenergebnisses eintritt.

Die dritte Möglichkeit der Ausführung einer chemisch spezifischen Gefügeanalyse besteht nun darin, eine Schliffprobe direkt unter Auswertung eines chemisch spezifischen Signals zu untersuchen. Diese Möglichkeit kann durch Anwendung der Mikrosonde ausgenützt werden. Dabei wird das bei der Abtastung mit dem Elektronenstrahl erzeugte Röntgenspektrum nach chemischen (Art und Zusammensetzung der verschiedenen Phasen) sowie geometrischen und statistischen Gesichtspunkten ausgewertet. Dieses Verfahren bietet zur Zeit als einziges die Möglichkeit, ein direkt die chemische Zusammensetzung wiedergebendes Sinal gefügeanalytisch auszuwerten. Für die praktische Durchführung von Werkstoffanalysen ist es überdies ein wesentlicher Vorteil, daß die (sehr genaue) Ermittlung der chemischen Zusammensetzung der einzelnen Phasen in einem Arbeitsgang mit der Gefügeanalyse ausgeführt werden kann. Diesen durch das Analysenprinzip gegebenen wesentlichen Vorteilen steht ein mit der Erzeugung des chemisch spezifischen Röntgensignals verbundener prinzipieller Nachteil gegenüber — nämlich die verglichen mit den lichtoptischen Methoden um Größenordnungen geringere Signalintensität. Melford und Whittington[15] geben als ungefähre Vergleichszahlen an, daß bei der lichtmikroskopischen Untersuchung einer Probe die reflektierte Intensität in der Größenordnung von 10^{10} Photonen pro Sekunde liegt, während bei der Anregung des elementspezifischen Röntgenspektrums mit Elektronenstrahlen (unter den in der Elektronenstrahlmikroanalyse üblichen Bedingungen) die Signalintensität etwa 10^4 Photonen pro Sekunde beträgt. Dies bedeutet, daß a priori die lichtoptischen Verfahren wesentlich geringere Meßzeiten erfordern. Trotzdem besteht die Möglichkeit, die chemisch spezifische Gefügeanalyse mit der Mikrosonde durch Auswahl einer geeigneten Meßtechnik und durch Erstellung eines vollautomatischen Aufnahme- und Auswertesystems in auch im Routinebetrieb vertretbaren Zeiten durchzuführen, wie im folgenden gezeigt werden wird.

Von primärer Bedeutung ist dabei die Auswahl einer Meßtechnik, die beim geringsten Zeitaufwand einen möglichst großen Informationsgehalt der Gefügeanalyse erbringt, wobei dieser Informationsgehalt durch die Anzahl der technisch wichtigen Gefügeparameter und deren statistische Sicherheit gegeben ist.

Von den drei Meßtechniken der Gefügeanalyse, nämlich Punkt-, Linear- und Flächenanalyse (Beschreibungen und Grundlagen siehe Übersichtsartikel von Fischmeister[5], Exner und Fischmeister[3], Ondracek[16]) kommen lediglich die Linear- und Flächenanalyse in Betracht, da nur diese eine größere Anzahl wichtiger Gefügeparameter liefern.

Mit der Linearanalyse werden Informationen über die Phasengröße (in Form des sogenannten Heynschen Korndurchmessers, dem Mittelwert aller Sehnenschnittlängen einer Phase bestimmter chemischer Zusammensetzung), die mittleren Teilchenabstände, die Größenverteilungen der verschiedenen Phasen und insbesondere den jeweiligen Volumenanteil der Phasen gewonnen. Zusätzlich können Vorzugsrichtungen und Verteilungsinhomogenitäten erfaßt werden.

Die Flächenanalyse liefert Informationen über die Größe, Verteilung, Orientierung und Form der Phasen bestimmter chemischer Zusammensetzung (siehe auch Malissa et al.[11]). Charakteristisch ist, daß die in der Ebene durch lückenlose Abtastung einer Fläche erhaltenen Größen, bereits für 2 Dimensionen (x, y) gemessen wurden und mit Hilfe der Statistik nur auf eine weitere Dimension (z) umgerechnet werden müssen, während bei der Linearanalyse der Schluß von nur einer Dimension auf drei Dimensionen gezogen wird. Außerdem ermöglicht es die Flächenanalyse, Einzelteilchen zu beschreiben (z. B. Form, Richtung usw.), während bei der Linearanalyse nur kollektive Aussagen möglich sind. Aus diesen Gründen ist den mit der Flächenanalyse gewonnenen geometrischen Gefügeparametern ein etwas höherer Informationsgehalt zuzumessen.

Da bei der chemisch spezifischen Gefügeanalyse mit der Mikrosonde aber der Zeitfaktor eine oft den Einsatz limitierende Größe darstellt, muß der Frage des zur Erzielung einer bestimmten statistischen Sicherheit der Gefügeparameter notwendigen Zeitaufwandes besondere Aufmerksamkeit geschenkt werden. Als Maß für die statistische Sicherheit kann die relative Standardabweichung des mit Linear- oder Flächenanalyse ermittelten Volumenanteiles einer Phase herangezogen werden.

Nach Underwood[18] hängt die relative Standardabweichung des Volumenanteils der Phase *i* von der Zahl der erfaßten Phasen *i* und der Streuung der Phasengröße (ausgedrückt als relative Standardabweichung der Phasenschnittlängen bei der Linearanalyse oder der einzelnen Phasenflächen bei der Flächenanalyse) ab.

Für die Linearanalyse gilt (1):

$$S_{\text{rel}\,(V_i)} = \left[\frac{1}{2N_{P_i}} \cdot (S^2_{\text{rel}\,(d_i)} + 1)\right]^{1/2} \tag{1}$$

$S_{\text{rel}\,(V_i)}$ = relative Standardabweichung des Volumenanteiles der Phase *i*,

$S_{\text{rel}\,(d_i)}$ = relative Standardabweichung der Schnittlänge von Phase *i*,

N_{P_i} = Zahl der erfaßten Individuen der Phase *i*.

Für die Flächenanalyse gilt (2):

$$S_{\text{rel}\,(V_i)} = \left[\frac{1}{N_{P_i}} \cdot (S^2_{\text{rel}\,(F_i)} + 1)\right]^{1/2} \tag{2}$$

$S_{\text{rel}\,(F_i)}$ = relative Standardabweichung der Flächen von Phase *i*.

Da die relativen Standardabweichungen der Schnittlängen bzw. Teilchendurchmesser im Normalfall größenordnungsmäßig den Wert 1 haben, wird die statistische Sicherheit des Ergebnisses in erster Linie von der Zahl der gemessenen Phasen (hier im Sinne von Teilchen zu verstehen) bestimmt. Messungen an den unter Punkt 3 beschriebenen Proben ergaben, daß mit der Linearanalyse bei gleicher Analysenzeit etwa 10 mal so viele Teilchen erfaßt werden als mit der Flächenanalyse. Nimmt man diesen Faktor als größenordnungsmäßigen allgemeinen Richtwert, dann ergibt sich, daß die statistische Sicherheit der Ermittlung des Volumenanteiles (als Maß für alle anderen Gefügeparameter) bei Anwendung der Linearanalyse ca. 4 mal so groß ist wie bei Anwendung der Flächenanalyse.

Deshalb wurde für die Ausführung der chemisch spezifischen Gefügeanalyse mit der Mikrosonde die Technik der Linearanalyse gewählt.

Gl. (1) ermöglicht es, die für die Erzielung statistisch gesicherter Linearanalysen zu erfassende Teilchenanzahl zu berechnen. Aus dem graphisch dargestellten Zusammenhang zwischen $S_{\mathrm{rel}\,(V_i)}$ und N_{P_i}

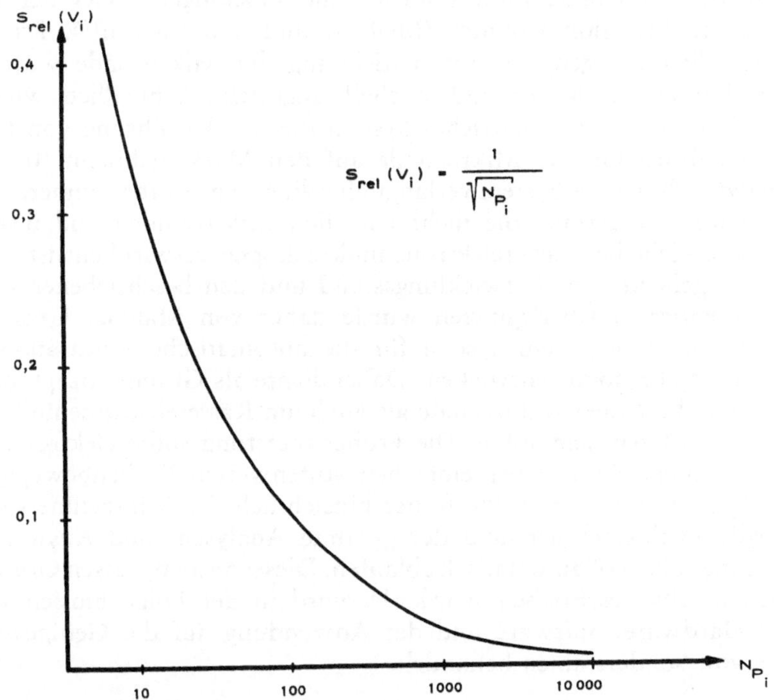

Abb. 1. Statistischer Fehler der Linearanalyse in Abhängigkeit von der Zahl der erfaßten Phasen

(Abb. 1) geht hervor, daß der statistische Fehler bei Teilchenzahlen von über 100 besser als 10 Relativprozent wird. Bei 1000 erfaßten Teilchen beträgt dieser Fehler 3 Relativprozent. Für die Praxis ergibt sich damit die Forderung, etwa 500—1000 Teilchen bei der Analyse zu erfassen, um zu statistisch gesicherten Aussagen zu gelangen. Diese hohe Zahl zu messender und auszuwertender Phasen macht eine Vollautomatisierung des Aufnahme- und Auswertevorganges notwendig. Die Automatisierung ist bei der lichtmikroskopischen

Gefügeanalyse bereits voll entwickelt. Es gibt eine Reihe bestens eingeführter computergesteuerter Geräte für die Linear- und insbesondere Flächenanalyse (siehe auch Gahm[7]).

Auf dem Gebiet der chemisch spezifischen Gefügeanalyse mit der Mikrosonde ist die Automatisierung wesentlich weniger fortgeschritten. Neben einer Reihe von Versuchen, die Mikrosonde unter manueller Steuerung bzw. Auswertung für die Gefügeanalyse einzusetzen (z. B. Feges, Swoboda und Malissa[4], Hein[9]) wurden vor allem halbautomatische Systeme für die Linearanalyse entwickelt — z. B. der Phasenintegrator (Dörfler und Plöckinger[2]) oder der sogenannte Inclusion Counter (Melford und Whittington[15]). Prinzipielle Überlegungen zur Automatisierung der Mikrosonde wurden von Baumgartl, Ryder und Büchel[1] angestellt. Schließlich wurde von Jeol ein vollautomatisches System für die Ausführung von Flächenanalysen mit der Mikrosonde auf den Markt gebracht (Image Analyser[10]). Dieses System verlangt allerdings eine exakte numerische Probentischsteuerung, die nicht bei allen Mikrosonden und insbesondere nicht bei Rasterelektronenmikroskopen verwirklicht ist.

Ausgehend vom Entwicklungsstand und den beschriebenen einsatzorientierten Überlegungen wurde daher von Malissa, Grasserbauer und Hoke[13] ein System für die automatische Linearanalyse mit der Mikrosonde entwickelt. Dabei diente als Grundkonzept, daß es sowohl an einer Mikrosonde als auch am Rasterelektronenmikroskop einsetzbar sein sollte. Die Probenabtastung sollte elektronisch unter Einbeziehung einer einfachen stufenweisen Probenbewegung erfolgen. Das System sollte ferner hinsichtlich der Röntgenmessung möglichst flexibel sein und der gesamte Analysen- und Auswertevorgang sollte vollautomatisch ablaufen. Dieses System, dessen Grundzüge bereits beschrieben wurden[13], wird in der Folge hinsichtlich der Hardware, Software und der Anwendung auf die Gefügeanalyse von Sonderstählen behandelt.

2. Hardware und Software

Das Prinzip der automatischen Linearanalyse mit der Mikrosonde besteht in einer Abtastung der Probe mit dem Elektronenstrahl, der Aufnahme der Röntgenintensität eines Elementes, das für die zu messende Phase charakteristisch ist, als Funktion der abgetasteten Wegstrecke und der mathematischen Auswertung dieser Konzentrationsprofile. Um für den Werkstoff repräsentative Gefügeparameter zu gewinnen, wird mit Hilfe einer entsprechenden Probentischsteuerung die Probe nach der Aufnahme eines Konzentrationsprofils um die abgetastete Weglänge weiterbewegt. Zur Erzielung einer entsprechenden statistischen Sicherheit werden zahlreiche derartige Konzentrationsprofile aufgenommen und ausgewertet.

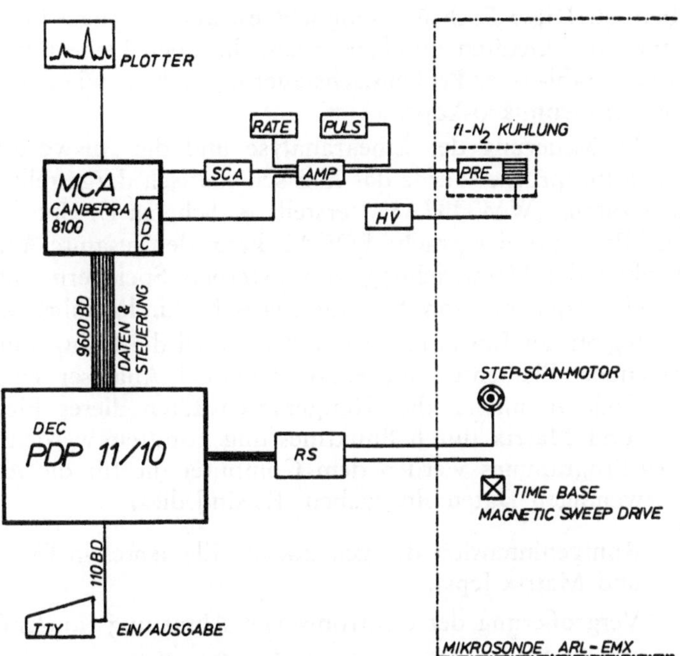

Abb. 2. Die Hardware-Komponenten des Systems und ihre Verbindungen untereinander

Zeichenerklärung:

ADC	Analog-Digital-Konverter
AMP	Verstärker
HV	Hochspannungsversorgung
MCA	Vielkanalanalysator
PRE	Vorverstärker + Detektor
PULS	Pulser
RATE	Ratemeter
RS	Relais-Steuereinheit
SCA	Single Channel Analyzer
TTY	Teletype

Als Systemkomponenten (Abb. 2) dienten soweit möglich kommerziell erhältliche, genormte Geräte, und zwar:

Computer PDP 11/10 mit 8 k bzw. 16 k Kernspeicherkapazität, 2 Interfaces,
Vielkanalanalysator Canberra 8100 mit 1 k Halbleiterspeicher, ADC und standardisiertem Computer Interface,
energiedispersives System von Ortec,
Teletype.

Zur Steuerung des Elektronenstrahls in Verbindung mit dem Scanning-System und der Probe mit Hilfe eines Schrittschaltmotors wurde eine Relais-Steuereinheit entwickelt, die bei Terényi[17] beschrieben ist. Diese Einheit ermöglicht es, automatische Linearanalysen auch mit Geräten durchzuführen, die noch keine numerische Elektronenstrahl- oder Probentischsteuerung haben, wie die meisten Rasterelektronenmikroskope.

Für die Steuerung der Linearanalyse und die Auswertung der Konzentrationsprofile wurde das hier schematisch dargestellte Computerprogramm „WMTPHA5"* erstellt (s. Schema 1). Unter Benutzung der Programmiersprache FOCAL kann der gesamte Analysenablauf ohne die Heranziehung von externen Speichern mit einer Kernspeicherkapazität von 8 k automatisch durchgeführt werden.

Am Beginn der Linearanalyse muß manuell die Röntgenlinie des zu messenden Elementes am Single Channel Analyser eingestellt werden. Sodann müssen die Röntgenintensitäten dieses Elementes in Phase und Matrix durch Punktmessung ermittelt werden. Nach Start des Programmes werden dem Computer die für die Auswertung notwendigen Daten eingegeben. Es sind dies:

Röntgenintensität des gemessenen Elementes in Phase und Matrix [cps],

Vergrößerung der elektronischen Abtastung [μm/cm],

Zähleinheit pro Kanal des MCA (Dwell Time) [sec/Kanal],

Abtastgeschwindigkeit [sec/cm],

Probennummer.

Nach Eingabe dieser Daten wird die Linearanalyse bis zum Abbruch durch den Operator vollautomatisch durchgeführt, wobei allerdings jederzeit die Möglichkeit besteht, in den Analysenablauf über Umschaltungen an der Hauptkonsole einzugreifen. Auf diese Weise können z. B. Zwischenergebnisse abgerufen oder Analysenparameter verändert werden.

Im einzelnen laufen dabei folgende Vorgänge ab:

Aus den Röntgenintensitäten des Leitelementes von Phase und Matrix wird der sogenannte Schwellwert (siehe unten) berechnet (3):

$$\text{Schwellwert} = \frac{I_P - I_M}{2} \tag{3}$$

$I_{P,M}$ = Intensität des Elementes in Phase bzw. Matrix (cps).

* Programm-Listings werden auf Wunsch gern zugesandt.

Weiters wird an Hand der elektronischen Vergrößerung die sogenannte Kanalbreite, also die auf einen Kanal im MCA entfallende Wegstrecke auf der Probe in (μm), ermittelt.

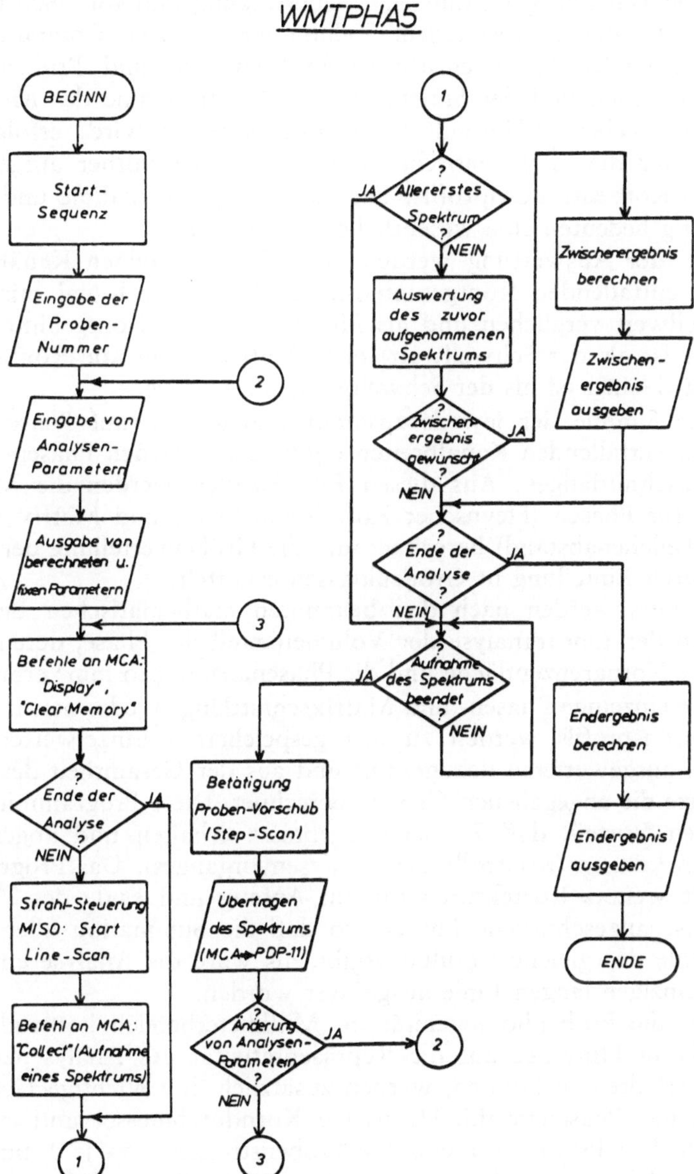

Schema 1. Fließschema des Programms „WMTPHA5"

Nach Erteilung des Startbefehls wird das erste Konzentrationsprofil mit dem energiedispersiven System aufgenommen und sodann vom MCA (wo also jetzt die Röntgenintensität eines Elementes als Funktion der abgetasteten Wegstrecke digital vorliegt) über einen seriellen Datenausgang (mit einer Übertragungsrate von 9600 Baud) in den Computer übertragen. Sodann werden vom Computer die entsprechenden Steuerschritte (Elektronenstrahl und Probentisch) vorgenommen und der Startbefehl für die Aufnahme des nächsten Profils gegeben. Während dieses aufgenommen wird, erfolgt im Computer die mathematische Aufarbeitung des vorher aufgenommenen Konzentrationsprofils. Die gleichzeitige Aufnahme und Auswertung bedeuten eine wesentliche Zeitersparnis.

Bei der Auswertung werden die auf die einzelnen Kanäle des MCA entfallenden Röntgenintensitäten Kanal für Kanal mit dem Schwellwert verglichen und als Phase (wenn die Röntgenintensität größer ist als der Schwellwert) oder Matrix (wenn die Röntgenintensität kleiner ist als der Schwellwert) klassifiziert.

Die Summe der jeweils zusammenhängenden, auf Phase oder Matrix entfallenden Kanalbreiten ergibt die einzelnen Phasen- oder Matrixschnittlängen. Aus diesen Einzelwerten werden die Mittelwerte für Phasen (Heynscher Korndurchmesser) und Matrix (mittlerer Teilchenabstand) berechnet und die Größenverteilung der Phasen durch Einteilung in Größenklassen ermittelt.

Weiters werden nach den bekannten mathematischen Berechnungen der Linearanalyse der Volumenanteil der Phase, deren spezifische Korngrenzenfläche und die Phasenanzahl pro mm^3 ermittelt.

Die einzelnen Phasen- und Matrixschnittlängen jedes neuen Konzentrationsprofils werden zu den gespeicherten Einzelwerten der bereits ausgewerteten dazugezählt und aus der Gesamtheit der Einzelwerte die angegebenen Größen berechnet. Diese Programmierung hat den Vorteil, daß Zwischenergebnisse erhalten und abgerufen werden können (Kontrolle des Analysenvorganges). Das Programm enthält weiters Korrekturen für am Anfang und Ende des Profils teilweise angeschnittene Phasen, so daß die Summation aller Einzelprofile das gleiche Resultat ergibt, als wäre die Analyse entlang einer einzigen langen Linie ausgeführt worden.

Um die Probenhomogenität im Millimeterbereich kontrollieren und damit Hinweise auf die Repräsentativität des Analysenergebnisses erhalten zu können, werden zusätzlich drei wichtige Gefügeparameter (Phasenanzahl, Heynscher Korndurchmesser und mittlerer Teilchenabstand) für einzelne Probenstrecken von je 1 mm berechnet. Weiters werden von sämtlichen Mittelwerten die absoluten und relativen Standardabweichungen angegeben.

Die beschriebenen Aufnahme- und Auswertevorgänge werden bis zum Abbruch der Analyse durch den Operator fortgesetzt. Nach Erteilung des entsprechenden Befehles wird das Endergebnis ausgedruckt (siehe folgendes Beispiel):

Linearanalyse mit Mikrosonde, EDS und „WMTPHA5“

Endergebnis

Probennummer	34		
Zahl der ausgewerteten Spektren	20		
Gesamtlänge der Spektren	10201.7 μm		
Gesamtzahl der Phasen	460		
Gesamtlänge der Phasen	2638.7 μm		
Mittlerer Korndurchmesser (nach Heyn)	5.7 +/−	8.4 μm	(V-KO 1.437)
Mittlerer Teilchenabstand	16.5 +/−	21.9 μm	(V-KO 1.327)
Spezifische Korngrenzenfläche	356.1 +/−	59.6 qmm	(V-KO 0.167)
Phasenanzahl pro Kubikmillimeter	728001	(empirisch, nach Saltykov)	
Volumsanteil der untersuchten Phase	26.9 +/−	3.0 %	(V-KO 0.113)
Anzahl der mm-Abschnitte	10		
Mittlere Phasenanzahl pro mm	45.5 +/−	6.6	(V-KO 0.144)
Mittlerer Korndurchmesser pro mm	5.0 +/−	2.1 μm	(V-KO 0.424)
Mittlerer Teilchenabstand pro mm	17.5 +/−	3.9 μm	(V-KO 0.225)

Einteilung der Phasen in Größenklassen (nach Swoboda & Malissa[4])

Größenklasse Nr.	von — bis (μm)	Anzahl der Phasen
1	0.0 — 2.5	248
2	2.5 — 3.5	20
3	3.5 — 5.0	50
4	5.0 — 7.0	32
5	7.0 — 10.0	24
6	10.0 — 14.0	26
7	14.0 20.0	25
8	20.0 — 28.0	23
9	28.0 — 40.0	7
10	40.0 — 56.0	4
11	56.0 — 80.0	1
12	80.0 — 112.0	0
13	112.0 — 160.0	0
14	160.0 — 224.0	0
15	224.0 — 320.0	0
16	320.0 — 448.0	0

Der Zeitaufwand für die Ausführung einer automatischen Linearanalyse setzt sich aus den Teilbeträgen für Aufnahme, Übertragung und Auswertung zusammen. Für die Analyse eines Konzentrationsprofils entfallen auf die Aufnahme ca. 50 sec., auf die Übertragung in den Rechner 35 sec. (bei 8 k Kernspeicherkapazität) und auf die

Auswertung eine von der Zahl der Phasen und der Kernspeieherkapazität abhängige Zeit (wobei anzuführen ist, daß aufgrund der gleichzeitigen Aufnahme und Auswertung der Zeitbedarf für die Auswertung nur dann ins Gewicht fällt, wenn diese länger dauert als die Aufnahme).

Abb. 3 gibt den Zeitbedarf für die Auswertung in Abhängigkeit von der Zahl der pro Konzentrationsprofil auszuwertenden Phasen für eine Kernspeicherkapazität von 8 k und 16 k an (genaue Interpretation des Zusammenhanges, siehe Terényi[17]). Es zeigt sich, daß bei Einsatz einer Kernspeicherkapazität von 8 k die Auswertezeit gewöhnlich wesentlich größer ist als die Aufnahmezeit. Bei Verwendung eines Kernspeichers mit 16 k Kapazität verringert sich die Auswertezeit auf weniger als ein Drittel, so daß in vielen Fällen

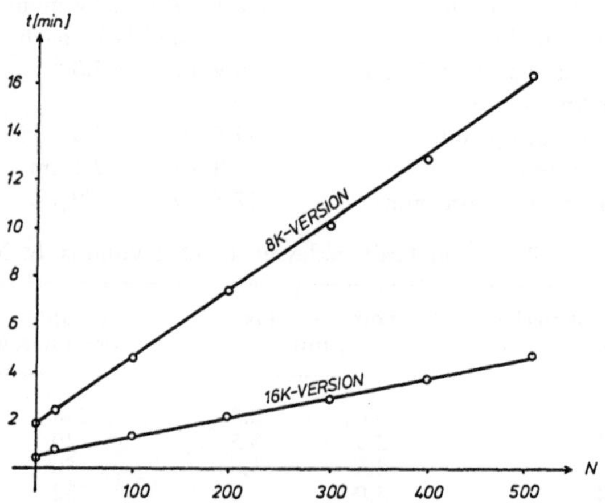

Abb. 3. Abhängigkeit der Rechenzeit des Programms „WMTPHA5“ von der Anzahl der Phasen

die Auswertung während der Aufnahme erfolgen kann, also keine zusätzliche Zeit dafür notwendig ist. Aus diesem Grund wurde auch eine 16 k-Version des Programmes „WMTPHA5“ entwickelt. Der Einsatz eines größeren Kernspeichers hat außerdem den Vorteil, daß sich die Übertragungszeit von 35 auf 20 Sekunden verringert.

Der Gesamtzeitbedarf für die Ausführung einer Gefügeanalyse eines Werkstoffes ergibt sich aus der Summe der Aufnahme-, Übertragungs- und (über die Aufnahmezeit hinausgehende) Auswertezeiten aller für das Erreichen einer statistisch gesicherten Aussage aufzunehmenden Konzentrationsprofile. Wenn man annimmt, daß unter den angegebenen Bedingungen die Analyse eines Konzentrationsprofiles bei Anwesenheit von 50 Phasen pro Profil ca. 70 sec. dauert und eine statistisch gesicherte Aussage bei der Erfassung von 1000 Phasen gegeben ist, ergibt sich die Gesamtdauer der Analyse mit ca. 27 Minuten bei Einsatz der 16-k-Version des Programms (75 Minuten bei 8 k).

Mit diesen Werten ist die chemisch spezifische Gefügeanalyse zwar noch immer langsamer als die automatischen lichtoptischen Verfahren, aber bereits in auch für den Routineeinsatz vertretbaren Zeiten durchführbar.

3. Anwendung

Als Anwendungsbeispiel, das die Möglichkeiten und Grenzen der Methode zeigt, wird in der Folge die chemisch spezifische Gefügeanalyse einer Serie hochborhältiger Cr-Ni-Mo-Gußstähle behandelt.

Zur Untersuchung gelangte eine Serie von 4 Proben (Gußproben, 100 h diffusionsgeglüht bei 1100° C) mit Borgehalten von 0,5 bis 1,9 Gew.%. Die chemische Zusammensetzung der Proben ist in Tabelle 1 angegeben.

Tabelle 1. Durchschnittsanalyse der Proben

	Gewichtsprozente							
Probe	B	C	Si	Mn	Fe	Cr	Mo	Ni	Cu
1	0,5	0,02	0,09	0,8	38,3	25,3	2,7	28,2	3,1
2	0,9	0,01	0,9	0,9	36,7	26,6	2,8	28,1	3,1
3	1,4	0,01	0,7	0,9	34,7	28,1	2,7	28,4	3,0
4	1,9	0,01	0,9	0,9	31,8	30,9	2,7	27,9	3,1

Die direkte Phasenanalyse mit der Mikrosonde, die einen wesentlichen Bestandteil der chemisch spezifischen Gefügeanalyse darstellt,

Tabelle 2. Chemische Zusammensetzung der Boridphase und der Matrix

	Gewichtsprozente							
	B	Cr	Fe	Ni	Mo	Cu	Mn	Si
Phase	9,0	68,2	15,2	1,0	5,7	—	0,8	—
Matrix	0,02	28,5	40,0	31,5	2,7	3,5	1,0	1,0

ergab, daß es sich bei allen Proben um einen zweiphasigen Werkstoff handelt (siehe auch lichtmikroskopische Aufnahmen der 4 Proben in Abb. 4). Neben der Matrix, die als Hauptbestandteile Fe, Ni und Cr enthält, liegt eine Chrom-Eisen-Molybdänboridphase der Bruttoformel $(Cr_{1,57}\ Fe_{0,32}\ Mo_{0,07}\ Ni_{0,02}\ Mn_{0,02})\ B_{1,0}$ vor[14] (Tab. 2).

Wie ein Vergleich der in Tabelle 2 angegebenen Analysenergebnisse zeigt, weist Chrom den größten Konzentrationsunterschied eines Elementes zwischen Borid und Matrix auf. Da dieses Element

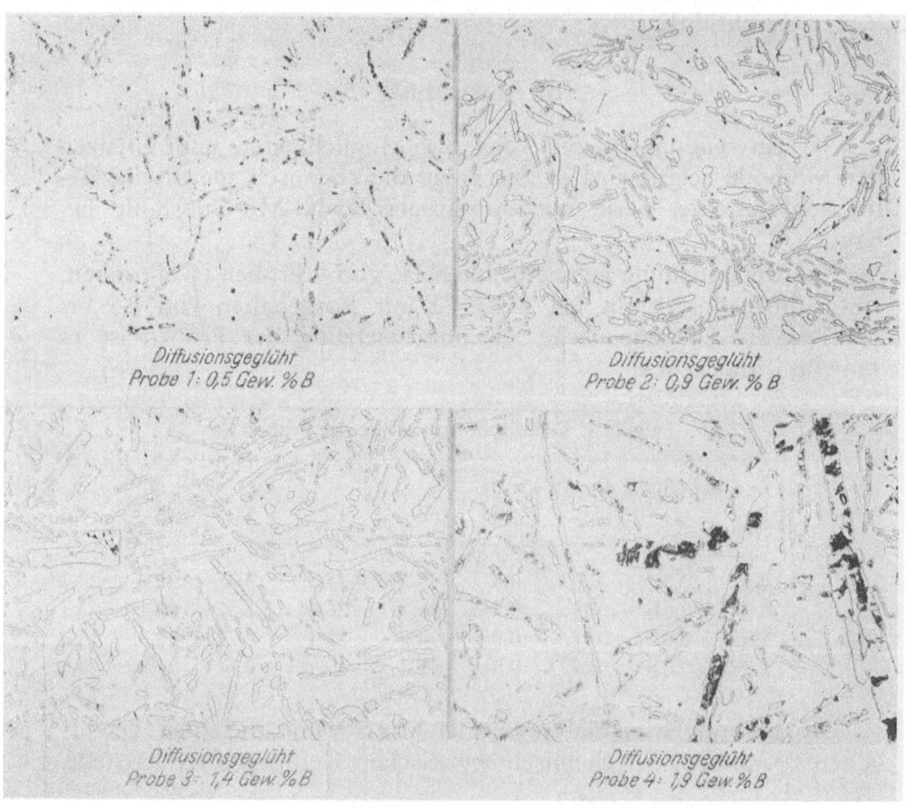

Abb. 4. Lichtmikroskopische Aufnahmen der Cr-Ni-Mo-Gußstähle mit 0,5—1,9% B (250fache Vergrößerung)

in der Phase angereichert ist und somit bei der Linearanalyse ein für die Phase spezifisches positives Signal liefert, wurde die Gefügeanalyse der vorliegenden Proben an Hand der Chrom-Konzentrationsprofile durchgeführt, wobei als Intensitätsschwelle der Registrierung der Boridphasen der Mittelwert der Chromimpulse von Matrix und Borid genommen wurde.

Die übrigen Analysenbedingungen waren:

Anregungsspannung 25 kV
Probenstrom 50 nA
Kanalbreite MCA 0,50 μm/Kanal
Dwell Time 0,05 sec/Kanal
elektronische Abtastgeschwindigkeit 5 sec/cm
Vergrößerung 50 μm/cm
Schrittweite der Probentischsteuerung 20 μm

Die Ergebnisse der automatischen Linearanalyse der Boridphase der Probenserie sind in Tabelle 3 angeführt bzw. in Abb. 5 graphisch als Funktion des Borgehaltes der Proben dargestellt. Der

Tabelle 3. Ergebnisse der Gefügeanalyse mit der Mikrosonde

Parameter	Probe 1	2	3	4
Mittlerer Korngrößendurchmesser nach Heyn (μm)	3,9	3,7	5,6	5,7
Mittlerer Teilchenabstand (μm)	90	22,2	20,5	16,5
Spezifische Korngrenzfläche (mm^2)	763	542	386	356
Phasenzahl pro mm^3	83 000	574 000	567 000	728 000
Mittlere Phasenanzahl pro mm	10,5	38,5	38,4	45,5
Volumenanteil der Boridphase (%)	4,2	14,4	21,3	26,9

Einfluß der chemischen Zusammensetzung auf das Gefüge tritt deutlich zu Tage. Es zeigt sich, daß die Erhöhung des Borgehaltes der Probe eine Vergrößerung der Boridphasen bewirkt. Dementsprechend nehmen die Teilchenabstände ab, da wegen des steigenden Borgehaltes die Zahl der Boridphasen ansteigt oder etwa gleichbleibt (Probe 2 und 3). Die spezifische Korngrenzenfläche nimmt mit steigendem Borgehalt ab. Der Volumenanteil der Boridphase nimmt mit steigendem Borgehalt zu. Da Bor in der Matrix praktisch nicht löslich ist und die chemische Zusammensetzung der Boridphase bei allen Proben gleich ist, besteht theoretisch eine streng lineare Beziehung zwischen Borgehalt und Volumenanteil des Borids. Bei den Proben 2 bis 4 ist dieser lineare Zusammenhang exakt gegeben. Der Volumenanteil von Probe 1 ist jedoch zu niedrig.

Die Ursache für diesen Analysenfehler liegt darin, daß die Boridphase von Probe 1 außerordentlich feinkörnig ist (siehe auch Abb. 4). Dies bedeutet, daß eine große Anzahl (statistisch verteilter) Sehnenschnittlängen der kleinen Phasen unterhalb des Auflösungsvermögens der Linearanalyse mit der Mikrosonde liegt. Das Auflösungsvermögen (= kürzeste noch erfaßte Sehnenschnittlänge — siehe auch Malissa et al.[13]) wurde für die Messung der Boridphasen mit ca. 1,5 μm berechnet und entspricht damit etwa dem Auflösungsver-

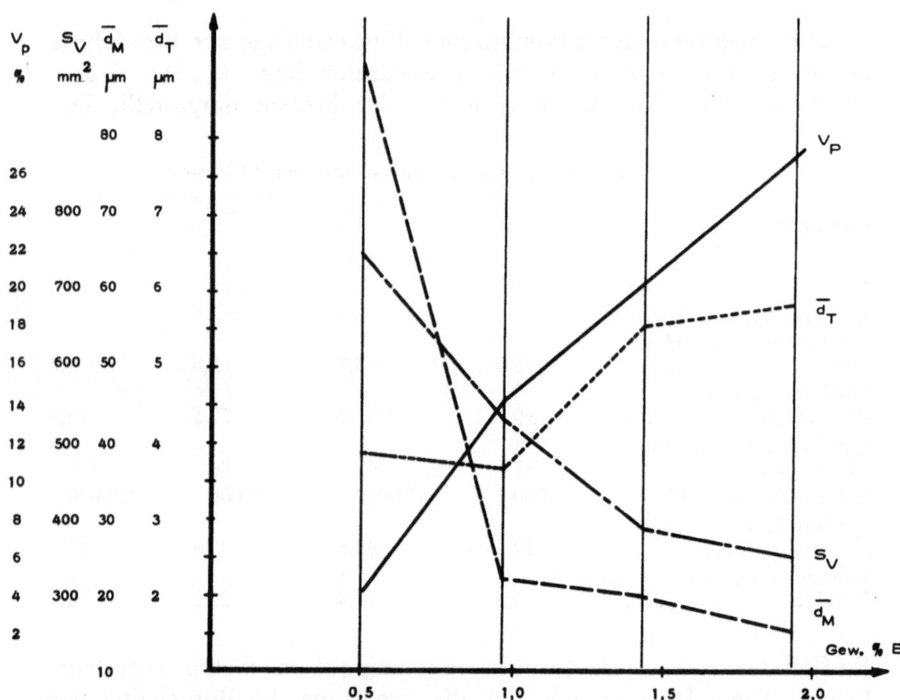

Abb. 5. Zusammenhang zwischen Gefügeparametern und dem durchschnittlichen Borgehalt der Proben

$\bar{d}_T$ = mittlere Teilchengröße (Heynscher Korndurchmesser)
$\bar{d}_M$ = mittlerer Teilchenabstand
S_V = spezifische Korngrenzenfläche
V_P = Volumsanteil der Boridphase

mögen von lichtoptischen Methoden. Bei Probe 1 werden in erster Linie die größeren Phasen erfaßt, was sich auch in den relativ großen Werten für den Heynschen Korndurchmesser und den mittleren Teilchenabstand dokumentiert.

Die in Abb. 6 wiedergegebene Größenverteilung der Boridphasen zeigt, daß bei allen Proben ein strakes Maximum in der Größenklasse 1 (0—2,5 μm) und ein schwächeres Maximum 2. Ordnung in den Größenklassen 3—4 (3,5—7,0 μm) festgestellt werden kann.

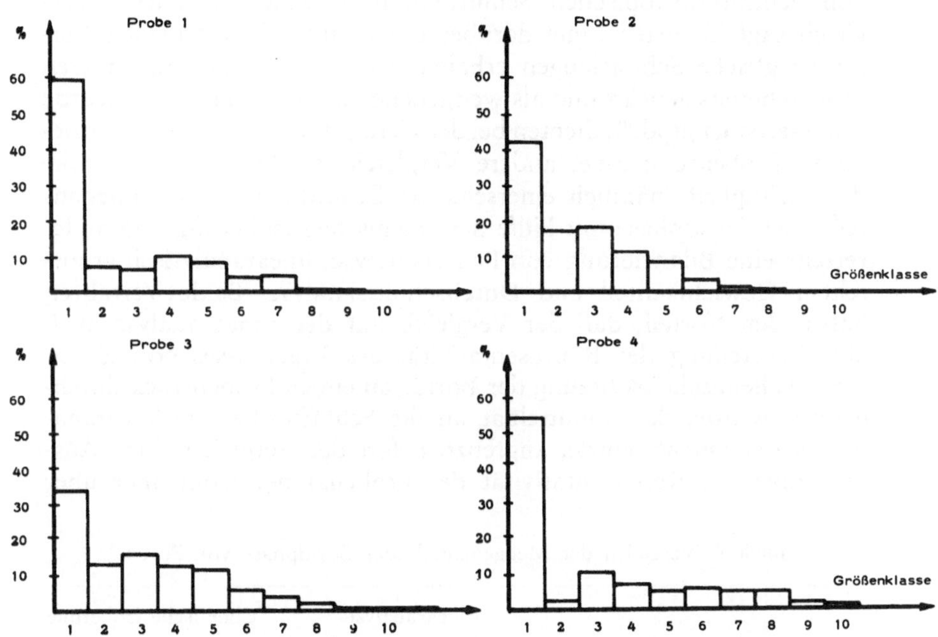

Abb. 6. Linearanalytisch ermittelte Größenverteilung der Boridphasen

Größenklassen:		
	1 = 0 — 2,5 μm	7 = 14,0— 20,0 μm
	2 = 2,5— 3,5 μm	8 = 20,0— 28,0 μm
	3 = 3,5— 5,0 μm	9 = 28,0— 40,0 μm
	4 = 5,0— 7,0 μm	10 = 40,0— 56,0 μm
	5 = 7,0—10,0 μm	11 = 56,0— 80,0 μm
	6 = 10,0—14,0 μm	12 = 80,0—112,0 μm

Probe 1 und 4 weisen einen deutlich höheren Anteil an Teilchen der Größenklasse 1 auf als Probe 2 und 3. Ein wesentlicher Punkt der beim Einsatz eines neuen Systems für die Gefügeanalyse von Werkstoffen zu berücksichtigen ist, ist die Richtigkeit der gewonnenen Parameter.

Über die Richtigkeit der Gefügeparameter können durch Vergleich der Werte innerhalb einer Serie gewisse Aussagen getroffen werden. Die Ergebnisse der Proben 1—4 deuten darauf hin, daß die Gefügeanalyse der Proben 2—4 *wahrscheinlich* richtig ist (trotz des linearen Zusammenhanges zwischen Volumenanteil des Borids und durchschnittlichem Borgehalt kann ein systematischer Fehler nicht ausgeschlossen werden). Eine weitere Möglichkeit, die Richtigkeit zu prüfen, bestünde darin, ein lichtoptisches Vergleichsverfahren (z. B. die sehr genaue, aber zeitraubende manuelle Linearanalyse von lichtmikroskopischen Schliffbildern) einzusetzen. Dieser Vergleich sagt in erster Linie darüber etwas aus, ob mit beiden Verfahren gleiche Schnittlängen erhalten werden. Da dies an anderen Proben bereits geprüft und als weitgehend zutreffend gefunden wurde (Grasserbauer et al.[8]), dienten bei der Gefügeanalyse der hier beschriebenen Probenserie zwei andere Vergleichsverfahren zur Kontrolle der Richtigkeit: nämlich einerseits die Ermittlung des Volumenanteiles der Boridphase mit Hilfe der chemischen Isolierung und andererseits eine Bilanzierung von Phasenanalyse, linearanalytisch ermitteltem Gewichtsanteil und Durchschnittsanalyse. Beide Verfahren haben den Vorteil, daß der Vergleich mit der Linearanalyse auch eine Beurteilung der Repräsentativität des Ergebnisses ermöglicht. Da die chemische Isolierung der Boride an einem Probenstück durchgeführt wurde, das unmittelbar an die Schliffprobe, die linearanalytisch untersucht wurde, angrenzt, liefert der Vergleich keine Aussage über die Repräsentativität der Probenahme, wohl aber über

Tabelle 4. Vergleich der Mengenanteile der Boridphase von Probe 2

	Linearanalyse	Chemische Isolierung
Boridanteil	14,4 Vol.%	9,9 Gew.%
Anteil der Matrix	85,6 Vol.%	90,1 Gew.%
Durchschnittliche Dichte		7,984 gcm^{-3}
Dichte der Boridphase		6,725 gcm^{-3}
Dichte der Matrix		8,200 gcm^{-3}
Boridanteil	12,1 Gew.%	9,9 Gew.%
Anteil der Matrix	87,9 Gew.%	90,1 Gew.%

die Repräsentativität der Ausführung der Linearanalyse auf der Probe. Der Vergleich der mit beiden Methoden erhaltenen Volumenanteile von Probe 2 ist in Tabelle 4 wiedergegeben (näheres über den Vergleich beider Methoden siehe Malissa et al.[14]). Es zeigt sich, daß die Übereinstimmung für gefügeanalytische Maßstäbe gut ist. Das zweite Vergleichsverfahren, nämlich die Bilanzierung liefert auch Aussagen über die Repräsentativität der Probenahme, da die an der vorliegenden Probe gewonnenen Daten mit den Durchschnittsanalysen der Gesamtprobe (Chargenanalyse) verglichen werden.

Bei der Bilanzierung wird nach (4) aus der Phasenanalyse und dem Gewichtsanteil von Boridphase und Matrix die Durchschnittskonzentration für verschiedene Elemente berechnet ($\bar{c}_{i\,(\mathrm{ber})}$) und den mittels verschiedener chemischer Analysenmethoden gewonnenen Durchschnittsgehalten ($\bar{c}_{i\,(\mathrm{gem})}$) gegenübergestellt.

$$c_{i(P)} \cdot G_P + c_{i(M)} \cdot G_M = \bar{c}_{i\,(\mathrm{ber})} \tag{4}$$

$c_{i(P)}$ = Konzentration des Elementes *i* in der Boridphase (Gew.%),

$c_{i(M)}$ = Konzentration des Elementes *i* in der Matrix (Gew.%),

$\bar{c}_{i\,(\mathrm{ber})}$ = berechnete Durchschnittskonzentration des Elementes *i*,

G_P = linearanalytisch ermittelter Gewichtsanteil der Boridphase,

G_M = linearanalytisch ermittelter Gewichtsanteil der Matrix.

Die Bilanzierung ist (wieder beispielhaft für Probe 2) in Tabelle 5 wiedergegeben. Die Übereinstimmung zwischen berechnetem und gemessenem Durchschnittsgehalt ist gut, so daß auch mit diesem

Tabelle 5. Kontrolle der Richtigkeit und Repräsentativität der Gefügeanalyse von Probe 2 durch Bilanzierung nach Formel (4)

Element		$\bar{c}_{(\mathrm{ber})}$ (Gew.%)	$\bar{c}_{(\mathrm{gem})}$ (Gew.%)
Cr	68,2 × 0,121 + 20,5 × 0,897 =	26,3	26,6
Fe	15,0 × 0,121 + 40,0 × 0,879 =	36,7	36,7
Ni	1,0 × 0,121 + 31,5 × 0,879 =	27,8	28,1
Mo	5,7 × 0,121 + 2,7 × 0,879 =	3,0	2,8
B	9,0 × 0,121 + 0,02 × 0,879 =	1,1	0,9

Vergleichsverfahren die Richtigkeit und Repräsentativität der Linearanalyse der borhältigen Cr-Ni-Mo-Gußstähle mit der Mikrosonde bestätigt wird, soferne die Proben nicht in größerer Zahl Phasen enthalten, deren mittlere Sehnenschnittlänge unterhalb des Auflösungsvermögens der Mikrosonde liegt.

Die Arbeiten wurden mit Unterstützung des Forschungsförderungsfonds der gewerblichen Wirtschaft (Proj. Nr. 11151/5/110) und der Österreichischen Nationalbank (Proj. Nr. 752) durchgeführt, wofür beiden Institutionen der Dank ausgesprochen wird.

Zusammenfassung

Ausgehend von grundsätzlichen Überlegungen zur chemisch spezifischen Gefügeanalyse und dem derzeitigen Entwicklungsstand wird ein automatisches System für die Ausführung chemisch spezifischer Linearanalysen unter Verwendung einer Mikrosonde beschrieben. Neben dem hardwaremäßigen Systemaufbau werden die Steuer- und Auswerteprogramme sowie der Analysenablauf behandelt. Schließlich wird die Anwendung des entwickleten Systems auf die Gefügeanalyse einer Serie von Cr-Mo-B-Sonderstählen aufgezeigt.

Summary

Automated Chemically Specific Quantitative Metallography. Hardware, Software, Application

Starting from basic ideas about chemically specific quantitative metallography and its present state of the art an automated system for chemically specific lineal analysis by use of an electron microprobe analyser is described. The paper then deals with the hardware and software for instrument control and data processing. Finally the application of this method for the quantitative metallography of a series of Fe-Cr-Mo-B-alloys is presented.

Literatur

[1] S. Baumgartl, P. L. Ryder und E. Büchel, Thyssenforschung **4,** 82 (1972).

[2] G. Dörfler und E. Plöckinger, Arch. Eisenhüttenwes. **36,** 649 (1965).

[3] H. E. Exner und H. F. Fischmeister, Prakt. Metallographie **1966,** 18.

[4] J. Feges, K. Swoboda und H. Malissa, Mikrochim. Acta [Wien] **1971,** 173.

[5] H. F. Fischmeister, Prakt. Metallographie **1965,** 251.

[6] H. F. Fischmeister, J. Microscopy **95,** 119 (1972).

[7] J. Gahm, Fortschr. Miner. **53,** 79 (1975).

[8] M. Grasserbauer, E. Hoke und K. Reisenhofer, Mikrochim. Acta [Wien], Suppl. VI, **1975,** 217.

[9] W. Hein, Mikrochim. Acta [Wien], Suppl. IV, **1970,** 190.

[10] JEOL News 11 e 1, 1 (1973).

[11] H. Malissa, J. Kaltenbrunner und M. Grasserbauer, Mikrochim. Acta [Wien], Suppl. V, **1974,** 453.

[12] H. Malissa, Z. analyt. Chem. **273,** 449 (1975).

[13] H. Malissa, M. Grasserbauer und E. Hoke, Mikrochim. Acta [Wien], Suppl. VI, **1975,** 205.

[14] H. Malissa, M. Grasserbauer, E. Hoke, H. Draxler und K. Reisenhofer, Mikrochim. Acta [Wien], **1977 I,** 73.

[15] D. A. Melford und K. R. Whittington, X-Ray Optics and Microanalysis 1965, Paris: Herman. 1966.

[16] G. Ondracek, Newsletter 1973 in Stereology, S 40, Kernforschungszentrum Karlsruhe.

[17] W. M. Terényi, Diplomarbeit Technische Universität Wien, 1976.

[18] E. E. Underwood, Quantitative Stereology, Reading, Mass.: Addison-Wesley. 1970.

Korrespondenz und Sonderdrucke: Universitätsprofessor Dipl.-Ing. Dr. techn. Hanns Malissa, Getreidemarkt 9, A-1060 Wien, Österreich.

Mikrochimica Acta [Wien], Suppl. 7, 523—530

MIKROCHIMICA ACTA

Aus den Forschungsanstalten der Vereinigten Edelstahlwerke AG, Werk Kapfenberg, Österreich

Über das Ausscheidungs- und Korrosionsverhalten niobstabilisierter, korrosionsbeständiger Reaktorstähle*

Von

Klaus Reisenhofer und Hermann Weingerl

Mit 6 Abbildungen

(Eingegangen am 27. Oktober 1976)

Zur Herstellung korrosionsbeständiger Teile für Leichtwasserreaktoren wurden früher vorwiegend 18-10 Chrom-Nickel-Stähle verwendet, während heute für diese Zwecke vielfach und mit Erfolg niobstabilisierte Chrom-Nickel-Stähle eingesetzt werden. Zur Erzielung der für die Verarbeitung geforderten Eigenschaften war es notwendig, die Analyse dieses Normstahles einzuengen und man gelangte zu einem in der Folge als 1.4550-R bezeichneten Werkstoff. Dieser zeichnet sich unter anderem dadurch aus, daß die daraus gefertigten, geschweißten Teile den erforderlichen, lange dauernden Glühbehandlungen bei etwa 600° C ausgesetzt werden können. Über die besonderen Vorteile dieses Stahles im Vergleich zu anderen Marken wurde bereits vor kurzem berichtet[1]. Aus dieser Arbeit ist die Abb. 1 entnommen, in welche die Analysen der untersuchten Stähle eingetragen sind. Weiters zeigt sie in Abhängigkeit von Glühzeit und -temperatur die Bereiche, in denen die wärmebeeinflußten Zonen unmittelbar neben der Schweißnaht gegenüber interkristalliner Korrosion anfällig werden.

Ordnungsgemäß abgeschreckte Bleche des Stahles 1.4306 weisen nur eine geringfügig bessere Glühbeständigkeit auf als die Zonen neben der Schweißnaht, deren Beständigkeit in der Abbildung an-

---

* Vortrag anläßlich des 8. Kolloquiums über metallkundliche Analyse mit besonderer Berücksichtigung der Elektronen- und Ionenstrahl-Mikroanalyse, Wien, 27. bis 29. Oktober 1976.

gegeben ist. Demgegenüber sind die von 1050° C abgeschreckten Bleche des Werkstoffes 1.4550 gegenüber Glühbehandlungen bis zu 100 Stunden und allen Temperaturen beständig. Wie das Bild zeigt, kann aber neben der Schweißnaht interkristalliner Angriff auftreten. Dieser Nachteil konnte allgemein durch Erhöhung des Stabilisierungsverhältnisses Nb/C = 20 nicht ausgeschaltet werden. Erst die erwähnte Einengung der Analysenvorschrift erbrachte den gewünschten Fortschritt, so daß bei 1.4550-R nicht nur das abgeschreckte

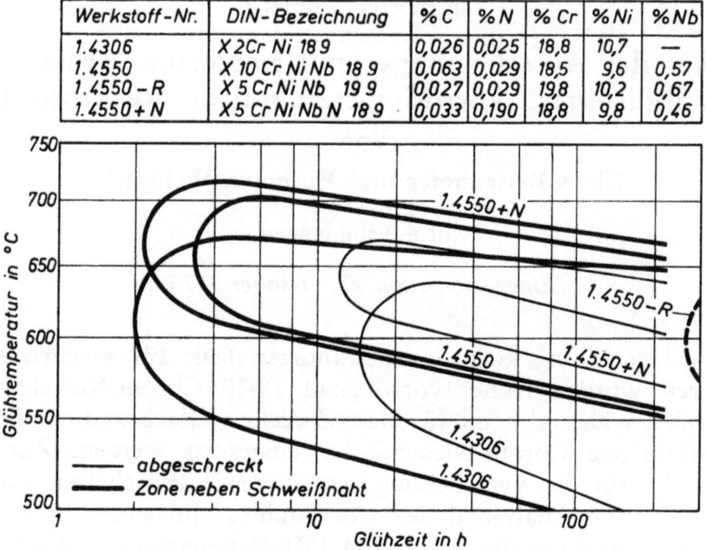

Werkstoff-Nr.	DIN-Bezeichnung	% C	% N	% Cr	% Ni	% Nb
1.4306	X 2 Cr Ni 18 9	0,026	0,025	18,8	10,7	—
1.4550	X 10 Cr Ni Nb 18 9	0,063	0,029	18,5	9,6	0,57
1.4550 - R	X 5 Cr Ni Nb 19 9	0,027	0,029	19,8	10,2	0,67
1.4550 + N	X 5 Cr Ni Nb N 18 9	0,033	0,190	18,8	9,8	0,46

Abb. 1. Zeit-Temperatur-Kornzerfalls(ZTK)-Schaubilder von korrosionsbeständigen Reaktorstählen (Prüfung nach ISO/DIS 3651/II)

Blech, sondern auch die Zonen neben der Schweißnaht nach der Entspannungsglühbehandlung voll korrosionsbeständig sind, da — wie im Bild angedeutet — selbst nach Glühungen über mehrere 100 Stunden bisher nur gelegentlich interkristalline Korrosion in den genannten Zonen festgestellt werden konnte.

Das Ziel der vorliegenden Arbeit war, die Ursache dieser gravierenden Unterschiede im Verhalten der niobhaltigen Stähle untereinander und im Vergleich zu den nichtstabilisierten Stählen festzustellen. Die Untersuchungen wurden dabei auch auf den teilweise empfohlenen Stahl 1.4550 + 0,2% Stickstoff ausgedehnt, bei welchem — nicht nur wie im Bild gezeigt — die durch das Schweißen wärmebeeinflußte Zone nach kurzer Glühdauer gegen interkristalline Korrosion anfällig wird, sondern auch ordnungsgemäß abgeschrecktes

Material nach einer derartigen Behandlung seine Korrosionsbeständigkeit verliert.

Zur Untersuchung der durch das Schweißen wärmebeeinflußten Zonen wurde das Ausscheidungsverhalten der Stähle von hohen Temperaturen untersucht. Dabei wurde von der üblichen Abschrecktemperatur bzw. von etwas tieferen Temperaturen ausgegangen, die gelegentlich zum sogenannten Stabilisierungsglühen verwendet werden. Für die rückstandsanalytischen Untersuchungen wurden die Stähle in Salzsäure-Alkohol bzw. Salzsäure-Methanol-Fe(III)-Chlorid anodisch gelöst, die Menge der Rückstände ermittelt und ihre Metallgehalte durch Atomabsorptionsspektrometrie bzw. photometrisch, ihre Stickstoffgehalte durch Schmelzextraktion bestimmt. Nachdem die in den Rückständen enthaltenen Phasen durch Röntgenbeugung identifiziert worden waren, konnte die Menge der vorhandenen Carbide und Nitride sowie anderer gelegentlich auftretender Phasen berechnet werden. Die rechnerisch ermittelten Carbid- und Kohlenstoffgehalte wurden fallweise durch Bestimmung des Durchschnittskohlenstoffgehaltes des Isolates kontrolliert und dabei eine gute Übereinstimmung gefunden. Dies war im vorliegenden Fall in Anbetracht des geringen Gehaltes an freiem Kohlenstoff zu erwarten gewesen. Zur Bestätigung der Isolierungsergebnisse wurden Untersuchungen mit dem Elektronenmikroskop durchgeführt, wozu Extraktionsreplica angefertigt und die beobachteten Teilchen mittels Elektronenbeugung identifiziert wurden.

Einen Vergleich des Korrosionsverhaltens ausscheidungsgeglühter Proben mit der Geschwindigkeit der $M_{23}C_6$-Bildung in Abhängigkeit von Glühzeit und -temperatur nach vorangegangener Lösungsglühung von 1300^0 C zeigt Abb. 2. Ähnlich wie schon im ersten Bild am Verhalten der Zonen neben der Schweißnaht gezeigt, ist auch hier wieder der Werkstoff Nr. 1.4306 nach einer Glühbehandlung $<600^0$ C wesentlich korrosionsanfälliger als Werkstoff Nr. 1.4550. Der rückstandsanalytisch feststellbare Beginn der $M_{23}C_6$-Ausscheidung liegt knapp vor dem ersten Auftreten der interkristallinen Korrosion. In ähnlicher Weise konnte auch an Proben des Stahles 1.4550 + 0,2% Stickstoff, geglüht unter Bedingungen, die am unteren bzw. vorderen Rand des ZTK-Feldes lagen, Chromcarbidbildung festgestellt werden (Abb. 3).

Es gibt im Schrifttum[2,3] besonders für die beiden erstgenannten Stähle Hinweise, die das Einsetzen eines Angriffes durch interkristalline Korrosion unmittelbar nach dem Auftreten der ersten nachweisbaren Carbide beim Glühen bestätigen. Trotzdem überrascht es im ersten Augenblick, daß die wenigen Tausendstel Prozent Carbide, wie sie hier im Bild angegeben werden, zu einer so weitgehenden Verarmung der Korngrenzen an Chrom führen sollten, daß ein interkristalliner Angriff ermöglicht wird. Daher wurden mit Hilfe des Elektronenmikroskops Proben auf Carbide untersucht, die unter Bedingungen knapp vor bzw. nach der angegebenen

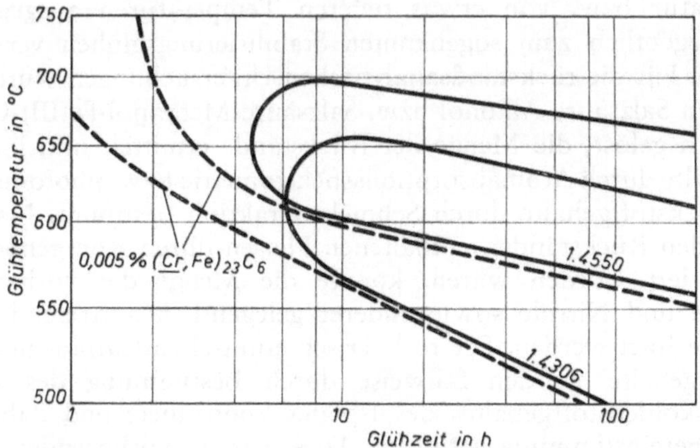

Abb. 2. ZTK-Felder und $(Cr, Fe)_{23}C_6$-Ausscheidung der Stähle 1.4306 und 1.4550 (Abschreckbehandlung 1300° C 20 min/Wasser)

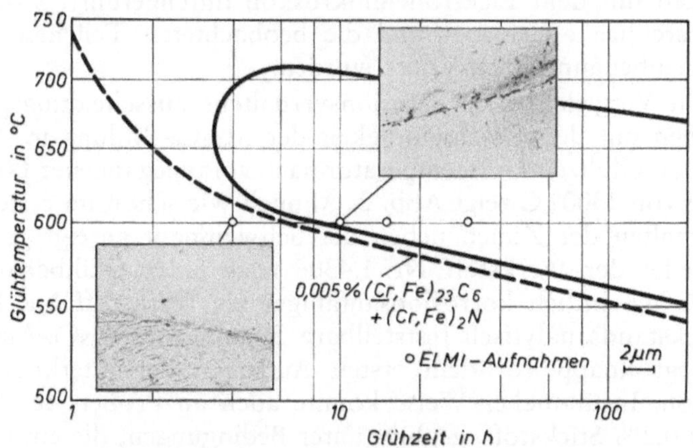

Abb. 3. ZTK-Feld und $(Cr, Fe)_{23}C_6$-Ausscheidung des Stahles 1.4550 + N (Abschreckbehandlung 1300° C 20 min/Wasser)

Grenze für das Auftreten des $M_{23}C_6$ geglüht worden waren. Trotz sorgfältigsten Absuchens der Abdrücke konnten bei keiner der kürzer geglühten Proben neben dem immer vorhandenen Nb (C, N) Spuren von ausgeschiedenem $M_{23}C_6$ festgestellt werden. Bei der in Abb. 3 angegebenen Glühbehandlung knapp hinter der $M_{23}C_6$-Grenze können hingegen die ersten zusätzlichen Ausscheidungen nachgewiesen werden, die als $M_{23}C_6$ angesprochen werden können. Bei weiterer Verlängerung der Glühzeit sind dann diese Carbide auch im Elmi-Präparat immer leichter zu finden, wie aus Abb. 4 zu ersehen ist.

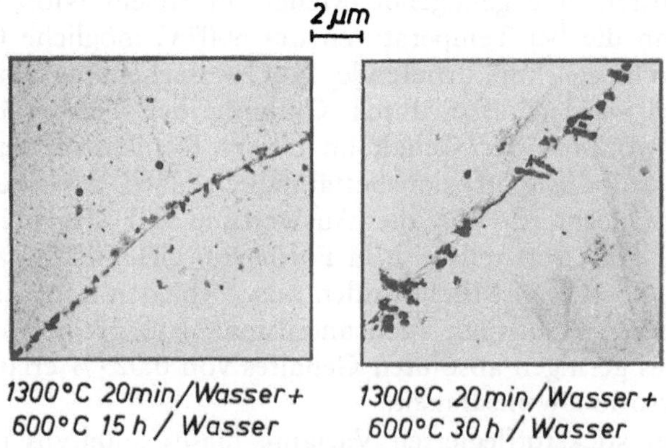

Abb. 4. $(Cr, Fe)_{23}C_6$-Ausscheidung des Stahles 1.4550+N

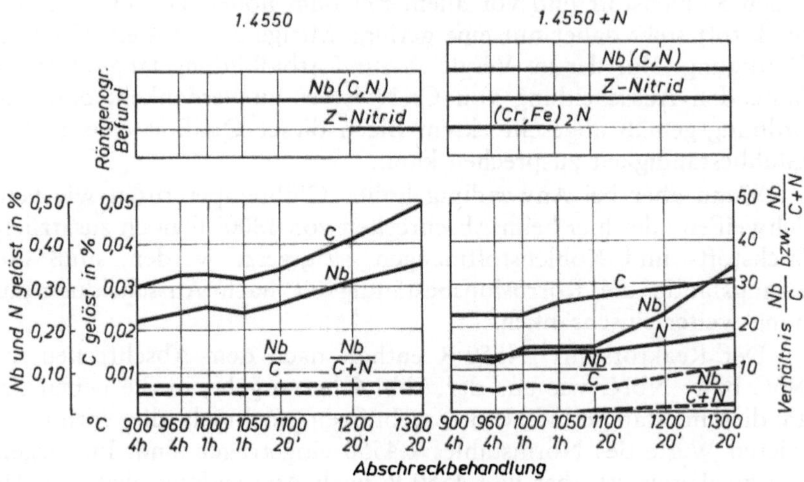

Abb. 5. Löslichkeit von Kohlenstoff, Stickstoff und Niob sowie ausgeschiedene Phasen nach Abschreckbehandlung

Welche Ausscheidungs- bzw. Auflösungsreaktionen können nun für die überlegene Glühbeständigkeit des Reaktorstahles 1.4550-R gegenüber dem Normstahl 1.4550 und seiner mit 0,2% Stickstoff legierten Variante verantwortlich gemacht werden? Die in Abb. 5

dargestellten Ergebnisse der Untersuchung der von hoher Lösungsglühtemperatur abgeschreckten Proben des Stahles 1.4550 mit üblicher Zusammensetzung zeigen, daß der Stahl nach Abschreckung von 1050 und 1100° C verhältnismäßig viel freien Kohlenstoff enthält. Da diesem Kohlenstoff jedoch bei diesen und auch bei höheren Temperaturen eine genügende Menge an freiem Niob gegenübersteht, kann die bei Temperaturen um 600° C mögliche $Cr_{23}C_6$-Bildung durch die konkurrierende NbC-Ausscheidung wirkungsvoll verhindert werden. Erst durch Glühung bei Temperaturen über 1300° C, wodurch der Gehalt an freiem Kohlenstoff zu stark zunimmt, wird die Korrosionsbeständigkeit nach Ausscheidungsglühung verschlechtert. Wie die Auswertung der Ergebnisse zeigte, dürfte der Stickstoff teilweise in Form von gleichmäßig zusammengesetzten Nb (C, N)-Mischnitriden ausgeschieden sein. Er wird daher mit deren Auflösung auch anteilsmäßig in Freiheit gesetzt. Infolge seines geringen absoluten Gehaltes von 0,029% erlangt er aber keine Korrosionswirksamkeit.

Bei der stickstofflegierten Variante dieses Stahltyps ist bei den niedrigen untersuchten Glühtemperaturen ein Großteil des Niobs in Form der Z-Phase (NbCrN) gebunden. Für die Reaktion mit dem freien Kohlenstoff und vor allem mit dem hohen Gehalt an freiem Stickstoff steht daher nur eine geringe Menge an gelöstem Niob zur Verfügung. Nur der im Vergleich zur Carbidbildung langsamer verlaufenden Ausscheidung von Cr_2N ist es zu verdanken, daß man ordnungsgemäß abgeschrecktem Blech dieser Qualität eine gewisse Glühbeständigkeit zusprechen kann.

Wenn aber bei Anwendung hoher Glühtemperaturen wie beim Schweißen oder hier beim Abschrecken von 1300° C noch zusätzliche Stickstoff- und Kohlenstoffmengen freigesetzt werden, muß dies zwangsläufig die Korrosionsbeständigkeit nach Ausscheidungsglühung weiter einschränken.

Der Reaktorstahl 1.4550-R enthält nach dem Abschrecken nur NbC bzw. NbN, wie aus der Abb. 6 hervorgeht, in die neben den an diesem Stahl erhaltenen Ergebnissen nochmals die vorhin gezeigten Werte des Normstahles 1.4550 eingetragen sind. Im Gegensatz zu diesem ist aber in 1.4550-R nach Anwendung niedriger Abschrecktemperaturen fast kein freier Kohlenstoff zu finden. Seine Menge nimmt auch bei Erhöhung der Abschrecktemperatur bei weitem nicht so stark zu wie beim Normstahl. Die dargestellte Zunahme des Niobgehaltes muß hingegen auf die Auflösung des NbN zurückgeführt werden, wie auch durch den stärkeren Abfall des Stabilisierungsverhältnisses $N/C+N$ erkennbar. Daraus folgt, daß hier NbN und NbC nicht in Form eines Carbonitrides, sondern als getrennte Phasen vorliegen. Dies dürfte eine Folge des großen Nioberschusses sein, der selbst beim Schmelzen des Stahles eine Auflösung eines Großteiles der Carbide verhindert. Die geringen Mengen an Kohlenstoff und Stickstoff, die daneben löslich sind, reichen

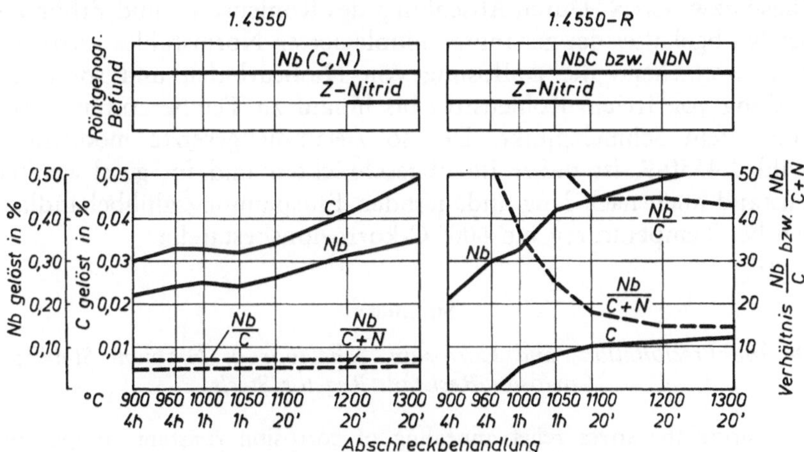

Abb. 6. Löslichkeit von Kohlenstoff, Stickstoff und Niob sowie ausgeschiedene Phasen nach Abschreckbehandlung

natürlich nicht aus, um die Beständigkeit des Stahles nach einer Ausscheidungsglühung bei Temperaturen um 600⁰ C zu gefährden.

Mit der vorliegenden Untersuchung sollte gezeigt werden, daß auch heute noch die chemische Rückstandsisolierung eine wesentliche Hilfe bei der Aufklärung technologisch wichtiger Ausscheidungsvorgänge in korrosionsbeständigen Stählen darstellt. Selbstverständlich muß die Anwendbarkeit der Methode in jedem Anwendungsfall neu überprüft werden, wozu heute eine Vielzahl moderner elektronischer und optischer Analysenverfahren zur Verfügung steht. Nur so können die geringen Mengen an Gefügebestandteilen, die wie hier das Verhalten der niobstabilisierten Chrom-Nickel-Stähle wesentlich beeinflussen, einwandfrei nachgewiesen und bestimmt und weitere wichtige Ergebnisse abgeleitet werden.

Zusammenfassung

Im Verlauf der Entspannungsglühbehandlung werden die durch Schweißen wärmebeeinflußten Zonen korrosionsbeständiger Reaktorbaustähle gegen interkristalline Korrosion anfällig. Es wurde nachgewiesen, daß die Ausscheidung geringster Mengen Chromcarbid bzw. -nitrid diese Anfälligkeit auslöst. Bei Einsatz des nioblegierten Stahles, Werkstoff-Nr. 1.4550, können höhere Glühtemperaturen angewendet werden als bei Verwendung des Stahles Werkstoff-Nr. 1.4306. Eine Erhöhung des Stickstoffgehaltes des Stahles 1.4550 vermindert seine Korrosionsbeständigkeit durch Ausscheidung von Z-Phase bzw. Cr_2N. Durch Absenkung des Kohlenstoff- und Erhöhung des Niobgehaltes des genannten nioblegierten Normstahles verringert man weitgehend die Auflösung von Niobcarbiden und somit die Bildung von freiem Kohlenstoff bis hinauf zu Temperaturen knapp unter dem Schmelzpunkt. Der so zusammengesetzte modifizierte Stahl 1.4550-R ist daher im abgeschreckten und im geschweißten Zustand auch nach lang andauernden Entspannungsglühbehandlungen bei Temperaturen um 600^0 C korrosionsbeständig.

Summary

On the Precipitation- and Corrosion Behaviour of Niobium Stabilized Corrosion-Resistant Reactor Steels

During the stress relief annealing of corrosion resistant components for boiling water reactors at temperatures about 600^0 C, the heat affected zones near the welds become susceptible to intercristalline corrosion (ICC). It is shown, that the precipitation of traces of Cr-carbid and -nitride respectively causes this attack. Components in grade 347 can be subjected higher annealing temperatures, than welded parts in 304 L. By the formation of *z*-phase or Cr_2N the resistance of nitrogen-containing 347 to ICC is worse than of steel 347. By lowering the C- and by raising the Nb-content of 347 the solibility of NbC even at temperatures near the melting point is nearly suppressed and therefore no free carbon can be formed. By this quenched and welded products from the reactor grade 347-R can be subjected the required annealing treatments without becoming susceptible to ICC.

Literatur

[1] H. Weingerl und A. Diebold, Oberflächenbehandlung von korrosionsbeständigen Komponenten für Siedewasserreaktoren, Vortrag auf der Reaktortagung am 11. April 1975 in Nürnberg.

[2] V. Čihal, Praktische Metallographie **11**, 464 (1974).

[3] K. Bungardt und G. Lennartz, Arch. Eisenhüttenwes. **29**, 359 (1958).

Korrespondenz und Sonderdrucke: Ing. Klaus Reisenhofer, Vereinigte Edelstahlwerke AG, Forschungslabor, A-8605 Kapfenberg, Österreich.

Mikrochimica Acta [Wien], Suppl. 7, 531—537

MIKROCHIMICA ACTA

Institut für Metallkunde und Werkstoffprüfung, Montanuniversität Leoben und II. Physikalisches Institut der Universität Wien

Die Bestimmung nichtmetallischer Einschlüsse in metallischen Werkstoffen nach Ultraschall-Brüchen*

Von

R. Mitsche und **St. Stanzl**

Mit 4 Abbildungen

(Eingegangen am 27. Oktober 1976)

Die Bestimmung der nichtmetallischen Einschlüsse (NMI) in metallischen Werkstoffen, vor allem in Stählen erfolgt in der Praxis hauptsächlich nach den folgenden drei Verfahren:

1. Auswertung metallographischer Schliffe im ungeätzten Zustand oder auch nach zusätzlicher Behandlung nach Sonderätzverfahren. Als solche haben sich die Ätzung nach Künkele zum Nachweis selbst sehr kleiner sulfidischer Einschlüsse bewährt und die Weiterentwicklung dieses Verfahrens durch eine Nachätzung mit dem Oberhoffer-Ätzmittel nach J. Wallner[1], welche letztere besonders bei weichen Stählen angebracht ist. Das metallographische Verfahren ist heute die wichtigste Arbeitsweise, sowohl wegen seiner Einfachheit und universellen Anwendbarkeit (beliebige Lage der Schliffläche) als auch wegen der durch moderne Mikrosonden gegebenen Möglichkeiten der Feststellung der Zusammensetzung der NMI selbst, wie auch der anliegenden metallischen Matrix.
2. Beurteilung unter bestimmten Bedingungen hergestellter Bruchflächen. Ein typisches Beispiel ist die sogenannte „Blaubruch-

* Vortrag anläßlich des 8. Kolloquiums über metallkundliche Analyse mit besonderer Berücksichtigung der Elektronen- und Ionenstrahl-Mikroanalyse, Wien, 27. bis 29. Oktober 1976.

probe" für Stähle. Hiebei wird die Probe (meist gekerbt) soweit erwärmt, daß an Luft eine blaue Anlaßfarbe entsteht. Die Probe wird bei dieser Temperatur gebrochen, die metallische Grundmasse läuft blau an und die NMI werden als weiße Punkte oder Zeilen deutlich erkennbar. Die Blaubruchprobe und andere Bruchproben werden in der Regel als Makroverfahren verwendet, lassen sich aber auch als Mikroproben und im Rastermikroskop (REM) auswerten. Auf letztere Möglichkeit hat schon vor einigen Jahren O. Schaaber hingewiesen[2].

Alle Bruchproben zur Bestimmung der NMI haben folgende typische Vor- und Nachteile.

Vorteile

a) Ein Bruch ist in der Regel einfach und schnell herzustellen.

b) Der Bruch erfaßt ein bestimmtes Volumen während der metallographische Schliff nur eine Ebene erfaßt.

c) Die NMI können im REM mit Analysenzusatz in jenem Zustand auf ihre Zusammensetzung untersucht werden, wie sie im Werkstoff tatsächlich vorliegen. Es tritt an ihnen keinerlei chemische oder elektrochemische Veränderung auf, wie dies sowohl bei der Herstellung von Schliffen oder bei der Rückstandsanalyse möglich ist.

d) Der Bruch gibt zusätzliche Aufschlüsse über das Verhalten der Grundmasse und der Korngrenzen bei mechanischen Beanspruchungen verschiedener Art.

e) In sehr vielen Fällen können Schlüsse auf die Art der Beanspruchung gezogen werden, die zum Bruch geführt hat.

Nachteile

a) Der Bruch kann bei gegebener Werkstückform öfters nur mit großem Aufwand in ganz bestimmter Orientierung gelegt werden, z. B. ein Bruch parallel zur Längsachse eines Drahtes.

b) Die NMI können bei der Herstellung des Bruches in kleinere Stücke zerbrochen werden, so daß bei der Beurteilung von Zahl, Größe und Form der NMI Fehler auftreten.

c) Die NMI im Bereich des Bruches lösen sich aus der Verbindung mit der metallischen Matrix, weil sich um die NMI Hohlräume bilden, so daß die Einschlüsse zum Teil aus dem

Bruch herausfallen können, was ebenfalls zu Fehlern in der Auswertung führt.

d) Eine Beurteilung des NMI-Gehaltes auf Grund der (in den meisten Fällen, aber durchaus nicht immer berechtigten) Annahme, daß jeder im Bruchgefüge auftretende „Halbhohlraum“ von einem Einschluß ausgeht, ist mit einer gewissen Unsicherheit verbunden.

3. Isolierung der NMI durch Auflösung der metallischen Grundmasse, die sogenannte Rückstandsanalyse. Über die Bedeutung und den Entwicklungsstand dieses Untersuchungsverfahrens wurde beim Kolloquium über metallkundliche Analyse 1974[3] ausführlich berichtet.

NMI-Beurteilung aus Brüchen, insbesondere aus Ultraschall-Brüchen

Eine Abwägung der Vor- und Nachteile, die eine Beurteilung des NMI-Gehaltes technischer Werkstoffe aus dem Bruch bringt, läßt es sinnvoll erscheinen, die Möglichkeiten und Grenzen dieses Verfahrens grundsätzlich zu untersuchen, wobei die Beurteilung vor allem mit Hilfe des REM mit Analyseneinrichtung erfolgt.

Aus mehreren Untersuchungen[4] über die Bruchausbildung von Eisenwerkstoffen unter verschiedenartigen Beanspruchungen (Zerreißversuche mit verschiedener Geschwindigkeit, Schlagprüfungen mit sehr verschiedenen Kerben, Wechselbeanspruchung mit verschiedenen Amplituden und Frequenzen von wenigen Hz bis in den Ultraschallbereich) und Variation der Temperatur von -180^{0} C bis 700^{0} C hat sich ergeben, daß eine Beurteilung der NMI aus Brüchen verschiedener Entstehungsart möglich ist, daß aber durch Wechselbeanspruchung entstandene Brüche in der Regel besser geeignet sind. Dies liegt daran, daß man bei geeigneter Wahl der Schwingungsamplitude und allenfalls auch tiefer Versuchstemperaturen in der Lage ist, bei Eisenwerkstoffen und anderen kubisch raumzentrierten Metallen Sprödbrüche zu erzeugen.

Bei dieser Bruchart tritt meist zwar auch eine Ablösung der NMI von der metallischen Grundmasse ein, aber der entstehende Spalt bleibt so eng, daß ein größerer Teil der NMI im Bruch verbleibt.

Als Beispiel ist in den Abb. 1 und 2 die Bruchausbildung von Gußeisen zu sehen, das den Graphit in Form von Sphäroliten mit 20 bis 40 mikron Durchmesser enthält. Abb. 1 zeigt einen durch Ultraschall erzeugten Sprödbruch, in dem die Graphitkugel sicher festgehalten wird, während in Abb. 2 das Bruchaussehen eines

Schlagbruches wiedergegeben ist, wobei relativ starke plastische Verformungen eingetreten sind, so daß die Graphitkugeln viel leichter als beim Sprödbruch herausfallen. (Immerhin ist erstaunlich, daß

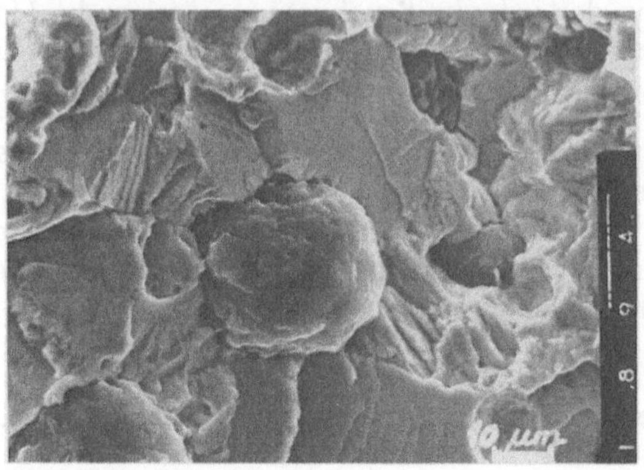

Abb. 1. Ultraschallbruch (21 kHz) eines Gußeisens (3,65% C, 2,6% Si); Sprödbruch der metallischen Matrix; Graphitsphäroliten werden festgehalten

sich die metallische Grundmasse, ein Silikoferrit mit 2,6% Silizium auch beim Schlagbruch so stark verformt.)

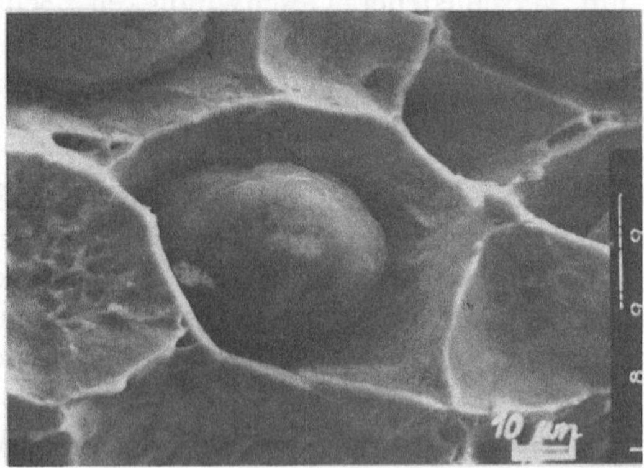

Abb. 2. Schlagbruch eines Gußeisens (3,65% C, 2,6% Si); Verformungsbruch der metallischen Matrix; Graphitsphäroliten zum Teil ausgebrochen

Die Abb. 3 und 4 geben die Bruchausbildung eines weichen Stahles mit 0,03% C, 0,28 Mn, 0,01% Si, 0,032 S und 0,01% Al, (also schwach mit Al-desoxydiert) wieder. Abb. 3 zeigt einen durch

Ultraschall erzeugten Sprödbruch und einen sicher festgehaltenen Tonerdeeinschluß von etwa 5 mikron Durchmesser. Abb. 4 gibt einen Verformungsbruch, durch Schlag erzielt, wieder, in dem starke

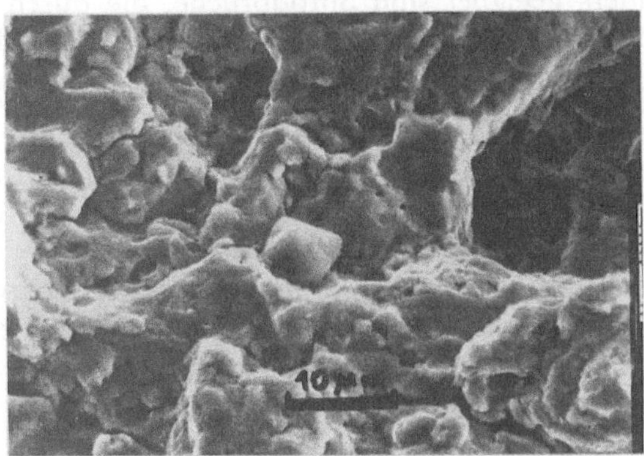

Abb. 3. Ultraschallbruch eines weichen (0,03% C) Stahles; Einschluß wird festgehalten

plastische Verformungen aufgetreten sind und wo Mangansulfide in der Größe von 1 bis 10 mikron Durchmesser eben herausfallen.

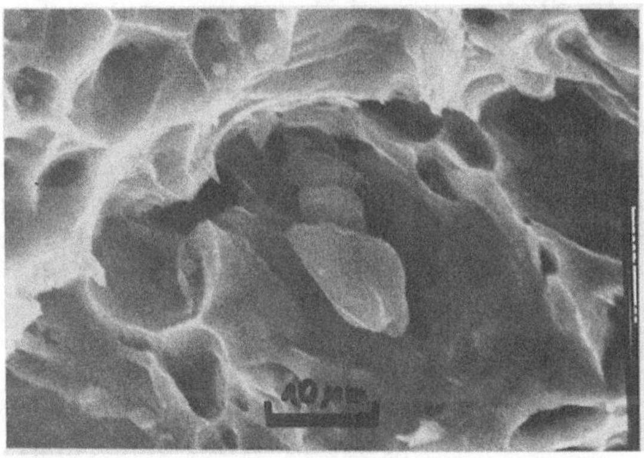

Abb. 4. Schlagbruch eines weichen (0,03% C) Stahles; Mangansulfide fallen aus dem Bruchhohlraum

Allerdings besteht die Gefahr, daß spröde Einschlüsse bei Wechselbeanspruchung vollständig zerbrechen und damit der Erfassung überhaupt entgehen.

Ergebnisse

1. Auf sehr verschiedene Art hergestellte Brüche sind grundsätzlich zur Beurteilung der NMI in Eisenwerkstoffen geeignet.
2. Besonders geeignet sind Sprödbrüche, die durch Wechselbeanspruchungen praktisch immer hergestellt werden können.
3. Da die üblichen Prüffrequenzen (höchstens einige hundert Hz) bei Beanspruchung mit niederen Amplituden, die bei weichen Stählen für die sichere Erzeugung von Sprödbrüchen erforderlich sind, relativ lange Zeiten erfordern, ist die Anwendung von Ultraschall-Wechselbeanspruchung zweckmäßig. Eine zusätzliche Absenkung der Prüftemperatur gestattet bei allen Eisenwerkstoffen, falls sie überhaupt notwendig ist, eine sichere Erzeugung von Sprödbrüchen.
4. Die Anwendung von Ultraschall bringt einerseits den großen Vorteil einer wesentlichen Verkürzung der für die Herstellung eines Bruches erforderlichen Zeit und gestattet daher bei gleichem Zeitaufwand die Prüfung einer größeren Zahl von Proben, was für die NMI-Beurteilung in allen Fällen nötig ist; andererseits ist eine spezielle Beschallungsapparatur erforderlich. Diese kann zwar bei Resonanzbetrieb[5] relativ einfach und wirtschaftlich tragbar sein, sie erfordert aber auch bestimmte Probendimensionen bzw. Probenformen. Das Problem der Temperaturerhöhung von US-Proben durch die Dämpfungswärme, das bei der Ermittlung von Dauerfestigkeit und Rißfortschrittsgeschwindigkeit durch entsprechende Kühlung berücksichtigt werden muß[6], spielt bei der Brucherzeugung für die NMI-Beurteilung nur eine untergeordnete Rolle. Anderseits kann man aber die Temperaturerhöhung durch die Dämpfungswärme zur Herstellung von Brüchen bei höheren Temperaturen ausnutzen. Auf die Gefahr des Zerbrechens spröder NMI bei Wechselbeanspruchung wird hier nochmals ausdrücklich hingewiesen.
5. Ganz allgemein ermöglicht die Auswertung von Brüchen verschiedener Entstehungsart im REM mit Analysengerät die Ermittlung der Zusammensetzung der NMI in deren tatsächlichen Zustand, wie sie im Werkstoff enthalten sind.

Für die vorstehende Arbeit wurden Mittel des Fonds für die Förderung der wissenschaftlichen Forschung Wien bereitgestellt, wofür bestens gedankt wird.

Zusammenfassung

Die Beurteilung nichtmetallischer Einschlüsse hat insbesondere bei Eisenwerkstoffen große praktische Bedeutung. Daher wurde versucht, solche Einschlüsse durch Sprödbrüche freizulegen, die durch Ultraschall erzeugt wurden, und sie so ohne vorhergehende chemische Beeinflussung für die Analyse zugänglich zu machen. Durch die Wechselbeanspruchung mit Ultraschall wird aber ein Teil der nichtmetallischen Einschlüsse zermahlen und geht so für die Analyse verloren, In solchen Fällen ist es am zweckmäßigsten, statische Brüche für die Freilegung nichtmetallischer Einschlüsse heranzuziehen.

Summary

Determination of Non-metal Inclusions in Metallic Materials After Ultrasonic Fractures

Appraisal of non-metal inclusions has great practical significance especially in ferrous materials. It was therefore attempted to reveal such inclusions by brittle fractures produced by ultrasound, and thus render them accessible to analysis without previous chemical modification. By alternating stress with ultrasound, part of the non-metal inclusions are pulverized and are thus lost for analysis. In such cases, it is most expedient to use static fractures to expose non-metal inclusions.

Literatur

[1] J. Wallner, Arch. Eisenhüttenwes. **20,** 101 (1956).

[2] O. Schaaber, Diskussionsbeitrag, Eisenhüttentag Leoben 1972.

[3] O. Schaaber und H. Vetters, Mikrochim. Acta [Wien], Suppl. VI, **1975,** 105.

[4] R. Mitsche, S. Stanzl und D. Burkert, Wissensch. Film. **14,** 3 (1973); S. Stanzl und R. Mitsche, Proc. of the 5th Conf. on Dimensioning and Strength Calculations, Budapest 1974; R. Mitsche und S. Stanzl, Sonderbände der praktischen Metallographie **4,** 449 (1975); S. Stanzl, Radex-Rdsch. **3,** 443 (1975); R. Mitsche und S. Stanzl, Berg- und Hüttenmänn. Mh., demnächst.

[5] R. Mitsche und S. Stanzl, Berg- und Hüttenmänn. Mh. **117,** 321 (1972).

[6] R. Mitsche und S. Stanzl, Z. Metallkunde **62,** 863 (1971).

Korrespondenz und Sonderdrucke: Univ.-Prof. Dr. Roland Mitsche, Montanuniversität Leoben, A-8700 Leoben, Österreich.

Mikrochimica Acta [Wien], Suppl. 7, 539—543

MIKROCHIMICA ACTA

Aus den Thyssen Edelstahlwerken AG — Werk Witten

Das Verhalten von Mangan-Chrom-Spinellen bei der Oxidisolierung aus legierten Stählen*

Von

Joachim Bruch und Hans-Hermann Meier

Mit 1 Abbildung

(Eingegangen am 27. Oktober 1976)

In früheren Mitteilungen wurde u. a. über Ergebnisse berichtet[1,2], die bei der Isolierung chromhaltiger Oxideinschlüsse aus legierten Stählen erhalten wurden. Der Vergleich dieser Ergebnisse mit denen der Elektronenstrahlmikroanalyse (ESMA) zeigte bei den mit diesem Verfahren erfaßbaren Oxiden teilweise ebenfalls Unterschiede. Hieraus und aus weiteren Merkmalen ließ sich erkennen, daß das häufig gefundene Chromoxid (Cr_2O_3) in den untersuchten Stählen nicht ursprünglich vorhanden war, sondern bei der Chlorvakuumbehandlung durch Zersetzung von Mangan-Chrom-Spinellen entstand.

Die primäre Isolierung erfolgte mit Brom-Methanol oder elektrolytisch in alkoholischer Salzsäure.

Unter Einsatz der ESMA und der Isolierungsverfahren wurde nunmehr festgestellt, daß die Zerstörung von Mangan-Chrom-Spinell ($MnO \cdot Cr_2O_3$) und weitgehende Sublimierung des Mangans als Manganchlorid immer dann eintritt, wenn die Stähle höhere Kohlenstoffgehalte haben. Dabei ist es unerheblich, ob in den primären Isolierungsprodukten Kohlenstoff als Carbid oder nach vorhergehender Wärmebehandlung des Stahles überwiegend als Kohlenstoff vorliegt.

---

* Vortrag anläßlich des 8. Kolloquiums über metallkundliche Analyse mit besonderer Berücksichtigung der Elektronen- und Ionenstrahl-Mikroanalyse, Wien, 27. bis 29. Oktober 1976.

Die Bildung von Chromoxid und der Verlust von Mangan tritt auch dann ein, wenn anstelle von Chlor Brom verwendet wird. Dies bestätigen auch für diesen speziellen Fall Angaben von Malissa und Kotzian[3], wonach die Reaktivität von Chlor und Brom gegenüber Carbiden und Oxiden etwa gleich ist.

Tabelle 1. Zusammensetzung von Oxiden aus Cr- und Cr-Ni-Stählen unterschiedlichen Kohlenstoffgehaltes, ermittelt an isolierten Oxiden und durch ESMA

Zusammensetzung der Stähle			Zusammensetzung der Oxide nach der Chlorierung*			Zusammensetzung der Oxide im Stahl lt. ESMA*	
C %	Cr %	Ni %	MnO %	Cr_2O_3 %	Feinstruktur	MnO %	Cr_2O_3 %
0,4	16	0,5	0— 5	70—90	Cr_2O_3	28—31	56—72
< 0,05	18	10	25—32	65—70	$MnO \cdot Cr_2O_3$	27—30	68—70

* Rest: SiO_2, TiO_2 und Al_2O_3

Auch wurde festgestellt, daß bei der Vakuumbehandlung vor der Halogenierung Kohlenoxid entsteht, wobei die Menge sowohl vom Kohlenstoffgehalt des Stahles als auch von der Temperatur abhängt. Phosgen konnte entgegen anderen Annahmen[4] auch in Spuren nicht nachgewiesen werden.

Um die bei der Halogenierung ablaufenden, nicht erwünschten Reaktionen zu erfassen und daraus Erkenntnisse zu ihrer Vermeidung zu gewinnen, wurden zahlreiche Versuche zunächst mit einer Mischung von Kohlenstoff, der durch Verbrennung von Naphthalin gewonnen wurde, und von aus Stahl isolierten Mangan-Chrom-Spinellen durchgeführt. Die Vermischung wurde in Alkohol durch Ultraschall bewirkt.

Nach der üblichen Vakuumbehandlung der alkoholfeuchten Mischung bei 400° C und nach der anschließenden Chlorierung bei 350° C traten in Abhängigkeit vom Mischungsverhältnis Masseverluste bei den Oxiden bis zu etwa 40% auf (Abb. 1). Gleichlaufend nahm der Cr_2O_3-Gehalt zu und der MnO-Gehalt ab. Dies bestätigt die Annahme eines Zusammenhanges der Zersetzung von Mangan-Chrom-Spinell mit der Gegenwart von Kohlenstoff im primären Isolat. Ein genauer Vergleich der Zusammensetzung dieser Spinelle nach der Isolierung und mit der ESMA zeigt, daß eine geringfügige Zersetzung auch schon bei kleinen Kohlenstoffgehalten eintritt.

Weiterhin kann beim Vergleich der Massenverluste mit der Veränderung der Zusammensetzung gefolgert werden, daß auch ein

Teil des Chromoxids chloriert wird. Die Untersuchung der Sublimationsprodukte ergab hierfür eine Bestätigung.

In einer weiteren Versuchsreihe wurde die Mischung von Kohlenstoff und isolierten Spinellen in trockenem Zustand durchgeführt;

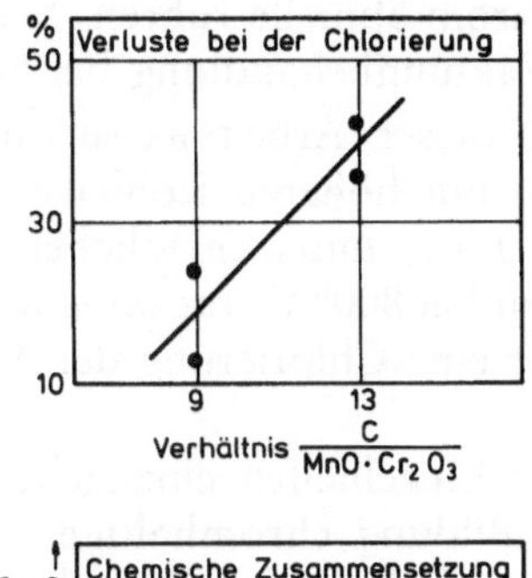

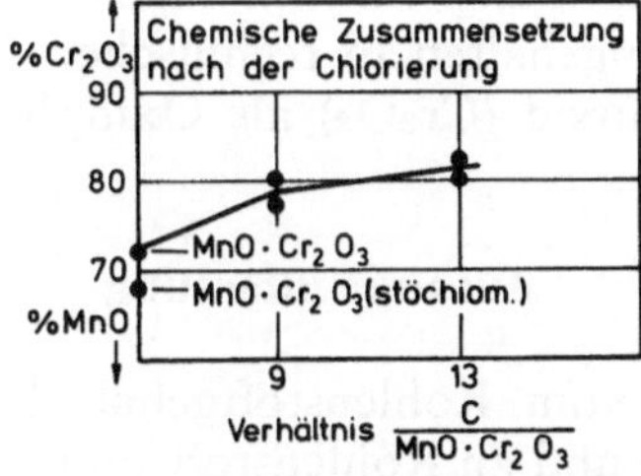

Abb. 1. Verhalten isolierter Mangan-Chrom-Spinelle mit unterschiedlichen Kohlenstoffmengen bei der Chlorierung

die weitere Behandlung blieb unverändert. Durch die Chlorierung traten daraufhin keine Verluste ein, woraus geschlossen werden

Tabelle 2. Ergebnisse der Chlorierung nach vorheriger Vakuumbehandlung bei 800^0 C

Vakuumbehandlung		Zusammensetzung der Oxide nach der Chlorierung*		
Temperatur ^{0}C	Vakuum mm Hg	MnO %	Cr_2O_3 %	Feinstruktur
800	$< 10^{-3}$	22	70	$MnO \cdot Cr_2O_3 + Cr_2O_3$
		22	73	$MnO \cdot Cr_2O_3 + Cr_2O_3$
		< 1	96	Cr_2O_3
		3	92	Cr_2O_3

* Rest: SiO_2, TiO_2 und Al_2O_3

kann, daß Kohlenstoff allein keine Zersetzung der Spinelle bewirkt. Bei weiteren Versuchen wurden alkoholfeuchte Mischungen vor der Chlorierung bei 800° C im Vakuum behandelt. Nach der Chlorierung konnte bei keinem Versuch eine Zersetzung oder Veränderung der Spinelle festgestellt werden.

Diese Ergebnisse legen die Vermutung nahe, daß an Kohlenstoff adsorbierte Verbindungen die Reaktionen auslösen, die zur Chlorierung der Mangan-Chrom-Spinelle führen. Sie wurden im vorliegenden Fall durch die Vakuumbehandlung bei 800° C entfernt.

Die Übertragung dieser Arbeitsweise auf primäre Isolierungsprodukte aus Stählen mit höheren Kohlenstoffgehalten brachte bisher nur Teilerfolge. Trotz unterschiedlicher und stark verlängerter Vakuumbehandlungen bei 800° C trat ohne erkennbaren Zusammenhang teilweise wieder eine Chlorierung der Mangan-Chrom-Spinelle auf.

Ohne auf weitere Einzelheiten einzugehen, haben unsere Untersuchungen über die Bildung chromhaltiger Oxide gezeigt, daß bei den üblichen Mangangehalten in technischen Chrom- und Chrom-Nickelstählen Chromoxid (Cr_2O_3) als Oxidphase nicht auftritt.

Zusammenfassung

In Abhängigkeit vom Kohlenstoffgehalt legierter Chrom- und Chrom-Nickel-Stähle und an Kohlenstoff und Carbiden adsorbierten Verbindungen werden bei der Chlorierung primärer Isolierungsprodukte Mangan-Chrom-Spinelle ($MnO \cdot Cr_2O_3$) unter Bildung von Chromoxid (Cr_2O_3) zerstört. Bei synthetischen Gemischen von Kohlenstoff und aus Stahl isolierten Mangan-Chrom-Spinellen wurde durch eine vorhergehende Vakuumentgasung bei 800° C ein Angriff auf die Spinelle verhindert. Die Übertragung dieser Arbeitsweise auf primäre Isolierungsprodukte gelang bisher nur teilweise.

Summary

The Behavior of Manganese-Chromium Spinelles in Oxide Isolation From Alloyed Steels

Depending on the carbon content of alloyed chromium and chromium-nickel steels and on the carbon and carbides of adsorbed compounds, in the chlorination of primary isolation products manganese-chromium spinelles ($MnO \cdot Cr_2O_3$) are destroyed with the formation of chromium oxide (Cr_2O_3). In synthetic mixtures of carbon and manganese-chromium spinelles isolated from steel, an attack on the spinelles was prevented by a previous vacuum degasification at 800° C. Transfer of this procedure to primary isolation products has been only partly successful up to now.

Literatur

[1] J. Bruch, Mikrochim. Acta [Wien], Suppl. IV, **1970,** 196.

[2] J. Bruch und H.-H. Meier, Mikrochim. Acta [Wien], Suppl. VI, **1975,** 93.

[3] H. Malissa und H. Kotzian, Arch. Eisenhüttenwes. **36,** 249 (1965).

[4] E. Piper, H. Hagedorn, H. Kern und J. Ingeln, Radex-Rdsch. **1957,** 776.

Korrespondenz und Sonderdrucke: Obering. Dr. J. Bruch, Thyssen Edelstahlwerke AG, Werk Witten, Auestraße 4, D-5810 Witten, Bundesrepublik Deutschland.

Mikrochimica Acta [Wien], Suppl. 7, 545—553

MIKROCHIMICA ACTA

Institut für Technische Physik der Technischen Universität Wien

Gedanken zu einer eichprobenfreien Röntgenfluoreszenzanalyse*

Von

Horst Ebel

Mit 5 Abbildungen

(Eingegangen am 27. Oktober 1976)

Vorbereitende Betrachtungen

Gegenstand der vorliegenden theoretischen Ausführungen ist eine quantitative Röntgenfluoreszenzanalyse ohne Referenzproben, also ohne Legierungs- und Reinelementstandards. Ohne auf die in der Literatur[1] ausführlich gebrachten Herleitungen der Gleichungen für die Fluoreszenzzählrate näher einzugehen, seien die jeweiligen Endergebnisse angeschrieben, um im weiteren daraus eine theoretisch fundierte eichprobenfreie Analytik zu entwickeln. Bekanntlich setzt sich die gemessene Fluoreszenzzählrate n_i (Element i) einer Vielstoffprobe aus einem primär angeregten Anteil

$$n_{ip} = G \cdot \frac{S_{Ki}-1}{S_{Ki}} \cdot \omega_i \cdot p_i \cdot \frac{\Omega}{4\pi} \cdot \varkappa_i \cdot k \cdot c_i \cdot \int_{\lambda_0}^{\lambda_{Ki}} \frac{x_\lambda^* \cdot \tau_{\lambda i}}{\frac{\mu_{\lambda c}}{\cos\alpha} + \frac{\mu_{ic}}{\cos\beta}} \cdot d_\lambda$$

einem sekundär angeregten Anteil

$$n_{is} = G \cdot \frac{S_{Ki}-1}{S_{Ki}} \cdot \omega_i \cdot p_i \cdot \frac{\Omega}{4\pi} \cdot \varkappa_i \cdot k \cdot c_i \cdot$$

$$\cdot \sum_j \sum_{m_j} \frac{1}{2} \cdot c_j \cdot \frac{S_{Kj}-1}{S_{Kj}} \cdot \omega_j \cdot p_j \cdot \tau_{ji} \cdot \int_{\lambda_0}^{\lambda_{Km_j}} \frac{x_\lambda^* \cdot \tau_{\lambda i}}{\frac{\mu_{\lambda c}}{\cos\alpha} + \frac{\mu_{ic}}{\cos\beta}} \cdot$$

$$\cdot \left[\frac{\cos\beta}{\mu_{ic}} \cdot \ln\left(1 + \frac{1}{\cos\beta} \cdot \frac{\mu_{ic}}{\mu_{jc}}\right) + \frac{\cos\alpha}{\mu_{\lambda c}} \cdot \ln\left(1 + \frac{1}{\cos\alpha} \cdot \frac{\mu_{\lambda c}}{\mu_{jc}}\right)\right] \cdot d_\lambda$$

* Vortrag anläßlich des 8. Kolloquiums über metallkundliche Analyse mit besonderer Berücksichtigung der Elektronen- und Ionenstrahl-Mikroanalyse, Wien, 27. bis 29. Oktober 1976.

zwei Streuanteilen[2]: n_{istr} (*a*)

Primärstrahlung,
kohärente oder inkohärente Streuung in der Probenmatrix,
Anregung der charakteristischen *i*-Strahlung;

und n_{istr} (*b*)

Primärstrahlung,
Anregung der charakteristischen *i*-Strahlung,
kohärente Streuung derselben in die Beobachtungsrichtung;

sowie einem tertiär angeregten Anteil n_{it}

Primärstrahlung,
Anregung einer charakteristischen *k*-Strahlung;
diese regt die charakteristische *j*-Strahlung an und letztere regt wieder die charakteristische *i*-Strahlung an;

zusammen. Die Ausdrücke für die Streuanteile sind im Aufbau mit jenem für n_{is} vergleichbar, weshalb sie zur Wahrung der Übersichtlichkeit bewußt nicht angeschrieben werden. Weiters enthalten die Beiträge n_{istr} (*a*), n_{istr} (*b*) und n_{it} den Faktor

$$G \cdot \frac{S_{Ki}-1}{S_{Ki}} \cdot \omega_i \cdot p_i \cdot \frac{\Omega}{4\pi} \cdot \varkappa_i \cdot k \cdot c_i$$

Da der Tertiärbeitrag zufolge des Mißverhältnisses von Rechenaufwand zum Beitrag zur gesamten *i*-Fluoreszenzzählrate ($<1\%$) vernachlässigbar ist[1], läßt sich die gemessene Fluoreszenzzählrate n_i in sehr guter Näherung durch

$$n_i = n_{ip} + n_{is} + n_{istr}\,(a) + n_{istr}\,(b)$$

beschreiben.

Bevor nun die Überlegungen in Richtung der eichprobenfreien Analytik weitergeführt werden, seien die in den Gleichungen verwendeten und in den literaturbekannten Ausdrücken nicht aufscheinenden Größen *G* und *k* hinsichtlich ihrer Bedeutung präzisiert.

Geometriefaktor G

Dieser nimmt je nach der Versuchsanordnung die in Abb. 1 gezeigten Werte an.

Normfaktor k

Für die numerische Behandlung der Gleichungen ist die spektrale Häufigkeitsverteilung x_λ der Quanten des Primärstrahlenbündels analytisch darzustellen. Dazu bedient man sich entweder der Kramersschen Näherung[3]

$$x_\lambda = K \cdot i \cdot Z \cdot \frac{\lambda - \lambda_0}{\lambda_0 \cdot \lambda^2}$$

oder der Präsentation empirisch gefundener Verteilungen in Form von Treppenzügen[4]. Beiden Varianten ist gemeinsam, daß sie zwar die Verteilung zu beschreiben gestatten, ohne jedoch den für die

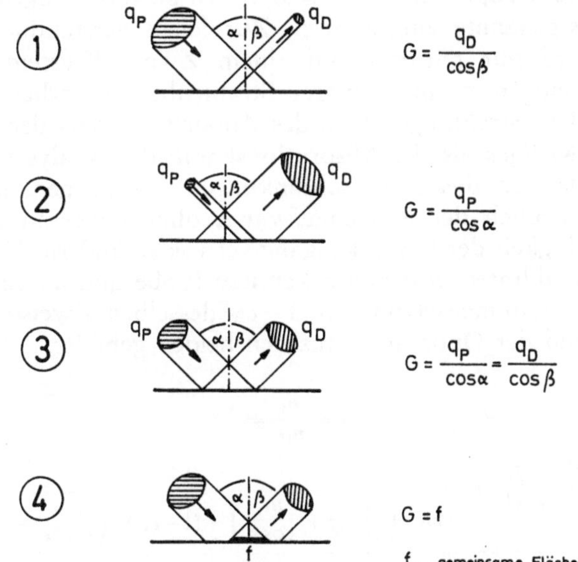

Abb. 1. Zur Veranschaulichung des Geometriefaktors G

jeweilige experimentelle Situation gültigen Normfaktor anzugeben. Damit ist die Begründung für die Darstellung $x_\lambda = k \cdot x_\lambda^*$ gegeben, also beispielsweise im Falle der Kramersschen Näherung durch

$$x_\lambda = k \cdot x_\lambda^* = k \cdot \frac{\lambda - \lambda_0}{\lambda_0 \cdot \lambda^2}$$

Eichprobenfreie Analytik

Die in den Gleichungen für n_{ip} und n_{is} neben

$$G \cdot \frac{S_{Ki} - 1}{S_{Ki}} \cdot \omega_i \cdot p_i \cdot \frac{\Omega}{4\pi} \cdot \varkappa_i \cdot k \cdot c_i$$

enthaltenen fundamentalen Größen (Photoabsorptionskoeffizient τ, Massenschwächungskoeffizient μ, Spektralverteilung x_λ^*, Fluoreszenzausbeute ω, Absorptionskantensprung S_k und Übergangswahrscheinlichkeit p) sind aus Tabellen[5] und der einschlägigen Literatur zu entnehmen. Die Rechenoperationen können für n_{ip} bereits mit programmierbaren Taschenrechnern bewältigt werden, während für n_{is}, n_{istr} (a) und n_{istr} (b) Kleinrechner ausreichen. Vom Standpunkt der Rechengeschwindigkeit sind allerdings Großanlagen vorzuziehen.

Um nun den Übergang von der Methode fundamentaler Parameter[6] zu der eichprobenfreien Analytik zu bewerkstelligen, sei kurz auf die erstgenannte eingegangen. Zur leicht verständlichen Darstellung wird nur mit n_{ip} und einem Zweistoffsystem operiert. Außerdem mögen die im primären Strahlenbündel enthaltenen charakteristischen Strahlungsanteile des Anodenmaterials der Röntgenröhre langwelliger als die Absorptionskante der Analysenstrahlung sein. Würde von diesen Einschränkungen abgegangen, so erhöht sich ausschließlich der Rechenaufwand, ohne dabei an der allgemeinen Gültigkeit der Gedankengänge etwas zu ändern. Werden die Fluoreszenzzählraten n_i der unbekannten Probe und n_{ir} einer Probe bekannter Zusammensetzung c_{ir}, $1-c_{ir}$ desselben Zweistoffsystems gemessen und der Quotient r_i aus den beiden gebildet,

$$r_i = \frac{n_i}{n_{ir}} =$$

$$= \frac{c_{ix} \cdot \int\limits_{\lambda_0}^{\lambda_{Ki}} \frac{\lambda-\lambda_0}{\lambda_0 \cdot \lambda^2} \cdot \tau_{\lambda i} \cdot \frac{1}{c_{ix} \cdot \left(\frac{\mu_{\lambda i}}{\cos\alpha} + \frac{\mu_{ii}}{\cos\beta}\right) + (1-c_{ix}) \cdot \left(\frac{\mu_{\lambda j}}{\cos\alpha} + \frac{\mu_{ij}}{\cos\beta}\right)} \cdot d_\lambda}{c_{ir} \cdot \int\limits_{\lambda_0}^{\lambda_{Ki}} \frac{\lambda-\lambda_0}{\lambda_0 \cdot \lambda^2} \cdot \tau_{\lambda i} \cdot \frac{1}{c_{ir} \cdot \left(\frac{\mu_{\lambda i}}{\cos\alpha} + \frac{\mu_{ii}}{\cos\beta}\right) + (1-c_{ir}) \cdot \left(\frac{\mu_{\lambda j}}{\cos\alpha} + \frac{\mu_{ij}}{\cos\beta}\right)} \cdot d_\lambda}$$

so können aus dem experimentell gefundenen r_i unter Verwendung der obigen Gleichung auf iterativem Wege die unbekannten Konzentrationen c_{ix} und $1-c_{ix}$ berechnet und somit das Analysenproblem gelöst werden. Die Quotientenbildung erfolgt ausschließlich zum Zwecke, die unbekannte Größe k zu eliminieren. Daneben kürzen sich auch noch

$$G \cdot \frac{S_{Ki}-1}{S_{Ki}} \cdot \omega_i \cdot p_i \cdot \frac{\Omega}{4\pi} \cdot \varkappa_i$$

eine Tatsache, die zusätzlich die Genauigkeit der Konzentrationsangabe erhöht. Die so erzielbaren Analysengenauigkeiten liegen bei der derzeitigen Kenntnis der fundamentalen Parameter in Bereichen von 1 Gewichtsprozent.

Wie gezeigt, erforderte die Eliminierung von k die Messung an einer Referenzprobe, die ohne weiteres auch aus dem Reinelement i bestehen kann ($c_{ir}=1$, $1-c_{ir}=0$). Der Grundgedanke der eichprobenfreien Methode besteht nun darin, k durch Quotientenbildung zweier gemessener Zählraten der unbekannten Probe, gemessen bei zwei unterschiedlichen Winkelkombinationen α_1, β_1 und α_2, β_2 zu eliminieren.

$$r_i\,(1,2)=\frac{n_i\,(\alpha_1,\beta_1)}{n_i\,(\alpha_2,\beta_2)}=$$

$$=\frac{G_1}{G_2}\cdot\frac{\int\limits_{\lambda_0}^{\lambda_{Ki}}\frac{\lambda-\lambda_0}{\lambda_0\cdot\lambda^2}\cdot\tau_{\lambda i}\cdot\frac{1}{c_{ix}\cdot\left(\frac{\mu_{\lambda i}}{\cos\alpha_1}+\frac{\mu_{ii}}{\cos\beta_1}\right)+(1-c_{ix})\cdot\left(\frac{\mu_{\lambda j}}{\cos\alpha_1}+\frac{\mu_{ij}}{\cos\beta_1}\right)}\cdot d\lambda}{\int\limits_{\lambda_0}^{\lambda_{Ki}}\frac{\lambda-\lambda_0}{\lambda_0\cdot\lambda^2}\cdot\tau_{\lambda i}\cdot\frac{1}{c_{ix}\cdot\left(\frac{\mu_{\lambda i}}{\cos\alpha_2}+\frac{\mu_{ii}}{\cos\beta_2}\right)+(1-c_{ix})\cdot\left(\frac{\mu_{\lambda j}}{\cos\alpha_2}+\frac{\mu_{ij}}{\cos\beta_2}\right)}\cdot d\lambda}$$

Hier kürzen sich neben k noch

$$\frac{S_{Ki}-1}{S_{Ki}}\cdot\omega_i\cdot p_i\cdot\frac{\Omega}{4\pi}\cdot\varkappa_i\cdot c_{ix}$$

und die Bestimmung von c_{ix} bzw. $1-c_{ix}$ erfolgt wieder iterativ. Werden die Experimente etwa mit einem Diffraktionsgoniometer und einem energiedispersiven Detektor ausgeführt, so können die beiden Winkelkombinationen z. B. bei festem Detektor durch Drehen der Probe um einen definierten Winkel realisiert werden, wie in Abb. 2 veranschaulicht.

Gemäß Abb. 1 entspricht die Geometrie dem Fall 2, so daß für

$$\frac{G_1}{G_2}=\frac{\cos\alpha_2}{\cos\alpha_1}$$

gilt. Es erübrigt sich also auch die Kenntnis von q_p.

Abschließend sei noch der Meßeffekt in einem binären System gezeigt.

System: Ag – Cu

$$\beta_1=20^0$$

$$\beta_2=70^0$$

$$\alpha_1+\beta_1=\alpha_2+\beta_2=90^0$$

Analysenstrahlung: Ag Kα

In Abb. 3 ist r_{Ag} (1, 2) = r_{Ag} (20, 70) als Funktion von c_{Ag} in Gewichtsteilen mit der Spannung an der Röntgenröhre als Parameter dar-

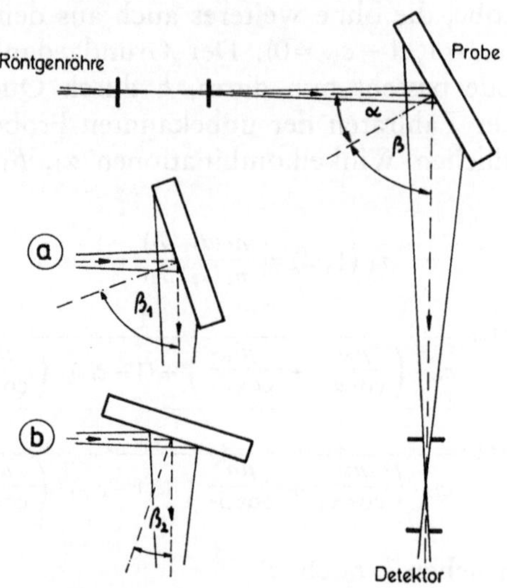

Abb. 2. Prinzipskizze zur experimentellen Durchführung

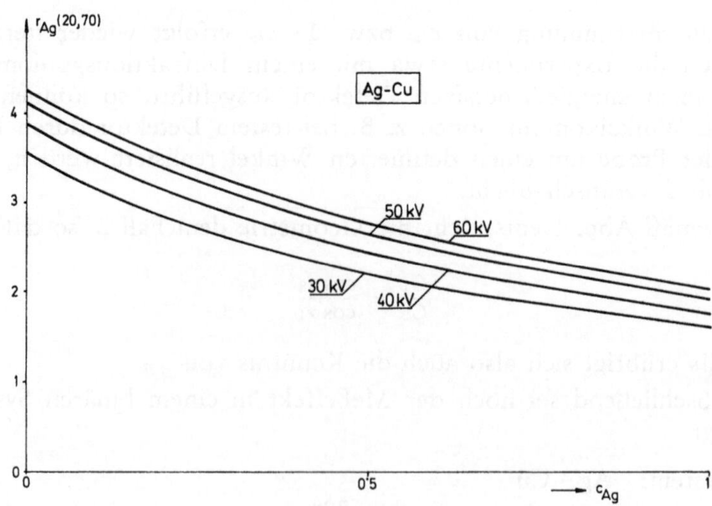

Abb. 3. Meßeffekt im System Ag-Cu

gestellt. Der Meßeffekt reicht aus, um r_{Ag} (20, 70) eindeutig der unbekannten Konzentration c_{Ag} zuzuordnen.

Schlußbemerkungen

Wie bereits erwähnt, gelten die hier am vereinfachten Modell gebrachten Ausführungen auch für ein Vielstoffsystem unter Berücksichtigung von n_{ip}, n_{is}, n_{istr} (*a*), n_{istr} (*b*) und zusätzliche Anregung der Fluoreszenzstrahlung durch charakteristische Strahlungen der Röntgenröhre, wobei sich ausschließlich der hiefür erforderliche

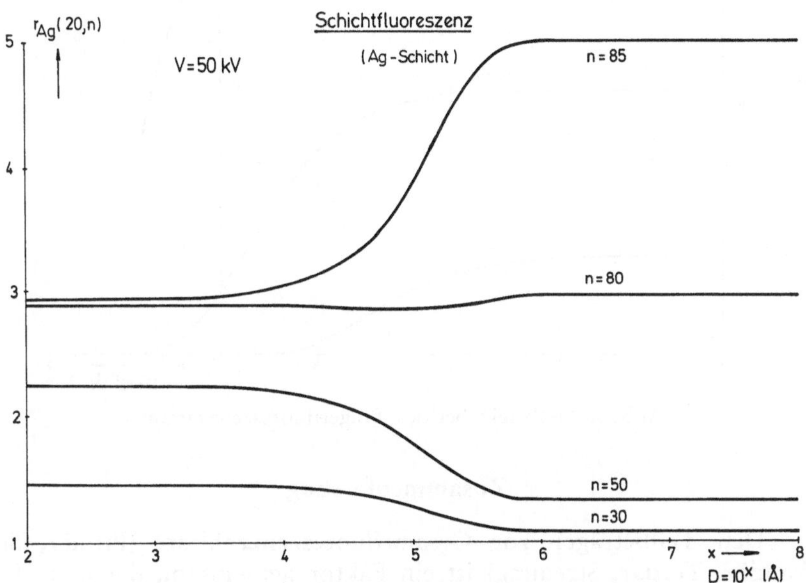

Abb. 4. Meßeffekt bei der Schichtfluoreszenzvariante

Rechenaufwand erhöht. Weiters sind die hier entwickelten Gedankengänge auch auf eine eichprobenfreie röntgenfluoreszenzanalytische Bestimmung der Dicke ebener dünner Schichten übertragbar. So zeigen, ohne auf die Theorie einzugehen, die Abb. 4 und 5 die für eine Röntgenröhrenspannung von 50 kV berechneten r_{Ag} (20, *n*)- und r_{Ag} (*n*, 20)-Kurven in Abhängigkeit von *D* mit *n* als Parameter. Bei der Schichtfluoreszenz handelt es sich um Ag-Schichten und bei der Trägerfluoreszenz um Cu-Schichten auf Ag.

Die bisher zur Bestätigung der Theorie ausgeführten Experimente[7,8] führten besonders bei der Schichtdickenbestimmung zu guten Resultaten. Die Konzentrationsbestimmung hingegen ist noch mit Fehlern im Bereiche von etwa 6 Gewichtsprozent behaftet, wobei als Hauptursache der Totzeitfehler des energiedispersiven Detektionssystems lokalisiert werden konnte.

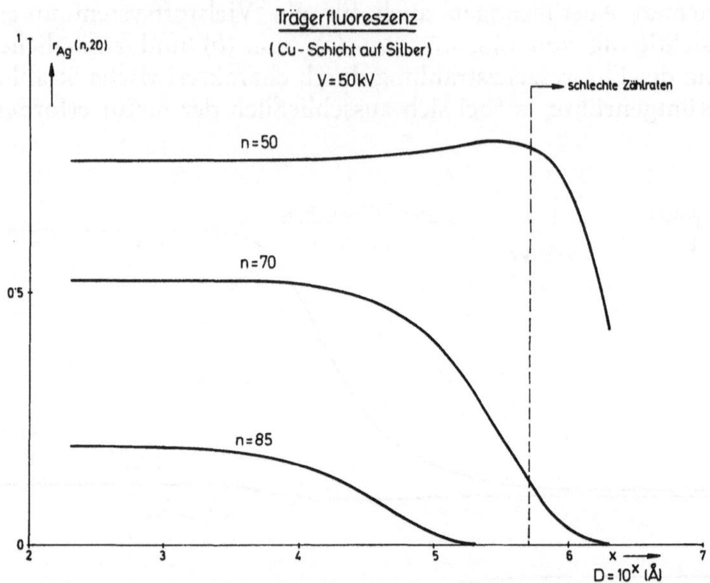

Abb. 5. Meßeffekt bei der Trägerfluoreszenzvariante

Zusammenfassung

Den Teilbeträgen zur Gesamtfluoreszenzzählrate (Primär, Sekundär, Tertiär, Streuung) ist ein Faktor gemeinsam, der u. a. den unbekannten Normfaktor der Verteilungsfunktion des primären Röntgenspektrums enthält. Dieser kann entweder durch Vergleichsmessung an einer Referenzprobe eliminiert werden (Methode der fundamentalen Parameter) oder durch Vergleich von zwei, bei unterschiedlichen geometrischen Verhältnissen beobachteten Zählraten der unbekannten Probe. Die Theorie, der zu erwartende Meßeffekt, die experimentelle Durchführung und die Erweiterung auf Schichtdickenbestimmungen — ebenfalls ohne Referenzproben — werden erörtert.

Summary

Considerations on X-Ray Fluorescence Analysis Without Reference Samples

The contributions to the measured fluorescence countrate (primary, secondary, tertiary, scattering) have one factor in common, which includes the unknown amplitude factor of the X-ray tube spectrum. This factor can be eliminated by comparison with a reference sample (method of fundamental parameters) or by comparison of countrates from the unknown sample, measured under two different geometries. The theory of the new method, an estimation of the magnitude of the expected effects, its experimental verification and finally an extension to the determination of filmthicknesses without reference samples form the content of this paper.

Literatur

[1] T. Shiraiwa und N. Fujino, Jap. J. Appl. Phys. **5**, 886 (1966).

[2] G. Pollai et al., Spectrochim. Acta **26 B**, 733 (1971).

[3] H. A. Kramers, Phil. Mag. **46**, 836 (1923).

[4] J. V. Gilfrich und L. S. Birks, Analyt. Chemistry **40**, 1077 (1968).

[5] W. H. McMaster et al., Compilation of X-Ray Cross Sections, Clearinghouse U. S. Department of Commerce, Springfield, Virginia. 1969.

[6] J. W. Criss und L. S. Birks, Analyt. Chemistry **40**, 1080 (1968).

[7] H. Peterka, Dissertation T. U. Wien, 1976.

[8] R. Korinek, Diplomarbeit T. U. Wien, 1976.

Korrespondenz und Sonderdrucke: Univ.-Prof. Dr. H. Ebel, Institut für Technische Physik, Technische Universität Wien, Karlsplatz 13, A-1040 Wien, Österreich.

Mikrochimica Acta [Wien], Suppl. 7, 555—566

MIKROCHIMICA
ACTA

Institut für Technische Physik, Technische Universität Wien

Nichtdispersive Röntgendiffraktometrie mit Halbleiterdetektoren*

Von

M. Mantler

Mit 12 Abbildungen

(Eingegangen am 27. Oktober 1976)

Das Prinzip der nichtdispersiven (oder energiedispersiven) Technik der Röntgendiffraktometrie läßt sich an Hand der Braggschen Gleichung einfach darstellen. Im konventionellen (oder winkeldispersiven) Fall bedient man sich einer monochromatischen Primärstrahlung, die bei gewissen Winkeln Θ gebeugt wird, wenn die Bedingung

$$\Theta = \arcsin \frac{\lambda}{2d}, \quad \lambda = \text{const}$$

erfüllt ist. Im energiedispersiven Fall hält man den Winkel Θ fest und verwendet ein weißes Primärspektrum. Es werden jene Photonen um $2\,\Theta$ gebeugt, deren Energie die Bedingung

$$E = \frac{h\,c}{2\,d\,\sin\Theta}, \quad \Theta = \text{const}$$

erfüllt.

Lage und Form der beobachteten Linien werden, wie bei der Winkeldispersion, von den geometrischen Bedingungen (Strahldivergenzen, Probentransparenz, Justierfehler), außerdem vom gewählten Winkel $2\,\Theta$ und von den Eigenschaften des Halbleiterdetektors mit der angeschlossenen Zähl- und Speicherelektronik bestimmt.

---

* Vortrag anläßlich des 8. Kolloquiums über metallkundliche Analyse mit besonderer Berücksichtigung der Elektronen- und Ionenstrahl-Mikroanalyse, Wien, 27. bis 29. Oktober 1976.

Während der Halbleiterdetektor eine symmetrische, unter guten Betriebsbedingungen nur von der Photonenergie abhängige Verbreiterung verursacht (Abb. 1), bedingt die Gruppe der geometrischen Einflußfaktoren eine asymmetrische Verbreiterung sowie eine Verschiebung des Linienmaximums zur niederenergetischen Seite hin. Systematische Abweichungen bei der experimentellen Bestimmung

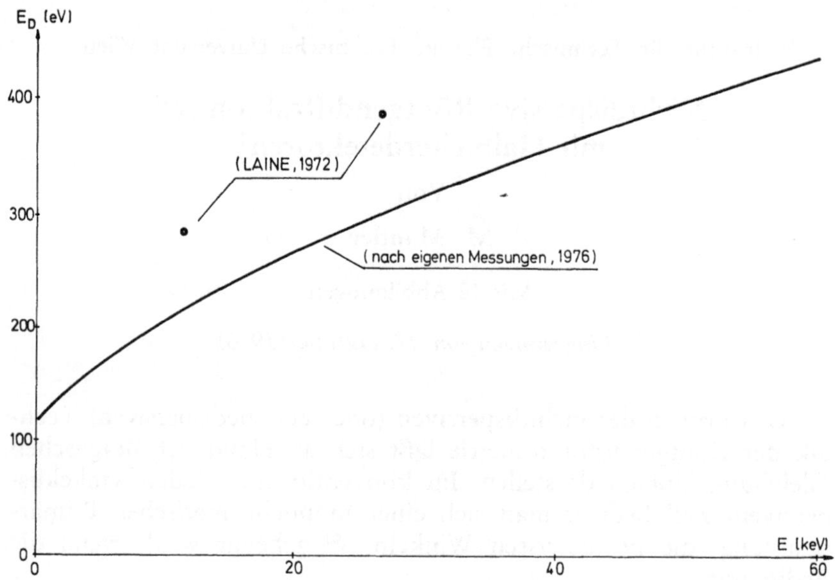

Abb. 1. Detektorauflösung als Funktion der Energie. Eigene Messungen wurden über $\sqrt{a+bE}$ ausgeglichen

der Energie der gebeugten Linien in früheren Arbeiten[1] sind wahrscheinlich auf diesen Einfluß zurückzuführen (Abb. 2). Da diese Linienverbreiterung, wie im folgenden besprochen wird, energieabhängig ist und durch die Verbreiterung des reflektierten Energiebandes zustandekommt, treten auch hinsichtlich der gemessenen Intensität systematische Abweichungen gegenüber den theoretischen Erwartungswerten auf (Abb. 3).

An Hand einiger Beispiele werden in dieser Arbeit Art und Größenordnung des Einflusses verschiedener, vom Experiment her kontrollierbarer Parameter auf Lage und Form der Diffraktionslinien gezeigt. Diese Parameter sind insbesondere der Bragg-Winkel 2Θ, die Probendicke, die Absorption durch die Probe (Probentransparenz), die Divergenz der primären und der gebeugten Strahlung und schließlich die Energie bzw. der Netzebenenabstand.

Das Verhalten des Halbleiterdetektors wird nicht besprochen, weil diesbezüglich ausreichende Spezialliteratur vorhanden ist. Es

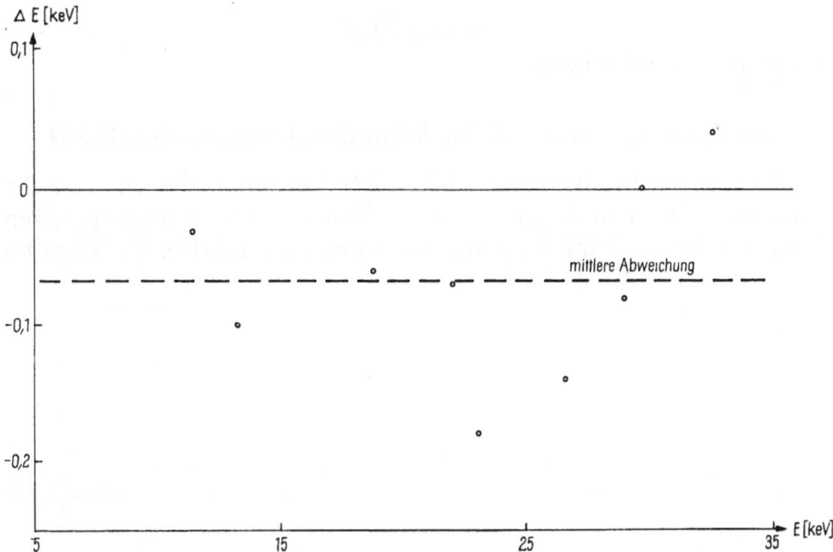

Abb. 2. Vergleich gemessener Energien der von einer NaCl-Probe gebeugten Linien[1] mit den erwarteten Werten. Neben statistischen Schwankungen tritt eine systematische Abweichung auf

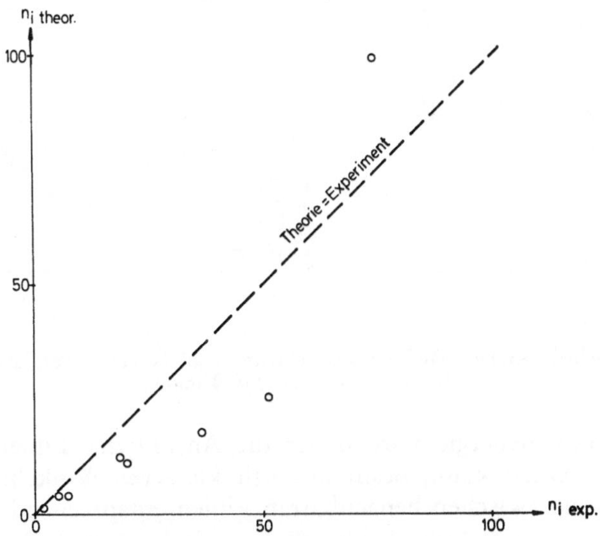

Abb. 3. Vergleich gemessener Intensitäten der von einer NaCl-Probe gebeugten Linien[1] mit theoretischen Erwartungswerten

sei nur erwähnt, daß nach bisheriger Erfahrung die Detektorauflösungsfunktion in guter Näherung als Gaussverteilung mit der energieabhängigen Halbwertbreite

$$\sigma = \sqrt{a + bE}$$

dargestellt werden kann.

Die Lage der Linien als Funktion des Beugungswinkels 2Θ

Der gewählte Beugungswinkel 2Θ bestimmt die energetische Lage der Linien in Analogie zur Wellenlänge im winkeldispersiven Fall, welche die Winkellage der Linien bestimmt (Abb. 4). Bei gegebener Maximalenergie wird daher die Anzahl der Linien, die beobachtet werden kann, bestimmt. Mit kleineren Winkeln wachsen die Abstände zwischen benachbarten Linien entsprechend

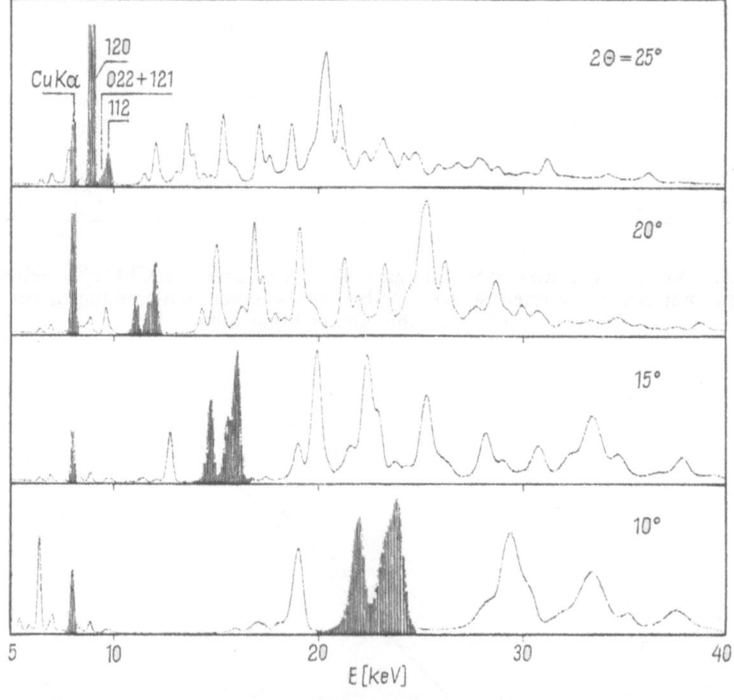

Abb. 4. Nichtdispersives Diffraktionsspektrum von Topas-Pulver, aufgenommen bei verschiedenen 2Θ-Winkeln

$$\Delta E = -\frac{hc}{2d^2 \sin\Theta} d\Delta$$

so daß eine ebenso wachsende Separierbarkeit überlappter Linienkomplexe zu erwarten wäre. Da durch eine solche „Spreizung“ die Linien zu höheren Energien hin verschoben werden, ist das mit der Energie abnehmende Detektorauflösungsvermögen sowie der Einfluß der mit der Energie wachsenden Linienverbreiterung zufolge der geometrischen Parameter zu beachten, die diese Separierbarkeit jenseits eines gewissen Optimums wieder vermindern.

Form der Linien (ohne Einfluß des Detektors)

Die Form der Diffraktionslinie wird, vom Detektor abgesehen, von der Strahlgeometrie bestimmt. Dabei ist insbesondere die Divergenz senkrecht zur Goniometerachse von bestimmendem Einfluß.

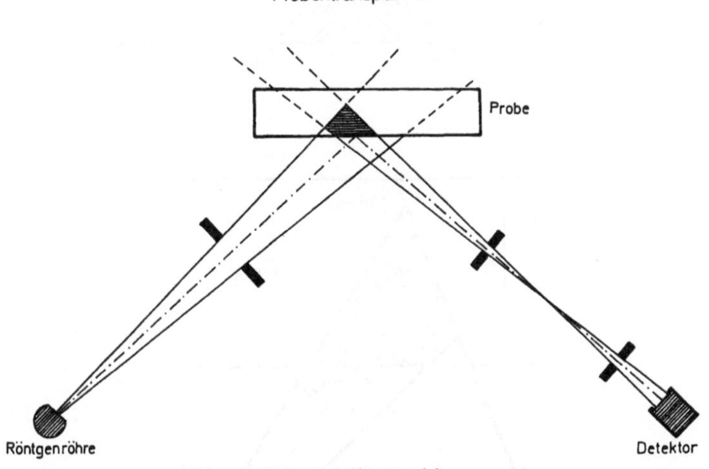

Abb. 5. Prinzipielle Strahlgeometrie

Die prinzipielle Geometrie ist in Abb. 5 dargestellt. Jener Bereich der Probe, der sowohl vom Primärstrahl beleuchtet wird als auch vom Detektor gesehen werden kann ist in Abb. 6 vergrößert gezeigt. Infolge der Divergenz werden Photonen je nach Ort innerhalb des Reflexionsbereiches (Aktiver Bereich) unter verschiedenen $2\,\Theta$-Winkeln gebeugt ($2\,\Theta_{min} \leq 2\,\Theta \leq 2\,\Theta_{max}$). Da jedem $2\,\Theta$-Wert eine Energie $E = \frac{h\,c}{2\,d \sin \Theta}$ entspricht, tragen daher alle Energien zwischen $E_{min} = \frac{h\,c}{2\,d \sin \Theta_{max}}$ und $E_{max} = \frac{h\,c}{2\,d \sin \Theta_{min}}$ zur Linie bei.

Die Intensitätsverteilung als Funktion der Energie läßt sich zunächst einfach abschätzen: Die reflektierte Energie innerhalb einer dünnen Schicht parallel zur Oberfläche der Probe ist fast konstant, ihre Abhängigkeit von der Eindringtiefe ist fast linear (Abb. 7). Damit ist die zu erwartende Intensitätsverteilung unter Vernachlässigung der Absorption näherungsweise ähnlich zur Länge von zur Oberfläche parallelen Schichten als Funktion der Tiefe und folgt etwa dem in Abb. 6 skizzierten Verlauf.

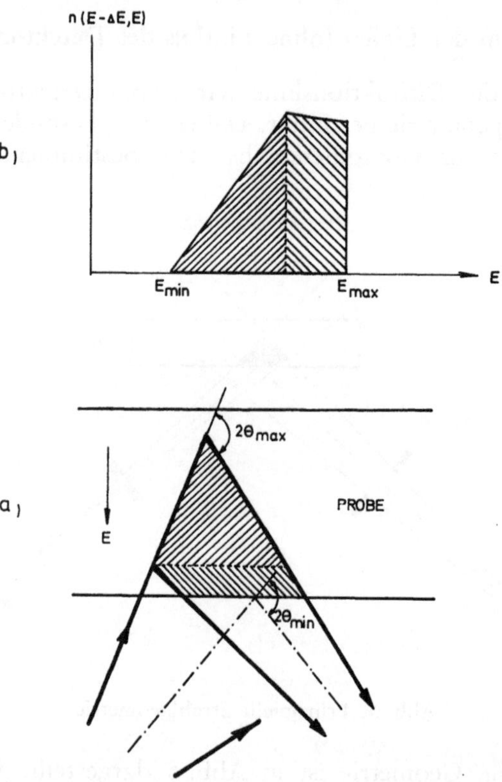

Abb. 6. a) „Aktiver Bereich" der Probe, welcher sowohl vom Primärstrahl beleuchtet als auch vom Detektor gesehen wird. b) Resultierende Linienform (vereinfacht)

Die genaue numerische Rechnung mit Hilfe eines Computers ergibt, unter Berücksichtigung der Absorption innerhalb der Probe, Linienformen, wie sie in Abb. 8 dargestellt sind. Zur besseren Vergleichbarkeit ist einheitlich ein Netzebenenabstand $d = 1$ Å angenommen und die Dichte der Probe der des kompakten Materials gleichgesetzt.

Die Breite dieser Kurve wird neben der Absorption wesentlich von der maximalen Eindringtiefe der Strahlung bestimmt. Diese

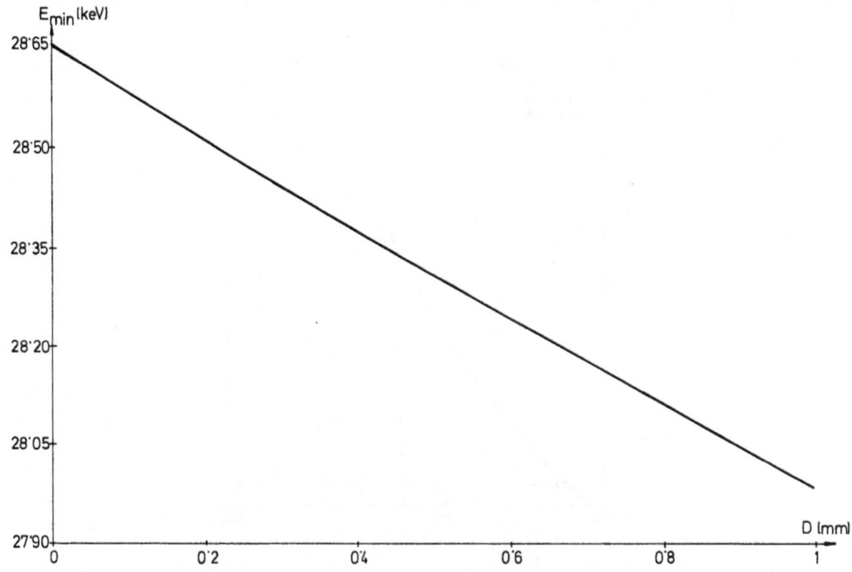

Abb. 7. Energie der gebeugten Photonen als Funktion der Eindringtiefe

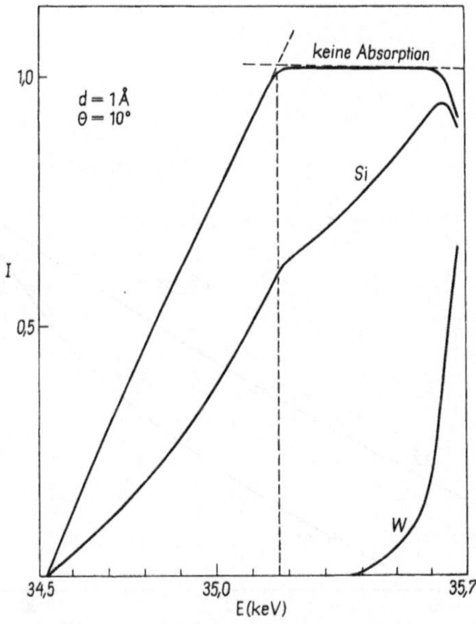

Abb. 8. Resultierende Linienform (Computerrechnung) für verschiedene Absorption in der Probe

kann entweder durch Änderung der Strahldivergenz oder durch Verwendung dünner Proben kontrolliert werden (Abb. 9). Die Begrenzung durch Verwendung dünner Proben erscheint gegenüber

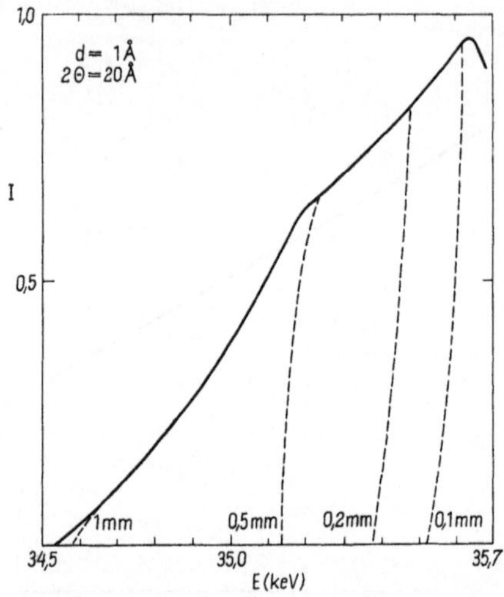

Abb. 9. Resultierende Linienform (Computerrechnung) für verschiedene Probendicken (Absorptionswerte für Silizium)

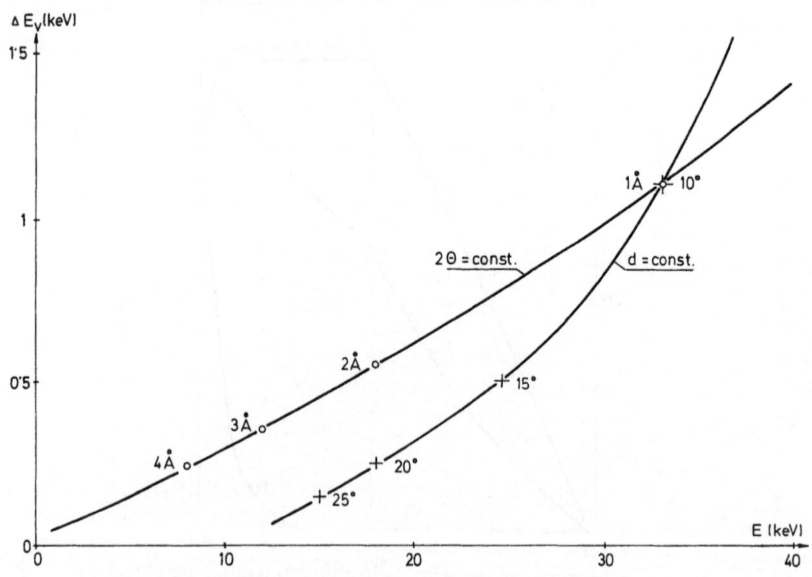

Abb. 10. $\Delta E = E_{\max} - E_{\min}$ als Funktion der Energie bei konstantem $2\,\Theta$-Winkel bzw. bei gegebenem Netzebenenabstand d

einer Verringerung der Strahldivergenz vorteilhafter, weil dabei die relativ hohe Intensität von den oberflächennahen Schichten, innerhalb derer das reflektierte Energieband vergleichsweise klein ist, erhalten bleibt, während eine Verringerung der Divergenz die bestrahlte Fläche verkleinert.

Die Verbreiterung einer Linie wächst mit steigender Energie und kann daher für einen gegebenen Reflex (Netzebenenabstand) durch Vergrößerung des 2 Θ-Winkels verringert werden (Abb. 10).

Lage der Linien

Um die Lage einer Linie modellmäßig zu bestimmen, ist es notwendig, den Einfluß der Linienverbreiterung durch den Halbleiterdetektor zu berücksichtigen. Das Maximum der im Vielkanalana-

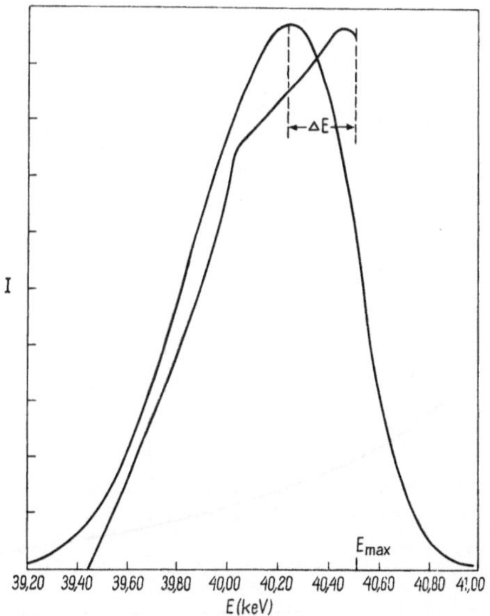

Abb. 11. Faltung der modellmäßigen Linienform mit der Detektorauflösungsfunktion. Das Maximum der resultierenden Kurve ist gegenüber der maximalen (und erwarteten) Energie um ΔE verschoben

lysator des Detektorsystems aufgenommenen Linie ist gegenüber E_{max} um ΔE verschoben (Abb. 11), wenn das Goniometer auf Θ_{min} eingestellt wurde. Diese Linienverschiebung hängt vom Grad der Asymmetrie der Linien und damit, wie gezeigt, von Dicke und Absorptionseigenschaften der Probe sowie vom eingestellten 2 Θ-Winkel ab (Abb. 12).

Intensität der Linien (ohne Einfluß des Detektors)

Die Intensität der beobachteten Linie wird vom physikalischen Diffraktionsvorgang, den geometrischen Bedingungen und von der spektralen Häufigkeitsverteilung der Primärstrahlphotonen bestimmt. Die relativen Intensitäten der Linien eines Spektrums untereinander ändern sich demnach mit ihrer energetischen Lage (d. h. mit $2\,\Theta$), mit der maximalen Anregungsspannung an der Röntgenröhre und nach einem Wechsel der Röntgenröhre.

Um Intensitäten von verschiedenen Experimenten vergleichbar zu machen, wie es zur Strukturbestimmung erforderlich wäre, müssen sie zunächst hinsichtlich des verwendeten Primärspektrums normalisiert werden. Dies ist bei Kenntnis der Form des Primärspektrums grundsätzlich möglich. Die Korrketur der geometrischen Linienverbreiterung erfordert sodann einen rechnerischen Rückschluß aus

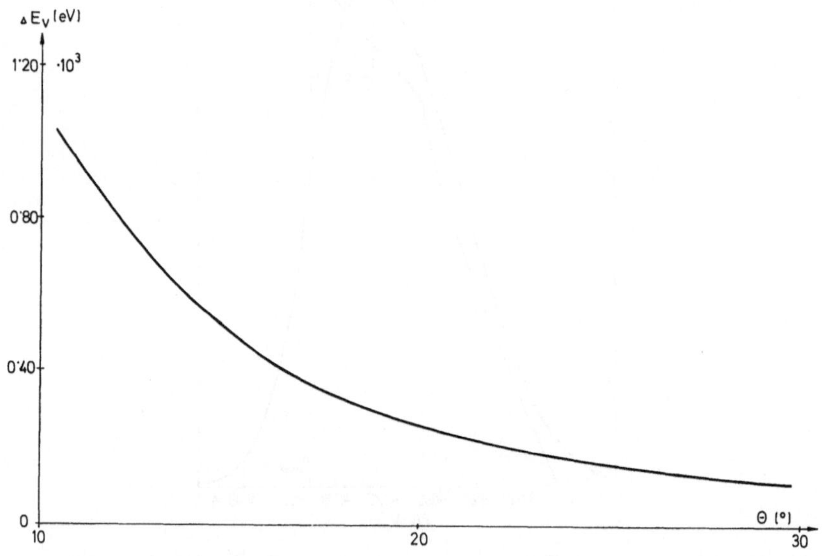

Abb. 12. Linienverschiebung als Funktion des Beugungswinkels

Linienform und integrierter Intensität auf die eines sehr kleinen Bandes ΔE um den Maximalwert E_{max}. Das ist insoweit möglich, wie die reale Instrumentation und Gerätejustierung mit der modellhaften Beschreibung übereinstimmt. Unter optimalen Voraussetzungen kann der Fehler $\Delta l/l$ mit etwa 5% abgeschätzt werden. Jedoch ist zu beachten, daß die derart bestimmten Intensitäten nicht direkt mit jenen der winkeldispersiven Technik vergleichbar sind und bezüglich der Linienbreite korrigiert werden müssen.

Schlußfolgerungen

Die diskutierten Parameter zeigen in ihrem Einfluß auf Form und Lage von Diffraktionslinien unterschiedliches Verhalten. Sowohl Linienbreite als auch Linienverschiebung werden mit wachsenden $2\,\Theta$ und mit niedrigeren Energien kleiner, größere $2\,\Theta$-Winkel führen dagegen zu größerer Liniendichte und komplexeren Überlagerungen. Daneben ist zu beachten, daß bei größeren Winkeln die Linien, die zu niedrigeren Energien verschoben werden, mit den ebenfalls bei niedrigeren Energien (< 10 keV) häufigen Emissionslinien kollidieren. Wegen der verschiedenen Formen dieser beiden Linienarten lassen sich auch derzeit übliche Entfaltungsmethoden[2] nur schwer anwenden.

Die energiedispersive Technik läßt sich mit Vorteil einsetzen, wo die Verifizierung von Strukturen rasch und einfach erfolgen soll. Für Strukturbestimmungen ist sie derzeit gegenüber der herkömmlichen winkeldispersiven Technik bezüglich Geschwindigkeit, Rechenaufwand und Genauigkeit unterlegen und wird dort sinnvoll eingesetzt werden können, wo sich infolge des einfachen mechanischen Aufbaues ohne bewegliche Teile entscheidende experimentelle Vorteile ergeben, wie etwa bei Versuchen unter hohen oder tiefen Temperaturen oder unter hohem Druck.

Danksagung

Die vorliegende Arbeit wurde durch ein Forschungsstipendium der Firma IBM ermöglicht und im Forschungslabor San José, Kalifornien, durchgeführt.

Der Autor möchte IBM Wien und IBM San José für die erwiesene Großzügigkeit sowie Dr. W. Parrish für die persönliche Betreuung und Unterstützung herzlich danken.

Zusammenfassung

Form und Lage energiedispersiver Diffraktionslinien sind für ein gut justiertes Goniometer abhängig von Bragg-Winkel, Netzebenenabstand, Probentranzparenz, Probendicke und Detektorauflösung. Linienbreite, ihre Asymmetrie und Verschiebung von der Ideallage nehmen mit wachsender Energie, Strahldivergenz und Probendicke sowie mit kleineren Bragg-Winkeln ab.

Summary

Non-dispersive Diffractometry With Semiconductor Detectors

Shape and energy of a non-dispersive diffraction line from a well aligned goniometer are a function of Bragg angle, lattice parameter, specimen transparency (absorption), specimen thickness, beam divergences and detector resolution. It is shown, that width, asymmetry and shift of the line increase with increasing energy, beam divergence and specimen thickness and decreasing Bragg angle.

Literatur

[1] E. Laine, I. Lähteenmaki und M. Kantola, X-Ray Spectrometry **1972,** 1.

[2] M. Mantler und W. Parrish, Adv. in X-Ray Anal. **1976,** 20.

Korrespondenz und Sonderdrucke: Dr. Michael Mantler, Institut für Technische Physik, Technische Universität Wien, Karlsplatz 13, A-1040 Wien, Österreich.

Mikrochimica Acta [Wien], Suppl. 7, 567—574

MIKROCHIMICA
ACTA

Forschungslaboratorien der Siemens AG, München

Quantitative Röntgenfluoreszenz- und Beugungsanalysen an dünnen Schichten*

Von

O. Eberspächer und **K. Hieber**

Mit 4 Abbildungen

(Eingegangen am 27. Oktober 1976)

Im Zusammenhang mit Forschungs- und Entwicklungsarbeiten auf dem Gebiet der Dünnschichttechnologie werden häufig Fragen nach der chemischen Zusammensetzung und nach dem kristallinen Aufbau dünner Schichten gestellt. Dafür sind im Falle genügend großflächiger und gleichmäßiger Schichten (z. B. $1/2\ \mathrm{cm}^2 \times 100\ \mathrm{nm}$) mit röntgenographischen Methoden gute Durchschnittswerte zu erwarten.

Röntgenfluoreszenzanalyse

Zur quantitativen Analyse der chemischen Zusammensetzung dünner Schichten hat sich bei uns ein Meßverfahren mit dem SIEMENS-Sequenz-Röntgenspektrometer SRS bewährt, das aus der von R. Weyl 1961 publizierten Methode[1] ständig weiter entwickelt wurde. Dazu sind bei gegebener Zähldauer und bei einem entsprechend der Spektrallinie gegebenen Glanzwinkel ϑ_1 folgende Impulszahlen zu ermitteln: N_S von der Schichtprobe, N_0 vom unbelegten Substrat sowie der Bruttowert N_M einer Standardprobe. Ferner muß der Untergrund N_U der Standardprobe gemessen werden. Mit $A = \frac{N_S - N_O}{N_M - N_U}$ gilt dann für die Massenbelegung $L = A \cdot B$, wobei B

---

* Vortrag anläßlich des 8. Kolloquiums über metallkundliche Analyse mit besonderer Berücksichtigung der Elektronen- und Ionenstrahl-Mikroanalyse, Wien, 27. bis 29. Oktober 1976.

ein empirisch zu ermittelnder Eichfaktor ist. Der Fehler der Eichbestimmung, welcher durch Vergleich mit chemisch-analytischen Messungen zustande kommt, geht in alle Folgemessungen mit ein. Er liegt meist unter 2% (rel.). Der bei röntgenspektrometrischen Einzelmessungen hinzukommende Fehler ist kleiner als 1% (rel.). In einem Massenbelegungsbereich von ca. 0,1 ... 200 μg/cm², der mittleren äquivalenten Schichtdicken zwischen 0,1 ... 500 nm ent-

Tabelle 1. Nachweisgrenze für die Massenbelegung $L_g = \frac{3\,L \cdot \sqrt{N_0}}{N_S - N_0}$ bei der röntgenspektrometrischen Bestimmung dünner Schichten
Meßdauer jeweils 100 Sekunden; statistische Sicherheit 99,7%

Kα-Linien	L_g (ng/cm²)	Lα_1-Linien	L_g (ng/cm²)
Phosphor	250	Silber	215
Titan	2	Europium	60
Molybdän	70	Tantal	90

spricht, können damit fast alle chemischen Elemente mit Ordnungszahlen $Z \geq 13$ einzeln oder simultan quantitativ erfaßt werden. Für einige Elemente sind die Erfassungsgrenzen in der Tabelle 1 zusammengestellt.

Röntgenfeinstrukturanalyse

Um Informationen über die Gitterstruktur dünner Schichten zu erhalten, sind Beugungsaufnahmen mit dem Röntgendiffraktometer zu empfehlen. Sollen auch hiermit gute Nachweismöglichkeiten er-

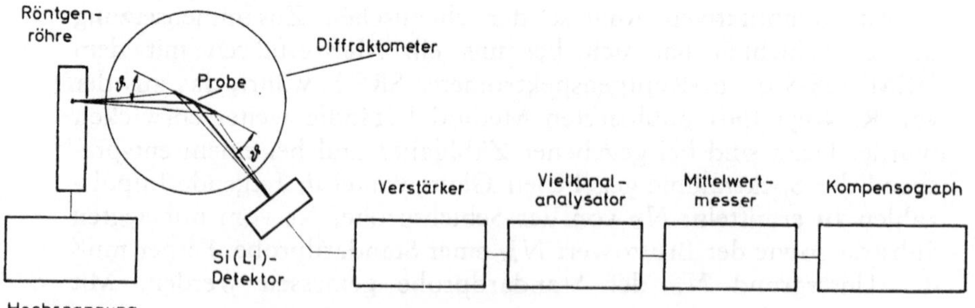

Abb. 1. Röntgen-Diffraktometer mit Si (Li)-Detektor

reicht werden, ist ein möglichst großes Linie-Untergrund-Verhältnis (LUV) anzustreben. Zur Untergrundintensität trägt das ganze Emissionsspektrum aus der Röntgenröhre sowie die Röntgenfluoreszenz- und Streustrahlung von Geräteteilen und von der Probe bei. Um die für die Feinstrukturanalyse gewünschte Spektrallinie aus dem Strahlungsuntergrund herauszufiltern, haben wir bei unserer SIEMENS-Diffraktometeranordnung einen energiedispersiv arbeitenden Halbleiterdetektor (Si(Li)-Detektor) eingesetzt (Abb. 1). Das ganze am Detektor ankommende Spektrum wird im Vielkanalanalysator verarbeitet. Man kann dort ein „Fenster setzen“, d. h. ein enges Energie-

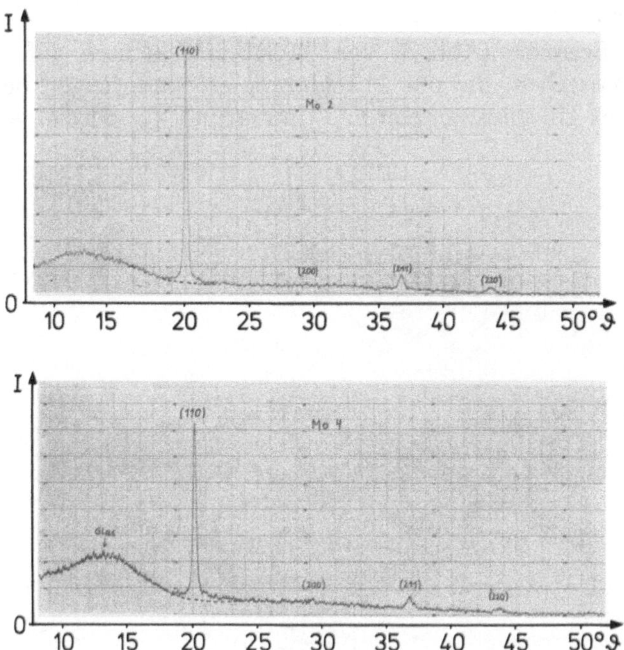

Abb. 2. Molybdänschichten auf Glas
Dicke: oben 138 nm, unten 72 nm; Beugungsdiagramme mit Cu Kα-Strahlung

intervall im Bereich einer Spektrallinie auswählen. Dann werden ausschließlich die innerhalb dieses Energieintervalls auflaufenden Impulse über den Mittelwertmesser zur Registrierung weitergegeben.

Messungen an Dünnschichtproben

Untersucht wurden Silber- und Molybdänschichten auf Glas- bzw. auf polierten Silizium-Einkristallscheiben. Bei allen Proben erfolgten röntgenspektrometrische Bestimmungen der Massenbelegungen und der Schichtdicken. Die diffraktometrischen Untersuchungen wurden mit einer Kupfer-Feinstrukturröhre bei 35 kV Röhrenspannung vorgenommen.

Die Molybdänschichten wurden in einer Diodensputteranlage bei einem Argondruck von 2 Pa hergestellt. Aus den Diagrammen von verschieden dicken Molybdänschichten auf Glas (Abb. 2) geht hervor, daß der (110)-Reflex im Vergleich zu den anderen Linien sehr viel stärker ist als bei entsprechenden Pulverdiagrammen. Die Untergrundintensität in der Nähe des (110)-Reflexes ist durch die Flanke der breiten Beugungsinterferenz des amorphen Glassubstrats angehoben.

Zwei Beispiele (Abb. 3) von Molybdänschichten auf Silizium-(111)-Einkristallen, die um 2^0 fehlorientiert sind, zeigen beim Mo-(110)-Reflex ein günstigeres Linie-Untergrund-Verhältnis, verglichen

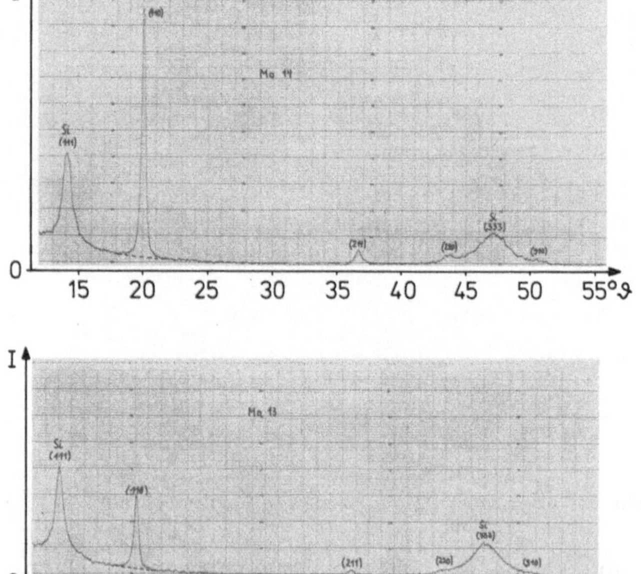

Abb. 3. Molybdänschichten auf Si (111)-Einkristall
Dicke: oben 42 nm, unten 22 nm; Beugungsdiagramme mit Cu Kα-Strahlung

mit Abb. 2. Die (111)- und (333)-Reflexe des einkristallinen Siliziumsubstrates sind wegen dessen Fehlorientierung stark unterdrückt.

Ganz analoge Ergebnisse brachten Beugungsdiagramme von Silberschichten, die bei $1 \cdot 10^{-3}$ Pa auf Glas bzw. auf Si-Einkristalle aufgedampft worden waren. Hier dominieren jeweils die Ag(111)-Reflexe.

Die besprochenen Beugungsdiagramme sind Beispiele aus Meßreihen mit Dicken zwischen 6 ... 200 nm. Die Untersuchung ergab, daß bei allen Dünnschichten die Lagenmannigfaltigkeit der reflektierenden Netzebenen erheblich eingeschränkt ist. Unabhängig vom Substrat sind Schichten mit Wachstumstexturen entstanden, beim

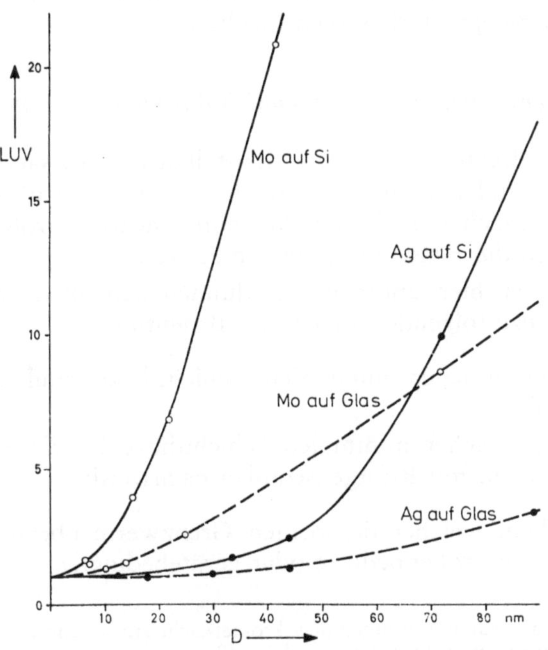

Abb. 4. Linie-Untergrund-Verhältnis LUV als Funktion der Schichtdicke *D*

Silber mit der (111)- und beim Molybdän mit der (110)-Ebene parallel zur Substratoberfläche.

Die Auswertung der Meßreihen führte ferner zu folgenden Aussagen: Mit kleiner werdender Schichtdicke nimmt die Halbwertsbreite der Beugungsreflexe des Schichtmaterials zu und es ist eine Vergrößerung der Netzebenenabstände zu beobachten. Diese Effekte sind auf Verkleinerung der kohärenten Gitterbereiche, auf Gitterstörungen sowie auf Gitteraufweitung in den ersten Atomlagen bei der Schichtbildung zurückzuführen.

In Abb. 4 ist das Linie-Untergrund-Verhältnis als Funktion der Schichtdicke dargestellt. Alle Kurven laufen bei größeren Schichtdicken in Geraden aus, die sich auch noch außerhalb des im Bild dargestellten Bereichs fortsetzen. Wegen der relativ starken Untergrundintensität ergibt sich für die Schichten auf Glas ein flacherer Verlauf der Kurven als für die Schichten auf Silizium. Für Molybdän wurde eine höhere Meßempfindlichkeit als für Silber erreicht, weil der Ag(111)-Reflex dem störenden Si(111) des Substrats etwas näher liegt als Mo(110). Die nichtlineare Abhängigkeit des Linie-Untergrund-Verhältnisses von der Schichtdicke bei den dünnsten Schichten ist erneut ein Hinweis auf größere Abweichungen der Realstruktur des Belagmaterials vom Idealfall.

Nachweisgrenze bei der Röntgendiffraktometrie dünner Schichten

Beugungseffekte werden vom Kristallgitter verursacht. Sie kommen nur zustande, wenn Objekte mit genügend großen kohärent streuenden Bereichen vorliegen. Mit abnehmender Größe dieser Bereiche werden die Beugungsreflexe verbreitert.

Im Fall der hier untersuchten dünnen Schichten sind für die Nachweisgrenze folgende Fragen von Bedeutung:

a) Bis zu welcher minimalen Schichtdicke sind die Proben kristallin?
b) Bis zu welcher minimalen Schichtdicke ist die Kristallinität der Proben mit Röntgenstrahlen nachweisbar?

Je nachdem, welcher der beiden Grenzwerte überwiegt, ist die Nachweisgrenze probenbedingt oder gerätebedingt.

Tabelle 2. Gerätebedingte röntgendiffraktometrische Erfassungsgrenzen D_g^* für die mittlere äquivalente Schichtdicke und L_g^* für die Massenbelegung bei orientiert auf Si(100)-Einkristallscheiben aufgewachsenen Schichten
Meßdauer jeweils 40 Sekunden; statistische Sicherheit 99,7%

Element	D Schichtdicke nm	N^* Brutto-Impulse	N_0^* Untergrund Impulse	$D_g^* = \frac{D \cdot 3\sqrt{N_0^*}}{N^* - N_0^*}$ nm	$L_g^* = \varrho \cdot D_g^*$ ng/cm²
Silber	4,6	2112	827	0,31	330
Molybdän	6,5	9246	5299	0,36	370

Um die gerätebedingte Nachweisgrenze zu ermitteln, haben wir sehr dünne Silber- und Molybdänschichten auf Silizium(100)-Substrate aufgebracht, für die noch ein günstigeres Linie-Untergrund-

Verhältnis zu erwarten ist als für die Silizium(111)-Kristalle (Tabelle 2). Aus den gemessenen Impulszahlen ergeben sich nach den Gesetzmäßigkeiten der Zählstatistik Nachweisgrenzen, die in der gleichen Größenordnung liegen wie bei der Röntgenfluoreszenzanalyse dünner Schichten mit $D = 0{,}2$ nm für Silber und $D = 0{,}07$ nm für Molybdän. Schichten mit einer mittleren äquivalenten Dicke von ca. 0,4 nm zeigen jedoch keinen Beugungsreflex mehr; damit ist bewiesen, daß die probenbedingte Nachweisgrenze bei diesen Schichten oberhalb der gerätebedingten Nachweisgrenze liegt.

Die Registrierung eines einzigen Beugungsreflexes reicht für den Nachweis einer Gitterstruktur allerdings nur dann aus, wenn es sich — wie im vorliegenden Fall — um eine Folge von Proben verschiedener Schichtdicken handelt. Dann kann die Gitterstruktur z. B. bei dicken Schichten genau bestimmt und mit abnehmender Schichtdicke messend verfolgt werden. Bei der Analyse einer unbekannten Probe ist die Registrierung nur eines einzigen Beugungsreflexes sicher nicht ausreichend. Es müssen mehrere Reflexe erfaßt werden, was eine erhebliche Verschlechterung der Nachweisgrenze bedeutet, oder es muß zusätzlich die Elementzusammensetzung der Probe bekannt sein oder gemessen werden. Hierzu kann die Röntgendiffraktometrie mit Si(Li)-Detektor mit großem Vorteil eingesetzt werden, da während des Beugungsexperimentes das Röntgenfluoreszenzspektrum gewissermaßen als „Nebenprodukt" mit registriert wird. Kennt man die in der Probe enthaltenen Elemente, so wird es in den meisten Fällen möglich sein, aus der Lage des stärksten Beugungsreflexes auf die vorliegende Gitterstruktur zu schließen.

Zusammenfassung

Dünne Molybdän- und Silberschichten (Schichtdicke $D = 3 \ldots 200$ nm) wurden mittels Röntgenfluoreszenzanalyse und Diffraktometrie bezüglich ihrer Massenbelegung und ihrer Gitterstruktur untersucht. Bei allen Proben wurde eine Wachstumstextur festgestellt. Mit abnehmender Schichtdicke nehmen die Gitterkonstanten zu und die Größe der kohärenten Gitterbereiche ab.

Bei der Massenbelegungsbestimmung beträgt die Nachweisgrenze für Molybdän 70 ng/cm^2 ($D \approx 0{,}07$ nm) und für Silber 215 ng/cm^2 ($D \approx 0{,}2$ nm). Für orientiert aufgewachsene Schichten können auch bei der Röntgendiffraktometrie diese extrem geringen Nachweisgrenzen annähernd erreicht werden, wenn ein energiedispersiver Detektor eingesetzt wird. Dem Nachweis sehr dünner, kristalliner Schichten ist durch die Geräteempfindlichkeit keine Grenze gesetzt.

Summary

X-Ray Spectrometric and Diffractometric Analysis of Thin Films

Thin films of molybdenum and silver (film thickness D = 3...200 nm) were analysed by X-ray spectrometry and diffractometry in order to determine the film thickness and the structure. The diffraction pattern revealed a preferred orientation of all crystals in the films. Reducing films thickness the lattice parameters increase whereas the grain size decreases.

In the case of the quantitative X-ray fluorescence analysis of thin molybdenum and silver films a lower detection limit of 70 ng/cm^2 (D ≈ 0,07 nm) and 215 ng/cm^2 (D ≈ 0,2 nm) respectively could be calculated. Since all crystals in the films showed a preferred orientation even for the X-ray diffractometry such low values of the detection limit could be determined when using an energy dispersive detector. It could be shown that the diffractometric analysis of very thin crystalline films is not limited by the sensitivity of the diffractometer.

Literatur

[1] R. Weyl, Z. angew. Physik 13, 297 (1961).

Korrespondenz und Sonderdrucke: Dr. Otto Eberspächer, Siemens AG, ZT ZFE FL AL 112, Balanstraße 73, D-8000 München 80, Bundesrepublik Deutschland.

Mikrochimica Acta [Wien], Suppl. 7, 575—596

MIKROCHIMICA ACTA

International Atomic Energy Agency,
Kernforschungszentrum Karlsruhe

Zum analytischen Einsatz von Festelektrolyt-Sonden. Sauerstoffbestimmung in multinären Metallschmelzen*

Von

H. Sundermann und **V. Schauer**

Mit 15 Abbildungen

(Eingegangen am 25. November 1976)

Einleitung

EMK-Bestimmungen über Ionen leitende Festelektrolyte finden in Thermodynamik, chemischer Analytik und vor allem im metallurgischen Bereich zunehmend Bedeutung. Die Zuordnung der gemessenen Potentiale zu den interessierenden thermodynamischen oder analytischen Größen, insbesondere zu gesuchten Konzentrationswerten, geschieht meistens noch durch aufwendige chemische Analysenreihen für Eichkurven, Tabellen oder Schablonen. Gegenüber diesem Stand haben die vorliegenden Untersuchungen zum Ziel, durch Darstellung der thermodynamisch-elektrochemischen Korrelationen[1, 2] im EMK-Temperatur-Konzentrations-Feld den sonst zur Fixierung erforderlichen Analysenaufwand einzuschränken und die Meßwerte, Temperatur und EMK, durch eine elektronische, die spezifischen Systemparameter berücksichtigende Meßwertwandlung unmittelbar in die zum Bestimmungsmedium gehörigen Konzentrationswerte zu überführen und auszuwerfen[3]. In der Darstellung wird ohne Einschränkung der Zusammenhänge von Sauerstoffionen leitenden Festelektrolyten ausgegangen. Tabelle 1 vermittelt eine Übersicht über die verschiedenen Anwendungsmöglichkeiten.

---

* Vortrag anläßlich des 8. Kolloquiums über metallkundliche Analyse mit besonderer Berücksichtigung der Elektronen- und Ionenstrahl-Mikroanalyse, Wien, 27. bis 29. Oktober 1976.

Tabelle 1. Anwendungsbeispiele für den Einsatz von Festelektrolyten

1. Aktivitäts-, Druck- und Konzentrationsbestimmungen von Sauerstoff mittels Ketten $[O_2']/O^-/[O_2'']$ in Oxiden, Schmelzen, Gasen und Dämpfen (z. B.: Wasser ~ Dampf; Stahl-, Kupfer-Schmelzen)
2. Bestimmung thermodynamischer Werte, wie z. B. freie Bildungsenthalpie für Sulfide, Fluoride, Boride, Phosphide, Oxide, Carbide, etc.

	Reaktion:	Kette:	Beispiele:
a) in einfachen Verbindungen	$A + X = AX$	A/AX/X	Th, $ThF_4/CaF/ThF_4$, ThC_2, C Ag/AgBr/Br_2 Ag/AgI/AgS, S
b) in Austauschreaktionen	$AX + B = BX + A$	A, AX/CX/B, AX	Fe, Fe_3O_4/O^-/Ni, Nio
c) in ternären Verbindungen	$AX + BX_2 = ABX_2$	A, BX_2, ABX_3/CX/A, AX	$NiAl_2O_3$, Al_2O_3, Ni/O^-/Ni, NiO
3. in Legierungssystemen	$A \rightleftharpoons [A]_B$	$[A]_B$, AX/CX/A, AX	$[Ni]_{Cu}$, NiO/O^-/Ni, NiO
4. in nicht-stöchiometrischen Verbindungen (Potentio-Coulometrie)	$MX_n + \nu X = MX_{n+\nu}$		$UO_{2+\nu}/O^-$/Ni, NiO

1. Zum Meßprinzip

Am Beispiel eines Sauerstoffionen leitenden Festelektrolyten ist in Abb. 1 das Meßprinzip vereinfachend dargestellt. Der Elektrolyt trennt zwei Räume unterschiedlicher Sauerstoffpartialdrucke bzw. unterschiedlicher Sauerstoffkonzentrationen.

Die beiden metallisierten, meist platinierten Grenzflächen des Elektrolyten bilden Anode und Kathode. Links sei ein Sauerstoff-Bezugspartialdruck p_0 vorgegeben, der Druck p_1 sei zu bestimmen.

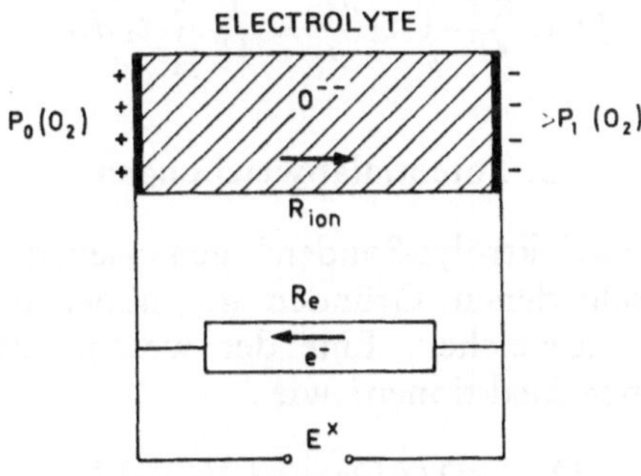

Abb. 1. Meßprinzip und Zellspannung, schematisch

Im Beispiel sei $p_0 > p_1$. Beim Durchgang der Ionen eines Mols Sauerstoff O_2 von links nach rechts wird dabei im Druckgefälle die Arbeit $A_p = RT \ln p_1/p_0$ gewonnen, andererseits aber müssen die Ionen gegen die sich ausbildende Potentialdifferenz $E = \varphi_1 - \varphi_0$ die Arbeit $A_e = (\varphi_1 - \varphi_0) \cdot z \cdot F$ leisten. (F = Faradaykonstante, z = Wertigkeit, gleich 4 bezogen auf O_2). Im Gleichgewicht kompensieren sich die Arbeitsanteile:

Für die EMK ergibt sich somit

$$E = \frac{RT}{4F} \ln p_0/p_1 \tag{1.1}$$

Wenn die Zelle mit dem Ionenwiderstand R_i über einen externen Widerstand R_e belastet wird, vermindert sich die EMK auf die Klemmenspannung E^*

$$E^* = E \frac{R_e}{R_e + R_i} \tag{1.2}$$

Besitzt der Elektrolyt auch eine Elektronenleitung, so sei der zugehörige Elektronenwiderstand R_e nun anstelle des vorherigen Außenwiderstandes zusammen mit R_i parallel als eine die Ionenleitfähigkeit σ_i überlagernde Elektronenleitfähigkeit σ_e gesetzt.

Mit $\frac{R_e}{R_e+R_i} = \frac{\sigma_i}{\sigma_e+\sigma_i} \equiv t_i$, wobei t_i gleich der Ionenüberführungszahl ist, folgt gemäß Gl. 1.2

$$E^* = E \cdot t_i. \tag{1.3}$$

Setzt man $p_1 = p$ bzw. $p_0 = p + dp$ und führt t_i als druckabhängig in Gl. 1.2 ein, so erhält man schließlich die bekannte Gleichung[4,5]

$$E^* = \frac{RT}{4F} \int_{p_1}^{p_0} t_i \frac{dp}{p} = \frac{1}{4F} \int_{\mu_1}^{\mu_0} t_i \, d\mu \tag{1.4}$$

2. Potentialabweichungen

Die durch Festelektrolyt-Sonden[6] gemessenen Zellspannungen können aus verschiedenen Gründen gegenüber der nach Gl. 1.1 erwarteten EMK abweichen. Eine der wesentlichen Ursachen ist gegeben, wenn über Reaktionen[7] wie

$$O^{--} \rightleftharpoons 1/2\, O_{2,\,\mathrm{Gas}} + V_0^{\cdot\cdot} + 2\,\ominus \tag{2.1}$$

wobei $V_0^{\cdot\cdot}$ = Ionen − Leerstellen

$$1/2\, O_{2,\,\mathrm{Gas}} + V_0^{\cdot\cdot} \rightleftharpoons O^{--} + 2\,\oplus \tag{2.2}$$

im Elektrolyten bei kleinen Sauerstoffpartialdrucken neben der Ionenleitung infolge Überschußelektronen *n*-Leitung oder bei höheren Drucken infolge Defektelektronen *p*-Leitung auftritt. Solange im Elektrolyten die Konzentrationen $[O^{--}]$ und $[(\cdot\,\cdot)]$ hinreichend hoch und damit relativ konstant bleiben, resultiert aus obigen Reaktionsgleichungen mit den Verteilungskonstanten k_- und k_+

$$k_- = c_-^2\, p^{1/2} \qquad \text{wobei } c_- = [\ominus] \tag{2.3}$$

$$k_+ = c_+^2\, p^{-1/2} \qquad \text{wobei } c_+ = [\oplus] \tag{2.4}$$

Mit der Ionenleitfähigkeit σ_i und der Elektronenleitfähigkeit $\sigma_e = \sigma_- + \sigma_+$ gilt für die Überführungszahl $t_i = 1/(1 + \sigma_-/\sigma_i + \sigma_+/\sigma_i)$.

Setzt man nach H. Schmalzried[8,9] $\sigma_-/\sigma_i = \alpha_- c_-$ und $\sigma_+/\sigma_{i-} = \alpha_+ \sigma_+$ und definiert $\alpha_- \cdot \sqrt{k_-} \equiv p_-^{1/4}$ sowie $\alpha_+ \cdot \sqrt{k_+} \equiv p_+^{-1/4}$, so erhält man nach Integration der Gl. 1.4

$$E^* = \frac{RT}{F} \left[\ln \frac{p_+^{1/4} + p_1^{1/4}}{p_+^{1/4} + p_0^{1/4}} - \ln \frac{p_-^{1/4} + p_1^{1/4}}{p_-^{1/4} + p_0^{1/4}} \right] \tag{2.5}$$

Für die „Halbwertdrucke" p_+ bzw. p_- gilt, $t_i(p) = 1/2$ für $p_- = p \ll p_+$ oder $p_+ = p \gg p_-$. Für $p_+ \gg (p_0; p_1)$ verschwindet in Gl. 2.5 der erste Term; ist ferner $p_- \ll (p_1; p_1)$, dann geht Gl. 2.5 in 1.1 über.

Für die praktische Anwendung der Gl. 2.5 ist einschränkend zu bemerken, daß sie nur dann gilt, wenn auch im Innern des Elektrolyten zu den an seinen äußeren Grenzen als Randbedingung vorliegenden Sauerstoffpartialdrucken Gleichgewicht herrscht, d. h., wenn im Elektrolyten in Abhängigkeit der Randbedingungen solange Sauerstoff aus- bzw. eingebaut wird, bis auch im Elektrolyt-Innern der Verlauf des Sauerstoffpotentials bzw. des diesem örtlich zuzuordnenden Partialdruckes dem Gleichgewichtsverlauf entspricht[3]. Diese Einstellung kann nicht spontan, sondern nur in Austauschreaktionen erfolgen. Je größer der räumliche Abstand zwischen p_0 und p_1 ist, desto länger wird die Übergangszeit zum Gleichgewicht im Innern dauern. — Während Kurzzeitmessungen liegen daher gar nicht die zu den örtlichen Gleichgewichten, sondern die zur Vorgeschichte des Elektrolyten gehörenden Überführungswerte t_i vor.

Durch geeignete Vorbehandlung und geeigneten Aufbau läßt sich jedoch im Elektrolyten ein Ungleichgewicht gegenüber den bei der Messung herrschenden Randbedingungen mit durchgehendem $t_i = 1$ so stabilisieren, daß für Messungen während hinreichend kurzer Zeiten eine u. U. zum Gleichgewicht gehörige Elektronenleitung zu unterlaufen ist.

Im Nachfolgenden wird ohne besondere Einschränkung zur Vereinfachung der Darstellung von $t_i = 1$ ausgegangen. Die Auswertung über die Gl. 2.5 setzt in jedem Fall ein Gleichgewicht voraus, das im übrigen auch bei der experimentellen Bestimmung der für die Auswertung benötigten Systemparameter p_- und p_+ gewährleistet sein muß.

3. Verteilungs- und Aktivitätskoeffizienten

In Abb. 1 wurde schematisch die Bestimmung eines unbekannten Partialdruckes p_1 gegenüber einem Referenzdruck p_0 dargestellt. Steht nun der Partialdruck p_1 im Gleichgewicht mit der ebenfalls unbekannten Sauerstoffkonzentration c, z. B. in einer Schmelze, dann würde die Einführung einer Meßsonde in die Schmelze die gleiche EMK wie die zur Gasphase gehörige liefern. Gl. (1.1) würde den zur Schmelze zugehörigen Gleichgewichtspartialdruck p_1 liefern, die zugehörige Konzentration c bliebe jedoch zunächst weiter unbekannt. Es gilt demnach, den Zusammenhang zwischen Gleichgewichtspartialdruck p und der Löslichkeit bzw. der Konzentration des Sauerstoffs in der Schmelze darzustellen.

Für den Übergang von Sauerstoff aus der Gasphase in eine Metallschmelze gilt die Reaktionsgleichung

$$O_2 \rightleftharpoons 2\,O \tag{3.1}$$

Im Gleichgewicht muß die Differenz der chemischen Potentiale μ zu den beiden Phasen verschwinden, somit gilt:

$$2\,\mu^0{}_O + 2\cdot RT \ln f c_O - \mu^0{}_{O_2} - RT \ln p_{O_2} = 0 \tag{3.2}$$

Der Standardzustand des gelösten Sauerstoffs $\mu^0{}_O$ bezieht sich auf den Zustand idealer Verdünnung in der jeweiligen Schmelze. Für die Normierung des Aktivitätskoeffizienten f gilt somit $f=1$ für $c\to 0$.

Da im flüssigen Metallsystem die Sättigungskonzentration des Sauerstoffs $c_{O,s} \ll 1$ bleibt, gilt $f=1$ für alle c_O. — Aus (3.2) folgt

$$[2\,\mu^0{}_O - \mu^0{}_{O_2}]/RT = \Delta\,G/RT = -\ln k = \ln p/c^2. \tag{3.3}$$

Es gilt somit die Henrysche Verteilung

$$c^2/p = c_s{}^2/p_s = k. \tag{3.4}$$

Wird dem reinen geschmolzenen Metall M_1 ein zweites Metall M_2 zugegeben, dann liegt zusammen mit dem gelösten Sauerstoff eine ternäre Schmelze (0, 1, 2) vor.

Anstelle des Standardpotentials $\mu^0{}_O \equiv \mu^0{}_{0,1}$ in Gl. (3.3) muß nun auf den neuen Standardzustand $\mu^0{}_{0,1,2}$ bezogen werden. Anstelle $k \equiv k_{0,1}$ tritt dementsprechend die ternäre Verteilungskonstante $k_t \equiv k_{0,1,2}$ auf.

Setzt man

$$k_{0,1,2} = \gamma_{0,1,2}^{-2} \cdot k_{0,1} \tag{3.5}$$

dann folgt

$$k_{0,1} = k_{0,1,2} \cdot \gamma_{0,1,2}^{2} = k_{0,m} \cdot \gamma_{0,m}^{2} \tag{3.6}$$

Der Koeffizient $\gamma_{0,1,2}$ tritt somit in Anwesenheit einer ternären Komponente als Aktivitätskoeffizient des gelösten Sauerstoffs auf, wenn man seinen Standardzustand weiter auf das binäre System (0, 1) bezieht. Zu beachten ist, daß $\gamma_{0,1,2} \neq \gamma_{0,2,1}$ ist!

Der Koeffizient γ ist wie vorher f für $c_{O,s} \ll 1$ unabhängig von c_O, aber nunmehr abhängig von der Konzentration der zugefügten ternären Komponente!

Diesen Einfluß der ternären Komponente auf die formal auf das Metall 1 bezogene Aktivität des Sauerstoffs kann man durch einen Wechselwirkungskoeffizienten ε charakterisieren:

$$\varepsilon_{0,1,2} = \partial \ln \gamma_{0,1,2}/\partial c_2 \quad \text{bzw.} \quad \varepsilon_{0,2,1} = \partial \ln \gamma_{0,2,1}/\partial c_1 \tag{3.7}$$

Es ist zu beachten, daß auch[10] anstelle von Gl. (1.1) von der Darstellung

$$E = RT/2F\,[1/2 \ln p_0 - \ln \gamma^* - \ln c],$$

ausgegangen wird, wobei γ^* als Aktivitätskoeffizient bezeichnet wird, obwohl dann $\gamma^* \equiv k_t^{-1/2}$ ist.

Im Realfall metallischer Schmelzen liegen meist multinäre Systeme (0, 1 ... n) vor. Würde man n binäre Schmelzen (0, i), die alle unter dem gleichen Gleichgewichtspartialdruck $p_{0,i} = p_{0,v}$ stehen, zu einer multinären Schmelze zusammenfügen, so würde auch für diese der ursprüngliche Partialdruck $p_{0,v}$ als nunmehr multinärer Gleichgewichtspartialdruck unverändert bleiben, wenn zwischen den n metallischen Schmelzkomponenten keine unterschiedlichen Wechselwirkungen bestehen würden. In diesem idealisierten Fall würde mit $c_{0,i} \ll 1$ für alle i gelten:

$$c_{0,m-\text{ideal}} = \sum_{i=1}^{n} c_{0,i} \cdot c_{i,m} \tag{3.8}$$

Der Index m steht für multinär, z. B., $c_{0,m} \ll c_{0,1,2 \ldots n}$.

Für die multinäre Verteilungskonstante $k_{0,m} = c^2{}_{0,m}/p_{0,m}$ würde gelten:

$$\sqrt{k_{0,m-\text{ideal}}} = \sum_i c_{i,m} \sqrt{k_{0,i}} \tag{3.9}$$

Für den Realfall liegt es nahe, hier die $c_{i,m}$ durch die multinären Aktivitäten $a_{i,m}$ zu ersetzen. Mit diesem Ansatz folgt

$$c_{0,m} = \sum_i a_{i,m}\, c_{0,i} \quad \text{oder} \quad c_{0,t} = c_{0,1} \cdot a_{1,2} + c_{0,2} \cdot a_{2,1} \tag{3.10}$$

$$\sqrt{k_{0,m}} = \sum_i a_{i,m} \sqrt{k_{0,i}} \quad \text{oder} \quad \sqrt{k_{0,t}} = a_{1,2}\sqrt{k_{0,1}} + a_{2,1}\sqrt{k_{0,2}} \tag{3.11}$$

Für den Verteilungskoeffizienten gilt analog zu 3.5

$$c^2{}_{0,m}/p_{0,m} = k_{0,m} = k_{0,1} \cdot \gamma^2{}_{0,i \ldots i-1,\, i+1, \ldots n}; \tag{3.12}$$

daraus folgt weiter:

$$\gamma_{0,i} = \sum_{\nu=1}^{n} a_{\nu,m}\, [k_{0,\nu}/k_{0,i}]^{1/2} \tag{3.13}$$

Der gebräuchliche Taylorsche Ansatz für die multinären Aktivitätskoeffizienten

$$\gamma_{0,i} = \gamma_{0,1} + \sum_{2}^{n} c_{i,m}\, \varepsilon_{0,1,n} \tag{3.14}$$

gilt nur unter der die Anwendung im Multinären (z. B. hochlegierte Schmelzen) weitgehend ausschließenden Nebenbedingung

$$\sum_{2}^{n} c_{i,n} \ll 1$$

Diese Einschränkung entfällt in der Näherung 3.13. Im allgemeinen sind die benötigten multinären Aktivitäten kaum zugänglich und höchstens für spezielle ternäre Systeme bekannt, in denen sie wegen $c_0{}^t{}_t \ll 1$ mit den binären Aktivitäten übereinstimmen.

Da nun aber die in den Systemen je nach Löslichkeit in Größenordnungen unterschiedlich auftretenden $c_{0,i}$ als binäre Konzentration zugänglich sind und andererseits die multinären Aktivitäten $a_{i,m}$ eng in der Größenordnung der Konzentration bleiben, stellen die obigen Beziehungen größenordnungsmäßig noch Näherungen dar, wenn anstelle der Aktivitäten einfach die Konzentrationen eingesetzt werden.

Die vorstehenden Rechnungen erübrigen sich, wenn für den Zusammenhang von EMK, Temperatur und Konzentration (vgl. Kapt. 5) die multinäre Verteilungskonstante experimentell z. B. durch eine potentio-coulometrische Konzentrationsbestimmung (vgl. Kapt. 6) ermittelt wird.

Anmerkung: Ausgehend von einem festkörperphysikalischen Modell kam C. Wagner[11] für die ternäre Löslichkeit zu der Beziehung $\ln c_{0,1,s} = c_1 \ln c_{0,1,s} + c_2 \ln c_{0,1,s}$ die für $p_{0,1,s} = p_{0,2,s} = p_{0,t,s}$ sowie $c_{0,1,s} = c_{0,2,s}$ und $a_1 = c_1$ sowie $a_2 = c_2$ in Gl. 3.10 übergeht.

Für die ternäre Verteilung ergibt sich dann anstelle von Gl. 3.11 $k_{0,t} = k_{0,1}^{c_1} \cdot k_{0,2}^{c_2}$. Beide Beziehungen werden in Abb. 6 experimentellen Ergebnissen gegenübergestellt.

4. Elektrochemisch-thermodynamische Beziehungen

Für den Verlauf von EMK-T-Kurven ergibt sich experimentell:

— In einer Schmelze mit überschüssigem, nicht gelöstem Oxid, wenn also $c(T) = c_s(T)$, fällt die EMK linear mit der Temperatur ab, bis bei einer Temperatur $T = T^*$ alles Oxid gelöst ist.

— Bei weiterer Temperaturerhöhung, $T > T^*$, wenn also in der untersättigten Schmelze $c_u = c_s(T^*)$ ist, verläuft die EMK weiterhin linear mit der Temperatur, jedoch unter anderem Neigungswinkel. (Vgl. Abb. 2a).

Hieraus resultieren die Darstellungen:

$$E_s = RT/4F \cdot \ln p_0/p_s = E_s(T^*) + m_s[T - T^*] \quad (4.1)$$

$$E_u = RT/4F \cdot \ln p_0/p_u = E_s(T^*) + m_u[T - T^*] \quad (4.2)$$

Aus Gl. (5.1) folgt, daß $\ln p_s$ eine lineare Funktion von $1/T$ ist. Es kann daher gesetzt werden.

$$\lg p_s = \alpha - \beta/T \quad (4.3)$$

Dies steht im Einklang damit, daß die ΔG_{ox}-Werte lineare Funktionen von T sind, solange keine Phasenumwandlungen durchlau-

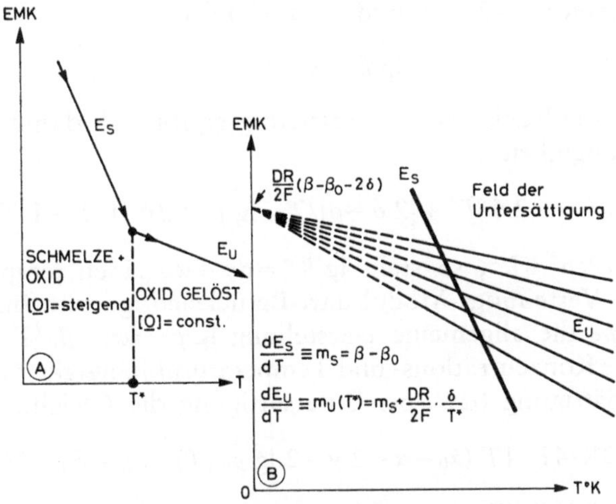

Abb. 2. EMK-Verlauf gegenüber Temperatur

A) Mit steigender Löslichkeit von Sättigung zur Untersättigung; B) EMK-T-Feld auf $T = 0^0$ K extrapoliert

fen werden. In jedem Fall gilt daher 4.3 intervallweise und bleibt darüberhinaus eine gute Näherung. Mit $k = c^2/p$ folgt aus 4.1 und 4.2

$$d(E_u - E_s)/dT = m_u - m_s = R/2F \cdot [\ln c_s(T)/c_s(T^*) + d \ln c_s(T)/d \ln T] \quad (4.4)$$

Die Lösung dieser Differentialgleichung lautet:

$$\lg c_s(T) = \gamma - \delta/T \quad (4.5)$$

Aus der thermodynamischen Beziehung $\partial \ln c/\partial T|p = \lambda/RT^2$ (wobei p = Systemdruck) folgt mit $D = \ln/\log = 2{,}303$ für die Lösungswärme — $\lambda = D\delta R$.

Setzt man Gl. (4.5) in Gl. (4.4) ein, so ergibt sich

$$m_u = m_s + D\delta R/2FT^*; \qquad (4.6)$$

daraus folgt, daß der Temperaturkoeffizient m_u der E_u-T-Geraden von T^* abhängt. Dies wurde offenbar in manchen Untersuchungen nicht beachtet und führte zu Schlüssen, daß es keine eindeutige Korrelation für den Temperaturkoeffizienten der EMK gäbe[12]. Unter Beachtung, daß zwar $c_u \equiv c_s\,(T^*)$ dagegen $p_u \neq p_s\,(T^*)$, ergibt sich aus Gl. (4.3) und (4.5) für die Verteilungskonstante k

$$\lg k = \lg c_s^2(T)/p_s\,(T) = \lg c_s^2\,(T^*)/p_u\,(T) = 2\,\gamma - \alpha + [\beta - 2\delta]/T \qquad (4.7)$$

mit den Abkürzungen für die für jedes Schmelzsystem charakteristischen Parameter $\sigma = 2\gamma - \alpha$ und $\tau = \beta - 2\delta$ folgt

$$\lg k = \sigma + \tau/T \qquad (4.8)$$

Für den Partialdruck bei Untersättigung ergibt sich damit die Temperaturabhängigkeit

$$\lg p_u = \alpha - 2\,\delta/T^* + [2\,\delta - \beta]/T = \lg p_s + 2\delta\,(1/T - 1/T^*) \qquad (4.9)$$

Setzt man $c^\beta/p^\delta \ll K^*$, so stellt $\lg K^* = \beta\gamma - \alpha\delta$ einen temperaturunabhängigen Verteilungs-Modul dar. Berücksichtigt man für den Bezugsdruck p_0 die allgemeine Darstellung $\lg p_0 = \alpha_0 - \beta_0/T$, so resultieren für die Konzentrations- und Temperaturabhängigkeit der EMK-Werte bei Sättigung bzw. bei Untersättigung die Gleichungen:

$$E_s\,(T) = DR/4F \cdot [T\,(\alpha_0 - \alpha + 2\,\gamma - 2\,\lg c_s\,(T)) + \beta - \beta_0 - 2\delta] \qquad (4.10)$$

$$E_u\,(T) = DR/4F \cdot [T\,(\alpha_0 - \alpha + 2\gamma - 2\,\lg c_s\,(T^*)) + \beta - \beta_0 - 2\delta] \qquad (4.11)$$

Die in das Gebiet der Übersättigung extrapolierten EMK-T-Geraden schneiden sich in dem Punkte $T=0$; $E_u = [\beta - \beta_0 - 2\delta]\;DR/4F$.

T^* ergibt sich aus den Schnittpunkten der $E_s\,(T)$- mit der jeweiligen $E_u\,(T)$-Geraden. Vgl. Abb. 2b. Die Systemparameter α, β und δ sind allein aus dem EMK-T-Feld bestimmbar. Dieses Feld ergibt sich bereits aus zwei Punkten der $E_s\,(T)$-Geraden und zwei Punkten einer einzigen $E_u\,(T)$-Geraden.

Unmittelbar aus dem EMK-T-Feld ergibt sich auch der jeweilige Sättigungsgrad einer Schmelze, d. h. die relative Sauerstoffkonzentration $x = c_u/c_s$ zu

$$x = \delta\,[1/T^* - 1/T] \qquad (4.12)$$

Zur Bestimmung des letzten Systemparameters γ und damit zur Konzentrationszuordnung des gesamten EMK-T-C-Feldes genügt eine einzige, dem Feld zugeordnete Konzentrationsangabe. Die Aufstellung sonst üblicher langwieriger Analysenreihen erübrigt sich somit.

Bildet man zu Gl. (4.10) und (4.11) die inversen Gleichungen, so ergibt sich die für die Auswertung praktischere Darstellung

$$\lg c_u = E \cdot L/T + M/T + N \tag{4.13}$$

mit $L = -2F/DR$; $M = [\beta - \beta_0 - 2\delta]/2$ und $N = [\alpha_0 - \alpha - 2\gamma]/2$.

5. EMK-T- und EMK-T-C-Diagramme

In Abb. 3 wurde für Sauerstoff in Natrium in einem Nomogramm dem EMK-T-Feld der Konzentrationsverlauf zugeordnet. Ausgehend von einem gemessenen EMK-T-Punkt wird die zuge-

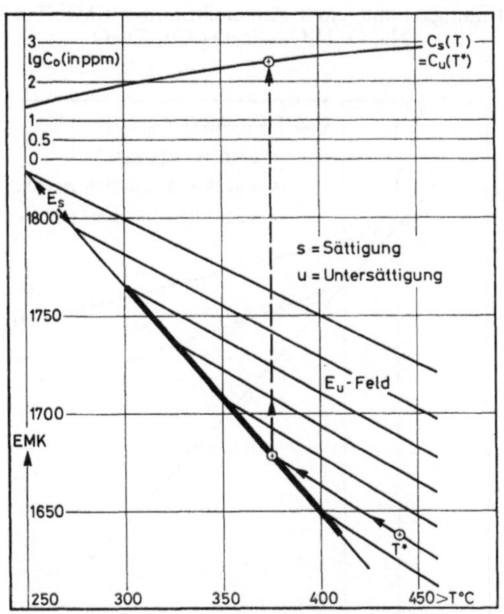

Abb. 3. Unten: EMK-T-Feld für Na, $O/ThO_2-Y_2O_3$/Luft; oben: Verlauf der Sättigungskonzentration

hörige E_u (T)-Gerade bis zum Schnittpunkt mit der E_s (T)-Geraden durchlaufen. Damit ergibt sich T^* und senkrecht darüber im oberen Diagramm der zugehörige Wert lg c_u.

Abb. 4 zeigt den Verlauf der Sättigungs-EMK gegenüber der Temperatur sowie den Verlauf einer Untersättigungskurve für die

Zelle Na, O/O=/Cu, Cu_2O. Aus der zum Schnittpunkt der E_s- mit der E_u-Geraden, für die Temperatur T^* wurde $c(T^*)$ zu 62 ppm

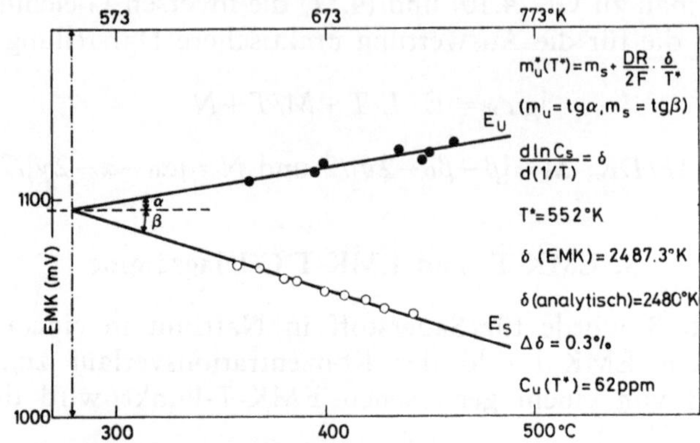

Abb. 4. Die Sättigungs- mit einer Untersättigungs-EMK-T-Gerade der Kette Na, $O/ThO_2-Y_2O_3/Cu$, Cu_2O

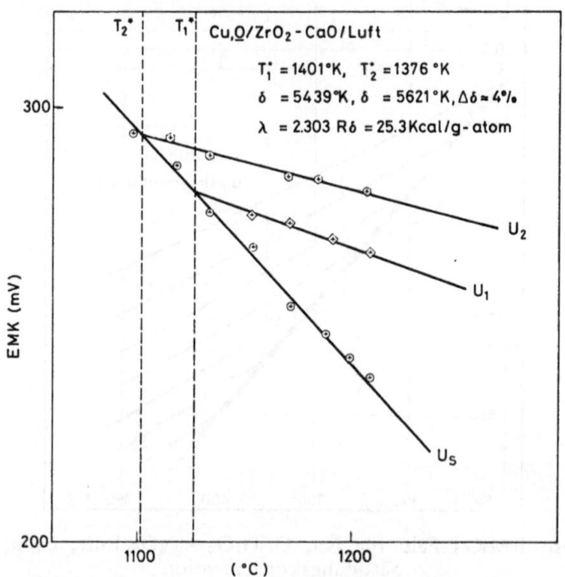

Abb. 5. Die Sättigungs- mit zwei Untersättigungs-EMK-T-Geraden der Kette Cu, O/ZrO_2-CaO/Luft

bestimmt. Aus den Schnittwinkeln wurde der Temperaturkoeffizient δ der Sauerstofflöslichkeit ermittelt und mit chemisch analytischen Angaben verglichen.

Abb. 5 zeigt den Verlauf der E_s- und zweier E_u-Geraden, die an der Zelle Cu, O/O$^{=}$/Luft gemessen wurden. Aus jedem Schnittwinkel der beiden E_u- mit der E_s-Geraden wurde unabhängig voneinander der Temperaturkoeffizient der Löslichkeit von Sauerstoff im flüssigen Kupfer mit 4% relativem Fehler ermittelt. Aus dem Temperaturkoeffizienten wurde weiter, vgl. Kap. 3, die Lösungswärme für Sauerstoff in Kupfer ermittelt.

Abb. 6 zeigt den Verlauf von EMK-Messungen in dem multinären System Cu, Ag, O/O$^{=}$/Luft. Es wurde von einer vorgegebenen Sauerstoffdotierung von 10^4 ppm ausgegangen, die bei 1220^0 C noch

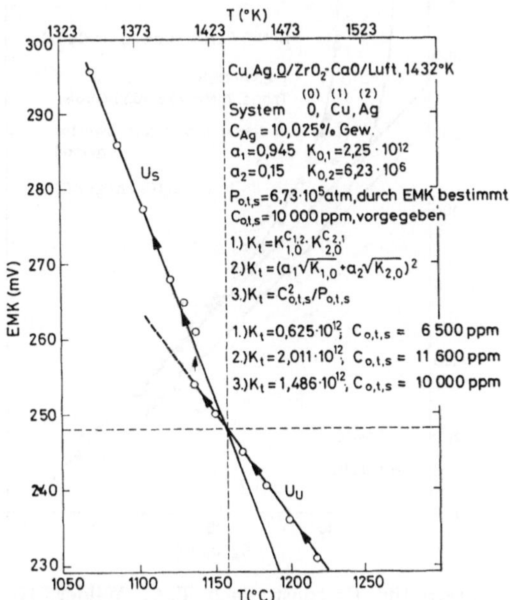

Abb. 6. EMK-Verlauf mit fallender Temperatur. Bestimmung der multinären Verteilungskonstante. Kette: Cu, Ag, O/O^{--}/Luft

unterhalb der Sättigung lag. Die EMK wurde bei kontinuierlicher Abkühlung gemessen, so daß die E_u-Gerade irgendwo in die E_s-Gerade übergehen mußte. (Der Verlauf der Messung zeigt, daß durch zu schnelle Abkühlung das Gebiet der Übersättigung durchlaufen wurde).

Aus den in der Abbildung angegebenen bekannten binären Werten a_1, a_2, $k_{0,1}$ und $k_{0,2}$ wurden die ternäre Verteilungskonstante (1) nach C. Wagner und (2) nach H. Sundermann (gemäß 3.11) bestimmt und die zugehörigen $c_{0,t,s}$-Werte (3) mit dem Vorgabewert verglichen. Dabei zeigt (2) eine bessere Übereinstimmung mit dem Vorgabewert als (1). — Daß (2) etwas über dem Vorgabewert liegt, steht im Einklang damit, daß die Schmelze vor der Sauerstoffdotierung bereits einen geringen Sauerstoffgehalt besaß.

In der Praxis wurden oft aus EMK-Messungen und begleitenden chemischen Analysenreihen EMK-lg c-Kurven für jeweils $T=\text{const.}$ bestimmt. Dabei zeigten sich vielfach im Bereich kleiner Konzentrationen erhebliche Abweichungen von der nach Gl. (4.11) zu erwartenden Linearität, was gelegentlich als Veränderung des Aktivitäts-

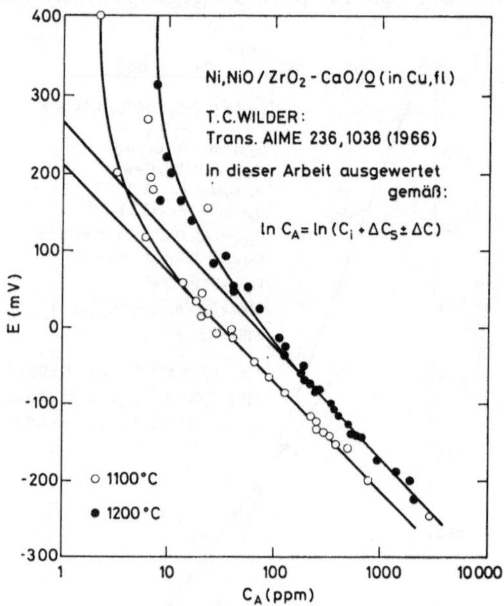

Abb. 7. EMK-C-Kurven für $T=\text{const.}$ nach T. C. Wilder. Hier korrigiert für $c \leqq 100$ ppm

koeffizienten bzw. der Verteilungskonstante interpretiert wurde. — Im Bereich geringer Konzentrationen jedoch ist gerade die chemische Bestimmung meist neben einem Streu-Fehler Δc mit einem systematischen Fehler Δc_s belastet. Setzt man demnach an:

$$c_{\text{analytisch}} \equiv c^* = c_u + \Delta c_s \pm \Delta c \tag{5.1}$$

und schreibt Gl. (4.11) als

$$E = \varepsilon_1 + \varepsilon_2 \lg c_a \tag{5.2}$$

für $T=\text{konstant}$, so bleibt in Gl. (4.15) der lineare Zusammenhang zwischen E und $\lg c^*$ gewahrt, solange $\Delta c_S \ll c^*$. Mit $c^* \leq \Delta c_S$ geht $E (\lg c^*)$ dagegen sehr schnell über in ∞ für alle c^*. Aus derartigen Kurven läßt sich im nachhinein noch abschätzen, wie groß der analytische Fehler war. Die durchgeführte Korrektur zeigt die tatsächliche Linearität klar auf, vgl. dazu Abb. 7[13].

Die oben hergeleiteten Beziehungen zeigen, daß Analysenreihen für die Aufstellung von EMK-lg c-Kurven keineswegs notwendig

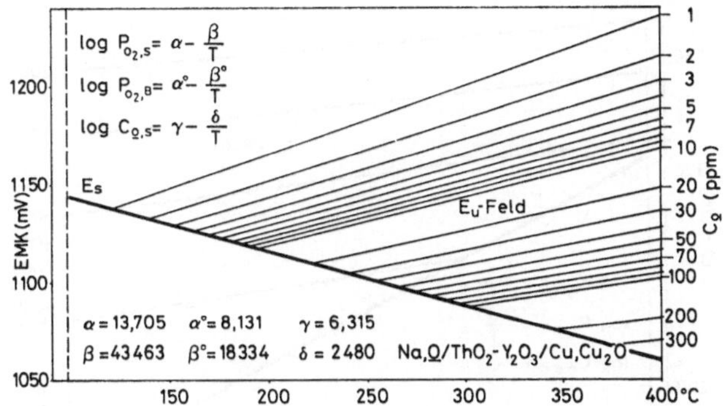

Abb. 8. EMK-T-C-Diagramm für Sauerstoff in Na-Schmelze

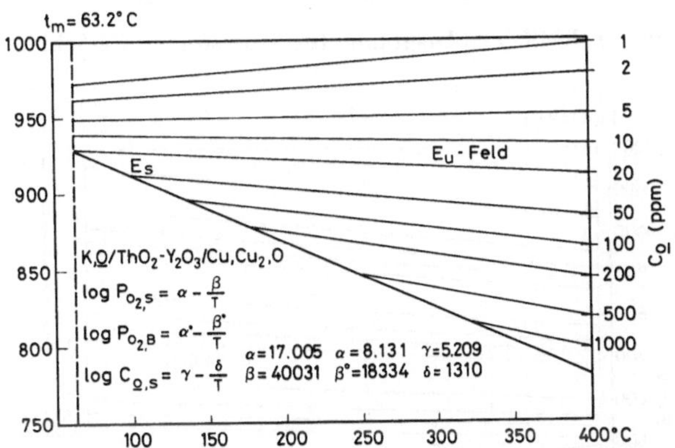

Abb. 9. EMK-T-C-Diagramm für Sauerstoff in K-Schmelze

sind, da das EMK-T-Feld bereits mit einer einzigen, hinreichend genauen und daher vorzugsweise bei höherer Konzentration durchzuführenden Bestimmung zu fixieren ist. Als Beispiele vollständiger EMK-T-C-Diagramme sind in den Abb. 8 bis 13 die Diagramme für Sauerstoff in Na, K, Cu, Ni, Co und Fe wiedergegeben.

6. Potentio-coulometrische Konzentrationsbestimmung

Im Abschnitt 3 wurde ausgeführt, wie sich näherungsweise multinäre Verteilungskonstanten aus den binären Größen berechnen lassen. Es ergab sich weiter, daß sich allein aus der E_s-T- und einer

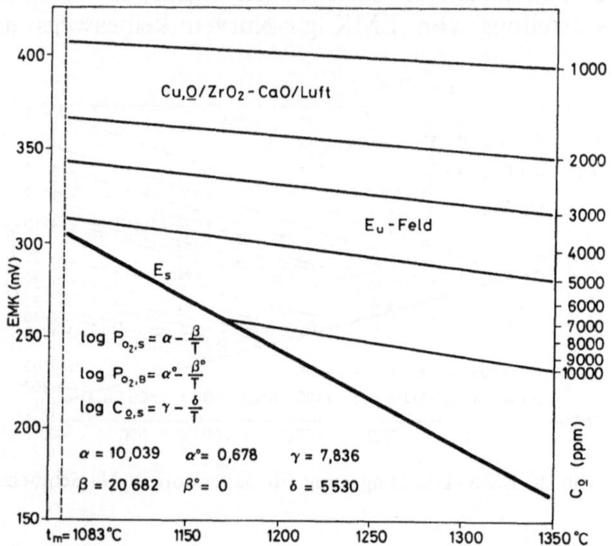

Abb. 10. EMK-T-C-Diagramm für Sauerstoff in Cu-Schmelze

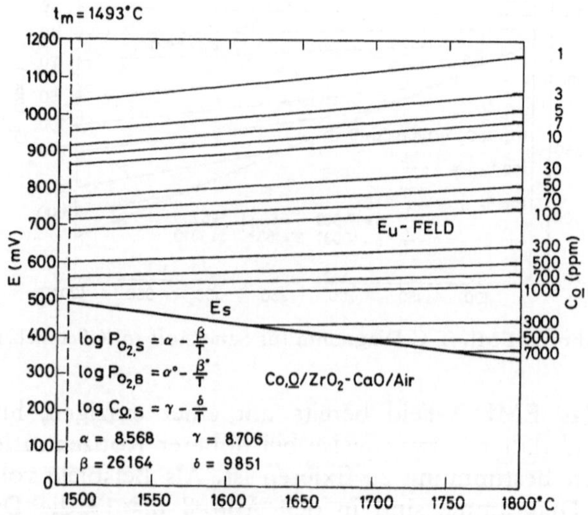

Abb. 11. EMK-T-C-Diagramm für Sauerstoff in Ni-Schmelze

einzigen E_u-T-Geraden das ganze EMK-T-Feld sowie die zugehörigen Systemparameter α, β und δ bestimmen lassen! Für die Bestim-

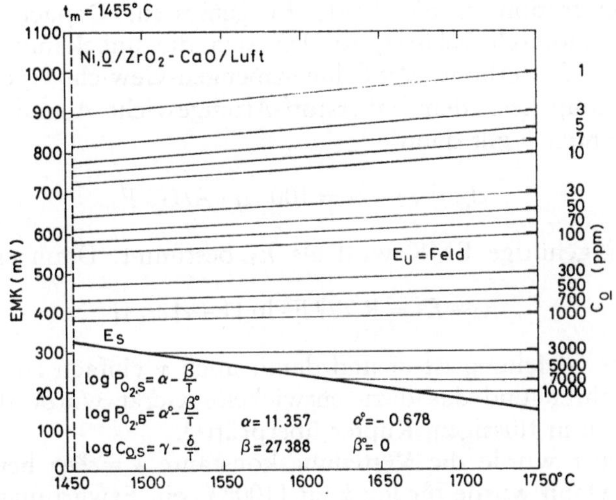

Abb. 12. EMK-T-C-Diagramm für Sauerstoff in Co-Schmelze

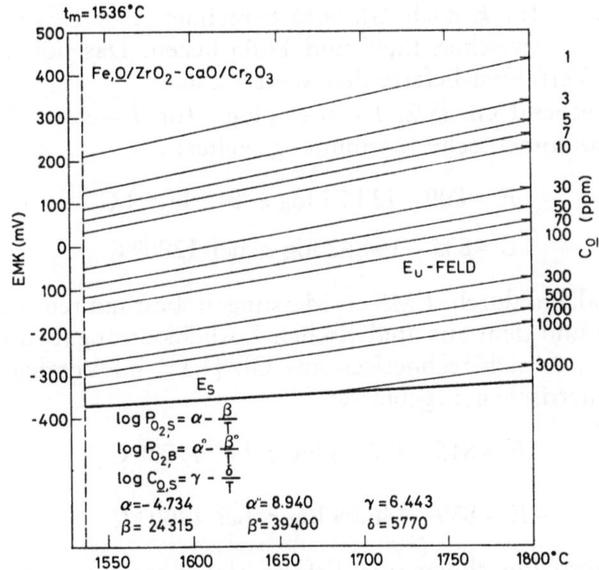

Abb. 13. EMK-T-C-Diagramm für Sauerstoff in Fe-Schmelze

mung des EMK-T-C-Diagramms genügt die Ermittlung des noch fehlenden Parameters γ durch eine einzige Konzentrationsangabe im

Felde. Diese Konzentration läßt sich entweder chemisch-analytisch oder auch rein elektrochemisch mittels Potentio-Coulometrie durchführen. Dazu wird zunächst zur Schmelze der unbekannten Sauerstoffkonzentration c_1 die EMK E_1 gemessen. Danach wird die Schmelze anodisch belastet, so daß sich die unbekannte Konzentration c_1 auf c_2 erhöht. Mit Schmelzmengen-Gewicht G, der Strommenge q amp. sec., dem Sauerstoff-Atomgewicht A und der Faradaykonstanten F gilt dann

$$\Delta c = c_2 - c_1 = 100 \cdot q \cdot A/G \cdot F \tag{6.1}$$

Die zu c_2 gehörige EMK wird als E_2 bestimmt. Dann ergibt sich

$$E_2 - E_1 = RT/2F \cdot \ln\,[1 + \Delta c/c_1] \tag{6.2}$$

Aus dieser Gleichung ist c_1 und damit auch γ einfach zu ermitteln. Das Verfahren und das dazu entwickelte Gerät wurde durch Bestimmungen in flüssigem Kupfer überprüft[14].

Zunächst wurde die Verteilungskonstante $k = c^2/p$ bei 1100° C ermittelt. Dann wurde für log k zu 1100° C ein Erwartungswert aus eigenen, allein aus EMK-T-Messungen resultierenden α-, β- und δ-Werten in Verbindung mit einem unteren[15] und einem oberen[13] Literaturwert für k nach Gl. (4.8) berechnet. Der Erwartungswert sollte danach zwischen 12,46 und 12,63 liegen. Das potentio-coulometrische Verfahren lieferte den Wert 12.56.

Entsprechend Gl. (5.2) $E = \varepsilon_1 + \varepsilon_2 \log c$ für $T = \text{const.}$ lieferte die potentio-coulometrische Bestimmung weiter:

$$E = 809 - 134{,}75 \log c \text{ bei } 1100^0 \text{ C} \tag{6.3}$$

$$E = 835 - 144{,}62 \log c \text{ bei } 1200^0 \text{ C} \tag{6.4}$$

Aus den allein durch EMK-T-Messungen bestimmten Parametern α, β und δ und dem aus analytischen Löslichkeitsangaben übernommenen γ ergab sich rechnerisch aus Gl. (4.11) im Vergleich zu obigen coulometrischen Ergebnissen

$$E = 815 - 136{,}16 \log c \text{ bei } 1100^0 \text{ C} \tag{6.3.1}$$

und

$$E = 839 - 146{,}09 \log c \text{ bei } 1200^0 \text{ C} \tag{6.4.1}$$

Für die Verteilungskonstante lieferte das potentio-coulometrische Verfahren

$$\log K(T) = 5{,}92 + 9115{,}5/T \tag{6.5}$$

Aus den durch EMK-T-Messungen bestimmten Parametern α, β, δ

und analytisch bestimmtem γ folgt aus Gl. (4.8) zum Vergleich

$$\log K(T) = 5{,}63 + 9623/T \tag{6.5.1}$$

Aus den Gegenüberstellungen geht hervor, daß alle vergleichbaren Werte innerhalb einer relativen Abweichung von 5% liegen. Beachtet man, daß $\varepsilon_2 = 2{,}303\, RT/2F$, dann ist hier der Vergleich der coulometrischen Werte in 6.3 bzw. 6.4 mit den berechneten Werten in 6.3.1 bzw. 6.4.1 besonders repräsentativ für das Verfahren. Bei diesem Vergleich liegt der absolute Fehler bei 1%.

7. Apparative Entwicklungen

Mit Hilfe der im vorangehenden beschriebenen EMK-Messungen kann nur gelöster, nicht aber oxydisch ausgeschiedener Sauerstoff bestimmt werden. Metallurgisch bleibt aber die phasenanalytische

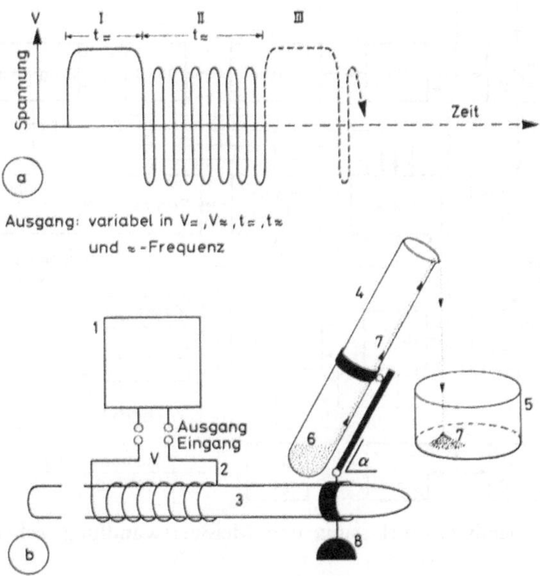

Abb. 14. Frequenzvariierte Magnettrennung, schematisch
a) Verlauf der Arbeitsspannung am Elektromagneten; b) Anordnung für Trennung in Luft:
1 Steuergerät, *2* Magnetspule, *3* Kern, *4* Trenngefäß, *5* Auffänger, *6* Trenngut, *7* abgetrennte Phase, *8* Halterung

Bestimmung ausgefallener Oxide von ebenso großem Interesse. Für die Durchführung dieser phasenanalytischen Untersuchungen[16–18] wurde als Hilfsmittel zur Phasenseparation das in diesem Zusammenhang bereits zur Anwendung gelangte Magnettrennverfahren[19] so weiterentwickelt, daß in der phasenseparierenden Folge von Gleich- und Wechselfeldern letztere auch noch in ihrer Frequenz variiert werden können, um so einen magnetischen Abstoßungseffekt[20] zu erzeugen, durch den Trennungen noch effektiver in Luft möglich werden. Vgl. Abb. 14. Zur praktischen Bestimmung des gelösten Sauerstoffs bot sich über die oben dargelegten elektro-chemisch-thermo-dynamischen Zusammenhänge ein Weg an, in Abhängigkeit der Parameter α bis δ, sowie p_- und p_+ Meßwerterfassung, Meßwertwandlung und Ausgabe — unter Einschluß eines potentio-coulometrischen Verfahrens zur Fixierung multinärer Systeme wie hochlegierter Schmelzen — als voll elektronische Systemlösung zu

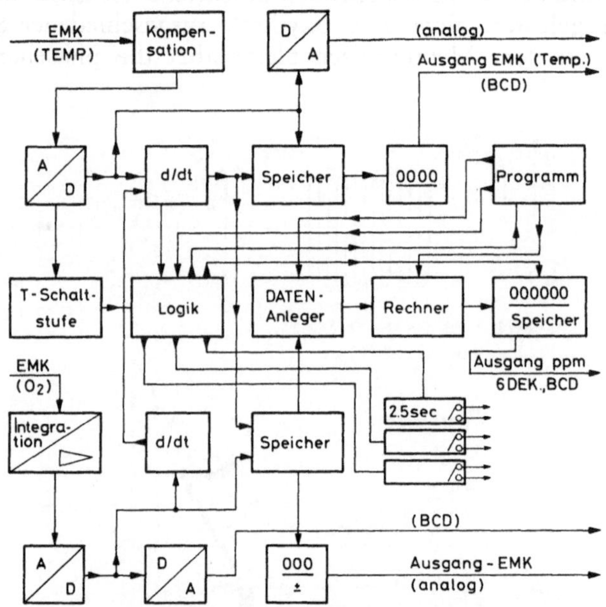

Abb. 15. Meßwerte-Erfassung und Meßwertwandlung, schematisch

entwickeln. Vgl. dazu Abb. 15. Die Entwicklungen[21] wurden nach Angaben der Gesellschaft für Kernforschung, Karlsruhe, von der Firma W. Baum, Nürnberg, ausgeführt.

Zusammenfassung

Der Einfluß der Vorbehandlung des Elektrolyten auf die Überführung wie die Existenz von Ungleichgewichtszuständen im Elektrolyten während kurzer Meßzeiten wird herausgestellt.

Zur Vereinfachung des analytischen Einsatzes von Festelektrolyt-Sonden wurde das EMK-Temperatur-Konzentrations-Feld auf Symmetrie-Eigenschaften und funktionelle Zusammenhänge untersucht und damit auf wenige system-spezifische Parameter zurückgeführt, die sich allein aus EMK-Messungen ergeben; lediglich der temperaturunabhängige Koeffizient der Löslichkeit wird coulometrisch und damit ebenfalls ohne chemische Analyse ermittelt.

Für die praktische Anwendung wurde im multinären Zusammenhang — also auch für hochlegierte Schmelzen — ein Coulometer sowie eine voll elektronische Meßwerterfassung mit direkter Meßwertwandlung mit digitalen Anzeigen und codegerechten Ausgängen erstellt.

Für phasenanalytische Untersuchungen des über EMK-Messungen nicht erfaßbaren ausgeschiedenen Sauerstoffes wurde ein frequenzvariiertes Magnettrennverfahren entwickelt.

Summary

Analytical Application of Solid-Electrolytes. Oxygen Determination in Multinary Melts

Electrolyte pretreatment influence on ionic transfer coefficients and the existence of non-equilibria within electrolytes during short-time measurements are discussed. To simplify analytical application of solid electrolytes symmetry properties and functional relationships are examined in the emf-temperatur-concentration-field. The field could be reduced to a few specific parameters which are — except one — available by emf-measurements. Only the temperature independent coefficient of solubility, when chemical analysis is bypassed, has to be determined coulometrically.

For practical applications in multinary, highly alloyed melts, a coulometer for calibration, and an electronic computing system with emf, temperature, and system parameters as input, and direct concentration-values as output, are set up. For phase analysis, with a view to non-dissolved oxygen, a frequency varied magnetic separator is developed.

Literatur

[1] H. Sundermann, vorgetragen 7. 12. 1971 in Düsseldorf, VDEh.

[2] H. Sundermann, Mikrochim. Acta [Wien], Suppl. 5, **1974**, 303.

[3] H. Sundermann, Kernforschungszentrum Karlsruhe, Bericht KFK 2302 (1976).

[4] C. Wagner, Z. physik. Chem. Abt. *B* **21**, 25 (1933).

[5] R. Haase, Thermodynamik der irreversiblen Prozesse, Darmstadt: Steinkopf. 1963.

[6] H. Sundermann und H. Wagner, Kernforschungszentrum Karlsruhe, Bericht KFK 819 (1968).

[7] F. A. Kröger und H. J. Vink, Solid State Physics, Bd. 3, New York: Academic Press. 1956.

[8] H. Schmalzried, Z. Elektrochem. **66,** 572 (1962).

[9] H. Schmalzried, Z. phys. Chem. N. F. **38,** 87 (1963).

[10] Chitta R. Nanda und Gordon H. Geiger, Trans. Met. Soc. - A 1, 1235 (1970).

[11] C. Wagner, Thermodynamics of Alloys, Reading, Mass.: Addison-Wesley. 1952. S. 41.

[12] M. de la Torre, Kernforschungszentrum Karlsruhe, Bericht KFK 1149 (1970).

[13] T. C. Wilder, Trans. Met. Soc. - AIME **236,** 1035 (1966).

[14] V. Schauer, Dissertation TU-Wien, 1976.

[15] H. Wagner, Dissertation, Karlsruhe 1965.

[16] W. Koch und H. Sundermann, J. Iron Steel Inst. **190,** 373 (1958).

[17] W. Koch, Metallkundliche Analyse, Düsseldorf: Stahl-Eisen. 1965.

[18] H. Sundermann, Habil.-Schrift, TU-Wien 1969.

[19] H. Sundermann, Mem. sc. rev. metallurg. **58,** 655 (1961); Vergl. EURATOM-Report Nr. 46 (1961).

[20] H. Sundermann, Z. physik. Chem. **19,** 23 (1959).

[21] H. Sundermann und W. Baum, 7. Kolloquium über metallkundl. Analyse mit besonderer Berücksichtigung der Elektronenstrahl-Mikroanalyse, Wien, 23.—25. Oktober 1974.

Anmerkung bei der Korrektur: Inzwischen gelang es, die Näherungsgleichungen 3.10 bis 3.14 durch die exakte Darstellung der multinären Wechselwirkung zu ersetzen. (H. Sundermann, demnächst).

Korrespondenz und Sonderdrucke: Priv.-Doz. Dr. H. Sundermann, Erasmus-Straße 15, D-7500 Karlsruhe, Bundesrepublik Deutschland.